# 電子學(基礎理論)

### Electronic Devices
### Conventional Current Version, Global Edition, 10/E

Thomas L. Floyd 原著

楊棧雲、洪國永、張耀鴻 編譯

董秋溝 總校閱

全華圖書股份有限公司

Pearson

# 序言

本書電子學(*Electronic Devices*)第十版反應了來自讀者與審稿人員所期望的修訂建議。如同前一版,第一章到第十一章主要是探討個別獨立的元件和電路。第十二章到第十七章則介紹線性積體電路。

## 本版新增內容

◆ 新增許多例題及章末習題。

◆ 有關場效電晶體說明涵蓋面的擴大與更新,包含 JFET 的限制參數、鰭狀FET、UMOSFET、電流源偏壓、疊接組態的雙閘極MOS-FET,以及穿隧式 MOSFET。

◆ 有關閘流體說明涵蓋面的擴大與更新,包含使用SCR控制馬達速度的繼電器。

◆ 有關開關電路說明涵蓋面的擴大與更新,包含與邏輯電路的界面連接。

◆ 有關鎖相迴路說明涵蓋面的擴大與更新。

## 本書特色

◆ 全彩印刷。

◆ 每一章前面都有本章大綱、本章學習目標、簡介、重要詞彙與可參訪教學專用網站等項目。

◆ 每一章裡的每個小節都有簡短的引言與學習目標。

◆ 為數眾多包括詳解的例題,都展示在圖形框中。每個例題都有一個相關習題,其解答可以在以下的網站找到 www.pearsonglobaleditions.com(搜索 ISBN:1292222999)。

◆ 隨堂測驗附於每一節末。答案可以在以下的網站找到 www.pearsonglobaleditions.com(搜索 ISBN:1292222999)。

◆ 一個章末本章摘要、重要詞彙與重要公式,都附在每章末尾。

- ◆ 是非題測驗、電路動作測驗、自我測驗及各分門別類的基本習題，附於每章末尾。
- ◆ 所有的習題解答、辭彙都在本書末的附錄。
- ◆ 由 Dave Buchla 所編撰的 PowerPoint® 投影片可在線上取得，這些創新、互動式的投影片內容均可對應每一章節課文，作為上課教學時的輔助工具。

## 學生學習資源

**學習網站**(*www.pearsonglobaleditions.com*)　這個網站提供學生免費線上學習，學生可從網路上檢驗對於重要觀念的瞭解。在網站上還有包括以下幾項：標準電阻表、重要公式推導、電路模擬與原型設計-使用 Multisim 與 NI ELVIS、與 National Instruments LabVIEW™ 軟體的檢視等。LabVIEW 軟體是視覺化程式撰寫應用的一個例子。隨堂測驗、例題的相關習題、是非題測驗、電路動作測驗，和自我測驗的解答都可在這個網站上找到。

**多層次模擬電路**(**Multisim**®)　學生學習資源包括許多線上檔案是Mul-tisim® 第十四版的模擬電路。這些電路是搭配Multisim®軟體使用的，在教室和實驗室中，Multisim軟體被廣泛地認為是一種最佳的電路模擬工具。雖然包括有這些資源，本書任何部分都是獨立的，不需要依賴於 Multisim®軟體或這些所提供的檔案。

《**電子元件實驗習題**》(*Laboratory Exercises for Electronic Devices*)第九版，作者 David Buchla 及 Steve Wetterling，ISBN：0-13-25419-5

## 教師資源

　　要從網路上取得相關資料，教師們必須先取得教師存取碼。請到www.pearsonglobaleditions.com註冊一個教師存取碼。在您註冊完成後的 48 小時內，將會收到一封確認電子郵件，內容包含了此一教師存取碼，一旦收到您的教師存取碼，您可以在線上目錄中找到本書，然後按一下在產品目錄頁面左側的 "教師資源" 按鈕。選定一個補充材料，將會出現一個登錄頁面。一旦登錄，您可以造訪 Pearson 出版社教科書的所有教學材料。如果您造訪此網站或下載任何一補充材料有任何困難，請聯繫客戶服務
http://support.pearson.com/getsupport

《線上教師資源手冊》**(Online Instructor's Resource Manual)** 包含每章習題的解答、應用活動的答案、Multisim®電路檔摘要、和測驗題檔案，也包含實驗室指南手冊的解答。

**線上教學資源** 如果你的教學設備允許以遠端教學方式講授電子學的課程，請聯絡當地的 Pearson 的銷售人員，取得教案產品的清單。

**線上 PowerPoint®投影片** 以全新、互動式的投影片來呈現每個章節，於教學時提供充足的補充。

**線上測驗管理員(TestGen)** 這是超過 800 題的測驗題庫光碟版。

## 各章特色

*章首頁* 每一章開始都特別安排首頁篇幅的介紹，如圖 P-1 所示。其中包括本章的編號和名稱、簡介、章節目錄、本章的學習目標、重要詞彙以及可參訪教學的網站。

*節開頭* 每一節的開頭都有簡單的內容介紹和本節的學習目標。圖 P-2 加以示範說明。

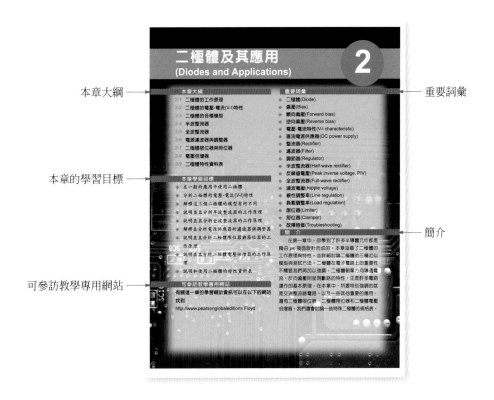

▲ 圖 P-1　典型的章首頁。

*隨堂測驗* 每一節的結束都有列出該節內容的隨堂測驗,著重在該節的重要觀念。圖 P-2 也示範說明此項特色。隨堂測驗的答案可以在以下的網站找到

www.pearsonglobaleditions.com(搜索 ISBN:1292222999)。

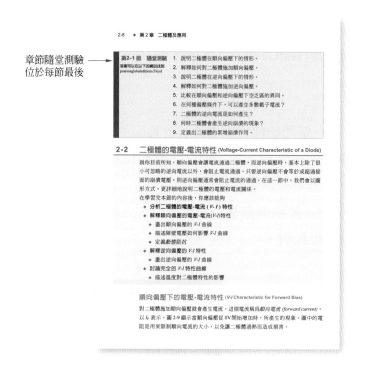

▲ 圖 P-2 典型的節開頭和隨堂測驗。

*例題、相關習題* 每章都有大量的例題,詳細說明基本觀念和特殊的解題方法。每個例題後面都安排一題的相關習題,加強和擴大例題的效果,要求學生按照類似的題型再完全自行作一遍。圖 P-3 說明相關習題的範例。相關習題的解答可以在以下的網站找到

www.pearsonglobaleditions.com(搜索 ISBN:1292222999)。

例題均是從課文
內容引申出來

每個例題都包含
與例題內容有關
的相關習題

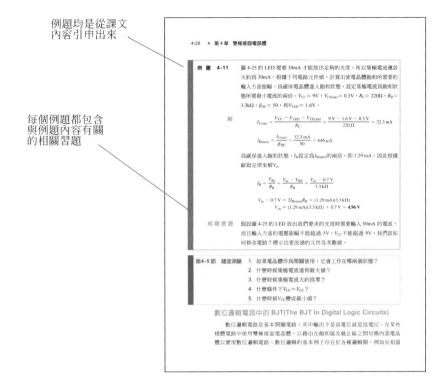

▲ 圖 P-3　具有相關習題和 Multisim® 練習題的典型例題。(中譯本無收錄 Multisim® 練習題)

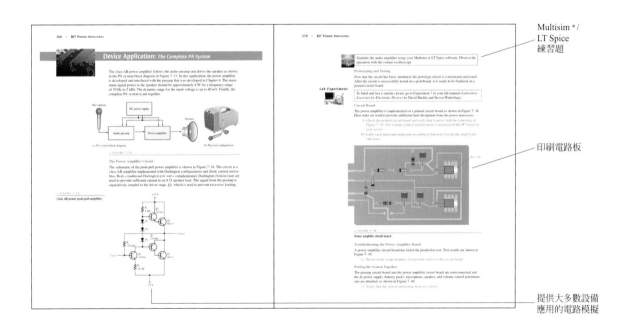

Multisim®/
LT Spice
練習題

印刷電路板

提供大多數設備
應用的電路模擬

▲ 圖 P-4　典型的設備應用電路的一部分(中譯本無收錄此內容)。

*章末內容*　　每章結束都會有下述教學的內容：

◆ 本章摘要
◆ 重要詞彙
◆ 重要公式
◆ 是非題測驗
◆ 電路動作測驗
◆ 自我測驗
◆ 基本習題

## 如何使用本書的方法

如前所述，本書的第一章到第十一章討論的是獨立的分離元件和電路，第十二章到第十七章討論的是線性積體電路。

*建議案1(學程分為兩個學期)*　　第一個學期安排教授第一章到第十一章。依照個別的需要和教學重點，可選擇性的授課。第二學期則可教授第十二章到第十七章，同樣的，必要時也可選擇性授課。

*建議案2(學程為一個學期)*　　在縮減某些內容並且保持課程的嚴謹度下，這本教材可於一學期內教授完畢。例如，可以只選擇第一章到第十一章的分離元件和電路作為教材。

同樣的，可以選擇第十二章到第十七章的線性積體電路作為教材。另外一種方法就是將分離元件和電路以及一些積體電路內容(例如，只選擇運算放大器)，再加以濃縮後作為教材亦可。另外，如綠色科技應用等項目，則可以省略或選擇性地使用。

## 給學生的話

在研習某一章時，對於某一節的內容要先充分了解，然後再讀下一節。仔細閱讀每一章節和相關的說明，對於內容仔細思考，一步一步的了解例題的內容和步驟，解答每個相關習題並且核對答案是否正確，最後回答每節的隨堂測驗，並且核對章末所附的解答。不要期望只讀一遍就能透徹了解內容，你可能要念課文兩遍甚至三遍以上。一旦你自認為已對課文充分了解後，再複習章末所附的本章摘要、重要公式、重要詞彙定義等。然後做是非題測驗、電路動作測驗及自我測驗題。最後，做完所有章末所附的指定習題。做完這些習題是確認並加強你對內容的了解最有效的方法。在解題的過程中，你可以更深入的了解每一章的內容，這可能不是單單閱讀課文或是在課堂上聽課就能學到的知識，能加深對該章節的理解。

　　通常，我們無法單單只是傾聽別人的說明，就能充分的了解某個概念或者過程的真意。只有努力的學習和慎密的思考才能達到我們所預期的學習效果。

## 我們要感謝

許多聰明而專業的人士幫忙修改這本電子學第十版的內容。這本書的內容都經過正確性的全盤審校。Pearson 出版社的人員，對這本書的出版有卓著的貢獻，包括 Faraz Sharique Ali 以及 Rex Davidson。感謝在 Cenreo 的 Jyotsna Ojha 有關內文與美工的處理。Dave Buchla，對於此書之內容貢獻至鉅，也幫助此書成為最佳的版本。 Gary Snyder 設計出這一版的多層次模擬電路(Multisim®)的電子檔案。除了以上已經提到的工作人員外，我還要向審稿人員表達我由衷的感激，他們提供了許多有價值的建議和建設性的批評，大大地影響了本書的內容。這些審稿人員有，印第安納州立大學(Indiana State University)的 David Beach；阿勒格尼群社區學院(Community Clollege of Allegheny County)的 Mahmoud Chitsazzadeh；沙加緬度市立學院(Sacramento city College)的 Wang Ng；賓夕法尼亞科技大學(Pennsyl vania College of Technology)的 Almasy Edward；以及賓夕法尼亞科技大學(Pennsylvania College of Technology)的 Moser Randall。

**Tom Floyd**

# 編輯部序

　　「系統編輯」是我們的編輯方針，我們所提供給您的，絕不只是一本書，而是關於這門學問的所有知識，它們由淺入深，循序漸進。

　　本書譯自 Thomas L. Floyd 原著「Electronic Devices」(第十版)，分為「基礎理論」、「進階應用」兩冊。本書內容豐富，大量例題的相關習題及每小節後的隨堂測驗，解答都可在隨書光碟中找到。本書適用於大學、科大「電子學」課程使用。

　　本書為因應國內大學、科大相關課程之教學順序，調整章節編排分別如下表所示：

| 電子學(基礎理論) | Electronic Device | 電子學(進階應用) | Electronic Device |
|---|---|---|---|
| Chapter 1 | Chapter 1 | Chapter 11 | Chapter 7 |
| Chapter 2 | Chapter 2 | Chapter 12 | Chapter 10 |
| Chapter 3 | Chapter 3 | Chapter 13 | Chapter 11 |
| Chapter 4 | Chapter 4 | Chapter 14 | Chapter 14 |
| Chapter 5 | Chapter 5 | Chapter 15 | Chapter 15 |
| Chapter 6 | Chapter 6 | Chapter 16 | Chapter 16 |
| Chapter 7 | Chapter 8 | Chapter 17 | Chapter 17 |
| Chapter 8 | Chapter 9 | | |
| Chapter 9 | Chapter 12 | | |
| Chapter 10 | Chapter 13 | | |

　　同時，為了使您能有系統且循序漸進研習相關方面的叢書，我們以流程圖方式，列出各有關圖書的閱讀順序，以減少您研習此門學問的摸索時間，並能對這門學問有完整的知識。若您在這方面有任何問題，歡迎來函連繫，我們將竭誠為您服務。

## 相關叢書介紹

書號：0641801
書名：電路學概論(第二版)
編著：賴柏洲
16K/456 頁/560 元

書號：03126027
書名：電力電子學(第三版)
　　　(附範例光碟片)
編譯：江炫樟
16K/736 頁/580 元

書號：0247602
書名：電子電路實作技術
　　　(修訂三版)
編著：蔡朝洋
16K/352 頁/390 元

書號：0629602
書名：專題製作－電子電路及 Arduino
　　　應用
編著：張榮洲.張宥凱
16K/232 頁/370 元

書號：0643871
書名：應用電子學(第二版)(精裝本)
編著：楊善國
20K/496 頁/540 元

書號：05180047
書名：電力電子分析與模擬(第五版)
　　　(附軟體、範例光碟片)
編著：鄭培璿
16K/488 頁/500 元

書號：0597002
書名：電子電路－控制與應用(第三版)
編著：葉振明
20K/544 頁/500 元

◎上列書價若有變動，請以
　最新定價為準。

## 流程圖

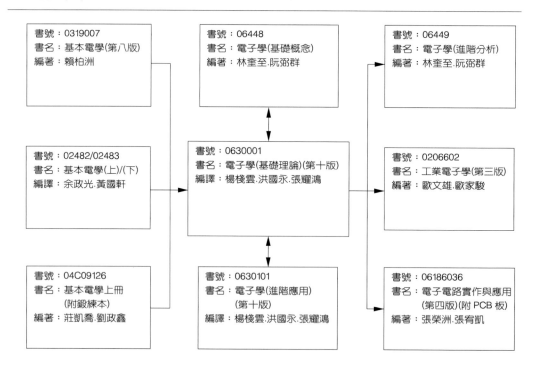

書號：0319007
書名：基本電學(第八版)
編著：賴柏洲

書號：06448
書名：電子學(基礎概念)
編著：林奎至.阮弼群

書號：06449
書名：電子學(進階分析)
編著：林奎至.阮弼群

書號：02482/02483
書名：基本電學(上)/(下)
編譯：余政光.黃國軒

書號：0630001
書名：電子學(基礎理論)(第十版)
編譯：楊棧雲.洪國永.張耀鴻

書號：0206602
書名：工業電子學(第三版)
編著：歐文雄.歐家駿

書號：04C09126
書名：基本電學上冊
　　　(附鍛練本)
編著：莊凱喬.劉政鑫

書號：0630101
書名：電子學(進階應用)
　　　(第十版)
編譯：楊棧雲.洪國永.張耀鴻

書號：06186036
書名：電子電路實作與應用
　　　(第四版)(附 PCB 板)
編著：張榮洲.張宥凱

# 目錄摘要

# 目 錄

# 半導體簡介
## (Introduction to Semiconductors)

**1**

### 本章學習目標

◆ 描述原子的結構
◆ 討論絕緣體、導體以及半導體之間的差異
◆ 說明在半導體中如何產生電流
◆ 說明 n 型和 p 型半導體材料的特性
◆ 描述 pn 接面如何形成

### 可參訪教學專用網站

有關這一章的學習輔助資訊可以在以下的網站
找到 http://www.pearsonglobaleditions.com
(搜索 ISBN:1292222999)

### 重要詞彙

◆ 原子(Atom)
◆ 質子(Proton)
◆ 電子(Electron)
◆ 能階層(Shell)
◆ 價(Valence)
◆ 離子化(Ionization)
◆ 自由電子(Free electron)
◆ 電子軌道(Orbital)
◆ 絕緣體(Insulator)
◆ 導體(Conductor)
◆ 半導體(Semiconductor)
◆ 矽(Silicon)
◆ 晶體(Crystal)
◆ 電洞(Hole)
◆ 摻雜(Doping)
◆ PN 接面(PN Junction)
◆ 障壁電壓(Barrier potential)

### 簡 介

二極體、電晶體和積體電路等電子元件，都是由半導體材料製成。要了解這些電子元件的工作原理，你必須對原子結構與原子粒子間的交互作用有基本的認識。本章要介紹一個重要觀念，就是當兩種不同半導體材料結合在一起時，所形成的 pn 接面。對於太陽能電池、二極體和部分電晶體，pn 接面是這些元件能夠運作的基本要件。

# 1-1 原子 (The Atom)

所有物質都由原子組成；而所有原子是由電子、質子和中子組成，但是氫原子除外，它並不含有中子。週期表中每種元素具有獨特的原子結構，而任何特定元素中的所有原子具有相同數量的質子。最初，原子被視為是一個微小無法再分割的粒子。後來發現原子並非單一粒體，而是由電子沿著長距軌道繞著一個小而緊密的原子核運行，如同行星圍繞著太陽般的結構所組成。尼爾斯·波爾 (Niels Bohr) 提出理論說明，原子裡頭的電子沿著不同軌道繞行原子核，就像太陽系的行星圍繞著太陽的情形一樣。波爾模型常稱為行星模型。另外有一種稱作*量子模型*的觀點，雖然能更準確表述原子結構，但是卻不太容易具象化。對於電子學領域的實際應用，波爾模型已能滿足大部分需求，也因容易具象化而被廣泛採用。

在學習完本節的內容後，你應該能夠

- ◆ **描述原子的結構**
  - ◆ 討論原子的波爾模型
  - ◆ 定義*電子、質子、中子和原子核*
- ◆ 定義*原子序*
- ◆ 討論能階層與軌道
  - ◆ 解釋能階
- ◆ 定義*價電子*
- ◆ 討論離子化
  - ◆ 定義*自由電子與離子*
- ◆ 討論原子的量子模型之基本觀念

## 波爾模型 (The Bohr Model)

原子*(atom)是仍然能夠保有元素特性的最小粒子。已知的 118 種元素都擁有原子，而且每個元素的原子與其他元素都不相同。這使得每一種元素都擁有唯一獨特的原子結構。依照古典波爾模型，原子擁有一種像星體運行的結構，原子中心是原子核而周圍是按照軌道運行的電子，如圖 1-1 所示。**原子核(nucleus)**是由帶正電荷粒子，稱為**質子(protons)**，和不帶電荷的粒子，**中子(neutrons)**所組成。帶負電的基本粒子稱為電子(**electrons**)。

---

\* 所有粗體字詞彙都在書末的詞彙附錄中編目以利查詢，彩色字為重要詞彙並在章末加以定義。

每一種原子都擁有某一數目的電子和質子，而且與其他元素的原子都不相同。例如，最簡單的原子就是氫，只有一個質子和一個電子，如圖 1-2 (a) 所示。另一個例子就是氦原子，如圖 1-2 (b) 所示，原子核中有兩個質子和兩個中子，另有兩個電子圍繞著原子核運行。

歷史紀錄

尼爾斯·漢力克·大衛·波爾 (Niels Henrik David Bohr，1885/10/7 — 1962/11/18) 丹麥物理學家，提出原子的 "行星" 模型，對原子結構與量子機制的詮釋做了偉大貢獻。1922 年榮獲諾貝爾物理學獎。波爾獲致這些成就，也和達爾頓、湯瑪斯和路斯弗(Dalton, Thomson, and Rutherford) 等科學家一同合作，被譽為二十世紀最具影響力物理學家之一。

▶ 圖 1-1

波爾的原子模型顯示電子沿著軌道繞行原子核，原子核由質子和中子組成。圖中電子所顯示出來的 "尾巴"，用以表示電子正在運動中。

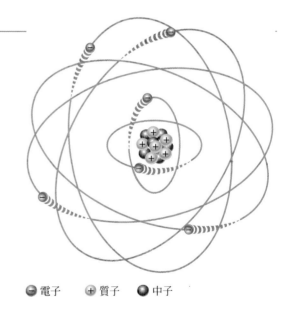

⊖電子 ⊕質子 ●中子

## 原子序 (Atomic Number)

所有元素在週期表上都是按照原子序排列。**原子序(atomic number)**等於原子核中質子的數目，也等於電平衡 (電中性) 的原子所擁有的電子數目。例如，氫的原子序是 1 而氦的原子序是 2。在正常 (電中性) 狀態下，元素的所有原子都擁有相同數目的質子與電子；正電荷會與負電荷互相抵銷，所以原子的淨電荷為零。

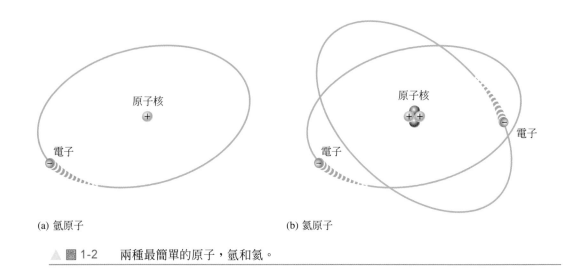

(a) 氫原子                              (b) 氦原子

▲ 圖 1-2     兩種最簡單的原子，氫和氦。

所有元素的原子序都列在元素週期表，參見圖 1-3。

| | | | | | | | | | | | | | | | | | |
|---|---|---|---|---|---|---|---|---|---|---|---|---|---|---|---|---|---|
| 1<br>氫H | | | | | | | | | | | | | | | | | 2<br>氦He |
| 3<br>鋰Li | 4<br>鈹Be | | | | | | | | | | | 5<br>硼B | 6<br>碳C | 7<br>氮N | 8<br>氧O | 9<br>氟F | 10<br>氖Ne |
| 11<br>鈉Na | 12<br>鎂Mg | | | | | | | | | | | 13<br>鋁Al | 14<br>矽Si | 15<br>磷P | 16<br>硫S | 17<br>氯Cl | 18<br>氬Ar |
| 19<br>鉀K | 20<br>鈣Ca | 21<br>鈧Sc | 22<br>鈦Ti | 23<br>釩V | 24<br>鉻Cr | 25<br>錳Mn | 26<br>鐵Fe | 27<br>鈷Co | 28<br>鎳Ni | 29<br>銅Cu | 30<br>鋅Zn | 31<br>鎵Ga | 32<br>鍺Ge | 33<br>砷As | 34<br>硒Se | 35<br>溴Br | 36<br>氪Kr |
| 37<br>銣Rb | 38<br>鍶Sr | 39<br>釔Y | 40<br>鋯Zr | 41<br>鈮Nb | 42<br>鉬Mo | 43<br>鎝Tc | 44<br>釕Ru | 45<br>銠Rh | 46<br>鈀Pd | 47<br>銀Ag | 48<br>鎘Cd | 49<br>銦In | 50<br>錫Sn | 51<br>銻Sb | 52<br>碲Te | 53<br>碘I | 54<br>氙Xe |
| 55<br>銫Cs | 56<br>鋇Ba | *<br>鑭系<br>元素 | 72<br>鉿Hf | 73<br>鉭Ta | 74<br>鎢W | 75<br>錸Re | 76<br>鋨Os | 77<br>銥Ir | 78<br>鉑Pt | 79<br>金Au | 80<br>汞Hg | 81<br>鉈Tl | 82<br>鉛Pb | 83<br>鉍Bi | 84<br>釙Po | 85<br>砈At | 86<br>氡Rn |
| 87<br>鍅Fr | 88<br>鐳Ra | **<br>錒系<br>元素 | 104<br>鑪Rf | 105<br>𨧀Db | 106<br>𨭎Sg | 107<br>𨨏Bh | 108<br>𨭆Hs | 109<br>䥑Mt | 110<br>鐽Ds | 111<br>錀Rg | 112<br>鎶Cn | 113<br>Uut | 114<br>Uuq | 115<br>Uup | 116<br>Uuh | 117<br>Uus | 118<br>Uuo |

| | | | | | | | | | | | | | | | | |
|---|---|---|---|---|---|---|---|---|---|---|---|---|---|---|---|---|
| 鑭系元素 | 57<br>鑭La | 58<br>鈰Ce | 59<br>鐠Pr | 60<br>釹Nd | 61<br>鉕Pm | 62<br>釤Sm | 63<br>銪Eu | 64<br>釓Gd | 65<br>鋱Tb | 66<br>鏑Dy | 67<br>鈥Ho | 68<br>鉺Er | 69<br>銩Tm | 70<br>鐿Yb | 71<br>鎦Lu |
| 錒系元素 | 89<br>錒Ac | 90<br>釷Th | 91<br>鏷Pa | 92<br>鈾U | 93<br>錼Np | 94<br>鈽Pu | 95<br>鋂Am | 96<br>鋦Cm | 97<br>鉳Bk | 98<br>鉲Cf | 99<br>鑀Es | 100<br>鐨Fm | 101<br>鍆Md | 102<br>鍩No | 103<br>鐒Lr |

氦<br>原子序 = 2

矽<br>原子序 = 14

▲ 圖 1-3     元素週期表。某些週期表也會列出原子質量。

## 電子和能階層 (Electrons and Shells)

*能階(Energy Levels)* 電子繞著與原子核某些特定距離的軌道運行。電子越接近原子核，則所具有的能量較遠離原子核的電子能量低。在原子結構中，只存在分離且不連續的電子能量。因此，電子必須繞著幾個離原子核特定距離的軌道運行。

每個距原子核特定的距離，稱為**軌道(orbit)**就會對應一個能階。在原子內，這些軌道會分群歸納為數個能階，稱為能階層(shells)。原子都具有固定數目的能階層。每個能階層，只能容納固定最多上限數目的電子。能階層(能階)按照1、2、3...順序編號，能階層1最接近原子核。矽原子的波爾模型請見圖1-4。矽原子有14個電子以及由14個質子與中子組成的原子核。

▷ 圖 1-4

矽原子的波爾模型說明。

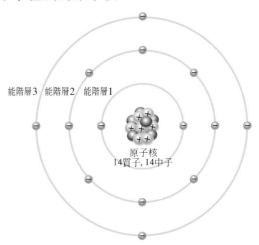

能階層3　能階層2　能階層1

原子核
14質子,14中子

*每個能階層所擁有最多的電子數(The Maximum Number of Electrons in Each Shell)*
原子中的每個能階層最多所能容納的電子數目($N_e$)，屬於自然的現象，可以按照下述的公式計算出來：

$$N_e = 2n^2 \qquad\qquad 公式\quad 1\text{-}1$$

式中 $n$ 是能階層的編號。最內層的能階層能夠容納的電子數最多為：

$$N_e = 2n^2 = 2(1)^2 = 2$$

第二層的能階層能夠容納的電子數最多為：

$$N_e = 2n^2 = 2(2)^2 = 2(4) = 8$$

第三層的能階層能夠容納的電子數最多為：

$$N_e = 2n^2 = 2(3)^2 = 2(9) = 18$$

第四層的能階層能夠容納的電子數最多為：

$$N_e = 2n^2 = 2(4)^2 = 2(16) = 32$$

## 價電子 (Valence Electrons)

相較於距離原子核較近的電子，距離原子核較遠軌道上的電子，具有較高的能量，受到原子的束縛力也較小。這是因為帶正電荷的原子核和帶負電荷的電子之間的吸引力，隨著與原子核之間距離的增加而降低。具有最高能量的電子都位在最外層的能階層，相對地受到原子的束縛力也較少。這個最外層的能階層就是所謂的價能階層 (valence shell)，而位於此能階層的電子稱為*價電子 (valence electrons)*。這些價電子促成化學反應和材料結構中的鍵結 (bonding) 構造，並決定了材料的電氣特性。當價電子從外部吸收足夠能量，它就會掙脫原子的束縛。這是導電材料能夠導電的基本原理。

## 離子化 (Ionization)

### 供您參考

原子本身非常小，即使用最高等的光學顯微鏡也不易觀察；然而，掃描式穿隧顯微鏡卻能偵測到單一原子。因為原子核很微小，電子圍繞原子核運行的距離又長，所以原子內部存在很多空曠的空間。可以這樣想像，若氫原子裡頭的質子如一顆高爾夫球大小，那麼電子繞行質子的軌道大約距離一哩那麼遠。

質子與中子差不多等同質量。電子質量是質子質量的 1/1836 倍。在質子與中子裡頭還存在更微小的粒子，我們稱為夸克。夸克是粒子物理學家深入研究的主題，因為它們有助於解釋超過 100 個亞原子粒子的存在。

當原子吸收能量後，價電子很容易跳到更高的能階層。如果價電子獲得充分的能量，稱為*離子化能量 (ionization energy)*，它就能夠實際脫離最外層的能階層和原子的影響。價電子的離開，會讓先前屬於電中性的原子形成帶正電荷的狀態(此時質子的數量多於電子)。失去價電子的過程就是所謂的離子化 (**ionization**)，而形成帶正電荷的原子就稱為*正離子(positive ion)*。例如，氫的化學符號是 H。當一個中性的氫原子失去價電子而成為正離子時，就將它標示為 $H^+$。脫離的價電子就稱為自由電子(**free electron**)。

某些原子會發生逆向的過程，當自由電子與原子碰撞之後，會被原子吸收而釋放出能量。原子得到了額外電子，稱為*負離子 (negative ion)*。離子化的過程並非只發生於單一原子。許多化學反應，原本束縛在一起的原子團能釋放或吸收單個或多數電子。

有些非金屬材料如氯(Cl)，其自由電子會被電中性的原子所吸引而形成負離子。以氯為例，因為最外層的能階均被填滿，所以離子比電中性的原子更為穩定。代表氯離子的化學符號是 $Cl^-$。

## 量子模型 (The Quantum Model)

儘管波爾原子模型簡單易懂而普及，它並不算是完整的模型。後來提出的量子模型，被認為是比較準確的模型。量子模型是一種統計上的模型，較不易理解與具象化。如同波爾模型，量子模型有由質子與中子構成的原子核，並且有電子環繞在原子核外部。不同於波爾模型，在量子模型裡頭電子不像粒子分布在圓形軌道中。量子模型包括兩個重要理論：波粒二象性、不確定性原理。

**波粒二象性 (Wave-particle Duality)**　　正如光可表現出波動性與粒子性(**光子，photon**)兩種型態，電子也同樣存在雙重特性(Duality)。電子沿著軌道繞行的速度就是它的波長，波長會受到相鄰波干擾的影響而增強或抵銷。

**不確定性原理 (Uncertainly Principle)**　　如你所知，一個波是由波峰和波谷構成，而電子的波動卻無法由電子的位置來決定。根據海森堡(Heisenberg)的理論，無論再精確，都無法同時決定一個電子的位置與速度。此原理提出*概率雲 (probability clouds)*的概念，用數學表述的方式來表示電子在原子中最可能發生的位置。

**疊加(Superposition)**　　量子理論的一個原理，它描述了一個關於物質和力在亞原子層級上的行為的挑戰性概念。基本上，該原則指出，儘管任何物體的狀態都是未知的，但只要不嘗試觀察，它實際上同時處於所有可能的狀態。被稱為薛丁格貓(Schrodinger's cat)的類比在此用於以極度簡化的方式說明量子疊加。類比如下：將活貓放入帶有一小瓶氫氰酸(hydrocyanic acid)毒氣和極少量放射性物質的金屬盒中。少量放射性物質在測試期間衰變，會激活繼電器機制使錘子破壞小瓶釋出毒氣並殺死貓。但也可能沒衰變到足以殺死貓。外界觀察者無法知道該程序是否已經發生。根據量子理論，貓同時存在於活的狀態和死的狀態之疊加中。

　　量子模型中，每個能階層或能階最多由四層稱為軌道(orbital)的副能階層組成，分別標示為 $s$ 軌道、$p$ 軌道、$d$ 軌道和 $f$ 軌道。$s$ 軌道最多存在 2 個電子，$p$ 軌道最多 6 個電子，$d$ 軌道最多 10 個電子，$f$ 軌道最多 14 個電子。每個原子以電子結構圖描述能階層或能階、軌道、和每層軌道的電子數目。例如，表 1-1 所示氮原子的電子結構圖。第一個大寫數字表示能階層或能階，字母表示軌道，指數表示每軌所含電子數目。

▷ 表 1-1

氮原子的電子結構圖。

| 標示 | 定義 |
|---|---|
| $1s^2$ | 兩個電子存在於第一能階層的 s 軌道 |
| $2s^2$　$2p^3$ | 五個電子存在第二能階層：兩個電子在 s 軌道，三個電子在 p 軌道 |

原子的軌道不同於波爾的行星模型中所描述電子的環狀繞行路徑。量子模型的圖形指出,波爾模型的每個能階層屬於三維立體空間,表示原子周圍電子雲的平均能量強度。專用詞彙**電子雲(electron cloud)**(概率雲)表示在原子核周圍電子可能出現的位置。

---

**例 題 1-1** 參考圖 1-3 週期表的原子序,畫出矽(Si)的電子結構圖。

**解** 矽的原子序是 14。表示原子核有 14 個質子。而且,存在與質子相同數量的電子,也就是 14 個電子。我們知道,能階層 1 最多容納 2 個電子,能階層 2 最多 8 個電子,能階層 3 最多 18 個電子。所以矽原子有 2 個電子在能階層 1,8 個電子在能階層 2,4 個電子在能階層 3,總共 14 個電子。矽的電子結構圖如表 1-2 所示

▶ 表 1-2

| 標示 | 定義 |
|---|---|
| $1s^2$ | 能階層1的 s 軌道容納2個電子 |
| $2s^2$ $2p^6$ | 能階層2容納8個電子:2個電子在 s 軌道,6個電子在 p 軌道 |
| $3s^2$ $3p^2$ | 能階層3容納4個電子:2個電子在 s 軌道,2個電子在 p 軌道 |

**相 關 習 題*** 畫出週期表中鍺原子(Ge)的電子結構圖。

*答案可以在以下的網站找到
www.pearsonglobaleditions.com(搜索 ISBN:1292222999)

---

原子的三維立體量子模型,球狀的s軌道中心是原子核。對能階 1 而言,球狀s軌道是"實心的",但是能階 2 以上的s軌道由巢狀的球體表面構成。能階層 2 的p軌道外形如同橢圓葉瓣的形狀(有時稱啞鈴形狀),葉瓣端在原子核位置形成切面交點。 每個能階的 3 個p軌道彼此垂直正交。其中一個p軌道在x軸,一個在 y 軸,還有一個在 z 軸。例如,圖 1-5 鈉原子(Na)的 11 個電子的量子模型。x、y、z三個軸形成三維的立體空間。

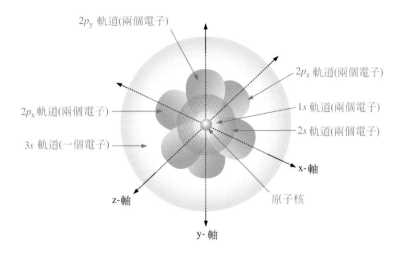

2$p_y$ 軌道(兩個電子)

2$p_z$ 軌道(兩個電子)

2$p_x$ 軌道(兩個電子)

1$s$ 軌道(兩個電子)

3$s$ 軌道(一個電子)

2$s$ 軌道(兩個電子)

x-軸

z-軸

原子核

y- 軸

▲ 圖 1-5　　鈉原子(Na)三維空間的量子模型，軌道以及各軌道的電子數目如圖所示。

| 第1-1節 隨堂測驗 | 1. 描述原子的波爾模型。 |
|---|---|
| 答案可以在以下的網站找到 www.pearsonglobaleditions.com (搜索 ISBN:1292222999) | 2. 何謂電子？ |
| | 3. 原子的原子核組成為何？定義每個組成元件。 |
| | 4. 何謂原子序？ |
| | 5. 探討電子能階層與軌道，以及能階。 |
| | 6. 何謂價電子？ |
| | 7. 何謂自由電子？ |
| | 8. 討論正離子化與負離子化的差異。 |
| | 9. 量子模型的兩個著名理論為何？ |

# 1-2 用於電子學的材料(Materials Used in Electronics)

按照材料的導電性，可以分為三類：導體、半導體和絕緣體。當原子結合形成固體的結晶材料時，原子之間是以對稱的形式排列。晶體結構中的原子是利用共價鍵結合在一起，共價鍵是由原子的價電子彼此交互作用而形成。矽是一種晶體結構的材料。

在學習完本節的內容後，你應該能夠

◆ **討論絕緣體、導體以及半導體之間的差異**

　◆ 定義原子的*核心*

　◆ 描述碳原子

◆ 各舉出兩種材料分別屬於半導體、導體和絕緣體
◆ 解釋帶隙(能隙)
◆ 定義*價電帶*和*導電帶*
◆ 比較半導體原子與導體原子
◆ 探討矽原子與鍺原子
◆ 解釋共價鍵
◆ 定義*晶體*

## 絕緣體、導體和半導體 (Insulators, Conductors, and Semiconductors)

所有的材料都是由原子組成。這些原子決定材料的電氣特性，包括傳導電流的能力。為了方便討論其電氣特性，我們將原子視為由價能階層和**核心(core)**組成，而核心包括原子核和所有內部能階層。這個觀念我們以圖 1-6 的碳原子加以說明。碳元素使用在某些種類的電阻器。請注意，碳原子在價能階層有四個電子，而在內部能階層則有兩個電子。碳的原子核是由六個質子和六個中子組成，所以用 +6 表示六個質子所帶的正電荷。因此，碳的核心就有淨電荷 +4 (+6 是原子核的正電荷，而 −2 則是內部能階層的電子所帶負電荷)。

▶ 圖 1-6　　碳原子的結構圖。

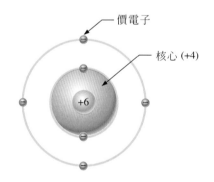

價電子

核心 (+4)

+6

*絕緣體 (Insulators)*　　絕緣體(insulators)就是在正常狀況下，不會傳導電流的材料。大部分好的絕緣體都屬於化合物而不是單一元素的材料，並且具有很高的阻抗。絕緣體所擁有的價電子都被原子緊緊地束縛在一起；因此絕緣體只有很少的自由電子。絕緣體的例子如橡膠、塑膠、玻璃、雲母、石英等。

導體 *(Conductors)* 　　導體(**conductor**)是能夠輕易傳導電流的材料。大部分的金屬皆為良導體，最佳的導體都是單一元素的材料，例如，銅(Cu)、銀(Ag)、金(Au)和鋁(Al)，它們的特性都是只有一個價電子且很鬆散的附於原子外層。這些鬆散的價電子成為自由電子。因此，在導電材料中，自由電子可用於傳輸電流。

半導體 *(Semiconductors)* 半導體(**semiconductor**)材料的導電性介於導體和絕緣體之間。半導體如果是在純質 (本質態，intrinsic) 狀況下，既不是良導體也不是好的絕緣體。單一元素的半導體材料例如：銻(Sb)、砷(As)、砹(At)、硼(B)、釙(Po)、碲(Te)、矽(Si)、和鍺(Ge)。常用半導體化合物包括：砷化鎵，磷化銦，氮化鎵，碳化矽以及鍺化矽。單一元素半導體原子的特性就是擁有四個價電子。矽是應用最廣泛的半導體材料。

## 帶隙 (Band Gap)

我們回想一下，原子的價能階層 (valence shell) 代表最外一層的能階帶，而價電子則位於此能階帶。當電子獲得足夠的額外能量後，它就能夠離開價能階層，而成為*自由電子(free electron)*，然後就停留在所謂的*導電帶 (conduction band)* 中。

　　價電帶和導電帶之間的能量差，稱為*能隙(energy gap)* 或**帶隙(band gap)**。這個能量差就是價電子從價電帶跳到導電帶，所需擁有的能量。一旦電子到達導電帶，電子就能在材料中自由移動，而不受到任何原子的束縛。

　　圖 1-7 顯示出絕緣體、半導體和導體的能階圖。能隙或帶隙是指兩個能階之間的差異，但是量子理論卻 "不允許" 這樣的定義。在絕緣體以及半導體的能隙區間裡，沒有電子狀態存在。雖然電子不存在能隙區，但在某些條件下，電子能 "跳越" 這區域。除非在絕緣體材料施加超高電壓的崩潰條件，絕緣體的價電子才可能 "跳越" 能隙區。絕緣體的帶隙區如圖 1-7(a) 所示。半導體的帶隙區較小，當電子吸收了光子，就會由價電帶跳越到導電帶。帶隙大小取決於半導體材料的種類，如圖 1-7(b)的說明。導體的導電帶和價電帶互相重疊，所以無帶隙存在，如圖 1-7(c)所示。這表示價電帶的電子可以自由移動到導電帶，所以導體隨時擁有電子為自由的電子。

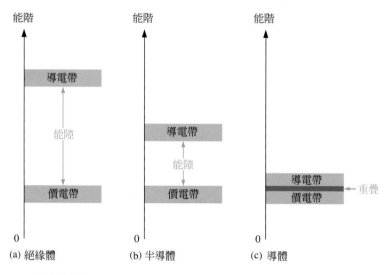

▲ 圖 1-7　　三種型態材料的能階圖。

## 半導體原子和導體原子的比較

**(Comparison of a Semiconductor Atom to a Conductor Atom)**

矽是半導體，而銅是導體。圖 1-8 顯示出矽原子和銅原子的波爾結構圖。請注意，矽原子的核心具有＋4 的淨電荷 (14 個質子減去 10 個電子)，而銅原子的核心則有＋1 的淨電荷 (29 個質子減去 28 個電子)。核心包含除了價電子以外的所有部分。

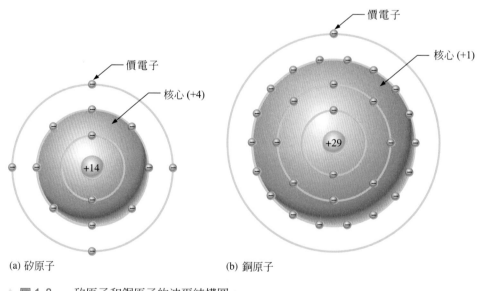

▲ 圖 1-8　　矽原子和銅原子的波爾結構圖。

　　銅原子的價電子會"感受到"+1的吸引力，而矽原子的價電子會感受到+4的吸引力。因此，在矽材料中，吸住價電子的力量大於銅材料。銅的價電子位於第四層的能階層，而矽的價電子位於第三層的能階層，因此銅原子的價電子距離原子核更遠。我們回想一下，離原子核最遠距離的電子具有最高的能量。銅的價電子比矽的價電子具有較高的能量。這意謂著銅的價電子比矽的價電子更容易取得足夠的能量，脫離其原子而成爲自由電子。事實上，在室溫下，銅的多數價電子就已擁有足夠的能量成爲自由電子。

### 矽和鍺 (Silicon and Germanium)

圖1-9顯示矽和鍺的原子結構。矽(Si, silicon)應用於二極體、電晶體、積體電路、和其他半導體元件。請注意矽和**鍺(Ge, germanium)**都有四個價電子的特性。

　　鍺的價電子位於第四層的能階層，而矽的價電子則位於第三層的能階層，因此矽的價電子較接近原子核。這意指鍺的價電子較矽的價電子位於更高的能階上，因此只需要較少的額外能量就可以脫離原子。這個特性使鍺原子在高溫下較爲不穩定並產生額外的反向電流，這就是爲什麼矽是較爲廣泛使用之半導體材料的原因。

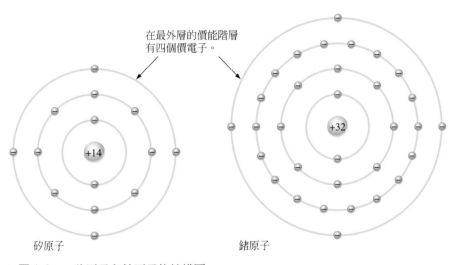

在最外層的價能階層有四個價電子。

矽原子　　　　　　　　鍺原子

▲ 圖 1-9　　矽原子和鍺原子的結構圖。

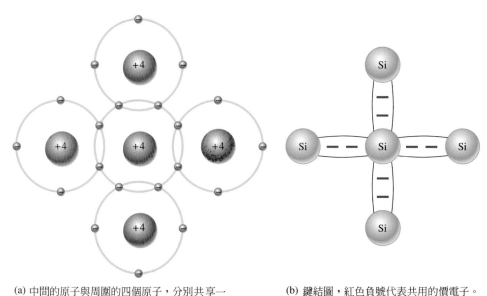

(a) 中間的原子與周圍的四個原子，分別共享一個電子，因此與週遭每個原子形成共價鍵。而週遭的原子又和其他的原子鍵結在一起，如此延伸出去。

(b) 鍵結圖，紅色負號代表共用的價電子。

▲ 圖 1-10　說明矽的共價鍵結構。

*共價鍵 (Covalent Bonds)*　　圖 1-10 顯示了每個矽原子如何將自身與四個相鄰的矽原子鍵結對齊以形成矽晶體(silicon crystal)，該矽晶體是原子的三維對稱排列。矽原子將其四個價電子分別與四個相鄰的矽原子共用。對於每個原子來說，就形成八個有效的價電子，而達到化學上的穩定狀態。而且，這種分享價電子的方式，也會形成**共價鍵(covalent)**而將原子束縛在一起：即每個共享的價電子被相鄰的兩個原子對等的吸引住。圖 1-11 說明純矽晶體的共價鍵結構圖。**純質(intrinsic)**晶體是指晶體內部不含雜質。鍺的共價鍵也很類似，因為它也有四個價電子。

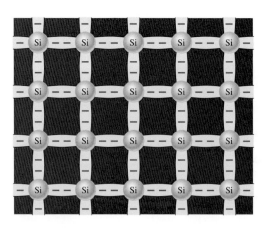

▲ 圖 1-11　矽晶體內的共價鍵。

第1-2節　隨堂測驗
1. 導體和絕緣體有什麼樣的基本差異？
2. 半導體和導體以及絕緣體有什麼不同之處？
3. 導體，如銅，有多少個價電子？
4. 半導體有多少個價電子？
5. 列出三個最佳的導體材料。
6. 最廣泛使用的半導體材料是哪一種？
7. 為什麼半導體所擁有的自由電子比導體少？
8. 共價鍵是如何形成的？
9. 純質 (intrinsic) 的涵義？
10. 何謂晶體？

# 1-3　半導體的電流 (Current In Semiconductors)

明白材料傳導電流的方式，有助於了解電子元件的工作原理。如果不知道半導體的電流，你就無法全盤明瞭二極體或電晶體等電子元件的工作原理。

在學習完本節的內容後，你應該能夠

◆ **說明在半導體中如何產生電流**
◆ **討論傳導電子與電洞**
  ◆ 解釋電子-電洞對
  ◆ 參與討論電子-電洞重新結合的現象
◆ **解釋電子和電洞流**

我們已經知道原子的電子只會存在於特定的能階帶。每個環繞原子核的能階層都是對應於某個能階帶，而且能階層彼此之間存在帶隙，且在能階層之間沒有電子存在。圖 1-12 顯示了最低能級的純矽晶體中原子的能階帶圖。導電帶中呈現沒有電子，這種狀態只有在凱氏溫標 (絕對溫度) 0 K (Kelvin)時才會出現。

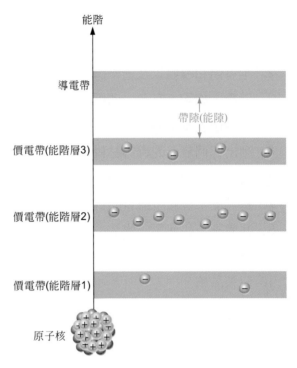

▲ 圖 1-12　處於未激發狀態的純質矽晶體原子的能階帶圖。在 0K 的溫度下，導電帶並沒有電子存在。

## 傳導電子和電洞 (Conduction Electrons and Holes)

在室溫下，純矽晶體的部分價電子可從環境吸收充分熱能，由原來的*價電帶 (valence band)* 越過能隙，進入導電帶而成為自由電子。自由電子也稱為**傳導電子(conduction electrons)**。在圖 1-13 (a) 的能階圖和圖 1-13 (b) 的鍵結圖中加以說明。

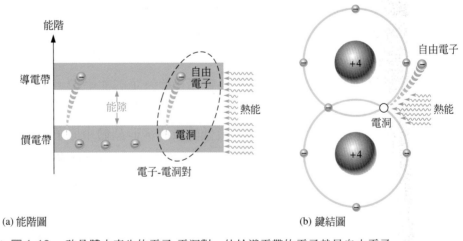

(a) 能階圖

(b) 鍵結圖

▲ 圖 1-13　矽晶體中產生的電子-電洞對。位於導電帶的電子就是自由電子。

當電子跳到傳導帶後，就會在晶體內的價電帶中留下一個空洞 (vacancy)。我們稱其為電洞(hole)。吸收外界能量而提升到傳導帶的每一個電子，都會在價電帶留下一個電洞，就形成所謂的**電子-電洞對**(electron-hole pair)。當傳導帶的電子失去能量，就會落回到價電帶，而與電洞**重新結合**(recombination)。

總而言之，在室溫下，純矽晶體隨時都有許多導電帶 (自由) 電子，不受任何原子的束縛地在材料間任意漂流。當這些電子跳到導電帶後，也會在價電帶產生相同數目的電洞。如圖 1-14 的說明。

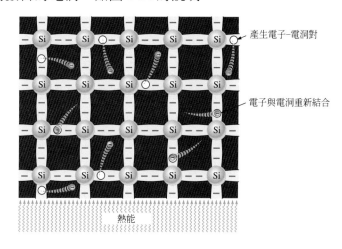

▲ 圖 1-14　矽晶體內的電子-電洞對。自由電子持續產生，而有些電子會重新與電洞結合。

## 電子流和電洞流 (Electron and Hole Current)

如圖 1-15 所示，我們在一塊純矽晶體兩端施加電壓，這些因吸熱而到導電帶中的自由電子，原本在晶體中任意移動，現在則是很容易被吸引而朝正電壓端移動。這種因為自由電子的移動而形成的電流，是半導體材料中的一種**電流**(current)形式，稱為*電子流(electron current)*。

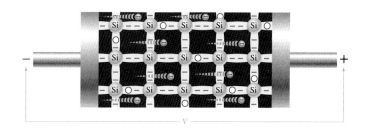

▲ 圖 1-15　純質矽晶體中的電子流，是因吸熱而產生之自由電子的移動形成的。

　　另外一種形式的電流發生在價電帶上，其中存在著因為電子離開所形成的電洞。留在價電帶上的電子，仍然受到原子的束縛而無法像自由電子一般，在晶體結構中自由移動。但是，價電子只需要一點點能量的改變，就可以移入鄰近的電洞，而在原來位置形成一個新的電洞。效果就像電洞在晶體結構中從一個地方移到另一個地方，如圖 1-16 所示。雖然價帶上的電流是由價電子所產生，但我們稱之為*電洞流(hole current)*，以便和導電帶上的電子流有所區別。

　　我們已經知道半導體的導電性是由導電帶的自由電子移動或價電帶上的電洞移動所造成的，事實上價電子移向鄰近原子的同時，會產生一個反向的電洞電流。

　　比較載子在半導體上的移動及載子在金屬導體上的移動。以銅為例，銅原子的排列方式與半導體不同，銅原子間的鍵結並非共價鍵，而是由失去價電子的正電離子組成的電子“海”。價電子受到正離子的吸引，彼此之間的吸引力使得正離子可聚集在一起，形成金屬鍵。價電子並非專屬於某一個原子，而是在整個晶體間游動。銅的價電子可以自由移動，所以加上電壓就會產生電流。在金屬結晶構造中，沒有“電洞”存在，故電流形式只有自由電子移動這一型。

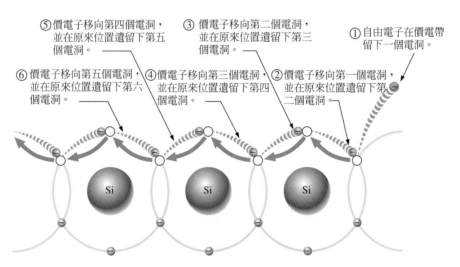

⑤ 價電子移向第四個電洞，並在原來位置遺留下第五個電洞。

③ 價電子移向第二個電洞，並在原來位置遺留下第三個電洞。

① 自由電子在價電帶留下一個電洞。

⑥ 價電子移向第五個電洞，並在原來位置遺留下第六個電洞。

④ 價電子移向第三個電洞，並在原來位置遺留下第四個電洞。

② 價電子移向第一個電洞，並在原來位置遺留下第二個電洞。

當價電子從左往右方移動並且填入一個電洞內時，就會在原來位置留下一個電洞，因此實質上電洞有如從右往左移動。灰色箭頭代表實質上電洞的移動。

▲ 圖 1-16　純質矽晶體內的電洞流。

## 1-4　*N* 型與 *P* 型半導體 (*N*-Type and *P*-Type Semiconductors)

半導體材料的導電性並不好，在純質材料的狀態下僅能維持有限的導電能力。這是因為在導電帶的自由電子和在價電帶的電洞數目很有限的緣故。純矽 (或鍺) 必須加以改變，以便增加自由電子或電洞數目，才能改善它們的導電性，並運用在電子元件上。可以在純質材料中加入雜質以達到此目的。摻有雜質的半導體材料，分為 *n* 型和 *p* 型兩種，是大部分電子元件的主要組成。

在學習完本節的內容後，你應該能夠

◆ **說明 *n* 型和 *p* 型半導體材料的特性**

　◆ 定義*摻雜*的涵義

◆ **解釋 *n* 型半導體如何形成**

　◆ 描述 *n* 型半導體材料的多數載子和少數載子

◆ **解釋 *p* 型半導體如何形成**

　◆ 描述 *p* 型半導體材料的多數載子和少數載子

由於半導體一般為不良導體，將定量雜質加入純質半導體材料中，就可大幅提昇其導電性。這個過程我們稱為**摻雜(doping)**，可以增加材料中電流載子 (電子或電洞) 的數目。摻有雜質的半導體有兩種，就是 *n* 型和 *p* 型。

### *N* 型半導體 ( *N*-Type Semiconductor)

要增加純矽導電帶的電子數目，可加入**五價(pentavalent)**的雜質原子。具有五個價電子的原子有砷 (As)、磷 (P)、鉍 (Bi)、和銻 (Sb) 等。

　　如圖 1-17 所示，每一個五價原子 (圖中所示為銻) 都會與鄰近的四個矽原子形成共價鍵。銻原子的四個價電子會與矽原子形成共價鍵，並剩下多餘一個價電子。這個多餘的價電子與鍵結無關，所以就成為傳導電子。因為五價原子讓出一個電子，所以又被稱為*施體原子(donor atom)*。藉著加入矽晶體的雜質原子的數目，就能控制傳導電子的數目。這種摻雜過程所產生的傳導電子，並不會在價電帶上留下電洞，因為這些都是填滿價電帶後多出來的電子。

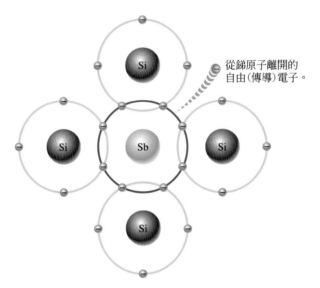

▲ 圖 1-17　矽晶體結構中的五價雜質原子。銻原子 (Sb) 位於圖的中央。銻原子多出來的電子成為自由電子。

**多數載子和少數載子 (Majority and Minority Carriers)**　既然大多數的電流載子都是電子，矽 (或鍺) 摻雜入五價原子就成為 $n$ 型半導體 ( $n$ 代表電子所帶的負電荷)。電子就稱為 $n$ 型半導體中的**多數載子(majority carriers)**。雖然 $n$ 型半導體材料的多數載子是電子，但是當熱擾動產生電子-電洞對時，仍會有少數的電洞產生，這些電洞並不是因為加入五價雜質原子而產生。電洞在 $n$ 型半導體材料中稱為**少數載子(minority carriers)**。

## *P* 型半導體 (*P*-Type Semiconductor)

要在純矽晶體中增加電洞的數目，可以加入三**價(trivalent)**的雜質原子。具有三個價電子的原子有硼 (B) 、銦 (In) 和鎵 (Ga) 等。如圖 1-18 所示，每一個三價原子 (此圖中所示為硼) 會與鄰近的四個矽原子形成共價鍵。硼原子的全部三個價電子都用於共價鍵，但是因為需要四個電子，因此每加入一個三價原子就會產生一個電洞。因為三價原子可以接受電子，因此被視為*受體原子(acceptor atom)*。藉著加入矽晶體的三價雜質原子的數目，就可以控制電洞的數目。由摻雜過程所產生的電洞，並不會伴隨產生傳導 (自由) 電子。

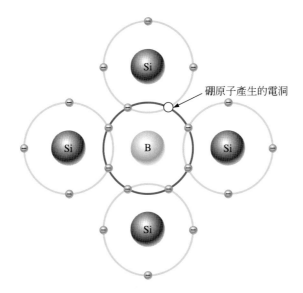

▲ 圖 1-18　矽晶體結構中的三價雜質原子。圖中央顯示的是硼 (B) 雜質原子。

**多數載子和少數載子 (Majority and Minority Carriers)**　矽 (或鍺) 晶體摻雜三價原子後，因爲大多數的電流載子是電洞，故稱爲 *p* 型半導體。*p* 型材料中的多數載子是電洞。雖然 *p* 型半導體材料的多數載子是電洞，但是當熱擾動產生電子-電洞對時，仍會有少數的導電帶電子產生，這些導電帶電子並不是因爲加入三價雜質原子而產生。導電帶電子在 *p* 型半導體材料中稱爲少數載子。

---

**第1-4節　隨堂測驗**
1. 定義摻雜的涵義。
2. 五價原子和三價原子有何不同？
3. 五價原子和三價原子有哪些其他的名稱？
4. *n* 型半導體是如何形成？
5. *p* 型半導體又是如何形成？
6. 什麼是 *n* 型半導體中的多數載子？
7. 什麼是 *p* 型半導體中的多數載子？
8. 要產生多數載子需經過哪種程序？
9. 要產生少數載子需經過哪種程序？
10. 純質半導體和摻有雜質半導體有哪些差別？

# 1-5　*PN* 接面 (The *PN* Junction)

如果你選取一塊矽晶材料，在一邊摻雜入三價雜質，而在另一邊摻雜入五價雜質，則在兩邊形成的 *p* 型區和 *n* 型區中間，就會產生一個 *pn* 接面。*pn* 接面是二極體、電晶體、太陽能電池以及往後會學到之其他元件的基礎。

在學習完本節的內容後，你應該能夠

◆ **描述 *pn* 接面如何形成**
　◆ 參與討論通過 *pn* 接面的擴散作用
◆ **解釋*空乏區* (depletion region) 的形成原因**
　◆ 定義*障壁電壓*，並討論它的重要性
　◆ 說明矽和鍺半導體的障壁電壓值
◆ **討論能量圖**
　◆ 定義*能量丘*

　　*p* 型材料由矽原子和三價的雜質原子，如硼元素所組成。當硼原子與矽原子相鍵結時，就會產生一個電洞。但是因為整個材料的質子和電子數目相等，所以材料當中不會有淨電荷存在，是電中性的。

　　*n* 型材料內有矽原子和五價的雜質原子，如銻元素。就如你所知，當一個雜質原子與四個矽原子鍵結時，就會釋放出一個電子。但是整個材料的質子和電子數目仍然相等 (包括自由電子)，所以材料當中不會有淨電荷存在，是電中性的。

　　如圖 1-19(a)所示，在一塊純矽晶體上，一邊摻雜成 *n* 型而另外一邊摻雜成 *p* 型，在兩個區域的中間就形成一個 ***pn* 接面** (***pn* junction**)，如此就產生一個二極體。*p* 型區因為加入雜質原子而產生許多的電洞 (多數載子)，和少許因為熱擾動所產生的自由電子 (少數載子)。*n* 型區則因為加入雜質原子產生許多的自由電子 (多數載子)，和少許因為熱擾動所產生的電洞 (少數載子)。

## 空乏區的形成 (Formation of the Depletion Region)

*n* 型區的自由電子可朝任意方向移動。在 *pn* 接面形成的瞬間，*n* 型區中接近 *pn* 接面的自由電子開始跨過接面擴散進入 *p* 型區域，然後會與接面附近的電洞結合，如圖 1-19 (b) 所示。

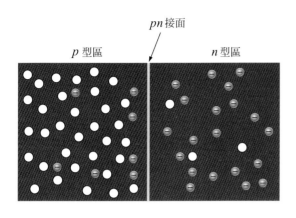

(a) 在 *pn* 接面形成的瞬間，在 *n* 型區接近 *pn* 接面的自由電子
開始跨過接面擴散進入 *p* 型區域，然後會落入 *p* 型區靠
近接面的電洞。

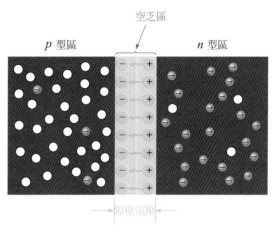

(b) 每一個擴散通過接面而與電洞結合的電子，就會在 *n* 型
區留下一個正電荷，並且在 *p* 型區產生一個負電荷，這
樣就形成障壁電壓。這種現象會一直持續，直到產生的
障壁電壓大到能夠排斥進一步的擴散作用為止。

▲ 圖 1-19　空乏區的形成過程。空乏區的寬度已經放大，以便能夠說明清楚。

在 *pn* 接面形成之前，在 *n* 型材料中有相同數目的電子和質子，因此形成電中性而不帶任何淨電荷。*p* 型材料，亦是如此。

當 *pn* 接面形成的時候，*n* 型區會因為自由電子擴散通過接面，造成自由電子的數目減少。這會在靠近接面的地方形成一層正電荷 (五價離子)。當電子移動跨過接面，*p* 型區會因為電子與電洞的結合而損失一些電洞。這會在靠近接面的地方形成一層負電荷 (三價離子)。這兩層的正、負電荷就形成**空乏區 (depletion region)**，如圖 1-19 (b) 所示。*空乏區 (depletion)* 這個名詞是反映在 *pn* 接面附近的區域缺乏電荷載子 (電子和電洞) 的現象，這是因為通過接面的擴散作用所造成的。請記得空乏區形成的速度很快，而且與 *n* 型區和 *p* 型區比較起來，空乏區的厚度很薄。

在大量的自由電子一開始通過 *pn* 接面進行擴散動作時，空乏區會一直擴大直到達成平衡為止，然後就不會再有電子擴散經過接面。這個現象發生的過程如下。當電子持續擴散經過接面，越來越多的正電荷和負電荷會在接面附近產生，因而形成空乏區。當空乏區內的所有負電荷能夠排斥電子繼續擴散進入 *P* 型區時，就像同性電荷彼此排斥的現象，擴散作用也就會停止下來。換句話說，空乏區就如同一層屏障，阻止電子繼續通過接面。

*障壁電壓 (Barrier Potential)*　　任何時候，當正、負電荷彼此靠近時，如庫侖定律所述，都會產生作用力作用在電荷上。在空乏區內，*pn* 接面的兩邊分別存在著許多的正電荷和負電荷。在相反電荷之間的作用力形成一個*電場(electric field)*，在圖 1-19 (b) 中以正、負電荷之間的藍色箭頭表示。這個電場對於 *n* 型區的自由電子形成一種屏障，要移動電子穿過這個電場需要花費能量。也就是外界必需提供能量，才能讓電子通過空乏區的電場屏障。

電場在空乏區所產生的電位差，就是電子通過這個電場所需的電壓。這個電位差又稱為障壁電壓(barrier potential)，單位是伏特。換一種說法，若能在 *pn* 接面兩端施以等於障壁電壓的電壓，且電壓的極性正確的話，就能開始讓電子通過接面。我們在第二章討論有關*偏壓(biasing)*時，會再詳細說明此點。

在 *pn* 接面處所形成的障壁電壓是由幾項因素決定，包括半導體材料的種類、摻雜的程度和溫度等。在室溫 25°C 下，典型的障壁電壓在矽晶體約為 0.7V，而鍺晶體約 0.3V。因為鍺元件很少使用，所以在本書裡，都以矽元件作為例子。

## PN 接面的能階圖和空乏區

**(Energy Diagrams of the *PN* Junction and Depletion Region)**

*n* 型材料的價電帶和導電帶的能階稍低於 *p* 型材料的價電帶和導電帶。我們曾說過，*p* 型材料是摻入三價雜質原子而 *n* 型材料是摻入五價雜質原子。三價雜質原子對最外層電子的吸引力小於五價雜質原子，即 *p* 型雜質原子的電子軌道稍大於 *n* 型雜質原子，因此，*p* 型雜質原子的電子軌道比 *n* 型雜質原子具較大的能量。

圖 1-20 (a) 顯示出 *pn* 接面在形成瞬間的能階圖。你可以看出，*n* 型材料的價電帶和導電帶的能階稍低於 *p* 型材料的價電帶和導電帶，但雙方仍有大部分是重疊著。

位於 *n* 型區導電帶上半部的自由電子，以它們的能量來說，可以很容易的擴散通過接面(不需要額外的能量)，暫時成為 *p* 型區導電帶下半部的自由電子。在通過接面之後，電子會很快地失去能量而跌入 *p* 型區價電帶的電洞中，如圖 1-20 (a) 所示。

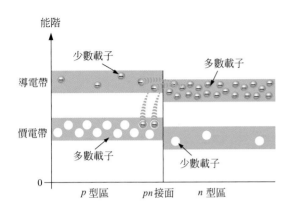

(a) 接面形成的瞬間

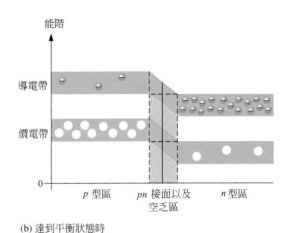

(b) 達到平衡狀態時

▲ 圖 1-20　說明 pn 接面和空乏區形成過程的能階圖。

當擴散作用持續進行，空乏區開始形成，而 n 型區導電帶的能階也逐漸降低。n 型區導電帶能階降低的原因，是由於損失了那些擴散通過接面進入 p 型區的較高能量電子。很快地，在 n 型區導電帶中，就沒有電子擁有足夠的能量可以跨越接面進入 p 型區導電帶，如圖 1-20 (b) 中所示，n 型區導電帶的上緣已與 p 型區導電帶的下緣切齊。此時，接面處於平衡狀態；因為擴散作用已經停止，空乏區也形成了。在通過空乏區時，能量逐漸升高，就像一座能量丘一般，電子必需越過這個能量障礙才可以到達 p 型區。

值得注意的是，當 n 型區導電帶的能階往下移動時，價電帶的能階也隨著向下移動。此時，價電子仍需要獲得同樣的能量才能成為自由電子。換句話說，在價電帶和導電帶之間的能隙仍然保持相同。

---

**第1-5節　隨堂測驗**

1. 何謂 pn 接面？
2. 解釋擴散作用。
3. 說明空乏區的涵義。
4. 解釋何謂障壁電壓以及它是如何形成的。
5. 矽二極體的障壁電壓是多少？
6. 鍺二極體的障壁電壓是多少？

# 本章摘要

第 1-1 節 ◆ 依照古典波爾模型，原子擁有一種像星體運行的結構，原子中心是原子核而周圍是圍繞中心且依照不同距離的軌道運行的電子。

◆ 根據量子模型的，電子不像波爾模型的粒子存在於確定的環型軌道中。電子可能是波動或是粒子的型態，任何時間的位置是不確定的。

◆ 原子核是由質子和中子所組成。質子帶正電荷而中子不帶電荷。原子核中質子的數目等於原子序。

◆ 電子帶有負電荷，電子依照所具有的能階，繞著與原子核某些特定距離的軌道運行。在原子內，存在著分散的能量帶，稱為*能階層*，電子在其內繞著軌道運行。原子的結構只能允許每個能階層容納某個上限的電子數。在自然狀態下，所有的原子都屬於電中性，這是因為它們擁有相同數目的質子和電子。

◆ 原子最外面的能階層或能量帶稱為*價電帶*，在此能量帶中的軌道運行的電子稱為*價電子*。這些電子是原子內所有電子中，具有最高能量的電子。如果價電子從外界獲得足夠的能量 (如熱能)，它就能夠跳離價電帶，而離開原來的原子。

第 1-2 節 ◆ 絕緣體材料擁有很少的自由電子，在所有正常情況下都無法傳導電流。

◆ 導體材料擁有大量的自由電子，並且能夠傳導大量電流。

◆ 半導體在傳導電流的能力上，是介於導體和絕緣體之間。

◆ 半導體材料的原子有四個價電子。矽是使用最廣泛的半導體材料。

◆ 半導體原子之間以對稱方式互相鍵結在一起，所形成的固態材料稱為*晶體*。這些維繫住晶體結構的化學鍵，稱為*共價鍵*。

第 1-3 節 ◆ 逃離原屬原子的價電子，就稱為*傳導電子*或*自由電子*。它們比價電帶中的電子擁有更高的能量，因此能夠在材料間自由移動。

◆ 當電子離開原子成為自由電子後，就會在價電帶留下一個電洞，形成所謂的*電子-電洞對*。這些電子-電洞對是因為熱擾動所產生的，因為電子從外界的熱源獲得足夠能量，然後就能離開原來的原子。

◆ 自由電子最後會失去能量，落回到電洞中。這稱為*重新結合*。但是，因為電子-電洞對會因為熱擾動而持續產生，因此材料中永遠存在著自由電子。

◆ 當在半導體材料的兩端施加偏壓，這些因為熱擾動所產生的自由電子就會朝正極端流動而形成電流。這是一種電流型式，稱為電子流。

◆ 另一種電流就是電洞流。這是因為價電子會從一個電洞移到另一個電洞，形成朝反方向流動的電洞流效果。

第 1-4 節 ◆ 將含有五個價電子的雜質原子加入半導體，就形成 n 型半導體材料。這些雜質都是*五價*原子。也可將只有三個價電子的雜質加入半導體中，就形成 p 型半導體。這些雜質都是三*價*原子。

◆ 將五價或三價的雜質加入半導體的過程，就稱為*摻雜*。

◆ 在 *n* 型半導體中的多數載子是自由電子，這是在摻雜的過程中產生的；而少數載子則是電洞，是由於熱擾動產生的電子-電洞對所形成。

◆ 在 *p* 型半導體中的多數載子是電洞，這是在摻雜的過程中產生的；少數載子則是自由電子，來自於熱擾動所產生的電子-電洞對。

**第 1-5 節** ◆ 當材料的一部分摻雜形成 *n* 型區，而另一部分摻雜形成 *p* 型區，就會形成 *pn* 接面。在 *pn* 接面附近因為缺乏多數載子，就會從接面處開始形成空乏區。空乏區是因為離子化的作用所造成。

◆ 障壁電壓，矽二極體的標準值是 0.7V，而鍺二極體則是 0.3V。

# 重要詞彙

重要詞彙和其他以粗體字表示的詞彙，都會在本書末的詞彙表中加以定義。

**原子 (Atom)** 仍能保有元素特性的最小粒子。

**障壁電壓 (Barrier potential)** 在順向偏壓下，要讓 *pn* 接面完全導通所需的電壓。

**導體 (Conductor)** 能夠輕易傳導電流的材料。

**晶體 (Crystal)** 原子依對稱方式排列的固態材料。

**摻雜 (Doping)** 將雜質加入純質半導體材料，以便控制其導電特性的過程。

**電子 (Electron)** 帶有負電荷的基本粒子。

**順向偏壓 (Forward bias)** 能讓二極體傳導電流的偏壓條件。

**自由電子 (Free electron)** 獲得足夠的能量，能夠離開原來所屬原子價電帶的電子；也稱為*傳導電子*。

**電洞 (Hole)** 在原子的價電帶上，因為電子脫離後所形成正電荷的空洞。

**絕緣體 (Insulator)** 一般狀況下，不會傳導電流的材料。

**離子化 (Ionization)** 從呈現電中性的原子移出或加入電子，使得原子帶有正電荷或負電荷。

**金屬鍵(Metallic bond)** 金屬固態中發現的一種化學鍵結，其中固定的正離子核透過流動電子於晶格中結合在一起形成晶體。

**軌道 (Orbital)** 原子的量子模型中的副能階層。

**PN 接面 (*PN* junction)** 在兩種不同型態半導體材料中間的界面。

**質子 (Proton)** 帶有正電荷的基本粒子。

**半導體 (Semiconductor)** 導電性介於導體和絕緣體之間的材料。矽、鍺和碳都是這種材料。

**能階層 (Shell)** 電子繞著原子核運轉所形成的能量帶。

**矽 (Silicon)** 一種半導體材料。

**價 (Valence)** 與原子最外一層的能階層有關的事物。

# 重要公式

| 1-1 | $N_e = 2n^2$ | 每個能階層所能容納電子的上限數目。 |

## 是非題測驗 答案可以在以下的網站找到 www.pearsonglobaleditions.com(搜索 ISBN:1292222999)

1. 每個元素都有唯一的原子結構。
2. 質子是帶負電的粒子。
3. 氫原子有兩個質子和兩個中子。
4. 在正常(或中性)狀態下，給定元素的所有原子都具有與質子相同的電子數。
5. 價電子有助於化學反應。
6. 大多數金屬都是不良導體。
7. 絕緣體是在正常條件下不傳導電流的材料。
8. 由矽形成的 $pn$ 接面是在晶體的相對側上使用 $p$ 型和 $n$ 型材料。
9. 摻雜增加了導電載體的數目。
10. 硼原子在與矽原子鍵合時會移除電洞。
11. 純質晶體是沒有雜質的晶體。

## 自我測驗 答案可以在以下的網站找到 www.pearsonglobaleditions.com(搜索 ISBN:1292222999)

第 1-1 節
1. 每一個已知的元素都有
   (a) 相同型態的原子　(b) 相同數目的原子
   (c) 唯一型態的原子　(d) 幾種不同型態的原子
2. 原子是由哪些組成
   (a) 一個原子核和唯一的電子　(b) 一個原子核和一個以上的電子
   (c) 質子、中子和電子　(d) 答案 (b) 和 (c) 均是
3. 原子的原子核是由哪些基本粒子組成
   (a) 質子和中子　(b) 電子　(c) 電子和質子　(d) 電子和中子
4. 價電子是位於
   (a) 最接近原子核的軌道　(b) 距離原子核最遠的軌道
   (c) 繞著原子核的不同軌道　(d) 與任何原子無關
5. 下面哪一種狀況會產生正離子
   (a) 價電子脫離原子
   (b) 在原子的外層軌道中，電洞的數目比電子多
   (c) 兩個原子鍵結在一起　(d) 原子獲得一個額外的價電子

第 1-2 節
6. _____是絕緣體的一個例子。
   (a) 銅　(b)金　(c)雲母　(d)硼

7. 絕緣體和半導體的差別在
   (a) 價電帶和導電帶之間的能隙較寬　　(b) 自由電子的數目
   (c) 原子的結構　　(d) 以上皆對

8. _____是單一元素半導體的一個例子。
   (a)銀　(b)金　(c)雲母　(d)砷

9. 在半導體晶體中，原子是由於下列何種原因而結合在一起
   (a) 價電子之間的作用力　　(b) 原子間的吸引力
   (c) 共價鍵　　(d) 以上皆是

10. 黃金的原子序數是
    (a)79　(b)29　(c)4　(d)32

11. 銅的原子序數是
    (a)8　(b)29　(c)4　(d)32

12. 碳原子中的價電層有_____個電子。
    (a)0　(b)1　(c)3　(d)4

13. 矽晶體中的每一個原子都有
    (a) 四個價電子　　(b) 四個傳導電子
    (c) 八個價電子，其中四個自有，另外四個與其他原子共有
    (d) 沒有價電子，因為所有的電子都已被共用

**第 1-3 節**　14. 電子-電洞對是在下述哪種狀況產生
    (a) 重新結合　　(b) 熱擾動　　(c) 離子化　　(d) 摻雜

15. 重新結合是發生於
    (a) 電子落回電洞中　　(b) 正離子和負離子鍵結在一起時
    (c) 價電子成為傳導電子時　　(d) 晶體形成時

16. 半導體中的電流是由什麼形成的？
    (a) 只由電子形成　　(b) 只由電洞形成　　(c) 負離子　　(d) 電子和電洞

**第 1-4 節**　17. 在純質半導體中
    (a) 沒有自由電子　　(b) 自由電子是由熱擾動產生
    (c) 只有電洞存在　　(d) 電子的數目和電洞一樣　　(e) 答案 (b) 和 (d) 均是

18. $p$ 型半導體具有帶雜質原子，其帶有_____個價電子。
    (a)3　(b)5　(c)0　(d)1

19. 將三價的雜質加入矽材料中，就會形成
    (a) 鍺　(b) $p$ 型半導體　(c) $n$ 型半導體　(d) 空乏區

20. 在半導體材料中加入五價雜質的目的是
    (a) 降低矽晶體的導電性　　(b) 增加電洞的數目
    (c) 增加自由電子的數目　　(d) 產生少數載子

21. _____是具有五個價電子的元素的一個例子。
    (a)砷　(b)硼　(c)鎵　(d)矽

**22.** $n$ 型半導體材料中的電洞屬於

(a) 熱擾動所產生的少數載子    (b) 摻雜過程中產生的少數載子

(c) 熱擾動所產生的多數載子    (d) 摻雜過程中產生的多數載子

**第 1-5 節** **23.** $pn$ 接面是由下列何種原因產生

(a) 電子和電洞的重新結合    (b) 離子化

(c) $p$ 型材料和 $n$ 型材料結合所形成的邊界區    (d) 質子和中子的碰撞

**24.** 在 25℃ 下矽二極體的障壁電位大約是

(a) 0.7 V    (b) 0.3 V    (c) 0.1 V    (d) 0.8 V

**25.** 空乏區包含有

(a) 除了少數載子外，不含其他粒子    (b) 正離子和負離子

(c) 沒有多數載子存在    (d) 答案 (b) 和 (c) 均是

# 習　題　所有的答案都在本書末。

## 基本習題

### 第 1-1 節　原子

**1.** 波爾模型和原子量子模型之間最重要的區別是什麼？

**2.** 何謂自由電子？

**3.** 中性鍺原子中的質子和電子數量是多少？

**4.** 原子的前四個能階層中可存在的最大電子總數是多少？

### 第 1-2 節　用於電子學的材料

**5.** 對於圖 1-21 中的每一個能階圖，請按照能階相對的高低，判斷出各是何種材料？(半導體、導體和絕緣體)

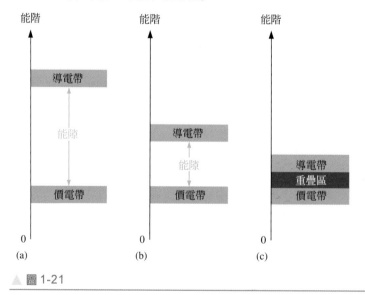

▲ 圖 1-21

6.　爲什麼矽比鍺更廣泛地用作半導體的主要材料？

7.　在鍺(Ge)晶體中，一個原子會形成多少個共價鍵？

## 第 1-3 節　半導體的電流

8.　將矽晶體加熱後，會產生何種現象？

9.　請舉出矽晶體中會產生電流的兩個能階帶。

10.　半導體中如何產生電洞流？

11.　金屬導體中如何產生電流？

## 第 1-4 節　*N* 型與 *P* 型半導體

12.　說明摻雜的製造過程並且解釋它是如何改變矽晶體的原子結構。

13.　說明銻 (antimony, Sb) 在半導體製程中的作用?也請說明硼 (boron, B) 的作用？

## 第 1-5 節　*PN* 接面

14.　說明 *pn* 接面兩端的電場是如何形成的？

15.　因爲具有障壁電壓，可以將二極體當作電壓源使用嗎？試加以解釋。

# 二極體及其應用
## (Diodes and Applications)

**2**

### 本章學習目標

◆ 在一般的應用中使用二極體
◆ 分析二極體的電壓-電流(V-I)特性
◆ 解釋這三個二極體的模型有何不同
◆ 說明並且分析半波整流器的工作原理
◆ 說明並且分析全波整流器的工作原理
◆ 解釋並分析電源供應器的濾波器與調整器
◆ 說明並且分析二極體限位器與箝位器的工作原理
◆ 說明並且分析二極體電壓倍增器的工作原理
◆ 說明和使用二極體的特性資料表

### 可參訪教學專用網站

有關這一章的學習輔助資訊可以在以下的網站找到 http://www.pearsonglobaleditions.com
(搜索 ISBN:1292222999)

### 重要詞彙

◆ 二極體(Diode)
◆ 偏壓(Bias)
◆ 順向偏壓(Forward bias)
◆ 逆向偏壓(Reverse bias)
◆ 電壓-電流特性(V-I characteristic)
◆ 直流電源供應器(DC power supply)
◆ 整流器(Rectifier)
◆ 濾波器(Filter)
◆ 調節器(Regulator)
◆ 半波整流器(Half-wave rectifier)
◆ 反峰值電壓(Peak inverse voltage, PIV)
◆ 全波整流器(Full-wave rectifier)
◆ 漣波電壓(Ripple voltage)
◆ 線性調整率(Line regulation)
◆ 負載調整率(Load regulation)
◆ 限位器(Limiter)
◆ 箝位器(Clamper)
◆ 故障檢修(Troubleshooting)

### 簡 介

在第一章中,你學到了許多半導體元件都是藉由 $pn$ 接面設計而成的。本章涵蓋了二極體的工作原理與特性。並詳細討論二極體的三種近似模型與測試方法。二極體在電子電路上的重要性不需要我們再加以強調。二極體朝單方向導通電流,反向偏壓則呈現斷路的特性,正是許多電路運作的基本原理。在本章中,所要特別強調的就是交流整流器電路。以及一些其他重要的應用,還有二極體限位器、二極體箝位器和二極體電壓倍增器。我們還會討論一些特殊二極體的規格表。

# 2-1 二極體的工作原理 (Diode Operation)

二極體是一個有兩個端點，有摻雜的矽質區域$pn$接面，所組成的半導體元件。本章中涵蓋了最常見的二極體種類，也就是多用途二極體。其他的名稱，好比整流二極體或訊號二極體，取決於此二極體是為哪一種特殊應用而設計的。你會學到如何用電壓來使二極體的電流只朝一個方向導通，而另一個方向電流則被阻隔。這種處理稱為偏壓(biasing)。

在學習完本節的內容後，你應該能夠

◆ 認識二極體的電子符號和幾種二極體的包裝結構
◆ 對二極體施以順向偏壓
  ◆ 定義*順向偏壓*並且說明所需的條件
  ◆ 討論順向偏壓對空乏區的影響
  ◆ 定義在順向偏壓時的*障壁電壓*和它的影響
◆ 使一個二極體有逆向偏壓
  ◆ 定義*逆向偏壓*並且說明所需條件
  ◆ 討論逆向電流以及逆向崩潰

## 二極體 (The Diode)

如前章所述，**二極體(diode)**的材料是一個小的半導體，通常是矽，其中一半摻雜帶正電雜質成為 $p$ 型區，而另一半摻雜帶負電雜質成為 $n$ 型區，中間並有 $pn$ 接面及空乏區。$p$ 型區又稱為**陽極(anode)**，接在一個導電的端點。$n$ 型區又稱為**陰極(cathode)**，接在另一個導電的端點。基本的二極體結構及電路符號如圖 2-1 所示。

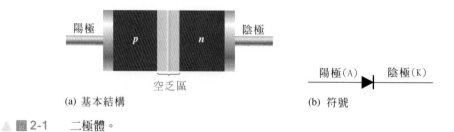

(a) 基本結構　　　　　(b) 符號

▲ 圖 2-1　二極體。

*一般二極體封裝 (Typical Diode Packages)* 圖 2-2(a)顯示幾種常見的貫孔裝置二極體的外形結構。在二極體上標示陽極(A)和陰極(K)的方法有好幾種,是依照封裝的種類而定。陰極常用環帶、凸出的片狀物或其他方式表示。從封裝外形觀察,如果可看到某個接腳和外殼直接相連,則外殼就是陰極。

*表面黏著型二極體封裝 (Surface-Mount Diode Packages)* 圖 2-2(b) 為印刷電路板上典型的表面黏著型二極體封裝。 SOD 封裝與 SOT 封裝具鷗翼外張導線。SMA 封裝具有向內彎曲至封裝下的 L 型導線。SOD 型與 SMA 型在接腳末端以彩色條紋標示陰極。SOT 型為三個接腳的封裝,內含有一個或兩個二極體。在單一二極體 SOT 封裝中,通常接腳 1 為陽極而接腳 3 為陰極。在雙二極體 SOT封裝中,接腳 3 為共用接腳,可以為陽極或陰極。對於特殊之二極體的使用,請查閱說明書以確定其接腳的配置。

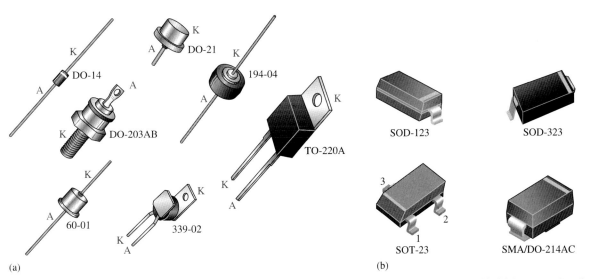

(a) (b)

▲ 圖 2-2 標準二極體的封裝外形以及接腳的標示。為了避免與某些電量的符號標示 C 混淆,我們用字母 K 來表示陰極。每個二極體上皆有標示封裝型號。

## 順向偏壓 (Forward Bias)

要對二極體施以偏壓(bias),你必須在它的兩端加上直流電壓。順向偏壓**(forward bias)**就是指施加的偏壓能夠讓電流順利通過 $pn$ 接面。如圖 2-3 顯示,一個直流電壓源透過導電材料 (接點和導線) 在二極體的兩端施加順向偏壓。這個外部偏壓電壓以 $V_{BIAS}$ 表示。圖中的電阻可限制順向電流的大小,避免傷害到二極體。請注意,偏壓 $V_{BIAS}$ 的負極端要接到二極體的 $n$ 型區,而正極端則要接到 $p$ 型區。這是順向偏壓的第一個條件。第二個條件就是偏壓的電壓值 $V_{BIAS}$，必須大於**障壁電壓(barrier potential)**。

▶ 圖 2-3　　二極體順向偏壓的接法。

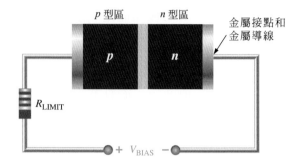

圖 2-4 的圖解說明，當二極體處於順向偏壓的情形。因為就像同性電荷會彼此排斥般，偏壓源的負極會排斥自由電子 ( $n$ 型區的主要載子)，使其流向 $pn$ 接面。這種自由電子的流動稱為*電子流(electron current)*。偏壓源的負極端也會經由外部導線，提供連續的電子流流入 $n$ 型區。

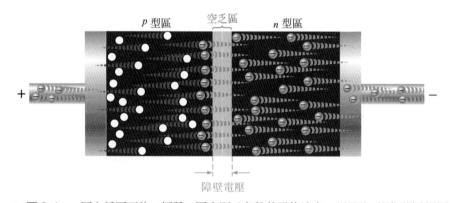

▲ 圖 2-4　　順向偏壓下的二極體，圖中顯示多數載子的流向，以及空乏區兩端所形成的障壁電壓。

偏壓源提供自由電子充足的能量，使其能克服空乏區的障壁電壓，流入 $p$ 型區。一旦進入 $p$ 型區，這些傳導電子就失去能量，而立刻與價電帶的電洞結合。

現在，電子只好位於 $p$ 型區的價電帶中，因為它們為了克服障壁電壓，已失去太多的能量，無法繼續留在導電帶內。又因異性電荷相吸，偏壓源的正極端會吸引價電子流向 $p$ 型區的左方。 $p$ 型區的電洞提供媒介或路徑，讓價電子能夠穿過 $p$ 型區。價電子從一個電洞流向下一個電洞，一路朝左方流去。而電洞 ( $p$ 型區的主要載子) 等於是 (並非實際上) 朝右方流向 $pn$ 接面，你也可從圖 2-4 看出。這個電洞的等效流動，稱為電洞流。你也可以將電洞流視為價電子流過 $p$ 型區，而電洞則提供電子流動的唯一途徑。

當電子流出 $p$ 型區，經過外部導線流到偏壓源的正極端時，它們會在 $p$ 型區留下電洞；同時，這些電子成為金屬導體中的傳導電子。回想一下，導體的導電帶與價電帶有部分重疊在一起，因此導體的電子比半導體的電子需要更少的能量就能成為自由電子，且金屬導體的結構中並無電洞。所以，就像有源源不絕的電洞流向 $pn$ 接面，與持續穿過接面進入 $p$ 型區的電子結合。

*順向偏壓對空乏區的作用 (The Effect of Forward Bias on the Depletion Region)*
當電子自 $n$ 型區流入空乏區時，它們與 $p$ 型區的電洞結合，有效地縮小了空乏區。此順向偏壓的過程會使得空乏區變窄，如圖 2-5 所示。

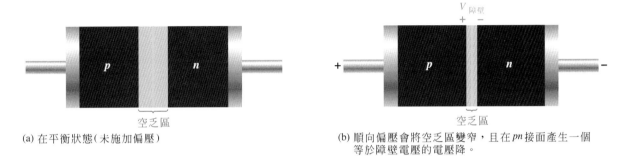

(a) 在平衡狀態(未施加偏壓)

(b) 順向偏壓會將空乏區變窄，且在 $pn$ 接面產生一個等於障壁電壓的電壓降。

▲ 圖 2-5　順向偏壓會將空乏區變窄，而在 $pn$ 接面產生電壓降。

*順向偏壓對障壁電壓的作用 (The Effect of the Barrier Potential During Forward Bias)*　回想一下，在空乏區 $pn$ 接面兩端的正、負離子形成所謂的能量丘，在平衡狀態時會阻止自由電子擴散通過接面 。這就形成所謂的*障壁電壓(barrier pontential)*，矽的障壁電壓約為 0.7V。

施加順向偏壓時，自由電子從偏壓源取得足夠的能量，就能克服障壁電壓，就像爬過能量丘，通過空乏區。電子通過空乏區所需的能量等於障壁電壓。換句話說，當電子通過空乏區時，它會損失相當於障壁電壓的能量。這項能量的損失，會在 $pn$ 接面處產生等於障壁電壓 (0.7V) 的電壓降，如圖 2-5 (b) 所示。另外在 $p$ 型區和 $n$ 型區兩端會有額外的小電壓降，這是由材料的內部電阻所造成。對於摻雜的半導體材料而言，這個阻抗很小，通常都可忽略掉，我們稱之為**動態阻抗 (dynamic resistance)**，會在第 2-2 節詳細討論。

## 逆向偏壓 (Reverse Bias)

逆向偏壓(Reverse bias)基本上能防止電流通過二極體。圖 2-6 顯示一個直流電壓源對二極體兩端施加逆向偏壓的情形。這項外加的偏壓與順向偏壓同樣是以 $V_{BIAS}$

表示。需要注意，此項偏壓的正極端是連接到二極體的 $n$ 型區，而負極端則連接到 $p$ 型區。同時也請注意，此時的空乏區較順向偏壓或平衡 (未施加偏壓) 時更寬。

▶ 圖 2-6

二極體逆向偏壓的接法。圖中仍有限流電阻，雖然這在逆向偏壓下不是很重要，因為基本上是沒有電流的。

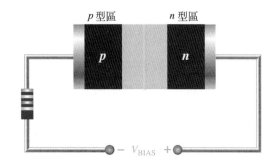

圖 2-7 顯示，當二極體在逆向偏壓下所發生的情形。因為異性電荷會互相吸引，因此偏壓源的正極端會拉動自由電子 ($n$ 型區的多數載子) 離開 $pn$ 接面。當電子流向電壓源的正極端，就會產生額外的正離子。這樣會造成空乏區更寬，多數載子更形缺乏。

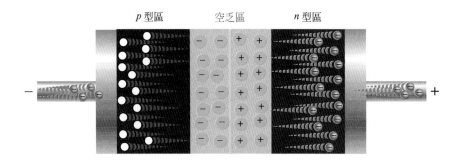

▲ 圖 2-7　　當施加逆向偏壓之後，在短暫的導通期間，二極體的變化情形。

在 $p$ 型區，從電壓源負極端流出的電子會成為價電子，從一個電洞經過另一個電洞流向空乏區，並在空乏區形成更多的負離子。這樣就會加寬空乏區，使得多數載子更形缺乏。這種價電子的流動也可視為電洞被拉向負極端。

在施加逆向偏壓後，所產生電荷載子的流動屬於暫時性，只維持很短暫的時間。當空乏區加寬時，多數載子的數目也減少。當更多的 $n$ 型區和 $p$ 型區缺乏多數載子後，正離子和負離子之間的電場就會增強，直到空乏區兩端的電壓等於偏壓電壓 $V_{\text{BIAS}}$ 為止。此時，暫態電流基本上會停止，只剩下很小的逆向電流存在，不過通常都予以忽略。

*逆向電流 (Reverse Current)* 　在逆向偏壓下，暫態電流停止後，仍有很小的電流存在，這是由 *n* 型區和 *p* 型區的少數載子所造成，而這些少數載子是來自於熱擾動所產生的電子-電洞對。這些 *p* 型區的少量自由電子，被負偏壓推向 *pn* 接面。當這些電子到達寬大的空乏區，就會滑下能量丘並且像價電子一樣與 *n* 型區的少數載子電洞結合，流向正偏壓端而形成一股小的電洞流。

　　*p* 型區導電帶較 *n* 型區導電帶位於更高的能階。因此，少數載子的電子就能輕易的通過空乏區，因為它們不需要額外的能量。逆向電流在圖 2-8 加以說明。

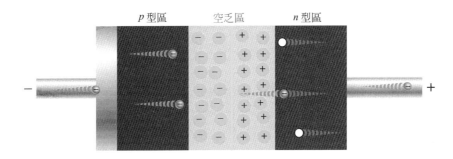

▲ 圖 2-8　　在逆向偏壓作用下的二極體所產生極小量的逆向電流，是因為熱擾動所產生電子-電洞對中的少數載子造成的。

*逆向崩潰 (Reverse Breakdown)* 　一般來說，逆向電流因為太小，可以忽略。但是，當逆向偏壓增加到所謂的*崩潰電壓 (breakdown voltage)*的電壓值時，逆向電流就會大幅地增加。

　　這是實際發生的現象。這個逆向高電壓會賦予少數自由電子足夠的能量，使它們能夠加速穿過 *p* 型區，它們會衝擊原子，並且因為帶有足夠的能量，就可將原子的價電子撞離軌道，進入導電帶。這些新產生的導電電子因為仍然具有很高的能量，因此可以重複這種過程。如果一個電子在通過 *p* 型區的過程中，只另外撞擊兩個電子離開價軌道，則電子的數目就會快速倍增。當這些高能量電子通過空乏區，它們仍然具有足夠的能量，如傳導電子一般通過 *n* 型區，而不會與電洞結合。

　　我們剛才所討論傳導電子的倍增現象，稱為**累增崩潰效應(avalanche effect)**。如果沒有採取限流措施，逆向電流會戲劇性的增加。如果不限制逆向電流的大小，它所產生過量的熱能會使二極體遭受永久的破壞。大部分的二極體不操作在逆向崩潰區內，但如果有限流裝置(例如串聯一個限流電阻)，就可使二極體不遭受永久的破壞。

第2-1節　隨堂測驗
答案可以在以下的網站找到
www.pearsonglobaleditions.com
(搜索 ISBN:1292222999)

1. 說明二極體在順向偏壓下的情形。
2. 解釋如何對二極體施加順向偏壓。
3. 說明二極體在逆向偏壓下的情形。
4. 解釋如何對二極體施加逆向偏壓。
5. 比較在順向偏壓和逆向偏壓下空乏區的異同。
6. 在何種偏壓條件下,可以產生多數載子電流?
7. 二極體的逆向電流是如何產生?
8. 何時二極體會產生逆向崩潰的現象?
9. 定義出二極體的累增崩潰作用。

## 2-2　二極體的電壓-電流(V-I)特性 (Voltage-Current Characteristic of a Diode)

就你目前所知,順向偏壓會讓電流通過二極體,而逆向偏壓時,基本上除了很小可忽略的逆向電流以外,會阻止電流通過。只要逆向偏壓不會等於或超過接面的崩潰電壓,則逆向偏壓通常會阻止電流的通過。在這一節中,我們會以圖形方式,更詳細地說明二極體的電壓和電流關係。

在學習完本節的內容後,你應該能夠

◆ **分析二極體的電壓-電流 ($V$-$I$) 特性**
◆ 解釋順向偏壓的電壓-電流($V$-$I$)特性
　　◆ 畫出順向偏壓的 $V$-$I$ 曲線
　　◆ 描述障壁電壓如何影響 $V$-$I$ 曲線
　　◆ 定義*動態阻抗*
◆ 解釋逆向偏壓的 $V$-$I$ 特性
　　◆ 畫出逆向偏壓的 $V$-$I$ 曲線
◆ 討論完全的 $V$-$I$ 特性曲線
　　◆ 描述溫度對二極體特性的影響

### 順向偏壓下的電壓-電流特性 (*V-I* Characteristic for Forward Bias)

對二極體施加順向偏壓就會產生電流。這個電流稱為*順向電流 (forward current)*,以 $I_F$ 表示。圖 2-9 顯示當順向偏壓從 0V 開始增加時,所產生的現象。圖中的電阻是用來限制順向電流的大小,以免讓二極體過熱而造成損害。

當二極體兩端的電壓為 0V 時，並不會產生順向電流。當逐漸增加順向偏壓後，順向電流和二極體兩端的電壓也會逐漸增加，如圖 2-9 (a) 所示。順向偏壓有部分會降落在限流電阻上。當順向偏壓增加到二極體兩端的電壓成為 0.7V (障壁電壓) 時，順向電流就開始快速增加，如圖 2-9 (b) 所示。

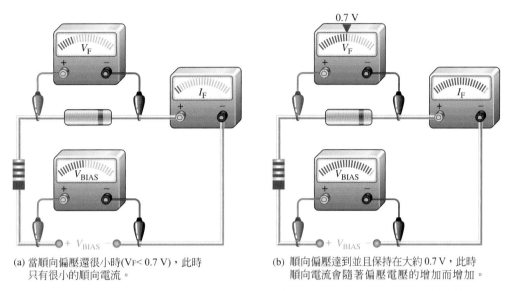

(a) 當順向偏壓還很小時($V_F < 0.7$ V)，此時只有很小的順向電流。

(b) 順向偏壓達到並且保持在大約 0.7 V，此時順向電流會隨著偏壓電壓的增加而增加。

▲ 圖 2-9　在順向偏壓狀況下，顯示出因為 $V_{BIAS}$ 的增加所造成 $V_F$ 和 $I_F$ 的一般變動情形。

當你持續增加順向偏壓時，電流也會持續快速增加，但是二極體兩端的電壓只是從 0.7V 逐漸向上增加一些些而已。在二極體障壁電壓之上所增加的小幅度壓降是由半導體材料的動態阻抗所造成的。

*電壓-電流曲線圖解 (Graphing the V-I Curve)*　如果你將圖 2-9 的各種測量結果以圖形繪出，你會得到順向偏壓下二極體的電壓-電流特性(*V-I* **characteristic**)曲線圖，如圖 2-10 (a) 所示。二極體的順向偏壓 ($V_F$) 朝右沿著水平軸方向增加，而順向電流 ($I_F$) 則是沿著垂直軸方向向上增加。

可從圖 2-10 (a) 看出，順向電流一直增加的很慢，直到 *pn* 接面兩端的順向電壓達到曲線上膝點(knee)處的電壓 (大約 0.7V) 時，順向電流才大幅度的增加。在此點以後，順向電壓仍然幾乎固定大略保持在 0.7V 左右，但是順向電流 $I_F$ 卻快速增加。如前面所述，當電流快速增加時，$V_F$ 電壓只在 0.7V 以上微幅增加，這主要是來自於動態阻抗所產生的電壓降。順向電流 $I_F$ 一般的單位是毫安培 (mA)，如圖中所示。

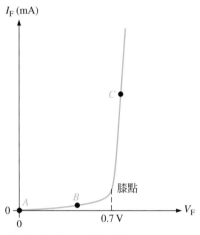

(a) 順向偏壓之電壓電流特性曲線

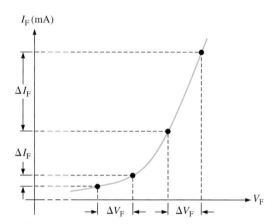

(b) 圖(a)的局部展開圖。當你沿著曲線向上移
動時，如圖所示 $\Delta V_F / \Delta I_F$ 值減少，即動態
阻抗 $r'_d$ 隨之減少。

▲ 圖 2-10　順向偏壓下二極體的電壓-電流關係圖。

圖 2-10 (a) 中的曲線上標示有三個點 $A$、$B$ 和 $C$。點 $A$ 對應於零偏壓的狀況。
點 $B$ 則對應於圖 2-9 (a) 中順向偏壓小於障壁電壓 0.7V 的狀況。點 $C$ 則對應於圖
2-9 (b) 中順向偏壓大約等於障壁電壓的狀況。當外加偏壓和順向電流在曲線膝
點之上持續增加時，順向電壓只會比 0.7V 微幅增加。實際上，順向電壓最多增
加到大約 1V 的程度，依順向電流的大小而定。

*動態阻抗 (Dynamic Resistance)*　　圖 2-10(b) 為圖 2-10(a) 之電壓-電流特性曲線的
局部放大圖，用來說明動態阻抗。與線性阻抗不同，順向偏壓下二極體的阻抗
值在整個曲線上，並非定值。因為當你沿著電壓-電流曲線移動的時候，阻抗值
是隨著曲線變更，因此稱之為*動態阻抗或者交流阻抗 (dynamic or ac resistance)*。
電子元件的內部阻抗通常是以斜體小寫字母 $r$，加上一撇表示，而不是標準的大
寫 $R$。而二極體的動態阻抗以 $r'_d$ 表示。

在曲線膝點以下的阻抗值為最大，這是因為當電壓增加（ $r'_d = \Delta V_F / \Delta I_F$ ）
時，電流增加很少。在曲線膝點部分，阻抗值開始減少，到膝點以上的阻抗值
成為最小值，這是因為一點點電壓的變動就會產生很大的電流變動。

## 逆向偏壓下的電壓-電流特性 (*V-I* Characteristic for Reverse Bias)

在二極體兩端施加逆向偏壓，只會有很小的逆向電流（ $I_R$ ）通過 $pn$ 接面。當二
極體兩端的偏壓為 0V 時，就不會有逆向電流存在。逐漸增加逆向偏壓，就會在

二極體兩端之間出現很小的逆向電流,而二極體兩端的電壓也逐漸增加。當施加的逆向偏壓值 ($V_R$) 達到崩潰電壓 ($V_{BR}$) 時,逆向電流開始快速增加。

　　當你持續增加偏壓值時,電流也持續快速增加,但是二極體兩端的電壓在達到 $V_{BR}$ 後,電壓就增加很少。除非為了特殊需要,崩潰電壓對大部分具有 *pn* 接面的元件,並不是一般正常的工作。

*畫電壓-電流曲線圖 (Graphing the V-I Curve)*　　如果你將逆向偏壓下的各種測量值繪成圖形,就可以得出在逆向偏壓下二極體的電壓-電流曲線的圖形。標準的曲線圖顯示在圖 2-11 中。二極體的逆向偏壓 ($V_R$) 是沿著水平軸向左方增加,而逆向電流 ($I_R$) 則是沿著垂直軸向下方增加。

▶ 圖 2-11

逆向偏壓下,二極體的電壓-電流特性曲線。

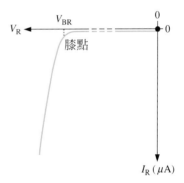

　　在開始施加逆向偏壓時,只有很小的逆向電流存在(通常為 $\mu$A 或 nA),直到二極體的逆向偏壓大約與位於曲線膝點的崩潰電壓($V_{BR}$)相等時,逆向電流才會大幅增加。在超過此點後,逆向電壓大約仍保持在 $V_{BR}$ 的電壓值,但是$I_R$增加的很快,如果電流沒有限制在安全範圍內,造成過熱可能損害二極體。各種二極體的崩潰電壓取決於廠商所設定的摻雜雜質濃度。典型的整流二極體(以最為廣泛使用的一般二極體型式而言)的崩潰電壓大於 50V,某些特殊二極體的崩潰電壓只有 5V。

## 完整的電壓-電流特性曲線 (The Complete *V-I* Characteristic Curve)

將順向偏壓和逆向偏壓的曲線圖合併,就可得出二極體完整的電壓-電流特性曲線,如圖 2-12 所示。

*溫度效應(Temperature Effects)*　　對於順向偏壓下的二極體,當溫度升高,在一定的順向偏壓下,順向電流會增加。當然,對於一定的順向電流,則順向電壓

會降低，如圖 2-13 中的電壓-電流特性曲線所示。圖中在室溫 (25℃) 時，以藍色曲線表示，而在稍高的溫度 (25℃ ＋ $\Delta T$) 時，以紅色曲線表示。當溫度升高 1 度的時候，障壁電壓則會降低 2mV。

　　對於逆向偏壓下的二極體，當溫度升高的時候，逆向電流也增加。在圖 2-13 中，兩個曲線的差別已經放大，這是為了便於說明。請記住，在崩潰電壓以內的逆向電流仍然很小，而一般予以忽略。

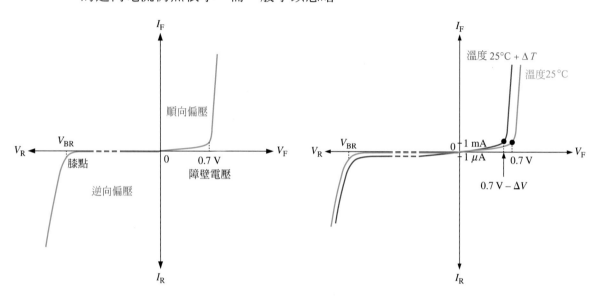

▲ 圖 2-12　完整的二極體電壓-電流特性曲線。

▲ 圖 2-13　二極體電壓-電流特性曲線的溫度效應。在垂直軸上標示的 1mA 和 1$\mu$A 的單位，分別表示垂直軸上方和下方電流標示單位的大小 (表示水平軸下方的電流已經放大標示，以便清楚顯示出電流大小)。

**第2-2節　隨堂測驗**

1. 參與討論在順向偏壓下，特性曲線上的膝點 (knee) 的重要意義為何？
2. 曲線的哪一部分才是順向偏壓下二極體的正常工作區？
3. 崩潰電壓和障壁電壓哪一個電壓較大？
4. 曲線的哪一部分才是逆向偏壓下二極體的正常工作區？
5. 當溫度增加時，障壁電壓會如何變化？
6. 何謂動態阻抗，它與普通阻抗有何不同？

# 2-3 二極體的各種模型 (Diode Models)

你已經知道二極體是一種具有 *pn* 接面的元件。在這一節,你將會學到二極體的電子符號,也能夠利用三種不同複雜度的二極體模型,來進行電路分析。同時,也會介紹二極體的封裝和如何辨識二極體的接腳。

在學習完本節的內容後,你應該能夠

- ◆ **解釋這三個二極體的模型有何不同**
- ◆ 討論偏壓的連接
- ◆ 描述二極體的近似法
  - ◆ 描述理想的二極體模型
  - ◆ 描述實際的二極體模型
  - ◆ 描述完整二極體模型

## 偏壓的連接 (Bias Connections)

*順向偏壓 (Forward-Bias)*　　記得如果電壓源是按照圖 2-14 (a) 的方式和二極體互相連接,則稱此二極體為順向偏壓。電壓源的正極端經過一個限流電阻,再接到二極體的陽極。電壓源的負極端則接到二極體的陰極。順向電流 ($I_F$) 則如圖所示,從二極體的陽極流向陰極。由於障壁電壓的存在而產生的順向電壓降 ($V_F$),在二極體的陽極為正,陰極為負。

▶ 圖 2-14

順向偏壓和逆向偏壓下的連結方式,並顯示出二極體的符號。

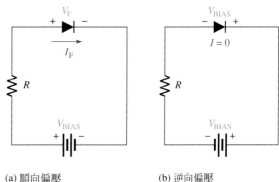

(a) 順向偏壓　　　　　　　　(b) 逆向偏壓

*逆向偏壓下的接線方式 (Reverse-Bias Connection)*　　如果電壓源是按照圖 2-14 (b) 的方式和二極體互相連接,則稱此二極體受到逆向偏壓的作用。電壓源的負極端接到二極體的陽極,電壓源的正極端則接到二極體的陰極。逆向偏壓通常不需要限流電阻,但為了電路的一致性,仍在圖中繪出。逆向電流非常小,可視為零。要注意的是整個電路的偏壓電壓 ($V_{BIAS}$) 都橫跨在二極體兩端。

## 二極體的等效近似 (Diode Approximations)

*理想的二極體模型 (The Ideal Diode Model)* 理想的二極體模型為一最不精確的近似值,可視為一個簡單的開關。對二極體施加順向偏壓時,理想上二極體就像是一個閉合的開關 (on),如圖 2-15 (a) 所示。對二極體施加逆向偏壓時,理想上二極體就像是一個斷路的開關 (off),如圖 2-15 (b) 所示。雖然障壁電壓、順向動態阻抗和逆向電流都可予以忽略,當你想要測試二極體是否能正常工作時,此模型非常適合用來做大部分的故障檢修。

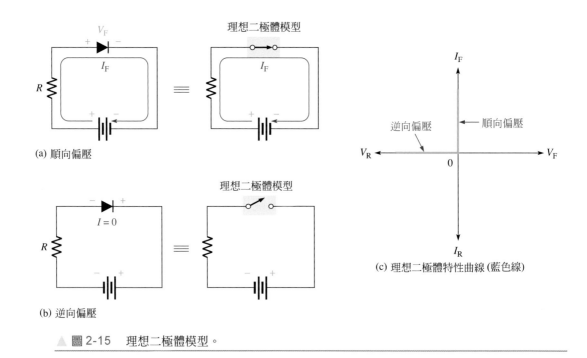

▲ 圖 2-15 理想二極體模型。

在圖 2-15 (c) 中,繪出理想二極體的電壓-電流特性曲線圖。既然障壁電壓和順向動態阻抗都予以忽略,因此在順向偏壓下,可以假設二極體兩端不會有電壓降,如位於正垂直軸上的部分特性曲線所示。

$$V_F = 0\,V$$

順向電流 $(I_F)$ 是由所施加的偏壓值和限流電阻,按照歐姆定律決定:

公式 2-1

$$I_F = \frac{V_{BIAS}}{R_{LIMIT}}$$

既然逆向電流可予以忽略，就可假設其值為零，如圖 2-15 (c) 中在負水平軸的部分特性曲線所示。

$$I_R = 0\,\text{A}$$

此時逆向電壓等於所施加的偏壓電壓值。

$$V_R = V_{BIAS}$$

　　當你在進行故障檢修，或者找尋線路的運作狀況時，因不需要考慮電壓和電流的精確值，可以考慮改用二極體理想模型代替。

*實際的二極體模型 (The Practical Diode Model)*　實際的二極體模型是包含了障壁電壓。當二極體處於順向偏壓下，它等於一個閉合開關串接一個很小的等效電壓源($V_F$)，電壓源的電壓等於障壁電壓 (0.7V)，並將電壓源的正極接到二極體的陽極，如圖 2-16 (a) 所示。這個等效電壓源代表著要使二極體導通，其偏壓必須大於障壁偏壓，此等效電路中之電壓源並非主動電壓源。當二極體導通之後，跨越二極體之電壓降為 0.7V。

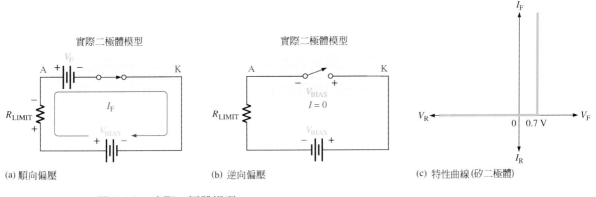

▲ 圖 2-16　實際二極體模型。

　　當二極體處在逆向偏壓時，它等於一個開路的開關，和理想模型一樣，如圖 2-16 (b) 所示。障壁電壓並不會影響到逆向偏壓，所以不需考慮。

　　實際二極體模型的特性曲線顯示在圖 2-16 (c)。既然障壁電壓已考慮在內，而動態阻抗不予考慮，因此可以假設在順向偏壓下，二極體本身擁有一個電壓降，如圖所示，藍色曲線向原點右方平行位移的部分就是這個電壓。

$$V_F = 0.7\,\text{V}$$

順向電流是依照下述公式算出，首先，將克希荷夫電壓定律應用到圖 2-16 (a)：

$$V_{BIAS} - V_F - V_{R_{LIMIT}} = 0$$
$$V_{R_{LIMIT}} = I_F R_{LIMIT}$$

代入後解出 $I_F$ 爲：

公式 2-2 
$$I_F = \frac{V_{BIAS} - V_F}{R_{LIMIT}}$$

假設二極體逆向電流的值爲零，如圖 2-16 (c) 中在負水平軸上的部分特性曲線所示。

$$I_R = 0\,A$$
$$V_R = V_{BIAS}$$

在低電壓電路中做故障檢修時，使用實際的模型是非常有幫助的。在這一類的情況下，二極體兩端的 0.7V 電壓降是重要的，應該加以考慮。實際的模型在設計基本二極體電路時，也是有幫助的。

*完整二極體模型 (The Complete Diode Model)*　二極體的完整模型是最精確的近似模型，包含了障壁電壓、小的順向動態阻抗 ($r_d'$) 和大的內部逆向阻抗 ($r_R'$)。因爲此二極體模型包含逆向電流，因此必須將逆向電流所流經的逆向阻抗包括進來。

當二極體處於順向偏壓時，就可視爲一個閉合的開關，再串聯一個等同障壁電壓的電壓源和一個小的順向動態阻抗 ($r_d'$)，如圖 2-17 (a) 所示。當二極體處於逆向偏壓時，就可視爲一個開路的開關，再並聯一個大的內部逆向電阻值 ($r_R'$)，如圖 2-17 (b) 所示。障壁電壓並不會影響到逆向偏壓，所以可以不予考慮。

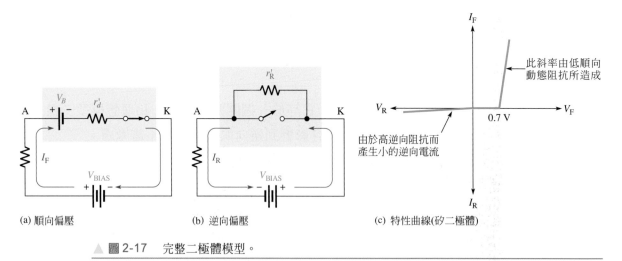

(a) 順向偏壓　　(b) 逆向偏壓　　(c) 特性曲線(矽二極體)

▲ 圖 2-17　完整二極體模型。

完整二極體模型的特性曲線顯示在圖 2-17 (c)。既然需要考慮障壁電壓和順向動態阻抗，因此在順向偏壓下，可假設二極體本身擁有電壓降。其中順向電

壓 ($V_F$) 是由障壁電壓加上動態阻抗所形成的小電壓降組成，可由特性曲線圖中，位於原點右方的曲線部分看出。曲線開始傾斜，是因爲當電流增加時，動態阻抗造成的電壓降也跟著增加所造成。對於矽二極體的完整模型，可套用下面的公式：

$$V_F = 0.7\text{ V} + I_F r'_d$$

$$I_F = \frac{V_{BIAS} - 0.7\text{ V}}{R_{LIMIT} + r'_d}$$

在計算逆向偏壓時，也需要將逆向電流和並聯的內部阻抗值 ($r'_R$) 一起考慮，可由特性曲線圖中，位於原點左方的部分曲線看出。曲線位於崩潰電壓附近的部分並沒有顯示出來，這是因爲崩潰區對於大部分的二極體來說，並不是一個正常的工作區。

故障檢修是不需要使用完整模型的，因爲完整模型包含了複雜的計算。完整模型一般適用於電腦模擬設計時。接下來的例題會說明三種二極體模型的差異，除此以外本書只採用理想和實際兩種二極體模型來設計電路。

**例 題　2-1**　　(a) 依照圖 2-18 (a)，試以三種二極體模型，求出該二極體的順向電壓和順向電流。並在每種狀況下，求出限流電阻上的電壓降。假設在已知的順向電流下，$r'_d = 10\ \Omega$。

(b) 依照圖 2-18 (b)，試以三種二極體模型，求出該二極體的逆向電壓和逆向電流。並在每種狀況下，求出限流電阻上的電壓降。假設 $I_R = 1\ \mu A$。

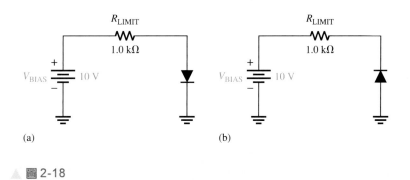

(a)　　　　　　　　　　　(b)

▲ 圖 2-18

解　**(a)** 理想模型：

$$V_F = \mathbf{0\,V}$$

$$I_F = \frac{V_{BIAS}}{R_{LIMIT}} = \frac{10\,V}{1.0\,k\Omega} = \mathbf{10\,mA}$$

$$V_{R_{LIMIT}} = I_F R_{LIMIT} = (10\,mA)(1.0\,k\Omega) = \mathbf{10\,V}$$

實際模型：

$$V_F = \mathbf{0.7\,V}$$

$$I_F = \frac{V_{BIAS} - V_F}{R_{LIMIT}} = \frac{10\,V - 0.7\,V}{1.0\,k\Omega} = \frac{9.3\,V}{1.0\,k\Omega} = \mathbf{9.3\,mA}$$

$$V_{R_{LIMIT}} = I_F R_{LIMIT} = (9.3\,mA)(1.0\,k\Omega) = \mathbf{9.3\,V}$$

完整模型：

$$I_F = \frac{V_{BIAS} - 0.7\,V}{R_{LIMIT} + r'_d} = \frac{10\,V - 0.7\,V}{1.0\,k\Omega + 10\,\Omega} = \frac{9.3\,V}{1010\,\Omega} = \mathbf{9.21\,mA}$$

$$V_F = 0.7\,V + I_F r'_d = 0.7\,V + (9.21\,mA)(10\,\Omega) = \mathbf{792\,mV}$$

$$V_{R_{LIMIT}} = I_F R_{LIMIT} = (9.21\,mA)(1.0\,k\Omega) = \mathbf{9.21\,V}$$

**(b)** 理想模型：

$$I_R = \mathbf{0\,A}$$

$$V_R = V_{BIAS} = \mathbf{10\,V}$$

$$V_{R_{LIMIT}} = \mathbf{0\,V}$$

實際模型：

$$I_R = \mathbf{0\,A}$$

$$V_R = V_{BIAS} = \mathbf{10\,V}$$

$$V_{R_{LIMIT}} = \mathbf{0\,V}$$

完整模型：

$$I_R = \mathbf{1\,\mu A}$$

$$V_{R_{LIMIT}} = I_R R_{LIMIT} = (1\,\mu A)(1.0\,k\Omega) = \mathbf{1\,mV}$$

$$V_R = V_{BIAS} - V_{R_{LIMIT}} = 10\,V - 1mV = \mathbf{9.999\,V}$$

相 關 習 題* 假設圖 2-18 (a) 中的二極體因為損壞而開路。試求橫跨於二極體的電壓以及限流電阻的電壓是多少？

*答案可以在以下的網站找到 www.pearsonglobaleditions.com(搜索ISBN:1292222999)

| | |
|---|---|
| **第2-3節　隨堂測驗** | 1. 通常二極體是在哪兩種狀況下工作？ |
| | 2. 工程師絕不會將二極體設計在哪一種狀況下工作？ |
| | 3. 最簡單的方式是可將二極體視為什麼元件？ |
| | 4. 為了要能更精確的表示二極體，需要考慮哪些因素？ |
| | 5. 哪一種二極體模型具有最精確近似值？ |

## 2-4　半波整流器 (Half-Wave Rectifiers)

因為二極體有單方向導通電流，反向偏壓則呈現斷路的特性，因此使用於將交流電壓轉為直流電壓的整流電路中。在許多使用交流電壓的電源供應器，都使用了整流器線路。從最簡單到最複雜的電子系統，都具備有基本的電源供應器。在學習完本節的內容後，你應該能夠

- ◆ **說明並且分析半波整流器的工作原理**
- ◆ **描述基本直流電源供應器**
- ◆ **討論半波整流**
  - ◆ **計算半波整流電壓的平均值**
- ◆ **解釋障壁電壓如何影響半波整流輸出**
  - ◆ **計算輸出電壓**
- ◆ **定義*反峰值電壓***
- ◆ **解釋變壓器耦合整流器的工作原理**

### 基本直流電源供應器 (The Basic DC Power Supply)

所有的主動電子元件都需要穩定的直流電源，此電源可由電池或直流電源供應器提供。直流電源供應器**(dc power supply)**可以將牆上所提供的標準 120 V，60 Hz 交流電(在台灣為 110 V，60 Hz)轉換成穩定直流電壓。讀者將可發現，直流電源供應器是最常見的電路之一，所以我們必須瞭解它如何運作。直流電源供應器所產生的電壓可以使所有的電路運作，包含電器（電視、DVD等等）、電腦、工業控制器以及多數的實驗室測試系統與設備。直流電源的大小取決於應用的電路，與一般通用的輸入電壓相比，大多數的應用電路只需要較小的電壓但能提供較高電流的直流電源供應器。

　　圖 2-19(a)顯示的是完整電源供應器的基本方塊圖，一般來說，交流輸入線電壓可經由變壓器調降成較低電壓。( 當我們需要較高的電壓時，可能要調升，但這一類的變壓器很少見)。在直流/交流課程中，已知**變壓器(transformer)**轉換交流電壓是根據初級與次級的匝數比。如果次級端的匝數多於初級端，則次級的輸出電壓會較高且電流較小。如果次級端的匝數少於初級端，則次級的輸出電壓將會較低而電流較大。**整流器 (rectifier)**可以是半波整流器或是全波整流器 (將在第 2-5 節討論)。半波整流器會將交流的輸入電壓轉換成脈衝式的直流電壓，如圖 2-19 (b) 所示。**濾波器 (filter)**主要是用來濾除經過整流電壓的波動情形，可產生出相對較為穩定的直流電壓。第 2-6 節將會討論電源供應器的濾波器部分。**調整器 (regulator)** 是在輸入的交流電壓源和輸出負載電阻出現變動時，仍然維持一定直流電壓值的電路。調整器可以是單一元件或是更複雜的積體電路。負載(load)是連接到電源供應器輸出的電路或元件，並以電源供應器供給的電壓及電流運作。

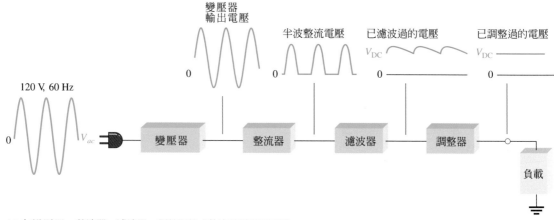

(a)由變壓器、整流器、濾波、調整器組成的完整電源供應器。

(b) 半波整流器

▲ 圖 2-19　　整流器與具有負載的直流電源供應器方塊圖。

## 半波整流器的工作原理

### (Half-Wave Rectifier Operation)

圖 2-20 說明所謂的*半波整流 (half-wave rectification)* 的過程。將二極體連接到一個交流電源和負載電阻$R_L$，就形成半波整流器**(half-wave rectifier)**。請記得所有的接地符號代表著共同接地之電位。我們利用二極體的理想模型，檢視正弦波電壓一個輸入週期的變化情形。當輸入電壓正弦波 ($V_{in}$) 處在正半週期時，二極體是順向偏壓，其經過負載電阻所傳導之電流，如圖 2-20 (a) 所示。此電流會在負載$R_L$的兩端產生輸出電壓，與輸入電壓的正半週期有著相同的波形。

   當輸入電壓進入負半週期時，二極體是處於逆向偏壓的狀態，且電源電壓出現於二極體兩端。因此無法產生電流，所以在負載電阻兩端的電壓為 0V，如圖 2-20 (b) 所示。因此產生的合成效果，就是只有在交流輸入電壓的正半週期，才會在負載電阻兩端出現輸出電壓。既然此輸出電壓只保留正半週期之輸入，因此它是一種脈衝式的直流電壓源，頻率是 60 Hz，如圖 2-20(c) 所示。

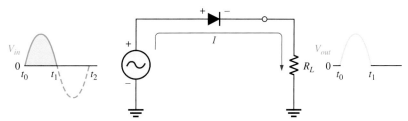

(a) 在 60 Hz 輸入電壓的正半週期，輸出電壓的波形看起來很類似於輸入電壓的正半週期的波形。電流是流經共接地。再回到電源形成回路。

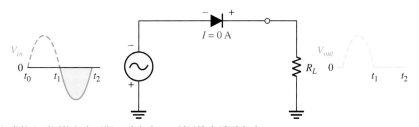

(b) 當輸入電壓的負半週期，電流為 0，所以輸出電壓也為 0。

(c) 如圖顯示為 60 Hz 半波整流輸出電壓三個週期的波形。

▲ 圖 2-20　半波整流器的工作原理，將二極體視為理想二極體。

*半波輸出電壓的平均值 (Average Value of the Half-Wave Output Voltage)* 經過半波整流的輸出電壓平均值，就是利用直流電壓表測量出來的值。數學上的含意，可藉著計算一個如圖 2-21 所示完整週期曲線下方所包含的面積，除以 $2\pi$ (也就是一個週期的弧度)，就可求出平均值。其結果如公式 2-3，其中 $V_p$ 是輸出電壓的峰值。此公式顯示出半波整流電壓的平均值 $V_{AVG}$ 值約為 $V_p$ 值的 31.8%。這個公式的推導可以在網站 www.pearsonglobaleditions.com (搜索 ISBN:1292222999) 中的 "Derivations of Selected Equations" 找到。

公式 2-3
$$V_{AVG} = \frac{V_p}{\pi}$$

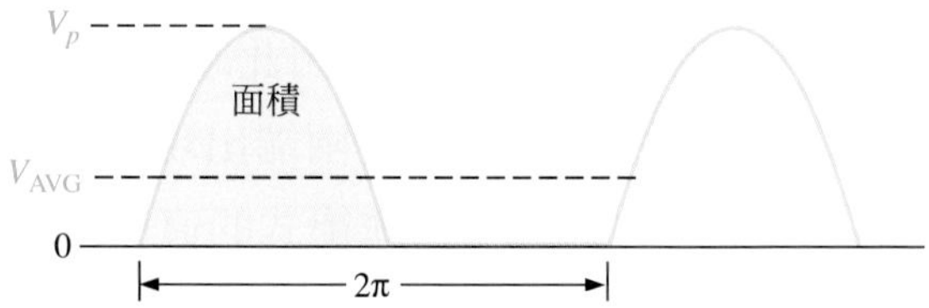

▶ 圖 2-21 半波整流信號的平均值。

**例題 2-2** 在圖 2-22 中，半波整流電壓的平均值是多少？

50 V ----

0 V

▲ 圖 2-22

解
$$V_{AVG} = \frac{V_p}{\pi} = \frac{50\text{ V}}{\pi} = \mathbf{15.9\ V}$$

請注意到 $V_{AVG}$ 是 $V_p$ 的 31.8 %。

相關習題* 如果某半波波形的峰值是 12V，試求其平均值。

## 障壁電壓對半波整流器輸出電壓的效應

### (Effect of the Barrier Potential on the Half-Wave Rectifier Output)

在前節討論過程中,我們均將二極體視爲理想模型。當我們考慮到 0.7V 的障壁電壓時,就要採用二極體的實際模型,這是以下我們要討論的情形。在正半週期時,輸入電壓必須先克服障壁電壓,才能讓二極體獲得順向偏壓。這使得半波整流的輸出峰值電壓較輸入電壓峰值少了 0.7V,如圖 2-23 所示。

$$V_{p(out)} = V_{p(in)} - 0.7 \text{ V}$$ 公式 2-4

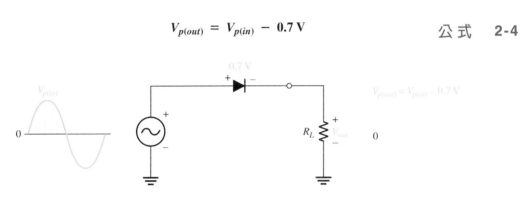

▲ 圖 2-23 障壁電壓對半波整流輸出電壓的影響,就是使輸出電壓降低 0.7V。

一般而言我們大部份會使用理想模型二極體,尤其在電壓峰值 (基本上,最少是 10V 以上) 遠大於障壁電壓,障壁電壓的影響就可以忽略。但是,在本書為了統一起見,除非特別註明,本書一律採用實際的二極體模型,將障壁電壓 0.7V 考慮進來。

**例 題 2-3** 圖 2-24 兩個整流電路,圖中顯示輸入電壓波形,試畫出對應的輸出波形。1N4001 和 1N4003 都是常用的整流二極體。

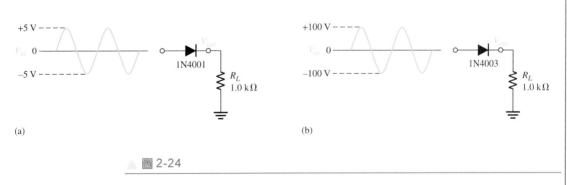

▲ 圖 2-24

**解** 電路 (a) 的輸出電壓峰值是

$$V_{p(out)} = V_{p(in)} - 0.7\,\text{V} = 5\,\text{V} - 0.7\,\text{V} = \textbf{4.30 V}$$

電路 (b) 的輸出電壓峰值是

$$V_{p(out)} = V_{p(in)} - 0.7\,\text{V} = 100\,\text{V} - 0.7\,\text{V} = \textbf{99.3 V}$$

這些輸出電壓的波形顯示在圖 2-25 中。請注意，圖 (b) 電路中可以忽略障壁電壓，這樣做只會引起 0.7% 很小的誤差；但是如果圖 (a) 電路中也忽略障壁電壓，將會引起 14% 明顯的誤差。

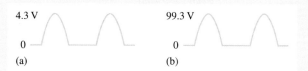

▲ 圖 2-25　圖 2-24 電路的輸出電壓。請注意，它們並不以相同的比例顯示。

**相關習題**　如果將圖 2-24 中電路 (a) 的輸入電壓峰值改成 3 V，而電路 (b) 的輸入電壓峰值改為 50 V，試求整流電路的輸出電壓峰值。

## 反峰值電壓 (Peak Inverse Voltage，PIV)

**反峰值電壓 (PIV)** 為一輸入電壓的峰值，二極體必須能夠承受其持續施加的逆向偏壓。如圖 2-26 中的二極體，逆向電壓的最大值為 PIV，此電壓值出現在輸入電壓負半週期，此時二極體是處於逆向偏壓的狀況。一般而言，二極體 PIV 的額定值必須高出約 20%，以承受連續施加之逆向偏壓。

**公式**　**2-5**　　　　　　　　　　　　$$\textbf{PIV} = V_{p(in)}$$

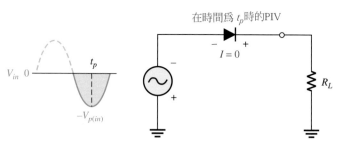

▲ 圖 2-26　當二極體逆向偏壓時，PIV 發生在輸入電壓每個負半週期的峰值位置。

## 變壓器耦合 (Transformer-Coupling)

我們都知道通常要將交流輸入電壓耦合到整流器，都會採用變壓器耦合的方式，如圖 2-27 所示。利用變壓器耦合的方式有兩個優點：第一個優點，可按照需要程度，將電源電壓降低；第二個優點，可以將交流電源與整流器加以隔離，避免次級線圈電路因電壓降低所造成的電擊危險。

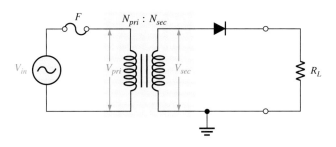

▲ 圖 2-27　以變壓器耦合輸入電壓的半波整流器。

電壓的調降是決定於變壓器的**匝數比(turns ratio)**。不幸的是，變壓器的匝數比因為不同的來源及規則而沒有一致的定義。在本書中，我們採用IEEE電子電源變壓器的定義，即匝數比等於『次級（$N_{sec}$）的匝數除以初級（$N_{pri}$）的匝數』。以此方式，匝數比小於 1 的變壓器為調降型變壓器，匝數比大於 1 的變壓器為調升型變壓器。在電路中表示匝數比，我們習慣直接在線圈上以數字標示。

變壓器的次級電壓等於線圈匝數比$n$，乘上初級電壓，

$$V_{sec} = nV_{pri}$$

如果$n > 1$，則次級電壓會高於初級電壓。如果$n < 1$，則次級電壓會小於初級電壓。如果$n = 1$，則$V_{sec} = V_{pri}$。

變壓器耦合輸入的半波整流器，其次級電壓的峰值 $V_{p(sec)}$ 與公式 2-4 中的 $V_{p(in)}$相同。因此，公式 2-4 可以改寫成下式：

$$V_{p(out)} = V_{p(sec)} - 0.7\ \text{V}$$

而公式 2-5 就成為：

$$\text{PIV} = V_{p(sec)}$$

匝數比能夠幫助我們瞭解從初級到次級的電壓轉換。但是，變壓器的說明書中很少會標示出匝數比。通常變壓器標示出次級電壓而非匝數比。

例 題 2-4 若圖 2-28 中變壓器的線圈匝數比是 0.5，試求輸出電壓的峰值。

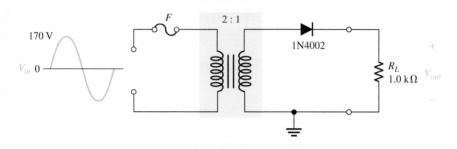

▲ 圖 2-28

解 $V_{p(pri)} = V_{p(in)} = 170\,\mathrm{V}$

次級線圈電壓的峰值是

$V_{p(sec)} = nV_{p(pri)} = 0.5(170\,\mathrm{V}) = 85\,\mathrm{V}$

整流後輸出電壓的最大峰值是

$V_{p(out)} = V_{p(sec)} - 0.7\,\mathrm{V} = 85\,\mathrm{V} - 0.7\,\mathrm{V} = \mathbf{84.3\,V}$

其中 $V_{p(sec)}$ 是整流器的輸入電壓。

相 關 習 題 **(a)** 若圖 2-28 中變壓器的線圈匝數比 $n=22$，且 $V_{p(in)} = 312\,\mathrm{V}$，試求輸出電壓的峰值。

**(b)** 二極體兩端的 PIV 是多少？

**(c)** 如果改變二極體的連接方向，試描述其輸出電壓。

第2-4節 隨堂測驗 1. PIV 發生在輸入週期的什麼位置？

2. 對半波整流器而言，有電流流過負載的時間約佔輸入週期的多少百分比？

3. 經半波整流的電壓峰值是 10V，則其平均值是多少？

4. 某半波整流電路的輸入是峰值 25V 的正弦波，則輸出電壓的峰值是多少？

5. 輸出電壓峰值為 50V 的整流器，其所使用的二極體必須具有多少 PIV 額定值？

## 2-5 全波整流器 (Full-Wave Rectifiers)

雖然半波整流器仍然有些用處,但是直流電源供應器使用最多的仍是全波整流器。在本節中,將運用學到的半波整流器的知識,擴展應用到全波整流器的原理。你將會學習到兩種全波整流器:中間抽頭式和橋式整流器。

在學習完本節的內容後,你應該能夠

◆ **說明並且分析全波整流器的工作原理**
◆ 描述中間抽頭式全波整流器是如何運作的
  ◆ 討論匝數比對整流器輸出的影響
  ◆ 計算反峰值電壓
◆ 描述橋式全波整流器是如何運作的
  ◆ 計算橋式輸出電壓
  ◆ 計算反峰值電壓

全波整流器(full-wave rectifier)在整個輸入週期都會讓單向電流流過負載電阻,而半波整流器只會在一半的輸入週期允許單向電流流過負載電阻。全波整流的結果,使得輸出電壓的頻率為輸入電壓頻率的兩倍,如圖 2-29 所示。

▲ 圖 2-29 全波整流。

在相同的時間間隔中,全波整流電壓的正值波峰的數目是半波整流電壓的兩倍。全波整流正弦波電壓的平均值,也就是在直流伏特計上所測得的值,是半波整流的兩倍,如同下述公式所示:

$$V_{\text{AVG}} = \frac{2V_p}{\pi}$$

公式 2-6

全波整流電壓的平均值 $V_{\text{AVG}}$ 是峰值電壓 $V_p$ 的 63.7%。

例 題　　2-5　　試求圖 2-30 全波整流電壓的平均值。

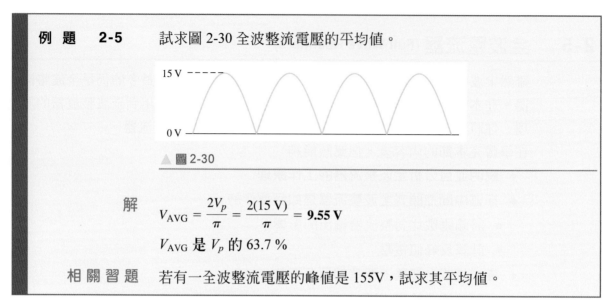

▲ 圖 2-30

解　$V_{AVG} = \dfrac{2V_p}{\pi} = \dfrac{2(15\ V)}{\pi} = \mathbf{9.55\ V}$

$V_{AVG}$ 是 $V_p$ 的 63.7 %

相 關 習 題　　若有一全波整流電壓的峰值是 155V，試求其平均值。

## 中間抽頭式全波整流器的工作原理

**(The Center-Tapped Full-Wave Rectifier Operation)**

**中間抽頭式的全波整流器(center-tapped full-wave rectifier)**，是在變壓器的次級端採用中間抽頭接地，並在變壓器輸出兩端各接上一個二極體，如圖 2-31 所示。輸入電壓是透過變壓器耦合到中間抽頭的次級端。如圖所示，次級端總電壓各有一半分別出現在中央抽頭與次級端線圈兩端之間。

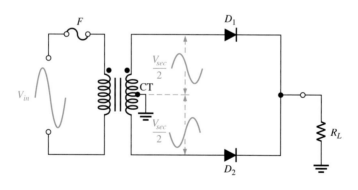

▲ 圖 2-31　　中間抽頭式全波整流器。

　　在輸入電壓的正半週期，次級端電壓的極性如圖 2-32 (a) 所示。在這種狀況下，讓$D_1$處於順向偏壓而$D_2$則是逆向偏壓。電流的路徑則如圖所示，先經過$D_1$然後再通過負載電阻$R_L$。在輸入電壓的負半週期，次級端電壓的極性如圖 2-32 (b) 所示。在這種狀況下，讓$D_1$處於逆向偏壓而$D_2$則是順向偏壓。電流的路徑則是如圖所示，先經過$D_2$再流過負載電阻$R_L$。如圖所示，因為在輸入電壓的正、負半週期，輸出電流經過負載電阻的方向均相同，則在負載電阻上的輸出電壓是全波整流的直流電壓。

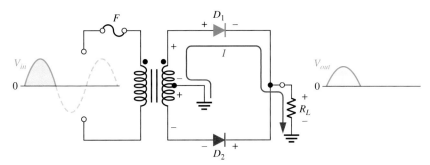

(a) 在輸入電壓正半週期，$D_1$ 是順向偏壓，$D_2$ 則是逆向偏壓。

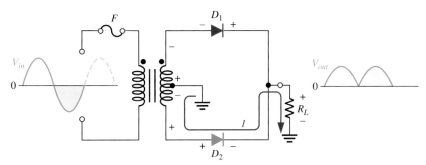

(b) 在輸入電壓負半週期，$D_2$ 是順向偏壓，$D_1$ 則是逆向偏壓。

▲ 圖 2-32　中間抽頭式全波整流器的基本工作原理。請注意，整個輸入週期中，流經負載電阻的電流方向都相同，所以輸出電壓的極性也都相同。

### 線圈匝數比對輸出電壓的影響 (Effect of the Turns Ratio on the Output Voltage)

如果變壓器的線圈匝數比是 1，則整流輸出電壓的峰值等於初級輸入電壓峰值的一半，再減去障壁電壓，如圖 2-33 所示。這是因爲次級線圈每一端對地的電壓，等於初級電壓的一半 ( 但是總次級電壓 $V_{p(sec)} = V_{p(pri)}$ )。我們在討論順向偏壓時，將牽涉到的障壁電壓視爲**二極體電壓降(diode drop)**。

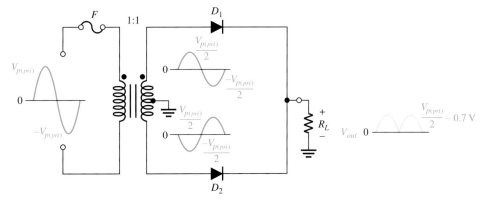

▲ 圖 2-33　變壓器匝數比爲 1 的中間抽頭式全波整流器。$V_{p(pri)}$ 是初級線圈電壓的峰值。

為了能讓輸出電壓的峰值等於輸入電壓的峰值 (減去二極體電壓降)，所使用變壓器的線圈匝數比必須為$n = 2$，如圖 2-34 所示。在此例題中，全部的次級電壓 ($V_{p(sec)}$) 是初級電壓的兩倍 ($2V_{pri}$)，因此次級電壓的兩端對地電壓均等於$V_{pri}$。

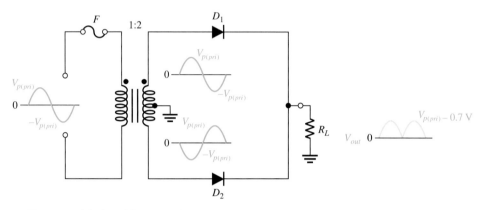

▲ 圖 2-34　變壓器匝數比為 2 的中間抽頭式全波整流器。

在任何狀況下，中間抽頭式全波整流器的輸出電壓均為全部次級電壓的一半，再減去二極體電壓降，不論線圈的匝數比是多少，均如下述公式所示：

公式　2-7

$$V_{out} = \frac{V_{sec}}{2} - 0.7\ \text{V}$$

*反峰值電壓 (Peak Inverse Voltage)*　全波整流器的每一個二極體都反覆施加順向偏壓和逆向偏壓。每個二極體所需承受的最大逆向偏壓，就是次級電壓的峰值$V_{p(sec)}$。請參見圖 2-35，其中$D_2$假設為逆向偏壓(紅色)而$D_1$假設為順向偏壓(綠色)來描述這個觀念。

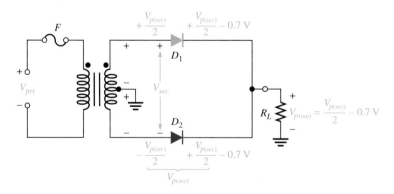

▲ 圖 2-35　二極體逆向電壓 (圖中顯示$D_2$為逆向偏壓而$D_1$為順向偏壓)。

當次級總電壓的極性如圖所示，則$D_1$的陽極電壓最大值為$+V_{p(sec)}/2$，而$D_2$的陽極電壓最大值為$-V_{p(sec)}/2$。因為$D_1$是順向偏壓，所以其陰極的電壓就是陽

極的電壓減掉二極體電壓降，此電壓其實也就是$D_2$陰極的電壓。二極體$D_2$的反峰值電壓就是

$$\text{PIV} = \left(\frac{V_{p(sec)}}{2} - 0.7\,\text{V}\right) - \left(-\frac{V_{p(sec)}}{2}\right) = \frac{V_{p(sec)}}{2} + \frac{V_{p(sec)}}{2} - 0.7\,\text{V}$$

$$= V_{p(sec)} - 0.7\,\text{V}$$

因為 $V_{p(out)} = V_{p(sec)}/2 - 0.7\,\text{V}$，如將式子的兩邊均乘上 2，再經過移項後，就得出

$$V_{p(sec)} = 2V_{p(out)} + 1.4\,\text{V}$$

因此，經過代換後，中間抽頭式全波整流器的任一個二極體的反峰值電壓就是

$$\textbf{PIV} = \textbf{2}V_{p(out)} + \textbf{0.7 V}$$ 公式 2-8

---

例題 2-6　(a)將峰值 100 V 的正弦波輸入圖 2-36 的初級線圈，試畫出每半邊次級線圈以及$R_L$兩端的電壓波形。(b)求出二極體 PIV 額定值的最小值。

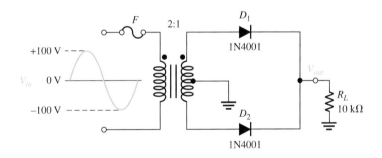

▲圖 2-36

解　**(a)** 變壓器匝數比$n = 0.5$。次級線圈總電壓的峰值是

$$V_{p(sec)} = nV_{p(pri)} = 0.5(100\,\text{V}) = 50\,\text{V}$$

每半邊次級線圈對地電壓的峰值是 25V。負載的輸出電壓峰值是 25 V，減掉二極體兩端的 0.7V。波形顯示如圖 2-37 所示。

**(b)** 每個二極體的 PIV 額定值最少必須有

$$\text{PIV} = 2V_{p(out)} + 0.7\,\text{V} = 2(24.3\,\text{V}) + 0.7\,\text{V} = \textbf{49.3 V}$$

PIV 額定值應至少再高 20 %，也就是大約 60 V。

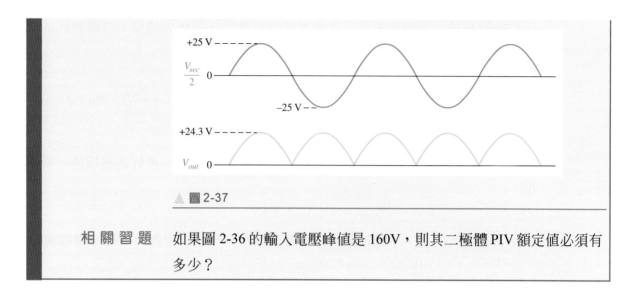

▲ 圖 2-37

相 關 習 題　　如果圖 2-36 的輸入電壓峰值是 160V，則其二極體 PIV 額定值必須有
多少？

## 橋式全波整流器的工作原理 (Bridge Full-Wave Rectifier Operation)

**橋式整流器 (bridge rectifier)** 需要使用到四個二極體，其電路的連結方法如圖
2-38 所示。如圖 (a) 在輸入電壓的正半週期，二極體$D_1$和 $D_2$是順向偏壓，並且
電流的方向如圖所示。此時負載電阻$R_L$上的電壓波形，與輸入電壓的正半週期
相同。而此時，二極體$D_3$和$D_4$為逆向偏壓。

　　如圖 2-38 (b)，當輸入電壓的負半週期，二極體$D_3$和$D_4$是順向偏壓，則電流
通過負載電阻$R_L$的方向，與正半週期電流的方向相同。當輸入電壓的負半週期，
$D_1$和 $D_2$是逆向偏壓。因此負載電阻 $R_L$兩端就成為全波整流的輸出電壓。

*橋式輸出電壓 (Bridge Output Voltage)*　　採用變壓器耦合輸入的橋式整流器如圖
2-39 (a) 所示。當次級總電壓的正半週期時，二極體$D_1$和 $D_2$是順向偏壓。若忽略
二極體電壓降，則次級電壓就是負載電阻兩端的電壓。在負半週時期，$D_3$和$D_4$
是順向偏壓，也可得出相同的結果。

$$V_{p(out)} = V_{p(sec)}$$

　　你可由圖 2-39 (b) 看出，在正、負半週期時，都會有兩個二極體與負載電阻
串聯。如果計入這些二極體的電壓降，則輸出電壓就成為

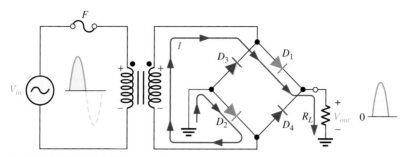

(a) 在輸入電壓的正半週期，$D_1$ 和 $D_2$ 均為順向偏壓，而導通電流。
$D_3$ 和 $D_4$ 則為逆向偏壓。

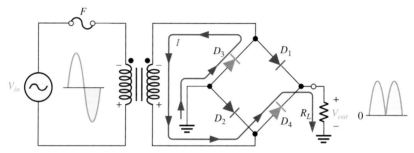

(b) 在輸入電壓的負半週期，$D_3$ 和 $D_4$ 均為順向偏壓，而導通電流。
$D_1$ 和 $D_2$ 則為逆向偏壓。

▲ 圖 2-38　橋式整流器的工作原理。

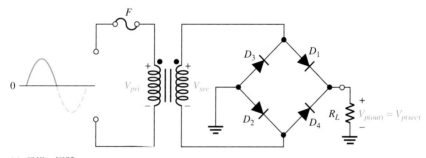

(a) 理想二極體

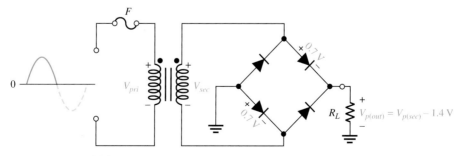

(b) 實際二極體 (二極體的電壓降，在圖中顯示出來)

▲ 圖 2-39　初級和次級電壓的正半週期間，橋式整流器的工作方式。

**公式　2-9**

$$V_{p(out)} = V_{p(sec)} - 1.4\,\text{V}$$

*反峰值電壓 (Peak Inverse Voltage)*　　讓我們假設 $D_1$ 和 $D_2$ 是順向偏壓，然後計算 $D_3$ 和 $D_4$ 的逆向偏壓。如圖 2-40 (a) 所示，將二極體 $D_1$ 和 $D_2$ 視爲短路(理想模式)，則你可發現 $D_3$ 和 $D_4$ 承受的反峰值電壓就等於次級電壓的峰值。既然在理想狀況下，輸出電壓應該就是次級電壓，所以

$$\text{PIV} = V_{p(out)}$$

如果順向偏壓下二極體的電壓降也計入，如圖 2-40 (b) 所示，則逆向偏壓下二極體的反峰值電壓可利用 $V_{p(out)}$ 表示成

**公式　2-10**

$$\text{PIV} = V_{p(out)} + 0.7\,\text{V}$$

橋式整流器使用的二極體的反峰值電壓額定值，將比中間抽頭式整流器所要求的少。如果忽略二極體電壓降，對於在相同輸出電壓的要求下，橋式整流器所採用二極體的反峰值電壓的額定值，大約只需要中間抽頭式整流器的一半即可。

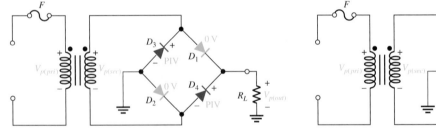

(a) 依據理想二極體模型( $D_1$ 和 $D_2$ 在圖中爲順向偏壓 且顯示爲綠)。PIV $= V_{p(out)}$

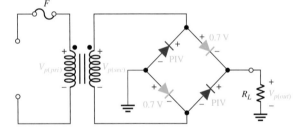

(b) 依據實際二極體模型( $D_1$ 和 $D_2$ 在圖中爲順向偏壓 且顯示爲綠)。PIV $= V_{p(out)} + 0.7\,\text{V}$

▲ 圖 2-40　次級電壓的正半週期間，橋式整流器中二極體 $D_3$ 和 $D_4$ 的反向峰值電壓。

---

**例 題　2-7**　　試求圖 2-41 橋式整流器的輸出電壓峰值。在實用模型中，二極體的 PIV 額定值必須是多少？變壓器必須符合的規格是在初級線圈輸入 120 V 標準電源電壓時，次級線圈的感應電壓是 12Vrms。

**解**　　將兩個二極體的電壓降列入考慮後，輸出電壓峰值爲

$$V_{p(sec)} = 1.414 V_{rms} = 1.414(12\,\text{V}) \cong 17\,\text{V}$$

$$V_{p(out)} = V_{p(sec)} - 1.4\,\text{V} = 17\,\text{V} - 1.4\,\text{V} = \mathbf{15.6\,V}$$

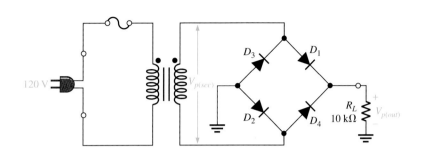

▲ 圖 2-41

每個二極體的 PIV 值是

$$\text{PIV} = V_{p(out)} + 0.7\,\text{V} = 15.6\,\text{V} + 0.7\,\text{V} = \textbf{16.3 V}$$

PIV 額定值至少應再高 20%，也就是 19.56V。

相關習題　如果圖 2-41 的變壓器次級線圈產生的電壓是 30 V，試求橋式整流器輸出電壓的峰值。二極體的 PIV 額定值是多少？

---

第2-5節　隨堂測驗　　1. 全波電壓與半波電壓的差別在那裡？

2. 經全波整流的電壓峰值是 60 V，則其平均值是多少？

3. 如果輸入電壓相同且變壓器的匝數比也相同，哪種形式的全波整流具有較大的輸出電壓？

4. 輸出電壓峰值是 45 V 時，可以將 PIV 額定值等於 50 V 的二極體使用在那種整流器？

5. 第 4 題中未被選擇的整流器形式，使用的二極體需要具備多少的 PIV 額定值？

---

# 2-6　電源濾波器與調整器 (Power Supply Filters and Regulators)

電源濾波器在理想狀況下，可以消除半波或全波整流器輸出電壓的波動情形，產生穩定的直流電壓。因為電子電路需要穩定的直流電壓和電流源，才能提供正常操作所需要的電力和偏壓，因此濾波電路是必需的。本節說明，濾波器是

使用電容器來設計的。電源供應器內的電壓調整器，通常是使用積體電路組成
的電壓調整器(Voltage regulator)。電壓調整器可以防止因為輸入電壓或負載的變
動，所造成的濾波直流電壓的變動。

在學習完本節的內容後，你應該能夠

◆ **解釋並分析電源供應器的濾波器與調整器**
  ◆ 描述電容輸入式濾波器的工作原理
    ◆ 定義*漣波電壓*
    ◆ 計算漣波因數
    ◆ 計算全波整流器濾波的輸出電壓
    ◆ 討論突波電流
  ◆ **參與討論電壓調整器**
    ◆ 計算線調整率
    ◆ 計算負載調整率

在大部分電源供應器的應用上，標準 60Hz 的交流電壓必需轉換成大致上是
定值的直流電壓，如同我們先前所討論過的情形一樣。半波整流器的 60Hz 脈衝
直流輸出電壓，或者是 120Hz 全波整流器脈衝輸出電壓，均需經過濾波處理，
以便降低電壓大幅波動的情形。圖 2-42 說明濾波的概念，以及顯示從濾波器輸
出近乎平直的直流輸出電壓。在濾波後的輸出電壓上出現的小波動電壓，我們
稱之為*漣波(ripple)*。

(a) 不帶濾波器的整流器

(b) 附帶濾波器的整流器 (輸出的漣波波形特別加以放大)

▲ 圖 2-42 　電源供應器的濾波效果。

## 電容輸入式濾波器 (Capacitor-Input Filter)

**安全注意事項**

要將具有極性的電容放到電路中時，要先確定其極性。電容的正極端一定要接到電路中電壓較高的一端。錯誤地極性接法會導致電容爆炸。

圖 2-43 顯示出利用電容輸入濾波器的半波整流器。濾波器裝置只是一個電容器，從整流器的輸出端連接到地面。$R_L$ 代表負載的等效阻抗值。我們將利用半波整流器來說明基本原理，然後再將觀念擴展到全波整流器。

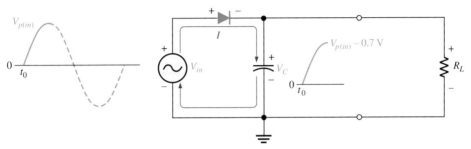

(a) 當電源接通時，電源開始對電容器進行初始充電(此時二極體為順向偏壓)，此步驟只進行一次。

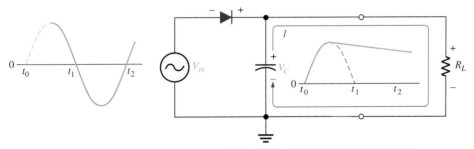

(b) 在輸入電壓正峰值之後，電容器開始經過 $R_L$ 放電，此時二極體是處於逆向偏壓的狀態。這個放電的步驟，是發生在圖中輸入電壓標示為實心藍色曲線的時期。

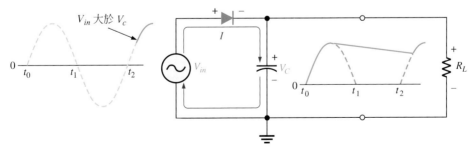

(c) 當二極體再次成為順向偏壓的時候，電容器就會充電回原來輸入電壓的峰值。這個充電的步驟，是發生在圖中輸入電壓標示為實心藍色曲線的時期。

▲ 圖 2-43　加上電容輸入濾波器後的半波整流器工作原理。

在第一個正的四分之一輸入週期,二極體是處於順向偏壓,允許電容器充電到距離輸入電壓峰值 0.7V 以內的電壓,如圖 2-43 (a) 所示。當輸入電壓開始從峰值減少時,如圖 (b) 所示,此時電容器仍然保持它的電壓,使得二極體的陰極電壓高於陽極,造成二極體成為逆向偏壓。在這個週期的其餘部分,電容器只能夠透過負載電阻進行放電,放電的快慢則由時間常數 $R_L C$ 決定,一般這個時間常數會較輸入電壓週期為長。時間常數越大,則電容器放電越慢。在下一週期的第一個四分之一週期,如圖 (c) 所示,二極體再次因為輸入電壓超過電容器的電壓大約 0.7V,而成為順向偏壓的狀態。

*漣波電壓 (Ripple Voltage)* 　如你所知,電容器在週期一開始就快速充電,當輸入電壓越過正峰值後,電容器就開始透過負載電阻 $R_L$ 緩慢放電(此時二極體處在逆向偏壓的狀態)。因為充、放電造成電容器電壓的波動情形,稱之為漣波電壓 (**ripple voltage**)。一般來說,漣波並不是我們想要的結果;因此漣波越小,濾波的效果越佳,如圖 2-44 所示。

(a) 較大的漣波代表濾波效果較差。　　　　　(b) 較小漣波代表濾波效果較佳。一般來說,電容器的容值越大,
　　　　　　　　　　　　　　　　　　　　　　　　在相同的輸入和負載的情況下,可以產生較小的漣波。

▲ 圖 2-44　半波整流的漣波電壓(藍色線)。

對於指定的輸入頻率,全波整流器的輸出頻率為半波整流器的兩倍,如圖 2-45 所示。這使得全波整流器較半波整流器的濾波效果更佳,因為在輸出電壓的峰值之間,全波整流器的間隔時間較短的緣故。對於相同的負載阻抗和電容器,全波整流電壓比半波整流電壓有更小的漣波。因為在全波整流脈衝之間的時間間隔較短,因此電容器的放電較少,如圖 2-46 所示。

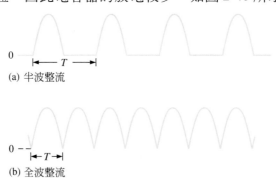

(a) 半波整流

(b) 全波整流

▲ 圖 2-45　全波整流電壓的週期為半波整流電壓的二分之一,而全波整流的輸出頻率為半波整流的二倍。

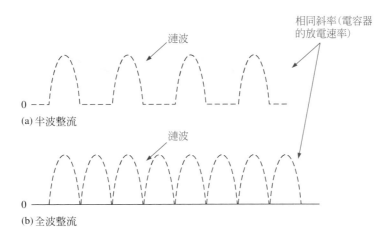

▲ 圖 2-46　相同的正弦波輸入電壓以及相同的濾波電容和負載的條件下，比較半波整流及全波整流後的漣波電壓。

*漣波因數 (Ripple Factor)*　　**漣波因數(ripple factor，*r* )** 是濾波器效率的一種指標，其定義如下：

$$r = \frac{V_{r(pp)}}{V_{DC}}$$ 　　　　　　公式　**2-11**

其中$V_{r(pp)}$是漣波電壓的峰對峰值，而$V_{DC}$則是濾波器輸出電壓的直流電壓 (平均電壓) 部分，如圖 2-47 所示。漣波因數越低，則濾波的效果越好。要降低漣波因數，可以增加濾波電容器的電容值，或者增加負載電阻的阻抗值。

▲ 圖 2-47　$V_r$和$V_{DC}$決定漣波因數。

對於具有電容輸入濾波器的全波整流器，其漣波電壓峰對峰值的近似值$V_{r(pp)}$以及濾波器輸出電壓的直流電壓部分$V_{DC}$，可以下列等式表示。其中$V_{p(rect)}$是未經濾波的整流電壓峰值。注意，如果 $R_L$ 或 $C$ 的值增加，則漣波電壓的值會減少且直流電壓的值會增加。

$$V_{r(pp)} \cong \left( \frac{1}{fR_LC} \right)V_{p(rect)}$$ 　　　　公式　**2-12**

$$V_{DC} \cong \left( 1 - \frac{1}{2fR_LC} \right)V_{p(rect)}$$ 　　　公式　**2-13**

這些公式的推導可以在網站(搜索 ISBN:1292222999) www.pearsonglobaleditions.com 中的 "Derivations of Selected Equations" 找到。

---

**例 題 2-8**　試求具有負載的圖 2-48 橋式整流濾波器的漣波因數。

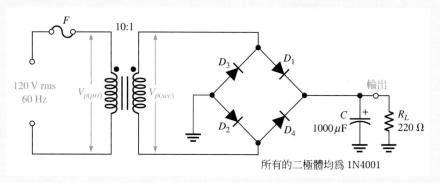

▲ 圖 2-48

解　變壓器匝數比 $n = 0.1$。初級線圈電壓的峰值是

$$V_{p(pri)} = 1.414 V_{rms} = 1.414(120\,\text{V}) = 170\,\text{V}$$

次級線圈電壓的峰值是

$$V_{p(sec)} = n V_{p(pri)} = 0.1(170\,\text{V}) = 17.0\,\text{V}$$

未經濾波的全波整流電壓的峰值是

$$V_{p(rect)} = V_{p(sec)} - 1.4\,\text{V} = 17.0\,\text{V} - 1.4\,\text{V} = 15.6\,\text{V}$$

全波整流電壓的頻率是 120 Hz。輸出端漣波電壓的峰對峰值大約是

$$V_{r(pp)} \cong \left(\frac{1}{fR_LC}\right)V_{p(rect)} = \left(\frac{1}{(120\,\text{Hz})(220\,\Omega)(1000\,\mu\text{F})}\right)15.6\,\text{V} = 0.591\,\text{V}$$

輸出電壓的直流電壓近似值可以計算如下：

$$V_{DC} = \left(1 - \frac{1}{2fR_LC}\right)V_{p(rect)} = \left(1 - \frac{1}{(240\,\text{Hz})(220\,\Omega)(1000\,\mu\text{F})}\right)15.6\,\text{V} = 15.3\,\text{V}$$

所以漣波因數為

$$r = \frac{V_{r(pp)}}{V_{DC}} = \frac{0.591\,\text{V}}{15.3\,\text{V}} = \mathbf{0.039}$$

漣波百分比是 3.9%。

相 關 習 題　如果圖 2-48 的濾波電容增加為 2200 $\mu$F 且負載阻抗變成 2.2 k$\Omega$，試求漣波電壓的峰對峰值。

*電容輸入濾波器的突波電流(Surge Current in the Capacitor-Input Filter)* 在圖 2-49 中的開關閉合之前，濾波電容器尚未充電。當開關閉合的瞬間，電壓會如圖所示連接到橋式整流的部分，而尚未充電的電容器就如同短路一般。這樣就會產生一個突波電流$I_{surge}$，流過兩個順向偏壓的二極體$D_1$和$D_2$。最極端的情況就是當次級電壓為峰值的時候，發生了這個開關閉合的狀況，此時就會產生最大值的突波電流$I_{surge(max)}$，如圖所示。

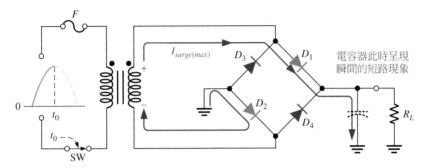

▲ 圖 2-49　電容輸入濾波器的突波電流。

　　在直流電源供應器中，**保險絲(fuse, F)**通常放置於變壓器的初級電路中，如圖 2-49 所示。慢熔型的保險絲是最為廣泛使用的一種，因為電源第一次打開時，會先產生一個突波電流。保險絲的負荷值決定於電源供應器負載的功率，亦即輸出功率。理想變壓器的 $P_{in} = P_{out}$，所以初級電流可由下列公式計算出來。

$$I_{pri} = \frac{P_{in}}{120 \text{ V}}$$

保險絲的電流負荷值必須至少大於 $I_{pri}$ 值的 20% 以上。

## 電壓調整器 (Voltage Regulators)

若要濾波器能將電源供應器的漣波降到一個較低的位準，最有效的方法就是將電容輸入濾波器，加上電壓調整器合併一起使用。電壓調整器連接到濾波整流器的輸出端，不論輸入電壓、負載電流和溫度如何變化，都能維持輸出一個穩定的電壓值。電容輸入濾波器可以將調整器輸入電壓的漣波，降到可接受的位準。這樣由大電容器和電壓調整器組成的電路並不昂貴，就可以製作出一個極佳的小型電源供應器。

使用最廣泛的 IC 電壓調整器都具備三個端點，一個輸入端，一個輸出端，最後一個則是參考端 (或者是調整端)。電壓調整器的輸入電壓，先經過電容器濾波，使得漣波的比率降低到 10% 以下。電壓調整器會進一步將漣波電壓降到可忽略的地步。另外，大部分的電壓調整器都有一個內部的參考電壓，短路保護裝置，和過熱斷路電路。它們有各種不同的正、負輸出電壓，可以設計成只需要很少的外接元件，就能有各種的輸出電壓。一般來說，電壓調整器可以提供幾安培的定值電流，且有很高的漣波排除率 (ripple rejection)。

如圖 2-50 所示，具有三個端點的電壓調整器只需要幾個外加電容器，就能完成電源供應器中的電壓調整功能，然後輸出固定的電壓。濾波時只需要在輸入電壓端和接地端之間，接上一個大電容器，就可做到。在輸出端必須並聯一個輸出電容器(電容量一般從 $0.1\mu F$ 到 $1.0\mu F$)來改進暫態響應(transient response)。

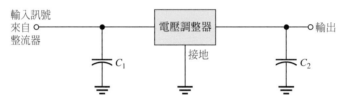

▲ 圖 2-50 具有輸入及輸出電容器的電壓調整器。

圖 2-51 顯示一個使用 + 5V 電壓調整器的基本型固定電源供應器。

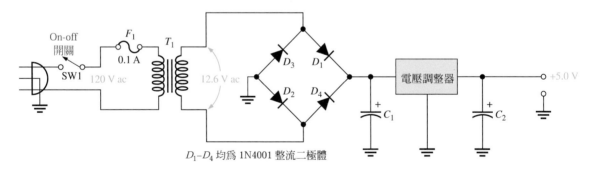

▲ 圖 2-51 基本的 + 5.0V 定電壓電源供應器。

## 百分調整率 (Percent Regulation)

電壓調整器的執行效率可以用百分率表示。可以用輸入調整率或線調整率 (input regulation 或者 line regulation) 或者負載調整率 (load regulation) 表示。

*線調整率(Line Regulation)*　　　線調整率(line regulation)或稱輸入調整率(input regulation)，是指針對輸入電壓的固定變動量，會造成輸出電壓多少的變動。其定義為輸出電壓的變動量與對應的輸入電壓變動量的比值，通常以百分率來表示。

$$線調整率 = \left(\frac{\Delta V_{OUT}}{\Delta V_{IN}}\right)100\%\qquad\qquad 公式\quad 2\text{-}14$$

*負載調整率 (Load Regulation)*　　　負載調整率(load regulation)是指當負載電流在某一個範圍變動時，會造成多少輸出電壓的變動，通常這個變動範圍是從最小的負載電流 (無負載狀況下，NL) 到最大的負載電流 (全負載，FL)。通常表示成百分率，可以利用下列式子加以計算：

$$負載調整率 = \left(\frac{V_{NL} - V_{FL}}{V_{FL}}\right)100\%\qquad\qquad 公式\quad 2\text{-}15$$

其中$V_{NL}$代表無負載時的輸出電壓，而$V_{FL}$則是在全負載 (最大負載) 時的輸出電壓。

---

**例 題　2-9**　　　假設某個 7805 調整器無負載時的輸出電壓是 5.18 V，全負載的輸出電壓是 5.15 V。其負載調整率的百分比值是多少？

　　解　　　　負載調整率

$$= \left(\frac{V_{NL} - V_{FL}}{V_{FL}}\right)100\% = \left(\frac{5.18\ V - 5.15\ V}{5.15\ V}\right)100\% = \mathbf{0.58}\%$$

相 關 習 題　　某調整器無負載的輸出電壓是 24.8 V，全負載的輸出電壓是 23.9 V，則負載調整率的百分比值是多少？

---

**第2-6節　隨堂測驗**　　1. 將 60Hz 正弦波電壓輸入半波整流器，則輸出電壓的頻率是多少？

2. 將 60Hz 正弦波電壓輸入全波整流器，則輸出電壓的頻率是多少？

3. 電容輸入濾波器的輸出端上，為何有漣波電壓出現？

4. 將具有濾波電路的電源供應器的負載電阻值調降，對漣波電壓有何影響？

5. 試定義漣波因數。

6. 輸入 (線) 調整率與負載調整率的差別為何？

# 2-7　二極體限位器與箝位器(Diode Limiters and Clampers)

有一種二極體電路，稱為限位器 (limiter)或截波器(clipper)，可將訊號的電壓在某個位準以上，或以下的部分截掉。另有一種二極體電路，稱為箝位器(clamper)，可將直流位準加到訊號上，或者恢復訊號的原有直流位準。這一節我們將討論限位器和箝位器的二極體電路。

在學習完本節的內容後，你應該能夠

- ◆ **說明並且分析二極體限位器與箝位器兩者的工作原理**
  - ◆ 描述二極體限位器的工作原理
    - ◆ 討論限位器的偏壓
    - ◆ 討論分壓器偏壓
    - ◆ 描述一個應用
  - ◆ 描述二極體箝位器的工作原理

## 二極體限位器 (Diode Limiters)

圖 2-52 (a) 顯示的二極體正向限位器(limiter)，或稱**截波器 (clipper)**，**會限制或者截掉輸入電壓的正半週部分。當輸入電壓進入正半週期，二極體成為順向偏壓。 輸入電壓超過這個數值時**，$A$ **點的電位就被限制在 ＋ 0.7V**。當輸入電壓降回到 0.7V 以下時，二極體就成為逆向偏壓，而成為開路的狀態。輸出電壓的波形看起來與輸入電壓的負半週相似，但是波幅則是由$R_1$和$R_L$所組成的分壓器決定，計算公式如下：

$$V_{out} = \left( \frac{R_L}{R_1 + R_L} \right) V_{in}$$

如果$R_1$相較於 $R_L$很小，於是$V_{out} \cong V_{in}$。

如果將二極體反接，如圖 2-52 (b)，則輸入電壓的負半週會被截掉。當輸入電壓的負半週期間，此二極體是處於順向偏壓，因為二極體電壓降的緣故，$A$點的電壓維持在 － 0.7V。當輸入電壓超過－ 0.7V，二極體就不再是順向偏壓，於是 $R_L$上就出現與輸入電壓成比例的電壓。

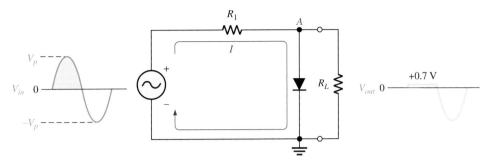

(a) 限制正半週變化。當正半週期時(輸出電壓高於 0.7V)，二極體處於順向
偏壓狀態，負半週期則為逆向偏壓。

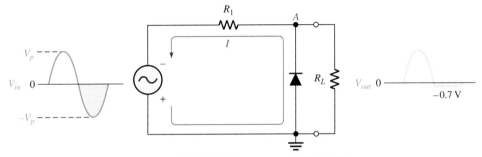

(b) 限制負半週變化。當負半週期時 (輸出電壓低於-0.7V)，二極體處於順向
偏壓狀態，正半週期則為逆向偏壓。

▲ 圖 2-52　二極體限位器 (截波器) 的範例。

例　題　2-10　　將示波器連接到圖 2-53 限位器的 $R_L$ 兩端，螢幕上應該顯示的波形為何？

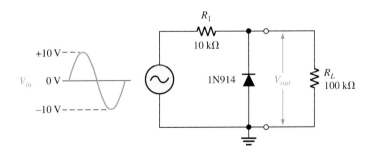

▲ 圖 2-53

解　　當輸入電壓低於 − 0.7V 時，二極體順向偏壓且導通。所以，對負向
限位器而言，$R_L$ 兩端的輸出電壓峰值可以用下列公式計算而得：

$$V_{p(out)} = \left(\frac{R_L}{R_1 + R_L}\right)V_{p(in)} = \left(\frac{100\,\text{k}\Omega}{110\,\text{k}\Omega}\right)10\,\text{V} = 9.09\,\text{V}$$

示波器顯示的輸出波形如圖 2-53 所示。

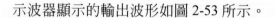

▲ 圖 2-54　圖 2-53 的輸出波形。

相 關 習 題　　如果圖 2-53 使用的是鍺二極體且負載$R_1$變成 1kΩ，試描述輸出波形。

**加上偏壓的限位器 (Biased Limiters)**　　可將偏壓$V_{BIAS}$和二極體串聯，就可以調整交流電壓的位準，如圖 2-55 所示。在$A$點的電壓必須等於$V_{BIAS}$ + 0.7V，此二極體才會成為順向偏壓而導通。一旦二極體導通後，在$A$點的電壓就會被限制在$V_{BIAS}$ + 0.7V，於是所有高於此位準的輸入電壓均會被截掉，是為正向限位器。

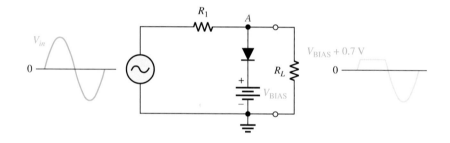

▲ 圖 2-55　正向限位器(positive limiter)。

要將輸出電壓限制在某個負電壓位準，則二極體和偏壓必須如圖 2-56 一般串聯起來。在這種狀況之下，$A$點的電壓必須低於 $-V_{BIAS}$ − 0.7V，才能讓二極體處於順向偏壓，因而產生如圖所示的限制位準的效果，是為負向限位器。

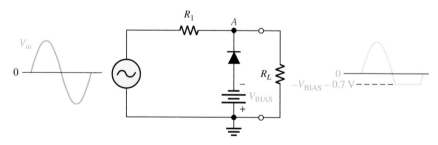

▲ 圖 2-56　負向限位器(negative limiter)。

如果將二極體反接，就可將只有正半週期的輸入電壓才能輸出的限位器電路，修改成高於 $V_{\text{BIAS}} - 0.7\text{V}$ 的輸入電壓才能輸出，波形如圖 2-57 (a) 所示。同樣的，可將只有負半週期的輸入電壓才能輸出的限位器電路，修改成低於 $-V_{\text{BIAS}}$ $+ 0.7\text{V}$ 的輸入電壓才能輸出，波形如圖 2-57 (b) 所示。

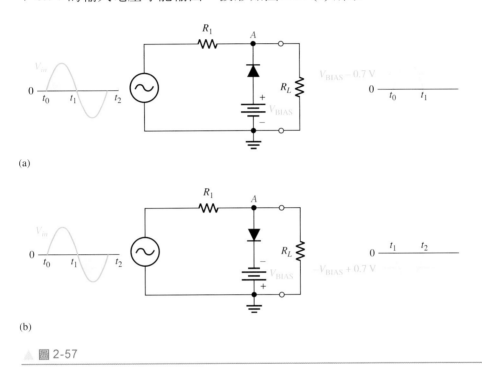

(a)

(b)

▲ 圖 2-57

**例 題　2-11**　　將正向限位器與負向限位器組合在一個電路中，如圖 2-58 所示。試求輸出電壓波形。

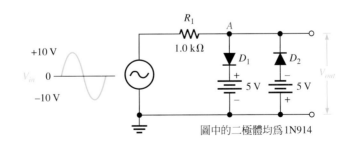

▲ 圖 2-58

解 當$A$點的電壓到達＋5.7V，二極體$D_1$導通並且限制波形在＋5.7V處。二極體 $D_2$ 則是電壓到達－5.7 V 時才會導通。所以，電路會將高於＋5.7 V 的正電壓以及低於－5.7 V 的負電壓截除。這些輸出電壓的波形顯示在圖 2-59 中。

▶ 圖 2-59

圖 2-58 的輸出電壓波形。

相 關 習 題 如果圖 2-58 中兩個直流電源都是 10V 且輸入電壓峰值是 20V，試求輸出電壓的波形。

*分壓器偏壓 (Voltage-Divider Bias)* 我們一直使用各種偏壓源來說明二極體限位器的基本工作原理，其實可以利用電阻分壓器，將直流電源的電壓轉換成所需要的偏壓，如圖 2-60 所示。偏壓值是按照下述的分壓公式中的電阻值，計算出來：

$$V_{BIAS} = \left(\frac{R_3}{R_2 + R_3}\right)V_{SUPPLY}$$

正偏壓限位器顯示在圖 2-60(a)，而負偏壓限位器則顯示在圖(b)，可調式正偏壓限位器則顯示在圖(c)。這些設定偏壓的電阻值，相對於$R_1$必須很小，讓流經二極體的順向電流不會影響到偏壓。

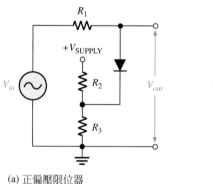

(a) 正偏壓限位器　　　　(b) 負偏壓限位器　　　　(c) 可調正偏壓限位器

▲ 圖 2-60 使用分壓器偏壓的二極體限位器。

*限位器的應用*(A Limiter Application)　許多電路在輸入位準上有某些限制以避免破壞電路。舉例來說，幾乎所有的數位電路，其輸入位準都不能超過電源供應器電壓。轉換器上一點點過高的電壓就可能會破壞電路。因此，為了避免輸入電壓超過特定位準，在許多數位電路中可看到二極體限位器跨接在輸入信號路徑上。

**例 題 2-12** 試描述圖 2-61 二極體限位器的輸出電壓波形。

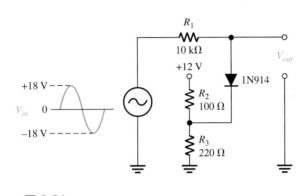

▲ 圖 2-61

**解** 此電路是正向限位器且偏壓電壓由分壓器公式決定。

$$V_{BIAS} = \left(\frac{R_3}{R_2 + R_3}\right)V_{SUPPLY} = \left(\frac{220\ \Omega}{100\ \Omega + 220\ \Omega}\right)12\ V = 8.25\ V$$

輸出電壓的波形顯示在圖 2-62 中。電路將輸出電壓波形的正電壓部分限制在 $V_{BIAS}$ + 0.7V 的位準上。

▶ 圖 2-62

**相 關 習 題** 改變圖 2-61 中的分壓器偏壓以限制輸出電壓在＋6.7V 的直流位準上。

## 二極體箝位器 (Diode Clampers)

箝位器可以將直流位準加到交流訊號的電壓上。箝位器**(clampers)**有時又稱為*直流重置器 (dc restorer)*。圖 2-63 顯示的二極體箝位器，可將正直流位準加入輸出的波形。此電路的動作是由輸入電壓的第一個負半週開始。當輸入電壓開始進入負半週期,二極體成為順向偏壓,讓電容器充電到接近輸入電壓的峰值($V_{p(in)}$ − 0.7V),如圖 2-63 (a) 所示。在剛越過負半週的峰值後,二極體就成為逆向偏壓。這是因為電容器會將二極體的陰極維持在$V_{p(in)}$ − 0.7V的電壓。電容器只能透過高阻抗值的$R_L$放電。因此,由前一個負半週峰值到下一個負半週峰值期間,電容器只會釋放很少的電荷。釋放的電荷數量當然是由$R_L$的阻抗值決定。

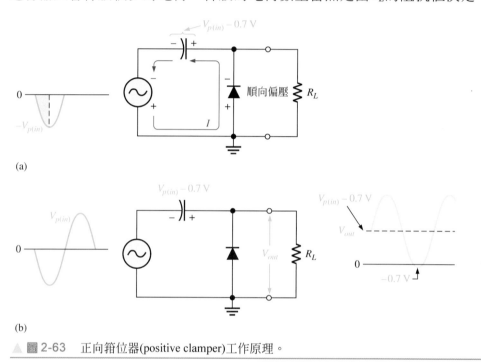

(a)

(b)

▲ 圖 2-63　正向箝位器(positive clamper)工作原理。

　　如果電容器在輸入波週期期間放電,則箝位器將會受到影響。如果$RC$的時間常數為週期的 100 倍,則會產生良好的箝位效果。若$RC$的時間常數為週期的十倍,則充電電流會在接地位準上造成輕微的失真。

　　箝位器的淨效果,就是電容器會維持在輸入電壓的峰值減去二極體電壓降。電容器電壓基本上可視為與輸入電壓串聯的一個電池。電容器的電壓會與輸入電壓重疊相加,如圖 2-63(b) 所示,是為一正向箝位器。

　　如果將二極體反接,就會有一個負直流電壓與輸入電壓相加,產生如圖 2-64 所示的輸出電壓波形,是為一負向箝位器。

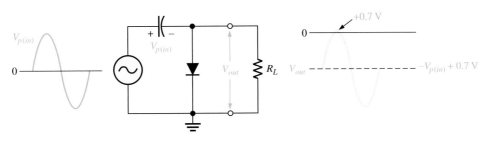

▲ 圖 2-64　負向箝位器(negative clamper)。

---

**例　題　2-13**　觀察圖 2-65 箝位器的 $R_L$ 兩端，其輸出電壓波形應該為何？假設時間常數 $RC$ 大到足以避免電容器有明顯的放電現象。

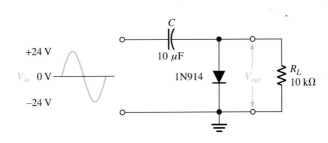

▲ 圖 2-65

**解**　理想狀況下，箝位電路會將等於輸入電壓峰值的負直流電壓減去二極體電壓降，然後加入輸入信號。

$$V_{DC} \cong -(V_{p(in)} - 0.7\,V) = -(24\,V - 0.7\,V) = -23.3\,V$$

實際上，電容器在峰值與峰值之間會輕微放電，結果導致輸出電壓的平均值略低於上述計算值。輸出波形的正電壓方向很接近 $+$ 0.7V，如圖 2-66 所示。

▷ 圖 2-66

圖 2-65 中 $R_L$ 兩端的輸出電壓波形。

**相 關 習 題**　如果圖 2-65 中 $C = 22\mu F$ 且 $R_L = 18\,k\Omega$，$R_L$ 兩端的輸出波形應該為何？

第2-7節 隨堂測驗 1. 從功能的角度討論二極體限位器與二極體箝位器的差異。

2. 正向限位器與負向限位器的差異在那裡？

3. 在輸入電壓的正半週期間，未施加偏壓的矽二極體正向限位器上的最大電壓是多少？

4. 某正向限位器的輸入電壓峰值是 10V，如果要將輸出電壓限制在 5V，則偏壓電壓必須是多少？

5. 箝位電路中，什麼元件的功能可以等效地視為電池？

## 2-8 電壓倍增器 (Voltage Multipliers)

電壓倍增器採用箝位效應，不需要增加輸入變壓器的電壓額定值，就可以增加整流電壓的峰值。增壓的倍數常見的是兩倍、三倍和四倍。電壓倍增器通常是應用在高電壓、低電流的場合，例如陰極射線管(CRT)和粒子加速器。

在學習完本節的內容後，你應該能夠

◆ **說明並且分析二極體電壓倍增器的工作原理**

◆ 參與討論二倍倍壓器的工作原理

　◆ 解釋半波二倍倍壓器

　◆ 解釋全波二倍倍壓器

◆ 參與討論三倍倍壓器的工作原理

◆ 參與討論四倍倍壓器的工作原理

### 二倍倍壓器 (Voltage Doubler)

*半波二倍倍壓器 (Half-Wave Voltage Doubler)* 二倍倍壓器是可以將電壓提升兩倍的**電壓倍增器(voltage multiplier)**。半波二倍倍壓器的電路顯示在圖 2-67。當次級電壓的正半週期時，二極體$D_1$是順向偏壓而$D_2$則是逆向偏壓。電容器$C_1$會充電至次級電壓的峰值 ($V_p$) 減掉二極體的電壓降，極性則如圖 (a) 所示。當負半週期時，二極體$D_2$是順向偏壓而$D_1$是逆向偏壓，如圖 (b) 所示。既然$C_1$無法放電，則$C_1$上的峰值電壓會加到次級電壓上，然後將$C_2$充電到大約 $2V_p$的電壓。將克希荷夫定律 (Kirchhoff's law) 應用到圖 (b) 中的迴路，$C_2$的電壓就是

$$V_{C1} - V_{C2} + V_p = 0$$
$$V_{C2} = V_p + V_{C1}$$

忽略掉二極體$D_2$的電壓降，$V_{C1} = V_p$。因此，

$$V_{C2} = V_p + V_p = 2V_p$$

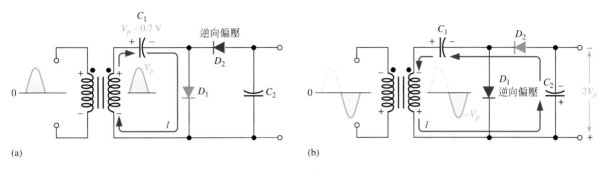

▲ 圖 2-67 半波二倍倍壓器的工作原理。$V_p$是次級電壓的峰值。

在無負載狀況時，$C_2$一直保持在$2V_p$。如果在輸出端加上負載電阻，$C_2$會在下一個正半週期，透過負載逐漸緩慢的放電，在接著的負半週期，又再一次充電到$2V_p$的電壓。產生的輸出電壓是半波電容濾波的電壓。每個二極體兩端的反峰值電壓是 $2V_p$。如果兩個二極體反接，跨接到$C_2$的輸出電壓就會有相反的極性。在這種情況下，兩個具極性的電容也應該反轉。

*全波二倍倍壓器 (Full-Wave Voltage Doubler)* 圖 2-68 顯示的是全波二倍倍壓器。當次級電壓為正半週期時，$D_1$是順向偏壓而$C_1$則充電到大約$V_p$的電壓，如圖 (a) 所示。當負半週期時，二極體$D_2$是順向偏壓而$C_2$則充電到大約$V_p$的電壓，如圖 (b) 所示。在串聯的兩個電容器兩端，輸出電壓為$2V_p$。

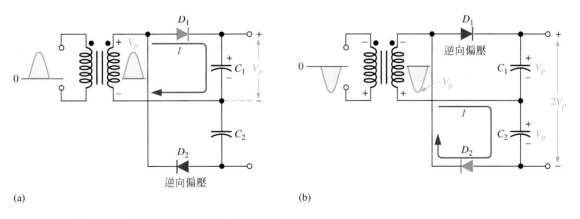

▲ 圖 2-68 全波二倍倍壓器的工作原理。

## 三倍倍壓器 (Voltage Tripler)

在半波二倍倍壓器的電路，再加上另外一組二極體和電容器的電路，就形成三倍倍壓器，如圖 2-69 所示。工作原理如下：在次級電壓的正半週期，$C_1$ 會透過 $D_1$ 充電至 $V_p$ 的電壓。在負半週期，$C_2$ 會透過 $D_2$ 充電至 $2V_p$ 的電壓，就如同先前所描述的二倍倍壓器。在下一個正半週期，$C_3$ 會透過 $D_3$ 充電至 $2V_p$ 的電壓。結果由串聯的兩個電容器 $C_1$ 和 $C_3$ 兩端，所形成的輸出電壓，如圖所示。

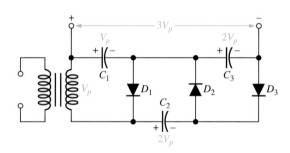

▲ 圖 2-69　三倍倍壓器。

## 四倍倍壓器 (Voltage Quadrupler)

如果再加上另外一組二極體和電容器的電路，如圖 2-70 所示，就產生次級電壓峰值的四倍輸出電壓。在負半週期，$C_4$ 會透過 $D_4$ 充電到 $2V_p$ 的電壓。最後從電容器 $C_2$ 和 $C_4$ 輸出 $4V_p$ 的電壓，如圖所示。在三倍器和四倍器兩種電路中，每個二極體的反峰值電壓 (PIV) 均為 $2V_p$。

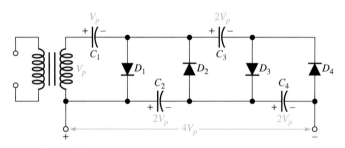

▲ 圖 2-70　四倍倍壓器。

第2-8節　隨堂測驗　1. 某二倍倍壓器的輸出電壓是 200V，則變壓器次級線圈的峰值電壓額定值必須是多少？

2. 某四倍倍壓器的輸出電壓是 620V，則每個二極體的 PIV 額定值最小必須有多少？

## 2-9 二極體特性資料表 (The Diode Datasheet)

製造商提供的規格表載有裝置的詳細資料，以便使用者能夠正確的使用。標準的規格表提供有最大額定值、電氣特性、機械特性資料和不同參數的特性圖。在學習完本節的內容後，你應該能夠

◆ **說明和使用二極體的特性資料表**

　　◆ 定義數個絕對最大額定值

　　◆ 定義二極體的熱特性

　　◆ 定義幾種電氣特性

　　◆ 詮釋順向電流衰減曲線

　　◆ 詮釋順向特性曲線

　　◆ 討論非連續突波電流

　　◆ 討論逆向特性

　　圖 2-71 為典型整流二極體的規格表。規格表中的資料由於製造公司的不同而改變，但基本上所傳達的資訊是相同的。規格表的內容有些較多有些較少。機械的資訊，如封包的規格等是不會列在此特殊的規格表中，但這些資料一般是可以從製造公司取得的。注意，在此規格表中有三種資料類別是以表格形式呈現，而有四種特性類別是由圖解形式說明的。

**FAIRCHILD**
SEMICONDUCTOR®

# 1N4001 - 1N4007

特徵
- 低順向電壓降
- 高突波電流性能

**DO-41**
彩色條紋代表陰極

一般用途整流器

**絕對最大額定值 *( Absolute Maximum Ratings* )** $T_A = 25°C$ (除非另有規定)

| Symbol | Parameter | Value | | | | | | | Units |
|---|---|---|---|---|---|---|---|---|---|
| | | 4001 | 4002 | 4003 | 4004 | 4005 | 4006 | 4007 | |
| $V_{RRM}$ | Peak Repetitive Reverse Voltage | 50 | 100 | 200 | 400 | 600 | 800 | 1000 | V |
| $I_{F(AV)}$ | Average Rectified Forward Current, .375 " lead length @ $T_A$ = 75°C | 1.0 | | | | | | | A |
| $I_{FSM}$ | Non-repetitive Peak Forward Surge Current 8.3 ms Single Half-Sine-Wave | 30 | | | | | | | A |
| $T_{stg}$ | Storage Temperature Range | -55 to +175 | | | | | | | °C |
| $T_J$ | Operating Junction Temperature | -55 to +175 | | | | | | | °C |

*These ratings are limiting values above which the serviceability of any semiconductor device may be impaired.

**熱特性 ( Thermal charcteristics )**

| Symbol | Parameter | Value | Units |
|---|---|---|---|
| $P_D$ | Power Dissipation | 3.0 | W |
| $R_{\theta JA}$ | Thermal Resistance, Junction to Ambient | 50 | °C/W |

**電氣特性 ( Electrical charcteristics )** $T_A = 25°C$ (除非另有規定)

| Symbol | Parameter | Device | | | | | | | Units |
|---|---|---|---|---|---|---|---|---|---|
| | | 4001 | 4002 | 4003 | 4004 | 4005 | 4006 | 4007 | |
| $V_F$ | Forward Voltage @ 1.0 A | 1.1 | | | | | | | V |
| $I_{rr}$ | Maximum Full Load Reverse Current, Full Cycle $T_A$ = 75°C | 30 | | | | | | | μA |
| $I_R$ | Reverse Current @ rated $V_R$ $T_A$ = 25°C $T_A$ = 100°C | 5.0 500 | | | | | | | μA μA |
| $C_T$ | Total Capacitance $V_R$ = 4.0 V, f = 1.0 MHz | 15 | | | | | | | pF |

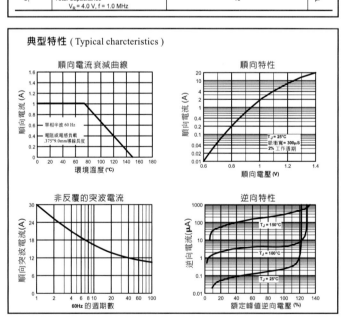

典型特性 ( Typical charcteristics )

順向電流衰減曲線

非反覆的突波電流

順向特性

逆向特性

▲ 圖 2-71　二極體之一般資料表，其各項特性說明於文中。Fairchild 半導體公司版權所有並授權使用。

## 資料分類(Data Categories)

*絕對最大額定值 (Absolute Maximum Ratings)* 絕對最大額定值爲數個參數值，使二極體能夠安全工作，不會造成裝置損害的最大額定值。爲了達到最大的可靠性和更長的使用壽命，二極體必須在低於這些最大額定值的環境下操作。除非另外指定，最大額定值通常是操作環境溫度 25°C 時的參數。環境溫度指的是元件周圍空氣的溫度。下列爲圖 2-71 中的參數：

$V_{RRM}$　　能夠重複施加於二極體的反向峰值電壓。請注意 1N4001 可耐壓 50 V 而 1N4007 可耐壓 1000 V。這個數值和反向峰值電壓(PIV)的額定值相同。

$I_{F(AV)}$　　60Hz 半波整流順向電流的最大平均值。此電流參數在所有二極體中皆爲 1.0A，且是在環境溫度爲 75°C 時測量。

$I_{FSM}$　　持續 8.3ms 的單一非連續半正弦波順向突波電流的最大峰值。此電流參數在所有二極體中皆爲 30A。

$T_{stg}$　　當停止操作或連結至電路時，可以使裝置維持狀態的有效溫度範圍。

$T_J$　　當電路中的二極體運轉時，可允許的 *pn* 接面溫度範圍。

*熱特性 (Thermal Characteristics)* 所有的元件都有溫度的限制，以避免在某些情況下失去作用。

$P_D$　　平均消耗功率爲二極體在任何情況下消耗的功率總數。爲了保證可靠性和更長的使用壽命，除非是短暫時間，二極體不應操作在最大功率的情形下。

$R_{\theta JA}$　　二極體接面與周圍空氣間的熱阻力。此數值顯示出元件材料的耐熱度以及顯示每一瓦特的熱由接面傳導至空氣時，接面與周圍空氣間的溫度差。

*電氣特性（Electrical Characteristics）* 電氣特性是在某些特定條件下二極體的電子特性，且所有形式的二極體皆有相同的電氣特性。這些數值是獨特的，根據不同的二極體而有較大或較小的數值。對於這些參數，有些規格表除了典型的數值外，還會提供最小與最大的數值。

$V_F$　　在順向電流爲 1A 時，二極體兩端的順向電壓差。如要測量其他順向電流時的順向電壓，必須參考順向特性圖。

| | |
|---|---|
| $I_{rr}$ | 在 75℃ 的全交流週期中,最大滿載逆向電流的平均值。 |
| $I_R$ | 在額定逆向電壓 ($V_{RRM}$) 下的逆向電流。此數值會有兩個不同周圍溫度的對應值。 |
| $C_T$ | 二極體總電容,包含在逆向偏壓,頻率為 1MHz 的接面電容。在低頻率的應用如電源供應器的整流器中,這個參數值大多不重要。 |

## 圖形特性(Graphical Characteristics)

### 順向電流衰減曲線 (The Forward Current Derating Curve)

圖 2-71 規格表中的曲線顯示最大順向二極體電流 $I_{F(AV)}$ 與周圍溫度的關係。若最高約 75℃ 時,二極體可處理的最大電流為 1A。若高於 75℃,二極體則無法處理,故最大電流必須衰減,如曲線所示。舉例來說,如果二極體在周圍溫度為 120℃ 時運轉,它能處理的最大電流為 0.4A。如圖 2-72 所示。

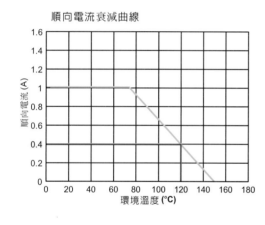

▲ 圖 2-72

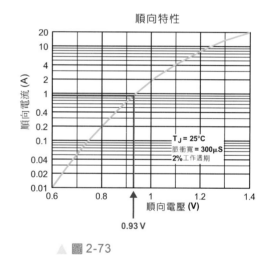

▲ 圖 2-73

### 順向特性曲線 (Forward Characteristics Curve)

規格表中的另一個圖形顯示瞬時順向電流與瞬時順向電壓的函數關係,如圖所示,曲線是在功率週期為 2%,脈衝寬度為 300 $\mu s$ 的條件下得到。注意此圖的 $T_J = 25$℃ 時。舉例來說,順向電流為 1A 時,其對應之順向電壓大約為 0.93V,如圖 2-73 所示。

### 非連續突波電流 (Nonrepetitive Surge Current)

規格表中的非連續突波電流圖顯示了在 60Hz 時 $I_{FSM}$ 與週期數的關係。對一次的突波,二極體可以承受 30A 的電流。然而,如果在 60Hz 的頻率下反覆出現突波,則最大突波電流將會衰減。舉例來說,如果突波重複出現七次,則最大電流降為 18A,如圖 2-74 所示。

*逆向特性 (Reverse Characteristics)* 規格表中的逆向特性圖顯示了三種不同的接面溫度下，逆向電流相對於逆向電壓的改變。其水平軸為最大逆向電壓 $V_{RRM}$ 的百分比。舉例來說，在 25℃ 時，在最大 $V_{RRM}$ 值的 20% 或 10V 時，1N4001 的逆向電流接近 $0.04\mu A$。若 $V_{RRM}$ 值增加到 90%，則逆向電流增加到接近 $0.11\mu A$，如圖 2-75 所示。

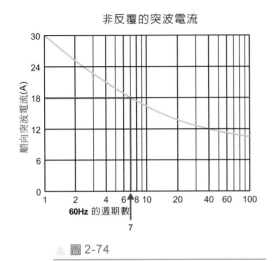

非反覆的突波電流

▲ 圖 2-74

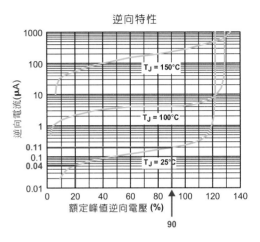

逆向特性

▲ 圖 2-75

---

**第2-9節　隨堂測驗**

1. 試寫出下列二極體的逆向反覆峰值電壓：1N4002、1N4003、1N4004、1N4005、1N4006。

2. 假設 1N4005 的順向電流為 800mA，順向電壓為 0.75V，請問是否超出其額定功率範圍？

3. 試問在環境溫度為 100℃ 時，1N4001 的 $I_{F(AV)}$ 數值？

4. 試問在 60Hz 下，突波重複 40 次時，1N4003 的 $I_{FSM}$ 為何？

## 二極體偏壓的摘要 (Summary of Diode Bias)

### 順向偏壓：允許多數載子流通過 (Forward Bias: Permits Majority-Carrier Current)

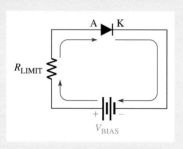

- 偏壓的接線方式：正極接到二極體的陽極 (A)；負極接到二極體的陰極(K)。
- 偏壓的電壓值要大於障壁電壓。
- 障壁電壓：對於矽晶材料是 0.7V。
- 多數載子形成順向電流。
- 空乏區會變窄。

### 逆向偏壓：阻止多數載子電流通過(Reverse Bias: Prevents Majority-Carrier Current)

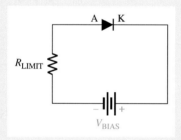

- 偏壓的接線方式：正極接到二極體的陰極 (K)；負極接到二極體的陽極(A)。
- 偏壓的電壓值必須小於崩潰電壓。
- 在施加逆向偏壓後的暫態電流結束之後，就 沒有多數載子流存在。
- 少數載子形成幾可忽略的逆向電流。
- 空乏區變寬。

## 電源供應器整流器的摘要 (Summary of Powrer Supply Rectifiers)

### 半波整流器 (Half-Wave Rectifier)

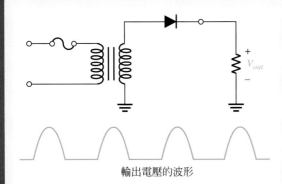

輸出電壓的波形

- 輸出的峰值：

$$V_{p(out)} = V_{p(sec)} - 0.7\,\text{V}$$

- 輸出的平均值：

$$V_{AVG} = \frac{V_{p(out)}}{\pi}$$

- 二極體的反峰值電壓：

$$PIV = V_{p(sec)}$$

### 中間抽頭全波整流器 (Center-Tapped Full-Wave Rectifier)

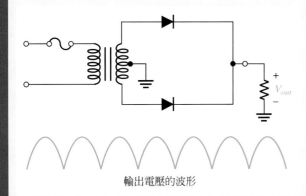

輸出電壓的波形

- 輸出的峰值：

$$V_{p(out)} = \frac{V_{p(sec)}}{2} - 0.7\,\text{V}$$

- 輸出的平均值：

$$V_{AVG} = \frac{2V_{p(out)}}{\pi}$$

- 二極體的反峰值電壓：

$$PIV = 2V_{p(out)} + 0.7\,\text{V}$$

### 橋式全波整流器 (Bridge Full-Wave Rectifier)

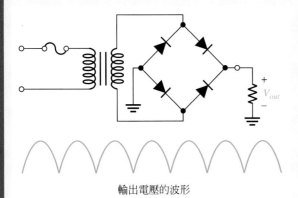

輸出電壓的波形

- 輸出的峰值：

$$V_{p(out)} = V_{p(sec)} - 1.4\,\text{V}$$

- 輸出的平均值：

$$V_{AVG} = \frac{2V_{p(out)}}{\pi}$$

- 二極體的反峰值電壓：

$$PIV = V_{p(out)} + 0.7\,\text{V}$$

# 本章摘要

**第 2-1 節** ◆ 實際上，在逆向偏壓下仍然有很微小的電流存在，這是由熱擾動產生的少數載子所造成的電流，但這個電流一般是可忽略掉。

◆ 在逆向偏壓下，如果電壓值等於或者超過崩潰電壓，二極體就會發生累增崩潰的現象。

◆ 只有在順向偏壓下，才會有電流通過二極體。在理想狀況下，沒有施加偏壓或在逆向偏壓下，就不會有電流存在。

◆ 二極體的逆向崩潰電壓通常高於 50V 且不超過 1000V。

**第 2-2 節** ◆ 由電壓-電流特性曲線可知二極體電流與兩端電壓的函數關係。

◆ 順向偏壓下二極體的阻抗稱為*動態阻抗或交流阻抗*。

◆ 在逆向崩潰電壓下，逆向電流會增加得非常快速。

◆ 大部分的二極體需避免產生逆向崩潰。

**第 2-3 節** ◆ 理想二極體模型在順向偏壓時，就像是一個閉合的開關。在逆向偏壓下，就像是一個斷路的開關。

◆ 實際二極體模型就像是一個串接著障壁電壓的開關。

◆ 完整二極體模型在順向偏壓下，視為一個動態順向阻抗串聯實際二極體模型。在逆向偏壓下，視為一個逆向阻抗並聯一個斷路的開關。

**第 2-4 節** ◆ 直流電源供應器通常包括輸入變壓器、二極體整流器、濾波器和電壓調整器。

◆ 半波整流器的單獨二極體只有在輸入週期的 180°半週期內，才會因為順向偏壓而導通。

◆ 半波整流器的輸出頻率等於輸入頻率。

◆ 反峰值電壓 (peak inverse voltage，PIV) 是當二極體逆向偏壓時，所出現的最大電壓。

**第 2-5 節** ◆ 全波整流器的每個二極體在輸入週期的180°半週期內，才會因為順向偏壓而導通。

◆ 全波整流器的輸出訊號頻率是輸入訊號的兩倍。

◆ 全波整流器有中間抽頭式和橋式兩種。

◆ 中間抽頭式全波整流器的輸出峰值電壓，大約是變壓器次級側輸出電壓的一半，再減去一個二極體的電壓降。

◆ 中間抽頭式全波整流器的每個二極體的反峰值電壓 (PIV)，是輸出峰值電壓的兩倍再加上一個二極體的電壓降。

◆ 橋式整流器的輸出峰值電壓，等於次級側輸出峰值電壓減去兩個二極體的電壓降。

◆ 橋式整流器每個二極體反峰值電壓 (PIV)，大約是中間抽頭式的一半，也等於輸出峰值電壓加上一個二極體的電壓降。

**第 2-6 節** ◆ 電容輸入濾波器所能提供的直流輸出電壓，大約等於它將輸入電壓經過整流後的峰值電壓。

◆ 因為濾波電容器的充放電作用，是造成漣波電壓的原因。

◆ 漣波電壓越小,則濾波的效果越好。

◆ 針對某個範圍的輸入電壓,將輸出電壓加以調整,就稱為*輸入或線調整作用 (input or line regulation)*。

◆ 針對某個範圍的負載電流,將輸出電壓加以調整,就稱為*負載調整作用 (load regulation)*。

第 2-7 節 ◆ 二極體限位器會將某個位準以上或以下的電壓截去。限位器也稱為*截波器*。

◆ 二極體箝位器可以將直流位準疊加到交流訊號的電壓上。

第 2-8 節 ◆ 電壓倍增器,應用於高電壓及低電流。如CRT中的電子束加速器或粒子加速器。

◆ 電壓加速器是由二極體-電容器串聯而成。

◆ 輸入電壓可以為兩倍、三倍或四倍。

第 2-9 節 ◆ 資料表提供電子元件參數與特性的關鍵資訊。

◆ 二極體必須操作在資料表中所設定的絕對最大額定範圍內。

## 重要詞彙

重要詞彙以及其他粗體字表示的詞彙,都會在本書末的詞彙表中加以定義。

**偏壓 (Bias)** 對二極體施加的直流電壓,使二極體導通或斷路。

**箝位器(Clamper)** 利用一個二極體以及一個電容器在交流電壓上施加直流位準的電路。

**直流電源供應器 (DC power supply)** 能夠將交流電壓轉變成直流電壓的電路,而且能夠提供固定功率給電路或系統。

**二極體 (Diode)** 擁有單一 *pn* 接面的半導體元件,只能朝單方向傳導電流。

**濾波器(Filter)** 電源供應器所使用的電容器,可以減少整流器輸出電壓的變動情形。

**順向偏壓 (Forward bias)** 能讓二極體傳導電流的偏壓條件。

**全波整流器 (Full-wave rectifier)** 能夠將交流正弦輸入訊號轉變成直流脈衝訊號的電路,且在每個輸入週期,輸出訊號會有兩個脈衝訊號出現。

**半波整流器 (Half-wave rectifier)** 能夠將交流正弦輸入訊號轉變成直流脈衝訊號的電路,且在每個輸入週期,輸出訊號只有一個脈衝訊號出現。

**限位器 (Limiter)** 能將波形在某個指定位準以上或以下的部分,加以截去或移除的二極體電路。

**線性調整率 (Line regulation)** 對於一定的輸入電壓變動量,所造成電壓調整器輸出電壓的變動量,一般是以百分率表示。

**負載調整率 (Load regulation)** 對於一定的負載電流變動量,所造成電壓調整器輸出電壓的變動量,一般是以百分率表示。

**反峰值電壓 (Peak inverse voltage,PIV)** 當二極體處於逆向偏壓,在輸入週期的峰值時的二極體最大逆向電壓。

**整流器 (Rectifier)** 將交流電轉換為直流脈衝的電子電路,為電源供應器的一部分。

**電壓調整器 (Regulator)** 此電子元件或電路是電源供應器的一部分,能夠在輸入電壓或負載一定變動範圍內,維持定值的輸出電壓。

**逆向偏壓 (Reverse bias)** 能讓二極體無法傳導電流的偏壓條件。

連波電壓 **(Ripple voltage)**　因為濾波電容器的充放電作用，造成濾波整流器直流
　　　　　輸出電壓的小波動。

故障檢修 **(Troubleshooting)**　在一個電子電路或者系統中，隔離、辨認以及修正
　　　　　一個錯誤的系統步驟。

電壓-電流特性曲線 **(*V-I* characteristic curve)**　能顯示出二極體電壓和電流之間關
　　　　　係的曲線。

# 重要公式

2-1　　$I_F = \dfrac{V_{BIAS}}{R_{LIMIT}}$　　　　　　　　順向電流，理想二極體模型

2-2　　$I_F = \dfrac{V_{BIAS} - V_F}{R_{LIMIT}}$　　　　　順向電流，實際二極體模型

2-3　　$V_{AVG} = \dfrac{V_p}{\pi}$　　　　　　　　半波整流的平均輸出電壓

2-4　　$V_{p(out)} = V_{p(in)} - 0.7\,\text{V}$　　　　半波整流器峰值輸出電壓 (矽基材)

2-5　　$PIV = V_{p(in)}$　　　　　　　　　半波整流的反峰值電壓

2-6　　$V_{AVG} = \dfrac{2V_p}{\pi}$　　　　　　　全波整流的平均輸出電壓

2-7　　$V_{out} = \dfrac{V_{sec}}{2} - 0.7\,\text{V}$　　　　中間抽頭式全波整流輸出電壓

2-8　　$PIV = 2V_{p(out)} + 0.7\,\text{V}$　　　中間抽頭式全波整流器的反峰值電壓

2-9　　$V_{p(out)} = V_{p(sec)} - 1.4\,\text{V}$　　　橋式全波整流的輸出電壓

2-10　$PIV = V_{p(out)} + 0.7\,\text{V}$　　　橋式整流器的反峰值電壓

2-11　$r = \dfrac{V_{r(pp)}}{V_{DC}}$　　　　　　　　連波因數

2-12　$V_{r(pp)} \cong \left(\dfrac{1}{fR_LC}\right)V_{p(rect)}$　　　電容輸入濾波器的峰對峰連波電壓

2-13　$V_{DC} = \left(1 - \dfrac{1}{2fR_LC}\right)V_{p(rect)}$　　電容輸入濾波器的直流輸出電壓

2-14　線調整率$= \left(\dfrac{\Delta V_{OUT}}{\Delta V_{IN}}\right)100\%$

2-15　負載調整率$= \left(\dfrac{V_{NL} - V_{FL}}{V_{FL}}\right)100\%$

## 是非題測驗 答案可在以下網站找到 www.pearsonglobaleditions.com(搜索 ISBN:1292222999)

1. 二極體的兩端分別爲陽極與集極。
2. 二極體在順向電流及逆向電流的傳導條件是一樣的。
3. 順向偏壓時，二極體可傳導電流。
4. 逆向偏壓時，理想二極體可視爲一短路開關。
5. 二極體中的電流分別爲電子和電洞。
6. 基本半波整流器包含一個二極體。
7. 半波整流器的輸出頻率爲輸入頻率的兩倍。
8. 半波整流器中的二極體，其導通時間只有輸入週期的一半。
9. PIV 指的是正的逆電壓。
10. 全波整流器中的二極體在整個輸入週期中都是導通的。
11. 全波整流器的輸出頻率爲輸入頻率的兩倍。
12. 橋式整流器使用四個二極體。
13. 在橋式整流器中，輸入的每半週期有兩個二極體導通。
14. 整流器中的濾波電容，其主要的目的是將交流轉換成直流。
15. 濾波整流器的輸出電壓會包含一些漣波電壓。
16. 較小的濾波電容會減少漣波。
17. 線性調整率和負載調整率是一樣的。
18. 二極體限位器( limiters) 又稱 clipper。
19. 箝位器的主要目的是移除波形中的直流位準。
20. 電壓倍增器中含有二極體及電容。

## 電路動作測驗 答案可在以下網站找到 www.pearsonglobaleditions.com(搜索 ISBN:1292222999)

1. 當二極體在順向偏壓且偏壓電壓增加時，則偏壓電流將會
   (a) 增加    (b) 減少    (c) 不變
2. 當二極體在順向偏壓且偏壓電壓增加時，則橫跨二極體(假設是實際模型)的電壓將會
   (a) 增加    (b) 減少    (c) 不變
3. 當二極體在逆向偏壓且偏壓電壓增加時，則逆向電流(假設是實際模型)將會
   (a) 增加    (b) 減少    (c) 不變
4. 當二極體在逆向偏壓且偏壓電壓增加時，則逆向電流(假設是完整模型)將會
   (a) 增加    (b) 減少    (c) 不變
5. 當二極體在順向偏壓且偏壓電壓增加時，則橫跨二極體(假設是完整模型)的電壓將會
   (a) 增加    (b) 減少    (c) 不變

6. 假設二極體的順向電流增加時，則二極體的電壓(假設是實際模型)將會
   (a) 增加　(b) 減少　(c) 不變

7. 假設二極體的順向電流減少時，則二極體的電壓(假設是完整模型)將會
   (a) 增加　(b) 減少　(c) 不變

8. 假設二極體的外加偏壓超過障壁電壓時，則其順向電流將會
   (a) 增加　(b) 減少　(c) 不變

9. 假如圖 2-28 中的輸出電壓增加時，則橫跨二極體的反峰值電壓將會
   (a) 增加　(b) 減少　(c) 不變

10. 假如圖 2-28 中的變壓器圈數比減少時，則通過二極體的順向電流將會
    (a) 增加　(b) 減少　(c) 不變

11. 假如圖 2-36 中的輸入電壓的頻率增加時，則輸出電壓將會
    (a) 增加　(b) 減少　(c) 不變

12. 假如圖 2-36 中的二極體反峰值電壓(PIV)額定值增加時，則通過$R_L$的電流將會
    (a) 增加　(b) 減少　(c) 不變

13. 在圖 2-41 中，假如其中之一的二極體開路時，則在負載的平均電壓將會
    (a) 增加　(b) 減少　(c) 不變

14. 在圖 2-41 中，假如$R_L$的值減少時，則通過每一個二極體的電流將會
    (a) 增加　(b) 減少　(c) 不變

15. 在圖 2-48 中，假如電容器的值減少時，則輸出的漣波電壓將會
    (a) 增加　(b) 減少　(c) 不變

16. 在圖 2-51 中，假如線電壓增加時，則理想上 +5V 的輸出電壓將會
    (a) 增加　(b) 減少　(c) 不變

17. 在圖 2-55 中，假如偏向電壓減少時，則輸出電壓的正向部分將會
    (a) 增加　(b) 減少　(c) 不變

18. 在圖 2-55 中，假如偏向電壓增加時，則輸出電壓的負向部分將會
    (a) 增加　(b) 減少　(c) 不變

19. 在圖 2-61 中，假如 R3 的值減少時，則正向部分的輸出電壓將會
    (a) 增加　(b) 減少　(c) 不變

20. 在圖 2-65 中，假如輸入電壓增加時，則輸出電壓的峰值負向部分將會
    (a) 增加　(b) 減少　(c) 不變

# 自我測驗

答案可在以下網站找到 www.pearsonglobaleditions.com(搜索 ISBN:1292222999)

**第 2-1 節**

1. 電子流一詞係指
(a)自由電子流動　(b)自由電洞流動　(c)自由電子或自由電洞的流動　(d)以上皆非

2. 逆向偏壓二極體，
(a)外加電壓的正極接到二極體的陽極，負極接到二極體的陰極
(b)外加電壓的負極接到二極體的陽極，正極接到二極體的陰極
(c)外加電壓的正極接到二極體的 $p$ 型區，負極接二極體的 n 型區
(d)答案(a)和(c)皆是

3. 當二極體施加順向偏壓時，
(a) 唯一產生的電流是電洞流　(b) 唯一產生的電流是電子流
(c) 唯一產生的電流是由多數載子所產生　(d) 電流是由電洞和電子共同產生

4. 雖然逆向偏壓截斷了電流
(a) 仍有多數載子所產生的一些電流　(b) 仍有少數載子所產生的很小電流
(c) 產生了累增崩潰電流

5. 對於矽二極體，一般標準順向偏壓的電壓值為
(a) 必須大於 0.3V　(b) 必須大於 0.7V
(c) 依照空乏區的寬度而定　(d) 依照多數載子的濃度而定

6. 在順向偏壓下，二極體會
(a) 截斷電流　(b) 傳導電流　(c) 存在高的阻抗　(d) 產生很大的電壓降

**第 2-2 節**

7. 二極體在何種情況下可正常運作
(a) 逆向崩潰電壓　(b) 順向偏壓區
(c) 逆向偏壓區　(d) 答案 (b) 或 (c) 皆可

8. 二極體處於下列何種狀態時，必須將動態阻抗列入考慮
(a) 逆向偏壓　(b) 順向偏壓　(c) 逆向崩潰電壓　(d) 未偏壓

9. 由二極體的電壓-電流曲線可得知
(a) 任一電流所對應的二極體兩端電壓　(b) 任一偏壓對應之電流大小
(c) 消耗功率　(d) 以上皆非

**第 2-3 節**

10. 理想上，二極體可視為
(a) 電壓源　(b) 阻抗　(c) 開關　(d) 以上皆是

11. 在實際二極體模型中
(a) 須將障壁電壓列入考慮　(b) 須將動態順向阻抗列入考慮　(c) 以上皆非
(d) (a) 和 (b) 皆是

12. 在完整二極體模型中
(a) 須將障壁電壓列入考慮　(b) 須將動態順向阻抗列入考慮　(c) 須將逆向阻抗列入考慮　(d) 以上皆是

**第 2-4 節**　13. 某個半波整流電壓的峰值為 200 V，則其平均電壓為
(a) 63.7 V　(b) 127.3 V　(c) 141 V　(d) 0 V

14. 當 60 Hz 的正弦波電壓輸入半波整流器，則輸出頻率為
(a) 120 Hz　(b) 30 Hz　(c) 60 Hz　(d) 0 Hz

15. 半波整流器的輸入電壓峰值為 10V。則輸出電壓峰值的近似值為
(a) 10 V　(b) 3.18 V　(c) 10.7 V　(d) 9.3 V

16. 對於問題 15 的電路，其中的二極體必須能夠忍受多大的逆向電壓
(a) 10 V　(b) 5 V　(c) 20 V　(d) 3.18 V

**第 2-5 節**　17. 某個全波整流電壓的峰值為 75 V，則其平均電壓為
(a) 53 V　(b) 47.8 V　(c) 37.5 V　(d) 23.9 V

18. 當 60 Hz 的正弦波電壓輸入全波整流器，則輸出頻率為
(a) 120 Hz　(b) 60 Hz　(c) 240 Hz　(d) 0 Hz

19. 已知中間抽頭式全波整流器的二次側電壓的有效值為 125 V。忽略二極體的電壓降，則輸出電壓的有效值為
(a) 125 V　(b) 177 V　(c) 100 V　(d) 62.5 V

20. 當輸出電壓峰值為 100V 時，則中間抽頭式全波整流器每個二極體的反峰值電壓為 (忽略二極體的電壓降)
(a) 100 V　(b) 200 V　(c) 141 V　(d) 50 V

21. 當橋式全波整流器的輸出電壓有效值為 20V，則二極體的反峰值電壓為 (忽略二極體的電壓降)
(a) 20 V　(b) 40 V　(c) 28.3 V　(d) 56.6 V

**第 2-6 節**　22. 電容輸入濾波器的理想直流輸出電壓等於
(a) 整流輸出電壓的峰值　(b) 整流輸出電壓的平均值
(c) 整流輸出電壓的有效值

23. 某個電源供應器的輸出電壓，直流電壓部分為 20 V，而漣波部分峰對峰值為 100 mV。則漣波因數是
(a) 0.05　(b) 0.005　(c) 0.00005　(d) 0.02

24. 將峰值為 60V 的全波整流電壓輸入到電容輸入濾波器。如果 $f = 120$ Hz，$R_L = 10$ kΩ 和 $C = 10\ \mu\mathrm{F}$，則漣波電壓為
(a) 0.6 V　(b) 6 mV　(c) 5.0 V　(d) 2.88 V

25. 如果電容濾波全波整流器的負載阻抗降低，則漣波電壓會
(a) 增加　(b) 減少　(c) 不受影響　(d) 有不同的頻率

26. 線性調整率是由下列何種關係決定
(a) 負載電流　(b) 齊納電流和負載電流的比值
(c) 負載阻抗和輸出電壓變動量的比值　(d) 輸出電壓和輸入電壓變動量的比值

27. 負載調整率是由下列何種關係決定
(a) 負載電流和輸入電壓變動量的比值　(b) 負載電流和輸出電壓變動量的比值
(c) 負載阻抗和輸入電壓變動量的比值　(d) 齊納電流和負載電流變動量的比值

**第 2-7 節** 28. 將 10V 峰對峰值的正弦波電壓施加於矽二極體和串聯電阻的兩端。則跨於二極體上最大的電壓
(a) 9.3 V　(b) 5 V　(c) 0.7 V　(d) 10 V　(e) 4.3 V

29. 某一偏壓限位器中，偏壓為 5V，輸入電壓為 10V 峰值正弦波。如果偏壓的正極連接至二極體的陰極，則陽極的最大電壓為
(a) 10 V　(b) 5 V　(c) 5.7 V　(d) 0.7 V

30. 某一正向箝位器電路中，輸入為 120V rms 正弦波，則輸出直流電壓為
(a) 119.3 V　(b) 169 V　(c) 60 V　(d) 75.6 V

**第 2-8 節** 31. 二倍倍壓器的輸入是 120 V rms。峰對峰值的輸出近似值為
(a) 240 V　(b) 60 V　(c) 167 V　(d) 339 V

32. 如果三倍倍壓器的輸入電壓有效值為 12V，則直流輸出電壓的近似值為
(a) 36 V　(b) 50.9 V　(c) 33.9 V　(d) 32.4 V

# 習　題　　所有的答案都在本書末。

## 基本習題

### 第 2-1 節　二極體的工作原理

1. 在逆向偏壓二極體中，請問電壓源的正極端須與二極體的 $p$ 型區或 $n$ 型區相連接？
2. 二極體順向偏壓的兩個要求是什麼？
3. 逆向偏壓二極體中的很小逆向電流是如何產生的？
4. 如何保護二極體免受雪崩效應造成的永久性損壞？

### 第 2-2 節　二極體的電壓-電流(V-I)特性

5. 請解釋如何才能產生特性曲線上順向偏壓部分的曲線。
6. 請問是何種原因造成矽二極體的障壁電壓從 0.7V 降到 0.6V？

### 第 2-3 節　二極體的各種模型

7. 請指出圖 2-76 中的每個矽二極體，是順向偏壓還是逆向偏壓。
8. 請指出圖 2-76 的每個二極體的偏壓大小，假設這些二極體是屬於實際模型。
9. 假設均為理想二極體，請計算出圖 2-76 中二極體兩端的電壓。
10. 利用完整二極體模型，計算出圖 2-76 中二極體兩端的電壓。
其中 $r'_d=10\Omega$，$r'_R=100M\Omega$。

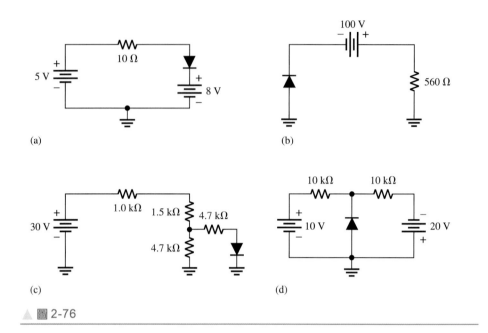

(a)

(b)

(c)

(d)

▲ 圖 2-76

## 第 2-4 節　半波整流器

11. 繪出圖 2-77 中每個電路的輸出電壓波形，並且標示出電壓值。

12. 圖 2-77 中二極體兩端的逆向峰值電壓為？

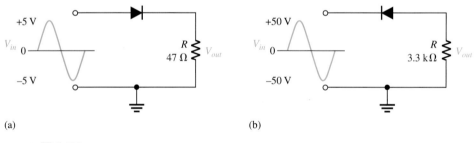

(a)

(b)

▲ 圖 2-77

13. 試計算當峰值為 100V 時，半波整流器電壓的平均值為？

14. 圖 2-77 中每個二極體的峰值順向電流是多少？

15. 某個電源供應器的線圈匝數比是 2：5。如果初級的輸入電壓有效值為 120V，則二次側的輸出電壓是多少？

16. 試求圖 2-78 中，輸出到負載$R_L$的峰值和平均功率是多少？

▷ 圖 2-78

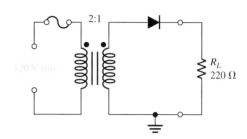

## 第 2-5 節　全波整流器

**17.** 試求圖 2-79 中每個電壓的平均值。

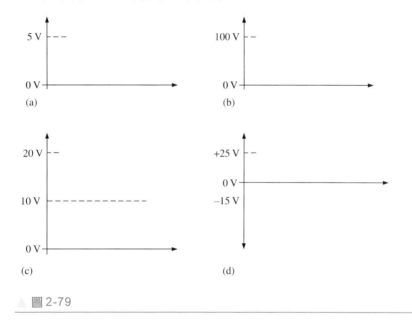

▲ 圖 2-79

**18.** 考慮圖 2-80 的電路。

(a) 這是哪種類型的電路？

(b) 請問二次側的總峰值輸出電壓是多少？

(c) 試求二次側半邊線圈的峰值電壓是多少？

(d) 繪出負載電阻 $R_L$ 上的電壓波形。

(e) 每個二極體的峰值電流是多少？

(f) 每個二極體的反峰值電壓是多少？

▷ 圖 2-80

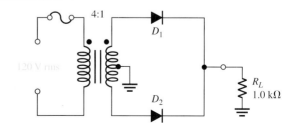

19. 如果使用於全波整流器的中間抽頭式變壓器，其每半邊線圈的峰值電壓爲 155.7 V。假設電器中使用理想二極體，試求該整流器的平均輸出電壓爲多少。

20. 爲了讓中間抽頭式整流器在負載阻抗上有負直流電壓輸出，請繪出二極體的接線方式。

21. 如果中間抽頭式整流器的平均輸出電壓爲 60 V，則所需二極體的反峰值電壓額定值是多少？

22. 橋式整流器的輸出電壓有效值爲 30V。則二極體的反峰值電壓是多少？

23. 繪出圖 2-81 中的橋式整流器的輸出電壓波形。請注意，與之前的電路比較，其中所有的二極體的接線方向都相反過來。

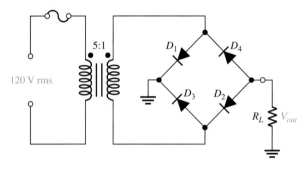

▲ 圖 2-81

## 第 2-6 節 電源濾波器與調整器

24. 有一整流濾波器的直流濾波電壓爲 50 V，以及峰對峰值的漣波電壓 0.4 V。試求漣波因數。

25. 有一全波整流器的峰值輸出電壓爲 20 V，以及輸出頻率爲 120Hz。整流器的輸入電容爲 $40\,\mu F$。試求 $500\,\Omega$ 負載阻抗上的直流輸出電壓和峰對峰值漣波電壓是多少？

26. 請問第 25 題的整流濾波器的漣波百分比是多少？

27. 假設某個全波整流器的負載阻抗爲 $1.5\,k\Omega$，若要產生的漣波因數爲 1%，則所需要的濾波電容應爲多少？假設整流器的峰值輸出電壓爲 18 V。

28. 假設全波整流器的峰值整流輸出電壓爲 80 V，輸入的交流電源頻率爲 60 Hz。如果使用的濾波電容器是 $10\,\mu F$，試求負載阻抗 $10\,k\Omega$ 的漣波因數。

29. 試求圖 2-82 中的直流輸出電壓和峰對峰值漣波電壓。變壓器二次側電壓的額定值爲 36 V (有效值)，而交流電壓的頻率爲 60 Hz。

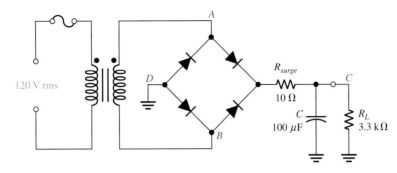

▲ 圖 2-82

30. 參考圖 2-82，請繪出下述與輸入電壓有關的電壓波形：$V_{AB}$、$V_{AD}$ 和 $V_{CD}$。兩個字母的下標表示該電壓是指從某一點到另外一點的電壓降。

31. 如果電壓調整器的無負載輸出電壓是 17 V，全負載輸出電壓是 16.1 V，則負載調整率是多少百分比？

32. 某個電壓調整器的負載調整百分比是 1%。如果無負載的輸出電壓是 20 V，則全負載的輸出電壓是多少？

## 第 2-7 節　二極體限位器與箝位器

33. 試繪出圖 2-83 中電路的輸出波形。

▷ 圖 2-83

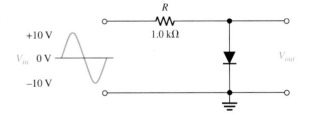

34. 試求圖 2-84 (a) 的電路，在圖(b)、(c)和(d)的輸入電壓下，試求輸出電壓是多少？

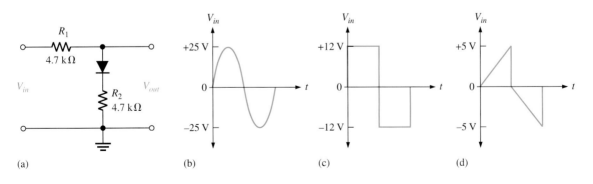

▲ 圖 2-84

**35.** 試繪出圖 2-85 中每種電路的輸出電壓波形。

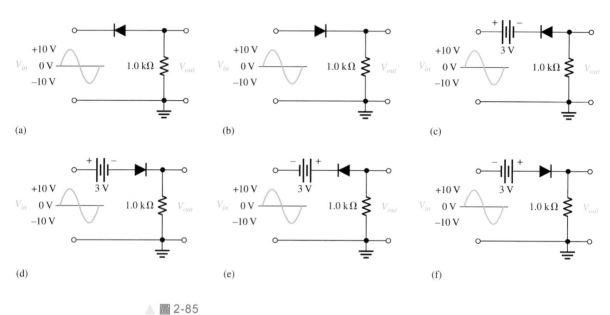

(a)      (b)      (c)

(d)      (e)      (f)

▲ 圖 2-85

**36.** 試繪出圖 2-86 中每種電路在負載電阻 $R_L$ 上的輸出電壓波形。

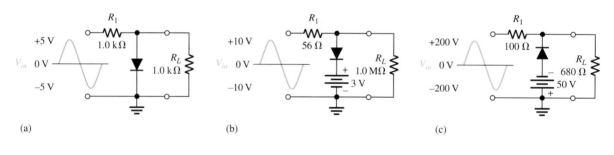

(a)      (b)      (c)

▲ 圖 2-86

**37.** 試繪出圖 2-87 中每種電路的輸出電壓波形。

**38.** 試求圖 2-87 中，每個二極體的峰值順向電流是多少？

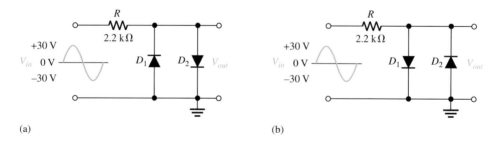

(a)      (b)

▲ 圖 2-87

**39.** 試求圖 2-88 中，每個二極體的峰值順向電流是多少？

**40.** 試繪出圖 2-88 中每種電路的輸出電壓波形。

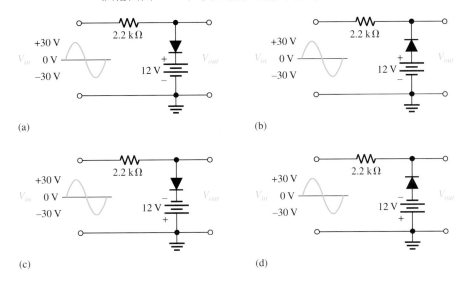

(a)　　　　　　　　　　　　　　　　(b)

(c)　　　　　　　　　　　　　　　　(d)

▲ 圖 2-88

**41.** 試繪出圖 2-89 中每個電路的輸出波形。假設 $RC$ 時間常數遠大於輸入訊號的週期。

**42.** 將上題的每個二極體反接，再重新繪出每個電路的輸出波形。

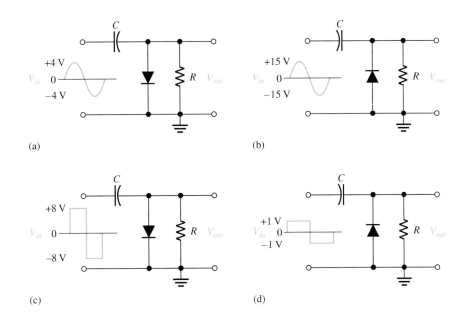

(a)　　　　　　　　　　　　　　　　(b)

(c)　　　　　　　　　　　　　　　　(d)

▲ 圖 2-89

## 第 2-8 節　電壓倍增器

**43.** 有一半波二倍倍壓器的輸入電壓有效值為 10 V。請問輸出電壓是多少？繪出該電路，請標示輸出端的位置，以及二極體的反峰值電壓的額定值。

**44.** 針對三倍倍壓器和四倍倍壓器，重複 41 題的計算工作。

## 第 2-9 節　二極體特性資料表

**45.** 依照圖 2-71 的特性資料表，試求 1N4002 二極體所能承受的反峰值電壓。

**46.** 重複問題 43 相同步驟，查出 1N4007 的反峰值電壓。

**47.** 如果橋式全波整流器的峰值輸出電壓是 40 V，試求使用 1N4002 二極體時，可以使用的負載電阻的最小阻抗值。

# 特殊用途二極體
## (Special-Purpose Diodes)

**3**

## 本章大綱

3-1 齊納二極體
3-2 齊納二極體的應用
3-3 光學二極體
3-4 太陽能電池

## 本章學習目標

◆ 說明齊納二極體的特性並且分析它的工作原理
◆ 在電壓調整中應用齊納二極體
◆ 討論發光二極體(LED)、量子點、及光二極體的基本特性、工作原理、及應用
◆ 討論幾種二極體的基本特性

## 可參訪教學專用網站

有關這一章的學習輔助資訊可以在以下的網站找到 http://www.pearsonglobaleditions.com (搜索 ISBN:1292222999)

## 重要詞彙

◆ 齊納二極體 (Zener diode)
◆ 齊納崩潰 (Zener breakdown)
◆ 發光二極體 (Light-emitting diode, LED)
◆ 電激發光 (Electroluminescence)
◆ 像素(Pixel)
◆ 光二極體 (Photodiode)

## 簡 介

　　第二章主要在一般用途和整流二極體的討論上，這是最被廣泛應用的二極體類型。在這一章，我們將討論幾種特殊用途的其他類型二極體，包含齊納二極體 (zener diode)、發光二極體 (light-emitting diode)、光二極體 (photo diode)。

# 3-1 齊納二極體 (Zener Diodes)

齊納二極體的主要用途就是當作一種電壓調整器,提供穩定的參考電壓,可使用在電源供應器、電壓表與其他的儀器。在本節中,你將會學習到齊納二極體在適當的操作條件下,如何維持一個接近定值的直流電壓。你將會學習到如何正確使用齊納二極體的條件和限制,以及影響效能的一些因素。

在學習完本節的內容後,你應該能夠

- ◆ **說明齊納二極體的特性並且分析它的工作原理**
- ◆ 根據電路符號來辨識齊納二極體
- ◆ 討論齊納崩潰
  - ◆ 定義*累增崩潰 (avalanche breakdown)*
- ◆ 解釋齊納崩潰特性
  - ◆ 描述齊納調整功能
- ◆ 討論齊納等效電路
- ◆ 定義*溫度係數(temperature coefficient)*
  - ◆ 分析齊納的溫度函數
- ◆ 討論齊納的功率消耗和功率額降
  - ◆ 應用功率額降到齊納二極體
- ◆ 詮釋齊納二極體的特性資料表

陰極 (K)

陽極 (A)

▶ 圖 3-1
齊納二極體
的符號。

齊納二極體的符號如圖 3-1 所示。與代表陰極的一直線不同,齊納二極體以彎曲線條提示讀者記得其代號為字母 Z。齊納二極體(**zener diode**)是一種矽 *pn* 接面元件,它和整流二極體不同,因為它是設計用於逆向崩潰區域 (reverse-breakdown region)。齊納二極體的崩潰電壓,可在生產製造時仔細控制摻雜的程度加以設定。請回憶一下,我們在第二章討論二極體特性曲線的時候,當二極體到達逆向崩潰區時,即使它的電流大幅變更,但是它的電壓仍然幾乎保持定值,這是齊納二極體運作的關鍵。其電壓-電流的特性曲線我們再一次顯示於圖 3-2,一般齊納二極體的操作區域,是以一個陰影區域加以表示。

## 齊納崩潰 (Zener Breakdown)

齊納二極體是設計使用在逆向崩潰區。齊納二極體的逆向崩潰有兩種類型,就是累增崩潰和齊納崩潰。如第二章所討論,當逆向偏壓達到夠高的程度時,整流和齊納二極體兩者都會發生累增的現象。齊納崩潰(**zener breakdown**)則是齊納二極體在低逆向偏壓時發生。如果齊納二極體經過大量摻雜，就可降低崩潰電壓。這樣可以產生很薄的空乏區。結果就可在空乏區產生很強的電場。當接近齊納崩潰電壓($V_Z$)時，電場的強度足夠將電子拉離價電帶，因而產生大量的電流。

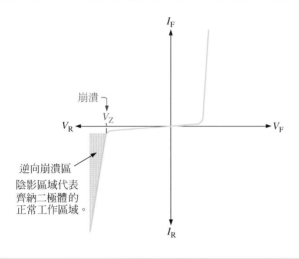

▲ 圖 3-2

齊納二極體的一般特性曲線。

　　齊納二極體的崩潰電壓若約略小於 5V，就會工作於齊納崩潰區。而那些高於 5V 崩潰電壓的齊納二極體，則是工作於**累增崩潰區(avalanche breakdown)**。然而，兩種類型都稱為齊納二極體。齊納二極體在市面上可買到崩潰電壓從小於 1V 到大於 250V 的產品，誤差則是從 1%到 20%。

## 崩潰特性 (Breakdown Characteristics)

圖 3-3 顯示齊納二極體的特性曲線的逆向偏壓部分。請注意當逆向偏壓 ($V_R$) 增加，逆向電流 ($I_R$) 一直到曲線的膝點(knee)之前都仍然維持非常小。此時的逆向

▷ 圖 3-3

齊納二極體的逆向偏壓特性曲線。$V_Z$ 通常是在齊納測試電流時的規格值。

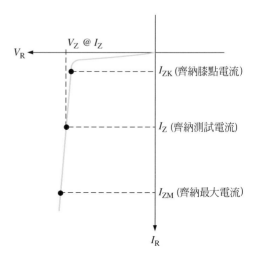

電流又稱為齊納電流$I_Z$。在這一點，崩潰效應開始出現，內部的齊納電阻值，也稱為齊納阻抗 ($Z_Z$)，隨著逆向電流快速增加而開始降低。從膝點以下，齊納崩潰電壓 ($V_Z$) 基本上維持定值，即使當齊納電流$I_Z$增加也只些微地增加。

*齊納調整 (Zener Regulation)*　　這種能夠維持兩端之間逆向電壓不變的能力，就是齊納二極體的關鍵特性。當齊納二極體工作在崩潰區時就像一個電壓調整器，因為它在特定的逆向電流範圍內，兩端的電壓幾乎維持在固定值。

為了調整電壓，要讓二極體維持在崩潰區工作，就必須保持逆向電流在最低值$I_{ZK}$。可以從在圖 3-3 中的曲線看出，當逆向電流降低到曲線的膝點以下，電壓會急速地下降，因此喪失調整電壓的功能。同時，當二極體的電流超過最大值$I_{ZM}$時，二極體可能會因為過量的功率消耗而損毀。所以，基本上當齊納二極體的逆向電流值在$I_{ZK}$到$I_{ZM}$的範圍內，它在兩端之間會維持接近定值的電壓。通常資料表中所指的齊納電壓$V_Z$，是指當逆向電流為*齊納測試電流 (zener test current)* $I_{ZT}$時的電壓。

## 齊納二極體等效電路 ( Zener Equivalent Circuits)

圖 3-4 顯示齊納二極體在逆向崩潰區的理想模型(第一近似)和理想特性曲線。它擁有等於齊納電壓的定值電壓降。雖然齊納二極體並不會產生電壓，齊納二極體兩端由逆向崩潰產生的這個定值電壓降可用一個直流電壓符號表示。

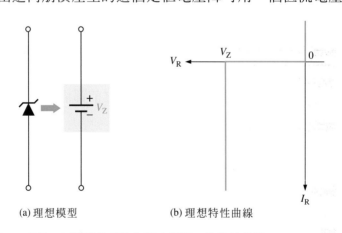

(a) 理想模型　　　　　(b) 理想特性曲線

▲ 圖 3-4　　齊納二極體等效電路和用來說明$Z_Z$的特性曲線。

## 實際齊納二極體等效電路 (Practical Zener Equivalent Circuit)

圖 3-5 (a)代表齊納二極體的實際模型(第二近似)，這個模型包含齊納阻抗 ($Z_Z$)。

因為實際的電壓曲線並不是完全垂直的，齊納電流的改變 ($\Delta I_Z$) 會產生微小的齊納電壓變更 ($\Delta V_Z$)，如圖 3-5(b)所示。藉由歐姆定律，$\Delta V_Z$ 對 $\Delta I_Z$ 的比率就是阻抗，如下面方程式所示：

$$Z_Z = \frac{\Delta V_Z}{\Delta I_Z} \qquad\qquad 公式 \quad 3\text{-}1$$

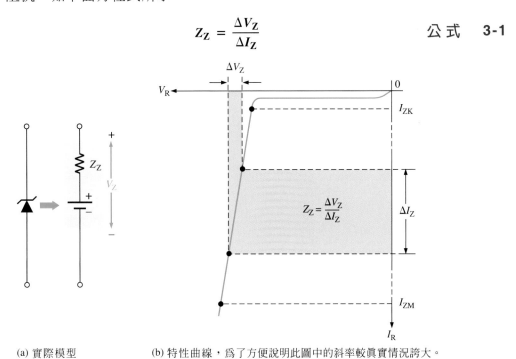

(a) 實際模型　　　　　(b) 特性曲線，為了方便說明此圖中的斜率較真實情況誇大。

▲ 圖 3-5 　實際齊納二極體等效電路以及$Z_Z$的特性曲線。

由於$Z_Z$定義為電流變化時的電壓變化，因此它是動態(或交流)電阻。通常，$Z_Z$是定義在齊納測試電流時的規格值。在大部分的情況，你可以假設$Z_Z$在齊納電流的整個範圍內都是一個小的常數，且呈現純電阻性。盡量避免使二極體在曲線膝點運轉，因為此處的阻抗改變非常劇烈。在大部分的電路分析及故障檢修工作中，理想模型比複雜模型可得到較好的結果且使用上較簡單。當齊納二極體運作正常時，將處於逆向崩潰區中，你必須觀察二極體的正常崩潰電壓。大部分**電路圖(schematics)**會在元件圖示的右邊標示出電壓值。

例 題 3-1 　某齊納二極體在圖 3-6 中$I_{ZK}$和$I_{ZM}$之間的線性特性曲線部分，$I_Z$產生變化時，$V_Z$會跟著變化。則齊納阻抗是多少？

解 　　　$$Z_Z = \frac{\Delta V_Z}{\Delta I_Z} = \frac{50\ \text{mV}}{5\ \text{mA}} = \textbf{10 } \boldsymbol{\Omega}$$

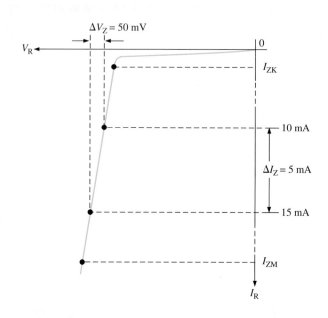

▶ 圖 3-6

相關習題* 如果在齊納二極體特性曲線的線性區域中，20mA 的齊納電流變化量對應 100mA 的齊納電壓變化量，試求齊納阻抗。

*答案可以在以下的網站找到 www.pearsonglobaleditions.com(搜索ISBN:1292222999)

## 溫度係數 (Temperature Coefficient)

溫度係數是指對攝氏溫度每一度的改變，所造成齊納電壓的變動百分比。例如，一個 12V 的齊納二極體有一個正溫度係數 0.01%/℃，當接面溫度上升攝氏一度時，$V_Z$ 會上升 1.2mV。依據提供的溫度係數，接面溫度的變動量，則齊納電壓的變動量可由下面公式計算出來：

公式 3-2
$$\Delta V_Z = V_Z \times TC \times \Delta T$$

其中 $V_Z$ 是在參考溫度為 25℃ 時的指定齊納電壓，而 $TC$ 是參考溫度係數，$\Delta T$ 是溫度的變動量。正值的 $TC$ 意指當溫度增加時，齊納電壓也增加，或者溫度降低時，齊納電壓也隨著降低。負值的 $TC$ 意指當溫度增加時，齊納電壓降低，或者溫度降低時，齊納電壓反而增加。

在某些情況下，溫度係數是以 mV/℃ 表示，而不以 %/℃ 表示。在這些情況下，$\Delta V_Z$ 計算如下：

$$\Delta V_Z = TC \times \Delta T \qquad\qquad \text{公 式} \quad \textbf{3-3}$$

---

**例 題 3-2** 一個 8.2V 的齊納二極體 (25℃時 8.2V) 具有正溫度係數 0.05%/℃。則 60℃時的齊納電壓是多少？

**解** 齊納電壓的變化量是

$$\Delta V_Z = V_Z \times TC \times \Delta T = (8.2\ \text{V})(0.05\%/℃)(60℃ - 25℃)$$
$$= (8.2\ \text{V})(0.0005/℃)(35℃) = 144\ \text{mV}$$

請注意，我們已將 0.05%/℃ 轉換成 0.0005/℃。則 60℃ 時的齊納電壓是

$$V_Z + \Delta V_Z = 8.2\ \text{V} + 144\ \text{mV} = \textbf{8.34 V}$$

**相 關 習 題** 某 12V 齊納二極體具有正溫度係數 0.075%/℃。如果接面溫度減少攝氏 50℃，齊納電壓會變化多少？

---

## 齊納二極體的功率消耗與衰減 (Zener Power Dissipation and Derating)

所有二極體皆由製造商訂下絕對最大額定值。回想一下，直流功率之消耗為電壓降和電流的乘積。對於齊納二極體，電壓降為 $V_Z$，裝置中的電流為 $I_Z$，功率消耗僅為 $P = V_Z I_Z$，而最大功率消耗則由製造商指定為 $P_D$。例如，1N746 齊納二極體的 $P_{D(max)} = 500\text{mW}$，而 1N3305A 的 $P_{D(max)}$ 等於 50W。

*功率衰減 (Power Derating)* 齊納二極體的最大功率消耗通常是定義在等於或小於某個溫度 (例如 50℃)。當高於此一溫度時，最大功率消耗會隨著衰減因數而減低。衰減因數是用 mW/℃ 表示。最大衰減功率可用下列公式計算：

$$P_{D(derated)} = P_{D(max)} - (\text{mW}/℃)\Delta T$$

---

**例 題 3-3** 某齊納二極體在 50℃ 時的最大功率額定值 400 mW，衰減因素為 3.2mW/℃。試求在 90℃ 時齊納二極體可以消耗的最大功率值。

**解**
$$P_{D(derated)} = P_{D(max)} - (\text{mW}/℃)\Delta T$$
$$= 400\ \text{mW} - (3.2\ \text{mW}/℃)(90℃ - 50℃)$$
$$= 400\ \text{mW} - 128\ \text{mW} = \textbf{272 mW}$$

相關習題 某 50W 齊納二極體在 75℃ 以上的功率額定值將衰減，其衰減因素為 0.5W/℃。試求 160℃ 時它能夠消耗的最大功率值。

## 齊納二極體資料表資訊 (Zener Diode Data Sheet Information)

資料表上有關齊納二極體 (或是任何種類的電子元件) 的數量與種類的資料，皆不盡相同。對某些齊納二極體，可從資料表上發現比其他的齊納二極體更多的資料。圖 3-7 提供一個例題，其中有你曾學過的類別資料，也可在一般標準資料表中找到。這份資料是有關 1N4728A-1N4764A 齊納二極體系列。

*絕對最大額定值 (Absolute Maximum Ratings)*    最大功率消耗 $P_D$，在 50℃ 時為 1.0W。齊納二極體應在低於最大值至少 20% 處運轉，以確保二極體的可靠性及較長的使用壽命。資料表中顯示 50℃ 以上，每高於一度，其功率消耗為 6.67mW。舉例來說，根據例題 3-3 中的說明步驟，60℃ 時的最大功率消耗為

$$P_D = 1\,W - 10℃(6.67\,mW/℃) = 1\,W - 66.7\,mW = 0.9933\,W$$

125℃ 時的最大消耗功率為

$$P_D = 1\,W - 75℃(6.67\,mW/℃) = 1\,W - 500.25\,mW = 0.4998\,W$$

注意，雖然未標示最大逆向電流，但可以根據已知 $V_Z$ 時的最大功率消耗來計算。例如，在 50℃，齊納電壓為 3.3V 時的最大齊納電流為

$$I_{ZM} = \frac{P_D}{V_Z} = \frac{1\,W}{3.3\,V} = 303\,mA$$

操作接面溫度 $T_J$ 和儲存溫度 $T_{STG}$ 的範圍為 −65℃ 到 200℃。

*電氣特性 (Electrical Characteristics)*    資料表中的第一行為齊納二極體的型號。1N4728A 至 1N4764A。

**齊納電壓 $V_Z$ 和齊納測試電流 $I_Z$(Zener voltage, $V_Z$ , and zener test current, $I_Z$)**    列出每一型號的最小，典型，最大的齊納電壓。$V_Z$ 是由特定的齊納測試電流 $I_Z$ 測量而得的。例如，1N4728A 齊納二極體在測試電流為 76mA 時，齊納電壓的範圍為 3.315V 至 3.465V，典型電壓值為 3.3V。

**最大齊納阻抗(Maximum zener impedance)**    在測試電流 $I_Z$ 下的最大齊納阻抗為 $Z_Z$。舉例來說，1N4728 在測試電流為 76mA 時的 $Z_Z$ 為 10Ω。在特性曲線膝點的測試電流 $I_{ZK}$ 下的最大齊納阻抗為 $Z_{ZK}$。例如，在 1N4728A 中，電流為 1mA 時的 $Z_{ZK}$ 為 400Ω。

**漏電流(Leakage current)**    逆向漏電流是逆向偏壓在膝點電壓之下的電流值。這

**FAIRCHILD**
SEMICONDUCTOR®

January 2005

## 1N4728A - 1N4764A
齊納

DO-41 玻璃實例
彩色條紋代表陰極

### 絕對最大額定值* ( Absolute Maximum Ratings*) TA = 25°C ( 除非另有規定 )

| Symbol | Parameter | Value | Units |
|---|---|---|---|
| P$_D$ | Power Dissipation @ TL ≤ 50°C, Lead Length = 3/8" | 1.0 | W |
| | Derate above 50°C | 6.67 | mW/°C |
| T$_J$, T$_{STG}$ | Operating and Storage Temperature Range | -65 to +200 | °C |

* These ratings are limiting values above which the serviceability of the diode may be impaired.

### 電氣特性 ( Electrical Characteristics ) TA = 25°C ( 除非另有規定 )

| Device | V$_Z$ (V) @ I$_Z$ (Note 1) | | | Test Current I$_Z$ (mA) | Max. Zener Impedance | | | Leakage Current | |
|---|---|---|---|---|---|---|---|---|---|
| | Min. | Typ. | Max. | | Z$_Z$ @ I$_Z$ (Ω) | Z$_{ZK}$ @ I$_{ZK}$ (Ω) | I$_{ZK}$ (mA) | I$_R$ (μA) | V$_R$ (V) |
| 1N4728A | 3.315 | 3.3 | 3.465 | 76 | 10 | 400 | 1 | 100 | 1 |
| 1N4729A | 3.42 | 3.6 | 3.78 | 69 | 10 | 400 | 1 | 100 | 1 |
| 1N4730A | 3.705 | 3.9 | 4.095 | 64 | 9 | 400 | 1 | 50 | 1 |
| 1N4731A | 4.085 | 4.3 | 4.515 | 58 | 9 | 400 | 1 | 10 | 1 |
| 1N4732A | 4.465 | 4.7 | 4.935 | 53 | 8 | 500 | 1 | 10 | 1 |
| 1N4733A | 4.845 | 5.1 | 5.355 | 49 | 7 | 550 | 1 | 10 | 1 |
| 1N4734A | 5.32 | 5.6 | 5.88 | 45 | 5 | 600 | 1 | 10 | 2 |
| 1N4735A | 5.89 | 6.2 | 6.51 | 41 | 2 | 700 | 1 | 10 | 3 |
| 1N4736A | 6.46 | 6.8 | 7.14 | 37 | 3.5 | 700 | 1 | 10 | 4 |
| 1N4737A | 7.125 | 7.5 | 7.875 | 34 | 4 | 700 | 0.5 | 10 | 5 |
| 1N4738A | 7.79 | 8.2 | 8.61 | 31 | 4.5 | 700 | 0.5 | 10 | 6 |
| 1N4739A | 8.645 | 9.1 | 9.555 | 28 | 5 | 700 | 0.5 | 10 | 7 |
| 1N4740A | 9.5 | 10 | 10.5 | 25 | 7 | 700 | 0.25 | 10 | 7.6 |
| 1N4741A | 10.45 | 11 | 11.55 | 23 | 8 | 700 | 0.25 | 5 | 8.4 |
| 1N4742A | 11.4 | 12 | 12.6 | 21 | 9 | 700 | 0.25 | 5 | 9.1 |
| 1N4743A | 12.35 | 13 | 13.65 | 19 | 10 | 700 | 0.25 | 5 | 9.9 |
| 1N4744A | 14.25 | 15 | 15.75 | 17 | 14 | 700 | 0.25 | 5 | 11.4 |
| 1N4745A | 15.2 | 16 | 16.8 | 15.5 | 16 | 700 | 0.25 | 5 | 12.2 |
| 1N4746A | 17.1 | 18 | 18.9 | 14 | 20 | 750 | 0.25 | 5 | 13.7 |
| 1N4747A | 19 | 20 | 21 | 12.5 | 22 | 750 | 0.25 | 5 | 15.2 |

### 電氣特性 ( Electrical Characteristics ) TA = 25°C ( 除非另有規定 )

| Device | V$_Z$ (V) @ I$_Z$ (Note 1) | | | Test Current I$_Z$ (mA) | Max. Zener Impedance | | | Leakage Current | |
|---|---|---|---|---|---|---|---|---|---|
| | Min. | Typ. | Max. | | Z$_Z$ @ I$_Z$ (Ω) | Z$_{ZK}$ @ I$_{ZK}$ (Ω) | I$_{ZK}$ (mA) | I$_R$ (μA) | V$_R$ (V) |
| 1N4748A | 20.9 | 22 | 23.1 | 11.5 | 23 | 750 | 0.25 | 5 | 16.7 |
| 1N4749A | 22.8 | 24 | 25.2 | 10.5 | 25 | 750 | 0.25 | 5 | 18.2 |
| 1N4750A | 25.65 | 27 | 28.35 | 9.5 | 35 | 750 | 0.25 | 5 | 20.6 |
| 1N4751A | 28.5 | 30 | 31.5 | 8.5 | 40 | 1000 | 0.25 | 5 | 22.8 |
| 1N4752A | 31.35 | 33 | 34.65 | 7.5 | 45 | 1000 | 0.25 | 5 | 25.1 |
| 1N4753A | 34.2 | 36 | 37.8 | 7 | 50 | 1000 | 0.25 | 5 | 27.4 |
| 1N4754A | 37.05 | 39 | 40.95 | 6.5 | 60 | 1000 | 0.25 | 5 | 29.7 |
| 1N4755A | 40.85 | 43 | 45.15 | 6 | 70 | 1500 | 0.25 | 5 | 32.7 |
| 1N4756A | 44.65 | 47 | 49.35 | 5.5 | 80 | 1500 | 0.25 | 5 | 35.8 |
| 1N4757A | 48.45 | 51 | 53.55 | 5 | 95 | 1500 | 0.25 | 5 | 38.8 |
| 1N4758A | 53.2 | 56 | 58.8 | 4.5 | 110 | 2000 | 0.25 | 5 | 42.6 |
| 1N4759A | 58.9 | 62 | 65.1 | 4 | 125 | 2000 | 0.25 | 5 | 47.1 |
| 1N4760A | 64.6 | 68 | 71.4 | 3.7 | 150 | 2000 | 0.25 | 5 | 51.7 |
| 1N4761A | 71.25 | 75 | 78.75 | 3.3 | 175 | 2000 | 0.25 | 5 | 56 |
| 1N4762A | 77.9 | 82 | 86.1 | 3 | 200 | 3000 | 0.25 | 5 | 62.2 |
| 1N4763A | 86.45 | 91 | 95.55 | 2.8 | 250 | 3000 | 0.25 | 5 | 69.2 |
| 1N4764A | 95 | 100 | 105 | 2.5 | 350 | 3000 | 0.25 | 5 | 76 |

Notes:
1. 齊納電壓 (V$_Z$)
   齊納電壓指的是元件接面在導線溫度 (TL) 為30°C ± 1°C及導線長度為3/8"之熱平衡下的測量值

▲ 圖 3-7　1N4728A-1N4764A 系列功率 1W 齊納二極體的部份特性資料表。Fairchild 半導體公司版權所有並授權使用。特性資料表可在以下的網站找到 www.fairchildsemi.com 。

表示齊納二極體沒有在逆向崩潰的區域內。例如，1N4728A 的逆向電壓為 1V 時，$I_R$ 為 100 $\mu$A。

---

例 題 3-4

參考圖 3-7 的 資料表，1N4736 齊納二極體的 $Z_Z$ 為 3.5Ω。特性資料表 註明 $I_Z = 37$mA 和 $V_Z = 6.8$V。當電流是 50mA 時齊納二極體兩端的 電壓降是多少？如果電流是 25mA 呢？圖 3-8 代表齊納二極體。

▷ 圖 3-8

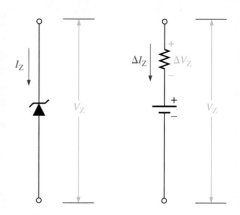

解 當 $I_Z = 50$mA 時：50mA 比測試電流 $I_Z = 37$mA 增加 13mA。

$$\Delta I_Z = I_Z - 37\,\text{mA} = 50\,\text{mA} - 37\,\text{mA} = +13\,\text{mA}$$

$$\Delta V_Z = \Delta I_Z Z_Z = (13\,\text{mA})(3.5\,\Omega) = +45.5\,\text{mV}$$

比 $I_Z$ 高的電流增加量引起電壓降變化，所以齊納二極體兩端電壓降增加。當 $I_Z = 50$mA 時的齊納電壓為

$$V_Z = 6.8\,\text{V} + \Delta V_Z = 6.8\,\text{V} + 45.5\,\text{mV} = \mathbf{6.85\,V}$$

當 $I_Z = 25$mA 時：25mA 比測試電流 $I_Z = 37$mA 減少 12mA。

$$\Delta I_Z = -12\,\text{mA}$$

$$\Delta V_Z = \Delta I_Z Z_Z = (-12\,\text{mA})(3.5\,\Omega) = -42\,\text{mV}$$

比測試電流 $I_Z$ 低的電流減少量引起電壓降變化，所以齊納二極體兩端電壓降減少。當 $I_Z = 25$mA 時的齊納電壓為

$$V_Z = 6.8\,\text{V} - \Delta V_Z = 6.8\,\text{V} - 42\,\text{mV} = \mathbf{6.76\,V}$$

相 關 習 題 1N4742A 齊納二極體在 $I_Z = 21$mA 時的 $V_Z = 12$V，且 $Z_Z = 9\Omega$，則對 $I_Z = 10$mA 和 $I_Z = 30$mA 的情況下重複例題中的分析。

1. 齊納二極體通常工作於特性曲線中的哪一區？
2. 齊納二極體註明的齊納電壓值是以哪一種齊納電流為基準？
3. 齊納阻抗如何影響齊納二極體兩端的電壓降？
4. 正溫度係數 0.05%/℃ 的意義為何？
5. 試解釋功率額降。

## 3-2 齊納二極體的應用 (Zener Diode Applications)

齊納二極體通常當作一種電壓調整器使用，可用來提供穩定的參考電壓。在本節，將介紹利用齊納二極體電壓調整的概念。同時，你會學習到如何利用齊納二極體作為參考電壓源，簡單的限位器和箝位器。

在學習完本節的內容後，你應該能夠

◆ **在電壓調整中應用齊納二極體**
◆ 在輸入電壓變動下，分析齊納的電壓調整
◆ 在負載變動下，討論齊納的電壓調整
◆ 描述齊納從無負載到全負載的電壓調整
◆ 討論齊納限位的工作情形

### 輸入電壓變動下的齊納電壓調整
(Zener Regulation with a Variable Input Voltage)

齊納二極體調整器可以在輸出端提供一個適當的穩定直流電壓，但並非特別有效率。因此，這類調整器只應用於低電流負載。如圖 3-9 說明如何使用齊納二極體調整直流電壓。當輸入電壓變動時 (在限定範圍內)，齊納二極體的兩端仍然保持幾乎是定值的輸出電壓。然而，當 $V_{IN}$ 變更時，$I_Z$ 會成比例地改變，所以可以利用齊納二極體提供的最小和最大電流值 ($I_{ZK}$ 和 $I_{ZM}$)，來限制輸入電壓的變動範圍。電阻 $R$ 是串聯的限流電阻。數位三用電表 (digital multi meter, DMM) 能顯示出相對值與變動趨勢。

我們利用 1N4740A 齊納二極體理想模型(忽略齊納阻抗)來說明調整器。在圖 3-10 的電路中，將維持調整器的絕對最低電流標示為 $I_{ZK}$，在 1N4740A 中為 0.25mA 且代表無負載電流。資料表中並無提供最大電流值，但可以利用資料表中提供的 1W 功率計算而得。記得最小及最大值為可操作範圍的極限值，且代表最壞的操作條件。

$$I_{ZM} = \frac{P_{D(max)}}{V_Z} = \frac{1\,\text{W}}{10\,\text{V}} = 100\,\text{mA}$$

對於最小值齊納電流，220Ω電阻兩端的電壓是

$$V_R = I_{ZK}R = (0.25\,\text{mA})(220\,\Omega) = 55\,\text{mV}$$

因為 $V_R = V_{IN} - V_Z$

$$V_{IN(min)} = V_R + V_Z = 55\,\text{mV} + 10\,\text{V} = 10.055\,\text{V}$$

對於最大值齊納電流，220Ω電阻兩端的電壓是

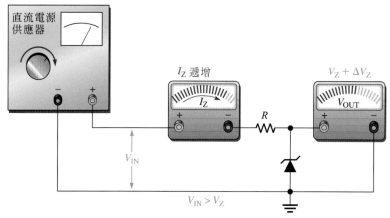

(a) 當輸入電壓增加時，輸出電壓仍然保持固定 ($I_{ZK} < I_Z < I_{ZM}$)。

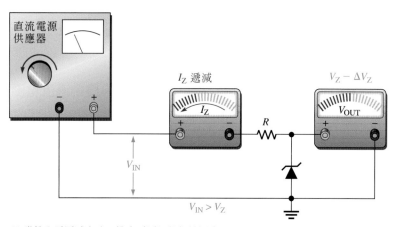

(b) 當輸入電壓減少時，輸出電壓仍然保持固定 ($I_{ZK} < I_Z < I_{ZM}$)。

▲ 圖 3-9　　對變動的輸入電壓進行的齊納調整作用。

▶ 圖 3-10

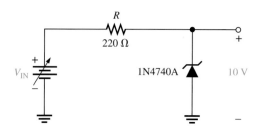

$$V_R = I_{ZM}R = (100\,\text{mA})(220\,\Omega) = 22\,\text{V}$$

所以，

$$V_{\text{IN(max)}} = 22\,\text{V} + 10\,\text{V} = 32\,\text{V}$$

這表示這個齊納二極體可以理想調整的輸入的電壓範圍從 10.055V 到 32V，並且維持接近 10V 的輸出電壓。齊納阻抗會使輸出電壓只有些微地變動，這些在計算式中已經加以忽略。

---

**例 題　3-5**　　試求圖 3-11 齊納二極體能夠調整的最小和最大輸入電壓。

▷ 圖 3-11

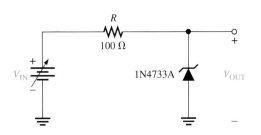

**解**　由圖 3-7 特性資料表，得知 1N4733A 在 $I_Z = 49\,\text{mA}$ 時 $V_Z = 5.1\text{V}$，$I_{ZK} = 1\text{mA}$，以及 $I_Z$ 時的 $Z_Z = 7\Omega$。為求簡化可以假設整個電流範圍的 $Z_Z$ 都是這個數值。圖 3-12 為其等效電路。

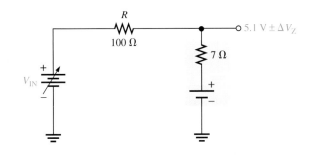

▲ 圖 3-12　圖 3-11 的等效電路圖。

在 $I_{ZK} = 1\text{mA}$ 時，輸出電壓為

$$\begin{aligned}V_{\text{OUT}} &\cong 5.1\,\text{V} - \Delta V_Z = 5.1\,\text{V} - (I_Z - I_{ZK})Z_Z = 5.1\,\text{V} - (49\,\text{mA} - 1\,\text{mA})(7\,\Omega)\\ &= 5.1\,\text{V} - (48\,\text{mA})(7\,\Omega) = 5.1\,\text{V} - 0.336\,\text{V} = 4.76\,\text{V}\end{aligned}$$

所以，

$$V_{\text{IN(min)}} = I_{ZK}R + V_{\text{OUT}} = (1\,\text{mA})(100\,\Omega) + 4.76\,\text{V} = \textbf{4.86\,V}$$

要求得輸入電壓最大值，首先要計算齊納電流最大值。假設溫度等於
或低於 50℃，由圖 3-7 可以得知功率消耗是 1W。

$$I_{ZM} = \frac{P_{D(max)}}{V_Z} = \frac{1\,W}{5.1\,V} = 196\,mA$$

在 $I_{ZM}$ 時輸出電壓為

$$V_{OUT} \cong 5.1\,V + \Delta V_Z = 5.1\,V + (I_{ZM} - I_Z)Z_Z$$
$$= 5.1\,V + (147\,mA)(7\,\Omega) = 5.1\,V + 1.03\,V = 6.13\,V$$

所以，

$$V_{IN(max)} = I_{ZM}R + V_{OUT} = (196\,mA)(100\,\Omega) + 6.13\,V = \mathbf{25.7\,V}$$

相關習題　試求圖 3-11 中使用 1N4736A 齊納二極體時所能夠調整的最小和最大
輸入電壓。

## 負載變動下的齊納電壓調整 (Zener Regulation with a Variable Load)

圖 3-13 顯示在輸出端加上可變電阻負載的齊納電壓調整器。只要齊納電流大於
$I_{ZK}$ 並且小於 $I_{ZM}$，齊納二極體在 $R_L$ 兩端幾乎維持定值的電壓。

有一種溫度感應器使用
齊納二極體的崩潰電壓來作
為溫度指示器。齊納二極體
的崩潰電壓與凱氏溫度直接
成正比。這類的感應器都很
小、精準、並且是線性響
應。 LM125/LM235/LM335
是一種積體電路，比單一個
齊納二極體複雜許多。但
是，它表現出非常準確的齊
納二極體特性。除了陽極和
陰極接點之外，這個元件還
有調整接點用來作校正。它
的符號如下所示。

調整

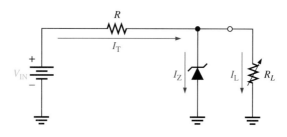

▲ 圖 3-13　負載值可改變的齊納調整作用。

## 從無負載到全負載的變動情形(From No Load to Full Load)

當齊納電壓調整器的輸出端開路 ($R_L = \infty$) 時，負載電流等於零，
所有的電流都通過齊納二極體。當加上負載電阻 ($R_L$) 後，部分的
電流會流過齊納二極體而其他的會流過 $R_L$。 當 $R_L$ 變小，負載電
流 $I_L$ 會增加而 $I_Z$ 減小。齊納二極體會繼續調整電壓直到 $I_Z$ 達到
最小值 $I_{ZK}$。此時負載電流是最大值。所有流過 $R$ 的電流基本上
維持定值。下面的例題會詳細說明。

例 題　3-6　在圖 3-14 的齊納二極體仍然可以調整兩端電壓的前提下，試求負載的最小電流與最大電流。$R_L$ 所能夠使用的最小值是多少？$V_Z = 12V$、$I_{ZK} = 1mA$，以及 $I_{ZM} = 50mA$。假設為理想齊納二極體，在整個電流範圍中的 $Z_Z = 0\Omega$ 且 $V_Z$ 都是 12V。

▶ 圖 3-14

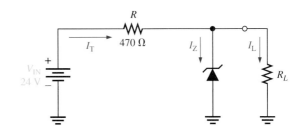

解　當 $I_L = 0A$ (即 $R_L = \infty$) 時，$I_Z$ 是最大值且等於總電路電流 $I_T$。

$$I_{Z(max)} = I_T = \frac{V_{IN} - V_Z}{R} = \frac{24\,V - 12\,V}{470\,\Omega} = 25.5\,mA$$

如果 $R_L$ 從電路中移除，則負載電流為 0A。由於 $I_{Z(max)}$ 比 $I_{ZM}$ 小，對 $I_L$ 而言 0A 是可以接受的最小值，因為齊納二極體可以承受 25.5mA。

$$I_{L(min)} = \mathbf{0\,A}$$

當 $I_Z$ 是最小值 ($I_Z = I_{ZK}$) 時 $I_L$ 具有最大值，所以求解 $I_{L(max)}$ 如下：

$$I_{L(max)} = I_T - I_{ZK} = 25.5\,mA - 1\,mA = \mathbf{24.5\,mA}$$

$R_L$ 的最小值是

$$R_{L(min)} = \frac{V_Z}{I_{L(max)}} = \frac{12\,V}{24.5\,mA} = \mathbf{490\,\Omega}$$

所以，如果 $R_L$ 小於 490Ω，$R_L$ 將從齊納二極體瓜分得更多電流，而 $I_Z$ 會下降到比 $I_{ZK}$ 低。這將導致齊納二極體喪失調整的功用。總之，$R_L$ 值介於 490Ω 和無限大之間時，電路的調整功能仍然維持著。

相 關 習 題　在圖 3-14 的電路仍然可以調整輸出端電壓的前提下，試求負載的最小電流與最大電流。$R_L$ 所能夠使用的最小值是多少？假設 $V_Z$ 保持為常數值 3.3V，$I_{ZK} = 1mA$，且 $I_{ZM} = 150mA$。為求簡化，假設為一理想齊納二極體。

　　在最後這個例題,我們假設$Z_Z$是零,因此,齊納二極體的電壓會在整個電流變動範圍中維持定值。這個假設有助於闡述電壓調整器如何在不同負載情況下工作的概念。如此簡化的假設通常是可接受的,而且在某些情況下,所產生的結果仍足夠準確。在例題 3-7 中,我們會將齊納阻抗列入考慮。

---

**例 題　3-7**　在圖 3-15 電路中:

**(a)**試求二極體電流分別是$I_{ZK}$ 和$I_{ZM}$ 時的$V_{OUT}$。

**(b)**試求R應該是多少。

**(c)**試求$R_L$所能夠使用的最小值。

▶ 圖 3-15

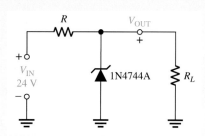

解　首先,複習例題 3-6。圖 3-15 調整電路使用的 1N4744A 齊納二極體是 15V 的二極體。圖 3-7 特性資料表註明有下列資訊:

$V_Z = 15V$ @ $I_Z = 17mA$、$I_{ZK} = 0.25mA$、以及$Z_Z = 14Ω$。

**(a)**當電流是$I_{ZK}$ 時:

$$V_{OUT} = V_Z = 15\,V - \Delta I_Z Z_Z = 15\,V - (I_Z - I_{ZK})Z_Z$$
$$= 15\,V - (16.75\,mA)(14\,Ω) = 15\,V - 0.235\,V = \textbf{14.76 V}$$

接下來計算齊納最大電流。因為功率消耗是 1W,

$$I_{ZM} = \frac{P_{D(max)}}{V_Z} = \frac{1\,W}{15\,V} = 66.7\,mA$$

當電流是$I_{ZM}$ 時:

$$V_{OUT} = V_Z = 15\,V + \Delta I_Z Z_Z$$
$$= 15\,V + (I_{ZM} - I_Z)Z_Z = 15\,V + (49.7\,mA)(14\,Ω) = \textbf{15.7 V}$$

**(b)** 圖 3-16 (a) 的 $R$ 值是利用沒有負載電流時的最大齊納電流計算而得。

$$R = \frac{V_{\text{IN}} - V_{\text{Z}}}{I_{\text{ZM}}} = \frac{24\text{ V} - 15.7\text{ V}}{66.7\text{ mA}} = 124\ \Omega$$

取最接近的標準電阻值，所以 $R$ = **130 Ω**，$I_{\text{ZM}}$ 降至 63.8 mA。

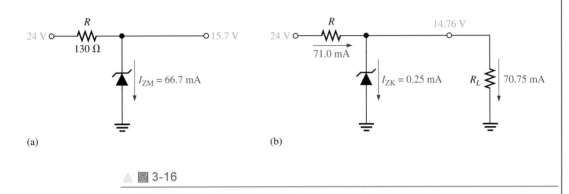

(a)                                               (b)

▲ 圖 3-16

**(c)** 當負載電阻值最小時，負載電流最大，此時齊納電流最小，而 $I_{\text{ZK}}$ = 0.25mA，如圖 3-16 (b) 所示。

$$I_{\text{T}} = \frac{V_{\text{IN}} - V_{\text{OUT}}}{R} = \frac{24\text{ V} - 14.76\text{ V}}{130\ \Omega} = 71.0\text{ mA}$$

$$I_{\text{L}} = I_{\text{T}} - I_{\text{ZK}} = 71.0\text{ mA} - 0.25\text{ mA} = 70.75\text{ mA}$$

$$R_{L(\text{min})} = \frac{V_{\text{OUT}}}{I_{\text{L}}} = \frac{14.76\text{ V}}{70.75\text{ mA}} = \mathbf{209\ \Omega}$$

相 關 習 題　　如果將二極體改成 12V 的 1N4742A 齊納二極體，重複上述分析的每一部分。

　　我們已經知道如何利用齊納二極體調整電壓。其調整能力有些受限於某個電流範圍中齊納電壓的改變，這也限制負載電流的範圍。為了達到更好的調整效果，並且使負載電流範圍更廣泛，將齊納二極體作為關鍵要素，與其他電路零件結合形成三端的線性電壓調整器。三端電壓調整器，在第二章中有介紹，為一 IC 裝置，利用齊納二極體提供內部放大器的參考電壓。對於已知的直流輸入電壓，三端調整器在輸入電壓及負載電流的變動範圍內，仍可維持一個固定的直流電壓。直流輸出電壓總是小於輸入電壓。圖 3-17 為一基本三端調整器，並說明了齊納二極體是如何應用的。

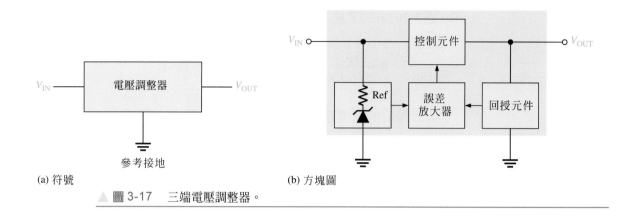

(a) 符號        (b) 方塊圖

▲ 圖 3-17 三端電壓調整器。

## 齊納限位器 (Zener Limiter)

除了在電壓調整方面的應用，齊納二極體也可用在交流方面，可限制電壓在設定的位準內變動。圖 3-18 顯示齊納二極體應用在限制電位的三種基本方式。圖 (a) 顯示齊納二極體將訊號的正值波峰限制在所選定的齊納電壓。在負半週期，齊納二極體就像順向偏壓的二極體一般，將負電壓限制在 $-0.7\,\text{V}$。當齊納二極體反接時，如圖 (b) 所示，負峰值被齊納二極體限制，而正值電壓被限制在 $+0.7\text{V}$。 兩個背對背的齊納二極體將電壓的正負峰值限制在齊納電壓加上或減

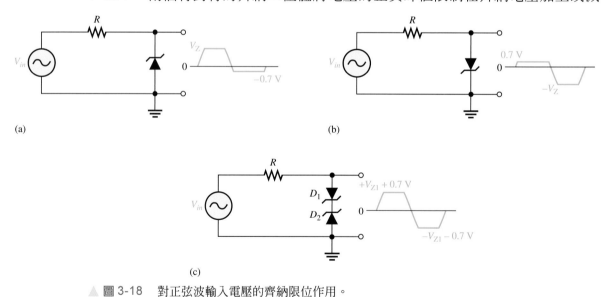

▲ 圖 3-18 對正弦波輸入電壓的齊納限位作用。

去 0.7V，如圖 (c) 所示。在正半週期，$D_2$ 作為齊納限位器，而 $D_1$ 則如同順向偏壓二極體。在負半週時，兩個齊納二極體的角色互相對調。

例 題 3-8　試求圖 3-19 中每個齊納限位電路的輸出電壓。

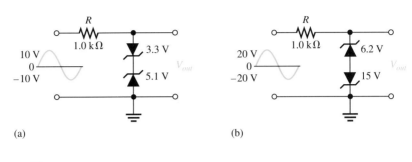

(a)　　　　　　　　　　(b)

▲ 圖 3-19

解　圖 3-20 顯示電路的輸出電壓。請記得，當某齊納二極體工作在崩潰區時，另一個齊納二極體順向偏壓，且電壓降是 0.7V。

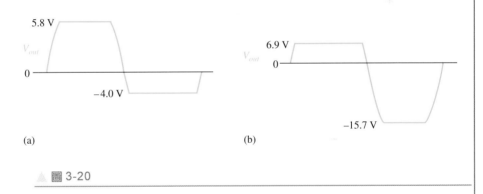

(a)　　　　　　　　　　(b)

▲ 圖 3-20

相 關 習 題　**(a)** 如果圖 3-19 (a) 的輸入電壓峰值增加為 20V，則輸出波形為何？

**(b)** 如果圖 3-19 (b) 的輸入電壓峰值減少為 5V，則輸出波形為何？

第3-2節　隨堂測驗　1. 在齊納二極體調整電路中，怎樣的負載電阻值能產生最大的齊納電流？

2. 試解釋全負載與無負載的意思。

3. 順向偏壓的齊納二極體電壓降是多少？

4. 試問在齊納限位器電路中，串聯電阻上的電壓是多少？

## 3-3　光學二極體 (Optical Diodes)

在這一節裡我們將介紹三種光電元件：發光二極體、量子點、還有光二極體。如同其名，發光二極體是一種發光元件。量子點是由矽製造出來，非常微小的發光體，對各種元件都非常有用，包括發光二極體。另一方面，光二極體是一種光感應器。

在學習完本節的內容後，你應該能夠

- **討論發光二極體(LED)、量子點及光二極體的基本特性、工作原理、及應用**
- 描述發光二極體(LED)
  - 指出發光二極體的電路符號
  - 討論電激發光的流程
  - 列出一些發光二極體的半導體材料
  - 討論發光二極體的偏壓
  - 討論光的發射
- 闡述 LED 特性資料表
  - 定義並討論輻射強度和照度
- 描述一些發光二極體的應用
- 討論高亮度發光二極體及其應用
  - 解釋高亮度發光二極體是如何應用在交通號誌上
  - 解釋高亮度發光二極體是如何應用在顯示器上
- 描述有機發光二極體(OLED)
- 討論量子點及其應用
- 描述光二極體並詮釋一個典型的特性資料表
  - 參與討論光二極體的靈敏度

### 發光二極體 (The Light-Emitting Diode, LED)

LED 的符號如圖 3-21 所示。

▷ 圖 3-21

LED 的符號。順向偏壓時它會發光。

　　發光二極體 (light emitting diode, LED) 的基本工作原理如下。當元件處於順向偏壓時，電子會從 n 型基質層通過 pn 介面，然後在 p 型基質層與電洞重新組合。在第一章曾提到，這些位於傳導帶的自由電子，是在一個比電洞所在價帶更高的能階上。電子及電洞之間能量的不同對應可見光不同的能量。當與電洞復合時，這些重新結合的電子會以**光子(photons)**的方式釋放出能量。發射出的光，根據帶隙(及其他的因素)，通常都是單色(一種顏色)。半導體材料中的某一層外露的大表面積上，可讓光子以可見光發射出去。這個過程稱為電激發光 (electroluminescence) ，如圖 3-22 所示。在摻雜過程中加入不同的雜質，可以產生不同的發射光**波長(wavelength)**。光的波長決定了可見光的顏色。有些發光二極體發射出的光子不屬於可見光光譜，它具有較長的波長，位於**紅外線 (infrared , IR)**光譜範圍中。

▷ 圖 3-22

順向偏壓 LED 的電激發光現象。

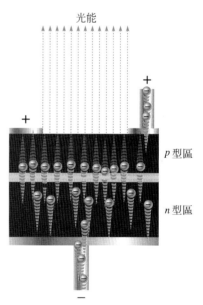

光能

p 型區

n 型區

*發光二極體半導體材料 (LED Semiconductive Materials)*　　砷化鎵 (GaAs) 是用於早期的 LED 材料並發射不可見的紅外線，第一個紅色的可見光 LED 是在砷化鎵的基板上，使用磷化砷鎵 (GaAsP)。使用磷化鎵 (GaP) 的基板，使效率增加，結果產生更明亮的紅色 LED，以及可容許的橘色 LED。

　　之後，磷化鎵 (GaP) 被使用來產生淡綠光的發光器，藉著利用紅色以及綠色的基件，LED 可以產生黃色光。第一件超亮的紅色、黃色以及綠色的 LED 是使用磷砷鋁化鎵 (GaAlAsP)。在 1990 年代早期，極亮 LED 是使用磷鋁鎵化銦 (In-GaAlP) 產生紅色、橘色、黃色以及綠色的光。

使用碳化矽(SiC) 的藍色光與使用氮化鎵 (GaN) 的極亮藍色光 LED 也問世了。高強度的綠色與藍色光 LED 也使用氮鎵化銦(InGaN) 來形成。高強度的白色光 LED 使用極亮藍色光氮化鎵 (GaN) 鍍上一層螢光磷以便吸收藍色，重新激發成為白光。

*LED 偏壓 (LED Biasing)*　　LED 兩端的順向偏壓遠大於矽二極體。通常 LED 的 $V_F$ 最大值是介於 1.2V 和 3.2V 間，取決於材料的種類。LED 的逆向崩潰電壓遠小於矽值整流二極體 (一般為 3V 到 10V 之間)。

　　當有足夠的順向電流時，LED 會發出光線，如圖 3-23 (a) 所示。輸出功率轉換成發光量是直接正比於順向電流，如圖 3-23 (b) 所示。當 $I_F$ 增加，發光量也會成正比增加。輸出光的強度及顏色與溫度有關。光的強度在較高的溫度反而減低，如圖所示。

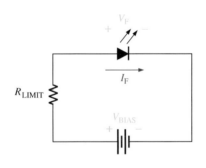

(a) 順向偏壓的工作原理

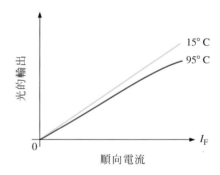

(b) 在兩種不同溫度下，一般光的輸出與順向電流的關係

▲ 圖 3-23　LED 的基本工作方式。

*發光 (Light Emission)*　　光的波長決定它是可見光或是紅外線。LED 可發射特定波長範圍的光，如圖 3-24 中的**光譜(spectral)**輸出曲線所示。圖 (a) 部分代表一般可見光 LED 的發光量對波長的曲線，圖 (b) 部分則是針對一般紅外線 LED 的曲線。波長 (λ) 是以奈米 (nm) 表示。發出紅色光LED 的常態分佈峰值在 660nm，黃色光的 LED 在 590nm，綠色光的 LED 在 540nm，以及藍色光的 LED 在 460nm。發出紅外線的 LED 常態分佈的峰值在 940nm。

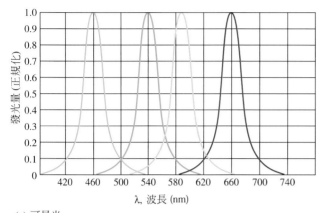

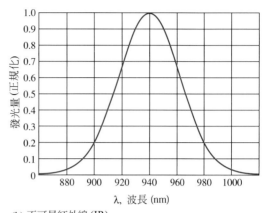

(a) 可見光

(b) 不可見紅外線 (IR)

▲ 圖 3-24　LED 發出的光譜輸出曲線之範例。

　　圖 3-25 的圖案顯示一個典型的小發光二極體的**輻射(radiation)**圖樣。發光二極體是有方向的光源(不像燈絲或是日光燈管)。輻射圖樣通常與表面成垂直；但是，也可以藉由鏡片或擴散膜來改變發射器表面的形狀及發射方向。對某些應用，譬如交通號誌，有方向性的亮度圖樣有其優點，因為光只需要給某些駕駛人看到。圖 3-25(a)顯示一個正向的發光二極體，譬如說小的面板顯示器的圖樣。圖 3-25(b) 顯示一個寬廣角度的圖樣，這樣的亮度分佈可以在如超亮度發光二極體中找到。各類型的亮度分佈圖樣可以從不同的製造商產品找到；其中一種發光二極體設計上幾乎是將所有光從兩邊的側翼射出。

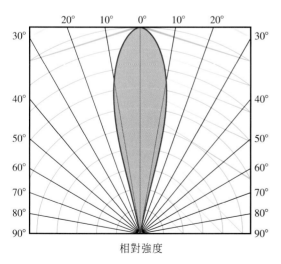

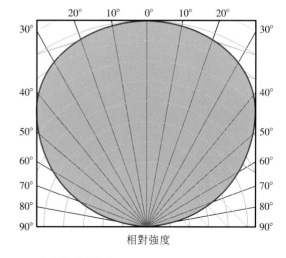

(a) 狹窄觀看角度的LED

(b) 寬廣觀看角度的LED

▲ 圖 3-25　兩種不同的發光二極體的輻射圖樣。

典型的小發光二極體指示器如圖 3-26(a)所示。除了用在指示器的小發光二極體外,亮的發光二極體因為它們超優的效率及長壽命已經是變的很受歡迎的一種照明光源。一個典型的照明用發光二極體每瓦可以提供 50~60 流明,這效率差不多是一般標準燈泡的五倍。照明用光二極體有各類型的配置,包括用來作裝飾用的均勻可彎曲燈管,及用在走道與花園低瓦數的燈炮。有許多發光二極體的燈都被設計成可使用於一般 120 V 的標準燈具。一些具有代表性的裝置如圖 3-26(b)所示。

(a) 用來作為指示燈的典型小LED

有燈座的12V高架燈模組 　低度照明用的120V, 　120V,1W 小型 　6V攜帶型手電筒
　　　　　　　　　　　3.5W 螺絲底座 　螺絲燭台底座 　照明設備

(b)照明用的典型LED

▲ 圖 3-26　各種 LED 的外觀。

## LED 特性資料表資訊 (LED Data Sheet Information)

圖 3-27 是 TSMF1000 紅外線發光二極體的一部分資料表。請注意,最大逆向偏壓只有 5V,最大連續順向電流是 100mA,且當 $I_F = 20mA$ 時,順向電壓降近似 1.3V。

從圖 (c) 部分,可以看出這個元件的輸出功率峰值發生在波長為 870nm 時,它的輻射模式如 (d) 部分所示。

*輻射強度和照度 (Radiant Intensity and Irradiance)* 在圖 3-27(a) 中,**輻射強度 (radiant intensity)**,$I_e$ (不要與電流符號混淆) 是每個球面度的輸出功率,當 $I_F = 20mA$

## 絕對最大額定值（Absolute Maximum Ratings）

Tamb = 25℃,（除非另有規定）

| Parameter | Test condition | Symbol | Value | Unit |
|---|---|---|---|---|
| Reverse Voltage | | $V_R$ | 5 | V |
| Forward current | | $I_F$ | 100 | mA |
| Peak Forward Current | $t_p/T = 0.5, t_p = 100\ \mu s$ | $I_{FM}$ | 200 | mA |
| Surge Forward Current | $t_p = 100\ \mu s$ | $I_{FSM}$ | 0.8 | A |
| Power Dissipation | | $P_V$ | 190 | mW |
| Junction Temperature | | $T_j$ | 100 | ℃ |
| Operating Temperature Range | | $T_{amb}$ | - 40 to + 85 | ℃ |

## 基本特性（Basic Characteristics）

Tamb = 25℃,（除非另有規定）

| Parameter | Test condition | Symbol | Min | Typ. | Max | Unit |
|---|---|---|---|---|---|---|
| Forward Voltage | $I_F = 20\ mA$ | $V_F$ | | 1.3 | 1.5 | V |
| | $I_F = 1\ A, t_p = 100\ \mu s$ | $V_F$ | | 2.4 | | V |
| Temp. Coefficient of $V_F$ | $I_F = 1.0\ mA$ | $TK_{VF}$ | | - 1.7 | | mV/K |
| Reverse Current | $V_R = 5\ V$ | $I_R$ | | | 10 | $\mu A$ |
| Junction capacitance | $V_R = 0\ V, f = 1\ MHz, E = 0$ | $C_j$ | | 160 | | pF |
| Radiant Intensity | $I_F = 20\ mA$ | $I_e$ | 2.5 | 5 | 13 | mW/sr |
| | $I_F = 100\ mA, t_p = 100\ \mu s$ | $I_e$ | | 25 | | mW/sr |
| Radiant Power | $I_F = 100\ mA, t_p = 20\ ms$ | $\phi_e$ | | 35 | | mW |
| Temp. Coefficient of $\phi_e$ | $I_F = 20\ mA$ | $TK\phi_e$ | | - 0.6 | | %/K |
| Angle of Half Intensity | | $\phi$ | | ± 17 | | deg |
| Peak Wavelength | $I_F = 20\ mA$ | $\lambda_p$ | | 870 | | nm |
| Spectral Bandwidth | $I_F = 20\ mA$ | $\Delta\lambda$ | | 40 | | nm |
| Temp. Coefficient of $\lambda_p$ | $I_F = 20\ mA$ | $TK\lambda_p$ | | 0.2 | | nm/K |
| Rise Time | $I_F = 20\ mA$ | $t_r$ | | 30 | | ns |
| Fall Time | $I_F = 20\ mA$ | $t_f$ | | 30 | | ns |
| Virtual Source Diameter | | $\varnothing$ | | 1.2 | | mm |

(a)

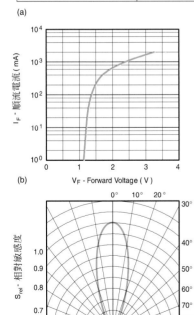

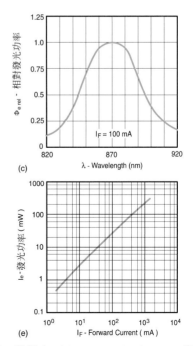

▲ 圖 3-27　TSMF1000 IR(紅外線)型 LED 的部分特性資料表。資料由 Vishay Intertechnology, Inc 提供。特性資料表可以在 www.vishay.com 找到。

時為 5mW/sr。球面度 (steradian, sr) 是立體角度的測量單位。**照度(Irradiance, *E*)** 是離 LED 光源固定距離時，每單位面積的功率，以 mW/cm² 表示。照度很重要，因為和 LED 一起使用的偵測器(光二極體)的反應決定於它接收到光的照度。

---

**例 題 3-9**　參考圖 3-27 的特性資料表，試決定下列數值：

**(a)**如果最大輸出是 35 mW，則 910 nm 波長的輻射功率是多少。

**(b)**$I_F = 20$ mA 時的順向電壓降。

**(c)**$I_F = 40$ mA 時的輻射強度。

解　**(a)**由圖 3-27 (c) 可知，在 910 nm 的相對輻射功率約為 0.25 且峰值輻射功率為 35mW。所以輻射強度為，

$$\phi_e = 0.25(35 \text{ mW}) = \textbf{8.75 mW}$$

**(b)**由圖 3-27 (b) 可知，當 $I_F = 20$ mA 時 $V_F \cong \textbf{1.25 V}$。

**(c)**由圖 3-27 (e) 可知，當 $I_F = 40$ mA 時 $I_e \cong \textbf{10 mW/sr}$。

相 關 習 題　試求 850 nm 處的相對輻射功率。

---

## 應用 (Applications)

標準的 LED 廣泛的使用在各種儀器中，從消費性產品到科學儀器，當作指示燈和輸出顯示之用。使用 LED 的常用顯示裝置，就是七段顯示器。利用節段的組合，就可形成十進位的每個數字，如圖 3-28 所示。數字顯示器的每一個節段，就是一個 LED。將選取的每個段都加上順向偏壓，就形成各種十進位數字和小數點。LED 線路有兩種方式，就是如圖 3-28(b) 及(c)所示的共陽和共陰兩種型式。

紅外線(infrared, IR)LED 最常用於電視、DVD、自動門等等的遙控器上。紅外線 LED 會發射一束不可見光，再由電器如電視上的接收端感應。遙控器上的每個按鍵都有一組控制碼。按下某一鍵時，會產生一組編碼過的電子訊號傳送至 LED，再將電子訊號轉換成紅外線光訊號。電視接收器可認得此組編碼，並採取適當的動作，例如轉換頻道或增加音量。

紅外線二極體較符合光耦合方面的應用，通常與光纖一起使用。應用的領域包含工業程序與控制、位置編碼器、條碼閱讀機和光電開關。

圖 3-29 舉例說明如何將紅外線 LED 應用於工業上。這個特殊的系統用來計算籃球經由運送管填入輸送帶上箱子裡的個數。當籃球通過運送管時，會阻斷 LED 所發射出的紅外線。這會被稍後所討論的光二極體所偵測到。光二極體

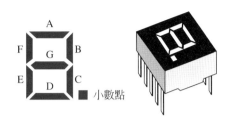

(a) LED 各燈節的編號和典型元件圖

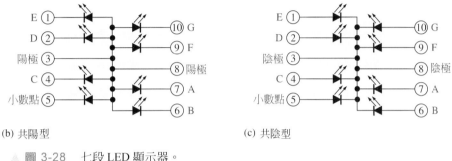

(b) 共陽型　　　　　　　　　　　　　　(c) 共陰型

▲ 圖 3-28　七段 LED 顯示器。

因此改變其電流，隨之由檢測電路偵測。電子電路可以計算光線被打斷的次數，當通過的籃球數達到我們的預設值時，會啓動暫停機制阻止籃球落下，直到輸送帶上下一個空盒子自動就定位爲止。當空盒子就定位後，暫停機制失效，籃球繼續落下。這個方法也可以應用到許多其他產品的庫存與包裝上。

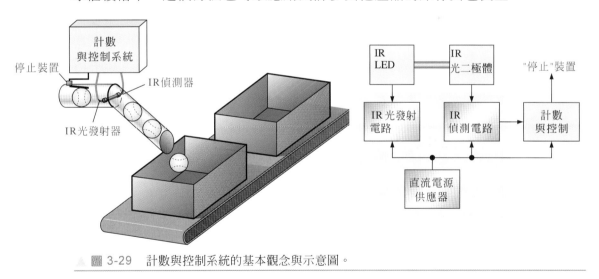

▲ 圖 3-29　計數與控制系統的基本觀念與示意圖。

## 高亮度的 LED (High-Indensity LEDs)

高亮度 LED 所產生的光線輸出遠大於標準 LED，常見於交通號誌、汽車照明、室內外的廣告資訊看板與家庭照明等。

*交通號誌(Traffic Lights)* LED 很快取代交通信號設備中的傳統燈泡。小 LED 組成的陣列可以形成交通號誌中紅、黃、綠燈。LED 陣列有三個優於傳統燈泡的主要特點：光線較亮、使用壽命較長(以年計相對於以月計)、能量損耗較少(可減少 90%)

　　LED 交通號誌排成陣列的形式，並使用鏡片聚焦光線與決定方向。圖 3-30 (a) 說明用紅色 LED 做成交通號誌陣列的概念。我們用較低密度的 LED 來做說明。交通號誌中 LED 的實際數目與間隔距離是由號誌的直徑、鏡片的格式、顏色與所需的光線亮度來決定。利用適當 LED 密度與鏡片，8 或 12 英吋的號誌燈光可以顯示出一個實心顏色圈圈。

　　陣列中的 LED 通常連接成串聯-並聯或並聯形式。串聯接法並不實用，因為如果有一個 LED 壞掉，就會使線路開路，導致所有的 LED 都不能用。並聯時，每個 LED 都需要接上限流電阻。為了減少限流電阻的使用數，我們採用串聯-並聯接法，如圖 3-30(b) 所示。在高功率陣列中，積體電路調節器用於調節和控制 LED 電流。這是一種更有效控制 LED 電流的方法，並可在減少散熱需求的同時節省電力。

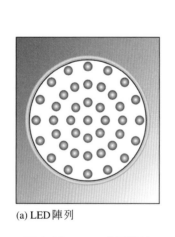

(a) LED 陣列

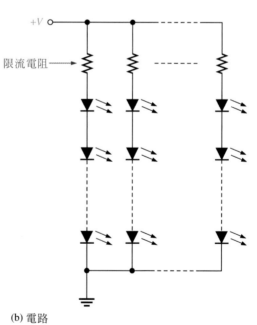

(b) 電路

▲ 圖 3-30　LED 交通號誌。

　　有些LED號誌會在每個LED上接一個反射器,使光線輸出效應最大。在陣列前方會有一個光學鏡片,將所有的光線集中到某一方向,以避免不必要的散射,使亮度最佳。圖 3-31 說明如何用鏡片將光線指向觀察者。

　　特殊LED電路結構隨著LED的電壓與顏色而有所不同。不同顏色的LED需要不同的順向電壓。紅色 LED 所需的電壓最小,當顏色沿著光譜往上接近藍色時,所需電壓會提高。典型的紅色 LED 需要 2 伏特,而藍色 LED 需要 3 到 4 伏特。然而,不論電壓需求如何,一般 LED 都需要 20 到 30mA 電流。圖 3-32 顯示紅、黃、綠、藍色 LED 的典型 *V-I* 曲線。

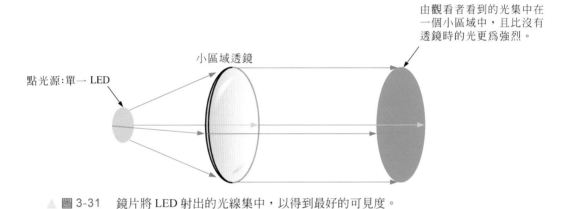

▲ 圖 3-31　鏡片將 LED 射出的光線集中,以得到最好的可見度。

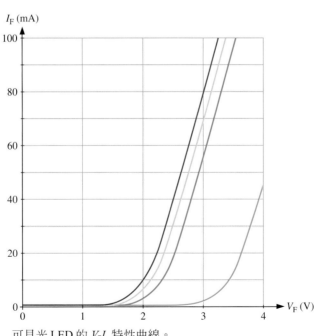

▲ 圖 3-32　可見光 LED 的 *V-I* 特性曲線。

例 題　3-10　　利用圖 3-32 的圖形，找出綠色 LED 在 20mA 時的順向電壓，並設計 12V LED 電路，其中含 60 個二極體組成的陣列與最少的限流電阻。

解　　由圖中可知，綠色 LED 在順向電流 20mA 時，其順向電壓爲 2.5V。串聯 LED 最多爲 3 個，跨在三個 LED 的總電壓爲

$$V = 3 \times 2.5\,V = 7.5\,V$$

跨在串聯限流電阻上的電壓

$$V = 12\,V - 7.5\,V = 4.5\,V$$

限流電阻爲

$$R_{LIMIT} = \frac{4.5\,V}{20\,mA} = 225\,\Omega$$

LED 陣列有 20 個並聯分支，每個分支含一個限流電阻與三個 LED，如圖 3-33 所示。

▶ 圖 3-33

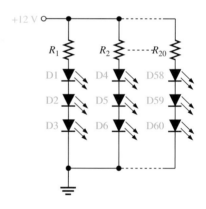

相 關 習 題　　設計一個最少限流電阻，順向電流爲 30mA，且包含 64 個二極體的 12V 紅色 LED 矩陣。

***LED 顯示(LED Displays)***　　LED 廣泛應用於室內及室外各種大小的招牌或資訊看板，包含大尺寸螢幕電視等。招牌可以是單色、多色、或全彩。全彩螢幕使用極小群集的高亮度紅色、綠色、及藍色 LED 組成像素**(pixel)**。典型的螢幕是由上千個 RGB 像素組成，其精確的數目是根據螢幕的大小及像素而得。

　　紅色，綠色，藍色( RGB )爲基本的三種顏色，可以經由改變數量互相混和，製造出可見光譜內的各種顏色。基本的像素是由三個 LED 組成，如圖 3-34。每個二極體所射出的光線可藉由調整順向電流大小分別改變之。黃色在一些電視機(TV)螢幕應用上被加入從三個主色變成四個主色(RGBY)裡。

*其他應用(Other Applications)*　　高強度 LED 越來越廣泛使用於汽車照明，如汽車尾燈，煞車燈，方向燈，倒退燈以及車子內部的照明等。預期 LED 陣列將在汽車照明上取代大部分的白熾燈泡。最後，連車頭燈都可能被白色 LED 陣列所取代。在很糟的天氣裡，LED 可以看得較清楚，且使用壽命為白熾燈的 100 倍。

　　LED 也應用在居家及商業照明上。LED 陣列最後將會取代應用於室內生活及工作場合的白熾燈泡與螢光燈。如前所述，大部分的白色 LED 利用藍色氮化鎵 LED，表面覆蓋著某種晶體製成的淡黃色磷光劑塗料。這種晶體為粉末狀且用黏著劑塗抹。當黃色光刺激眼睛的紅色及綠色接受器，藍色與黃色光混和會導致白光的視覺感受。

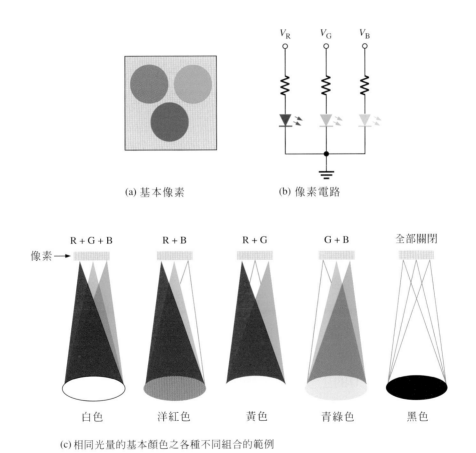

(a) 基本像素　　　　　　　(b) 像素電路

(c) 相同光量的基本顏色之各種不同組合的範例

▲ 圖 3-34　用於 LED 顯示螢幕的 RGB 像素觀念。

## 有機發光二極體 (The Organic LED，OLED)

　　**有機發光二極體(OLED)**為一包含兩或三層有機材料的元件，此有機材料是由有機分子(含有碳)或聚合物組成，給予電壓即可發射光線。OLED經由電子激發而產生電致磷光(electrophosphorescence)光線。光的顏色是由發射層的有機分子種類決定。圖 3-35 為兩層OLED 的基本構造。

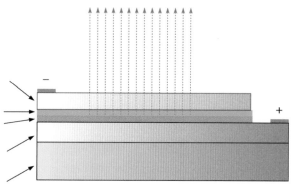

▲ 圖 3-35　由許多個 RGB 像素組成的大型顯示螢幕。為方便說明，我們誇大顯示像素的大小。

　　當電流流經陰極和陽極之間時，電子由發射層進入，由傳導層離開。電子從傳導層離開時會產生電洞。在兩層的接面附近，發射層的電子會與傳導層的電洞重新結合。結合時，能量會以光的形式通過可透光的陰極材料釋放出來。若陽極與基質也是由可透光的材料組成，則光會從兩個方向發射出來，使OLED可應用於抬頭顯示器。

　　將 OLED 噴灑到基質上就如同列印時將墨汁噴到紙張上。噴墨技術大量減少 OLED 製造的成本，且允許 OLED 噴灑在大型顯示器的大平面上，如 80 英吋電視螢幕或電子廣告牌。

　　目前，OLED的主要應用是顯示器，但零售商所販售的OLED也可用於家庭照明和街道照明。它們往往不那麼強烈，所以它們通常設計為面板。在效率和功率消耗方面都優於標準 LED，並且可以在其使用壽命結束時回收利用。因為世界上大約 20 ％的電力生產用於照明，節省照明能源可以對總能源利用產生很大影響。

## 量子點(Quantum Dots)

**量子點(quantum dots)**是奈米結晶(nanocrystals)的一種，從半導體材料矽、鍺、硫化鎘、硒化鎘、或磷化銦等製造而成。量子點的直徑只有一奈米到十二奈米(一奈米是十億分之一米)。上億個量子點與一個針的頭大小差不多！因為它們極小的體積，量子效應因為電子與電洞擁擠在狹小空間而變得顯明；因為這個緣故，材料的特性和一般材料有所不同。一個很重要的特性是帶隙和量子點的大小有關。當受到外界能源的激發，由半導體組成的量子點會因它們的大小，產生可見光、紅外線，或紫外線等。較高頻率的藍光來自於溶液中較小的量子點(較大的帶隙)；紅光則來自於溶液中較大的量子點(較小的帶隙)。

雖然量子點本身不是二極體，但是它們可以用來製造發光二極體，以及顯示裝置，及許多其他的應用。如你所知，發光二極體產生一個特定頻率(顏色)的光，而光的顏色決定於帶隙。要產生白光，藍光的發光二極體外面塗上一層磷光體來使藍光外加上黃光，因此形成一種假白光。並不是純白色，而有點粗糙的感覺，顏色看起來不自然。

量子點可以藉轉換能量較高的光子(藍光)，到能量較低的光子，來改變發光二極體基本的顏色。結果是顏色更接近白熾燈泡發出的光。量子點濾波器可以設計成幾種顏色的綜合，讓設計者能控制光譜。量子點技術重要的優點是它不會失去進來的光；它只單單是吸收進來的光並重新輻射到不同頻率的光。這樣可以控制顏色卻又不失去效率。將量子點濾波器放在一個白光的發光二極體，光譜可以看起來好像白熾燈泡的光譜。結果是發出的光更適合於一般照明，同時保留發光二極體的優點。

還有許多其他有用的應用，特別是在醫療方面。水溶性的量子點用來作生化細胞影像或醫學研究的螢光標記。藉由巧妙地操作一個量子點內的兩個能量層，使量子點成為攜帶資訊的基本元件的研究也正在進行。

## 光二極體 (The Photodiode)

光二極體 (photodiode) 是工作在逆向偏壓的元件，如圖 3-36(a) 所示，其中$I_\lambda$是逆向電流。光二極體有一個小透明窗口，可讓光照到 $pn$ 接面。圖 3-36(b) 顯示一些標準的光二極體。另一個光二極體的符號如圖 3-36(c) 所示。

請回想一下，當逆向偏壓時，整流二極體有很小的逆向漏電流。光二極體也有同樣的情形。這個逆向電流是在空乏區中，因為熱擾動所產生的電子電洞對造成的，逆向偏壓造成的電場驅動它們流過 $pn$ 接面。在整流二極體中，逆向漏電流隨溫度而增加，因為電子電洞對隨溫度增加了。

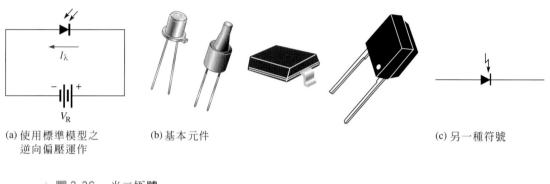

(a) 使用標準模型之 逆向偏壓運作

(b) 基本元件

(c) 另一種符號

▲ 圖 3-36 光二極體。

光二極體和整流二極體的不同之處，在於它的 $pn$ 接面如果接觸到光，逆向電流會隨光的強度而增加。當沒有入射光時，逆向電流 $I_\lambda$ 幾乎可以忽略，又稱為**暗電流 (dark current)**。光的強度以照度 $(mW/cm^2)$ 為單位，光的強度增加會使逆向電流增加，如圖 3-37(a) 的圖形所示。

從圖 3-37(b) 的圖形可以看出，這個元件在逆向偏壓為 10V、照射強度為 $0.5mW/cm^2$ 時的逆向電流大約是 $1.4\mu A$。因此，這個元件的阻抗是

$$R_R = \frac{V_R}{I_\lambda} = \frac{10\,V}{1.4\,\mu A} = 7.14\,M\Omega$$

在 $20mW/cm^2$ 與 $V_R = 10V$ 時，電流大約是 $55\mu A$。在這種情況下的阻抗是

$$R_R = \frac{V_R}{I_\lambda} = \frac{10\,V}{55\,\mu A} = 182\,k\Omega$$

這些計算顯示光二極體可當作可變電阻元件使用，其阻抗值是由光的強度控制。

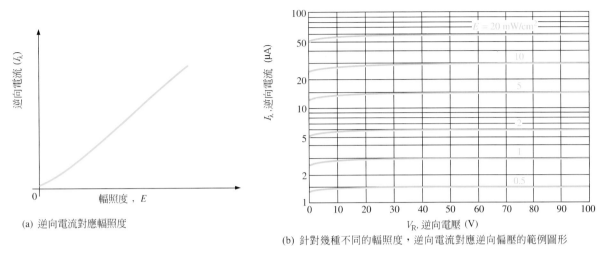

(a) 逆向電流對應輻照度

(b) 針對幾種不同的輻照度，逆向電流對應逆向偏壓的範例圖形

▲ 圖 3-37　一般光二極體的特性。

　　圖 3-38 說明當沒有入射光時，光二極體基本上沒有逆向電流，除了很小的暗電流。當光照射到光二極體時，會有正比於光強度(照度)的逆向電流導通。

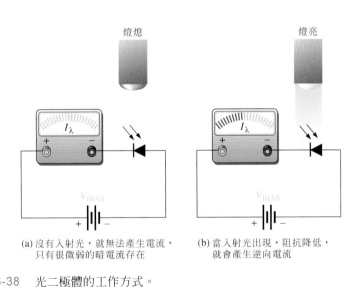

(a) 沒有入射光，就無法產生電流，只有很微弱的暗電流存在

(b) 當入射光出現，阻抗降低，就會產生逆向電流

▲ 圖 3-38　光二極體的工作方式。

## 光二極體特性資料表的資訊 (Photodiode DataSheet Information)

TEMD1000 光二極體的部份特性資料表如圖 3-39 所示。請注意，其最大逆向電壓是 60 V，當逆向電壓為 10 V，暗電流 (沒有入射光時的逆向電流) 一般是 1 nA。暗電流會隨著逆向電壓的增加而變大，也會隨著溫度而增加。

## 絕對最大額定值 ( Absolute Maximum Ratings )

T_amb = 25°C, (除非另有規定)

| Parameter | Test condition | Symbol | Value | Unit |
|---|---|---|---|---|
| Reverse Voltage | | $V_R$ | 60 | V |
| Power Dissipation | $T_{amb} \leq 25°C$ | $P_V$ | 75 | mW |
| Junction Temperature | | $T_j$ | 100 | °C |
| Storage Temperature Range | | $T_{stg}$ | - 40 to + 100 | °C |
| Operating Temperature Range | | $T_{stg}$ | - 40 to + 85 | °C |
| Soldering Temperature | $t \leq 5$ s | $T_{sd}$ | < 260 | °C |

## 基本特性 ( Basic Characteristics )

T_amb = 25°C, (除非另有規定)

| Parameter | Test condition | Symbol | Min | Typ. | Max | Unit |
|---|---|---|---|---|---|---|
| Forward Voltage | $I_F = 50$ mA | $V_F$ | | 1.0 | 1.3 | V |
| Breakdown Voltage | $I_R = 100$ µA, E = 0 | $V_{(BR)}$ | 60 | | | V |
| Reverse Dark Current | $V_R = 10$ V, E = 0 | $I_{ro}$ | | 1 | 10 | nA |
| Diode capacitance | $V_R = 5$ V, f = 1 MHz, E = 0 | $C_D$ | | 1.8 | | pF |
| Reverse Light Current | $E_e = 1$ mW/cm$^2$, $\lambda = 870$ nm, $V_R = 5$ V | $I_{ra}$ | | 10 | | µA |
| | $E_e = 1$ mW/cm$^2$, $\lambda = 950$ nm, $V_R = 5$ V | $I_{ra}$ | 5 | 12 | | µA |

| Parameter | Test condition | Symbol | Min | Typ. | Max | Unit |
|---|---|---|---|---|---|---|
| Temp. Coefficient of $I_{ra}$ | $V_R = 5$ V, = 870 nm | $TK_{Ira}$ | | 0.2 | | %/K |
| Absolute Spectral Sensitivity | $V_R = 5$ V, = 870 nm | $s(\lambda)$ | | 0.60 | | A/W |
| | $V_R = 5$ V, = 950 nm | $s(\lambda)$ | | 0.55 | | A/W |
| Angle of Half Sensitivity | | $\psi$ | | ±15 | | deg |
| Wavelength of Peak Sensitivity | | $\lambda_p$ | | 900 | | nm |
| Range of Spectral Bandwidth | | $\lambda_{0.5}$ | | 840 to 1050 | | nm |
| Rise Time | $V_R = 10$ V, $R_L = 50$, $\Omega$ $\lambda = 820$ nm | $t_r$ | | 4 | | ns |
| Fall Time | $V_R = 10$ V, $R_L = 50$, $\Omega$ $\lambda = 820$ nm | $t_f$ | | 4 | | ns |

(a)

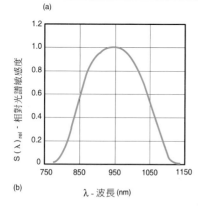

(b)

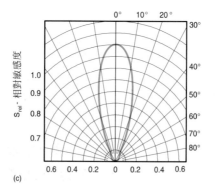

(c)

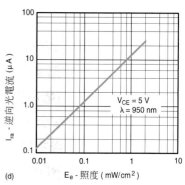

(d)

▲ 圖 3-39 TMED1000 光二極體的部分特性資料表。資料表由 Vishay Intertechnology, Inc. 提供。

*靈敏度 (Sensitivity)*　　從圖(b)可看出，對這個元件而言，其最大的敏感度發生於波長等於 950 奈米處。圖(c) 顯示的角度響應曲線圖，是以相對敏感度所測出的響應圖。在最強輻射方向左右兩側 10° 之處，靈敏度大約會降到最大值的 82%。

---

**例 題　3-11**　　根據 TEMD1000 光二極體，求出下列問題：

**(a)** 在 $V_R = 10V$ 下的最大暗電流為何？

**(b)** 若元件角度為 10°，在最大發光強度與逆向電壓為 5V 的情況下，當波長為 850 nm，發光強度為 1 mW/cm² 時，逆向光電流為何？

**解**　**(a)** 根據圖 3-39(a)的基本特性，最大暗電流為 **10 nA**。

**(b)** 根據圖 3-39(d)的圖解所示，逆向光電流在 950nm 時為 12 μA。根據圖 3-39(b)所示，相對靈敏度在 850nm 時為 0.6。所以

$$I_\lambda = I_{ra} = 0.6(12\,\mu A) = 72\,\mu A$$

在角度 10°時的相對靈敏度會減少至角度 0°的 0.92 倍，所以

$$I_\lambda = I_{ra} = 0.92\,(7.2\,\mu A) = \textbf{6.62}\,\boldsymbol{\mu}\textbf{A}$$

**相 關 習 題**　　當波長為 1050nm 且角度為 0°時的逆向電流為何？

---

**第3-3節　隨堂測驗**　　1. 以發光光譜為分類依據，寫出兩種 LED 類型。

2. 可見光與紅外線，何者有較長的波長？

3. LED 正常工作時的偏壓狀態為何？

4. 順向電流增加時，LED 發光的變化情況為何？

5. LED 的順向偏壓電壓降是 0.7V，對或錯？

6. 何謂像素(pixel)？

7. 光二極體正常工作時的偏壓狀態為何？

8. 當照射在光二極體的入射光強度 (照度) 增加，對其內部逆偏壓電阻有何影響？

9. 何謂暗電流？

## 3-4 太陽能電池 (THE SOLAR CELL)

**光伏(PV)電池的結構與工作原理(Photovoltalc (PV) Cell Structure and Operation)**
雖然通常不被認為是二極體，但光伏(太陽能)電池的關鍵特徵是*pn*接面。光伏效應是指太陽能電池將太陽能轉化為電能的基本物理過程。太陽能包含足夠的光子或著其"包覆"的能量在*n*和*p*區域中產生電子-電洞對。電子積聚於*n*型區及電洞積聚於*p*型區，產生電位差(電壓)穿過電池。當外接負載時，電子流過半導體材料並向外接負載提供電流。

在學習完本節的內容後，你應該能夠
  ◆ 描述太陽能電池的結構
  ◆ 討論太陽能電池的工作原理

*太陽能電池結構(The Solar Cell Structure)* 雖然還有其他類型的太陽能電池正持續研究中，以及許諾未來的新發展，但矽晶體太陽能電池仍是最廣泛使用的。矽太陽能電池由矽薄層或矽片組成並以摻雜形成*pn*接面。在摻雜過程中可以非常精確地控制雜質原子的深度和分佈。

從超純矽錠切下一塊圓形的薄晶圓，接著進行拋光並修剪成八邊形、六邊形或矩形，以便於安裝到陣列中時獲得最大的覆蓋範圍。摻雜矽晶圓使得 *n* 型區遠薄於 *p* 型區，以允許光穿透，如圖 3-40 所示。

以光刻或網印等方法使非常薄的導電接觸條的晶格沉積於晶圓的頂部，如圖 3-40(b)所示。連接晶格必須使矽晶圓的表面積最大化，以便依次暴露在陽光下收集盡可能多的光能。

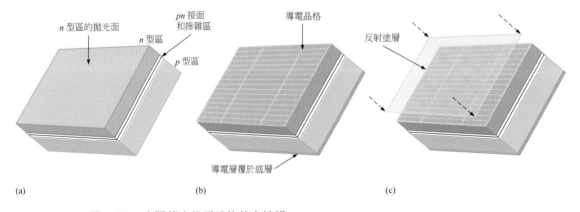

(a)　　　　　(b)　　　　　(c)

▲ 圖 3-40　太陽能光伏電池的基本結構。

▶ 圖 3-41

完整的太陽能光伏電池。

穿越電池頂部的導電柵格是必要的，以使電子可以更短的距離流過矽材料所連的外接負載。電子流過矽材料的距離越遠，由電阻所致的能量損失就越大。然後於整塊晶圓的底部添加一個堅固的覆蓋物。為了說明，圖中太陽能電池的厚度與表面積的比例被誇大了些許。

在結合接觸點之後，將抗反射膜放置在接觸晶格的頂部和 *n* 型區，如圖 3-40 (c)所示。這使得太陽能電池吸收盡可能多的太陽能，以減少自電池表面所反射的大量光能。最後，將玻璃或透明塑料層以透明粘合劑連接到電池頂部，保護它以免受到天氣影響。圖 3-41 呈現一個完整的太陽能電池。

*太陽能電池的工作原理(Operation of a Solar Cell)* 如前所述，陽光由光子組成，或者說是"包覆著"能量。太陽產生了驚人的能量。小部分太陽能到達地球的總能量足以滿足我們數次的所有電力需求。於一整年中，每小時都有足夠的太陽能衝擊地球，以滿足世界各地的需求。

與 *p* 型區相比，*n* 型層非常薄，以允許光穿透 *p* 型區。整個電池的厚度實際上約為蛋殼的厚度。當光子穿透 *n* 型區或 *p* 型區並撞擊矽時，*pn* 接面附近的原子具有足夠的能量將電子從化合物中敲出。在價電帶中，電子變成自由電子並在價電帶中留下一個空洞以形成電子-電洞對。矽原子從化合價中釋放電子所需的能量為 1.12eV(電子伏特)被稱作帶隙能量(band-gap energy)。在 *p* 型區內，自由電子被電場移動至 *n* 型區的空乏區。在 *n* 型區中，通過電場將電洞移動至 *p* 型區的空乏區。電子在 *n* 型區積聚，產生負電荷；而電洞在 *p* 型區積聚，產生正電荷。在 *n* 型區和 *p* 型區之間的接面產生電壓，如圖 3-42 所示。

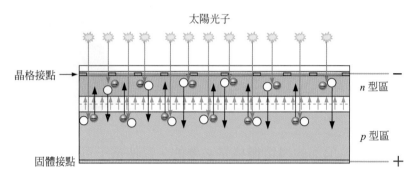

▲ 圖 3-42 陽光照射太陽能電池的基本原理。

當負載通過頂部和底部連接到太陽能電池的接點時，自由電子從 $n$ 型區流至頂面上的晶格接點，通過負極接點，再通過負載返回至底面上的正極接點，並進入 $p$ 型區，使電子可以與電洞重新組合。太陽能繼續進行創造新的電子-電洞的過程，如圖 3-43 所示。

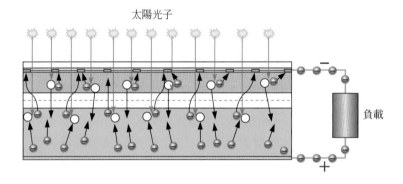

▲ 圖 3-43 陽光照射太陽能電池下所產生通過負載的電壓和電流。

## 太陽能電池的特性(Solar Cell Characteristics)

太陽能電池的尺寸通常為 $100cm^2$ 至 $225cm^2$。來自矽太陽能電池的可用電壓約為 0.5 V 至 0.6 V。端電壓較穩定僅略微依賴於光輻射強度，但電流隨光強度增加。例如，$100\ cm^2$ 的矽電池在光輻射強度 1000 瓦/平方米時，可達到約 2 A 的最大電流。

圖 3-44 呈現了各種典型太陽能電池光源強度的 $V-I$ 特性曲線。光強度越高，電流越大。最大的工作點如圖所示，給定光強度的功率輸出應該在曲線的"拐點"區域以虛線表示。太陽能電池上的負載控制該操作點($R_L = V / I$)。

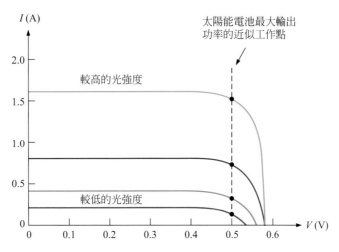

▲ 圖 3-44 典型太陽能電池光源強度的 $V-I$ 特性曲線

在太陽能系統中，電池通常由充電控制器或逆變器加載。一種稱為最大功率點追蹤的特殊方法將檢測工作點和調整負載阻力以使其保持在膝點區域。例如，假設太陽能電池是在最高強度曲線(藍色)上操作，如圖 3-44 所示。為了最大功率(虛線)，電壓為 0.5 V，電流為 1.5 A。於此條件下，負載為

$$R_L = V/I = 0.5\text{V}/1.5\text{A} = 0.33\Omega$$

現在，如果光強度下降到電池在紅色曲線上運行的位置，則電流較小並且必須改變負載電阻以保持最大功率輸出，如下所示：

$$R_L = V/I = 0.5\text{V}/0.8\text{A} = 0.625\Omega$$

如果電阻沒有改變，電壓輸出將降至

$$V = IR = (0.8\text{A})(0.33\Omega) = 0.264\text{V}$$

導致紅色曲線的功率輸出小於最大值。當然，功率會由於電流較小，紅色曲線仍然小於藍色曲線。太陽能電池的輸出電壓和電流也取決於溫度。請注意圖 3-45 對於恆定的光強度，輸出電壓隨溫度降低增加但電流僅受少量影響。

## 太陽能電池板(Solar Cell Panels)

人類目前的問題在於期望以足夠的數量和合理的成本來利用太陽能，以滿足人類的需求。在陽光充足的氣候下，它需要大約一平方公尺的太陽能電池板以產生 100 瓦的功率。即使被雲遮蓋，尚可以些許吸收能量，但在夜間則無法獲得能量。

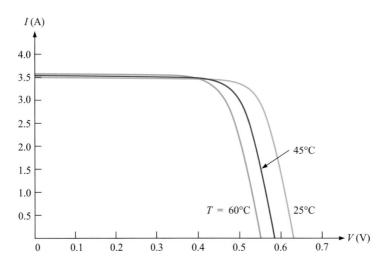

▲ 圖 3-45 溫度影響輸出電壓和電流太陽能電池的強度。

單個太陽能電池對於大多數應用來說是不切實際的，因爲它只能生產約 0.5 V 至 0.6 V。爲了產生更高的電壓，連接多個同樣的太陽能電池如圖 3-46 所示。例如，六個同樣的電池理想上將生產 6(0.5 V)= 3 V。由於它們串聯連接，因此六個電池將產生相同的電流。爲了增加電流容量，串聯電池並聯連接，如圖 3-46(b) 所示。假設單個電池可以產生 2A，串並聯排列 12 個電池將可在 3V 產生 4A 電流。這種連接多個電池以產生指定功率輸出的方式，稱爲太陽能電池板或太陽能模組。

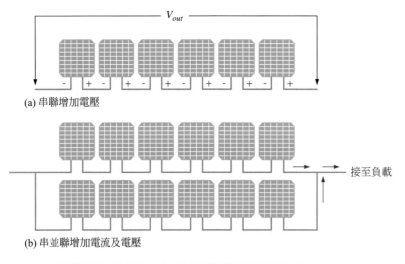

(a) 串聯增加電壓

(b) 串並聯增加電流及電壓

▲ 圖 3-46 太陽能電池連接在一起形成太陽能電池板的陣列。

太陽能電池板通常提供 12 V、24 V、36 V 和 48 V 的版本。高輸出太陽能電池板也可用於特殊應用。實際上，12 V 太陽能面板通常產生超過 12 V(15 V 至 20 V)的電壓，以便為 12 V 電池充電並補償串聯連接中的電壓降和其他損耗。在理想的情況下，假設需要一個帶有 24 個單獨太陽能電池的面板，來產生 12 V 的輸出，每個電池產生 0.5V。實際上，在 12V 電池板中通常使用 30 個以上的電池。製造商通常在功率方面指定太陽能電池板的輸出，太陽輻射又稱為峰值太陽輻照度，為 1000 W / m²。

---

**例 題 3-12**　輸出為 12 V 的典型太陽能電池板可以於峰值條件下加載產生 17 V、3.5 A。試問峰值條件下的功率是多少？

　　**解**　　　　$P = VI = (17V)(3.5A) = 59.5W$

**相 關 習 題**　有一特定的太陽能電池板在 10 V 時可為負載提供 100 W，試問可產生多少電流？

---

**第3-4節　隨堂測驗**　1. 試描述太陽能電池的基本結構。
　　　　　　　　　　2. 太陽能電池應如何連接以增加電壓？
　　　　　　　　　　3. 太陽能電池應如何連接以增加電流？

---

## 二極體符號的摘要 (Summary of Diode Symbols)

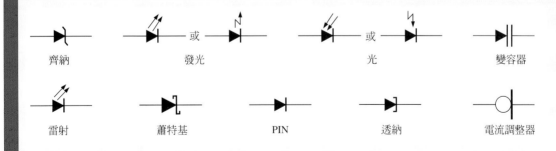

| 齊納 | 發光 | 光 | 變容器 |
| 雷射 | 蕭特基 | PIN | 透納 | 電流調整器 |

# 本章摘要

**第 3-1 節** ◆ 齊納二極體都是工作於逆向崩潰區。
◆ 齊納二極體有兩種崩潰機制：累增崩潰和齊納崩潰。
◆ 當 $V_Z < 5V$，以齊納崩潰為主。
◆ 當 $V_Z > 5V$，以累增崩潰為主。
◆ 齊納二極體在指定的齊納電流範圍內，它的端點之間會維持幾乎定值的電壓。
◆ 齊納二極體的額定值從小於 1V 到 250V 之間都有。

**第 3-2 節** ◆ 齊納二極體是用來作為參考電壓、電壓調整器、和限位器。

**第 3-3 節** ◆ 在順向偏壓時，LED 會發光。
◆ LED 可發射出紅外線或可見光。
◆ 高亮度 LED 是用在大尺寸螢幕顯示、交通號誌、汽車照明或家用照明上。
◆ 有機 LED( OLED )是利用二或三層的有機材料來製造光。
◆ 量子點是一種半導體元件，會因吸收外來的能量而產生光。
◆ 光二極體在光的強度增加時，它的逆向電流也跟著增加。

**第 3-4 節** ◆ 矽太陽能電池將光透過薄的 $n$ 型區傳遞到 $p$ 型區，在 $p$ 型區產生電子 -電洞對。電子通過外部電路移動，消耗能量，然後返回電池，完成電路。
◆ 在大多數情況下，太陽能電池為直流充電控制器或逆變器供電。充電控制器可以調節負載以最大化功率輸出。
◆ 太陽能電池板由連接在一起的大型太陽能電池陣列組成，以在給定條件下產生特定的功率。

# 重要詞彙

本章中的重要詞彙和其他的粗體字名詞，都在書末的詞彙表中加以定義。

**電激發光 (Electroluminescence)** 　在半導體內，因為電子與電洞重新結合而釋放出光能量的過程。

**發光二極體 (Light-emitting diode, LED)** 　當順向偏壓時，會發出光線的二極體。

**光二極體 (Photodiode)** 　在逆向偏壓下，逆向電流和入射光的照度成正比的一種二極體。

**像素 (Pixel)** 　是 LED 顯示螢幕中產生彩色光的基本單位。由紅色、綠色、和藍色 LED 所組成。

**齊納崩潰 (Zener breakdown)** 　齊納二極體的較低電壓崩潰效應。

**齊納二極體 (Zener diode)** 　一種特別設計用來限制端點間電壓的二極體。

**PV 電池(PV cell)** 　光伏電池或太陽能電池。

# 重要公式

| | | |
|---|---|---|
| 3-1 | $Z_Z = \dfrac{\Delta V_Z}{\Delta I_Z}$ | 齊納阻抗 |
| 3-2 | $\Delta V_Z = V_Z \times TC \times \Delta T$ | $V_Z$ 隨溫度的改變而變動，其中$TC$的單位為 %/℃ |
| 3-3 | $\Delta V_Z = TC \times \Delta T$ | $V_Z$ 隨溫度的改變而變動，其中$TC$的單位為 mV/℃ |

# 是非題測驗 答案可在以下網站找到 www.pearsonglobaleditions.com(搜索 ISBN:1292222999)

1. 齊納二極體通常操作於逆向崩潰區域中。
2. 齊納二極體可以作為調整器。
3. 齊納二極體中的兩種崩潰機制是累增崩潰和齊納崩潰。
4. LED 是根據電激發光製造而成的。
5. 整流二極體的正向電流保持恆定。
6. 光二極體在逆向偏壓中操作。
7. 逆向偏壓時，LED 發光。
8. 有紫外光的 LED。
9. OLED 使用一層或兩層有機材料。
10. 太陽能電池通常產生 0.5V 之電壓。

# 電路動作測驗 答案可在以下網站找到 www.pearsonglobaleditions.com(搜索 ISBN:1292222999)

1. 假如圖 3-11 中的輸入電壓自 5 V 增加至 10 V，則理想上輸出電壓將會
   (a) 增加　(b) 減少　(c) 不變
2. 假如圖 3-14 中的輸入電壓每減少 2V，則齊納二極體的電流將會
   (a) 增加　(b) 減少　(c) 不變
3. 假如圖 3-14 中的 $R_L$ 被移除，則通過齊納二極體的電流將會
   (a) 增加　(b) 減少　(c) 不變
4. 假如圖 3-14 中的齊納二極體開路時，則輸出電壓將會
   (a) 增加　(b) 減少　(c) 不變
5. 在圖 3-14 中，假如其中電阻 R 增加時，則流向負載電阻的電流將會
   (a) 增加　(b) 減少　(c) 不變
6. 在圖 3-18(a)中，假如輸入電壓的大小值增加時，則正向部分的輸出電壓將會
   (a) 增加　(b) 減少　(c) 不變
7. 在圖 3-19(a)中，假如輸入電壓的大小值減少時，則輸出電壓的大小值將會
   (a) 增加　(b) 減少　(c) 不變

8. 在圖 3-23 中，假如偏壓電壓增加時，則 LED 的光輸出將會

 (a) 增加　　(b) 減少　　(c) 不變

9. 在圖 3-23 中，假如偏壓電壓為逆向時，則 LED 的光輸出將會

 (a) 增加　　(b) 減少　　(c) 不變

## 自我測驗　答案可在以下網站找到 www.pearsonglobaleditions.com(搜索 ISBN:1292222999)

**第 3-1 節**

1. 齊納二極體具有崩潰電壓

 (a)大於 1 V 至小於 250 V　(b)小於 5 V 至大於 50 V

 (c)大於 5 V 至小於 50 V　(d)小於 1 V 至大於 250 V

2. 齊納崩潰發生在齊納二極體上

 (a)低反向電壓　(b)高反向電壓　(c)低正向電壓　(d)高正向電壓

3. 對特定的 12V 齊納二極體，齊納電流若有 10mA 的變動，齊納電壓就會產生 0.1V 的改變。則在此電流範圍的齊納阻抗為

 (a) 1Ω　(b) 100Ω　(c) 10Ω　(d) 0.1Ω

4. 在此特定齊納二極體的資料表中，當 $I_Z = 500$ mA 時 $V_Z = 10$V。在此條件下的$Z_Z$為

 (a) 50Ω　(b) 20Ω　(c)10Ω　(d) 無法得知

**第 3-2 節**

5. 無負載狀況意指

 (a) 負載阻抗無限大　　(b) 負載阻抗為零

 (c) 輸出端開路　　(d) 答案 (a) 和 (c) 均正確

**第 3-3 節**

6. 早期的 LED 中使用了以下哪種半導體？

 (a)磷化鎵(GaP)　　　　　(b)砷化鎵(GaAs)

 (c)砷化鋁鎵磷化物(GaAlAsP)　(d)銦鎵鋁磷化物(InGaAlP)

7. 量子點是

 (a)直徑為 10nm 至 12nm　(b)直徑為 1nm 至 10nm

 (c)直徑為 1nm 至 50nm　(d)直徑為 1nm 至 12nm

8. 用於照明的典型 LED 可以提供

 (a)每瓦 5～6 流明　(b)每瓦 50～100 流明

 (c)每瓦 1～10 流明　(d)每瓦 50～60 流明

9. OLED 不同於傳統 LED 的是

 (a)不需在偏壓下操作　(b)在 pn 接面上為有機材料層

 (c)可用噴墨印刷技術來製造　(d) (b)和(c)都是

10. 紅外線 LED 是藉著光耦合至光二極體。當 LED 關閉，和逆向偏壓光二極體串接的安培計讀數會

 (a) 不會改變　(b) 減少　(c) 增加　(d) 呈現波動

11. 光二極體的內部阻抗
   (a) 在逆向偏壓時，隨著光的強度增強而增加
   (b) 在逆向偏壓時，隨著光的強度增強而減少
   (c) 在順向偏壓時，隨著光的強度增強而增加
   (d) 在順向偏壓時，隨著光的強度增強而減少

第 3-4 節　12. 太陽能電池將太陽光轉化為電能的過程被稱為
   (a)光伏效應　　(b)齊納效應　　(c)累增效應　　(d)崩潰效應

13. 太陽能電池的尺寸是
   (a)10 cm²至 25 cm²　　　　(b)100 cm²至 150 cm²
   (c)100 cm²至 225 cm²　　　(d)100 cm²至 200 cm²

14. 矽晶圓中 $n$ 型區和 $p$ 型區的比例應為多少，方可允許光穿透？
   (a)$n$ 型區比 $p$ 型區厚得多　　(b)$n$ 型區比 $p$ 型區薄得多
   (c)$p$ 型區比 $n$ 型區薄得多　　(d)p 型區比 $n$ 型區厚得多

# 習　題

所有的答案都在本書末。

## 基本習題

### 第 3-1 節　齊納二極體

1. 某個齊納二極體在特定的電流下，它的 $V_Z = 7.5V$ 以及 $Z_Z = 5\Omega$。請繪出等效電路。

2. 依據圖 3-47 中的特性曲線，最小的齊納電流 ($I_{ZK}$) 和此時的齊納電壓近似值各為若干？

3. 當齊納二極體的反向電流從 20mA 增加到 30mA 時，齊納電壓由 5.6V 變動成 5.65V。請問此元件的阻抗為何？

4. 某個齊納二極體的阻抗為 15Ω。若 $I_Z = 25mA$，$V_Z = 4.7V$ 時，則在 50mA 時它的端點電壓是多少？

5. 某個齊納二極體的規格如下：在 25℃時 $V_Z = 6.8V$ 以及 $TC = + 0.04\%/℃$。試求 70℃的齊納電壓。

6. 1N5343B 是 7.5 V 齊納二極體，在溫度為 25℃時額定功率為 5 W，最高溫度降額為 5.3 mV / ℃。試問此種齊納二極體在 100℃的溫度下可以消耗的最大功率是多少？

7. 從圖 3-7 的資料表中，決定 1N4753A 的以下內容：
   (a)標稱齊納電壓
   (b)最大齊納電壓
   (c)膝電流
   (d)額降因數
   (e)降溫適用的溫度，高於額降發生之溫度。

## 第 3-2 節 齊納二極體的應用

8. 試求圖 3-48 中的電壓調整器所需要的最小輸入電壓。假設圖中為理想的齊納二極體,它的 $I_{ZK} = 1.5\text{mA}$ 以及 $V_Z = 14\text{V}$。

9. 重複習題 8,假設 $Z_Z = 20\Omega$ 以及在 30mA 時,$V_Z = 14\text{V}$。

10. 圖 3-49 中的 $R$ 必須調整為何值,才能使 $I_Z = 40\text{mA}$?假設在 30mA 時 $V_Z = 12\text{V}$ 以及 $Z_Z = 30\Omega$。

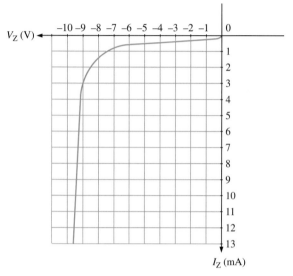

▲ 圖 3-47

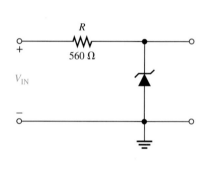

▲ 圖 3-48

11. 將峰值為 20V 的正弦波電壓,取代圖 3-49 中的直流電源作為輸入信號。繪出其輸出波形。使用問題 8 中的參數值。

▶ 圖 3-49

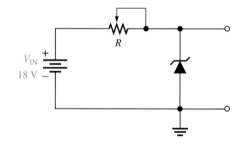

12. 某個加上負載的齊納電壓調整器，顯示於圖 3-50 中。在 $I_Z = 49\text{mA}$ 時，$V_Z = 5.1\text{V}$，$I_{ZK} = 1\text{mA}$，$Z_Z = 7\Omega$，以及 $I_{ZM} = 70\text{mA}$。求出可允許的最小及最大負載電流。

▶ 圖 3-50

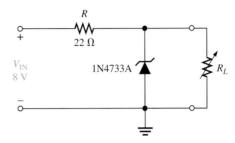

13. 求出習題 12 中的負載調整百分率。參考第二章的公式 2-15。

14. 當輸入電壓從 6V 升到 12V，無負載狀況下，分析圖 3-50 中電路的線性調整百分比。參考第二章的公式 2-14。

15. 某個齊納電壓調整器，在無負載時的輸出電壓為 8.23V，而全負載時的輸出為 7.98V。計算負載調整百分率。參考第二章的公式 2-15。

16. 某個齊納電壓調整器，當輸入電壓從 5V 變更為 10V 時，輸出電壓改變 0.2V。請問輸入調整百分率為何？參考第二章的公式 2-14。

17. 齊納電壓調整器在無負載時，輸出電壓為 3.6V，在全負載時，為 3.4V。求出負載調整百分率。參考第二章的公式 2-15。

## 第 3-3 節 光學二極體

18. 圖 3-51 (a) 中的 LED，所發出光線的特性如圖 (b) 所示。忽略 LED 的順向電壓降，求產生的輻射 (光線) 功率，單位為 mW。

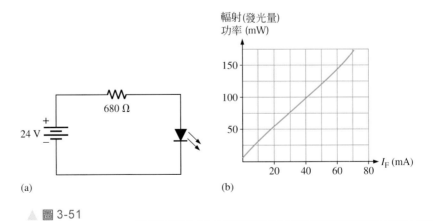

(a)　(b)

▲ 圖 3-51

19. 試求如何連接圖 3-52 中的七段顯示器，以便顯示出數字 5。每個紅色 LED 的最大連續順向電流為 30mA，並使用 + 5V 的直流電源。

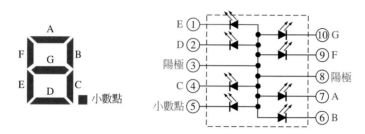

▲ 圖 3-52

20. 說明在直流電壓為 9V，順向電流為 20mA。串並聯 48 個紅色 LED 陣列時，限流電阻的數目及數值為？

21. 設計一個使用最少個限流電阻的黃色交通號誌陣列。在 24V 電源供應下，其中包括 $I_F = 30$mA 的 100 個 LED，且在每個平行分支有相同數目的 LED。請設計其電路，並計算出電阻值。

22. 給予光二極體一定的照度，逆向阻抗為 200kΩ，逆向偏壓為 10V。請問通過元件的電流為何？

23. 圖 3-53 中的每個光二極體的阻抗為何？

24. 當圖 3-54 中的開關閉合時，電流表的讀數將會增加還是減少？假設 $D_1$ 和 $D_2$ 為光耦合。

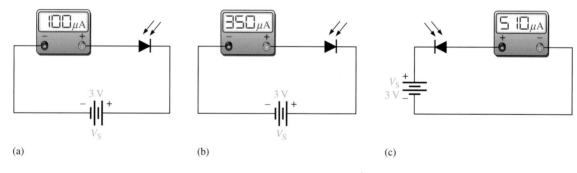

▲ 圖 3-53

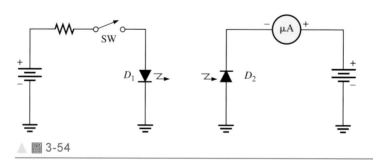

▲ 圖 3-54

## 第 3-4 節　太陽能電池

25. 列出典型太陽能電池的五個部分。

26. 決定每個典型輸出電壓為 0.5 V 的 PV 電池的連接數量和類型，以產生 15 V 的總輸出。

27. 對於習題 26 中的連接，為 10kΩ 負載提供了多少電流？

28. 決定如何修改習題 26 的連接以實現 10 mA 的負載電流容量。

# 雙極接面電晶體
## (Bipolar Junction Transistors)

# 4

## 本章學習目標

◆ 說明 BJT 的基本結構
◆ 討論 BJT 的基本工作原理
◆ 討論基本 BJT 參數與特性和分析電晶體電路
◆ 討論如何將 BJT 當作電壓放大器使用
◆ 討論如何將 BJT 當作電子開關使用
◆ 討論光電晶體與其工作原理
◆ 識別各種電晶體封裝形態

## 可參訪教學專用網站

有關這一章的學習輔助資訊可以在以下的網站找到 http://www.pearsonglobaleditions.com
(搜索 ISBN:1292222999)

## 重要詞彙

◆ BJT(雙極接面電晶體)
◆ 射極 (Emitter)
◆ 基極 (Base)
◆ 集極 (Collector)
◆ 增益 (Gain)
◆ Beta 值
◆ 飽和 (Saturation)
◆ 線性 (Linear)
◆ 截止 (Cutoff)
◆ 放大 (Amplification)
◆ 光電晶體(Phototransistor)
◆ 負載線(Load Line)
◆ 及閘(AND gate)
◆ 或閘(OR gate)

## 簡 介

電晶體的發明是延續至今科技革命的開端。所有今日的複雜電子裝置和系統,都是從早期半導體電晶體所衍生發展出來的成果。

電晶體有兩種基本型態,在本章我們將討論雙極接面電晶體 (BJT),至於場效電晶體 (FET),將會在稍後的章節中討論。BJT 有兩種常見之用途,一個是當作線性放大器用來推動或放大電子訊號,另一個用途就是當作電子開關。這兩種應用都會在本章中介紹。

# 4-1　雙極接面電晶體(BJT)結構 (Bipolar Junction Transistor Structure)

雙極接面電晶體 (BJT) 的基本結構決定了它的操作特性。在本節中，你將會學習到如何利用半導體材料形成 BJT，你也會學習到標準的 BJT 符號。

在學習完本節的內容後，你應該能夠

◆ **說明** BJT **的基本結構**
  ◆ 解釋 *npn* 和 *pnp* 電晶體之間結構上的差異
  ◆ 辨識 *npn* 和 *pnp* 電晶體的符號
  ◆ 說出 BJT 結構上三個區域的名稱和它們的符號

**BJT** (雙極接面電晶體) 是由三個摻入雜質的半導體區域組成，並於相鄰處形成兩個 *pn* 接面，如圖 4-1 (a) 中的延伸平面構造所示。這三個半導體區域分別稱為**射極 (emitter)**、**基極 (base)** 和**集極 (collector)**。如圖 4-1 (b) 和 (c) 所示，存在著

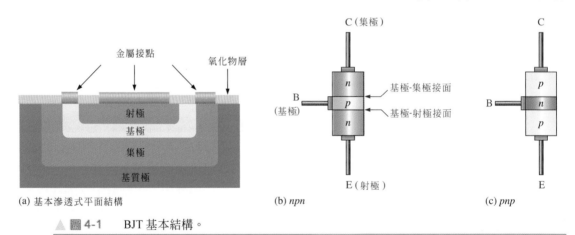

(a) 基本滲透式平面結構　　(b) *npn*　　(c) *pnp*

▲ 圖 4-1　BJT 基本結構。

**歷史紀錄**

電晶體是由貝爾實驗室的一群科學家在 1947 年發明的。 William Shockley，Walter Brattain，以及 John Bardeen 發明固態元件取代真空管。他們皆在 1956 年獲得諾貝爾獎。電晶體被公認是二十世紀最重要的發明之一。

兩種 BJT 的結構。 一種是於兩個 *n* 型區域中由一個 *p* 型區域隔開 ( *npn* )；另一種則是於兩個 *p* 型區域中由一個 *n* 區域隔開 ( *pnp* )。**雙極(bipolar)**代表的是在電晶體構造中，同時使用 "電洞" 和 "電子" 當作電流載子。

連結基極區域和射極區域的 *pn* 接面，稱為*基極-射極接面 (base-emitter junction)*。介於基極區域和集極區域的 *pn* 接面，稱為*基極-集極接面 (base-collector junction)*，如圖 4-1 (b) 中所示。如該圖所示，有導線接腳分別連接到這三個區域，這些接腳分別標示為 E、B 和 C，代表射極、基極和集極。基極的厚度比起射極和集極薄很多，且其摻雜濃度比起高濃度的射極和中濃度集極來得較低些，由

於這種摻雜水準的差異，射極和集極不可互換(這種構造上的原理將在下一節討論)。圖 4-2 顯示 *npn* 和 *pnp* 雙極接面電晶體的電路符號。

▶ 圖 4-2

BJT(bipolar junction transistor) 的標準符號。

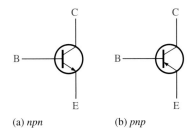

(a) *npn*　　　(b) *pnp*

第4-1節　隨堂測驗

答案可以在以下的網站找到
www.pearsonglobaleditions.com
(搜索 ISBN:1292222999)

1. 根據內部結構分類，請說出 BJT 兩種類型的名稱。
2. BJT 是三端裝置。試說出這三個端點的名稱。
3. 在 BJT 中何種結構將三個區域分開？
4. 為什麼 BJT 上的集極和射極不可互換？

## 4-2　BJT 的基本工作原理 (Basic BJT Operation)

為了使 BJT 能夠適當作為放大器使用，兩個 *pn* 接面必須透過外部直流電壓正確地施加偏壓。在這一節中，我們主要使用 *npn* 電晶體示範說明。*pnp* 的動作和 *npn* 是一樣的，只有電子和電洞所扮演的角色、偏壓的極性，還有電流的方向完全相反而已。

在學習完本節的內容後，你應該能夠

◆ **討論** BJT **的基本工作原理**
  ◆ 說明順向-逆向偏壓
    ◆ 說明如何以直流電源來偏壓 *pnp* 和 *npn* BJT
  ◆ 解釋 BJT 內部的基本工作原理
    ◆ 討論電洞與電子的移動
  ◆ 討論電晶體電流
    ◆ 在有兩個為已知條件下計算電晶體任一端之電流

### 偏壓(Biasing)

圖 4-3 顯示將 *npn* 和 *pnp* BJT 當作**放大器(amplifier)**來操作時的偏壓方式。請注意，在這兩種情況下的基極-射極 (BE) 接面均是順向偏壓，而基極-集極 (BC) 接面則為逆向偏壓。這種情形稱為*順向-逆向偏壓(forward-reverse bias)*。

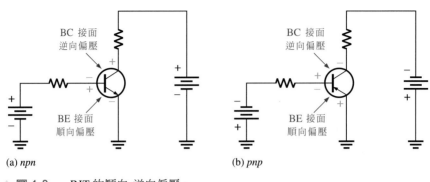

(a) *npn*                    (b) *pnp*

▲ 圖 4-3    BJT 的順向-逆向偏壓。

## 工作原理 (Operation)

為了瞭解電晶體如何運作，讓我們先檢視在 *npn* 結構中發生了什麼事。高濃度摻雜 *n* 型射極區域中含有非常高密度的傳導帶（自由）電子，如圖 4-4。這些電

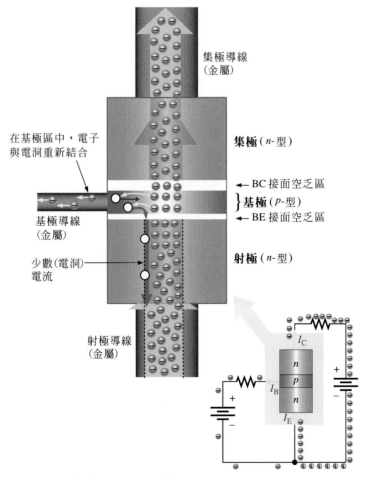

▲ 圖 4-4    BJT 工作原理，以電子流表示。

子容易經由順向偏壓BE接面擴散進入較少摻雜且較薄的 p 型基極區，如圖中寬箭頭所示。基極有密度較小的電洞，為主要的載體，以白色圓圈表示。在所有射入基極區的自由電子中，有少部分與電洞重新結合，且以價電子形式移經基極區，以電洞流形式進入射極區，以紅色箭頭表示。

當電子以價層電子的方式與電洞重新結合，離開基極的晶體構造時，這些電子在金屬基極導線裡會變成自由電子，並產生額外的基極電流。大部分進入基極的自由電子並不與電洞重組，因為基極非常的薄，當自由電子移往逆向偏壓BC接面時，因為正極集極電壓的吸引，這些電子會掃過集極區。自由電子會移經集極區，進入外部迴路，然後如圖所示，沿著基極電流回到射極區。如你所見，射極電流略大於集極電流，因為從總電流分離出的小基極電流會從射極進入基極區。

## 電晶體電流 (Transistor Currents)

npn 電晶體中的電流方向，以及它的電路符號都顯示在圖 4-5 (a) 中，至於 pnp 電晶體則顯示在圖 4-5 (b) 中。請注意，在電晶體符號射極端的箭頭，標示著傳統之電流方向。這些圖顯示射極電流 ($I_E$) 為集極電流 ($I_C$) 和基極電流 ($I_B$) 的總和，由下列式子表示：

$$I_E = I_C + I_B \qquad\qquad \text{公式} \quad \textbf{4-1}$$

如前所述，$I_B$ 比起 $I_E$ 或 $I_C$ 小很多。大寫字母的下標代表該值為一個直流值。

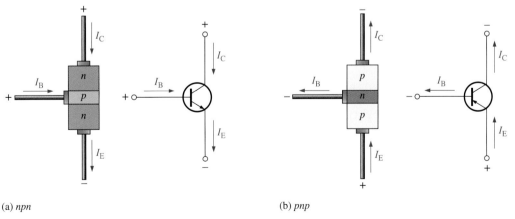

(a) npn             (b) pnp

▲ 圖 4-5　　電晶體的電流方向。

| 第4-2節 隨堂測驗 | 1. 電晶體要作為放大器使用，其基極-射極接面與基極-集極接面的偏壓條件為何？ |
| --- | --- |
| | 2. 三個電晶體電流中何者最大？ |
| | 3. 基極電流大於或小於射極電流？ |
| | 4. 基極區的厚度比集極區和射極區大或小？ |
| | 5. 如果集極電流是 1mA 而基極電流是 $10\mu A$，則射極電流為多少？ |

# 4-3 BJT 的特性和參數 (BJT Characteristics and Parameters)

我們先介紹兩個重要的參數，$\beta_{DC}$ (直流電流增益) 和 $\alpha_{DC}$ (直流集極電流與射極電流之比)，並且利用它們來分析BJT電路。同時也會討論電晶體的特性曲線，你將會學習到如何由這些曲線來說明BJT的工作原理。最後，將會討論BJT的最大額定值。

在學習完本節的內容後，你應該能夠

◆ **討論基本 BJT 參數與特性和分析電晶體電路**

  ◆ 定義直流$\beta$值 ($\beta_{DC}$) 與直流$\alpha$值 ($\alpha_{DC}$)

    ◆ 根據電晶體電流計算 ($\beta_{DC}$) 與 ($\alpha_{DC}$)

  ◆ 描述 BJT 的基本直流模型

  ◆ 分析 BJT 電路

    ◆ 確認電晶體的電流與電壓

    ◆ 計算電晶體各個電流

    ◆ 計算電晶體各個電壓

  ◆ 詮釋集極特性曲線

    ◆ 討論線性區

    ◆ 解釋曲線中相關的飽和與截止區

  ◆ 描述 BJT 電路中的截止條件

  ◆ 描述 BJT 電路中的飽和條件

  ◆ 討論直流負載線並應用於電路分析

  ◆ 討論 $\beta_{DC}$ 如何隨著溫度改變

  ◆ 解釋和應用電晶體之最大額定值

  ◆ 瞭解電晶體功率消耗的衰減

  ◆ 解讀 BJT 的特性資料表

　　如上一節所討論，當電晶體接上直流偏壓時，如圖 4-6 中所示的 *npn* 和 *pnp* 類型，$V_{BB}$ 對基極-射極接面施加順向偏壓，而 $V_{CC}$ 對基極-集極施加逆向偏壓。雖然在這一章，我們使用不同的電池符號來表示偏壓電壓，但實際上這些電壓通常是由單一直流電源供應器提供。例如，$V_{CC}$ 通常是直接從電源供應器的輸出端取得，而 $V_{BB}$ (這個電壓較低) 則可利用分壓器產生。偏壓電路將在第五章中作完整的討論。

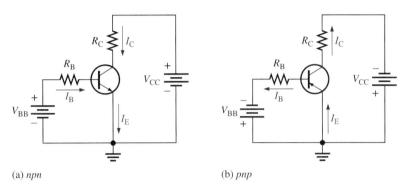

(a) *npn*　　　　　　　　　　　　　　(b) *pnp*

▲ 圖 4-6　　電晶體直流偏壓電路。

## 直流 $\beta$ 值 ($\beta_{DC}$) 與直流 $\alpha$ 值 ($\alpha_{DC}$)

電晶體的直流電流增益(gain)是由集極直流電流 ($I_C$) 與基極直流電流 ($I_B$) 的比值所決定，稱之為直流 **$\beta$** 值($\beta_{DC}$)，

$$\beta_{DC} = \frac{I_C}{I_B}$$

公式　**4-2**

$\beta_{DC}$ 的標準值範圍可從小於 20 到 200 之間或是更高。$\beta_{DC}$ 在電晶體特性資料表中，通常被表示為另一個相對應的 hybrid (*h*) 參數，$h_{FE}$。*h* 參數表示法會在第六章中討論。目前你所需要知道的就是

$$h_{FE} = \beta_{DC}$$

　　集極直流電流 ($I_C$) 與射極直流電流 ($I_E$) 的比值，即稱之為**直流$\alpha$值** ($\alpha_{DC}$)。在電晶體電路中，$\alpha$ 值是比 $\beta$ 值更少被用到的參數。

$$\alpha_{DC} = \frac{I_C}{I_E}$$

通常，$\alpha_{DC}$ 值的範圍是從 0.95 到 0.99 或是更大，但是 $\alpha_{DC}$ 永遠小於 1。原因是 $I_C$ 永遠會比 $I_E$ 少一個 $I_B$ 的值。舉例來說，若 $I_E = 100\text{mA}$ 以及 $I_B = 1\text{mA}$，那 $I_C = 99\text{mA}$ 以及 $\alpha_{DC} = 0.99$。

---

**例 題　4-1**　如果 $I_B = 50\,\mu\text{A}$ 且 $I_C = 3.65\,\text{mA}$，試求電晶體的直流電流增益 $\beta_{DC}$ 與射極電流 $I_E$。

**解**
$$\beta_{DC} = \frac{I_C}{I_B} = \frac{3.65\,\text{mA}}{50\,\mu\text{A}} = \mathbf{73}$$

$$I_E = I_C + I_B = 3.65\,\text{mA} + 50\,\mu\text{A} = \mathbf{3.70\,mA}$$

**相 關 習 題\***　某電晶體 $\beta_{DC}$ 為 200。當基極電流是 $50\,\mu\text{A}$，試求集極電流。

\*答案可在以下網站找到 www.pearsonglobaleditions.com(搜索 ISBN:1292222999)

---

## 電晶體的直流模型 (Transistor DC Model)

你可以把未飽和之 BJT 視為一種元件，含有電流輸入端與相依電流源的輸出電路，如圖 4-7 所示的 *npn* 電晶體。輸入電路是有基極電流流過的順向偏壓二極體。輸出電路是一個相依電流源（菱型符號），其數值與基極電流 $I_B$ 有關，且等於 $\beta_{DC}I_B$。回想一下，獨立電流源的符號是一個圓形。

▶ 圖 4-7　理想 *npn* 電晶體的模型。

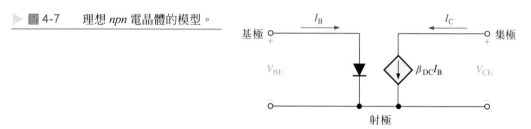

## BJT 電路分析 (BJT Circuit Analysis)

考慮圖 4-8 中的基本電晶體偏壓電路組態。可以確認出三個電晶體直流電流和三個直流電壓。

▶ 圖 4-8　電晶體的電流與電壓。

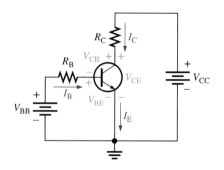

$I_B$：基極直流電流

$I_E$：射極直流電流

$I_C$：集極直流電流

$V_{BE}$：基極對射極的直流電壓

$V_{CB}$：集極對基極的直流電壓

$V_{CE}$：集極對射極的直流電壓

　　基極偏壓電壓源 $V_{BB}$ 對基極-射極接面施加順向偏壓，集極偏壓電壓源 $V_{CC}$ 對基極-集極施加逆向偏壓。當基極-射極接面為順向偏壓時，它就像一個順向偏壓的二極體，並且會有一個微小的順向電壓降值

$$V_{BE} \cong 0.7\,V$$ 公式　4-3

雖然在電晶體中，$V_{BE}$實際上可以高達 0.9V 且該值是一個與電流有關之變數，我們在本書中仍將使用 0.7V 表示$V_{BE}$，這是為了簡化分析以便能夠清楚表達基本觀念的目的。請記住，基極-射極接面的特性曲線就如同標準二極體曲線一樣，如圖 2-12。

　　既然射極是接地 (0V)，由克希荷夫電壓定理 (Kirchhoff 's voltage law)，$R_B$ 兩端的電壓為

$$V_{R_B} = V_{BB} - V_{BE}$$

同時，藉由歐姆定理 (Ohm's law)，

$$V_{R_B} = I_B R_B$$

代入 $V_{R_B}$，產生

$$I_B R_B = V_{BB} - V_{BE}$$

解出 $I_B$，

$$I_B = \frac{V_{BB} - V_{BE}}{R_B}$$ 公式　4-4

相對於接地的射極，集極電壓為

$$V_{CE} = V_{CC} - V_{R_C}$$

因為 $R_C$上的電壓降為

$$V_{R_C} = I_C R_C$$

集極對於射極的的電壓可表示為

**公式 4-5**
$$V_{CE} = V_{CC} - I_C R_C$$

其中 $I_C = \beta_{DC} I_B$。逆向偏壓的集極-基極接面上的電壓為

**公式 4-6**
$$V_{CB} = V_{CE} - V_{BE}$$

---

**例 題 4-2** 試求圖 4-9 電路的 $I_B$、$I_E$、$I_C$、$V_{BE}$、$V_{CB}$ 和 $V_{CE}$。假設電晶體 $\beta_{DC} =$ 150。

▶ 圖 4-9

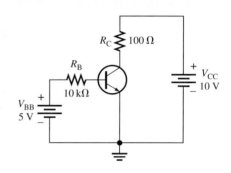

**解** 由公式 4-3 可知 $V_{BE} \cong \mathbf{0.7V}$。基極、集極和射極電流可以計算如下：

$$I_B = \frac{V_{BB} - V_{BE}}{R_B} = \frac{5\,\text{V} - 0.7\,\text{V}}{10\,\text{k}\Omega} = \mathbf{430\,\mu A}$$

$$I_C = \beta_{DC} I_B = (150)(430\,\mu\text{A}) = \mathbf{64.5\,mA}$$

$$I_E = I_C + I_B = 64.5\,\text{mA} + 430\,\mu\text{A} = \mathbf{64.9\,mA}$$

$V_{CE}$ 和 $V_{CB}$ 可以如下計算：

$$V_{CE} = V_{CC} - I_C R_C = 10\,\text{V} - (64.5\,\text{mA})(100\,\Omega) = 10\,\text{V} - 6.45\,\text{V} = \mathbf{3.55\,V}$$

$$V_{CB} = V_{CE} - V_{BE} = 3.55\,\text{V} - 0.7\,\text{V} = \mathbf{2.85\,V}$$

既然集極電壓比基極電壓高，故可確定集極基極接面為逆向偏壓。

**相 關 習 題** 試求圖4-9的 $I_B$、$I_C$、$I_E$、$V_{CE}$ 和 $V_{CB}$，其元件數值如下：$R_B = 22\text{k}\Omega$、$R_C = 220\Omega$、$V_{BB} = 6\text{V}$、$V_{CC} = 9\text{V}$ 和 $\beta_{DC} = 90$。

---

## 集極特性曲線 (Collector Characteristic Curves)

使用如圖 4-10 (a) 所示的電路，產生一組*集極特性曲線(collector characteristic curves)*，可以用來表示集極電流$I_C$在固定的基極電流$I_B$下，是如何隨著集極-射極電壓 $V_{CE}$而改變。請注意，電路圖中的$V_{BB}$和$V_{CC}$都是可調電壓源。

　　假設設定的$V_{BB}$可產生一定的$I_B$值,且$V_{CC}$爲零。在這種情況下,基極-射極接面和基極-集極接面都是順向偏壓,這是因爲基極電壓大約在 0.7V,而射極爲 0V 且集極接近 0V。基極電流主要會通過基極-射極接面,這是因爲它到接地之間爲低阻抗,因此$I_C$將基本上爲零,而$V_{CE}$則接近 0V。當兩個接面都是順向偏壓時,電晶體會工作在飽和區 **(saturation)**。飽和區是 BJT 在集極電流接近最大時的狀態,而且此狀態與基極電流無關。

　　當$V_{CC}$增加,會因爲集極電流的增加,導致$V_{CE}$慢慢地增加。這可由圖 4-10 (b)中的特性曲線,介於 A 點和 B 點之間的部分看出。$I_C$會隨著$V_{CC}$增加,這是因爲$V_{CE}$會因基極-集極接面順向偏壓而維持在低於 0.7 V 的位準。

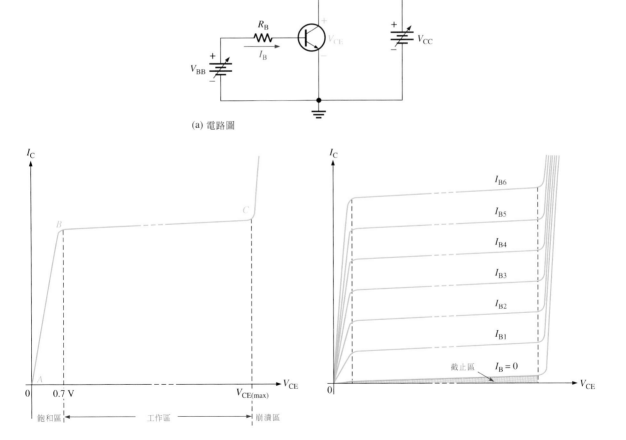

(a) 電路圖

(b) 依照某個$I_B$值,$I_C$對應$V_{CE}$的集極曲線。

(c) 依照不同的$I_B$值($I_{B1} < I_{B2} < I_{B3}$,等),$I_C$對應$V_{CE}$的集極曲線組圖。

▲ 圖 4-10　集極特性曲線。

理論上，當 $V_{CE}$ 超過 0.7 V 時，基極-集極接面會成為逆向偏壓，而電晶體會進入它的作用工作區 (active region)，或稱為線性工作區 (linear region)，工作區 0。一旦基極-集極接面成為逆向偏壓時，對於一定的 $I_B$，當 $V_{CE}$ 不斷地增加時，$I_C$ 會大略持平且基本上維持一個定值。事實上，$I_C$ 會稍微隨著 $V_{CE}$ 的增加而增加，這是由於基極-集極間的空乏區變寬所引起。這會導致在基極區域較少數量的電洞能夠與自由電子再結合，因此造成 $\beta_{DC}$ 稍微增加。這可由圖 4-10 (b) 中的特性曲線，介於 B 點和 C 點之間的部分看出。在這個部分的特性曲線圖，$I_C$ 完全由 $I_C = \beta_{DC} I_B$ 的關係決定。

當 $V_{CE}$ 到達一個夠高的電位時，逆向偏壓的基極-集極接面會進入崩潰區，這時集極電流會快速增加，如圖 4-10 (b) 中 C 點右邊的曲線所表示。電晶體是不應操作於崩潰區。

依照不同的 $I_B$ 值來繪製 $I_C$ 對 $V_{CE}$ 的曲線，就可產生一系列的集極特性曲線，如圖 4-10 (c) 所示。當 $I_B = 0$，電晶體是在截止 (cutoff) 區，雖然這時仍有很小的集極洩漏電流，如圖所示。位於截止區的電晶體是處於無法導通的狀態。圖中所見的 $I_B = 0$ 時的集極洩漏電流，是為了說明而加以放大顯示。

**例 題 4-3** 圖 4-11 電路的 $I_B$ 由 $5\mu A$ 增加到 $25\mu A$，每次的增加量是 $5\mu A$，試畫出理想狀況下的集極曲線系列。假設 $\beta_{DC} = 100$ 且 $V_{CE}$ 不會超過崩潰電壓。

▶ 圖 4-11

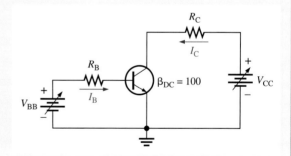

**解** 使用 $I_C = \beta_{DC} I_B$ 關係式，可以計算 $I_C$ 值，相關數值分別列在表 4-1 中。圖 4-12 畫出這些曲線。

▶ 表 4-1

| $I_B$ | $I_C$ |
| --- | --- |
| 5 $\mu A$ | 0.5 mA |
| 10 $\mu A$ | 1.0 mA |
| 15 $\mu A$ | 1.5 mA |
| 20 $\mu A$ | 2.0 mA |
| 25 $\mu A$ | 2.5 mA |

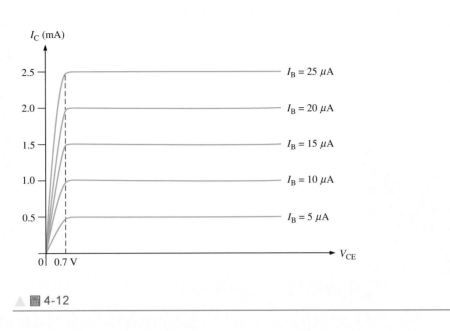

▲ 圖 4-12

**相 關 習 題**　如果忽略集極漏電流，圖 4-12 中 $I_B = 0$ 的曲線應該出現在何處？

## 截止 (Cutoff)

如之前所提到的，當 $I_B = 0$，電晶體工作於截止區。這表示在圖 4-13 中，基極端是處於開路狀態，使得基極電流為零。在這種情況下，會有一個非常少量集極洩漏電流 $I_{CEO}$，主要來自熱擾動所產生的載子。因為 $I_{CEO}$ 非常地小，在電路分析時我們通常會忽略它，因此得到 $V_{CE} = V_{CC}$。在截止區，基極-射極和基極-集極接面均不是順向偏壓。下標符號 CEO 表示當基極開路時的集極-射極。

▷ 圖 4 13

截止：集極漏電流 ($I_{CEO}$) 相當小且通常都予以忽略。基極-射極和基極-集極接面都是逆向偏壓。

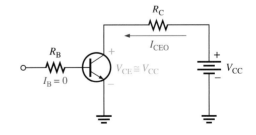

## 飽和 (Saturation)

當基極-射極接面成為順向偏壓時，基極電流會增加，集極電流也會增加 ($I_C = \beta_{DC} I_B$) 且 $V_{CE}$ 會減少，這是由於集極電阻會承受更多的電壓降 ($V_{CE} = V_{CC} - I_C R_C$)。如圖 4-14 所示。當 $V_{CE}$ 到達它的飽和值 $V_{CE(sat)}$ 時，基極-集極接面成為順向偏壓，而$I_C$也不會隨著$I_B$的增加而再增加。在飽和區，關係式$I_C = \beta_{DC} I_B$不再存在。電晶體的$V_{CE(sat)}$發生在集極曲線轉折處之下方，而且通常只有零點幾伏特。

▶ 圖 4-14

飽和：$V_{BB}$增加導致$I_B$增加，因此$I_C$也增加，且因為$R_C$的電壓降增加所以$V_{CE}$減少。當電晶體到達飽和時，即使$I_B$繼續增加$I_C$將無法再增加。基極-射極和基極-集極接面都順向偏壓。

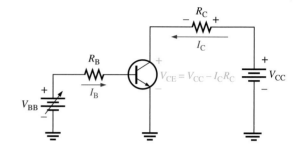

## 直流負載線 (DC Load Line)

截止區和飽和區，可使用負載線和集極特性曲線的關係來說明。負載線是一條直線，表示連接到裝置(在這種情況下為電晶體)電路中的電壓和電流之線性關係。圖 4-15 表示繪於一系列曲線上的直流負載線，它連接了截止點和飽和點。負載線的底端位於理想的截止點上，即是$I_C = 0$和$V_{CE} = V_{CC}$。負載線的頂端位於理想的飽和點，即是$I_C = I_{C(sat)}$和$V_{CE} = V_{CE(sat)}$。介於截止和飽和之間的負載線，就是電晶體工作的*動作區 (active region)*。負載線的工作原理將於第五章中作更詳細的討論。

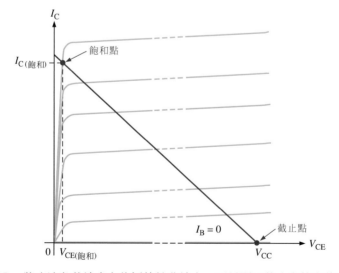

▲ 圖 4-15　將直流負載線畫在集極特性曲線上，可以顯示截止與飽和條件。

例 題　4-4　試判斷圖 4-16 的電晶體是否處於飽和狀態。假設 $V_{CE(sat)} = 0.2V$。

▶ 圖 4-16

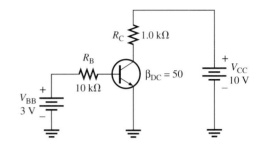

解　首先求解 $I_{C(sat)}$。

$$I_{C(sat)} = \frac{V_{CC} - V_{CE(sat)}}{R_C} = \frac{10\,V - 0.2\,V}{1.0\,k\Omega} = \frac{9.8\,V}{1.0\,k\Omega} = 9.8\,mA$$

現在，再來檢驗 $I_B$ 是否足夠大到可以產生 $I_{C(sat)}$。

$$I_B = \frac{V_{BB} - V_{BE}}{R_B} = \frac{3\,V - 0.7\,V}{10\,k\Omega} = \frac{2.3\,V}{10\,k\Omega} = 0.23\,mA$$

$$I_C = \beta_{DC}I_B = (50)(0.23\,mA) = 11.5\,mA$$

結果顯示此電晶體的 $\beta_{DC}$ 可以將基極電流放大為 $I_C$，且此 $I_C$ 超過 $I_{C(sat)}$。所以**電晶體處於飽和狀態**，而集極電流也不可能達到 11.5 mA。如果繼續增加 $I_B$，集極電流會保持在飽和電流值。

相 關 習 題　試判斷圖 4-16 的電晶體是否處於飽和狀態，各電路元件數值如下：$\beta_{DC} = 125$、$V_{BB} = 1.5V$、$R_B = 6.8k\Omega$、$R_C = 180\Omega$ 且 $V_{CC} = 12V$。

## 進一步探討 $\beta_{DC}$

$\beta_{DC}$ 或者 $h_{FE}$ 是一個非常重要的 BJT 參數，我們需要更進一步加以探討。$\beta_{DC}$ 並不完全是常數，而會隨著集極電流和溫度改變。

保持一定的接面溫度，並且增加 $I_C$ 可使 $\beta_{DC}$ 增加至最大值。超過這個最大值後，如果繼續增加 $I_C$ 會使 $\beta_{DC}$ 反而下降。若 $I_C$ 維持在定值而溫度不斷變動，$\beta_{DC}$ 會直接隨著溫度而改變。若溫度上升，$\beta_{DC}$ 也上升，反之亦然。圖 4-17 表示一般 BJT 的 $\beta_{DC}$ 如何隨著 $I_C$ 和接面溫度 ($T_J$) 而改變。

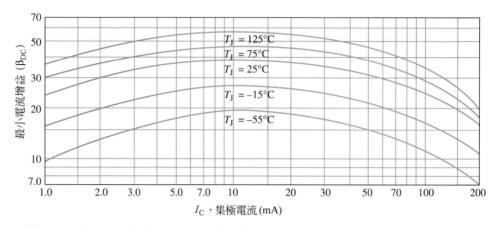

▲ 圖 4-17　在不同溫度下 $\beta_{DC}$ 隨著 $I_C$ 變化的情形。

　　電晶體的特性資料表通常會提供特定 $I_C$ 值之下的 $\beta_{DC}$ ($h_{FE}$)。即使在固定的 $I_C$ 和溫度之下，同一種電晶體的 $\beta_{DC}$ 仍可能會隨著元件的不同而有所不同，這是因為製造過程中無法避免的製程差異。雖然有時也會提供出最大值和標準值，在固定 $I_C$ 值下所標示的 $\beta_{DC}$ 通常是最小值，$\beta_{DC(min)}$。

## 最大電晶體額定值 (Maximum Transistor Ratings)

BJT 就像任何其他的電子元件一樣，都有使用上的限制。這些限制是以最大額定值的形式加以標示出來，並且通常會記載在製造商的特性資料表中。一般而言，都會提供集極-基極電壓、集極-射極電壓、射極-基極電壓、集極電流和功率消耗之最大額定值。

　　$V_{CE}$ 和 $I_C$ 的乘積一定不能超過最大功率消耗。$V_{CE}$ 和 $I_C$ 不能同時為最大值。若 $V_{CE}$ 是最大值，$I_C$ 可以依照下列公式計算

$$I_C = \frac{P_{D(max)}}{V_{CE}}$$

若 $I_C$ 是最大值，$V_{CE}$ 可以將上述公式改寫為下列式子再來計算：

$$V_{CE} = \frac{P_{D(max)}}{I_C}$$

　　對任何的電晶體，最大功率消耗曲線可以描繪在集極曲線上，如圖 4-18 (a) 中所示。這些值則列在圖 4-18 (b) 中的表格。假設 $P_{D(max)}$ 為 500mW，$V_{CE(max)}$ 為 20V 以及 $I_{C(max)}$ 為 50 mA。這個曲線顯示出這個電晶體無法在圖中陰影的部分操作。$I_{C(max)}$ 是 A 點和 B 點間額定值的上限，$P_{D(max)}$ 是 B 點和 C 點間額定值的上限，以及 $V_{CE(max)}$ 是 C 點和 D 點間額定值的上限。

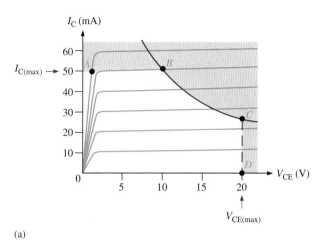

| $P_{D(max)}$ | $V_{CE}$ | $I_C$ |
|---|---|---|
| 500 mW | 5 V | 100 mA |
| 500 mW | 10 V | 50 mA |
| 500 mW | 15 V | 33 mA |
| 500 mW | 20 V | 25 mA |

(a)                            (b)

▲ 圖 4-18 　最大功率消耗曲線及表列數值。

---

**例 題　4-5**　某電晶體在$V_{CE}=6V$ 情形下工作。如果最大功率額定值是 250mW，則此電晶體所能承受的最大集極電流是多少？

**解**
$$I_C = \frac{P_{D(max)}}{V_{CE}} = \frac{250\,\text{mW}}{6\,\text{V}} = \textbf{41.7 mA}$$

這是此$V_{CE}$值下的最大電流。只要沒有超過$P_{D(max)}$和$I_{C(max)}$，如果$V_{CE}$降低，電晶體可以承受更大集極電流。

**相關習題**　如果$P_{D(max)}=1W$ 且$I_C=100mA$，則集極對射極最大可以承受多少電壓？

---

**例 題　4-6**　圖 4-19 電晶體具有下列最大額定值：$P_{D(max)}=800\,\text{mW}$，$V_{CE(max)}=15V$，和$I_{C(max)}=100\,\text{mA}$。在未超過最大額定值的情況下，試求所允許的$V_{CC}$最大值。調整$V_{CC}$的過程中最先超過哪一項額定值？

▶ 圖 4-19

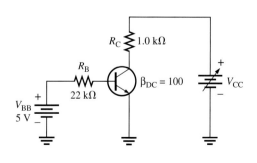

解　首先要計算$I_B$才能求得$I_C$。

$$I_B = \frac{V_{BB} - V_{BE}}{R_B} = \frac{5\,V - 0.7\,V}{22\,k\Omega} = 195\,\mu A$$

$$I_C = \beta_{DC} I_B = (100)(195\,\mu A) = 19.5\,mA$$

$I_C$遠比$I_{C(max)}$小，且理想上不會因為$V_{CC}$改變而改變。其大小是由$I_B$和$\beta_{DC}$決定。

$R_C$的電壓降為

$$V_{R_C} = I_C R_C = (19.5\,mA)(1.0\,k\Omega) = 19.5\,V$$

在$V_{CE} = V_{CE(max)} = 15V$ 的條件下，可以如下計算$V_{CC}$：

$$V_{R_C} = V_{CC} - V_{CE}$$

所以，

$$V_{CC(max)} = V_{CE(max)} + V_{R_C} = 15\,V + 19.5\,V = \mathbf{34.5\,V}$$

在現存的條件下且$V_{CE}$不超過$V_{CE(max)}$，$V_{CC}$可以增加到 34.5 V。不過，截至目前仍然無法確定是否超過$P_{D(max)}$。

$$P_D = V_{CE(max)}\,I_C = (15\,V)(19.5\,mA) = 293\,mW$$

因為$P_{D(max)} = 800mW$，所以$V_{CC} = 34.5V$ 時還沒超過此額定值。所以調整$V_{CC}$的過程中最先遭遇的額定值限制是$V_{CE(max)} = 15V$。如果將基極電流移除，電晶體會關閉，因為此時整個電源電壓$V_{CC}$會全部壓降在電晶體上，所以**三個額定值中會最先被超過的是$V_{\mathbf{CE(max)}}$**。

相 關 習 題　圖 4-19 電晶體具有下列最大額定值：$P_{D(max)} = 500\,mW$，$V_{CE(max)} = 25\,V$，和$I_{C(max)} = 200\,mA$。在未超過任一個最大額定值的情況下，試求所允許的$V_{CC}$最大值。調整$V_{CC}$的過程中最先超過哪一項額定值？

## $P_{D(max)}$ 的衰減 (Derating $P_{D(max)}$)

$P_{D(max)}$通常是指在 25℃時的值。對更高的溫度，$P_{D(max)}$的值會降低。特性資料表通常會提供衰減因數，用來計算出任何超過 25℃時的$P_{D(max)}$。舉例來說，衰減因數 2 mW/℃指的就是當溫度每增加攝氏一度時，最大的功率消耗就會降低 2mW。

例 題 4-7 某電晶體 25℃ 時 $P_{D(max)} = 1W$。衰減因數是 5 mW/℃。試求 70℃ 時的 $P_{D(max)}$。

解 $P_{D(max)}$的減少量為

$$\Delta P_{D(max)} = (5 \text{ mW/}°C)(70°C - 25°C) = (5 \text{ mW/}°C)(45°C) = 225 \text{ mW}$$

所以，70℃ 時的 $P_{D(max)}$等於

$$1 \text{ W} - 225 \text{ mW} = \textbf{775 mW}$$

相關習題 某電晶體 25℃ 時 $P_{D(max)} = 5 \text{ W}$。衰減因數是 10 mW/℃。試求 70℃ 時的 $P_{D(max)}$。

## 雙極接面電晶體特性資料表 (BJT Datasheet)

2N3904 *npn* 電晶體一部分的特性資料表列於圖 4-20。請注意，最大集極-射極電壓 ($V_{CEO}$) 為 40V。下標的 CEO 意指這個電壓是在基極處於開路狀態 (O) 下測量集極 (C) 到射極 (E) 的電壓。在本書中，為了使意思更明確，我們使用 $V_{CE(max)}$ 來表示。同時也請注意，最大集極電流為 200mA。

其中還標示在幾種 $I_C$ 值下的 $\beta_{DC}$ ($h_{FE}$) 值，如你所見，$h_{FE}$ 會如同我們之前所說的一樣隨著 $I_C$ 而改變。

集極-射極飽和電壓 $V_{CE(sat)}$，是在 $I_{C(sat)} = 10mA$ 時，最大值為 0.2V，且會隨著電流而增大。

例 題 4-8 圖 4-19 ( 例題 4-6 )的電路中使用 2N3904 電晶體。在不超過額定值的情形下，決定 $V_{CC}$ 可調整的最大值，參考圖 4-20 的資料表。

解 從資料表中知道：

$$P_{D(max)} = P_D = 625 \text{ mW}$$

$$V_{CE(max)} = V_{CEO} = 40 \text{ V}$$

$$I_{C(max)} = I_C = 200 \text{ mA}$$

假設 $\beta_{DC}=100$。根據資料表得知，在特定情形下 $h_{FE}$ 最小值為 100（$\beta_{DC}$ 及 $h_{FE}$ 是相同的參數），故 $\beta_{DC}$ 值為合理的假設。你已經知道，電晶

**FAIRCHILD**
SEMICONDUCTOR ™

### 2N3904  MMBT3904  PZT3904

TO-92

SOT-23
Mark: 1A

SOT-223

#### NPN 一般用途放大器

This device is designed as a general purpose amplifier and switch.
The useful dynamic range extends to 100 mA as a switch and to
100 MHz as an amplifier.

#### 絕對最大額定值*（Absolute Maximum Ratings*）$T_A = 25°C$（除非另有規定）

| Symbol | Parameter | Value | Units |
|---|---|---|---|
| $V_{CEO}$ | Collector-Emitter Voltage | 40 | V |
| $V_{CBO}$ | Collector-Base Voltage | 60 | V |
| $V_{EBO}$ | Emitter-Base Voltage | 6.0 | V |
| $I_C$ | Collector Current - Continuous | 200 | mA |
| $T_J$, $T_{stg}$ | Operating and Storage Junction Temperature Range | -55 to +150 | °C |

*These ratings are limiting values above which the serviceability of any semiconductor device may be impaired.

NOTES:
1) These ratings are based on a maximum junction temperature of 150 degrees C.
2) These are steady state limits. The factory should be consulted on applications involving pulsed or low duty cycle operations.

#### 熱特性（Thermal Characteristics）$T_A = 25°C$（除非另有規定）

| Symbol | Characteristic | Max 2N3904 | Max *MMBT3904 | Max **PZT3904 | Units |
|---|---|---|---|---|---|
| $P_D$ | Total Device Dissipation | 625 | 350 | 1,000 | mW |
| | Derate above 25°C | 5.0 | 2.8 | 8.0 | mW/°C |
| $R_{\theta JC}$ | Thermal Resistance, Junction to Case | 83.3 | | | °C/W |
| $R_{\theta JA}$ | Thermal Resistance, Junction to Ambient | 200 | 357 | 125 | °C/W |

*Device mounted on FR-4 PCB 1.6" X 1.6" X 0.06."
**Device mounted on FR-4 PCB 36 mm X 18 mm X 1.5 mm; mounting pad for the collector lead min. 6 cm².

#### 電氣特性（Electrical Characteristics）$T_A = 25°C$（除非另有規定）

| Symbol | Parameter | Test Conditions | Min | Max | Units |
|---|---|---|---|---|---|

#### 截止特性（OFF Characteristics）

| Symbol | Parameter | Test Conditions | Min | Max | Units |
|---|---|---|---|---|---|
| $V_{(BR)CEO}$ | Collector-Emitter Breakdown Voltage | $I_C = 1.0$ mA, $I_B = 0$ | 40 | | V |
| $V_{(BR)CBO}$ | Collector-Base Breakdown Voltage | $I_C = 10$ μA, $I_E = 0$ | 60 | | V |
| $V_{(BR)EBO}$ | Emitter-Base Breakdown Voltage | $I_E = 10$ μA, $I_C = 0$ | 6.0 | | V |
| $I_{BL}$ | Base Cutoff Current | $V_{CE} = 30$ V, $V_{EB} = 3V$ | | 50 | nA |
| $I_{CEX}$ | Collector Cutoff Current | $V_{CE} = 30$ V, $V_{EB} = 3V$ | | 50 | nA |

#### 導通特性*（ON Characteristics*）

| Symbol | Parameter | Test Conditions | Min | Max | Units |
|---|---|---|---|---|---|
| $h_{FE}$ | DC Current Gain | $I_C = 0.1$ mA, $V_{CE} = 1.0$ V | 40 | | |
| | | $I_C = 1.0$ mA, $V_{CE} = 1.0$ V | 70 | | |
| | | $I_C = 10$ mA, $V_{CE} = 1.0$ V | 100 | 300 | |
| | | $I_C = 50$ mA, $V_{CE} = 1.0$ V | 60 | | |
| | | $I_C = 100$ mA, $V_{CE} = 1.0$ V | 30 | | |
| $V_{CE(sat)}$ | Collector-Emitter Saturation Voltage | $I_C = 10$ mA, $I_B = 1.0$ mA | | 0.2 | V |
| | | $I_C = 50$ mA, $I_B = 5.0$ mA | | 0.3 | V |
| $V_{BE(sat)}$ | Base-Emitter Saturation Voltage | $I_C = 10$ mA, $I_B = 1.0$ mA | 0.65 | 0.85 | V |
| | | $I_C = 50$ mA, $I_B = 5.0$ mA | | 0.95 | V |

#### 小訊號特性（Small－Signal Characteristics）

| Symbol | Parameter | Test Conditions | Min | Max | Units |
|---|---|---|---|---|---|
| $f_T$ | Current Gain - Bandwidth Product | $I_C = 10$ mA, $V_{CE} = 20$ V, f = 100 MHz | 300 | | MHz |
| $C_{obo}$ | Output Capacitance | $V_{CB} = 5.0$ V, $I_E = 0$, f = 1.0 MHz | | 4.0 | pF |
| $C_{ibo}$ | Input Capacitance | $V_{EB} = 0.5$ V, $I_C = 0$, f = 1.0 MHz | | 8.0 | pF |
| NF | Noise Figure | $I_C = 100$μA, $V_{CE} = 5.0$ V, $R_S = 1.0$kΩ,f=10 Hz to 15.7kHz | | 5.0 | dB |

#### 開關特性（Switching Characteristics）

| Symbol | Parameter | Test Conditions | Min | Max | Units |
|---|---|---|---|---|---|
| $t_d$ | Delay Time | $V_{CC} = 3.0$ V, $V_{BE} = 0.5$ V, | | 35 | ns |
| $t_r$ | Rise Time | $I_C = 10$ mA, $I_{B1} = 1.0$ mA | | 35 | ns |
| $t_s$ | Storage Time | $V_{CC} = 3.0$ V, $I_C = 10$mA | | 200 | ns |
| $t_f$ | Fall Time | $I_{B1} = I_{B2} = 1.0$ mA | | 50 | ns |

*Pulse Test: Pulse Width ≤300 μs, Duty Cycle ≤ 2.0%

▲ 圖 4-20　2N3904 的部分規格表。請注意，$P_{D(max)}$ 在熱特性表中列為 $P_D$，某些數據表則列在絕對最大額定值項目中。如要查詢 2N3904 的完整資料表，請至網站 http://www.fairchildsemi.com/ds/2N%2F2N3904.pdf。Fairchild 半導體公司版權所有並授權使用。

體內的 $\beta_{DC}$ 會隨著電路情形有相當大的變化。在此假設下，從例題 4-6 可知 $I_C=19.5mA$，$V_{RC}=19.5V$。

因為 $I_C$ 遠小於 $I_{C(max)}$，理論上不會隨著 $V_{CC}$ 改變。在 $V_{CE(max)}$ 被超越前，$V_{CC}$ 可增加到最大值為：

$$V_{CC(max)} = V_{CE(max)} + V_{R_C} = 40\,V + 19.5\,V = 59.5\,V$$

然而，在 $V_{CE}$ 最大時，功率消耗為：

$$P_D = V_{CE(max)}I_C = (40\,V)(19.5\,mA) = 780\,mW$$

此**功率消耗**超出資料表中的最大值 625 mW。要在不超過 $P_{D(max)}$ 的情況下找到 $V_{CC}$ 的最大值，首先要找到電流為 19.5 mA 且 $P_D$ 為 625 mW 的 $V_{CE}$：

$$V_{CE} = 625mW/19.5mA = 32V$$

$$V_{CC} = 32V + 19.5V = 51.5V$$

相 關 習 題　　使用圖 4-20 的資料表，找出 $P_D$ 在 50 ℃ 的最大值。

---

第4-3節　隨堂測驗
1. 試定義 $\beta_{DC}$ 和 $\alpha_{DC}$。請說明何謂 $h_{FE}$？
2. 如果電晶體的直流電流增益是 100，試求 $\beta_{DC}$ 和 $\alpha_{DC}$。
3. 集極特性曲線代表的是哪兩個變數之間的關係？
4. 定義飽和和截止。
5. 溫度增加時 $\beta_{DC}$ 增加或減少？
6. 對選定的電晶體而言，$\beta_{DC}$ 是否為常數？

## 4-4　BJT 當作放大器 (The BJT As an Amplifier)

放大(amplification)是將電子訊號的振幅線性增加的過程，也是電晶體主要的特性之一。就像你所學到的，BJT 顯示出具有電流增益的特性 (稱為 $\beta$ 值)。當 BJT 偏壓是在動作區 (或線性區) 時，如之前所述，BE 接面因為順向偏壓而有較低阻抗，BC 接面因為逆向偏壓而有較高阻抗。

在學習完本節的內容後，你應該能夠

◆ **討論如何將 BJT 當作電壓放大器使用**
  ◆ 列出放大器中直流與交流的量
    ◆ 描述如何辨識直流與交流的量
  ◆ 描述電壓放大作用

- ◆ 繪出基本 BJT 放大器的電路圖
- ◆ 定義*電流增益*與*電壓增益*
- ◆ 計算電壓增益
- ◆ 計算放大器的輸出電壓

## 直流成分和交流成分 (DC and AC Quantities)

在討論電晶體放大作用 (amplification) 的觀念之前,必須先解釋一些我們會用於電路的電流、電壓和阻抗的符號標示規則,這是因為放大器電路同時會具有直流和交流的成分。

在本書中,斜體的大寫字母同時用在電流 ($I$) 以及電壓 ($V$) 的直流成分和交流成分的表示上。這個原則適用於**均方根值 (rms)**、**平均值 (average)**、**峰值 (peak)** 以及**峰對峰值 (peak-to-peak)** 等交流值。交流電流和電壓值除非有特別聲明,否則都是使用均方根值。雖然有些書籍使用小寫 $i$ 和 $v$ 代表交流電流和電壓,在本書我們保留小寫 $i$ 和 $v$ 只用來代表**瞬間值 (instantaneous values)**。在本書中,交流電流或電壓與直流電流或電壓的差異,就在於下標的符號。

**直流成分**通常是**大寫羅馬字母 (非斜體) 的下標符號**。例如,$I_B$、$I_C$ 和 $I_E$ 代表直流電晶體電流。$V_{BE}$、$V_{CB}$ 和 $V_{CE}$ 是電晶體端點到端點間的直流電壓。單一下標的電壓如 $V_B$、$V_C$ 和 $V_E$,代表電晶體端點到接地間的直流電壓。

**交流和所有隨著時間變化**的數值,通常帶有**小寫的斜體下標符號**。例如,$I_b$、$I_c$ 和 $I_e$ 是交流電晶體電流。$V_{be}$、$V_{cb}$ 和 $V_{ce}$ 是電晶體端點到端點間的交流電壓。單一下標的電壓如 $V_b$、$V_c$ 和 $V_e$ 是電晶體端點到接地之間的交流電壓。

這個規則對電晶體*內部(internal)*阻抗則不一樣。你稍後會見到,電晶體內部交流阻抗符號是以小寫的 $r'$ 加上適當的下標表示。例如,交流射極內部阻抗就命名為 $r'_e$。

電晶體*外部(external)*電路阻抗則使用標準斜體大寫 $R$,加上一個下標,用來定義這個阻值為直流或交流成分 (視使用狀況而定),就和電流和電壓的情形一樣。舉例來說,$R_E$ 是外部的直流射極電阻,而 $R_e$ 則為外部的交流射極阻抗。

## 電壓放大作用 (Voltage Amplification)

如你所學的,電晶體會放大電流,是因為集極電流等於基極電流乘上一個電流增益 $\beta$。電晶體基極電流和集極或射極電流比起來,算是很小的電流。因為這個緣故,集極電流幾乎等於射極電流。

　　有了這個觀念，讓我們來看一下圖 4-21 中的電路。當交流電壓$V_s$和直流偏壓$V_{BB}$疊加在一起，電容耦合如圖所示。直流偏壓$V_{CC}$經由集極電阻$R_C$連接到集極。

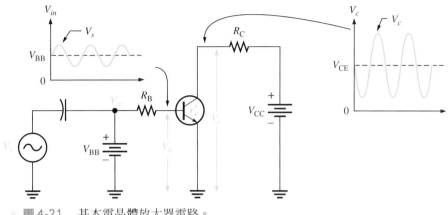

▲ 圖 4-21　基本電晶體放大器電路。

　　交流輸入電壓會產生交流基極電流，結果產生一個大很多的交流集極電流。交流集極電流會在$R_C$上產生交流電壓，因此工作在動作區時，會將輸入電壓放大、並反相輸出電壓，如圖 4-21 所示。

　　順向偏壓的基極-射極接面對於交流訊號呈現很低的阻抗。這個內部交流射極阻抗標示為 $r'_e$。在圖 4-21 中顯示串聯的$R_B$，交流基極電壓為

$$V_b = I_e r'_e$$

交流集極電壓$V_c$等於在$R_C$上的交流電壓降。

$$V_c = I_c R_C$$

既然$I_c \cong I_e$，交流集極電壓為

$$V_c \cong I_e R_C$$

　　$V_b$可以視為電晶體的交流輸入電壓，此時$V_b = V_s - I_b R_B$。$V_c$可以視為電晶體的交流輸出電壓。因為*電壓增益(voltage gain)*為輸出電壓與輸入電壓的比值，$V_c$和$V_b$的比值，即是電晶體的交流電壓增益，$A_v$。

$$A_v = \frac{V_c}{V_b}$$

以$I_e R_C$替代$V_c$，以及$I_e r'_e$取代$V_b$，就可產生

$$A_v = \frac{V_c}{V_b} \cong \frac{I_e R_C}{I_e r'_e}$$

消去$I_e$項，就得

$$A_v \cong \frac{R_C}{r'_e}$$
公式　4-7

公式 4-7 表示圖 4-21 中的電晶體,所提供的放大率是以電壓增益的形式表示, 這個值和$R_C$與$r'_e$相關。

因為$R_C$的值通常比$r'_e$來得大,所以此類型的輸出電壓比輸入電壓大。各種 不同類型的放大器將在稍後的章節作更詳盡的探討。

---

**例 題　4-9**　如果$r'_e = 50\Omega$,試求圖 4-22 電路的電壓增益與交流輸出電壓。

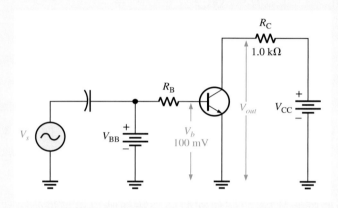

▲ 圖 4-22

**解**　電壓增益等於

$$A_v \cong \frac{R_C}{r'_e} = \frac{1.0\,\text{k}\Omega}{50\,\Omega} = \mathbf{20}$$

所以,交流輸出電壓為

$$V_{out} = A_v V_b = (20)(100\,\text{mV}) = \mathbf{2\,V\,rms}$$

**相 關 習 題**　如果要求電壓增益為 50,則圖 4-22 中$R_C$應為多少?

---

**第4-4節　隨堂測驗**
1. 何謂放大?
2. 如何定義電壓增益?
3. 說出兩個決定放大器電壓增益的因素。
4. 某電晶體輸出為 5 V rms 而輸入為 250 mV rms,試求其電壓增益?
5. 圖 4-22 的電晶體 $r'_e = 20\,\Omega$。如果$R_C$是 1200 Ω,則其電壓增益 為多少?

# 4-5  BJT 當作開關 (The BJT As a Switch)

在前一節中，你看到了如何將BJT當成線性放大器來使用。其第二個主要的應用領域就是當作電子開關使用。當作為電子開關使用時，BJT 通常是交替地在截止區和飽和區工作。許多數位電路利用 BJT 作為開關。

在學習完本節的內容後，你應該能夠

◆ **討論如何將 BJT 當作電子開關使用**
  ◆ 描述 BJT 開關的工作原理
  ◆ 解釋截止的條件
    ◆ 以直流供應電壓計算截止電壓
  ◆ 解釋飽和的條件
    ◆ 計算在飽和下的集極電流與基極電流
  ◆ 描述一個簡單的應用

## 開關的工作原理(Switching Operation)

圖 4-23 說明將 BJT 當成開關裝置的基本工作原理。在圖 (a) 中，電晶體位於截止區，這是因為基極-射極接面不是處於順向偏壓。在這種情況下，理論上看來，在集極和射極之間應該是*開路(open)*狀態，如等效開關所示為打開的狀態。在圖 (b) 中，電晶體位於飽和區，這是因為基極-射極接面和基極-集極接面均為順向偏壓，因此基極電流足以大到使集極電流達到飽和值。在這種情況下，理論上來說，集極和射極之間就像*短路(short)*一般，就如等效開關所示為閉合的狀態。事實上，通常會有一個頂多零點幾伏特的電壓降，也就是飽和電壓$V_{CE(sat)}$的存在。

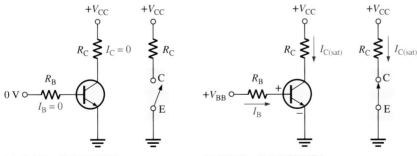

(a) 截止時，等於打開開關          (b) 飽和時，等於將開關閉合

▲ 圖 4-23    理想電晶體的開關動作。

*截止的條件 (Conditions in Cutoff)*　　　如之前所提到的，當基極-射極接面不是順向偏壓時，電晶體就是在截止區。如果忽略漏電流，所有的電流都為零，而 $V_{CE}$ 和 $V_{CC}$ 相等。

**公式 4-8**
$$V_{CE(cutoff)} = V_{CC}$$

*飽和的條件 (Conditions in Saturation)*　　　如你所學到的，當基極-射極接面為順向偏壓時，而且有足夠的基極電流產生最大的集極電流，這時電晶體就處於飽和狀態。集極飽和電流的公式為

**公式 4-9**
$$I_{C(sat)} = \frac{V_{CC} - V_{CE(sat)}}{R_C}$$

因為 $V_{CE(sat)}$ 和 $V_{CC}$ 比較起來很小，所以通常可以忽略。

因此達到飽和所需要的最小基極電流為

**公式 4-10**
$$I_{B(min)} = \frac{I_{C(sat)}}{\beta_{DC}}$$

通常 $I_B$ 應該遠大於 $I_{B(min)}$，以保證電晶體為飽和。

---

**例 題　4-10**　(a)對圖 4-24 電晶體電路而言，當 $V_{IN} = 0V$ 時 $V_{CE}$ 為多少？

(b)如果 $\beta_{DC} = 200$，要使此電晶體飽和所需的 $I_B$ 最小值為何？假設 $V_{CE(sat)}$ 可以忽略。

(c)當 $V_{IN} = 5V$ 時，假設 $\beta_{DC} = 200$，試計算將電晶體置於飽和狀態之 $R_B$ 的最大值。

▶ 圖 4-24

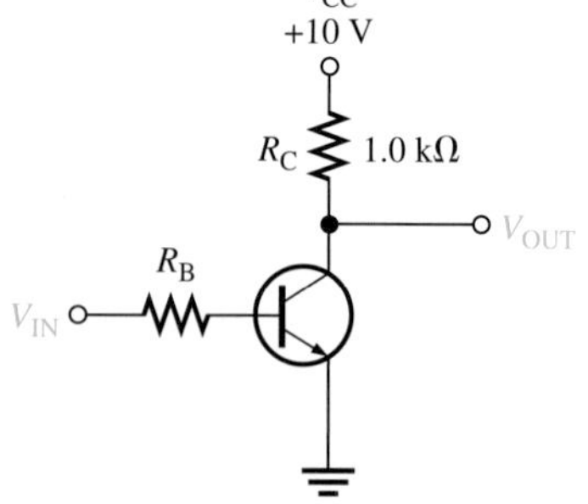

解　(a)當 $V_{IN} = 0V$，電晶體截止 (像一個開路的開關) 且

$$V_{CE} = V_{CC} = \mathbf{10\ V}$$

**(b)** 因為 $V_{CE(sat)}$ 可以忽略，也就是可以假設其值為 0V，

$$I_{C(sat)} = \frac{V_{CC}}{R_C} = \frac{10\ V}{1.0\ k\Omega} = 10\ mA$$

$$I_{B(min)} = \frac{I_{C(sat)}}{\beta_{DC}} = \frac{10\ mA}{200} = \mathbf{50\ \mu A}$$

這是使電晶體處於飽和點所需的 $I_B$。$I_B$ 繼續增加，會確保電晶體維持在飽和區內，但不會使 $I_C$ 繼續增加。

**(c)** 當電晶體導通，$V_{BE} \cong 0.7V$。$R_B$ 的電壓降為

$$V_{R_B} = V_{IN} - V_{BE} \cong 5\ V - 0.7\ V = 4.3\ V$$

根據歐姆定律，$I_B$ 最小值等於 $50\mu A$ 的條件下，$R_B$ 的最大值是

$$R_{B(max)} = \frac{V_{R_B}}{I_{B(min)}} = \frac{4.3\ V}{50\ \mu A} = \mathbf{86\ k\Omega}$$

相 關 習 題　如果 $\beta_{DC}$ 是 125 且 $V_{CE(sat)}$ 是 0.2V，試計算使圖 4-24 電晶體飽和所需的 $I_B$ 最小值。

## 電晶體開關的一個簡單應用 (A Simple Application of a Transistor Switch)

圖 4-25 中的電晶體被用來當作開關，開啟或關閉 LED。舉例來說，一個週期為兩秒的方波當成輸入訊號，如圖所示。當方波在 0 V 時。因為沒有集極電流，電晶體會在截止區，所以 LED 不會發光。當方波到達它的高電位並且有足夠的基極電流時，電晶體達到飽和。使得 LED 處於順向偏壓，而通過 LED 的集極電流會使它發光。因此，我們會得到一個閃爍的 LED，它會亮一秒鐘然後熄滅一秒鐘。

▶ 圖 4-25

用於啟閉 LED 之電晶體切換開關，根據電晶體參數選擇合適的 $R$ 值。

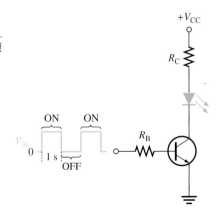

**例　題　4-11**　圖 4-25 的 LED 需要 30mA 才能放出足夠的光度。所以集極電流應該大約為 30mA。根據下列電路元件值，計算出使電晶體飽和所需要的輸入方波振幅。為確保電晶體進入飽和狀態，設定基極電流為飽和狀態所需最小電流的兩倍。$V_{CC} = 9V$，$V_{CE(sat)} = 0.3V$，$R_C = 220\Omega$，$R_B = 3.3k\Omega$，$\beta_{DC} = 50$，和 $V_{LED} = 1.6V$。

**解**

$$I_{C(sat)} = \frac{V_{CC} - V_{LED} - V_{CE(sat)}}{R_C} = \frac{9\,V - 1.6\,V - 0.3\,V}{220\,\Omega} = 32.3\,mA$$

$$I_{B(min)} = \frac{I_{C(sat)}}{\beta_{DC}} = \frac{32.3\,mA}{50} = 646\,\mu A$$

為確保進入飽和狀態，$I_B$ 設定為 $I_{B(min)}$ 的兩倍，即 1.29 mA。因此根據歐姆定律來解 $V_{in}$

$$I_B = \frac{V_{R_B}}{R_B} = \frac{V_{in} - V_{BE}}{R_B} = \frac{V_{in} - 0.7\,V}{3.3\,k\Omega}$$

$$V_{in} - 0.7\,V = 2I_{B(min)}R_B = (1.29\,mA)(3.3\,k\Omega)$$
$$V_{in} = (1.29\,mA)(3.3\,k\Omega) + 0.7\,V = \textbf{4.96 V}$$

**相 關 習 題**　假設圖 4-25 的 LED 放出我們要求的光度時需要輸入 50mA 的電流，而且輸入方波的電壓振幅不能超過 5V，$V_{CC}$ 不能超過 9V，我們該如何修改電路？標示出更改過的元件及其數值。

## 數位邏輯電路中的 BJT(The BJT In Digital Logic Circuits)

　　數位邏輯電路是基本開關電路，其中輸出不是高電位就是低電位。在某些積體電路中使用雙極接面電晶體，以藉由在飽和區及截止區之間切換內部電晶體以實現數位邏輯電路。數位邏輯的基本例子存在於各種邏輯閘，例如反相器(NOT)、反及閘(NAND)、及閘(AND)、反或閘(NOR)、或閘(OR)，數位電路課程還涉及其他更複雜的功能。圖 4-26 所示的邏輯閘是稱為 RTL(電阻-電晶體邏輯)的較舊類型電路技術，用於說明電晶體如何用於開關應用的基本概念。反相器將電壓在一個電位變為相反的電位。如圖 4-26(a)所示，當高電位電壓施加到反相器輸入端時，輸出端即為低電位電壓，反之亦然。積體電路閘比這裡表示的基本範例更複雜，因為它們優化了開關速度、功率要求、和其他參數。

　　只有當所有輸入都處於高電位電壓時，NAND閘才會產生低電位輸出電壓；否則輸出為高電位。一個簡單的雙輸入 NAND 閘如圖 4-26(b)所示，當高電位電壓施加到電晶體$Q_1$和$Q_2$的輸入時，兩個電晶體都導通(飽和)，並且由於$Q_1$的集極處通過飽和電晶體直接接地，因此會輸出低電位電壓。當一個或兩個輸入處於低電位時，輸出則處於高電位。AND 閘為 NAND 閘後面加上一個反相器，當它的所有輸入都處於高電位電壓時，它會產生高電位輸出電壓。AND 和 NAND 閘皆可以變化為具有任意個數的輸入。

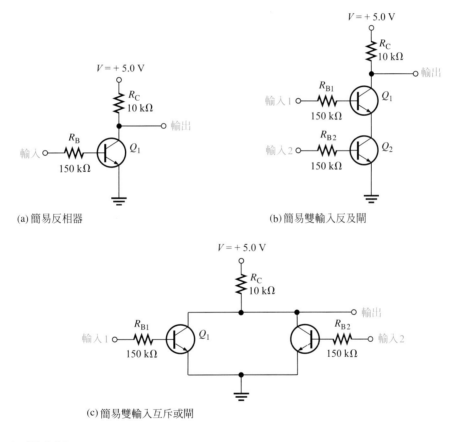

(a) 簡易反相器

(b) 簡易雙輸入反及閘

(c) 簡易雙輸入互斥或閘

▶ 圖 4-26

說明 BJT 如何用於實現數位邏輯電路基本概念之簡化電路圖。

當一個或多個輸入處於高電位電壓時，NOR 閘會產生低電位輸出電壓；否則輸出為高電位。一個簡單的雙輸入 NOR 閘如圖 4-26(c)所示，當高電位電壓施加到電晶體$Q1$、$Q2$ 或兩者的輸入時，電晶體導通(飽和)並且輸出處於低電位電壓。OR閘為NOR閘後面加上一個反相器，當其一個或多個輸入處於高電位電壓時，它會產生高電位輸出電壓；否則輸出為低電位電壓。 OR 和 NOR 閘皆可以有任意個數的輸入。

---

第4-5節　隨堂測驗
1. 如果電晶體作為開關使用，它會工作在哪兩個狀態？
2. 什麼時候集極電流達到最大值？
3. 什麼時候集極電流大約為零？
4. 什麼條件下 $V_{CE} = V_{CC}$？
5. 什麼時候 $V_{CE}$ 變成最小值？

---

## 4-6　光電晶體 (The Phototransistor)

除了是由光線取代電壓來產生和控制基極電流之外，光電晶體類似於一般的 BJT。光電晶體有效地轉換光線能量為電氣信號。

在學習完本節的內容後，你應該能夠

◆ **討論光電晶體與其工作原理**
   ◆ 辨識電路符號
   ◆ 計算集極電流
   ◆ 闡釋一組集極特性曲線
◆ 描述一個簡單的應用
◆ 討論光耦合器
   ◆ 定義電*流轉換率*
   ◆ 給出一個使用光耦合器的例子

在光電晶體(phototransistor)中，當光線撞擊半導體基極之光敏感區時，會產生基極電流。在集極-基極 $pn$ 接面，透過電晶體包裝上裝有透明玻璃的窗口，接收入射的光線。當沒有入射光線時，只有因熱擾動而產生集極－射極之間很小的漏電流 $I_{CEO}$；此暗電流 (dark current)通常只有 nA 的大小範圍。當光照射在集極-基極 $pn$ 接面，會依據光的強度成正比地產生基極電流 $I_\lambda$。這個動作產生一個隨 $I_\lambda$ 增加的集極電流。除了基極電流產生的方式之外，光電晶體就像一個傳統的 BJT。在許多情況下，基極與其他部分沒有電氣上實質的連接。

光電晶體中的集極電流和由光產生的基極電流之間的關係為

公式 4-11 $$I_C = \beta_{DC} I_\lambda$$

圖 4-27 所示為一些典型的光電晶體和電路符號。既然光產生的基極電流實際上

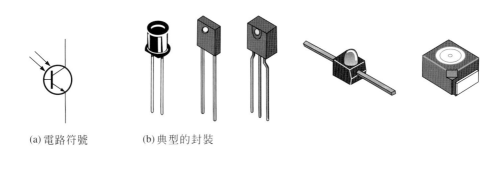

(a) 電路符號　　　(b) 典型的封裝

△ 圖 4-27　光電晶體。

發生在集極-基極區域,所以這個區域若有更大的面積,就會產生更多的基極電流。因此,典型的光電晶體會設計成具有大面積可讓入射光照射,如圖 4-28 中的簡化構造圖所示。

▷ 圖 4-28

典型的光電晶體結構。

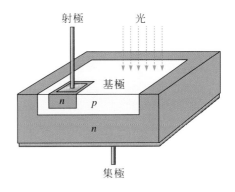

光電晶體可以是雙引線或三引線元件。在三引線的結構中,拉出基極引線使這個元件可以當作具備或不具備額外光感應功能的傳統 BJT。在雙引線結構中,基極無法與外部電路連接,元件只能在有光輸入時才可以使用。在許多應用電路中,使用的光電晶體是雙引線的形式。

　　圖 4-29 所示為一個具有偏壓電路的光電晶體,以及典型的集極特性曲線。請注意,圖中每個個別的曲線都對應到一個特定的光度 (在此狀況下,單位為 $mW/cm^2$ ),而且集極電流會隨著光度增加。

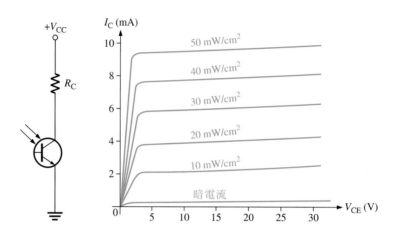

▲ 圖 4-29　光電晶體電路和典型集極特性曲線。

　　光電晶體並不是對所有光都能感應，而是只對某特定波長範圍內的光線才能感應。它們尤其對光譜中紅色與紅外線部分的特定波長的光線最為敏感，如圖 4-30 的紅外線光譜響應波形的尖峰值所對應的波長。

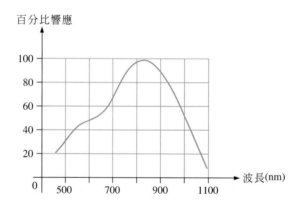

▲ 圖 4-30　典型的光電晶體光譜響應曲線。

## 應用電路 (Applications)

光電晶體的應用範圍很廣。圖 4-31(a)顯示了一個光感應之繼電器電路。光電晶體 $Q_1$ 驅動雙接面電晶體 $Q_2$。當有足夠的入射光線照在 $Q_1$ 上時，可以將電晶體 $Q_2$ 驅動進入飽和狀態，而通過繼電器線圈的集極電流能夠啟動繼電器磁簧開關。連接在繼電器線圈的二極體，藉著它的限制作用，可防止電晶體關閉時，在 $Q_2$ 集極上產生的瞬間逆向大電壓，而燒毀電晶體。

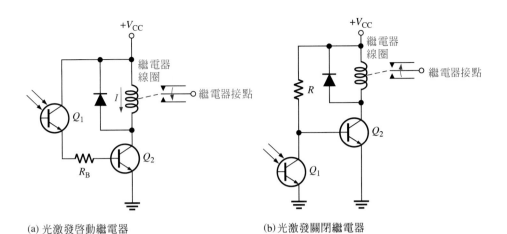

(a) 光激發啓動繼電器　　　　　　　(b) 光激發關閉繼電器

▲ 圖 4-31　光電晶體驅動的繼電器電路。

　　圖 4-31(b)中的電路，當光照射在光電晶體上時，可使繼電器不產生動作。當沒有足夠的光線時，會將電晶體 $Q_2$ 偏壓成導通狀態，保持繼電器吸住磁簧開關的狀態。當有足夠的光線時，光電晶體 $Q_1$ 導通，這會降低 $Q_2$ 的基極電壓，因而關閉 $Q_2$，然後使繼電器喪失磁力而鬆開磁簧開關。

## 光耦合器 (Optocouplers)

在單一包裝中，**光耦合器(optocoupler)**利用 LED 與光二極體或光電晶體形成光耦合。圖 4-32 顯示兩種基本形式：LED配光二極體以及LED配光電晶體。典型的封裝方式如圖 4-33 所示。

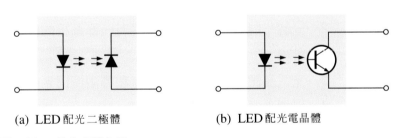

(a) LED 配光二極體　　　　　　　(b) LED 配光電晶體

▲ 圖 4-32　基本光耦合器。

(a) 雙列　　　　　　　(b) 表面黏著型　　　　　　　(c) 球柵陣列

▲ 圖 4-33　光耦合器的封裝例子。

光耦合器裡最主要的參數是電流轉換率(current transfer ratio, CTR)。CTR 指的是信號從輸入端耦合到輸出端的效率，以 LED 電流變化與光電二極體或光電晶體之對應電流變化的比值來表示。CTR 通常以百分比來表示。圖 4-34 顯示 CTR 與順向 LED 電流的典型曲線關係。在此例中，CTR的變化大約從50%到110%。

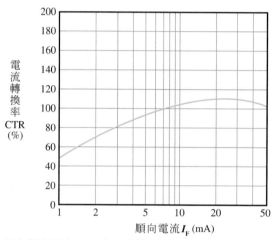

▲ 圖 4-34　典型光耦合器之 CTR 與 $I_F$ 的關係。

光耦合器用來隔離與電壓或電流不相容的電路區域。例如，當醫院裡的病人身上接有監視器或其他儀器時，可用光耦合器來保護病人不受電擊。它也可用於，從帶有雜訊的電源供應電路或高電流馬達與機械電路中，獨立出低電流控制或訊號電路。

| 第4-6節　隨堂測驗 | 1. 光電晶體和傳統 BJT 有何不同？ |
| --- | --- |
| | 2. 一個三端引線的光電晶體具有一條外接的(射極，基極，集極)引線。 |
| | 3. 光電晶體電路中的集極電流和哪兩個因素有關？ |
| | 4. 何謂光電晶體的參數 CTR？ |

## 4-7　電晶體的類別和封裝 (Transistor Categories and Packaging)

BJT 可以依照不同的應用而有各種不同的封裝外形。那些具有螺栓或散熱片的通常是功率電晶體。低功率和中等功率電晶體通常是封裝在較小的金屬或塑膠外殼裡。也有其他用於高頻元件的封裝分類。你應該要熟悉一些常用的電晶體封裝情形，並且能夠辨認射極、基極和集極等接腳。這一節是關於電晶體封裝與接腳的識別。

在學習完本節的內容後，你應該能夠

◆ **識別各種電晶體封裝形態**

◆ 列出三種廣泛的電晶體類別

◆ 辨識封裝接腳的結構

## 電晶體的類別 (Transistor Categories)

製造商通常會將他們的雙極接面電晶體分成三大類別：一般用途/小訊號元件、功率元件以及射頻/微波(RF) 元件。雖然每一大類別，絕大部分都有其特殊的封裝形態，你還是可以找到某些封裝形式被使用在不同的類別中。除了要記得有些重疊外，我們分別來看看這三大類別電晶體的封裝情形，以後當你在電路板上看到一個電晶體時，就能夠辨認出它，而且清楚知道它是屬於哪個類別。

> **供您參考**
>
> 英特爾創始人之一戈登摩爾(Gordon Moore)在 1965 年 4 月出版的「電子」(Electronics) 雜誌一篇文章中指出，技術創新將使每年在給定空間內的電晶體數量翻倍(在 1975 年的一篇更新文章中，摩爾為了解決晶片日益複雜的問題，將此速率調整為每兩年一次)，並且這些電晶體本身的速度也會增加。這個預測已被廣泛稱為摩爾定律。

*一般用途/小訊號電晶體 (General-Purpose/Small-Signal Transistors)* 一般用途/小訊號電晶體通常是使用在低功率或中等功率的放大器或是開關電路中。封裝外殼不是塑膠就是金屬封裝。某些種類的封裝包含許多個電晶體在內，圖 4-35 顯示常見的兩種塑膠封裝， 以及一種金屬罐型(metal can) 封裝。

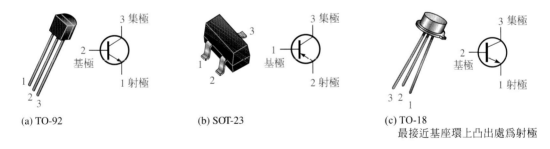

(a) TO-92          (b) SOT-23          (c) TO-18
最接近基座環上凸出處為射極

▲ 圖 4-35　一般用途與小訊號電晶體的塑膠和金屬外殼。接腳的排列方式可能改變，使用前請查閱特性資料表(http://fairchildsemiconductor.com/)。

圖 4-36 則為多電晶體封裝。有些多電晶體陣列封裝方式，如 "雙排接腳" (Dual-In-Line, DIP) 與小型封裝 (Small-Outline, SO) 和許多積體電路的封裝一樣。一般的接腳連接方式也同時顯示出來，因此你可以辨認出射極、基極和集極。

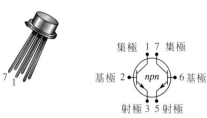

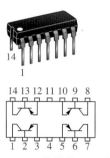

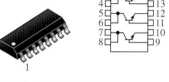

(a) 雙元件金屬罐封裝。最接近凸出點者為射極。

(b) 四元件雙排 (DIP) 和四元件扁平封裝。封裝上的點表示接腳 1。

(c) 四元件小型 (SO) 封裝，應用在表面黏著製作技術。

▲ 圖 4-36　多電晶體封裝的例子。

***功率電晶體 (Power Transistors)***　　功率電晶體是用來處理大電流 (通常超過 1A) 以及高電壓的狀況。舉例來說，立體音響系統的後級音頻放大器就是使用電晶體放大器，來驅動揚聲器。圖 4-37 顯示了一些常用的封裝外形。金屬螺栓或金屬外殼常連結集極，並且會連接到散熱片來幫助散熱。請注意，圖 (e) 中的電晶體晶片是如何嵌入到較大的封裝外殼中。

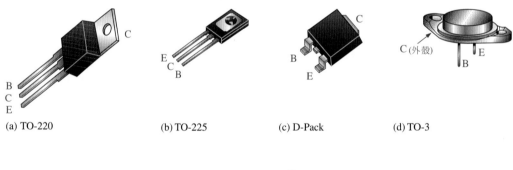

(a) TO-220　　(b) TO-225　　(c) D-Pack　　(d) TO-3

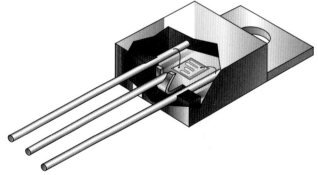

(e) 封裝裡的小電晶體晶片之放大截視圖

▲ 圖 4-37　功率電晶體與封裝的例子。

*射頻電晶體 (RF Transistors)* 　　射頻(RF)電晶體是設計工作在非常高頻率的狀況下，通常使用在通訊系統的各種用途以及一些高頻應用方面。它們不尋常的外觀和接腳方式，都是為了要將一些高頻參數最佳化而設計。圖4-38顯示一些例子。

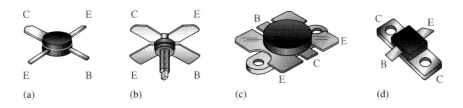

(a)　　　　　　　(b)　　　　　　　(c)　　　　　　　(d)

▲ 圖 4-38　射頻 (RF) 電晶體的封裝例子。

---

| 第4-7節　隨堂測驗 | 1. 列出三種雙極接面電晶體的類別。 |
| --- | --- |
| | 2. 在金屬封裝的一般用途 BJT 中，如何辨別射極的接腳？ |
| | 3. 在功率電晶體中，金屬外殼或安全螺栓連接到電晶體的哪一極？ |

## 雙極接面電晶體的摘要 (Summary of Bipolar Junction Transistors)

### 符號 (Symbols)

集極　　　　　集極

基極　　　　　基極

射極　　　　　射極

*npn*　　　　　*pnp*　　　　　*npn* 光電晶體

### 電流與電壓 (Currents and Voltages)

$$I_E = I_C + I_B$$

$V_{CB}$　$V_{CE}$　$V_{BE}$ (0.7 V)　　$V_{CB}$　$V_{CE}$　$V_{BE}$ (−0.7 V)

## 雙極接面電晶體的摘要 (Summary of Bipolar Junction Transistors)

### 放大 (Amplification)

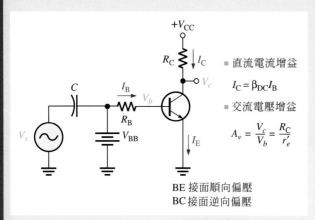

■ 直流電流增益

$$I_C = \beta_{DC} I_B$$

■ 交流電壓增益

$$A_v = \frac{V_c}{V_b} = \frac{R_C}{r'_e}$$

BE 接面順向偏壓
BC 接面逆向偏壓

### 開關 (Switching)

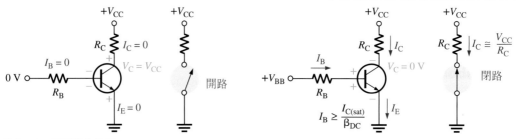

截止:BE 接面逆向偏壓
BC 接面逆向偏壓

相當於截止
的理想開關

飽和:BE 接面順向偏壓
BC 接面順向偏壓

相當於飽和
的理想開關

# 本章摘要

第 4-1 節　◆ BJT (雙極接面電晶體) 是由三個區域構成：基極、集極和射極。

◆ BJT 有兩個 pn 接面，基極-射極接面和基極-集極接面。

◆ BJT 的電流包含自由電子和電洞，所以使用*雙極*這個名詞。

◆ 基極區和集極與射極區域比起來，是非常薄而且是低摻雜濃度。

◆ 雙極接面電晶體的兩種類型分別是 npn 和 pnp。

第 4-2 節　◆ 當作放大器操作時，基極-射極接面必須是順向偏壓，基極-集極接面必須是逆向偏壓。這是所謂的*順向-逆向偏壓*。

◆ 電晶體內的三種電流是基極電流 ($I_B$)、射極電流 ($I_E$) 和集極電流 ($I_C$)。

◆ $I_B$ 與 $I_C$ 或 $I_E$ 比較起來非常小。

第 4-3 節　◆ 電晶體的直流電流增益就是 $I_C$ 對 $I_B$ 的比值，並且以 $\beta_{DC}$ 標示。標準值從小於 20 到數百。

◆ $\beta_{DC}$ 值通常對應到電晶體特性資料表的 $h_{FE}$ 參數。

◆ $I_C$ 與 $I_E$ 的比值稱為 $\alpha_{DC}$。此數值的範圍通常從 0.95 到 0.99。

◆ $\beta_{DC}$ 的值對於溫度和同一種類不同電晶體間，都會有所差異。

第 4-4 節　◆ 當電晶體是順向-逆向偏壓，電壓增益取決於內部的射極阻抗和外部的集極阻抗。

◆ 電壓增益為輸出電壓與輸入電壓的比值。

◆ 內部電晶體阻抗以小寫字母 r 表示。

第 4-5 節　◆ 電晶體工作在截止區和飽和區，可當作電子開關使用。

◆ 在截止區，兩個 pn 接面都是逆向偏壓，所以基本上沒有集極電流。此時電晶體理想上，在集極和射極間就像打開的開關。

◆ 在飽和區，兩個 pn 接面都是順向偏壓，並且集極電流是最大值。此時電晶體理想上，在集極與射極間就像閉合的開關。

◆ 電晶體當作數位邏輯電路中的開關。

第 4-6 節　◆ 光電晶體中的基極電流是由入射光產生。

◆ 光電晶體可以是雙接腳或三接腳的元件。

◆ 光耦合器包含了一個 LED 以及一個光二極體或光電晶體。

◆ 光耦合器應用於電性隔絕電路中。

第 4-7 節　◆ 電晶體的包裝有很多種類，使用有塑膠、金屬或是陶瓷等的材料。

◆ 基本封裝類型為貫孔和表面黏著兩種。

# 重要詞彙

本章中的重要詞彙和其他粗體字，在本書末的詞彙表中都加以定義。

**放大作用 (Amplification)**　以電子方法將功率、電壓或電流放大的過程。

**及閘(AND gate)**　一種數位電路，當所有輸入都處於高電位時，輸出會處於高電位。

**基極 (Base)**　在 BJT 中的一個半導體區域。與其它區域比較，基極的寬度很窄且掺雜濃度較低。

**Beta 值 (Beta, β )** 在 BJT 中，集極直流電流與基極直流電流的比值；從基極到集極的電流增益。

**雙極接面電晶體 (BJT)** 由兩個 *pn* 接面分隔的三個掺雜的半導體區域所組成的雙極接面電晶體。

**集極 (Collector)** BJT 三個半導體區中最大的一個。

**截止 (Cutoff)** 電晶體不導通的狀態

**射極 (Emitter)** BJT 三個半導體區域中掺雜濃度最高的一區。

**增益 (Gain)** 電子訊號增加或放大的倍數

**線性 (Linear)** 電晶體電流具有直線關係的特性。

**負載線 (Load Line)** 負載線是一條直線，表示連接到裝置(在這種情況下為電晶體)電路中的電壓及電流之線性關係。

**或閘 (OR gate)** 一種數位電路，其中當一個或多個輸入處於高電位時，輸出也會處於高電位。

**光電晶體 (Phototransistor)** 當光線直接照射在基極光感應半導體區域上而能形成基極電流的電晶體。

**飽和 (Saturation)** BJT 中，集極電流達到最大值並且與基極電流無關的狀態。

# 重要公式

4-1　　$I_E = I_C + I_B$　　　　電晶體電流

4-2　　$\beta_{DC} = \dfrac{I_C}{I_B}$　　　　直流電流增益

4-3　　$V_{BE} \cong 0.7\text{ V}$　　　　基極到射極的電壓 (矽晶體)

4-4　　$I_B = \dfrac{V_{BB} - V_{BE}}{R_B}$　　　　基極電流

4-5　　$V_{CE} = V_{CC} - I_C R_C$　　　　集極對射極的電壓 (共射極)

4-6　　$V_{CB} = V_{CE} - V_{BE}$　　　　集極對基極電壓

4-7　　$A_v \cong \dfrac{R_C}{r_e'}$　　　　交流電壓增益的近似值

4-8　　$V_{CE(cutoff)} = V_{CC}$　　　　截止狀態

4-9　　$I_{C(sat)} = \dfrac{V_{CC} - V_{CE(sat)}}{R_C}$　　　　集極飽和電流

4-10　　$I_{B(min)} = \dfrac{I_{C(sat)}}{\beta_{DC}}$　　　　飽和狀態的最小基極電流

4-11　　$I_C = \beta_{DC} I_\lambda$　　　　光電晶體集極電流

## 是非題測驗　答案可在以下網站找到 www.pearsonglobaleditions.com(搜索 ISBN:1292222999)

1. 雙極接面電晶體有三個電極。
2. BJT 的三個區域為基極、射極和陰極。
3. 工作於線性或動作區時，電晶體的基極-射極接面為順向偏壓。
4. BJT 的兩種類型為 $npn$ 和 $pnp$。
5. 基極電流與集極電流幾乎相等。
6. 電晶體的直流電壓增益以 $\beta_{DC}$ 表示。
7. 負載線是一條直線，表示電路電壓和電流之線性關係。
8. 當電晶體飽和時，集極電流為最大值。
9. $\beta_{DC}$ 與 $h_{FE}$ 為兩個不同的電晶體參數。
10. 與集極和射極之電流相比，電晶體中的基極電流非常小。
11. 放大倍數是輸出電壓除以輸入電壓。
12. 斷路狀態的電晶體可以視為開路開關。

## 電路動作測驗　答案可在以下網站找到 www.pearsonglobaleditions.com(搜索 ISBN:1292222999)

1. 假如圖 4-9 中的電晶體使用更高值的 $\beta_{DC}$ 時，則集極電流將會
   (a) 增加　(b) 減少　(c) 不變
2. 假如圖 4-9 中的電晶體使用更高值的 $\beta_{DC}$ 時，則射極電流將會
   (a) 增加　(b) 減少　(c) 不變
3. 假如圖 4-9 中的電晶體使用更高值的 $\beta_{DC}$ 時，則基極電流將會
   (a) 增加　(b) 減少　(c) 不變
4. 假如圖 4-16 中的 $V_{BB}$ 降低時，則集極電流將會
   (a) 增加　(b) 減少　(c) 不變
5. 假如圖 4-16 中的 $V_{CC}$ 增加時，則基極電流將會
   (a) 增加　(b) 減少　(c) 不變
6. 假如圖 4-22 中的 $V_{in}$ 減少時，則輸出電壓將會
   (a) 增加　(b) 減少　(c) 不變
7. 假如圖 4-24 中的電晶體飽和且基極電流增加時，則集極電流將會
   (a) 增加　(b) 減少　(c) 不變
8. 在圖 4-24 中，假如 $R_C$ 值降低時，則 $I_{C(sat)}$ 值將會
   (a) 增加　(b) 減少　(c) 不變

# 自我測驗　答案可在以下網站找到 www.pearsonglobaleditions.com(搜索 ISBN:1292222999)

**第 4-1 節**

1. 雙極性這個術語指的是使用
   (a)電洞　(b)電子　(c)電洞和電子　(d)以上皆非

2. 在 $pnp$ 電晶體中，$p$ 型區域是
   (a) 基極和射極　(b) 基極和集極　(c) 射極和集極

**第 4-2 節**

3. 當作放大器使用時，$npn$ 電晶體的基極必須是
   (a) 相對於射極是正電壓　(b) 相對於射極是負電壓
   (c) 相對於集極是正電壓　(d) 0V

4. 射極電流總是
   (a) 大於基極電流　(b) 小於集極電流
   (c) 大於集極電流　(d) 答案 (a) 與 (c) 均正確

**第 4-3 節**

5. 電晶體的 $\alpha$ 是它的
   (a)電流增益　(b)集極電流與射極電流之比
   (c)功率增益　(d)內電阻

6. 假如 $I_C$ 是 $I_E$ 的 0.95 倍，則 $\alpha$ 為
   (a)0.05　(b)1　(c)0.95　(d)1.05

7. 以矽晶體所構成的 BJT 中，基極-射極接面的順向偏壓大約是
   (a) 0 V　(b) 0.7 V　(c) 0.3 V　(d) $V_{BB}$

8. 電晶體使用於線性放大器的偏壓狀態稱為
   (a) 順向-逆向　(b) 順向-順向　(c) 逆向-逆向　(d) 集極偏壓

**第 4-4 節**

9. 假如電晶體放大器的輸出是 5V rms，而輸入是 100 mV rms，則電壓增益是
   (a) 5　(b) 500　(c) 50　(d) 100

10. 小寫字母 $r$ 在電晶體中代表
    (a) 低阻抗　(b) 金屬線路的阻抗　(c) 內部交流阻抗　(d) 電源阻抗

11. 已知電晶體放大器 $R_C = 2.2\text{k}\Omega$，且 $r'_e = 20\Omega$，則電壓增益為
    (a) 2.2　(b) 110　(c) 20　(d) 44

**第 4-5 節**

12. 當操作在截止區和飽和區時，電晶體就像
    (a) 線性放大器　(b) 電子開關　(c) 可變電容器　(d) 可變電阻

13. 在截止區，$V_{CE}$ 是
    (a) 0V　(b) 最小值　(c) 最大值
    (d) 等於 $V_{CC}$　(e) 答案 (a) 和 (b) 均正確　(f) 答案 (c) 和 (d) 均正確

14. 在飽和區，$V_{CE}$ 是
    (a) 0.7 V　(b) 等於 $V_{CC}$　(c) 最小值　(d) 最大值

15. 要使 BJT 飽和則，
    (a) $I_B = I_{C(\text{sat})}$　(b) $I_B > I_{C(\text{sat})} / \beta_{DC}$
    (c) $V_{CC}$ 必須至少有 10V　(d) 射極必須接地

16. 一旦進入飽和區，基極電流再增加會

    (a) 使集極電流增加　　(b) 不影響集極電流

    (c) 使集極電流減小　　(d) 關閉電晶體

**第 4-6 節**　17. 光電晶體中，基極電流是

    (a) 由偏壓決定　　　　(b) 與光強度成正比

    (c) 與光強度成反比　　(d) 非決定因素

18. 何者為光耦合器的主要參數 CTR？

    (a) 電流轉換率　　(b) 集極轉換率　　(c) 電流轉換比　　(d) 以上皆非

19. 光耦合器通常包含

    (a) 兩個 LED　　(b) 一個 LED 和一個光電二極體

    (c) 一個 LED 和一個光電晶體　　(d) (b) 和 (c) 皆是

# 習　　題　　所有的答案都在本書末。

## 基本習題

### 第 4-1 節　雙極接面電晶體(BJT)結構

1. 試說明 *npn* 和 *pnp* 電晶體結構的差異。

2. 雙極性這個術語是指什麼？

3. *npn* 電晶體基極區的主要載子是什麼？

4. 說明低度摻雜且細薄的基極區的用途。

### 第 4-2 節　BJT 的基本工作原理

5. 為什麼電晶體的基極電流比集極電流小很多？

6. 在特定的電晶體電路中，基極電流是 30mA 射極電流的百分之二大小。試計算集極電流值。

7. 對於 *pnp* 電晶體一般操作情形，基極對於射極必須是 (正或負) 電壓，而對於集極必須是 (正或負) 電壓。

8. 當 $I_E$ = 5.34mA 且 $I_B$ = 475 $\mu$A 時，$I_C$ 值是多少？

### 第 4-3 節　BJT 的特性和參數

9. 當 $I_C$ = 8.23mA 與 $I_E$ = 8.69mA 時，$\alpha_{DC}$ 值是多少？

10. 某個電晶體的 $I_C$ = 25mA 且 $I_B$ = 200$\mu$A。試計算 $\beta_{DC}$ 值。

11. 假如 $I_C$ = 20.3mA 且 $I_E$ = 20.5mA，電晶體的 $\beta_{DC}$ 值是多少？

12. 假如 $I_C$ = 5.35mA 且 $I_B$ = 50$\mu$A，$\alpha_{DC}$ 值是多少？

13. 某個電晶體的 $\alpha_{DC}$ 是 0.96。當 $I_E$ = 9.35mA，試計算 $I_C$ 的值。

14. 當電晶體的基極電流為 50$\mu$A，如圖 4-39 所示，且在 $R_C$ 兩端有 5 V 的電壓降。計算電晶體的 $\beta_{DC}$。

▶ 圖 4-39

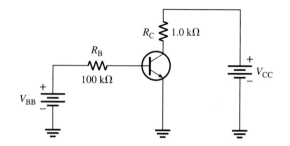

15. 計算問題 14 中電晶體的 $\alpha_{DC}$。

16. 假設以 $\beta_{DC}$ 為 200 的電晶體取代圖 4-39 電路中的電晶體,已知 $V_{CC} = 10V$,$V_{BB} = 3V$ 時,求 $I_B$,$I_C$,$I_E$,及 $V_{CE}$ 的值為何?

17. 如果圖 4-39 中的 $V_{CC}$ 增加至 15V 時,各電流與 $V_{CE}$ 將會如何改變?

18. 計算圖 4-40 中每個電流。$\beta_{DC}$ 是多少?

▶ 圖 4-40

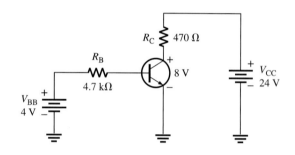

19. 找出圖 4-41 中兩個電路的 $V_{CE}$、$V_{BE}$ 和 $V_{CB}$。

20. 判斷圖 4-41 中的電晶體是否飽和?

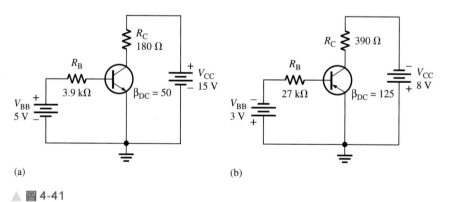

(a)                    (b)

▲ 圖 4-41

**21.** 計算出圖 4-42 中的 $I_B$、$I_E$ 和 $I_C$，當 $\alpha_{DC} = 0.98$ 時。

▷ 圖 4-42

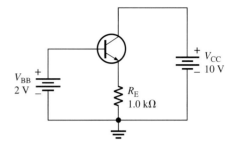

**22.** 計算出圖 4-43 的每個電路中，每一個電晶體的端點對接地的電壓。並且計算 $V_{CE}$、$V_{BE}$ 和 $V_{CB}$ 的值。

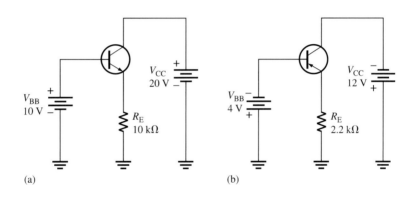

(a)　　　　　　　　　(b)

▲ 圖 4-43

**23.** 假如圖 4-43(a) 的 $\beta_{DC}$ 因為溫度增加而從 100 變成 150，集極電流如何改變？

**24.** 某個電晶體工作在集極電流為 50mA。在不超過 $P_{D(max)}$ 1.2 W 的情況下，$V_{CE}$ 最多可以多高？

**25.** 某電晶體的功率消耗額降因數是 1 mW/℃。$P_{D(max)}$ 在 25℃ 時是 0.5W。在 100℃ 時，$P_{D(max)}$ 是多少？

### 第 4-4 節　BJT 當作放大器

**26.** 電晶體放大器的電壓增益為 50。當輸入電壓為 100mV 時，輸出電壓為多少？

**27.** 當輸入電壓為 300mV 時，要達到 10V 輸出，電壓增益需要多少？

**28.** 在一個適當偏壓的電晶體基極加入一個 50mV 的訊號，電晶體的 $r'_e = 10\Omega$ 以及 $R_C = 560\Omega$。試求在集極的訊號電壓。

**29.** 當 $\beta_{DC} = 250$，$V_{BB} = 2.5V$，$V_{CC} = 9V$，$V_{CE} = 4V$ 以及 $R_B = 100k\Omega$ 時，$npn$ 電晶體放大器的集極電阻值為何？

**30.** 圖 4-41 中，每個電路的直流電流增益為何？

## 第 4-5 節　BJT 當作開關

**31.** 試求在圖 4-44 中的電晶體$I_{C(sat)}$值。要產生飽和狀況時，$I_B$必須是多少？飽和狀態所需的$V_{IN}$最小值是多少？假設$V_{CE(sat)} = 0V$。

▶ 圖 4-44

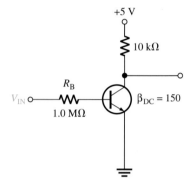

**32.** 圖 4-45 中的電晶體的$\beta_{DC}$為 50。當$V_{IN}$為 5V 時，試求所需$R_B$的值以確保飽和狀態。$V_{IN}$必須是多少才能關閉電晶體？假設$V_{CE(sat)} = 0V$。

▶ 圖 4-45

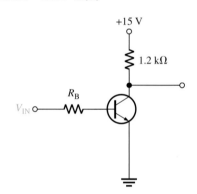

**33.** 圖 4-26(a)中的電晶體飽和所需輸入電壓為多少？假設 $\beta_{DC} = 100$。

**34.** 對於圖 4-26(b)中的電路，如果兩個輸入均為 0.3 V，輸出為多少？假設 $\beta_{DC} = 100$？

## 第 4-6 節　光電晶體

**35.** 某個特殊光耦合器有 30%的電流轉換率。若輸入電流為 100 mA，則其輸出電流為何？

36. 圖 4-46 所顯示的光耦合器需要傳送至少 10 mA 電流到外部負載。如果電流轉換率 60%，輸入電流必須為多少？

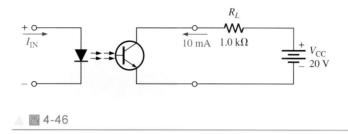

▲ 圖 4-46

## 第 4-7 節 電晶體的類別和封裝

37. 在圖 4-47 中，辨識電晶體的接腳。底部圖如圖所示。

▷ 圖 4-47

(a)　　　　(b)　　　　(c)

38. 圖 4-48 中每個電晶體最可能屬於哪一種類別？

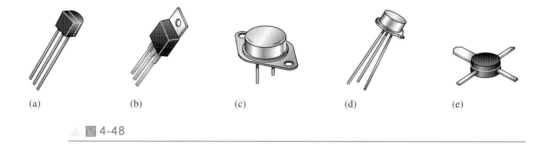

(a)　　(b)　　(c)　　(d)　　(e)

▲ 圖 4-48

# 電晶體偏壓電路
## (Transistor Bias Circuits)

**5**

## 本章學習目標

◆ 討論及決定線性放大器的直流工作點
◆ 分析分壓器偏壓電路
◆ 分析射極偏壓電路、基極偏壓電路、射極回授偏壓電路和集極回授偏壓電路

## 可參訪教學專用網站

有關這一章的學習輔助資訊可以在以下的網站找到 http://www.pearsonglobaleditions.com
(搜索 ISBN:1292222999)

## 重要詞彙

◆ 靜態點 (Q-point)
◆ 直流負載線 (DC load line)
◆ 線性工作區域 (Linear region)
◆ 剛性分壓器 (Stiff voltage divider)
◆ 回授 (Feedback)

## 簡 介

　　如你在第四章所學，電晶體必須適當地施加偏壓，才能當作放大器使用。直流偏壓的功能是用來建立固定的直流電晶體電流和電壓，亦稱作*直流工作點*或*靜態工作點 (Q 點)*。在本章中，我們將研討幾種偏壓的設定方法。這些學習內容是進一步研究電晶體放大器以及其他需要適當偏壓的電路。

# 5-1 直流工作點 (The DC Operating Point)

電晶體必需適當地施加直流偏壓,才能當作線性放大器使用。必需先建立一個適當的直流工作點,這樣才能正確地將輸入的信號加以放大,並在輸出端精確地複製成輸出信號。如您在第四章所學的偏壓方法,您就可替電晶體建立適當的偏壓電壓與電流。也就是在直流工作點,設定 $I_C$ 與 $V_{CE}$ 為特定值。這個直流工作點通常簡稱為$Q$點 (靜態點,quiescent point)。

在學習完本節的內容後,你應該能夠

◆ **討論及決定線性放大器直流的工作點**

◆ 說明直流偏壓的目的

  ◆ 定義 $Q$ 點並描述它是如何影響放大器的輸出

  ◆ 說明集極特性曲線是如何產生的

  ◆ 描述並畫出一條直流負載線

  ◆ 解釋線性工作的條件

  ◆ 說明造成波形失真的原因

## 直流偏壓 (DC Bias)

偏壓電路可建立放大器適當線性工作區的直流工作點($Q$點)。如果一個放大器並未設定適當的直流偏壓,則在輸入訊號後,即可能將放大器推進飽和區或截止區。圖 5-1 顯示反相放大器施加適當和不適當直流偏壓所產生的效應。

(a) 線性放大:較大波幅的輸出電壓波形,除了反相其餘與輸入電壓相同

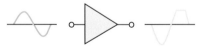

(b) 非線性放大:輸出電壓受到截止條件的限制(clipped,限位)

(c) 非線性放大:輸出電壓受到飽和條件的限制(clipped,限位)

▲ 圖 5-1 反相放大器線性和非線性操作情形的範例。

如圖 5-1(a)，輸出信號除了有 180°的相位差之外，完全是輸入信號的放大輸出。輸出信號在直流偏壓 $V_{DC(out)}$ 的上下振幅相等。不適當的直流偏壓會造成輸出信號失真，如圖 5-1 (b) 和圖 5-1 (c) 所示。圖 5-1(b) 顯示，因為 $Q$ 點(直流工作點)太靠近截止區，造成正半週的輸出信號上端被截去。而圖 5-1 (c) 顯示，因為 $Q$ 點太靠近飽和區，造成負半週的輸出信號下端被截去。

*圖形分析 (Graphical Analysis)*　　圖 5-2 (a) 中電晶體分別以可變電源電壓 $V_{CC}$ 和 $V_{BB}$ 來設定偏壓，就可得到 $I_B$、$I_C$、$I_E$ 和 $V_{CE}$ 等值。此電晶體的集極特性曲線顯示於圖 5-2 (b)，我們將利用這些曲線來圖解說明直流偏壓的效應。

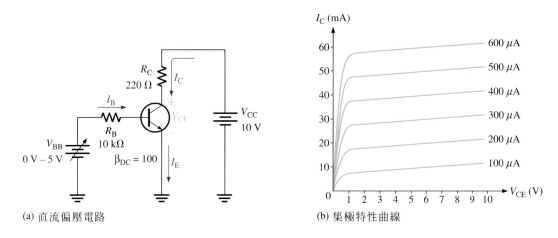

(a) 直流偏壓電路　　　　　　　　　　　　　　　　　　(b) 集極特性曲線

▲ 圖 5-2 直流偏壓電晶體電路使用可調式偏壓 ($V_{BB}$)，產生對應的集極特性曲線，顯示於圖 (b)。

在圖 5-3 中，我們指定三個 $I_B$ 值，以便觀察 $I_C$ 和 $V_{CE}$ 值的變化。首先調整電源電壓 $V_{BB}$ 使 $I_B$ 達到 $200\mu A$，如圖 5-3 (a) 所示。由於 $I_C = \beta_{DC} I_B$，得出集極電流為 20mA，而且

$$V_{CE} = V_{CC} - I_C R_C$$
$$= 10\,V - (20\,mA)(220\,\Omega)$$
$$= 10\,V - 4.4\,V = 5.6\,V$$

此即為該電路之 $Q$ 點，在圖 5-3 (a) 中標示為 $Q_1$ 點。

接下來於圖 5-3 (b) 中，我們增加電源電壓 $V_{BB}$ 使 $I_B$ 值成為 $300\mu A$，$I_C$ 值為 30mA。

$$V_{CE} = 10\,V - (30\,mA)(220\,\Omega)$$
$$= 10\,V - 6.6\,V = 3.4\,V$$

此即爲該電路的$Q$點，在圖 5-3 (b) 中標示爲 $Q_2$ 點。

最後如圖 5-3 (c) 所示，再增加$V_{BB}$ 使 $I_B$ 成爲 400$\mu$A，$I_C$ 成爲 40mA。

$$V_{CE} = 10\,\text{V} - (40\,\text{mA})(220\,\Omega) = 10\,\text{V} - 8.8\,\text{V} = 1.2\,\text{V}$$

此即爲此電路的$Q$點，在圖 5-3 (c) 中標示爲 $Q_3$ 點。

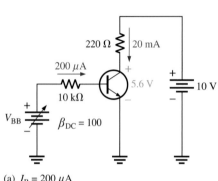

(a) $I_B = 200\,\mu$A

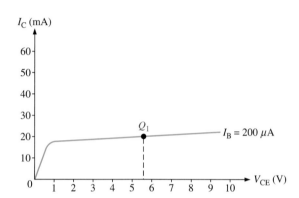

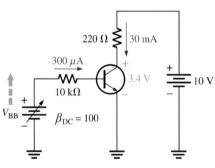

(b) 隨著遞增的$V_{BB}$，$I_B$ 增加至 300 $\mu$A

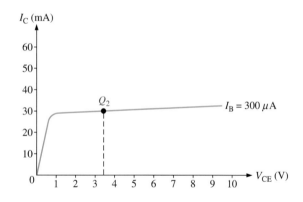

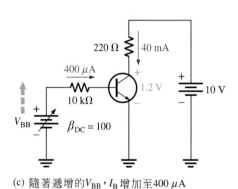

(c) 隨著遞增的$V_{BB}$，$I_B$ 增加至 400 $\mu$A

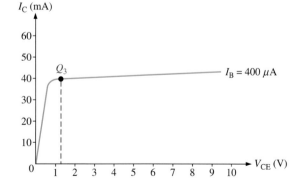

▲ 圖 5-3　　$Q$點調整的圖例解說。

*直流負載線 (DC Load Line)* 電晶體電路的直流運作可以用直流負載線(dc load line)的圖形來說明。直流負載線為一畫在特性曲線上的直線,從 y 軸上的飽和值$I_C = I_{C(sat)}$)到 x 軸上的截止值$V_{CE} = V_{CC}$,如圖 5-4(a)所示。負載線由外部電路($V_{CC}$和$R_C$)決定,而不是由特性曲線所描述之電晶體來決定。

圖 5-3 中,$I_C$的方程式為

$$I_C = \frac{V_{CC} - V_{CE}}{R_C} = \frac{V_{CC}}{R_C} - \frac{V_{CE}}{R_C} = -\frac{V_{CE}}{R_C} + \frac{V_{CC}}{R_C} = -\left(\frac{1}{R_C}\right)V_{CE} + \frac{V_{CC}}{R_C}$$

此方程式是斜率為$-1/R_C$的直線。x 截距為$V_{CE} = V_{CC}$;y 截距為$V_{CC}/R_C$,即$I_{C(sat)}$。

對應每個$I_B$值,負載線與特性曲線的交叉點稱為 Q 點。圖 5-4(b)說明了圖 5-3 中不同的$I_B$在負載線上的 Q 點。

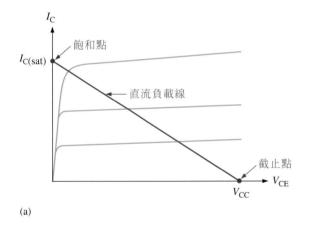

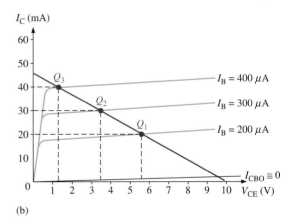

(a)

(b)

▲ 圖 5-4 直流負載線。

*線性工作 (Linear Operation)* 負載線上介於飽和與截止兩點之間的區域,就是所謂的電晶體線性工作區 (linear region) 。只要電晶體在此區工作,則其輸出電壓理論上即為輸入信號的線性放大輸出。

在圖 5-5 中,舉例說明電晶體線性工作的情形。交流值 (AC) 是用小寫斜體下標符號表示。假設有一個正弦交流電壓 ($V_{in}$) 疊加在直流電源電壓 $V_{BB}$ 上,使得基極電流在直流 300$\mu$A的 Q 點,上下作 100$\mu$A的正弦交流變化。這樣使得集極電流在 30mA 的 Q 點,上下作 10mA 正弦交流變化。由於集極電流變化的結果,使得集極-射極電壓也在 3.4V 的 Q 點,上下作 2.2V 的正弦交流變化。如圖

5-5 所示，負載線上 $A$ 點對應正弦輸入信號的正向峰值電壓。$B$ 點則對應於負向峰值，而 $Q$ 點則與正弦波形的零值對應。$V_{CEQ}$、$I_{CQ}$ 和 $I_{BQ}$ 為直流工作點 ($Q$ 點) 之值，即無正弦交流信號輸入時之值。

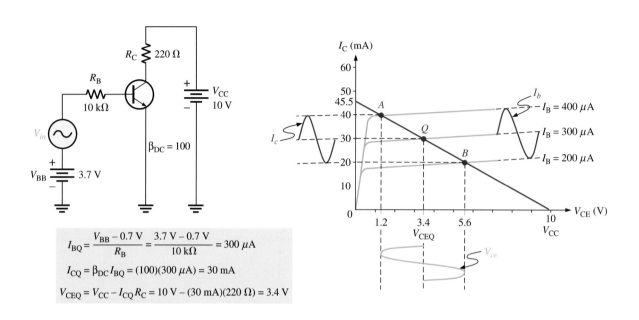

$$I_{BQ} = \frac{V_{BB} - 0.7\,V}{R_B} = \frac{3.7\,V - 0.7\,V}{10\,k\Omega} = 300\,\mu A$$

$$I_{CQ} = \beta_{DC} I_{BQ} = (100)(300\,\mu A) = 30\,mA$$

$$V_{CEQ} = V_{CC} - I_{CQ} R_C = 10\,V - (30\,mA)(220\,\Omega) = 3.4\,V$$

▲ 圖 5-5　因為基極電流的變動，造成相對應的集極電流和集極-射極電壓的變化。

**波形失真 (Waveform Distortion)**　如前面所述，在特定大小的輸入信號下，位於負載線上的 $Q$ 點位置不同，會使得輸出信號 $V_{ce}$ 的某一端峰值遭到限制或截去，如圖 5-6 (a) 和 (b) 所示。對於每個狀況的 $Q$ 點位置來說，若是輸入信號過大，輸入信號在輸入週期的某個部分，將驅動電晶體進入飽和區或者截止區。當輸出信號 $V_{ce}$ 的兩端峰值均遭到限制，如圖 5-6 (c) 所示，表示此電晶體因為輸入訊號過大，被驅動進入飽者區和截止區。當只有輸出信號正半週峰值被限制時，表示電晶體被驅動進入截止區而非飽和區。反之，只有輸出信號負半週峰值被限制時，電晶體被驅動進入飽和區而非截止區。

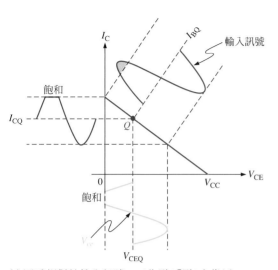

(a) 因為相對於輸入訊號，工作點($Q$點)太靠近
飽和區，因此電晶體被驅動進入飽和區。

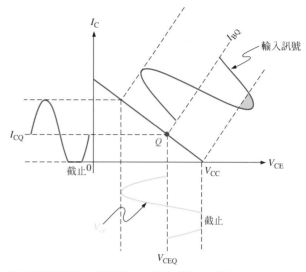

(b) 因為相對於輸入訊號，工作點($Q$點)太靠近
截止區，因此電晶體被驅動進入截止區。

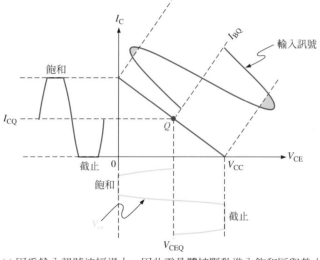

(c) 因為輸入訊號波幅過大，因此電晶體被驅動進入飽和區與截止區。

▲ 圖 5-6　　利用負載線圖形解說，電晶體如何被驅動入飽和區和截止區。

例　題　　5-1　　試決定圖 5-7 的 $Q$ 點並畫出直流負載線，求電晶體工作於線性區的基
極電流最大峰值。假設 $\beta_{DC} = 200$，$V_{CE(sat)} \cong 0$ V。

▶ 圖 5-7

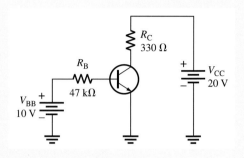

解　$Q$ 點可以用 $I_C$ 和 $V_{CE}$ 定義出來。

$$I_B = \frac{V_{BB} - V_{BE}}{R_B} = \frac{10\,V - 0.7\,V}{47\,k\Omega} = 198\,\mu A$$

$$I_C = \beta_{DC} I_B = (200)(198\,\mu A) = \mathbf{39.6\,mA}$$

$$V_{CE} = V_{CC} - I_C R_C = 20\,V - 13.07\,V = \mathbf{6.93\,V}$$

$Q$ 點位於 $I_C = 39.6mA$ 且 $V_{CE} = 6.93\,V$。既然 $I_{C(cutoff)} = 0$，我們需要知道 $I_{C(sat)}$ 才能確定集極電流可以有多大的變化範圍，在此範圍中電晶體始終保持在線性工作狀態。

$$I_{C(sat)} = \frac{V_{CC}}{R_C} = \frac{20\,V}{330\,\Omega} = 60.6\,mA$$

　　圖 5-8 中以圖形顯示直流負載線，在抵達飽和點之前，理想狀況下 $I_C$ 可以增加的數量等於

$$I_{C(sat)} - I_{CQ} = 60.6\,mA - 39.6\,mA = 21.0\,mA$$

不過，到達截止點 ($I_C = 0\,V$) 之前 $I_C$ 可以有 39.6mA 的變化量。所以 $I_C$ 可以有的線性變化量只有 21mA，因為 $Q$ 點比較接近飽和點而不是截止點。也就是說集極電流變化量的最大峰值是 21 mA。因為 $V_{CE(sat)}$ 不會過於靠近 0 伏特，實際的數值還會再減少一點。基極電流變化量的最大峰值計算如下：

$$I_{b(peak)} = \frac{I_{c(peak)}}{\beta_{DC}} = \frac{21\,mA}{200} = \mathbf{105\,\mu A}$$

圖 5-8

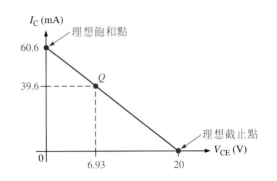

相關習題* 試決定圖 5-7 的 $Q$ 點，並求電晶體工作於線性區的基極電流最大峰
值，假設電路元件數值改變如下：$\beta_{DC} = 100$，$R_C = 1.0\,k\Omega$ 且 $V_{CC} = 24V$。

*答案可以在以下網站找到 www.pearsonglobaledition.com(搜索 ISBN:1292222999)

---

**第5-1節　隨堂測驗**
答案可以在以下的網站找到
www.pearsonglobaleditions.com
(搜索 ISBN:1292222999)

1. 以 $V_{CE}$ 和 $I_C$ 說明直流負載線的上限與下限。

2. 定義 $Q$ 點。

3. 飽和區從負載線的哪一點出現？截止區從哪一點開始？

4. 為獲得最大的 $V_{ce}$，$Q$ 點應該選擇在什麼地方？

---

# 5-2　分壓器偏壓 (Voltage-Divider Bias)

你將在本節中學到，如何使用單一電源分壓器偏壓方式，讓電晶體工作於線性
區。這是最廣泛使用的偏壓方式。其它四種偏壓法將在下節中詳述。

在學習完本節的內容後，你應該能夠

◆ **分析分壓器偏壓電路**

　◆ 給*剛性分壓器*下定義

　◆ 計算分壓器偏壓電路的電流值及電壓值

◆ **解釋分壓器偏壓電路的負載效應**

　◆ 描述在電晶體基極的直流輸入阻抗是如何影響偏壓的

◆ **將戴維寧定理應用在分壓器偏壓的分析上**

　◆ 分析 *npn* 及 *pnp* 兩種電路

　　至目前為止，我們一直使用單獨的直流電源 $V_{BB}$，提供基極與射極接面的偏壓，其實這是為了方便說明電晶體的工作情形，因為它的變動情形與 $V_{CC}$ 無關。一般更實用的方法，就是只使用單電壓源 $V_{CC}$，如圖 5-9 所示。為了簡化電路圖，電池的符號可以省略，然後以端點加上圓圈的短直線取代，並加上電壓的符號（$V_{CC}$），如圖 5-9 所示。

　　電晶體基極的直流偏壓，可以利用 $R_1$ 與 $R_2$ 的分壓器偏壓電路取代，如圖 5-9 所示。$V_{CC}$ 是直流集極電壓源。在 $A$ 點與接地之間，有兩條電流路徑：一條流經 $R_2$ 電阻，另一條流經電晶體的基極射極接面及 $R_E$ 電阻。

▶ 圖 5-9 分壓器偏壓電路。

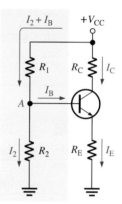

　　一般來說，分壓偏壓電路的設計可以使基極電流遠小於 $R_2$ 的電流 $I_2$，如圖 5-9 所示。在此例中，因為可以忽略基極電流的負載影響，所以電壓分壓電路非常容易分析。這個基極電流遠小於 $R_2$ 電流的分壓電路，我們稱之為剛性分壓器 **(stiff voltage divider)**，因為基極電壓值與電晶體種類、溫度幾乎不相關。

　　要分析 $I_B$ 小於 $I_2$ 的分壓器，先利用未負載分壓公式計算基極電壓：

公式 **5-1**
$$V_B \cong \left( \frac{R_2}{R_1 + R_2} \right) V_{CC}$$

　　知道基極電壓以後，可以算出電路的各個電壓與電流如下：

公式 **5-2**
$$V_E = V_B - V_{BE}$$

公式 **5-3**
$$I_C \cong I_E = \frac{V_E}{R_E}$$

公式 **5-4**
$$V_C = V_{CC} - I_C R_C$$

　　算出 $V_C$ 與 $V_E$ 後，可以找出 $V_{CE}$
$$V_{CE} = V_C - V_E$$

**例　題　5-2**　　如果 $\beta_{DC} = 100$，試求圖 5-10 電晶體剛性分壓器偏壓電路的 $V_{CE}$ 和 $I_C$。

▶ 圖 5-10

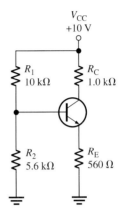

解　基極電壓為

$$V_B \cong \left( \frac{R_2}{R_1 + R_2} \right) V_{CC} = \left( \frac{5.6\,k\Omega}{15.6\,k\Omega} \right) 10\,V = 3.59\,V$$

所以，

$$V_E = V_B - V_{BE} = 3.59\,V - 0.7\,V = 2.89\,V$$

且

$$I_E = \frac{V_E}{R_E} = \frac{2.89\,V}{560\,\Omega} = 5.16\,mA$$

因此，

$$I_C \cong I_E = \mathbf{5.16\,mA}$$

且

$$V_C = V_{CC} - I_C R_C = 10\,V - (5.16\,mA)(1.0\,k\Omega) = 4.84\,V$$

$$V_{CE} = V_C - V_E = 4.84\,V - 2.89\,V = \mathbf{1.95\,V}$$

相 關 習 題　若圖 5-10 的分壓器不是剛性，會對 $V_B$ 造成什麼影響？

大部分的分壓電路計算都會用到例題 5-2 的基本分析方法，但可能會有些情況需要精確的分析運算。理想情況下，分壓器的輸出是固定不變的，這代表電晶體不會是沉重的負載。所有的電路設計都會有折衷方法，其中一個方法就是在剛性分壓器上接一個小電阻，通常我們不會想要這個電阻，因為它會增加負載效應與功率損耗。如果電路設計師想要增加輸入阻抗，這條分壓線可能不會是固定的，需要更精確的分析才能得到電路的各種參數。要驗證分壓器是否有固定輸出，必須檢查從基極端看進去的直流輸入阻抗，如圖 5-11 所示。

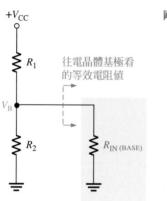

剛性的：
$$R_{IN(BASE)} \geq 10R_2$$
$$V_B \cong \left(\frac{R_2}{R_1 + R_2}\right)V_{CC}$$

非剛性的：
$$R_{IN(BASE)} < 10R_2$$
$$V_B = \left(\frac{R_2 \| R_{IN(BASE)}}{R_1 + R_2 \| R_{IN(BASE)}}\right)V_{CC}$$

▲ 圖 5-11　含有負載的分壓器。

## 分壓器偏壓的負載效應 (Loading Effects of Voltage-Divider Bias)

***電晶體基極的直流輸入電阻 (DC Input Resistance at the Transistor Base)***　電晶體的直流輸入阻抗與 $\beta_{DC}$ 成正比，所以會隨著不同的電晶體而改變。當電晶體工作於線性區時，射極電流為 $\beta_{DC}I_B$。因為電晶體的電流增益，從基極電路看進去的射極電阻值較實際值多。即 $R_{IN(BASE)}=V_B/I_B=V_B/(I_E/\beta_{DC})$。

公式 **5-5**
$$R_{IN(BASE)} = \frac{\beta_{DC}V_B}{I_E}$$

此為分壓器的有效負載，如圖 5-11 說明。此公式的推導過程請參考附錄 B。

藉由比較 $R_{IN(BASE)}$ 和電阻 $R_2$，可以很快的估算出分壓器的負載效應。只要 $R_{IN(BASE)}$ 比 $R_2$ 至少大十倍，負載效應將為 10 % 或更少，此分壓器為剛性分壓器。如果 $R_{IN(BASE)}$ 小於十倍的 $R_2$，則它將與 $R_2$ 形成並聯。

例 題 **5-3**　試求圖 5-12 電晶體中從基極端看進去的輸入阻抗。假設 $\beta_{DC} = 125$ 及 $V_B = 4\ V$。

圖 5-12

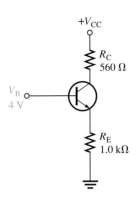

解 $$I_E = \frac{V_B - 0.7\,V}{R_E} = \frac{3.3\,V}{1.0\,k\Omega} = 3.3\,mA$$

$$R_{IN(BASE)} = \frac{\beta_{DC}V_B}{I_E} = \frac{125(4\,V)}{3.3\,mA} = \textbf{152 k}\boldsymbol{\Omega}$$

相 關 習 題　　如果圖 5-12 中 $\beta_{DC} = 60$ 和 $V_B = 2\,V$，則 $R_{IN(BASE)}$ 為多少？

## 戴維寧定理應用到分壓器偏壓

### (Thevenin's Theorem Applied to Voltage-Divider Bias)

分析電晶體分壓器偏壓電路對基極電路的負載效應，我們將利用**戴維寧定理 (Thevenin's Theorem)** 來估算電路。首先，我們應用戴維寧定理求出圖 5-13(a)基極-射極電路的等效電路。我們從電晶體基極端往外看，可將偏壓電路重繪成圖 5-13 (b)。將戴維寧定理套用到圖中 A 點左邊的電路，並將 $V_{CC}$ 以短路接地取代，從電路中移除電晶體。則在 A 點對接地的電壓為

$$V_{TH} = \left(\frac{R_2}{R_1 + R_2}\right)V_{CC}$$

而阻抗則是

$$R_{TH} = \frac{R_1 R_2}{R_1 + R_2}$$

此電晶體基極分壓器偏壓電路的戴維寧等效電路，顯示於圖 5-13 (c) 中的黃灰色區域。依照克希荷夫電壓定律，基極-射極等效電路為：

$$V_{TH} - V_{R_{TH}} - V_{BE} - V_{R_E} = 0$$

代入歐姆定律，求得 $V_{TH}$ 為

$$V_{TH} = I_B R_{TH} + V_{BE} + I_E R_E$$

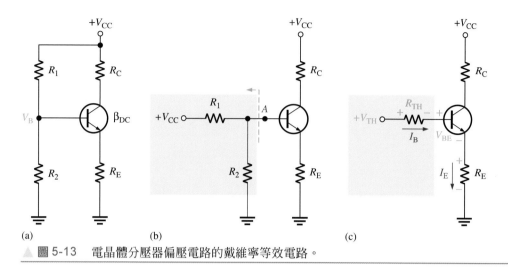

▲ 圖 5-13　電晶體分壓器偏壓電路的戴維寧等效電路。

將 $I_B$ 以 $I_E/\beta_{DC}$ 代入，

$$V_{TH} = I_E(R_E + R_{TH}/\beta_{DC}) + V_{BE}$$

求得 $I_E$ 為

**公式　5-6**
$$I_E = \frac{V_{TH} - V_{BE}}{R_E + R_{TH}/\beta_{DC}}$$

若 $R_{TH}/\beta_{DC}$ 較 $R_E$ 小，則結果與無負載分壓器相同。

　　由於分壓器偏壓方法僅使用單電壓源，且偏壓穩定性高，因而廣受歡迎普遍採用。

**PNP 型電晶體的分壓器偏壓 (Voltage-Divider Biased PNP Transistor)**　讀者應該知道，*pnp* 型電晶體的偏壓方法與 *npn* 型正好相反。我們可以用負集極電壓源，如圖 5-14 (a) 所示；或是採用正射極電壓源，如圖 5-14 (b) 所示。然而 *pnp* 型電晶體在電路圖中，通常倒過來畫，使電壓源放在頂端，而接地端畫於底部，以符合慣用法如圖 5-14(c)所示。

　　如同圖 5-14 所闡釋的，對於 *npn* 電晶體電路使用戴維寧定理及克希荷夫電壓定律的分析步驟其實是一樣的。在圖 5-14(a)中，將克希荷夫電壓定律應用在基射極電路會導致

$$V_{TH} + I_B R_{TH} - V_{BE} + I_E R_E = 0$$

由戴維寧定理

$$V_{TH} = \left(\frac{R_2}{R_1 + R_2}\right)V_{CC}$$

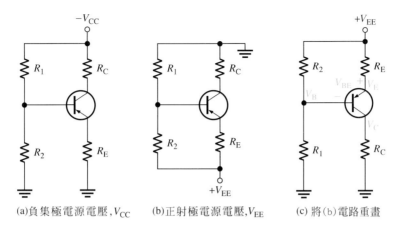

(a)負集極電源電壓, $V_{CC}$    (b)正射極電源電壓, $V_{EE}$    (c) 將(b)電路重畫

▲ 圖 5-14    *pnp*型電晶體的分壓器偏壓電路。

$$R_{TH} = \frac{R_1 R_2}{R_1 + R_2}$$

基極電流為

$$I_B = \frac{I_E}{\beta_{DC}}$$

$I_E$ 公式為

$$I_E = \frac{-V_{TH} + V_{BE}}{R_E + R_{TH}/\beta_{DC}}$$    公式    **5-7**

從圖 5-14(b)，分析結果如下：

$$-V_{TH} + I_B R_{TH} - V_{BE} + I_E R_E - V_{EE} = 0$$

$$V_{TH} = \left(\frac{R_1}{R_1 + R_2}\right) V_{EE}$$

$$R_{TH} = \frac{R_1 R_2}{R_1 + R_2}$$

$$I_B = \frac{I_E}{\beta_{DC}}$$

$I_E$ 公式為

$$I_E = \frac{V_{TH} + V_{BE} - V_{EE}}{R_E + R_{TH}/\beta_{DC}}$$    公式    **5-8**

**例 題 5-4** 試求圖 5-15 中 *pnp* 電晶體電路的 $I_C$ 和 $V_{EC}$。

▶ 圖 5-15

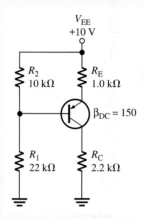

解 在這個電路有如圖 5-14(b) 及圖 5-14(c) 中的結構，應用戴維寧定理。

$$V_{TH} = \left(\frac{R_1}{R_1 + R_2}\right)V_{EE} = \left(\frac{22\,k\Omega}{22\,k\Omega + 10\,k\Omega}\right)10\,V = (0.688)10\,V = 6.88\,V$$

$$R_{TH} = \frac{R_1 R_2}{R_1 + R_2} = \frac{(22\,k\Omega)(10\,k\Omega)}{22\,k\Omega + 10\,k\Omega} = 6.88\,k\Omega$$

利用公式 5-8 來決定 $I_E$

$$I_E = \frac{V_{TH} + V_{BE} - V_{EE}}{R_E + R_{TH}/\beta_{DC}} = \frac{6.88\,V + 0.7\,V - 10\,V}{1.0\,k\Omega + 45.9\,\Omega} = \frac{-2.42\,V}{1.0459\,k\Omega} = -2.31\,mA$$

$I_E$ 前面的負號顯示原來在克希荷夫電壓定律的分析中假設的電流方向與實際的電流方向相反。從 $I_E$，則 $I_C$ 及 $V_{CE}$ 可以計算如下：

$$I_C = I_E = \textbf{2.31 mA}$$

$$V_C = I_C R_C = (2.31\,mA)(2.2\,k\Omega) = 5.08\,V$$

$$V_E = V_{EE} - I_E R_E = 10\,V - (2.31\,mA)(1.0\,k\Omega) = 7.68\,V$$

$$V_{EC} = V_E - V_C = 7.68\,V - 5.08\,V = \textbf{2.6 V}$$

相 關 習 題 計算圖 5-15 中的 $R_{IN(BASE)}$。

**例 題 5-5** 試求 *pnp* 電晶體電路的 $I_C$ 和 $V_{CE}$，相關數值為：$R_1 = 68k\Omega$，$R_2 = 47k\Omega$，$R_C = 1.8k\Omega$，$R_E = 2.2k\Omega$，$V_{CC} = -6V$ 且 $\beta_{DC} = 75$。參閱圖 5-14 (a)，顯示此電路為負電源電壓。

**解** 應用戴維寧定理

$$V_{TH} = \left(\frac{R_2}{R_1 + R_2}\right)V_{CC} = \left(\frac{47\,k\Omega}{68\,k\Omega + 47\,k\Omega}\right)(-6\,V)$$

$$= (0.409)(-6\,V) = -2.45\,V$$

$$R_{TH} = \frac{R_1 R_2}{R_1 + R_2} = \frac{(68\,k\Omega)(47\,k\Omega)}{(68\,k\Omega + 47\,k\Omega)} = 27.8\,k\Omega$$

用公式 5-7 來決定 $I_E$。

$$I_E = \frac{-V_{TH} + V_{BE}}{R_E + R_{TH}/\beta_{DC}} = \frac{2.45\,V + 0.7\,V}{2.2\,k\Omega + 371\,\Omega}$$

$$= \frac{3.15\,V}{2.57\,k\Omega} = 1.23\,mA$$

利用 $I_E$，$I_C$ 和 $V_{CE}$ 可以計算如下：

$$I_C = I_E = \mathbf{1.23\,mA}$$

$$V_C = -V_{CC} + I_C R_C = -6\,V + (1.23\,mA)(1.8\,k\Omega) = -3.79\,V$$

$$V_E = -I_E R_E = -(1.23\,mA)(2.2\,k\Omega) = -2.71\,V$$

$$V_{CE} = V_C - V_E = -3.79\,V + 2.71\,V = \mathbf{-1.08\,V}$$

**相關習題** 根據剛性分壓器大於十倍的原則，本例題中 $\beta_{DC}$ 必須為多少，$R_{IN(BASE)}$ 才可以忽略。

---

**第5-2節 隨堂測驗**

1. 如果電晶體的基極電壓是 5V，基極電流為 $5\mu A$，則基極的直流輸入阻抗是多少？
2. 如果電晶體 $\beta_{DC} = 190$，$V_B = 2\,V$，且 $I_E = 2\,mA$，則基極的直流輸入阻抗為多少？
3. 如果剛性分壓器的兩個電阻值相等且 $V_{CC} = +10\,V$，則電晶體的基極電壓為多少？
4. 分壓器偏壓有哪兩個優點？

# 5-3 其他的偏壓方法 (Other Bias Methods)

在這一節裡,將討論另外四種電晶體的直流偏壓方法。雖然這些方法不像分壓器偏壓方式那麼普及,但是你仍得認識它們並瞭解它們基本的差別。

在學習完本節的內容後,你應該能夠

- ◆ **分析另外四種直流偏壓電路**
- ◆ 討論射極偏壓
  - ◆ 分析一個射極偏壓電路
- ◆ 討論基極偏壓
  - ◆ 分析一個基極偏壓電路
  - ◆ 解釋基極偏壓的 $Q$ 點穩定度
- ◆ 討論射極回授偏壓
  - ◆ 定義負回授
  - ◆ 分析一個射極回授偏壓電路
- ◆ 討論集極回授偏壓
  - ◆ 分析集極回授偏壓電路
  - ◆ 參與討論溫度變化下的 $Q$ 點穩定度

## 射極偏壓 (Emitter Bias)

射極偏壓可提供相當好的偏壓穩定,不受 $\beta$ 或溫度的影響,是一種好用的偏壓方式。它使用正負兩種電源電壓。要得到射極偏壓電路中,合理的直流電壓估計值是相當容易的。如圖 5-17 所示,在 *npn* 電路中,小的基極電流使得基極電壓略低於接地電壓。射極電壓比基極電壓再小一個二極體的壓降。$R_B$ 和 $V_{BE}$ 這兩個壓降使射極電壓近似於 $-1V$。利用這個近似值,可以馬上得到射極電流為

$$I_E = \frac{-V_{EE} - 1\,V}{R_E}$$

$V_{EE}$ 以負的值代入此式中。

利用 $I_C \cong I_E$ 的近似關係計算出集極電壓。

$$V_C = V_{CC} - I_C R_C$$

$V_E \cong -1V$ 這樣的近似方法在故障檢修中相當有用,因為你不需要完成任何的詳細計算。在分壓器偏壓的例子中,需要更精確的結果時,才需要更多的精確計算。

**例 題 5-6** 利用 $V_E \cong -1V$ 和 $I_C \cong I_E$ 近似的方法計算圖 5-16 電路中的 $I_E$ 和 $V_{CE}$。

▶ 圖 5-16

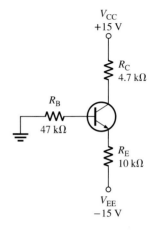

**解**

$V_E \cong -1\,V$

$$I_E = \frac{-V_{EE} - 1\,V}{R_E} = \frac{-(-15\,V) - 1\,V}{10\,k\Omega} = \frac{14\,V}{10\,k\Omega} = \mathbf{1.4\,mA}$$

$$V_C = V_{CC} - I_C R_C = +15\,V - (1.4\,mA)(4.7\,k\Omega) = 8.4\,V$$

$$V_{CE} = 8.4\,V - (-1) = \mathbf{9.4\,V}$$

**相 關 習 題** 若 $V_{EE}$ 改為 $-12V$，則新的 $V_{CE}$ 值為何？

近似值 $V_E \cong -1V$ 和忽略 $\beta_{DC}$ 可能使設計工作或細節分析不夠精確。在此情況，可利用克希荷夫電壓定律，如下推導出較精確的 $I_E$ 公式。應用克希荷夫電壓定律分析圖 5-17 (a) 的基極-射極電路，為了分析起見，重繪於圖 5-17 (b)，由迴路中可得如下電壓方程式：

$$V_{EE} + V_{R_B} + V_{BE} + V_{R_E} = 0$$

應用歐姆定律，代入得

$$V_{EE} + I_B R_B + V_{BE} + I_E R_E = 0$$

取代 $I_B \cong I_E/\beta_{DC}$，以及將 $V_{EE}$ 移項

$$\left(\frac{I_E}{\beta_{DC}}\right)R_B + I_E R_E + V_{BE} = -V_{EE}$$

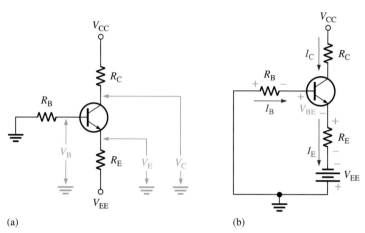

▲ 圖 5-17 *npn*型電晶體的射極偏壓電路。至於*pnp*型電晶體，偏壓的極性需要顛倒。電壓下標單獨字母表示其電壓值相對於接地之值。

將$I_E$提出並解$I_E$

**公式 5-9**

$$I_E = \frac{-V_{EE} - V_{BE}}{R_E + R_B/\beta_{DC}}$$

各點對接地的電壓，均用單獨字母的下標加以標示。故射極對接地之射極電壓為

$$V_E = V_{EE} + I_E R_E$$

基極對接地之基極電壓為

$$V_B = V_E + V_{BE}$$

集極對接地之集極電壓為

$$V_C = V_{CC} - I_C R_C$$

**例 題 5-7** 在圖 5-18 中，當以另一個電晶體取代原先的電晶體，$\beta_{DC}$從 100 增加到 200 時，試求 $Q$ 點($I_C$ , $V_{CE}$) 的變化量。

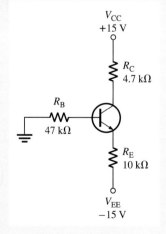

▷ 圖 5-18

解　在 $\beta_{DC} = 100$ 的情形，

$$I_{C(1)} \cong I_E = \frac{-V_{EE} - V_{BE}}{R_E + R_B/\beta_{DC}} = \frac{-(-15\,\text{V}) - 0.7\,\text{V}}{10\,\text{k}\Omega + 47\,\text{k}\Omega/100} = 1.37\,\text{mA}$$

$$V_C = V_{CC} - I_{C(1)}R_C = 15\,\text{V} - (1.37\,\text{mA})(4.7\,\text{k}\Omega) = 8.56\,\text{V}$$

$$V_E = V_{EE} + I_E R_E = -15\,\text{V} + (1.37\,\text{mA})(10\,\text{k}\Omega) = -1.3\,\text{V}$$

所以，

$$V_{CE(1)} = V_C - V_E = 8.56\,\text{V} - (-1.3\,\text{V}) = 9.83\,\text{V}$$

在 $\beta_{DC} = 200$ 的情形，

$$I_{C(2)} \cong I_E = \frac{-V_{EE} - V_{BE}}{R_E + R_B/\beta_{DC}} = \frac{-(-15\,\text{V}) - 0.7\,\text{V}}{10\,\text{k}\Omega + 47\,\text{k}\Omega/200} = 1.38\,\text{mA}$$

$$V_C = V_{CC} - I_{C(2)}R_C = 15\,\text{V} - (1.38\,\text{mA})(4.7\,\text{k}\Omega) = 8.51\,\text{V}$$

$$V_E = V_{EE} + I_E R_E = -15\,\text{V} + (1.38\,\text{mA})(10\,\text{k}\Omega) = -1.2\,\text{V}$$

所以，

$$V_{CE(2)} = V_C - V_E = 8.51\,\text{V} - (-1.2\,\text{V}) = 9.71\,\text{V}$$

當 $\beta_{DC}$ 從 100 變化到 200 時的 $I_C$ 百分比變化量為

$$\%\Delta I_C = \left(\frac{I_{C(2)} - I_{C(1)}}{I_{C(1)}}\right)100\% = \left(\frac{1.38\,\text{mA} - 1.37\,\text{mA}}{1.37\,\text{mA}}\right)100\% = 0.730\%$$

$V_{CE}$ 的百分比變化量是

$$\%\Delta V_{CE} = \left(\frac{V_{CE(2)} - V_{CE(1)}}{V_{CE(1)}}\right)100\% = \left(\frac{9.71\,\text{V} - 9.83\,\text{V}}{9.83\,\text{V}}\right)100\% = \boldsymbol{-1.22\%}$$

相 關 習 題　圖 5-18 中電晶體 $\beta_{DC}$ 增加到 300 時，試求其 $Q$ 點。

## 基極偏壓 (Base Bias)

基極偏壓常見於開關電路中，而且它僅使用一個電阻來獲得偏壓，因此具有電路簡單的優點。圖 5-19 顯示電晶體基極偏壓電路。直接根據 $\beta_{DC}$ 來分析此電路在線性區的情形。首先應用克希荷電壓定律於基極的電路，

$$V_{CC} - V_{R_B} - V_{BE} = 0$$

以 $I_B R_B$ 取代 $V_{R_B}$ 得

$$V_{CC} - I_B R_B - V_{BE} = 0$$

整理後求得 $I_B$ 為

$$I_B = \frac{V_{CC} - V_{BE}}{R_B}$$

▶ 圖 5-19 基極偏壓電路。

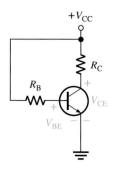

再應用克希荷電壓定律於圖 5-19 集極電路上，可得下述方程式：

$$V_{CC} - I_C R_C - V_{CE} = 0$$

整理可求出 $V_{CE}$

**公式 5-10**
$$V_{CE} = V_{CC} - I_C R_C$$

將 $I_B$ 之值代入公式 $I_C = \beta_{DC} I_B$，可得

**公式 5-11**
$$I_C = \beta_{DC}\left(\frac{V_{CC} - V_{BE}}{R_B}\right)$$

*基極偏壓的 Q 點穩定度 (Q-Point Stability of Base Bias)*　　請注意，公式 (5-11) 中，$I_C$ 電流值與 $\beta_{DC}$ 有關。這個缺點是一旦 $\beta_{DC}$ 變動就會引起 $I_C$ 與 $V_{CE}$ 的改變，而使電晶體的 $Q$ 點隨之改變。致使基極偏壓電路與 $\beta_{DC}$ 的變動關係極端密切，且不可預測。

回想一下，電晶體的 $\beta_{DC}$ 會隨環境溫度和集極電流而改變。況且同一批號的電晶體由於製程關係，$\beta_{DC}$ 的值變動範圍分佈很廣。基於這些原因，基極偏壓常用於開關電路，也就是電晶體處於飽和或截止狀態的應用，但都很少用於線性電路中。

**例 題　5-8**　　在某溫度範圍中，圖 5-20 的電晶體 $\beta_{DC}$ 從 100 增加到 200，試求 $Q$ 點 $(I_C，V_{CE})$ 的變化量。

▶ 圖 5-20

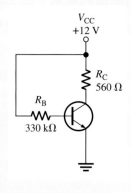

解 在 $\beta_{DC} = 100$ 的情形，

$$I_{C(1)} = \beta_{DC}\left(\frac{V_{CC} - V_{BE}}{R_B}\right) = 100\left(\frac{12\,V - 0.7\,V}{330\,k\Omega}\right) = 3.42\,mA$$

$$V_{CE(1)} = V_{CC} - I_{C(1)}R_C = 12\,V - (3.42\,mA)(560\,\Omega) = 10.1\,V$$

在 $\beta_{DC} = 200$ 的情形，

$$I_{C(2)} = \beta_{DC}\left(\frac{V_{CC} - V_{BE}}{R_B}\right) = 200\left(\frac{12\,V - 0.7\,V}{330\,k\Omega}\right) = 6.84\,mA$$

$$V_{CE(2)} = V_{CC} - I_{C(2)}R_C = 12\,V - (6.84\,mA)(560\,\Omega) = 8.17\,V$$

當 $\beta_{DC}$ 從 100 變化到 200 時的 $I_C$ 百分比變化量為

$$\%\Delta I_C = \left(\frac{I_{C(2)} - I_{C(1)}}{I_{C(1)}}\right)100\%$$

$$= \left(\frac{6.84\,mA - 3.42\,mA}{3.42\,mA}\right)100\% = \mathbf{100\%}\,(\text{增加})$$

$V_{CE}$ 的百分比變化量是

$$\%\Delta V_{CE} = \left(\frac{V_{CE(2)} - V_{CE(1)}}{V_{CE(1)}}\right)100\%$$

$$= \left(\frac{8.17\,V - 10.1\,V}{10.1\,V}\right)100\% = \mathbf{-19.1\%}\,(\text{減少})$$

結果顯示此電路中 $Q$ 點受 $\beta_{DC}$ 影響甚大，使得基極偏壓在線性電路中的組態非常不可靠，不過它可以應用在開關電路。

相 關 習 題 試求當 $\beta_{DC}$ 增加到 300 時，$I_C$ 為何？

## 射極回授偏壓 (Emitter-Feedback Bias)

若將射極電阻接在圖 5-20 的基極偏壓電路上，就會形成射極回授偏壓電路，如圖 5-21 所示。這種加上負回授(negative feedback)的方式可以幫助我們較易預測基極電流，因為它可抵銷伴隨基極電壓改變而產生的集極電流。當集極電流不正常增加時，射極電壓會隨之增加，又因為 $V_B = V_E + V_{BE}$，故基極電壓亦增加。基極電壓的增加會使橫跨在 $R_B$ 的電壓下降，基極電流變小，這樣可避免集極電流增大。若集極電流減少，也會產生類似的情形將集極電流拉回正常值。與基極偏壓電路相比，雖然它的線性表現較好，但仍受 $\beta_{DC}$ 影響，不如分壓偏壓那麼容易預測結果。要計算 $I_E$，可以由基極電流與克希荷夫電壓定律 (KVL) 計算而得。

$$-V_{CC} + I_B R_B + V_{BE} + I_E R_E = 0$$

以 $I_E/\beta_{DC}$ 代入 $I_B$，可以看到 $I_E$ 仍與 $\beta_{DC}$ 相關。

公式 **5-12**
$$I_E = \frac{V_{CC} - V_{BE}}{R_E + R_B/\beta_{DC}}$$

▷ 圖 5-21  射極回授偏壓電路。

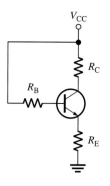

---

例 題  **5-9**  加上 1kΩ 射極電阻，把例題 5-8 的基極偏壓電路轉換成射極迴授偏壓電路。其他參數皆相同，電晶體的 $\beta_{DC}$=100。如果將電晶體換成 $\beta_{DC}$=200，計算 $Q$ 點的改變量。比較此結果與基極偏壓電路有何不同。

解  在 $\beta_{DC} = 100$ 的情形，

$$I_{C(1)} = I_E = \frac{V_{CC} - V_{BE}}{R_E + R_B/\beta_{DC}} = \frac{12\,V - 0.7\,V}{1\,k\Omega + 330\,k\Omega/100} = 2.63\,mA$$

$$V_{CE(1)} = V_{CC} - I_{C(1)}(R_C + R_E) = 12\,V - (2.63\,mA)(560\,\Omega + 1\,k\Omega) = 7.90\,V$$

在 $\beta_{DC} = 200$ 的情形，

$$I_{C(2)} = I_E = \frac{V_{CC} - V_{BE}}{R_E + R_B/\beta_{DC}} = \frac{12\,V - 0.7\,V}{1\,k\Omega + 330\,k\Omega/200} = 4.26\,mA$$

$$V_{CE(2)} = V_{CC} - I_{C(2)}(R_C + R_E) = 12\,V - (4.26\,mA)(560\,\Omega + 1\,k\Omega) = 5.35\,V$$

$I_C$的百分比變化量是，

$$\%\Delta I_C = \left(\frac{I_{C(2)} - I_{C(1)}}{I_{C(1)}}\right)100\% = \left(\frac{4.26\,\text{mA} - 2.63\,\text{mA}}{2.63\,\text{mA}}\right)100\% = \mathbf{62.0\%}$$

$$\%\Delta V_{CE} = \left(\frac{V_{CE(2)} - V_{CE(1)}}{V_{CE(1)}}\right)100\% = \left(\frac{7.90\,\text{V} - 5.35\,\text{V}}{7.90\,\text{V}}\right)100\% = \mathbf{-32.3\%}$$

與基極偏壓相比，當 $\beta_{DC}$ 變化時，雖然射極回授偏壓可大幅度改善偏壓的穩定性，但仍然無法提供穩定可靠的 $Q$ 點。

**相關習題** 當電晶體的 $\beta_{DC} = 300$ 時，計算 $I_C$。

## 集極回授偏壓 (Collector-Feedback Bias)

在圖 5-22 中，基極電阻連接至電晶體集極而不是連接到電壓源$V_{CC}$，這與前面討論的基極偏壓一樣。集極電壓對基極-射極接面提供順向偏壓。這種負回授**(negative feedback)**的結構產生**平移抵補(offsetting)**的效應，就會穩定$Q$點。假設$I_C$增加，則$R_C$電阻上的電壓降亦會增加，這會使得$V_C$電壓降變小。當$V_C$電壓降變小以後，跨於$R_B$的電壓降也跟著減小，導致$I_B$電流也跟著變小。$I_B$一旦變小，$I_C$隨即變小，結果造成$R_C$電壓降減少，故抵銷了$V_C$的減少趨勢。

▶ 圖 5-22　集極回授偏壓電路。

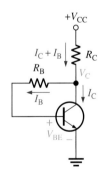

*集極回授電路偏壓分析 (Analysis of Collector Feedback Bias Circuit)*　藉由歐姆定律，基極電流可表示為

$$I_B = \frac{V_C - V_{BE}}{R_B}$$

假設$I_C \gg I_B$。則集極電壓為

$$V_C \cong V_{CC} - I_C R_C$$

並且

$$I_B = \frac{I_C}{\beta_{DC}}$$

將$V_C$代入 $I_B = (V_C - V_{BE})/R_B$ 式中，可得到

$$\frac{I_C}{\beta_{DC}} = \frac{V_{CC} - I_C R_C - V_{BE}}{R_B}$$

再重新整理得

$$\frac{I_C R_B}{\beta_{DC}} + I_C R_C = V_{CC} - V_{BE}$$

這時可解出$I_C$如下：

$$I_C \left( R_C + \frac{R_B}{\beta_{DC}} \right) = V_{CC} - V_{BE}$$

公式 5-13
$$I_C = \frac{V_{CC} - V_{BE}}{R_C + R_B/\beta_{DC}}$$

由於射極接地，故$V_{CE} = V_C$

公式 5-14
$$V_{CE} = V_{CC} - I_C R_C$$

*溫度變化下的 Q 點穩定度 (Q-Point Stability Over Temperature)*　　公式 5-13 顯示集極電流某種程度上，與$\beta_{DC}$及$V_{BE}$有關。若我們能設定$R_C \gg R_B/\beta_{DC}$且$V_{CC} \gg V_{BE}$，則可以使相依程度降低。集極回授偏壓重要的特色，即是成功地消除與$\beta_{DC}$和$V_{BE}$的關係。

就你所知，$\beta_{DC}$之值會直接受到溫度的影響，而$V_{BE}$與溫度的大小變化關係卻呈相反的趨勢。在集極回授偏壓電路中，當溫度上升時，$\beta_{DC}$隨之上升，而$V_{BE}$卻下降。已知$\beta_{DC}$的增加，會引起$I_C$增加，又$V_{BE}$下降會造成$I_B$增大，也隨即造成$I_C$增加。$I_C$增大，則跨於$R_C$的電壓降也增加。使集極電壓降低，同時也降低了$R_B$上的電壓，如此導致$I_B$減小而抑制了$I_C$的增加及$V_C$的降低。由於集極回授的關係，使得集極電流與集極電壓維持固定，因而穩定了 Q 點。當溫度降低時，其動作原理相同只是動作相反。

**例 題 5-10** 試計算圖 5-23 電路的 $Q$ 點值 ($I_C$ 和 $V_{CE}$)。

▶ 圖 5-23

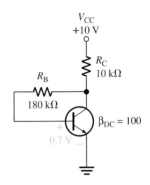

**解** 運用公式 5-13，集極電流為

$$I_C = \frac{V_{CC} - V_{BE}}{R_C + R_B/\beta_{DC}} = \frac{10\,V - 0.7\,V}{10\,k\Omega + 180\,k\Omega/100} = \textbf{788}\,\boldsymbol{\mu}\textbf{A}$$

運用公式 5-14，集極對射極電壓為

$$V_{CE} = V_{CC} - I_C R_C = 10\,V - (788\,\mu A)(10\,k\Omega) = \textbf{2.12\,V}$$

**相 關 習 題** 試計算圖 5-23 中 $\beta_{DC} = 200$ 時的 $Q$ 點值；如果 $\beta_{DC}$ 從 100 變化成 200，試求其 $Q$ 點百分比變化量。

---

**第5-3節 隨堂測驗**

1. 為什麼射極偏壓比基極偏壓穩定？
2. 射極偏壓的主要缺點為何？
3. 試解釋集極回授電路中 $\beta_{DC}$ 的增加如何導致基極電流減少。
4. 基極偏壓方式的主要缺點為何？
5. 試解釋為什麼基極偏壓方式的 $Q$ 點易受溫度影響。
6. 射極回授偏壓如何改善基極偏壓？
7. 在射極回授偏壓中，集極電阻上的電流為何？

## 電晶體偏壓電路的摘要 (Summary of Transistor Bias Circuits)

以 *npn* 型電晶體偏壓電路作為示範,將電源電壓的極性反相就是 *pnp* 型電晶體的偏壓電路。

### 分壓器偏壓(Voltage-Divider Bias)

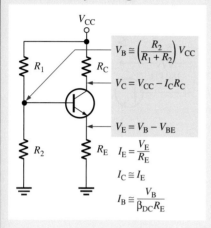

$$V_B \cong \left(\frac{R_2}{R_1 + R_2}\right) V_{CC}$$

$$V_C = V_{CC} - I_C R_C$$

$$V_E = V_B - V_{BE}$$

$$I_E = \frac{V_E}{R_E}$$

$$I_C \cong I_E$$

$$I_B \cong \frac{V_B}{\beta_{DC} R_E}$$

### 射極偏壓(Emitter Bias)

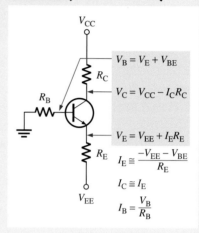

$$V_B = V_E + V_{BE}$$

$$V_C = V_{CC} - I_C R_C$$

$$V_E = V_{EE} + I_E R_E$$

$$I_E \cong \frac{-V_{EE} - V_{BE}}{R_E}$$

$$I_C \cong I_E$$

$$I_B = \frac{V_B}{R_B}$$

### 集極回授式偏壓(Collector-Feedback Bias)

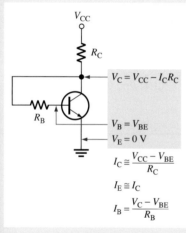

$$V_C = V_{CC} - I_C R_C$$

$$V_B = V_{BE}$$

$$V_E = 0 \text{ V}$$

$$I_C \cong \frac{V_{CC} - V_{BE}}{R_C}$$

$$I_E \cong I_C$$

$$I_B = \frac{V_C - V_{BE}}{R_B}$$

### 基極偏壓 (Base Bias)

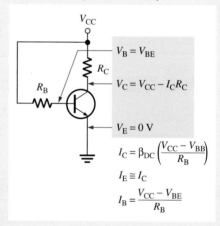

$$V_B = V_{BE}$$

$$V_C = V_{CC} - I_C R_C$$

$$V_E = 0 \text{ V}$$

$$I_C = \beta_{DC} \left(\frac{V_{CC} - V_{BB}}{R_B}\right)$$

$$I_E \cong I_C$$

$$I_B = \frac{V_{CC} - V_{BE}}{R_B}$$

### 射極回授式偏壓(Emitter-Feedback Bias)

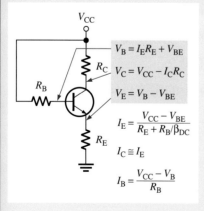

$$V_B = I_E R_E + V_{BE}$$

$$V_C = V_{CC} - I_C R_C$$

$$V_E = V_B - V_{BE}$$

$$I_E = \frac{V_{CC} - V_{BE}}{R_E + R_B/\beta_{DC}}$$

$$I_C \cong I_E$$

$$I_B = \frac{V_{CC} - V_B}{R_B}$$

# 本章摘要

**第5-1節** ◆ 對電晶體電路提供直流偏壓的目的，即是為電晶體電路建立一個適當且穩定的直流工作點 (又稱 $Q$ 點)。

◆ 電晶體電路的 $Q$ 點由特定的直流電流 $I_C$ 和直流電壓 $V_{CE}$ 值決定，這兩個值又稱為 $Q$ 點的座標。

◆ 直流負載線是一條穿過電晶體集極特性曲線上 $Q$ 點的直線，與垂直軸相交於 $I_{C(sat)}$，和水平軸相交於 $V_{CE(off)}$。

◆ 電晶體的線性工作區，就是載線位於飽和點和截止點之間的區域。

**第5-2節** ◆ 剛性分壓器的負載效應可以忽略。

◆ 雙極接面電晶體電路的基極直流輸入阻抗約略為 $\beta_{DC}R_E$。

◆ 分壓器偏壓電路不但提供很好的 $Q$ 點穩定性，而且只需要單電源供應。因此是最受歡迎的偏壓電路。

**第5-3節** ◆ 射極偏壓電路的 $Q$ 點穩定性較佳，但是同時需要正、負兩個電源電壓。

◆ 基極偏壓電路的 $Q$ 點穩定性差，這是因為 $Q$ 點會隨著 $\beta_{DC}$ 變動。

◆ 射極回授偏壓是基極偏壓再加上一個射極電阻。

◆ 集極回授偏壓使用集極回饋基極的負回授電路，因此 $Q$ 點穩定性較佳。

# 重要詞彙

重要詞彙以及其他粗體字表示的詞彙，都會在本書末的詞彙表中加以定義。

**直流負載線 (DC load line)**　依據電晶體電路的 $I_C$ 與 $V_{CE}$ 所繪成的直線。

**回授 (Feedback)**　由電路的輸出端取出部分信號，送回輸入端的過程，以便達到減弱或增強輸出的目的。

**線性區 (Linear region)**　負載線位於飽和點和截止點之間的區域。

**$Q$ 點 ($Q$-Point)**　由特定的電壓和電流值所決定的放大器直流工作點。

**剛性分壓器 (Stiff voltage divider)**　為一負載效應可忽略之分壓器。

# 重要公式

## 分壓器偏壓

5-1　$V_B \cong \left(\dfrac{R_2}{R_1 + R_2}\right)V_{CC}$　　　　適合剛性分壓器

5-2　$V_E = V_B - V_{BE}$

5-3　$I_C \cong I_E = \dfrac{V_E}{R_E}$

5-4　$V_C = V_{CC} - I_C R_C$

5-5　$R_{IN(BASE)} = \dfrac{\beta_{DC}V_B}{I_E}$

$$5\text{-}6 \qquad I_\text{E} = \frac{V_\text{TH} - V_\text{BE}}{R_\text{E} + R_\text{TH}/\beta_\text{DC}}$$

$$5\text{-}7 \qquad I_\text{E} = \frac{-_\text{TH} + _\text{BE}}{R_\text{E} + R_\text{TH}/\beta_\text{DC}}$$

$$5\text{-}8 \qquad I_\text{E} = \frac{V_\text{TH} + V_\text{BE} - V_\text{EE}}{R_\text{E} + R_\text{TH}/\beta_\text{DC}}$$

射極偏壓

$$5\text{-}9 \qquad I_\text{E} = \frac{-V_\text{EE} - V_\text{BE}}{R_\text{E} + R_\text{B}/\beta_\text{DC}}$$

## 基極偏壓

$$5\text{-}10 \qquad V_\text{CE} = V_\text{CC} - I_\text{C}R_\text{C}$$

$$5\text{-}11 \qquad I_\text{C} = \beta_\text{DC}\left(\frac{V_\text{CC} - V_\text{BE}}{R_\text{B}}\right)$$

射極回授偏壓

$$5\text{-}12 \qquad I_\text{E} = \frac{V_\text{CC} - V_\text{BE}}{R_\text{E} + R_\text{B}/\beta_\text{DC}}$$

集極回授偏壓

$$5\text{-}13 \qquad I_\text{C} = \frac{V_\text{CC} - V_\text{BE}}{R_\text{C} + R_\text{B}/\beta_\text{DC}}$$

$$5\text{-}14 \qquad V_\text{CE} = V_\text{CC} - I_\text{C}R_\text{C}$$

## 是非題測驗　　答案可在以下網站找到 www.pearsonglobaleditions.com(搜索ISBN:1292222999)

1. 直流負載線是依據電晶體電路的 $I_\text{C}$ 與 $V_\text{CE}$ 所繪成。
2. 電路偏壓是爲了建立穩定的直流工作點。
3. 直流負載線與電晶體特性曲線的水平軸相交於 $V_\text{CE} = V_\text{CC}$ 時。
4. 直流負載線與電晶體特性曲線的垂直軸相交於在 $I_\text{C} = 0$ 時。
5. 射極偏壓不如基極偏壓穩定。
6. 很少使用分壓的偏壓方法。
7. 電晶體基極的輸入阻抗會影響分壓偏壓電路。
8. 在剛性分壓器中，基極電壓不受溫度影響。
9. 射極偏壓使用一個直流電源電壓。
10. 負回授用於集極回授偏壓電路中。
11. 基極偏壓比分壓器偏壓不穩定。
12. 在基極偏壓電路組態中，$Q$ 點與 $\beta_\text{DC}$ 成反比變化。
13. 電壓下標單獨字母表示其電壓值相對於接地之值。

14. 當電晶體飽和時，$V_{CE} = V_{CC}$。

15. 當雙極性接面電晶體放大器於線性工作偏壓時，$V_{CE}$ 應約為 0.7V。

16. 假如電晶體放大器的 $V_C = 0$ V，則其故障可能來自電源。

# 電路動作測驗　答案以在以下網站找到 www.pearsonglobaleditions.com(搜索 ISBN:1292222999)

1. 假如圖 5-7 中的 $V_{BB}$ 電壓增加時，則集極電流的 $Q$ 點值將會

   (a) 增加　(b) 減少　(c) 不變

2. 假如圖 5-7 中的 $V_{BB}$ 電壓增加時，則 $V_{CE}$ 的 $Q$ 點值將會

   (a) 增加　(b) 減少　(c) 不變

3. 假如圖 5-10 中的 $R_2$ 值降低時，則基極的電壓將會

   (a) 增加　(b) 減少　(c) 不變

4. 假如圖 5-10 中的 $R_1$ 值增加時，則射極的電流將會

   (a) 增加　(b) 減少　(c) 不變

5. 假如圖 5-15 中的 $R_E$ 值降低時，則集極的電流將會

   (a) 增加　(b) 減少　(c) 不變

6. 假如圖 5-18 中的 $R_B$ 值降低時，則基極-射極的電壓將會

   (a) 增加　(b) 減少　(c) 不變

7. 假如圖 5-20 中的 $V_{CC}$ 值增加時，則基極-射極的電壓將會

   (a) 增加　(b) 減少　(c) 不變

# 自我測試　答案可在以下網站找到 www.pearsonglobaleditions.com(搜索 ISBN:1292222999)

第 5-1 節　
1. 當放大器未於輸入和輸出上提供正確的直流偏壓時，它可能進入

   (a)飽和狀態　(b)截止狀態　(c)以上皆是　(d)以上皆非

2. 理想上，直流負載線是一條繪於集極特性區線上的直線，介於

   (a) $Q$ 點與截止點　(b) $Q$ 點與飽和點

   (c) $V_{CE(cutoff)}$ 與 $I_{C(sat)}$　(d)$I_B = 0$ 與 $I_B = I_C / \beta_{DC}$

3. 某正弦電壓信號輸入已施加偏壓的 npn 電晶體的基極，其輸出端正弦波集極電壓則在接近零伏特處被截除，此電晶體處在

   (a) 驅動進入飽和區　(b) 驅動進入截止區

   (c) 工作於非線性區　(d) 答案 (a) 和 (c) 正確　(e) 答案 (b) 和 (c) 正確

第 5-2 節　
4. 已施加偏壓電晶體的基極輸入阻抗，主要決定於

   (a)$\beta_{DC}$　(b) $R_B$　(c) $R_E$　(d)$\beta_{DC}$和$R_E$

5. 分壓器偏壓電路如圖 5-13 所示，下列那一個條件可忽略$R_{IN(BASE)}$

   (a) $R_{IN(BASE)} > R_2$　(b) $R_2 > 10R_{IN(BASE)}$　(c) $R_{IN(BASE)} > 10R_2$　(d) $R_1 \ll R_2$

6. 於某個 *npn* 電晶體分壓器偏壓電路中,已知 $V_B$ 是 2.95 V。則此電晶體的直流射極電壓約為
(a) 2.25 V    (b) 2.95 V    (c) 3.65 V    (d) 0.7 V

7. 剛性分壓器是一種分壓器,其中基極電流
(a)小於 R 中的電流    (b)大於 R 中的電流
(c)等於 R 中的電流    (d)不等於 R 中的電流

**第 5-3 節**  8. 射極偏壓特性是
(a) 完全與 $\beta_{DC}$ 無關        (b) 與 $\beta_{DC}$ 關係密切
(c) 提供穩定的偏壓點    (d) 答案 (a) 和 (c) 都對

9. 在分壓器偏壓中,$V_C$ 等於
(a)$V_{CC}-I_C$    (b)$V_{CC}-I_C R_C$    (c)$I_C R_C - V_{CC}$    (d)$V_{CC}-R_C$

10. 在射極偏壓組態中,相對於接地的基極電壓 $V_B$ 是
(a)$V_E+V_{BE}$    (b)$V_E-V_{BE}$    (c)$V_{CC}-I_C R_C$    (d)$V_{EE}+I_E R_E$

11. 射極偏壓通常可提供良好的 Q 點穩定性,但需要
(a)負電源電壓    (b)正電源電壓
(c)正電源電壓和負電源電壓    (d)都不能提供良好的 Q 點穩定性

# 習　　題　　所有的答案都在本書末。

## 基本習題

**第 5-1 節**  **直流工作點**

1. 解釋當施加輸入信號時,如何避免電晶體進入截止或飽和狀態。

2. 描述偏壓電晶體的集極特性曲線。

3. 某偏壓電晶體放大器的輸出電壓 (集極電壓) 顯示於圖 5-24。請問該電晶體的偏壓靠近截止點或飽和點?

▶ 圖 5-24

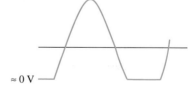

$\approx 0$ V

4. 當 $I_B = 150\mu A$、$\beta_{DC} = 75$、$V_{CC} = 18V$ 和 $R_C = 1k\Omega$ 時,圖 5-2 電晶體的 Q 點在那裡?

5. 習題 4 的飽和集極電流為多少?

6. 習題 4 的 $V_{CE}$ 截止電壓是多少?

7. 試求圖 5-25 電路中的直流負載線與集極特性曲線的垂直軸與水平軸交點。

▷ 圖 5-25

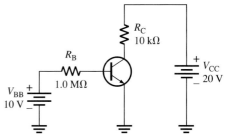

8. 假設我們要對圖 5-25 電晶體施加
偏壓，$I_B = 20\mu A$。請問$V_{BB}$需要多少？若在$\beta_{DC} = 50$ 的情況下，$Q$點的$I_C$和$V_{CE}$
分別為何值？

9. 請以下列規格設計電晶體的偏壓電路：$V_{BB} = V_{CC} = 10V$，$Q$ 點在$I_C = 5mA$ 和
$V_{CE} = 4V$，假設$\beta_{DC} = 100$。包括計算$R_B$、$R_C$和最小功率額定值。(實際的功率
額定值應該更高。) 並請畫出電路圖。

10. 請指出圖 5-26 電晶體的偏壓在截止區、飽和區或線性區。請記住，$I_C = \beta_{DC} I_B$
的關係只存在於線性區內。

▷ 圖 5-26

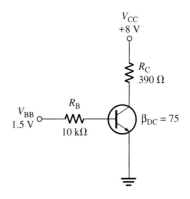

▷ 圖 5-27

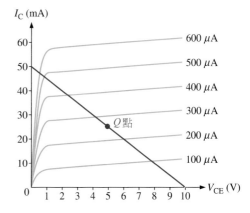

11. 從圖 5-27 中的集極特性曲線和直流負載線，試求下列：
(a)集極飽和電流　(b) 截止時的$V_{CE}$　(c) $I_B$、$I_C$、和$V_{CE}$ 的 $Q$ 點值

12. 根據圖 5-27，試求下列：

   (a)線性區域的最大集極電流　(b) 最大集極電流下的基極電流

   (c) 最大集極電流下的 $V_{CE}$

## 第 5-2 節　分壓器偏壓

13. 如圖 5-28，$\beta_{DC}$ 最小值是多少時，會使 $R_{IN(BASE)} \geq 10R_2$？

14. 如圖 5-28，偏壓電阻 $R_2$ 利用 15kΩ 的可變電阻取代，請問會使電晶體進入飽和區的最小阻抗值是多少？

15. 如果習題 14 的可變電阻值設定在 2 kΩ，試問 $I_C$ 和 $V_{CE}$ 值是多少？

▷ 圖 5-28

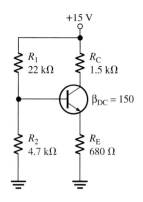

16. 試求圖 5-29 電晶體各接腳對接地的電壓值。不可忽略基極輸入阻抗或者 $V_{BE}$ 的值。

17. 若將圖 5-29 電晶體換成 pnp 型，請畫出其正確的電路連接方式。

18. (a) 試求圖 5-30 的 $V_B$。

   (b) 如果改用 $\beta_{DC}$ 為 50 的電晶體，則 $V_B$ 的值為多少？

19. 試求下圖 5-30 中：

   (a) $Q$ 點值是多少？

   (b) 電晶體的最小功率額定值是多少？

20. 試求圖 5-30 中，$I_1$、$I_2$、及 $I_B$ 的值。

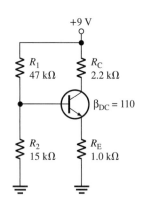

▲ 圖 5-29

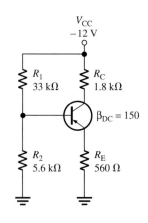

▲ 圖 5-30

## 第 5-3 節 其他的偏壓方法

**21.** 請分析圖 5-31 的電路,計算出電晶體各接腳對地的正確電壓,假設$\beta_{DC}=100$。

▶ 圖 5-31

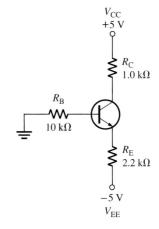

**22.** 圖 5-31 中的$R_E$可以減到多少,電晶體仍然不會進入飽和區。

**23.** 如果在圖 5-31 中,將$V_{BE}$列入考慮,當溫度由 25℃增加到 100℃時,$I_E$會有多少的變化量?已知在 25℃時,$V_{BE}=0.7$V,溫度每升高 1℃,$V_{BE}$會下降 2.5mV。忽略$\beta_{DC}$的改變。

**24.** 在射極偏壓電路中,何時可以不考慮$\beta_{DC}$變化的影響?

**25.** 試求圖 5-32 射極偏壓 *pnp* 電晶體電路的$I_C$和$V_{CE}$的值,假設$\beta_{DC}=100$。

**26.** 試求圖 5-33 的$V_B$、$V_C$和$I_C$的值各為多少?

**27.** 需要使用多少的$R_C$值,可以用來降低習題 24 的$I_C$值 25%?

**28.** 習題 27 中的電晶體,其最小功率額定值是多少?

**29.** 某集極回授電路採用 *npn* 型電晶體,已知其$V_{CC}=12$ V,$R_C=1.2$ k$\Omega$ 和 $R_B=47$k$\Omega$。試求當$\beta_{DC}=200$ 時,集極電流和集極電壓的值。

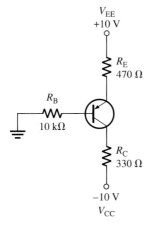

▲ 圖 5-32

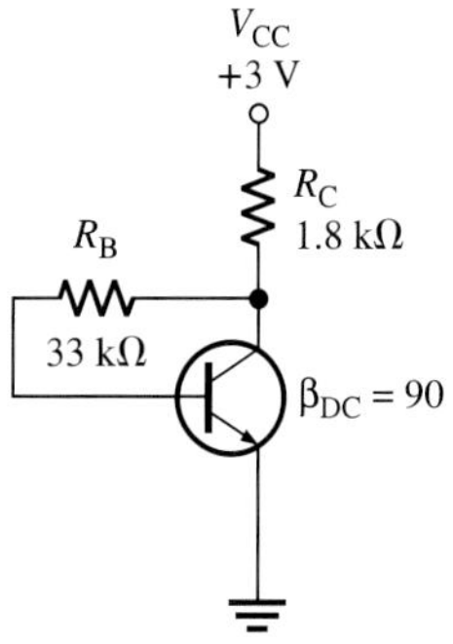

▲ 圖 5-33

**30.** 當某個基極偏壓電晶體電路具有下列規格時，試求出 $I_B$、$I_C$ 和 $V_{CE}$：$\beta_{DC} = 90$，$V_{CC} = 12V$，$R_B = 22k\Omega$ 和 $R_C = 100\Omega$。

**31.** 當習題 30 的 $\beta_{DC}$ 因為溫度關係而增為兩倍時，其 $Q$ 點之值是多少？

**32.** 假設現在有兩個待測的基極偏壓電路。兩個電路完全相同，除了一個接有獨立的電壓源 $V_{BB}$，另一個經由基極限流電阻連接到 $V_{CC}$。兩個電路各串接一個電流表，測量集極電流。當我們調整 $V_{CC}$，其中只會有一個電路的集極電流發生變化，另一個則不會。請問是那個電路集極電流發生變化？並請解釋你所觀察到的現象。

**33.** 假設根據某個電晶體規格表，其 $\beta_{DC}$ 的最小值為 50，最大值為 125。如果嘗試大量生產圖 5-34 的電路時，其 $Q$ 點的變動範圍為何？若要該電晶體 $Q$ 點工作在線性區中，此範圍是否正確？

**34.** 圖 5-34 的基極偏壓電路所處的溫度在 0℃ 到 70℃ 之間變化。原來 25℃ 的 $\beta_{DC}$ 標示值為 110，在 0℃ 時，降低 50 %，而在 70℃ 時，則增加 75 %。請問從 0℃ 到 70℃ 溫度範圍，試求 $I_C$ 和 $V_{CE}$ 的變動情形。

▶ 圖 5-34

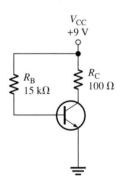

# BJT 放大器
## (BJT Amplifiers)

# 6

### 本章學習目標

◆ 描述放大器的工作原理

◆ 討論電晶體模型

◆ 描述與分析共射極放大器工作原理

◆ 描述與分析共集極放大器工作原理

◆ 描述與分析共基極放大器工作原理

◆ 描述與分析多級放大器工作原理

◆ 討論差動放大器及其工作原理

### 可參訪教學專用網站

有關這一章的學習輔助資訊可以在以下的網站
找到 http://www.pearsonglobaleditions.com
(搜索 ISBN:1292222999)

### 重要詞彙

◆ $r$ 參數 ($r$ parameter)

◆ 共射極 (Common-emitter)

◆ 交流接地 (ac ground)

◆ 輸入阻抗 (Input resistance)

◆ 輸出阻抗 (Output resistance)

◆ 衰減 (Attenuation)

◆ 旁路電容器 (Bypass capacitor)

◆ 共集極 (Common-collector)

◆ 射極隨耦器 (Emitter-follower)

◆ 共基極 (Common-base)

◆ 分貝(Decibel)

◆ 差動放大器(Differential amplifier)

◆ 共模 (Common mode)

◆ 共模拒斥比(Common-mode rejection ratio,
  CMRR )

### 簡 介

在第五章我們學過電晶體偏壓方式，本章
我們會把這些基本偏壓電路，應用在作為小信
號放大器的雙極接面電晶體 (BJT)電路上。其中
的名詞 "小訊號" (small-signal) 指的是，輸入
的信號只使用了放大器可操作範圍一小部分。
除此之外，我們也會學習到如何把放大器簡化
成直流電路和交流電路，以便更容易進行分析
工作，最後我們會學習多級放大器。 差動放大
器也會討論到。

# 6-1 放大器的工作原理 (Amplifier Operation)

電晶體偏壓只需考慮直流動作。偏壓的目的則是要建立電路的工作點($Q$點)，以便有交流信號輸入時，電壓及電流的改變能在電晶體的正常工作範圍中進行。 在應用上小信號必須給予放大，例如從天線及麥克風等裝置輸入微弱信號的電路中，電壓及電流在$Q$點附近的變動不會很大。處理這種小交流信號的放大器就稱為小信號放大器。

在學習完本節的內容後，你應該能夠

◆ **描述放大器的工作原理**
◆ 指出交流成分的大小
  ◆ 區別交流成分及直流成分
◆ 討論線性放大器的工作原理
  ◆ 定義相位反相的意義
  ◆ 用圖說明放大器的工作原理
  ◆ 分析交流負載線的工作原理

## 交流成分 (AC Quantities)

在前面幾章，直流成分是以非斜體大寫英文字母作為下標加以表示，如$I_C$、$I_E$、$V_C$及$V_{CE}$等。斜體小寫英文字母作為下標則用來標示交流成分的有效值、峰值及峰對峰值等，如$I_c$、$I_e$、$I_b$、$V_c$及$V_{ce}$，在本書中，除非特別註明，交流成分都是有效值。瞬間變化的成分則以字母及下標都是小寫的方式來標示，例如$i_c$、$i_e$、$i_b$及$v_{ce}$。圖 6-1 顯示在電壓波形中，不同標示法所代表的意義。

除了電壓及電流，在交流及直流分析電路中，電阻也會呈現不同的數值。其中小寫下標用來表示交流阻抗值。例如，$R_c$表示集極交流阻抗，$R_C$則表示集極直流電阻。在往後的章節，我們將發現這種區別是必要的。而電晶體的內部阻值則以 "′"(prime)來表示，並以小寫字母 $r$ 表示其為交流阻抗。例如射極交流內部阻抗以 $r_e'$ 表示。

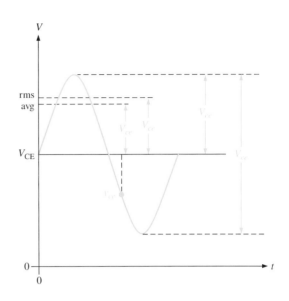

▶ 圖 6-1

類似$V_{ce}$之類的符號代表它是有效值、平均值或峰對峰值，但是除非有特別聲明，它的預設為rms值。而$v_{ce}$之類的符號則代表它是曲線上任意點的瞬時值。

## 線性放大器 (Linear Amplifier)

線性放大器可以使信號毫無失真地放大，因此，輸出信號即為放大後的輸入信號。以分壓器偏壓的電晶體電路如圖 6-2 所示，其中交流正弦波信號源是透過$C_1$電容耦合到電晶體基極，負載則是透過$C_2$電容耦合到電晶體集極。因為耦合電容器能阻隔直流，所以信號源內阻$R_s$與負載電阻 $R_L$ 不會影響電晶體基極與集極的直流偏壓。但是電容器對交流信號則可視為短路。所以信號源的正弦波電壓會使電晶體基極電壓，在直流偏壓位準 $V_{BQ}$上下以正弦波方式變動。經由電晶體的增益作用，基極電流變動會引起較大的集極電流變動。

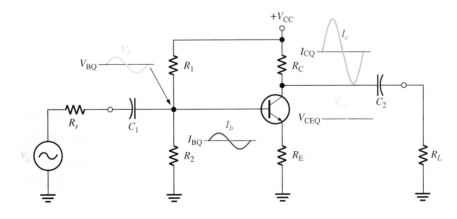

▲ 圖 6-2　　以內阻值為$R_s$的交流電壓源做為輸入訊號的分壓器偏壓放大器。

　　當集極的正弦波電流增加，集極電壓將減少。另一方面，集極電流 $I_{CQ}$ 在 $Q$ 點附近的變化與基極電流的變化爲同相 (in phase)。所以如圖 6-2，在 $Q$ 點上下變動的集極對射極正弦波電壓 $V_{CEQ}$，與基極正弦波電壓呈 180° 反相。因此電晶體的基極與集極電壓永遠呈現**反相 (phase inversion)** 的狀態。

*圖解分析 (A Graphical Picture)*　　上述分析可以利用圖 6-3 集極特性曲線加以說明。交流信號沿著交流負載線變化，這與直流負載線不同，因爲理想情況下，電容器於交流信號可視作短路，但是對直流偏壓則視作開路。基極的正弦波電壓透過交流負載線，使得基極電流在 $Q$ 點上下變動，如圖中箭頭所示。

第 5 章第 5-1 節討論了 $Q$ 點的判定。交流負載線與垂直軸 $(I_C)$ 在集極飽和電流 $I_{c(sat)}$ 的交流值處相交，並且在集極 - 射極截止電壓 $V$ 的交流值處與水平軸 $(V_{CE})$ 相交。這些值的決定如下：

$$I_{c(sat)} = V_{CEQ}/R_c + I_{CQ}$$

$$V_{ce(cutoff)} = V_{CEQ} + I_{CQ}R_c$$

其中 $R_c$ 是 $R_C$ 和 $R_L$ 的並聯組合。

從基極電流的峰值向左邊 $I_C$ 軸作垂線，向下方的 $V_{CE}$ 軸作垂線，可分別顯示出集極電流和集極對射極電壓的峰對峰值變動情形，如圖所示。因爲電容器 $C_1$ 和 $C_2$ 有效地改變了交流信號所看入的電阻，在圖 6-2 的交流分析電路中集極電阻是 $R_L$ 並聯 $R_C$，而它小於直流分析電路中集極電阻爲 $R_C$，所以交流負載線與直流負載線不同。

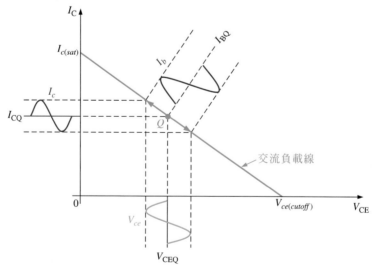

▲ 圖6-3　　放大器交流負載線的操作圖顯示，在直流 $Q$ 點附近，基極電流、集極電流和集極對射極電壓的變動情況。$I_b$ 和 $I_c$ 的顯示比例並不相同。

例 題 6-1     給定某個放大器的 $I_{CQ} = 4\,\text{mA}$，$V_{CEQ} = 2\text{V}$，$R_C = 1\,\text{k}\Omega$ 和 $R_L = 10\,\text{k}\Omega$ 的 $Q$ 點值，試求 $I_{c(sat)}$ 和 $V_{ce(cutoff)}$ 的交流負載線值。

解     交流負載線的 $I_{c(sat)}$ 和 $V_{ce(cutoff)}$ 值是

$$R_c = R_C \parallel R_L = 1\text{k}\Omega \parallel 10\text{k}\Omega = 909\Omega$$

$$I_{c(sat)} = V_{CEQ} / R_c + I_{CQ} = 2\text{V}/909\Omega + 4\text{mA} = 6.2\text{mA}$$

$$V_{ce(cutoff)} = V_{CEQ} + I_{CQ}R_c = 2\text{ V} + 4\text{ mA}(909\Omega) = 5.64\text{ V}$$

相 關 習 題*     如果 $Q$ 點值變為 3 V 和 6 mA，兩個軸上交流負載線的交點值為多少？

*答案可在以下網站找到 www.pearsonglobaleditions.com(搜索 ISBN:1292222999)

例 題 6-2     如圖 6-4 所示，某放大器的 $Q$ 點基極電流為 50 $\mu$A，在交流負載線 $Q$ 點上下產生 10 $\mu$A 的變動。請由圖中計算出集極電流和集極對射極電壓的峰對峰值。

解     圖 6-4 中的投影顯示集極電流峰對峰值為 2 mA，由 6mA 變動到 4mA，而集極對射極電壓峰對峰值是 1V，由 1V 變動到 2V。

相 關 習 題*     圖 6-4 中 $Q$ 點值 $I_C$ 和 $V_{CE}$ 各為多少？

*答案可在以下網站找到 www.pearsonglobaleditions.com(搜索 ISBN:1292222999)

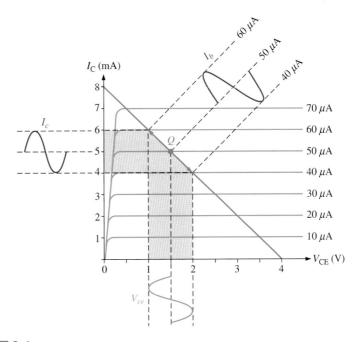

▲ 圖 6-4

1. 當 $I_b$ 在其正半週之峰值處，此時 $I_c$ 的峰值為_____，$V_{ce}$ 的峰值為_____。
2. $V_{CE}$ 和 $V_{ce}$ 的差異為何？
3. $R_e$ 和 $r'_e$ 的差異為何？
4. 為何由集極看到的交流阻抗與直流阻抗不同？

# 6-2 電晶體交流模型 (Transistor AC Models)

分析放大器電路中的電晶體工作情形時，將電晶體以其等效模型電路表示會很有幫助。電晶體模型電路使用其內部參數以表示電晶體的工作情況。電晶體模型電路在本節裡主要以阻抗或 $r$ 參數為討論對象。另一常用參數系統為 $h$ 參數或稱混合參數，本書只會簡要提及，讀者可再進一步參考其他材料研讀。在學習完本節的內容後，你應該能夠

- ◆ **討論電晶體模型**
- ◆ 列出並為 $r$ 參數下定義
- ◆ 描述 $r$ 參數電晶體模型
- ◆ 使用公式計算 $r'_e$
- ◆ 比較交流 $\beta_{ac}$ 與直流 $\beta_{DC}$
- ◆ 列出並為 $h$ 參數下定義

## $r$ 參數 ($r$ Parameters)

雙極接面電晶體常用的五個 $r$ 參數列舉在表 6-1 中。嚴格來說，$\alpha_{ac}$ 和 $\beta_{ac}$ 是電流比而非 $r$ 參數，但它們常與阻抗參數一起用於模擬基本電晶體電路，其他 $r$ 參數則以斜體小寫並在右上方加一撇，代表電晶體的內部阻抗值。

▶ 表 6-1 　 $r$ 參數。

| $r$ 參數 | 說明 |
|---|---|
| $\alpha_{ac}$ | 交流 $\alpha$ ($I_c/I_e$) |
| $\beta_{ac}$ | 交流 $\beta$ ($I_c/I_b$) |
| $r'_e$ | 交流射極阻抗 |
| $r'_b$ | 交流基極阻抗 |
| $r'_c$ | 交流集極阻抗 |

## r 參數電晶體模型 ( r-Parameter Transistor Model)

圖 6-5 (a) 顯示 BJT 的 **r 參數(r-parameter)**模型。但是對一般的電路分析而言，圖
6-5 (a) 可以做以下簡化：基極交流阻抗$r'_b$值很小，所以一般情況下可以忽略並
視爲短路。集極交流阻抗$r'_c$大小約爲數百 kΩ，通常可以視爲開路。綜合以上兩
點，r 參數等效電路圖 6-5 (a) 可以簡化成圖 6-5 (b)。

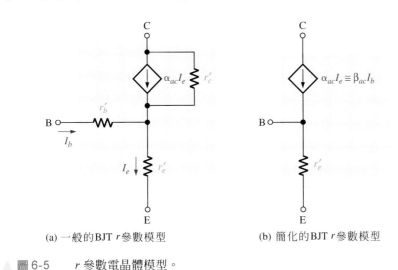

(a) 一般的BJT r參數模型　　　　(b) 簡化的BJT r參數模型

▲ 圖 6-5　　r 參數電晶體模型。

　　以電晶體交流工作情形來說明此模型電路如下：圖中射極端與基極端之間
出現阻抗$r'_e$。這是從順向偏壓電晶體的射極 "看進去" 的阻抗值。而電晶體的
集極可有效地視爲一個相依的電流源，大小爲$\alpha_{ac}I_e$或$\beta_{ac}I_b$，以菱形表示。考慮
這些因素後，電晶體可以表示爲圖 6-6 的等效電路。

▶ 圖 6-6

電晶體符號與 r 參數等效電路的關係。

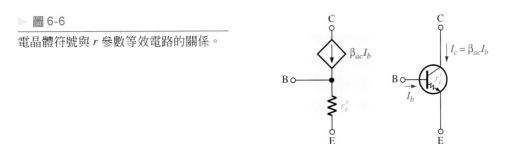

## 利用公式決定$r'_e$ (Determining $r'_e$ by a Formula)

分析放大器電路時，交流射極電阻 $r'_e$ 可以說是 r 參數中最重要的參數。爲了計
算出 $r'_e$ 的近似值，你可以使用公式 6-1 ，此公式是假設在 n 型區和 p 型區間具

有變化較大的接面所導出，並且與溫度有關。在此以環境溫度為 20°C 的條件來推導，

公式 6-1

$$r'_e \cong \frac{25\ \text{mV}}{I_E}$$

當溫度比較高，或電晶體的 *pn* 接面變化比較平緩 (而不陡峭) 的時候，上面數學式的分子將變得比較大。雖然這些情況會產生稍微不同的結果，不過大部分的電路設計並不會受 $r'_e$ 的影響而產生重大改變， 在一般情形下，使用上面數學式所得到的結果，會與實際電路相當吻合。 公式 6-1 的推導可以在網站 www.pearsonglobaleditions.com (搜索 ISBN:1292222999) 中的 "Derivations of Selected Equations" 找到。

---

例 題 6-3　　某電晶體的直流射極電流為 2mA，試求其 $r'_e$。

解　$r'_e \cong \dfrac{25\ \text{mV}}{I_E} = \dfrac{25\ \text{mV}}{2\ \text{mA}} = \textbf{12.5 } \boldsymbol{\Omega}$

相 關 習 題　如果 $r'_e = 8\ \Omega$，則 $I_E$ 為多少？

---

## 交流 $\beta_{ac}$ 值和直流 $\beta_{DC}$ 值的比較

**(Comparison of the AC Beta ($\beta_{ac}$) to the DC Beta ($\beta_{DC}$) )**

對典型電晶體而言，$I_C$ 對 $I_B$ 的關係圖是非線性的，如圖 6-7 (a) 所示。如果以曲線上一點 $Q$ 為工作點，並且使基極電流改變一個微小量 $\Delta I_B$，則集極電流會跟著變動 $\Delta I_C$，如圖 (b) 所示。在此非線性曲線上的不同點，比例值 $\Delta I_C / \Delta I_B$ 會不同，而且在同一 $Q$ 點上，$I_C / I_B$ 比例值也可能不同。既然 $\beta_{DC} = I_C / I_B$ 以及 $\beta_{ac} = \Delta I_C / \Delta I_B$，這兩個數值自然也會有些許差異。

▶ 圖 6-7

$I_C$ 對 $I_B$ 的曲線顯示 $\beta_{DC} = I_C / I_B$ 和
$\beta_{ac} = \Delta I_C / \Delta I_B$ 之間的差異。

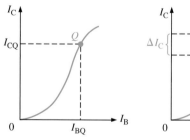
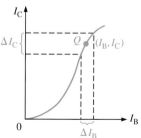

(a) 在工作點(Q-point)，$\beta_{DC} = I_C / I_B$　(b) $\beta_{ac} = \Delta I_C / \Delta I_B$

## $h$ 參數 ( $h$ Parameters)

製造商在電晶體資料表內標示有$h$參數(hybrid，混合的意思)，分別為 $h_i$、$h_r$、$h_f$ 及 $h_o$，因為這些參數比較好量測。

　　我們把四個基本的 $h$ 參數和它們的性質描述整理在表 6-2 中。每個 $h$ 參數都附加上第二個下標字母，分別代表共射極 ($e$)、共基極 ($b$) 或共集極 ($c$) 的放大器組態，如表 6-3 所示。*共極(common)*指的是不論輸入或輸出信號，都將三個電極(E、B、或 C)的其中一個當成交流接地端，共接到地。這三種組態的 BJT 放大器特性會在本章稍後討論。

▶ 表 6-2
基本交流 $h$ 參數。

| $h$ 參數 | 說明 | 條件 |
|---|---|---|
| $h_i$ | 輸入阻抗(電阻) | 輸出端短路 |
| $h_r$ | 逆向電壓回授比 | 輸入端開路 |
| $h_f$ | 順向電流增益 | 輸出端短路 |
| $h_o$ | 輸出導納(電導) | 輸入端開路 |

▶ 表 6-3
三種雙極性電晶體放大器的 $h$ 參數下標。

| 組態 | $h$ 參數 |
|---|---|
| 共射極 | $h_{ie}, h_{re}, h_{fe}, h_{oe}$ |
| 共基極 | $h_{ib}, h_{rb}, h_{fb}, h_{ob}$ |
| 共集極 | $h_{ic}, h_{rc}, h_{fc}, h_{oc}$ |

## $h$ 參數和 $r$ 參數的關係 (Relationships of $h$ Parameters and $r$ Parameters)

交流電流比值$\alpha_{ac}$和 $\beta_{ac}$可以如下直接由 $h$ 參數轉換求得：

$$\alpha_{ac} = h_{fb}$$
$$\beta_{ac} = h_{fe}$$

　　因為廠商的特性資料表通常只提供共射極組態的 $h$ 參數值，我們可以利用下列公式將它們轉換成 $r$ 參數。而且本書都使用 $r$ 參數而非 $h$ 參數，因為$r$ 參數較容易應用且較實用。

$$r'_e = \frac{h_{re}}{h_{oe}}$$

$$r'_c = \frac{h_{re} + 1}{h_{oe}}$$

$$r'_b = h_{ie} - \frac{h_{re}}{h_{oe}}(1 + h_{fe})$$

**第6-2節 隨堂測驗**
1. 試定義下列參數：$\alpha_{ac}$、$\beta_{ac}$、$r'_e$、$r'_b$ 和 $r'_c$。
2. 哪一個 $h$ 參數等於 $\beta_{ac}$？
3. 如果 $I_E = 15$ mA，則 $r'_e$ 大約為多少？
4. $\beta_{ac}$ 和 $\beta_{DC}$ 有何區別？

# 6-3 共射極放大器 (The Common-Emitter Amplifier)

如前面所述，可以使用交流等效模型電路表示 BJT。三種放大器組態為共射極、共基極、共集極。共射極組態(CE)放大器以射極作為交流信號的共同接腳或接地端。共射極組態放大器的特色是高電壓增益與高電流增益。共集極與共基極組態放大器則會在 6-4 及 6-5 節提到。

在學習完本節的內容後，你應該能夠

◆ **描述與分析共射極放大器工作原理**
◆ 討論分壓器偏壓的共射極放大器
  ◆ 說明輸入和輸出信號
  ◆ 討論相位反相之現象
◆ 完成直流電路分析
  ◆ 以直流等效電路表示放大器
◆ 完成交流電路分析
  ◆ 以交流等效電路表示放大器
  ◆ 定義*交流接地*
  ◆ 討論基極電壓
  ◆ 討論基極端的輸入阻抗及輸出阻抗
◆ 分析放大器的電壓增益
  ◆ 定義*衰減*
  ◆ 定義*旁路電容*
  ◆ 描述射極旁路電容對電壓增益的影響
  ◆ 討論沒有旁路電容的電壓增益
  ◆ 解釋負載對電壓增益的影響
◆ 討論電壓增益的穩定度
  ◆ 定義*穩定度*
  ◆ 解釋部分旁路 $r'_e$ 的目的及其對輸入阻抗的影響
◆ 計算電路的電流增益及功率增益

　　圖 6-8 顯示的是具有分壓器偏壓的**共射極 (common-emitter)** 放大器，這個放大器分別使用耦合電容器 $C_1$ 和 $C_3$，連接到輸入端和輸出端，並且使用一個旁路電容器 $C_2$，從射極連接到地端。在這個電路中，輸入訊號 $V_{in}$ 是以電容器耦合到基極端，輸出訊號 $V_{out}$ 則以電容器，從集極耦合到負載。經過放大的輸出訊號，與輸入訊號呈現 180° 之相位差。其中，因為交流訊號被施加於基極端當作輸入，並且從集極端取出當作輸出，所以射極是輸入和輸出訊號的共同端。因為有一個旁路電容器可以在訊號頻率下，有效地將射極與地端之間予以短路，

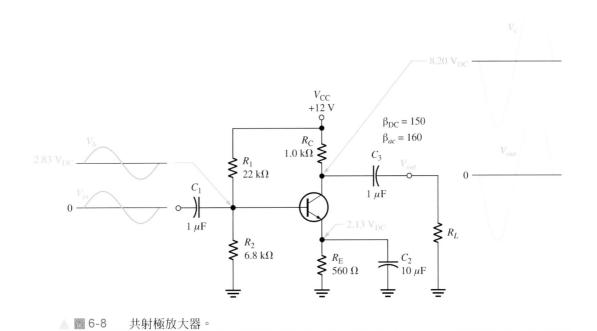

▲ 圖 6-8　　共射極放大器。

所以在射極端上並沒有任何訊號。此外，所有放大器都同時具有直流操作和交流操作的組合，我們必須考慮到這一點，但是請讀者記住，共射極設計方式指的是交流操作。

*相位反相 (Phase Inversion)*　　輸出訊號與輸入訊號呈現 180° 之相位差。當輸入訊號電壓變動的時候，會導致交流基極電流變動，因而造成集極電流變動，偏離了 $Q$ 點值。如果基極電流增加了，則集極電流會增加而高於其 $Q$ 點值，導致 $R_C$ 兩端的電壓降增加。此 $R_C$ 兩端電壓的增加，意味著集極端的電壓將減少而低於其 $Q$ 點值。所以，任何輸入訊號電壓的變動，將造成集極訊號電壓的反向變動，這即是相位反相的現象。

## 直流分析 (DC Analysis)

要分析圖6-8的放大器,首先必須決定直流偏壓值。想完成這項工作,則刪去旁路電容和耦合電容後可得到直流等效電路,因為當直流偏壓加入時,此兩種電容器會呈現開路。同時也將負載電阻與信號源移除。直流等效電路如圖6-9所示。

▶ 圖6-9    圖6-8中放大器的直流等效電路。

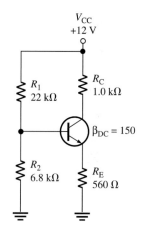

計算此偏壓電路之戴維寧等效電路,並應用克希荷夫電壓定律到基-射極電路上,

$$R_{TH} = \frac{R_1 R_2}{R_1 + R_2} = \frac{(6.8\,\text{k}\Omega)(22\,\text{k}\Omega)}{6.8\,\text{k}\Omega + 22\,\text{k}\Omega} = 5.19\,\text{k}\Omega$$

$$V_{TH} = \left(\frac{R_2}{R_1 + R_2}\right)V_{CC} = \left(\frac{6.8\,\text{k}\Omega}{6.8\,\text{k}\Omega + 22\,\text{k}\Omega}\right)12\,\text{V} = 2.83\,\text{V}$$

$$I_E = \frac{V_{TH} - V_{BE}}{R_E + R_{TH}/\beta_{DC}} = \frac{2.83\,\text{V} - 0.7\,\text{V}}{560\,\Omega + 34.6\,\Omega} = 3.58\,\text{mA}$$

$$I_C \cong I_E = 3.58\,\text{mA}$$

$$V_E = I_E R_E = (3.58\,\text{mA})(560\,\Omega) = 2\,\text{V}$$

$$V_B = V_E + 0.7\,\text{V} = 2.7\,\text{V}$$

$$V_C = V_{CC} - I_C R_C = 12\,\text{V} - (3.58\,\text{mA})(1.0\,\text{k}\Omega) = 8.42\,\text{V}$$

$$V_{CE} = V_C - V_E = 8.42\,\text{V} - 2\,\text{V} = 6.42\,\text{V}$$

## 交流分析 ( AC Analysis)

要分析放大器的交流信號工作情形，必須先用下列方法取得交流等效電路：

**1.** 經過事先設計好的 $C_1$、$C_2$ 及 $C_3$，使得這些電容器在信號頻率下的阻抗值 $X_C$，可以忽略且可視為 0Ω。

**2.** 將直流電壓源以接地取代。

因為直流電壓源不受負載的影響 (在限制範圍內) 而維持固定電壓，所以它所具有的內阻接近 0Ω；在直流電壓源兩端無法建立任何交流電壓，所以它可以視為交流短路。這就是為什麼直流電源會稱為交流接地(ac ground)的原因。

圖 6-8 共射極放大器的等效電路如圖 6-10 (a) 所示。請注意圖中 $R_C$ 和 $R_1$ 都有一端交流接地(紅色)，這是因為在實際電路中，它們都是接到 $V_{CC}$，而 $V_{CC}$ 可以有效地視為交流接地。

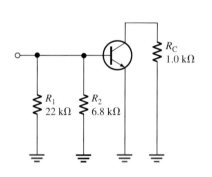

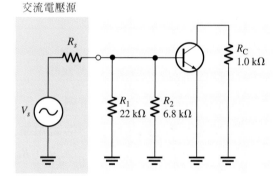

交流電壓源

(a) 無輸入信號電壓
　　(交流接地由紅色表示)

(b) 具輸入信號電壓

▲ 圖 6-10　圖 6-8 中放大器的交流等效電路。

在交流分析中，交流接地端與實際的接地端可以視為同一點。因為旁路電容器 $C_2$ 使得射極交流接地，所以圖 6-8 的放大器稱為共射極放大器。在電路學中，接地端是電路裡電位的共同參考接點。

*基極的交流信號電壓 (Signal (AC) Voltage at the Base)*　如圖 6-10 (b)，交流信號源 $V_s$，連接到電路的輸入端。如果交流信號源的內部電阻是 0Ω，則所有的電壓會全部出現在基極端。但是如果交流信號源的內部電阻不能視為零，那麼在決定基極的實際信號電壓時，必須考慮三個因素。分別為*信號源內部電阻 $R_s$，偏壓電阻 $R_1 \parallel R_2$，及電晶體基極端的交流輸入阻抗 $R_{in(base)}$*。圖 6-11 (a) 顯示了計算基極輸入阻抗的電路圖，並聯三個電阻 $R_1$、$R_2$ 及 $R_{in(base)}$ 的總電阻，即為電晶體

基極的輸入阻抗(input resistance), $R_{in(tot)}$，如圖 6-11 (b) 所示，由交流電源往電晶體基極看進去的總輸入阻抗。輸入阻抗具有比較高的值，是我們所期盼的，因為這樣可以讓放大器不會造成訊號源的過度負擔。這恰好與穩定 $Q$ 點的要求相反，穩定的 $Q$ 點要求比較小的阻抗。此高輸入阻抗與穩定偏壓對電路呈現相互衝突的要求，這是在選擇電路元件時，所必須作的許多取捨之一而已。總輸入阻抗由以下公式表示：

$$R_{in(tot)} = R_1 \| R_2 \| R_{in(base)}$$

公式　6-2

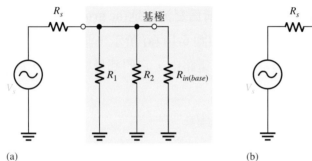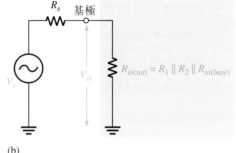

(a)               (b)

▲ 圖 6-11   基極電路的交流等效電路。

就如你所見的，電壓源電壓 $V_s$ 由 $R_s$ (電壓源內部電阻)與輸入阻抗$R_{in(tot)}$ 加以分壓，因此電晶體基極端的信號電壓，可以用如下的電壓分壓公式求得：

$$V_b = \left(\frac{R_{in(tot)}}{R_s + R_{in(tot)}}\right)V_s$$

如果 $R_s \ll R_{in(tot)}$，則 $V_b \cong V_s$，其中 $V_b$ 是放大器的輸入電壓 $V_{in}$。

***基極端的輸入阻抗*** *(Input Resistance at the Base)*   為了求得由交流電源往電晶體基極端看進去的交流輸入阻抗的表示式，使用經過簡化的電晶體 $r$ 參數模型。如圖 6-12，電晶體集極模型連接了集極電阻$R_C$。而由基極端看進去的輸入阻抗為

$$R_{in(base)} = \frac{V_{in}}{I_{in}} = \frac{V_b}{I_b}$$

所以基極電壓為

$$V_b = I_e r'_e$$

且既然 $I_e \cong I_c$，則

$$I_b \cong \frac{I_e}{\beta_{ac}}$$

將 $V_b$ 與 $I_b$ 代入，

$$R_{in(base)} = \frac{V_b}{I_b} = \frac{I_e r'_e}{I_e/\beta_{ac}}$$

消去 $I_e$ 後，

$$R_{in(base)} = \beta_{ac} r'_e$$ 公式 6-3

▶ 圖 6-12

將 $r$ 參數電晶體模型(在黃灰色標示區)連接到外部電路。

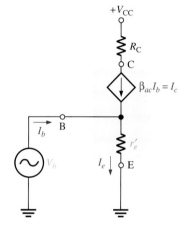

*輸出阻抗 (Output Resistance)*　共射極放大器往集極看進去的輸出阻抗(**output resistance**)，約略等於集極電阻。

$$R_{out} \cong R_C$$ 公式 6-4

事實上 $R_{out} = R_C \parallel r'_c$，但是既然電晶體內部的集極交流阻抗 $r'_c$，一般都比 $R_C$ 大，所以上述的近似值通常是合理的。

例 題 6-4　試求圖 6-13 電晶體基極的信號電壓。這個電路是圖 6-8 放大器的交流等效電路，內阻 300 Ω 的信號源輸出信號為 10 mV rms。已知 $I_E$ 是 3.58 mA。

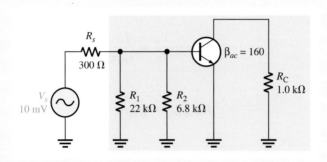

▲ 圖 6-13

解　首先決定交流射極阻抗。

$$r'e \cong \frac{25\text{mV}}{I_E} = \frac{25\text{mV}}{3.58\text{mA}} = 6.98\Omega$$

然後，

$$R_{in(base)} = \beta_{ac}r'e = 160(6.98\Omega) = 1.12\text{k}\Omega$$

其次求出由信號源所看見的輸入總阻抗。

$$R_{in(tot)} = R_1 \| R_2 \| R_{in(base)} = \frac{1}{\dfrac{1}{22\text{k}\Omega} + \dfrac{1}{6.8\text{k}\Omega} + \dfrac{1}{1.12\text{k}\Omega}} = 920\Omega$$

　　信號源電壓由 $R_s$ 和 $R_{in(tot)}$ 分壓，所以基極的信號電壓為 $R_{in(tot)}$ 兩端的電壓降。

$$V_b = \left(\frac{R_{in(tot)}}{R_s + R_{in(tot)}}\right)V_S = \left(\frac{920\Omega}{1221\Omega}\right)10\text{mV} = 7.53\text{mV}$$

結果顯示信號源電壓已經明顯的衰減，這是因為信號源內阻和放大器輸入阻抗結合形成分壓器電路。

相 關 習 題　如果圖 6-13 中信號源內阻是 75 Ω 且電晶體 $\beta_{ac}$ 為 200，試求基極信號電壓。

## 電壓增益 (Voltage Gain)

利用圖 6-14 的模型電路，可以求得共射極放大器交流電壓增益公式。交流電壓增益是電晶體集極交流輸出電壓 $V_c$ 對基極交流輸入電壓 $V_b$ 的比值。

$$A_v = \frac{V_{out}}{V_{in}} = \frac{V_c}{V_b}$$

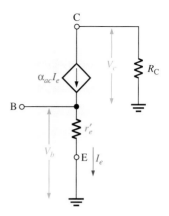

▶ 圖 6-14

計算交流電壓增益的模型電路。

注意圖中 $V_c = \alpha_{ac} I_e R_C \cong I_e R_C$ 和 $V_b = I_e r'_e$。所以，

$$A_v = \frac{I_e R_C}{I_e r'_e}$$

消去 $I_e$ 後，原式變成

$$A_v = \frac{R_C}{r'_e}$$

公 式 6-5

公式 6-5 是從基極到集極的電壓增益。如果想取得從信號源電壓到集極的總增益，必須考慮輸入電路的衰減效應。

衰減(Attenuation)是訊號通過電路時，訊號電壓降低的現象，相對應地，此時增益會小於 1。舉例而言，如果訊號振幅減少了一半，則衰減率是 2，因為增益是衰減的倒數，所以可表示成 0.5 的增益。假設某個訊號源產生了 10 mV 的輸入訊號，而且訊號源內阻與負載電阻所形成的組合，使得輸出訊號具有 2 mV 電壓。在這種情形下，衰減率是 10 mV/2 mV = 5。換言之，輸入訊號衰減了 5 倍。而這個結果可以使用增益表示出來，即 1/5 = 0.2。

假設圖 6-15 的放大器從基極到集極的電壓增益是 $A_v$，而且從訊號源到基極的衰減率是 $V_s / V_b$。這項衰減是由訊號源內阻和放大器的總輸入電阻所造成，其中這兩個電阻的作用像是分壓器，而且其效果可以表示成，

$$衰減率 = \frac{V_s}{V_b} = \frac{R_s + R_{in(tot)}}{R_{in(tot)}}$$

放大器的總電壓增益 $A'_v$ 是，從基極到集極的電壓增益 $V_c / V_b$ 乘以衰減率的倒數 $V_b / V_s$。

$$A'_v = \left( \frac{V_c}{V_b} \right)\left( \frac{V_b}{V_s} \right) = \frac{V_c}{V_s}$$

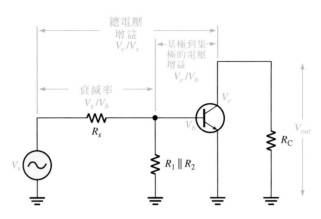

▲ 圖 6-15　基極電路衰減率和總電壓增益的關係。

**射極旁路電容對電壓增益的影響 (Effect of the Emitter Bypass Capacitor on Voltage Gain)**　圖 6-8 的射極旁路電容 (**bypass capacitor**) $C_2$，在交流信號分析中阻抗為零，讓射極電阻短路，可以使射極端交流接地。加上旁路電容，放大器的增益達到最大值，等於 $R_C / r_e'$。

　　但是作為旁路電容，其電容值必須足夠大，使電容阻抗在放大器的工作頻率下比 $R_E$ 小很多，理想值是 $0\,\Omega$。旁路電容值的設計原則是，在放大器的最低工作頻率下，旁路電容的電容阻抗 $X_C$ 必須小於 $R_E$ 的 $1/10$。

$$10X_C \leq R_E$$

**例 題　6-5**　如果圖 6-16 放大器的工作頻率範圍由 200 Hz 到 10 kHz，請選擇可以做為射極旁路電容 $C_2$ 的最小電容值。

▶ 圖 6-16

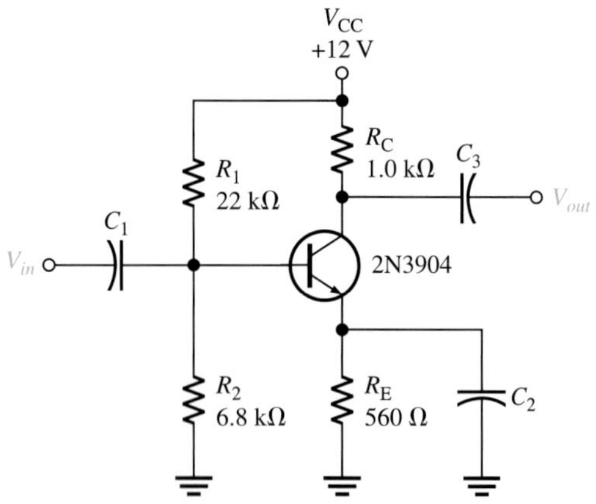

解 旁路電容 $C_2$ 的阻抗 $X_C$ 應該至少小於 $R_E$ 的十分之一。

$$X_{C2} = \frac{R_E}{10} = \frac{560 \ \Omega}{10} = 56 \ \Omega$$

電容值可以在最低頻率 200 Hz 時如下求出：

$$C_2 = \frac{1}{2\pi f X_{C2}} = \frac{1}{2\pi(200 \ \text{Hz})(56 \ \Omega)} = \textbf{14.2} \ \boldsymbol{\mu}\textbf{F}$$

這是此電路的旁路電容最小值。我們可以選擇較大電容值，但是可能會受到價格與元件體積的限制。

相 關 習 題 如果最小工作頻率範圍降低為 100 Hz，旁路電容器的最小值為多少？

*無旁路電容的電壓增益* (Voltage Gain Without the Bypass Capacitor) 為了瞭解旁路電容對交流電壓增益的影響，我們把它從圖 6-16 的電路中移開，再比較電壓增益的改變情況。

沒有了旁路電容，射極端不再交流接地。而交流信號在射極端與接地之間出現了 $R_E$，所以原來電壓增益公式中的 $r'_e$，必須再加上 $R_E$。

$$A_v = \frac{R_C}{r'_e + R_E}$$

公式 6-6

$R_E$ 具有使交流電壓增益降低的效果。

---

例 題 6-6 如果圖 6-16 中沒有負載電阻，在有射極旁路電容及沒有射極旁路電容兩種情形下，試計算放大器基極到集極的電壓增益。

解 例題 6-3 的相同電路中，已知 $r'_e = 6.98 \ \Omega$。如果沒有 $C_2$，電壓增益為

$$A_v = \frac{R_C}{r'_e + R_E} = \frac{1.0 \ \text{k}\Omega}{567 \ \Omega} = \textbf{1.76}$$

如果有 $C_2$，電壓增益為

$$A_v = \frac{R_C}{r'_e} = \frac{1.0 \text{k}\Omega}{6.98 \Omega} = \textbf{143}$$

結果顯示旁路電容明顯影響電壓增益。

相 關 習 題 假設 $R_E$ 加上旁路電容，試求圖 6-16 電路的基極到射極電壓增益，其餘元件數值如下列所示：$R_C = 1.8 \ \text{k}\Omega$，$R_E = 1.0 \ \text{k}\Omega$，$R_1 = 33 \ \text{k}\Omega$，和 $R_2 = 6.8 \ \text{k}\Omega$。

***負載對電壓增益的影響 (Effect of a Load on the Voltage Gain)***　　**負載 (load)** 是從放大器輸出端或其他電路，經由負載電阻所流出的總電流。當電阻 $R_L$ 經由耦合電容 $C_3$ 連接到輸出端，如圖 6-17 (a) 所示，於電路上建立了一個負載。在信號頻率下，集極電阻等於 $R_C$ 與 $R_L$ 的並聯電阻。也要記得電阻 $R_C$ 的上端實際上是交流接地。綜合上述，我們可以畫出圖 6-17 (b) 的交流等效電路。而集極交流總電阻等於

$$R_c = \frac{R_C R_L}{R_C + R_L}$$

將原電壓增益公式的 $R_C$ 改為 $R_c$，修正後的電壓增益為

公式　**6-7**

$$A_v = \frac{R_c}{r'_e}$$

如果因為 $R_L$ 造成 $R_c < R_C$，會使得電壓增益下降。然而，如果 $R_L \gg R_C$，則 $R_c \cong R_C$，於是負載對增益的影響非常小。

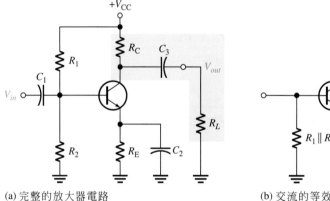

(a) 完整的放大器電路　　　　　　　　　　　　(b) 交流的等效電路 $(X_{C1} = X_{C2} = X_{C3} = 0)$

▲ 圖 6-17　輸出端以電容器耦合到交流負載的共射極放大器。

---

例　題　**6-7**　　當 5kΩ 負載電阻連接到圖 6-16 放大器輸出端後，試求基極到集極的電壓增益。假設已將射極有效旁路且 $r'_e = 6.98\,\Omega$。

解　　交流集極阻抗為

$$R_c = \frac{R_C R_L}{R_C + R_L} = \frac{(1.0\,\text{k}\Omega)(5\,\text{k}\Omega)}{6\,\text{k}\Omega} = 833\,\Omega$$

所以，

$$A_v = \frac{R_C}{r'_e} = \frac{833\Omega}{6.98\Omega} = \mathbf{119}$$

例題 6-6 中沒有負載的放大器電壓增益為 143。

相 關 習 題　圖 6-16 中由集極連接 10 kΩ負載電阻到地，試求基極到集極的電壓增益。將阻抗值改變如下：$R_C = 1.8$ kΩ，$R_E = 1.0$ kΩ，$R_1 = 33$ kΩ 和 $R_2 = 6.8$ kΩ。假設已將射極電阻有效旁路且 $r'_e = 18.5$ Ω。

## 電壓增益的穩定度 (Stability of the Voltage Gain)

**穩定度 (stability)**指的是在溫度改變，或不同β值的電晶體下，放大器維持原設計值的能力。雖然將$R_E$旁路可以得到最大的電壓增益，但是穩定度卻成為另一問題，因為交流電壓增益 $A_v = R_C/r'_e$，與 $r'_e$ 有關 (此時未加上負載電阻)。而 $r'_e$ 跟溫度及 $I_E$ 密切關連。受溫度的影響，讓電壓增益變得不穩定，當 $r'_e$ 增加時，增益下降，反之亦然。

沒有旁路電容，增益會下降，因為 $R_E$ 出現在交流電路中，使得電壓增益 $A_v$ 變成 $R_C/(r'_e + R_E)$。但是 $R_E$ 未經旁路的結果，使增益受 $r'_e$ 影響大幅減少，也就是較不受溫度影響，如果 $R_E \gg r'_e$，電壓增益可以完全不受 $r'_e$ 影響，因為

$$A_v \cong \frac{R_C}{R_E}$$

### 將 r'e 射極電阻部分旁路以便穩定電壓增益 (Swamping r'e to Stabilize the Voltage Gain)
射極部分旁路 (swamping) 可用來盡量減少 $r'_e$ 的影響，但不會讓電壓增益降到最低值。這個方法能消除 (swamps out) $r'_e$ 對電壓增益的作用。就成效而言，射極部分旁路是有跨越射極電阻$R_E$的旁路電容與沒有旁路電容兩種方式的折衷方案。無論如何，使用旁路電容，與使用最低頻放大器的交流射極電阻相比，其電抗都會很小。

射極部分旁路的放大器裡，$R_E$經部分旁路，使得放大器具有合理的增益，而$r'_e$造成的不穩定能盡量降低甚至消除。射極部分旁路的電路裡，$R_E$由兩個射極電阻$R_{E1}$和$R_{E2}$構成，如圖 6-18 所示。其中一個電阻$R_{E2}$加以旁路，另一個電阻$R_{E1}$則否。

兩個射極電阻 ($R_{E1} + R_{E2}$) 在直流偏壓電路都有作用，但是只有$R_{E1}$會影響交流電壓增益。

$$A_v = \frac{R_C}{r'_e + R_{E1}}$$

▷ 圖 6-18

使用部分旁路射極電阻以盡量減低 $r'_e$ 對放大器增益的影響，可以有效增加電壓增益的穩定度。

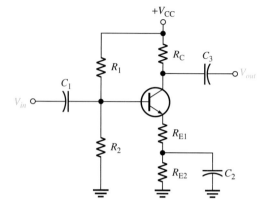

如果 $R_{E1}$ 比 $r'_e$ 最少大十倍以上，那麼 $r'_e$ 的影響會減低到最小，而放大器經射極部分旁路後，其電壓增益的近似值為

公式 6-8
$$A_v \cong \frac{R_C}{R_{E1}}$$

例題 6-8　試求圖 6-19 中射極部分旁路放大器的電壓增益。假設在放大器的工作頻率範圍旁路電容的電抗值可以忽略。假設 $r'_e = 15 \ \Omega$。

▷ 圖 6-19

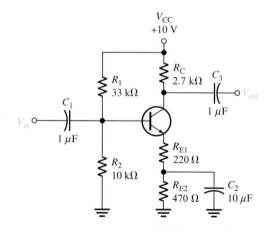

解　$C_2$ 將 $R_{E2}$ 旁路。$R_{E1}$ 比 $r'_e$ 大十倍以上，所以電壓增益大約為

$$A_v \cong \frac{R_C}{R_{E1}} = \frac{2.7\Omega}{220\Omega} = \mathbf{12}$$

相關習題　沒接 $C_2$ 時的電壓增益為何？如果以 $C_2$ 將 $R_{E1}$ 和 $R_{E2}$ 都旁路，則電壓增益為多少？

***射極部分旁路對放大器輸入阻抗的影響** (The Effect of Swamping on the Amplifier's Input Resistance)*　　將射極電阻 $R_E$ 完全旁路的共射極放大器，由基極往電晶體

方向看進去的交流輸入阻抗為$R_{in} = \beta_{ac} r'_e$。將射極電阻部分旁路後，交流信號會經過未被旁路的部分電阻，此部分電阻會與$r'_e$串聯造成交流輸入阻抗增加。輸入阻抗的公式為

$$R_{in(base)} = \beta_{ac}(r'_e + R_{E1})$$

公式 **6-9**

**例 題 6-9**　在圖 6-20 放大器中，(a) 試求直流集極電壓 (b) 試求交流集極電壓 (c) 畫出集極總電壓波形以及輸出總電壓波形。

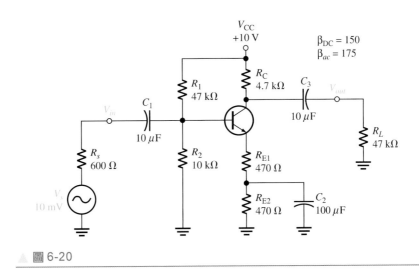

▲ 圖 6-20

解　**(a)** 先求直流偏壓值，利用圖 6-21 的直流等效電路

▶ 圖 6-21

圖 6-20 中電路的直流等效電路。

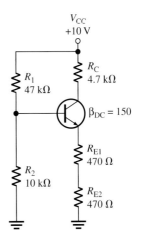

應用戴維寧定理及克希荷夫電壓定律到圖 6-21 的基-射極電路上

$$R_{TH} = \frac{R_1 R_2}{R_1 + R_2} = \frac{(47\,k\Omega)(10\,k\Omega)}{47\,k\Omega + 10\,k\Omega} = 8.25\,k\Omega$$

$$V_{TH} = \left(\frac{R_2}{R_1 + R_2}\right)V_{CC} = \left(\frac{10\,k\Omega}{47\,k\Omega + 10\,k\Omega}\right)10\,V = 1.75\,V$$

$$I_E = \frac{V_{TH} - V_{BE}}{R_E + R_{TH}/\beta_{DC}} = \frac{1.75\,V - 0.7\,V}{940\,\Omega + 55\,\Omega} = 1.06\,mA$$

$$I_C \cong I_E = 1.06\,mA$$

$$V_E = I_E(R_{E1} + R_{E2}) = (1.06\,mA)(940\,\Omega) = 1\,V$$

$$V_B = V_E + 0.7\,V = 1\,V - 0.7\,V = 0.3\,V$$

$$V_C = V_{CC} - I_C R_C = 10\,V - (1.06\,mA)(4.7\,k\Omega) = \mathbf{5.02\,V}$$

**(b)** 交流分析是利用圖 6-22 交流等效電路來進行

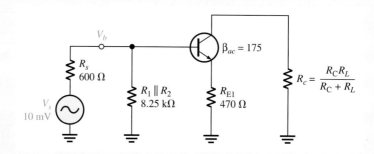

▲ 圖 6-22 圖 6-20 中放大器的交流等效電路。

進行交流分析的第一件事就是計算 $r'_e$

$$r'_e \cong \frac{25\,mV}{I_E} = \frac{25\,mV}{1.06\,mA} = 23.6\,\Omega$$

其次計算在基極電路的衰減率。從 600 Ω 信號源往基極看，總輸入阻抗 $R_{in}$ 為

$$R_{in(tot)} = R_1 \,\|\, R_2 \,\|\, R_{in(base)}$$

$$R_{in(base)} = \beta_{ac}(r'_e + R_{E1}) = 175(494\,\Omega) = 86.5\,k\Omega$$

所以，

$$R_{in(tot)} = 47\,k\Omega \,\|\, 10\,k\Omega \,\|\, 86.5\,k\Omega = 7.53\,k\Omega$$

從信號源到基極的衰減率為

$$衰減率 = \frac{V_s}{V_b} = \frac{R_s + R_{in(tot)}}{R_{in(tot)}} = \frac{600\,\Omega + 7.53\,k\Omega}{7.53\,k\Omega} = 1.08$$

計算 $A_v$ 前必須先知道交流集極阻抗 $R_c$。

$$R_c = \frac{R_C R_L}{R_C + R_L} = \frac{(4.7\,k\Omega)(47\,k\Omega)}{4.7\,k\Omega + 47\,k\Omega} = 4.27\,k\Omega$$

從基極到集極的電壓增益是

$$A_v \cong \frac{R_c}{R_{E1}} = \frac{4.27\,k\Omega}{470\,\Omega} = 9.09$$

總電壓增益為衰減率的倒數乘以放大器電壓增益。

$$A_v' = \left(\frac{V_b}{V_s}\right) A_v = (0.93)(9.09) = 8.45$$

信號源產生 10 mV rms 信號，所以集極的有效值電壓為

$$V_c = A_v' V_s = (8.45)(10\,mV) = \mathbf{84.5\,mV}$$

**(c)** 集極總電壓為 84.5 mV rms 的信號電壓疊加在 5.02 V 的直流位準上，如圖 6-23 (a) 所示，其中峰值的近似值計算如下：

最大 $V_{c(p)} = V_C + 1.414 V_c = 5.02\,V + (84.5\,mV)(1.414) = 5.14\,V$

最小 $V_{c(p)} = V_C - 1.414 V_c = 5.02\,V - (84.5\,mV)(1.414) = 4.90\,V$

耦合電容 $C_3$ 能夠隔絕直流準位出現在輸出端。所以 $V_{out}$ 等於集極電壓的交流部分 ($V_{out(p)} = (84.5\,mV)(1.414) = 119\,mV$)，如圖 6-23 (b)

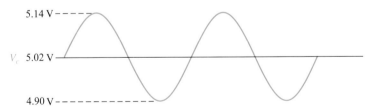

(a) 集極總電壓

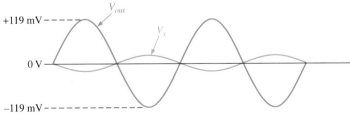

(b) 輸入和輸出交流電壓

▲ 圖 6-23　圖 6-20 中各項電壓的波形。

所示。圖中顯示出信號源電壓$V_s$是為了要強調相位反相。

相 關 習 題　移除 $R_L$ 後圖 6-20 的 $A_v$ 變成多少？

## 電流增益 (Current Gain)

本節的重點是電壓增益，因為這是共射極放大器的主要用途。但是，為了完整起見，我們同時討論電流和功率增益。

從基極到集極的電流增益等於$I_c / I_b$或$\beta_{ac}$。但是放大器的電流總增益則是

公 式　**6-10**
$$A_i = \frac{I_c}{I_s}$$

$I_s$是信號源的總電流，如圖 6-24 所示，一部分($I_b$)流往基極，一部分($I_{bias}$)會流往偏壓電路 ($R_1 \parallel R_2$)。信號源"看到"總電阻為 $R_s + R_{in(tot)}$。信號源產生的總電流等於

$$I_s = \frac{V_s}{R_s + R_{in(tot)}}$$

▶ 圖 6-24

總輸入信號電流 (圖中所示的方向是 $V_s$ 正半週時的電流方向)。

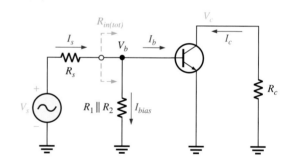

集極電路中的交流電流由集極電阻$R_C$和負載電阻$R_L$中的電流組成。如果你對負載的電流增益感興趣，則需要將電流分壓器規則應用於這些電阻，以決定交流負載電流。

## 功率增益 (Power Gain)

如上所述，CE 放大器很少用於提供功率增益。但是，為求完整，總功率增益是總電壓增益 $A'_v$ 與總電流增益 $A_i$ 的乘積。

公 式　**6-11**
$$A_p = A'_v A_i$$

其中　$A'_v = V_c / V_s$，如果你只對負載的功率增益感興趣，那麼依公式需使用電壓增益乘以負載的當前之電流增益而並非總電流增益。

| 第6-3節 隨堂測驗 | 1. 在放大器的直流等效電路中，電容器如何處理？ |
| --- | --- |
| | 2. 在射極電阻以電容器旁路後，放大器的增益受何影響？ |
| | 3. 解釋射極部分旁路。 |
| | 4. 列出共射極放大器輸入總阻抗的組成部分。 |
| | 5. 哪些元件決定共射極放大器的總電壓增益？ |
| | 6. 當負載電阻以電容耦合到 CE 放大器的集極端，電壓增益增加或減少？ |
| | 7. CE 放大器輸入與輸出電壓的相位關係為何？ |

## 6-4 　共集極放大器 (The Common-Collector Amplifier)

共集極放大器(common-collector, CC)通常可視為射極隨耦器(emitter-follower, EF)。輸入信號經由耦合電容送入基極，輸出則在射極端。共集極放大器的電壓增益大約為1，它的主要優點是高輸入阻抗與電流增益。

在學習完本節的內容後，你應該能夠

◆ **描述與分析共集極放大器工作原理**
◆ 討論分壓器偏壓的射極隨耦放大器
◆ 分析放大器的電壓增益
　◆ 解釋名詞：*射極隨耦器*
◆ 討論並計算輸入阻抗
◆ 計算輸出阻抗
◆ 計算電流增益
◆ 計算功率增益
◆ 描述達靈頓對
　◆ 討論其應用
◆ 討論互補式達靈頓對(Sziklai pair)

圖 6-25 為分壓器偏壓的射極隨耦器 (emitter-follower) 電路圖。我們應該注意，輸入信號以電容器耦合到基極，射極端以電容器耦合輸出信號，而集極則交流接地。輸出與輸入不僅相位相同，振幅也幾乎一樣。

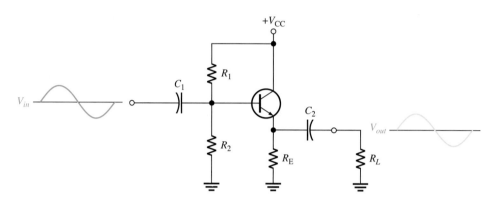

▲ 圖 6-25 分壓器偏壓的射極隨耦器。

## 電壓增益 (Voltage Gain)

與所有的放大器相同，電壓增益是 $A_v = V_{out} / V_{in}$。假設在工作頻率下，電容抗可以忽略。如圖 6-26 的射極隨耦器交流模型電路，

▶ 圖 6-26

用以計算電壓增益的射極隨耦器模型。

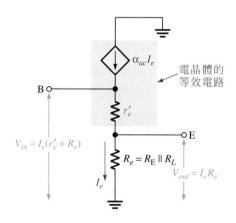

$$V_{out} = I_e R_e \text{ 和 } V_{in} = I_e(r'_e + R_e)$$

所以電壓增益等於

$$A_v = \frac{I_e R_e}{I_e(r'_e + R_e)}$$

消去 $I_e$ 後，基極對射極的電壓增益公式簡化成

$$A_v = \frac{R_e}{r'_e + R_e}$$

其中 $R_e$ 是 $R_E$ 與 $R_L$ 的並聯阻抗值。如果電路沒有負載,則 $R_e = R_E$。必須注意電壓增益永遠小於 1。如果 $R_e \gg r'_e$,可以推論得到下列近似值

$$A_v \cong 1 \qquad\qquad \text{公式 6-12}$$

既然是從射極輸出電壓,而它與基極電壓同相,所以輸出與輸入之間沒有反相現象。因為沒有反相作用,而且電壓增益接近 1,輸出電壓在相位與大小兩方面,都會跟隨 (follows) 輸入電壓變動,所以稱為*射極隨耦器 (emitter-follower)*。

## 輸入阻抗 (Input Resistance)

高輸入阻抗與低輸出阻抗是射極隨耦器的特徵,就是這一點使它變成很有用的電路。因為具有高輸入阻抗,當某個電路驅動的負載電阻值很小,射極隨耦器可以當作緩衝器,以降低負載效應。共集極放大器基極輸入阻抗的計算方式,與共射極放大器相似。不過在共集極放大器電路中,絕對不可將射極電阻旁路,因為信號是從 $R_e$ 兩端輸出。$R_e$ 是由 $R_E$ 與 $R_L$ 並聯組成。

$$R_{in(base)} = \frac{V_{in}}{I_{in}} = \frac{V_b}{I_b} = \frac{I_e(r'_e + R_e)}{I_b}$$

既然 $I_e \cong I_c = \beta_{ac} I_b$,

$$R_{in(base)} \cong \frac{\beta_{ac} I_b (r'_e + R_e)}{I_b}$$

可以消去 $I_b$ 項,得出

$$R_{in(base)} \cong \beta_{ac}(r'_e + R_e)$$

如果 $R_e \gg r'_e$,基極的輸入阻抗可以簡化成

$$R_{in(base)} \cong \beta_{ac} R_e \qquad\qquad \text{公式 6-13}$$

從輸入信號源看進去,圖 6-25 的偏壓電阻與 $R_{in(base)}$ 並聯;與共射極電路的計算方式相似,總輸入阻抗等於

$$R_{in(tot)} = R_1 \| R_2 \| R_{in(base)}$$

## 輸出阻抗 (Output Resistance)

將負載移除後,從射極往射極隨耦器看的輸出阻抗,其近似值如下:

$$R_{out} \cong \left(\frac{R_s}{\beta_{ac}}\right) \| R_E \qquad\qquad \text{公式 6-14}$$

其中 $R_s$ 是輸入信號源的內部阻抗。公式 6-14 的推導可以在網站www.pearsonglobaleditions.com(搜索 ISBN:1292222999) 中的 "Derivations of Selected Equations" 找到，因太複雜已做若干簡化假設。低輸出阻抗是射極隨耦器的特徵，所以它很適合驅動低阻抗負載。

### 電流增益 (Current Gain)

圖 6-25 的射極隨耦器，其電流總增益為

公式　6-15
$$A_i = \frac{I_e}{I_{in}}$$

其中 $I_{in}=V_{in}/R_{in(tot)}$。

### 功率增益 (Power Gain)

共集極放大器的功率增益，是總電壓增益與總電流增益的乘積。因為電壓增益很接近1，所以射極隨耦器的功率增益幾乎等於電流增益。

$$A_p = A_v A_i$$

既然 $A_v \cong 1$，總功率增益等於

公式　6-16
$$A_p \cong A_i$$

負載的功率增益近似於負載的當前增益；可以使用電流分配定則來確定當前負載電流。

例 題　6-10　試求出圖 6-27 射極隨耦器的輸入總阻抗。也請求出電壓增益、電流增益和輸出到負載電阻 $R_L$ 的功率增益。假設 $\beta_{ac}= 175$ 且耦合電容在工作頻率範圍的電抗值可以忽略。

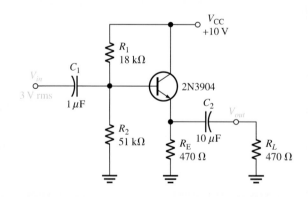

▲ 圖 6-27

解　外接到電晶體的交流射極阻抗等於

$$R_e = R_E \| R_L = 470\,\Omega \| 470\,\Omega = 235\,\Omega$$

而由基極端看進去的輸入阻抗近似值為

$$R_{in(base)} \cong \beta_{ac} R_e = (175)(235\,\Omega) = 41.1\,k\Omega$$

總輸入阻抗為

$$R_{in(tot)} = R_1 \| R_2 \| R_{in(base)} = 18\,k\Omega \| 51\,k\Omega \| 41.1\,k\Omega = \mathbf{10.1\,k\Omega}$$

電壓增益 $A_v \cong 1$。如果有必要的話可以利用 $r'_e$ 求出更精確的 $A_v$ 數值。

$$V_E = \left(\frac{R_2}{R_1 + R_2}\right) V_{CC} - V_{BE} = \left(\frac{51\,k\Omega}{18\,k\Omega + 51\,k\Omega}\right) 10\,V - 0.7\,V$$
$$= (0.739)(10\,V) - 0.7\,V = 6.69\,V$$

所以，

$$I_E = \frac{V_E}{R_E} = \frac{6.69\,V}{470\,\Omega} = 14.2\,mA$$

且

$$r'_e \cong \frac{25\,mV}{I_E} = \frac{25\,mV}{14.2\,mA} = 1.76\,\Omega$$

所以，

$$A_v = \frac{R_e}{r'_e + R_e} = \frac{235\,\Omega}{237\,\Omega} = \mathbf{0.992}$$

因為 $r'_e$ 對 $A_v$ 值的影響很小，故通常可忽略之。

電流增益為 $A_i = I_e / I_{in}$。其計算過程如下：

$$I_e = \frac{V_e}{R_e} = \frac{A_v V_b}{R_e} \cong \frac{(0.992)(3\,V)}{235\,\Omega} = \frac{2.98\,V}{235\,\Omega} = 12.7\,mA$$

$$I_{in} = \frac{V_{in}}{R_{in(tot)}} = \frac{3\,V}{10.1\,k\Omega} = 297\,\mu A$$

$$A_i = \frac{I_e}{I_{in}} = \frac{12.7\,mA}{297\,\mu A} = \mathbf{42.8}$$

總功率增益為

$$A_p \cong A_i = 42.8$$

既然 $R_L = R_E$，會有一半的功率消耗在 $R_E$ 及另一半在 $R_L$。所以只考慮輸送到負載的功率時，功率增益為

$$A_{p(load)} = \frac{A_p}{2} = \frac{42.8}{2} = \textbf{21.4}$$

**相 關 習 題** 如果將圖 6-27 的 $R_L$ 電阻值降低，則負載的功率增益增加或減少？

## 達靈頓對 (The Darlington Pair)

就如前面所學，$\beta_{ac}$ 是決定放大器輸入阻抗的重要因數。電晶體的 $\beta_{ac}$ 限制射極隨耦器的輸入阻抗可以到達的最大值。

使用**達靈頓對 (Darlington pair)** 是提升輸入阻抗的可行方法之一，如圖 6-28 所示。連接兩個電晶體的集極，將第一個電晶體射極與第二個的基極相連。經由這種組合方式，達靈頓對的電流增益是兩個電晶體$\beta_{ac}$的乘積，說明如下：

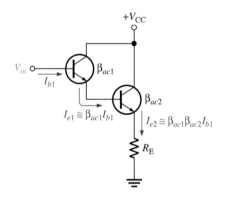

▲ 圖 6-28　達靈頓對是將兩個電晶體的$\beta_{ac}$值相乘。

第一個電晶體的射極電流為

$$I_{e1} \cong \beta_{ac1}I_{b1}$$

此射極電流成為第二個電晶體的基極電流，接著產生第二個射極電流

$$I_{e2} \cong \beta_{ac2}I_{e1} = \beta_{ac1}\beta_{ac2}I_{b1}$$

所以達靈頓對的有效電流增益為

$$\beta_{ac} = \beta_{ac1}\beta_{ac2}$$

假設$R_E$比$r'_e$大很多，則$r'_e$可忽略，此時輸入阻抗為

$$R_{in} = \beta_{ac1}\beta_{ac2}R_E$$
公式 6-17

*應用 (An Application)*　　具有高輸出阻抗的電路要連接低阻抗的負載時，可以使用射極隨耦器作為介面，使得負載得到一個較好的阻抗匹配，這種射極隨耦器稱為*緩衝器 (buffer)*。

例如，共射極放大器的集極阻抗 (即輸出電阻) 是 1.0 kΩ，卻要推動低阻抗的負載，比如 8Ω 低功率揚聲器。將揚聲器以電容器耦合到放大器的輸出端，對交流信號而言，8Ω 負載會與集極電阻 1.0kΩ 並聯。所以交流集極阻抗是

$$R_c = R_C \| R_L = 1.0\,\text{k}\Omega \| 8\,\Omega = 7.94\,\Omega$$

明顯地，電壓增益 $(A_v = R_c/r'_e)$ 將大幅降低，這種結果很難令人接受。假設 $r'_e = 5\Omega$，電壓增益將降低，從

$$A_v = \frac{R_C}{r'_e} = \frac{1.0\,\text{k}\Omega}{5\,\Omega} = 200$$

為沒有負載變成

$$A_v = \frac{R_c}{r'_e} = \frac{7.94\,\Omega}{5\,\Omega} = 1.59$$

這是接有 8Ω 揚聲器負載的狀況。

以達靈頓對形成的射極隨耦器，可以當作放大器與揚聲器的中介，如圖 6-29 所示。它是共集極放大器應用的良好例子。

> **供您參考**
>
> 圖 6-29 中的電路設計對於低功率應用電路 ( < 1W 負載功率) 而言是很有用的，但是對於需要高功率的電路而言，顯得沒效率而且不合適。

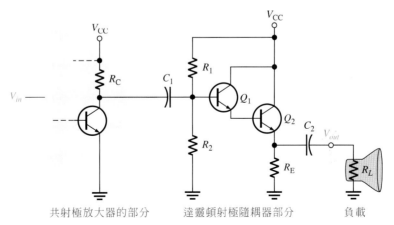

共射極放大器的部分　　　達靈頓射極隨耦器部分　　　負載

▲ 圖 6-29　在共射極放大器和像揚聲器之類低阻抗負載的中間，可以加入達靈頓射極隨耦器作為緩衝器。

例 題 **6-11** 圖 6-29 之共射極放大器部分，其數據為 $V_{CC} = 10$ V，$R_C = 1.0$ kΩ 且 $r'_e = 5$ Ω。而在達靈頓射極隨耦器部分，其數據則為 $R_1 = 10$ kΩ，$R_2 = 22$ kΩ，$R_E = 22$ Ω，$R_L = 8$ Ω，$V_{CC} = 10$ V，且每個電晶體 $\beta_{DC} = \beta_{ac} = 100$。忽略達靈頓的 $R_{IN(BASE)}$。

**(a)** 試求共射極放大器的電壓增益。

**(b)** 試求達靈頓射極隨耦器的電壓增益。

**(c)** 試求總電壓增益，並與沒有加上達靈頓射極隨耦器而由共射極放大器直接驅動揚聲器的電壓增益相比較。

解 **(a)** 要求出共射極放大器的增益 $A_v$，首先要知道達靈頓射極隨耦器的 $r'_e$。

$$V_B = \left(\frac{R_2}{R_1 + R_2}\right) V_{CC} = \left(\frac{22\text{k}\Omega}{32\text{k}\Omega}\right) 10\text{V} = 6.88\text{V}$$

$$I_E = \frac{V_E}{R_E} = \frac{V_B - 2V_{BE}}{R_E} = \frac{6.88\text{V} - 1.4\text{V}}{22\Omega} = \frac{5.48\text{V}}{22\Omega} = 250\text{mA}$$

$$r'_e = \frac{25\text{mV}}{I_E} = \frac{25\text{mV}}{250\text{mA}} = 100\text{m}\Omega$$

請注意 $R_E$ 必然會消耗若干功率

$$P_{R_E} = I^2_E R_E = (250\text{mA})^2 (22\Omega) = 1.38\text{W}$$

且電晶體 $Q_2$ 必然會消耗

$$P_{Q2} = (V_{CC} - V_E)I_E = (4.52\text{V})(250\text{mA}) = 1.13\text{W}$$

其次，達靈頓射極隨耦器的交流射極阻抗為

$$R_e = R_E \| R_L = 22\ \Omega \| 8\ \Omega = 5.87\ \Omega$$

達靈頓射極隨耦器的輸入總阻抗為

$$R_{in(tot)} = R_1 \| R_2 \| \beta_{ac}^2 (r'_e + R_e)$$

$$= 10\text{k}\Omega \| 22\text{k}\Omega \| 100^2(100\text{m}\Omega + 5.87\Omega) = 6.16\text{k}\Omega$$

共射極放大器的交流等效集極電阻為

$$R_c = R_C \| R_{in(tot)} = 1.0\ \text{k}\Omega \| 6.16\ \text{k}\Omega = 860\ \Omega$$

所以共射極放大器的電壓增益為

$$A_v = \frac{R_c}{r'_e} = \frac{860\ \Omega}{5\ \Omega} = \mathbf{172}$$

**(b)** 在 (a) 部分中已求出交流等效射極電阻是 $5.87\Omega$。達靈頓射極隨耦器的電壓增益為

$$A_v = \frac{R_e}{r'_e + R_e} = \frac{5.87\Omega}{100m\Omega + 5.87\Omega} = 0.99$$

**(c)** 總電壓增益等於

$$A'_v = A_{v(EF)}A_{v(CE)} = (0.99)(172) = \mathbf{170}$$

如果以共射極放大器直接驅動揚聲器，前面已計算過其增益為 1.59。

相 關 習 題　同樣的電路元件數值，圖 6-29 的達靈頓射極隨耦器的兩個電晶體改以一個電晶體取代，試求電壓增益。假設 $\beta_{DC} = \beta_{ac} = 100$。試解釋有或沒有達靈頓對電晶體，所引起電壓增益的差異。

## 西克對 (The Sziklai Pair)

如圖 6-30 所示的西克對 **(Sziklai pair)** 與達靈頓對很類似，不過它是由兩種類型電晶體所組成，一個是 *npn*，一個是 *pnp*。這種電晶體組合方式有時候稱為*互補式達靈頓 (complementary Darlington)* 或*複合電晶體 (compound transistor)*。如同圖中所顯示的，其電流增益與達靈頓對大致相同。其差異為 $Q_2$ 基極是 $Q_1$ 的集極電流，而不是像達靈頓對中的射極電流。

　　與達靈頓對相比，西克對有一項優點，那就是因為 西克對只需要克服一個障壁電位，所以用於開啟它的電壓會比較小。西克對有時候會與達靈頓對搭配使用，來當作功率放大器的輸出級。在這種情形下，兩個輸出功率電晶體都是相同類型 (兩個 *npn* 或兩個 *pnp* 電晶體)。此使得輸出電晶體的匹配較容易達成，因而使得這種電路配置在音頻應用電路中，具有比較好的熱穩定性和比較好的音質。

▶ 圖 6-30

西克對。

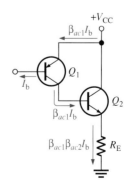

第6-4節 隨堂測驗
1. 共集極放大器通常又稱為什麼？
2. 理想狀況下共集極放大器的電壓增益最大值為何？
3. 共集極放大器具有什麼特性使它成為有用的電路？
4. 何謂達靈頓對？
5. 達靈頓對與西克對(Sziklai pair)有何不同？

# 6-5 共基極放大器 (The Common-Base Amplifier)

共基極放大器 (CB) 具有高電壓增益，電流增益的最大值為 1。既然它有低輸入阻抗，當某些應用電路的信號源具有低輸出阻抗時，共基極放大器很適合當此信號源的輸出端放大器。

在學習完本節的內容後，你應該能夠

◆ **描述與分析共基極放大器工作原理**
◆ 計算電壓增益
   ◆ 解釋信號為何沒有反相
◆ 討論並計算輸入阻抗
◆ 計算輸出阻抗
◆ 計算電流增益
◆ 計算功率增益

典型的共基極(common-base)放大器如圖 6-31 所示。因為電容器 $C_2$ 的作用，基極交流接地，所以是電路的共同接點。輸入信號以電容器耦合到射極。輸出信號則從集極，以耦合電容器連接到負載阻抗。

## 電壓增益 (Voltage Gain)

從射極到集極的電壓增益公式，可以如下整理 ($V_{in} = V_e$，$V_{out} = V_c$)。

$$A_v = \frac{V_{out}}{V_{in}} = \frac{V_c}{V_e} = \frac{I_c R_c}{I_e(r'_e \| R_E)} \cong \frac{I_e R_c}{I_e(r'_e \| R_E)}$$

如果 $R_E \gg r'_e$，則

公式 **6-18**

$$A_v \cong \frac{R_c}{r'_e}$$

其中 $R_c = R_C \parallel R_L$。請注意，電壓增益公式與共射極放大器相同。不過從射極到集極並沒有反相的問題。

**供您參考**

在高頻率的情形下，如果需要進行阻抗匹配，則CB放大器會很有用，因為這種放大器的輸入阻抗能夠加以控制，且此類非反相放大器亦具有比較好的頻率響應。

## 輸入阻抗 (Input Resistance)

由射極端看進去的輸入阻抗為

$$R_{in(emitter)} = \frac{V_{in}}{I_{in}} = \frac{V_e}{I_e} = \frac{I_e(r'_e \parallel R_E)}{I_e}$$

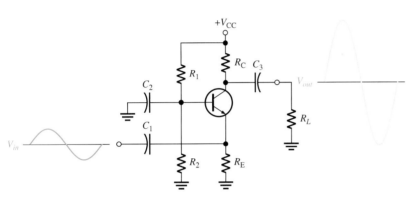
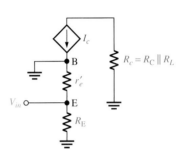

(a) 具有負載的完整電路　　　　　　　　　　　　　　(b) 交流等效模型

▲ 圖 6-31　分壓器偏壓的共基極放大器。

如果 $R_E \gg r'_e$，則

$$R_{in(emitter)} \cong r'_e$$

公式 6-19

在一般狀況下，$R_E$ 比 $r'_e$ 大很多，所以 $r'_e \parallel R_E \cong r'_e$ 的假設通常會成立。但還是可以利用部分旁路電阻(swamping resistor)將輸入電阻設為所期望的大小。這在通信系統和其他需要匹配電源阻抗以防止信號反射的應用中非常有用。

## 輸出阻抗 (Output Resistance)

從集極看進去，電晶體的集極交流電阻 $r'_c$ 與 $R_C$ 並聯。就像前面學過的共射極放大器，$r'_c$ 通常比 $R_C$ 大很多，所以輸出阻抗可以很近似地寫成

$$R_{out} \cong R_C$$

公式 6-20

## 電流增益 (Current Gain)

電流增益等於輸出電流除以輸入電流。$I_c$ 是交流輸出電流，$I_e$ 是交流輸入電流。既然 $I_c \cong I_e$，因此電流增益約等於 1。

公式 6-21 $$A_i \cong 1$$

## 功率增益 (Power Gain)

共基極放大器主要是電壓放大器,因此功率增益比較次要。既然共基極放大器的電流增益約為 1,而 $A_p = A_v A_i$,因此功率增益幾乎等於電壓增益。

該功率增益包括集極阻抗和負載阻抗的功率。如果你只想求負載的功率增益,則將 $V_{out}^2 / R_L$ 除以輸入功率即可。

公式 6-22 $$A_p \cong A_v$$

例 題 6-12　試求圖 6-32 放大器的輸入阻抗、電壓增益、電流增益及功率增益。假設 $\beta_{DC} = 250$。

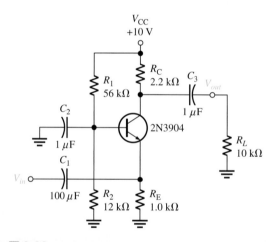

▲ 圖 6-32

解　首先,求出 $I_E$ 然後才能計算 $r'_e$。然後 $R_{in} \cong r'_e$

$$R_{TH} = \frac{R_1 R_2}{R_1 + R_2} = \frac{(56\,\mathrm{k}\Omega)(12\,\mathrm{k}\Omega)}{56\,\mathrm{k}\Omega + 12\,\mathrm{k}\Omega} = 9.88\,\mathrm{k}\Omega$$

$$V_{TH} = \left(\frac{R_2}{R_1 + R_2}\right)V_{CC} = \left(\frac{12\,\mathrm{k}\Omega}{56\,\mathrm{k}\Omega + 12\,\mathrm{k}\Omega}\right)10\,\mathrm{V} = 1.76\,\mathrm{V}$$

$$I_E = \frac{V_{TH} - V_{BE}}{R_E + R_{TH}/\beta_{DC}} = \frac{1.76\,\mathrm{V} - 0.7\,\mathrm{V}}{1.0\,\mathrm{k}\Omega + 39.5\,\Omega} = 1.02\,\mathrm{mA}$$

所以,

$$R_{in} \cong r_e' = \frac{25\,\mathrm{mV}}{I} = \frac{25\,\mathrm{mV}}{1.02\,\mathrm{mA}} = \mathbf{24.5\,\Omega}$$

電壓增益的計算過程如下：

$$R_c = R_C \parallel R_L = 2.2\,\mathrm{k\Omega} \parallel 10\,\mathrm{k\Omega} = 1.8\,\mathrm{k\Omega}$$

$$A_v = \frac{R_c}{r_e'} = \frac{1.8\,\mathrm{k\Omega}}{24.5\,\Omega} = \mathbf{73.5}$$

同樣地，$A_i \cong \mathbf{1}$ 和 $A_p \cong A_v = \mathbf{73.5}$

相關習題　如果 $\beta_{DC} = 50$，試求圖 6-32 的 $A_v$。

---

第6-5節　隨堂測驗　　1. 共基極放大器的電壓增益可以達到與共射極放大器的電壓增益相同的程度嗎？

2. 共基極放大器具有高或是低輸入阻抗？

3. 共基極放大器的電流增益最大值為多少？

4. 共基極放大器輸入信號是否會反相？

---

# 6-6　多級放大器 (MULTISTAGE AMPLIFIERS)

兩個以上放大器可以**串接(cascaded)**在一起，用前一個放大器的輸出驅動後一個放大器的輸入端。串接的每個放大器都可視為一**級(stage)**。而串級連接的基本目的是要增加總電壓增益。雖然現在分離式多級放大器不像過去那麼流行，但是熟悉此領域可以幫助我們瞭解，把不同電路連接起來時，它們如何彼此互相影響。

在學習完本節的內容後，你應該能夠

◆ **描述與分析多級放大器工作原理**
◆ 計算多級放大器的總電壓增益
  ◆ 以分貝 (dB, decibels) 表示電壓增益
◆ 討論並分析電容耦合多級放大器
  ◆ 描述負載效應
  ◆ 計算兩級放大器中各級的電壓增益
  ◆ 計算總電壓增益
  ◆ 計算直流電壓
◆ 描述直接耦合多級放大器

## 多級電壓增益 (Multistage Voltage Gain)

如圖 6-33，串接放大器的總電壓增益 $A'_v$，是個別放大器電壓增益的相乘積。

公 式 6-23
$$A'_v = A_{v1}A_{v2}A_{v3}\ldots A_{vn}$$

其中 $n$ 是串接放大器的**級數 (stages)**。

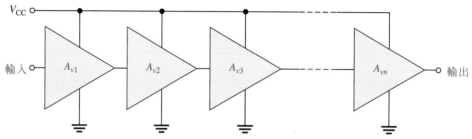

▲ 圖 6-33 串接放大器。每個三角形符號代表個別的放大器。

放大器的電壓增益經常以分貝(decibels, dB) 表示如下：

公 式 6-24
$$A_{v(dB)} = 20\log A_v$$

因為總電壓增益的分貝數，等於個別電壓增益分貝數的*總和(sum)*，所以分貝表示法在**多級(multistage)**放大器中相當有用

$$A'_{v(dB)} = A_{v1(dB)} + A_{v2(dB)} + \cdots + A_{vn(dB)}$$

---

例 題 6-13 某串接放大器的各單級電壓增益如下：$A_{v1} = 10$，$A_{v2} = 15$ 和 $A_{v3} = 20$。總電壓增益為多少？ 將各單級的電壓增益以分貝表示，並且求出總電壓增益的分貝值。

解
$$A'_v = A_{v1}A_{v2}A_{v3} = (10)(15)(20) = \mathbf{3000}$$
$$A_{v1(dB)} = 20\log 10 = \mathbf{20.0\ dB}$$
$$A_{v2(dB)} = 20\log 15 = \mathbf{23.5\ dB}$$
$$A_{v3(dB)} = 20\log 20 = \mathbf{26.0\ dB}$$
$$A'_{v(dB)} = 20.0\ dB + 23.5\ dB + 26.0\ dB = \mathbf{69.5\ dB}$$

相 關 習 題 某多級放大器的各單級電壓增益如下：$A_{v1} = 25$，$A_{v2} = 5$ 和 $A_{v3} = 12$。總電壓增益為多少？ 將各單級的電壓增益以分貝表示，並且求出總電壓增益的分貝值。

## 電容耦合多級放大器 (Capacitively-Coupled Multistage Amplifier)

為求清楚說明，我們以圖 6-34 電容耦合的二級放大器為例。請注意，這兩個單級放大器的電路完全相同，都是共射極放大器，只是將第一級的輸出，以電容器耦合到第二級的輸入端。電容耦合可以防止某級的直流偏壓，影響另一級的直流偏壓，但是交流信號卻能沒有衰減地通過耦合電容器，這是因為在放大器工作頻率範圍中，電容抗 $X_C \cong 0$。也請注意，我們已經將兩個電晶體分別標示為 $Q_1$ 和 $Q_2$。

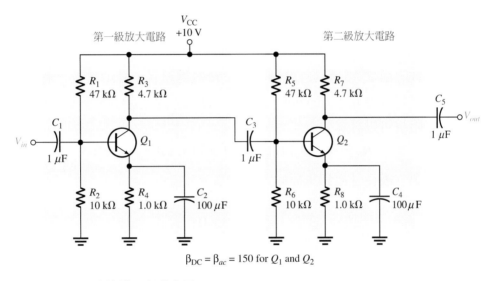

▲ 圖 6-34　共射極的二級放大器。

**負載效應 (Loading Effects)**　　計算第一級放大器的電壓增益時，必須考慮到第二級放大器所造成的負載效應。因為在信號頻率下，耦合電容可以實際上視為短路，所以第二級的輸入阻抗就成為第一級的交流負載。

　　從 $Q_1$ 集極往 $Q_2$ 方向看過去，第二級的兩個偏壓電阻 $R_5$ 和 $R_6$ 與 $Q_2$ 的基極輸入阻抗並聯。換句話說，$Q_1$ 集極端的信號可以看見 $R_3$、$R_5$、$R_6$ 和 $R_{in(base2)}$，它們都是並聯且交流接地。因此 $Q_1$ 的集極交流有效阻抗，是上述四個阻抗的並聯總阻抗值，如圖 6-35 所示。因為第一級的集極交流有效阻抗，比實際的集極電阻 $R_3$ 小，所以第二級放大器形成的負載效應，使第一級的電壓增益下降。請記住，$A_v = R_c / r'_e$。

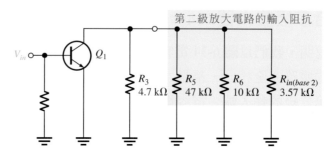

▲ 圖 6-35　圖 6-34 中第一級放大器的交流等效電路，圖中顯示第二級輸入
　　　　　阻抗所形成的負載效應。

***第一級電壓增益 (Voltage Gain of the First Stage)***　　第一級的集極交流阻抗為

$$R_{c1} = R_3 \| R_5 \| R_6 \| R_{in(base2)}$$

請記住，像 $R_c$ 這樣具有斜體小寫下標的物理量，表示它是一個交流成分。

　　可以求得 $I_E = 1.05\,\text{mA}$，$r'_e = 23.8\,\Omega$ 及 $R_{in(base2)} = 3.57\,\text{k}\Omega$。第一級有效的集極
交流阻抗可以計算如下：

$$R_{c1} = 4.7\,\text{k}\Omega \| 47\,\text{k}\Omega \| 10\,\text{k}\Omega \| 3.57\,\text{k}\Omega = 1.63\,\text{k}\Omega$$

所以第一級從基極到集極的電壓增益等於

$$A_{v1} = \frac{R_{c1}}{r'_e} = \frac{1.63\,\text{k}\Omega}{23.8\,\Omega} = 68.5$$

以 dB 為單位，表示為 $A_{v1} = 36.7\,\text{dB}$。

***第二級電壓增益 (Voltage Gain of the Second Stage)***　　因為第二級沒有負載電阻，
所以集極交流阻抗為 $R_7$，而電壓增益等於

$$A_{v2} = \frac{R_7}{r'_e} = \frac{4.7\,\text{k}\Omega}{23.8\,\Omega} = 197$$

以 dB 為單位，表示為 $A_{v2} = 45.9\,\text{dB}$。
與相同的第一級的電壓增益比較，可以評估，第一級的增益受第二級負載效應
所降低的幅度有多大。

***總電壓增益 (Overall Voltage Gain)***　　在輸出端沒有負載的情形下，放大器總電壓
增益為

$$A'_v = A_{v1}A_{v2} = (68.5)(197) \cong 13{,}495$$

　　例如，如果把 $100\,\mu\text{V}$ 的信號輸入第一級放大器，假設信號源的內部阻抗很
小，使得基極輸入電路不會產生衰減，則第二級的輸出將產生 $(100\,\mu\text{V}) \times (13{,}495)$

$\cong 1.35\text{V}$。總電壓增益以 dB 表示的結果如下:

$$A'_{v(\text{dB})} = 20 \log (13,495) = 82.6 \text{ dB}$$

請注意,總增益同時也是兩個階段的總和:

$$36.7 \text{ dB} + 45.9 \text{ dB} = 82.6 \text{ dB}$$

你還可以將放大器視爲兩個相同的增益級,以一個由電阻分壓器組成的衰減網路隔開。每個階段(197)的無載增益用於階段之間的放大器,和負載效應是分開處理的;這些阻抗形成分壓器,該分壓器電阻是由$R_5 \parallel R_6 \parallel R_{in(base)}$所組成的集極電阻($R_3$),爲$Q_1$的源極電阻和$Q_2$的輸入電阻。

放大器的簡化視圖如圖 6-36 所示。

將分壓器定則應用於衰減網路:

$$\text{Gain} = \frac{2.49\text{k}\Omega}{2.49\text{k}\Omega + 4.7\text{k}\Omega} = 0.346$$

以 dB 表示,衰減網路的增益爲$-9.22$ dB。

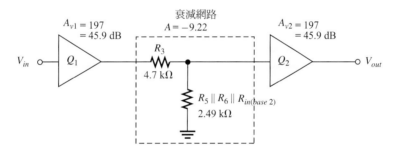

▲ 圖 6-36　圖 6-34 所示的二級放大器簡化電路圖。

因此,總增益爲(197)(0.346)(197) = 13,428(因四捨五入而有誤差)。

以 dB 表示,總增益是三個部分的總和:

$$45.9 \text{ dB} - 9.22 \text{ dB} + 45.9 \text{ dB} = 82.6 \text{ dB}$$

**電容耦合多級放大器的直流電壓** *(DC Voltages in the Capacitively Coupled Multistage Amplifier)*　因爲在圖 6-34 中,兩個單級放大器的電路完全相同,故$Q_1$和$Q_2$的直流電壓也會相同。由於$\beta_{\text{DC}} R_4 \gg R_2$ 且 $\beta_{\text{DC}} R_8 \gg R_6$,故$Q_1$和$Q_2$的基極直流電壓爲

$$V_{\text{B}} \cong \left(\frac{R_2}{R_1 + R_2}\right)V_{\text{CC}} = \left(\frac{10\text{ k}\Omega}{57\text{ k}\Omega}\right)10 \text{ V} = 1.75 \text{ V}$$

射極和集極的直流電壓計算如下:

$$V_E = V_B - 0.7\,\text{V} = 1.05\,\text{V}$$

$$I_E = \frac{V_E}{R_4} = \frac{1.05\,\text{V}}{1.0\,\text{k}\Omega} = 1.05\,\text{mA}$$

$$I_C \cong I_E = 1.05\,\text{mA}$$

$$V_C = V_{CC} - I_C R_3 = 10\,\text{V} - (1.05\,\text{mA})(4.7\,\text{k}\Omega) = 5.07\,\text{V}$$

## 直接耦合多級放大器 (Direct-Coupled Multistage Amplifiers)

圖 6-37 顯示直接耦合二級放大器的基本電路圖。請注意，電路圖中沒有任何耦合或旁路電容器。第一級的集極直流電壓，直接作為第二級的基極偏壓。當工作頻率很低時，電容耦合多級放大器的耦合或旁路電容抗，會比正常值大很多；相反的，直接耦合多級放大器就擁有比較好的低頻響應。低頻時，耦合或旁路電容器提高的電抗值，使得電容耦合放大器的增益下降。

　　直接耦合放大器可以在頻率相當低的狀況，執行放大的工作，即使信號頻率變成 0，電壓增益也不會減少，因為電路裡不會出現任何電容抗。但是相反的，直接耦合放大器也有其缺點，即當溫度或電源供應發生變化，而造成電路的直流偏壓改變，此改變即使很小也會被後面幾級放大器加以放大，導致整個電路明顯的直流位準偏移。

▶ 圖 6-37　基本的二級直接耦合放大器。

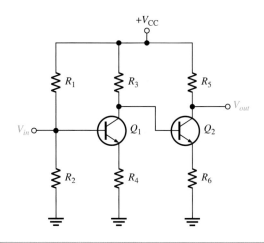

| 第6-6節　隨堂測驗 | 1. 名詞 "級" 的意義為何？ |
|---|---|
| | 2. 多級放大器的總電壓增益如何求得？ |
| | 3. 電壓增益值 500 以分貝表示之。 |
| | 4. 討論電容耦合放大器的缺點。 |

# 6-7 差動放大器 ( The Differential Amplifier )

差動放大器(differential amplifier)是一種放大器，其輸出是兩電壓差的函數。差動放大器有兩種基本工作模式：差動(兩輸入不同)及共模(兩輸入相同)。差動放大器對於運算放大器而言極為重要，我們將在第九章進一步討論。

在學習完本節的內容後，你應該能夠

◆ **討論差動放大器及其工作原理**

◆ 討論基本的工作原理

　◆ 計算直流電流及電壓

◆ 討論信號的工作模式

　◆ 解釋單端差動輸入之原理

　◆ 解釋雙端差動輸入之原理

　◆ 解釋共模之原理

◆ 定義及計算共模拒斥比(CMRR)

## 基本工作原理 (Basic Operation)

圖 6-38 為一差動放大器(differential amplifier, diff-amp)電路。請注意差動放大器有兩個輸入及兩個輸出。

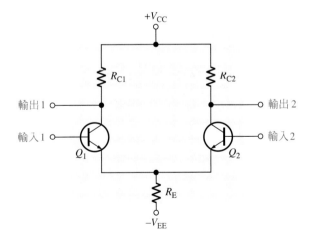

▲ 圖 6-38　基本差動放大器。

下述乃針對圖 6-39 進行討論，其中包含差動放大器之直流分析。如圖 6-38 (a)，當二輸入皆為 0V 時，射極電壓將為 − 0.7 V。若二電晶體經由審慎的生產製程控制，使其特性完全一樣，當沒有輸入信號時其直流射極電流相同，則：

$$I_{E1} = I_{E2}$$

由於二射極電流均流經$R_E$，

$$I_{E1} = I_{E2} = \frac{I_{R_E}}{2}$$

其中

$$I_{R_E} = \frac{V_E - V_{EE}}{R_E}$$

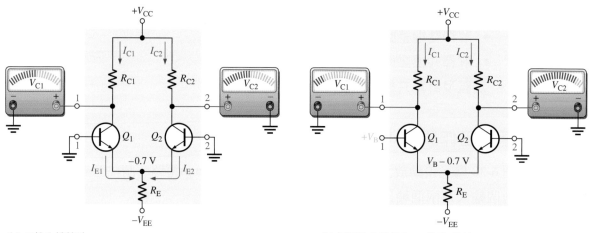

(a) 二輸入端接地                                     (b) 偏壓輸入接輸入1，輸入2接地

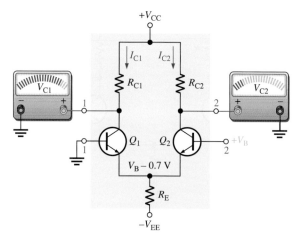

(c) 偏壓輸入接輸入2，輸入1接地

▲ 圖 6-39 差動放大器之基本工作原理(接地為零電壓)說明了電壓間的相對改變。

因 $I_C \cong I_E$，故得：

$$I_{C1} = I_{C2} \cong \frac{I_{R_E}}{2}$$

電路中二集極電阻相同，故當二輸入皆為 0V 時，集極電流亦相同，

$$V_{C1} = V_{C2} = V_{CC} - I_{C1}R_{C1}$$

這個情形如圖 6-39(a)所示。

　　其次若輸入 2 接地，輸入 1 接正電位，如圖 6-39(b)所示。$Q_1$基極的正電壓將增加 $I_{C1}$電流並使射極電壓提升為

$$V_E = V_B - 0.7 \text{ V}$$

此一變化，使 $Q_2$ 之基射極順向偏壓 $V_{BE}$ 降低，因為其基極保持在 0 V(接地)，因此使得 $I_{C2}$ 亦隨之降低。結果 $I_{C1}$ 增加，使 $V_{C1}$ 減少；$I_{C2}$ 減少致使 $V_{C2}$ 增加。

　　最後，如圖 6-39(c)，輸入1為接地，而輸入 2 為正電壓。此時 $Q_2$ 將更加導通，使 $I_{C2}$ 增加，射極電壓亦隨之提高。而 $Q_1$ 順向偏壓將降低，$I_{C1}$ 電流減少。即 $I_{C2}$ 增加，使 $V_{C2}$ 與 $I_{C1}$ 減少，而 $V_{C1}$ 會增大。

## 信號處理之模式(Modes of Signal Operation)

*單端差動輸入 (Single-Ended Differential Input)*　　此模式工作時，一端輸入接地，而另一輸入接至信號，如圖 6-40 所示。在圖(a)中信號從第一輸入端輸入，放大之反相信號由第一輸出端輸出。另外，同相的信號電壓出現在$Q_1$射極端。因 $Q_1$ 與 $Q_2$ 之射極接在一起，故 $Q_1$ 射極之信號成為 $Q_2$ 射極之輸入，如同共基極放大器一般。此信號由 $Q_2$ 放大，在第二輸出端出現非反相之信號波形。這個動作如圖 6-40(a)所示。

　　圖 6-40(b)中，輸入1接地，信號由輸入 2 進入。反相之放大信號將出現在第二輸出端。在此情況下，$Q_1$ 如同共基極放大器，在輸出 1 有非反相之放大信號。

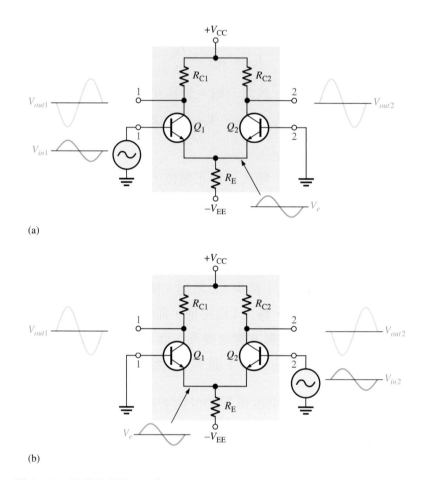

▲ 圖 6-40 單端差動輸入工作原理。

**雙端差動輸入 (Double-Ended Differential Inputs)** 輸入如圖 6-41(a)，二反相之信號接至輸入端，每一個輸入都會影響每一個輸出，我們將隨後討論到。

圖 6-41(b) 顯示當信號由第一輸入端引入，輸出信號之波形。 圖 6-41(c) 顯示當信號由第二輸入端接入，輸出端之信號波形。注意圖 6-41(b)與(c)中，在第一輸出端之信號皆同相。在第二輸出端之信號也是同相。將兩個第一輸出端及兩個第二輸出端同相之信號，使用重疊原理相加，可以得到總輸出信號，如圖 6-41(d)所示。

**共模輸入 (Common-Mode Inputs)** 在差動放大器工作原理中一項極重要的考量是共模(common-mode)。如圖 6-42(a)所示，二相位、頻率與振幅皆相同之信號接至二輸入端。再次的，考慮每個輸入信號為獨立工作，您就能夠瞭解其基本的工作原理。

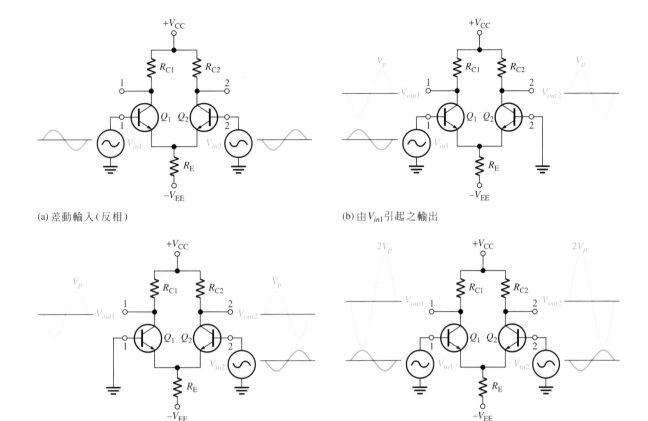

(a) 差動輸入 (反相)

(b) 由 $V_{in1}$ 引起之輸出

(c) 由 $V_{in2}$ 引起之輸出

(d) 總輸出

▲ 圖 6-41　　雙端差動放大器之工作原理。

信號由第一端或第二端輸入時之工作情形，分別如圖 6-42(b) 與 6-42(c) 所示。請注意，第一輸出端的信號是反相，第二輸出端的信號也是反相。當輸入信號加到兩個輸入端，輸出重疊並互相抵消，輸出均為 0V，如圖 6-42(d) 所示。

上述現象，稱為共模拒斥(common-mode rejection)。一般在二差動放大器之輸入端，常受相同之雜訊干擾，使在輸出端形成失真。共模拒斥即表示放大器抵抗此種失真之能力。共模信號(雜訊)往往是來自於拾取相鄰輸入導線、交流 60Hz 之電源線、或其他信號源等輻射能量的結果。

## 共模拒斥比(Common-Mode Rejection Ratio)

總之，欲處理之信號通常加在單一輸入端；或使形成另一反相信號，分別加在二輸入端上，再依前述分析，輸出對應之信號。二信號端引入之共同雜訊，在其輸出端會互相抵消。一放大器能排除此共模信號之能力稱之為**CMRR**(共模拒斥比，**Common-Mode Rejection Ratio**)。

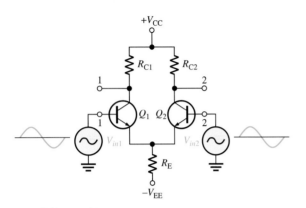

(a) 共模輸入 (同相)

(b) 由 $V_{in1}$ 引起之輸出

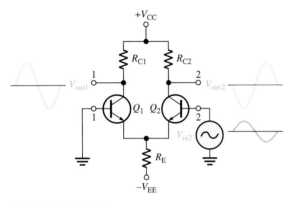

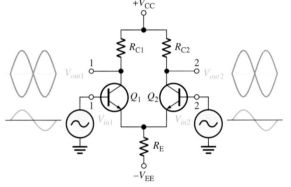

(c) 由 $V_{in2}$ 引起之輸出

(d) 由 $V_{in1}$ 引起之輸出與 $V_{in2}$ 引起之輸出互相抵消，
因為他們的振幅相等，但相位相反造成輸出
為 0V 交流。

▲ 圖 6-42　差動放大器之共模信號工作原理。

　　　一個理想差動放大器，對待測之信號(單端或差動)增益應無窮大；對共模信號之增益應為零。但實際之差動放大器，對共模之增益亦非為 0，僅為小於 1；其待測之差動電壓增益僅高至數千。差動增益對共模增益之比值愈大，則此差動放大器對共模信號之排斥能力愈高。這顯示，一個良好的差動放大器在拒絕不想要的共模信號的性能，是差動電壓增益 $A_{v(d)}$ 對共模增益 $A_{cm}$ 的比值。這個比值為共模拒斥比 CMRR。

公式　6-25
$$CMRR = \frac{A_{v(d)}}{A_{cm}}$$

當然 CMRR 越大越好。CMRR 很大表示 $A_{v(d)}$ 很高而 $A_{cm}$ 卻很小。共模拒斥比通常以 dB 表示如下：

$$\text{CMRR} = 20 \log \left( \frac{A_{v(d)}}{A_{cm}} \right)$$

公式 6-26

---

**例 題 6-14** 某一差動放大器之差動電壓增益為 2000，共模信號之增益為 0.2，求共模拒斥比，並以 dB 表示。

解 依題意 $A_{v(d)} = 2000$，$A_{cm} = 0.2$。因此，

$$\text{CMRR} = \frac{A_{v(d)}}{A_{cm}} = \frac{2000}{0.2} = \mathbf{10,000}$$

以 dB 表示即為：

$$\text{CMRR} = 20 \log (10,000) = \mathbf{80 \ dB}$$

相關習題 某放大器之差動電壓增益為 8500，共模信號增益為 0.25，試計算共模拒斥比並以 dB 表出。

---

CMRR 為 10,000 表示待測輸入信號(差動)放大倍數為雜訊(共模)放大倍數之 10,000 倍。例如，若差動輸入信號與共模雜訊振幅相同時，則出現在輸出端的所要信號振幅為雜訊的 10,000 倍。因此雜訊或干擾於為消除。

---

**第 6-7 節 隨堂測驗**
1. 試說明雙端與單端差動輸入之差異。
2. 定義共模拒斥比。
3. 若差動增益固定，則當共模拒斥比較大時，共模增益會較大或較小？
4. 共模信號和差動信號有何區別？

# 共射極放大器的摘要 (Summary of The Common-Emitter Amplifier)

## 分壓器偏壓的電路 (Circuit with Voltage-Divider Bias)

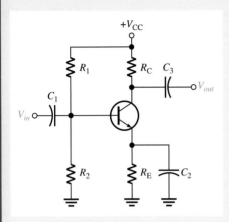

- 輸入端在基極。輸出端在集極。
- 從輸入到輸出具有反相作用。
- $C_1$ 和 $C_3$ 分別是輸入信號和輸出信號的耦合電容器。
- $C_2$ 是射極旁路電容器。
- 在交流工作頻率下，所有電容器的阻抗值都必須足夠小到可以忽略，所以可視為短路。
- 由於旁路電容器的作用，射極為交流接地。

## 等效電路及相關公式 (Equivalent Circuits and Formulas)

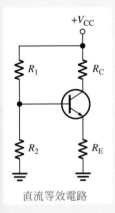

直流等效電路

- 直流公式：

$$R_{TH} = \frac{R_1 R_2}{R_1 + R_2}$$

$$V_{TH} = \left(\frac{R_2}{R_1 + R_2}\right) V_{CC}$$

$$I_E = \frac{V_{TH} - V_{BE}}{R_E + R_{TH}/\beta_{DC}}$$

$$V_E = I_E R_E$$

$$V_B = V_E + V_{BE}$$

$$V_C = V_{CC} - I_C R_C$$

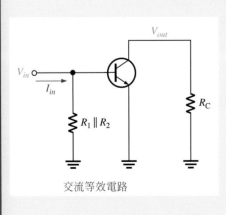

交流等效電路

- 交流公式：

$$r'_e = \frac{25mV}{I_E}$$

$$R_{in(base)} = \beta_{ac} r'_e$$

$$R_{out} \cong R_C$$

$$A_v = \frac{R_C}{r'_e}$$

$$A_i = \frac{I_c}{I_{in}}$$

$$A_p = A'_v A_i$$

## 差動放大器的摘要 (Summary of The Differential Amplifier)

### 具有電阻性負載的部分射極旁路放大器 (Swamped Amplifier with Resistive Load)

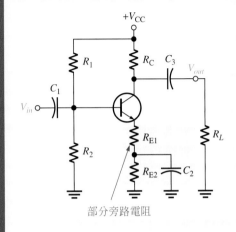

部分旁路電阻

- 交流公式：

$$A_v \cong \frac{R_c}{R_{E1}} \quad \text{，式中 } R_c = R_C \parallel R_L$$

$$R_{in(base)} = \beta_{ac}(r'_e + R_{E1})$$

- 部分射極旁路可以降低 $r'_e$ 的影響，因此穩定電壓增益值。
- 與沒有部分射極旁路的放大器電壓增益相比，有部分射極旁路的電壓增益值比較低。
- 部分射極旁路使輸入阻抗增加。
- 加入負載阻抗使電壓增益降低。負載阻抗值越低，電壓增益值就越低。

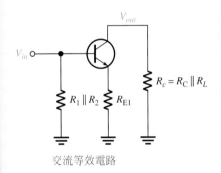

交流等效電路

## 共基極放大器的摘要 (Summary of The Common-Base Amplifier)

### 分壓器偏壓電路 (Crcuit with Voltage-Divider Bias)

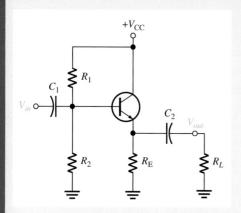

- 輸入端在基極。輸出端在射極。
- 從輸入到輸出端沒有反相作用。
- 有高輸入阻抗。低輸出阻抗。
- 最大電壓增益值為 1。
- 集極交流接地。
- 在交流工作頻率下,所有耦合電容器的阻抗值必須足夠小到可以忽略。

### 等效電路與相關公式 (Equivalent Ciucuit and Formulas)

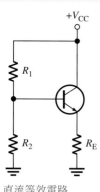

直流等效電路

- 直流公式:

$$R_{TH} = \frac{R_1 R_2}{R_1 + R_2}$$

$$V_{TH} = \left(\frac{R_2}{R_1 + R_2}\right)V_{CC}$$

$$I_E = \frac{V_{TH} - V_{BE}}{R_E + R_{TH}/\beta_{DC}}$$

$$V_E = I_E R_E$$

$$V_B = V_E + V_{BE}$$

$$V_C = V_{CC}$$

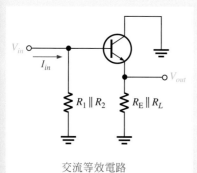

交流等效電路

- 交流公式:

$$r'_e = \frac{25mV}{I_E}$$

$$R_{in(base)} = \beta_{ac}(r'_e + R_e) \cong \beta_{ac} R_e$$

$$R_{out} = \left(\frac{R_s}{\beta_{ac}}\right) \parallel R_E$$

$$A_v = \frac{R_e}{r'_e + R_e} \cong 1$$

$$A_i = \frac{I_e}{I_{in}}$$

$$A_p = A_i$$

# 共基極放大器的摘要 (Summary of The Common-Base Amplifier)

## 分壓器偏壓的電路 (Circuit With Voltage-Divider Bias)

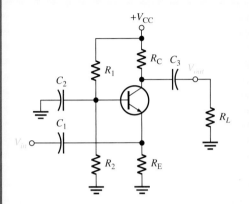

- 輸入端在射極。輸出端在集極。
- 從輸入到輸出端沒有反相作用。
- 有低輸入阻抗。高輸出阻抗。
- 最大電流增益值為 1。
- 基極交流接地。
- 在交流工作頻率下,所有電容器的阻抗值必須足夠小到可以忽略。

## 等效電路及相關公式 (Equivalent Circuits and Formulas)

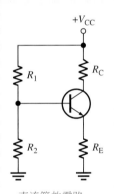

直流等效電路

- 直流公式:

$$R_{TH} = \frac{R_1 R_2}{R_1 + R_2}$$

$$V_{TH} = \left( \frac{R_2}{R_1 + R_2} \right) V_{CC}$$

$$I_E = \frac{V_{TH} - V_{BE}}{R_E + R_{TH}/\beta_{DC}}$$

$$V_E = I_E R_E$$

$$V_B = V_E + V_{BE}$$

$$V_C = V_{CC} - I_C R_C$$

交流等效電路

- 交流公式:

$$r'_e = \frac{25mV}{I_E}$$

$$R_{in(emitter)} \cong r'_e$$

$$R_{out} \cong R_C$$

$$A_v \cong \frac{R_c}{r'_e}$$

$$A_i \cong 1$$

$$A_p \cong A_v$$

## 共基極放大器的摘要 (Summary of The Common-Base Amplifier)

### 差動輸入的電路 (Circuit with Differential Inputs)

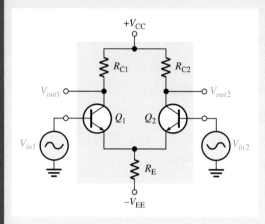

- 雙端差動輸入(如圖所示)。
  信號在兩個輸入端。
  兩個輸入信號反相。
- 單端差動輸入(圖未顯示)。
  只有一個輸入端有信號。
  一個輸入端接地。

### 共模輸入的電路 (Circuit with Common-Mode Inputs)

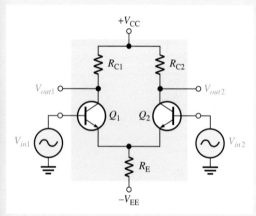

- 兩個輸入信號具有相同之相位、頻率、及振幅。
- 共模拒斥比：

$$\text{CMRR} = \frac{A_{v(d)}}{A_{cm}}$$

$$\text{CMRR} = 20 \log\left(\frac{A_{v(d)}}{A_{cm}}\right)$$

# 本章摘要

第 6-1 節  ◆ 在處理信號時，小信號放大器只會使用負載線的一小部分。
 ◆ 交流負載線不同於直流負載線，因爲有效的交流集極阻抗小於直流集極阻抗。

第 6-2 節  ◆ 在電晶體電路的動作分析中，以 r 參數代表電晶體，具有易於辨識及應用的好處。
 ◆ h 參數很重要，因爲製造商在特性資料表上，是以 h 參數來標示電晶體的特性。

第 6-3 節  ◆ 共射極放大器具有很高的電壓、電流及功率增益，但是其輸入阻抗偏低。
 ◆ 部分旁路(swamping)爲穩定電壓增益的一種方法。

第 6-4 節  ◆ 共集極放大器具有高輸入阻抗，及很高的電流增益，但是其電壓增益約爲1。
 ◆ 在提升輸入阻抗方面，達靈頓對具有 β 相乘的提升效用。
 ◆ 共集極放大器又稱爲射極隨耦器。

第 6-5 節  ◆ 共基極放大器具有很高的電壓增益，但是其輸入阻抗相當低，且電流增益約爲1。
 ◆ 共射極、共集極、和共基極放大器的基本組態公式詳見重要公式列表。

第 6-6 節  ◆ 多級放大器的總增益，是各單級放大器增益的相乘積，或 dB 增益的總和。
 ◆ 運用電容耦合與直接耦合方式，單級放大器可以依序連接成多級放大器。

第 6-7 節  ◆ 差動輸入電壓出現在差動放大器的反相與非反相輸入之間。
 ◆ 單端輸入電壓出現在輸入與地(另一輸入端接地)之間。
 ◆ 差動輸出電壓出現在差動放大器的兩個輸出端之間。
 ◆ 單端輸出電壓出現在差動放大器的輸出與地之間。
 ◆ 共模發生於在兩個輸入端施加相同且同相電壓時。

# 重要詞彙

重要詞彙和其他以粗體字表示的詞彙都會在本書末的詞彙表中加以定義。

**交流接地 (ac ground)**  在電路中，只有對交流信號才可以視爲接地之處。

**衰減 (Attenuation)**  功率、電流或電壓位準的下降。

**旁路電容器 (Bypass capacitor)**  在放大器電路裡，跨接在射極電阻兩端的電容器。

**共模拒斥比 (CMRR, Common-mode rejection ratio)**  對於差動放大器抑制共模信號的能力指標值。

**共基極 (Common-base, CB)**  對交流信號而言，基極爲共同接點或接地端的 BJT 放大器組態。

**共集極 (Common-collector, CC)**  對交流信號而言，集極爲共同接點或接地端的 BJT 放大器組態。

**共射極 (Common-emitter, CE)**  對交流信號而言，射極爲共同接點或接地端的BJT 放大器組態。

**共模 (Common mode)**  兩個同相位、同頻率以及同大小的信號加於差動放大器的一種情況。

**分貝 (Decibel)**  以對數表示兩電壓或兩功率比值之一種度量單位。

**差動放大器 (Differential amplifier)**  輸出電壓正比於兩個輸入電壓之差值的放大器。

射極隨耦器 (**Emitter-follower**)　為共集極放大器常見的一個別名。

輸入阻抗 (**Input resistance**)　由交流信號源往放大器輸入端看進去的阻抗值。

輸出阻抗 (**Output resistance**)　從放大器輸出端看進去的阻抗值。

*r* 參數 (*r* **parameter**)　雙極接面電晶體的一組特性參數，包含 $\alpha_{ac}$、$\beta_{ac}$、$r'_e$、$r'_b$ 和 $r'_c$。

# 重要公式

6-1 　　$r'_e \cong \dfrac{25\,\text{mV}}{I_E}$ 　　　　　　　射極交流內部阻抗

## 共射極

6-2 　　$R_{in(base)} = R_1 \| R_2 \| R_{in(base)}$ 　　分壓器偏壓放大器輸入總阻抗

6-3 　　$R_{in(base)} = \beta_{ac} r'_e$ 　　　　　　基極輸入阻抗

6-4 　　$R_{out} \cong R_C$ 　　　　　　　　　輸出阻抗

6-5 　　$A_v = \dfrac{R_C}{r'_e}$ 　　　　　　　　無負載時，基極到集極的電壓增益

6-6 　　$A_v = \dfrac{R_C}{r'_e + R_E}$ 　　　　　無旁路電容器的電壓增益

6-7 　　$A_v = \dfrac{R_c}{r'_e}$ 　　　　　　　　將 $R_E$ 旁路，且有負載時，基極到集極的電

　　　　　　　　　　　　　　　　　　壓增益

6-8 　　$A_v \cong \dfrac{R_C}{R_{E1}}$ 　　　　　　　射極部分旁路放大器的電壓增益

6-9 　　$R_{in(base)} = \beta_{ac}(r'_e + R_{E1})$ 　　射極部分旁路放大器的基極輸入阻抗

6-10 　$A_i = \dfrac{I_c}{I_s}$ 　　　　　　　　　輸入信號源到集極的電流增益

6-11 　$A_p = A'_v A_i$ 　　　　　　　　　功率增益

## 共集極(射極隨耦器)

6-12 　$A_v \cong 1$ 　　　　　　　　　　基極到射極的電壓增益

6-13 　$R_{in(base)} \cong \beta_{ac} R_e$ 　　　　　有負載的情況下，基極輸入阻抗

6-14 　$R_{out} \cong \left(\dfrac{R_s}{\beta_{ac}}\right) \| R_E$ 　　　輸出阻抗

6-15 　$A_i = \dfrac{I_e}{I_{in}}$ 　　　　　　　　　電流增益

6-16 　$A_p \cong A_i$ 　　　　　　　　　　功率增益

6-17 　$R_{in} = \beta_{ac1} \beta_{ac2} R_E$ 　　　　　達靈頓對的輸入阻抗

## 共基極

**6-18** $\quad A_v \cong \dfrac{R_c}{r'_e}$ $\qquad\qquad$ 射極到集極的電壓增益

**6-19** $\quad R_{in(emitter)} \cong r'_e$ $\qquad\qquad$ 射極輸入阻抗

**6-20** $\quad R_{out} \cong R_C$ $\qquad\qquad$ 輸出阻抗

**6-21** $\quad A_i \cong 1$ $\qquad\qquad$ 電流增益

**6-22** $\quad A_p \cong A_v$ $\qquad\qquad$ 功率增益

## 多級放大器

**6-23** $\quad A'_v = A_{v1}A_{v2}A_{v3}\ldots A_{vn}$ $\qquad$ 總電壓增益

**6-24** $\quad A_{v(dB)} = 20\log A_v$ $\qquad\qquad$ 以 dB 表示的電壓增益

## 差動放大器

**6-25** $\quad CMRR = \dfrac{A_{v(d)}}{A_{cm}}$ $\qquad\qquad$ 共模拒斥比

**6-26** $\quad CMRR = 20\log\left(\dfrac{A_{v(d)}}{A_{cm}}\right)$ $\qquad$ 以 dB 表示的共模拒斥比

## 是非題測驗　答案可在以下網站找到 www.pearsonglobaleditions.com(搜索 ISBN:1292222999)

1. 電晶體的射極與集極電壓永遠呈現反相的狀態。
2. 集極交流阻抗通常為數百 kΩ。
3. $h_r$ 參數稱為順向電流增益。
4. 衰減是對應於增益小於 1 之訊號電壓降低的現象。
5. 在 CE 放大器中的旁路電容器會降低電壓增益。
6. 穩定度指的是在溫度改變下，放大器維持原設計值的能力。
7. 負載指的是，由放大器的輸出取出的電流量。
8. 達靈頓對其中之一的用途是提升輸入阻抗。
9. 射極隨耦器是一種 CC 放大器。
10. CC 放大器具有高的電壓增益。
11. 西克對由 *npn* 和 *pnp* 兩種類型的電晶體所組成。
12. CB 放大器具有高的電流增益。
13. 多級放大器的總電壓增益是，每一級增益的乘積。
14. 差動放大器會將兩個輸入信號的差異予以放大。
15. CMRR 是共模電阻比 (common-mode resistance ratio) 的意思。

## 電路動作測驗 答案可在以下網站找到 www.pearsonglobaleditions.com(搜索 ISBN:1292222999)

1. 假如圖 6-8 中的電晶體更換為具有更大值的 $\beta$ 時，則 $V_{out}$ 將會
   (a) 增加　(b) 減少　(c) 不變

2. 假如圖 6-8 中的 $C_2$ 自電路中移除時，則 $V_{out}$ 將會
   (a) 增加　(b) 減少　(c) 不變

3. 假如圖 6-8 中的 $R_C$ 值增加時，則 $V_{out}$ 將會
   (a) 增加　(b) 減少　(c) 不變

4. 假如圖 6-8 中的 $V_{in}$ 值減少時，則 $V_{out}$ 將會
   (a) 增加　(b) 減少　(c) 不變

5. 假如圖 6-27 中的 $C_2$ 短路時，則輸出電壓的平均值將會
   (a) 增加　(b) 減少　(c) 不變

6. 假如圖 6-27 中的 $R_E$ 值增加時，則電壓增益將會
   (a) 增加　(b) 減少　(c) 不變

7. 假如圖 6-27 中的 $C_1$ 值增加時，則 $V_{out}$ 將會
   (a) 增加　(b) 減少　(c) 不變

8. 假如圖 6-32 中的 $R_C$ 值增加時，則電流增益將會
   (a) 增加　(b) 減少　(c) 不變

9. 假如圖 6-34 中的 $C_2$ 與 $C_4$ 值都增加時，則 $V_{out}$ 將會
   (a) 增加　(b) 減少　(c) 不變

10. 假如圖 6-34 中的 $R_4$ 值降低時，則總電壓增益將會
    (a) 增加　(b) 減少　(c) 不變

## 自我測驗 答案可在以下網站找到 www.pearsonglobaleditions.com(搜索 ISBN:1292222999)

**第 6-1 節**　1. 小信號放大器
(a) 只使用負載線的一小部分　(b) 輸出信號電壓的大小總是在幾個 mV 的範圍
(c) 輸入信號的每一週期，電晶體都會進入飽和狀態　(d) 都是共射極放大器

**第 6-2 節**　2. ＿＿＿不是 $r$ 參數。
(a) 射極交流阻抗　(b) 基極直流阻抗
(c) 基極交流阻抗　(d) 以上皆是

3. 某電晶體放大器的射極直流電流是 3mA，則 $r'_e$ 的近似值為
(a) 3kΩ　(b) 3Ω　(c) 8.33Ω　(d) 0.33kΩ

**第 6-3 節**　4. 某個共射極放大器的電壓增益是 100。如果移除射極旁路電容，則
(a) 電路會變得不穩定　(b) 電壓增益會下降
(c) 電壓增益會增加　(d) $Q$ 點位置會移動

5. 對於共射極放大器，$R_C = 1.0\text{k}\Omega$，$R_E = 390\Omega$，$r'_e = 15\Omega$ 且 $\beta_{ac} = 75$。在工作頻率下，假設 $R_E$ 完全被旁路，則電壓增益為
   (a) 66.7　(b) 2.56　(c) 2.47　(d) 75

6. 在第 5 題的電路中，如果信號頻率下降到使 $X_{C(bypass)} = R_E$，則電壓增益
   (a) 保持不變　(b) 減少　(c) 變大

7. 在分壓器偏壓共射極放大器中，$R_{in(base)} = 68\text{k}\Omega$，$R_1 = 33\text{k}\Omega$ 且 $R_2 = 15\text{k}\Omega$。總輸入交流阻抗為
   (a) 68kΩ　(b) 8.95kΩ　(c) 22.2kΩ　(d) 12.3kΩ

8. 某個 CE 放大器驅動一個 10kΩ的負載。如果 $R_C = 2.2\text{k}\Omega$ 且 $r'_e = 10\Omega$，則電壓增益約為
   (a) 220　(b) 1000　(c) 10　(d) 180

**第 6-4 節** 9. 共集極放大器中，$R_E = 100\Omega$，$r'_e = 10\Omega$，且 $\beta_{ac} = 150$。其基極交流輸入阻抗為
   (a) 1500Ω　(b) 15kΩ　(c) 110Ω　(d) 16.5kΩ

10. 第 9 題的射極隨耦器電路中，在基極輸入 10mV 的信號，則輸出電壓大約為
    (a) 100mV　(b) 150mV　(c) 1.5V　(d) 10mV

11. 某個射極隨耦器電路的電流增益是 50。功率增益大約為
    (a) 50 $A_v$　(b) 50　(c) 1　(d) 答案 (a) 和 (b) 均正確

12. 某個達靈頓對的每個電晶體$\beta_{ac}$都是 125。如果$R_E$是 560Ω，則輸入阻抗為
    (a) 560Ω　(b) 70kΩ　(c) 8.75MΩ　(d) 140kΩ

**第 6-5 節** 13. 共基極放大器的輸入阻抗
    (a) 很低　(b) 很高　(c) 與共射極相同　(d) 與共集極相同

**第 6-6 節** 14. 假設四級放大器的每一級電壓增益都是 12。則電壓增益等於
    (a) 144　(b) 12　(c) 20,736　(d) 1728

15. 假如四級放大器的每級電壓增益為 10，則以分貝表示的總增益為
    (a)80 dB　(b)40 dB　(c)60 dB　(d)100 dB

**第 6-7 節** 16. 一個差動放大器為
    (a) 用於運算放大器　(b) 有一個輸入和一個輸出
    (c) 有兩個輸出　　　(d) (a)與(c)皆可

17. 當一個差動放大器在單端狀況時，
    (a) 輸出是接地的
    (b)一個輸入接地而信號加於另一個輸入
    (c) 兩個輸入連接在一起
    (d) 輸出是非反相的

18. 在差動模式時，

(a) 兩個相反極性的信號施加於輸入端

(b) 增益為 1

(c) 兩個輸出值大小不同

(d) 只要一個電源電壓

19. 在共模時，

(a) 兩個輸入接地　　(b) 兩個輸出接在一起

(c) 有同樣的信號出現在兩個輸入端　　(d) 兩個輸出信號是同相位的

# 習　　題　　所有的答案都在本書末。

## 基本習題

### 第 6-1 節　放大器的工作原理

1. 圖 6-4 是某個電晶體的特性曲線，當基極電流有 $20\mu A$ 的峰對峰變動時，其集極直流電流最小必須是多少，才能讓電晶體保持在線性工作區？

2. 在第 1 題同樣的條件下，$I_C$ 的最大值可以是多少？

3. 試描述交流負載線上的端點。

### 第 6-2 節　電晶體交流模型

4. 定義所有 $r$ 參數和所有 $h$ 參數。

5. 某個電晶體放大器的射極直流電流是 3mA，則 $r'_e$ 的值是多少？

6. 如果電晶體的 $h_{fe}$ 是 200，試計算出 $\beta_{ac}$ 的值。

7. 某個電晶體的 $(h_{FE})$ 是 130 且 $\alpha_{DC}$ 等於 0.99。如果直流基極電流是 $10\mu A$，試計算出 $r'_e$ 值。

8. 某個電晶體電路的直流偏壓點，$I_B = 15\mu A$ 且 $I_C = 2mA$。而且，$I_B$ 在 $Q$ 點上下 $3\mu A$ 變動，可以產生 $I_C$ 在 $Q$ 點上下 0.35mA 變動。試求出 $\beta_{DC}$ 與 $\beta_{ac}$。

### 第 6-3 節　共射極放大器

9. 圖 6-43 中沒有負載的放大器，試繪出其直流等效電路及交流等效電路。

10. 試求出圖 6-43 放大器的下列直流數值。

(a) $V_B$　(b) $V_E$　(c) $I_E$　(d) $I_C$　(e) $V_C$

11. 計算圖 6-43 中的靜態功率損耗。

**12.** 試求出圖 6-43 放大器的下列數值。 (a) $R_{in(base)}$　　(b) $R_{in(tot)}$　　(c) $A_v$

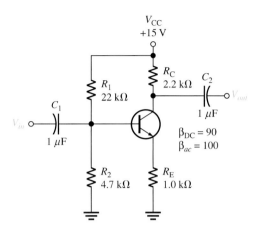

▲ 圖 6-43

**13.** 將旁路電容與圖 6-43 的 $R_E$ 並聯，然後重複習題 12 的計算。

**14.** 將 10kΩ 的負載電阻加到圖 6-43 的輸出端，然後重複習題 13 的計算。

**15.** 試求出圖 6-43 放大器的下列直流數值。

　(a) $I_E$　　(b) $V_E$　　(c) $V_B$　　(d) $I_C$　　(e) $V_C$　　(f) $V_{CE}$

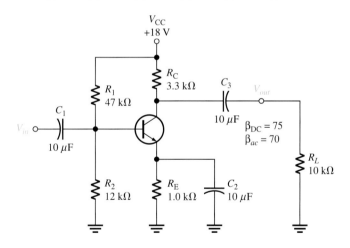

▲ 圖 6-44

**16.** 試求出圖 6-44 放大器的下列交流數值。

　(a) $R_{in(base)}$　　(b) $R_{in}$　　(c) $A_v$　　(d) $A_i$　　(e) $A_p$

**17.** 假設某個 600 Ω、12 μV rms 的交流電壓源驅動圖 6-44 的放大器。考慮基極電路的衰減效應後，試求出總電壓增益，同時也求出交流與直流的總輸出電壓。集極信號電壓與基極信號電壓之間的相位關係，又如何呢？

18. 圖 6-45 利用 100Ω的可變電阻作爲 $R_E$，並將滑動端 (wiper) 交流接地。隨著電位器的調整，將 $R_E$ 部分旁路到接地端，增益也因此改變。但是對直流而言，$R_E$ 保持固定值，所以偏壓也保持固定。試求出此放大器在無負載下最大與最小的增益值。

▶ 圖 6-45

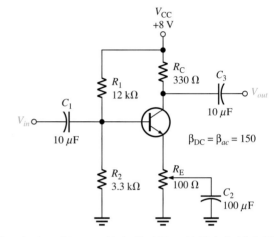

19. 如果圖 6-45 放大器輸出端，加上一個 600Ω的負載電阻，其最大與最小增益值是多少？

20. 將負載改爲 1.0kΩ，且以內阻爲 300Ω的信號源來驅動圖 6-45 的放大器，試找出最大總電壓增益。

21. 修改圖 6-44 的電路，使得$R_e$至少是$r'_e$的十倍，藉此消除 (swamp out) $r'_e$的溫度效應。保持相同的總$R_E$。這將會如何影響其電壓增益？

## 第 6-4 節 共集極放大器

22. 圖 6-46 是無負載的射極隨耦器，試求出其精確的電壓增益值。

23. 圖 6-46 的總輸入阻抗是多少？直流輸出電壓是多少？

24. 將負載阻抗以電容器耦合到圖 6-46 的射極端。從信號工作原理來看，負載阻抗與$R_E$並聯，會降低射極有效阻抗。這將會如何影響其電壓增益？

25. 第 24 題中，$R_L$值爲多少時，電壓增益會降到 0.9？

▶ 圖 6-46

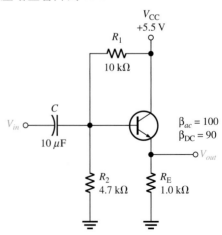

26. 試求出圖 6-47 電路的下列數值：

(a) $Q_1$ 與 $Q_2$ 的直流端電壓　(b) 總 $\beta_{ac}$　(c) 每個電晶體的 $r'_e$　(d) 總輸入阻抗

27. 試求出圖 6-47 的總電流增益 $A_i$。

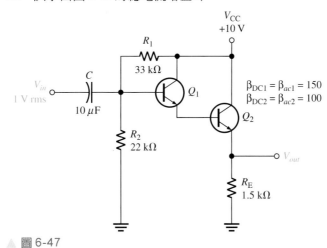

▲ 圖 6-47

## 第 6-5 節　共基極放大器

28. 與共集極和共射極放大器比較，共基極放大器的主要缺點為何？

29. 圖 6-48 中無負載的放大電路，試求出其 $R_{in(emitter)}$，$A_v$，$A_i$ 及 $A_p$。

30. 選擇適當的放大器組態，與下列的性質描述配合。

(a) 電流增益為 1，很高的電壓增益，很低的輸入阻抗

(b) 很高的電流增益，很高的電壓增益，低輸入阻抗

(c) 很高的電流增益，電壓增益為 1，高輸入阻抗

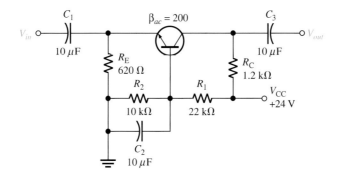

▲ 圖 6-48

## 第 6-6 節　多級放大器

31. 串接的二級放大器，每一單級電壓增益 $A_v = 20$，則總電壓增益是多少？

32. 串接的三級放大器，每一單級電壓增益是 10 dB。則總電壓增益是多少 dB？實際的總電壓增益數值為多少？

33. 圖 6-49 是電容耦合二級放大器，試求出下列數值：

(a) 每級的電壓增益　　(b) 總電壓增益　　(c) 以 dB 表示 (a) 和 (b) 的增益值

34. 如果以 75Ω，50μV 的信號源來驅動圖 6-49 的多級放大器，而且第二級的輸出
端連接負載電阻 $R_L = 18k\Omega$，試求出

(a) 每級的電壓增益　　(b) 總電壓增益　　(c) 以 dB 表示 (a) 和 (b) 的增益值

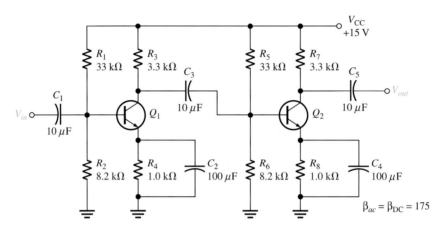

▲ 圖 6-49

35. 圖 6-50 顯示的是直接耦合二級放大器 (也就是兩級間沒有耦合電容)。第一級
的直流偏壓設定了第二級的直流偏壓。試求出兩級所有的直流電壓值，及交
流總電壓增益。

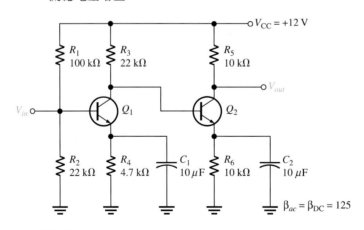

▲ 圖 6-50

36. 以 dB 表示下列電壓增益值：

(a)12　(b)50　(c)100　(d)2500

37. 將下列電壓增益的 dB 值，改成以標準電壓增益值表示：

(a)3dB　(b)6dB　(c)10dB　(d)20dB　(e)40dB

### 第 6-7 節 差動放大器

**38.** 圖 6-51 的直流基極電壓皆爲 0。利用你對電晶體分析的知識，求解直流差動輸出電壓。假設 $Q_1$ 的 $\alpha = 0.980$，$Q_2$ 的 $\alpha = 0.975$。

**39.** 確定圖 6-52 每一電表應量到的數值。

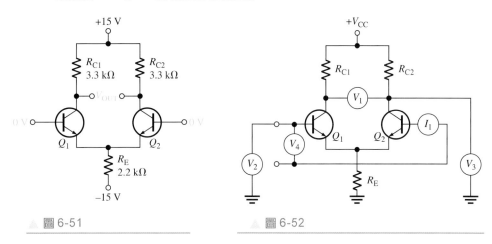

▲ 圖 6-51　　　　　　　　　　　　　　▲ 圖 6-52

**40.** 某一差動放大器的每一集極電阻爲 5.1 kΩ，假設 $I_{C1}$=1.35 mA，$I_{C2}$=1.29 mA，求差動輸出電壓爲何？

**41.** 確定圖 6-53 每一基本差動放大器的輸入與輸出之架構型態。

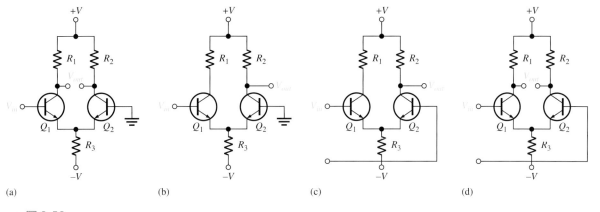

(a)　　　　　(b)　　　　　(c)　　　　　(d)

▲ 圖 6-53

# 場效電晶體
## (Field-Effect Transistors ,FETs)

**7**

### 本章學習目標

◆ 討論 JFET 以及其與 BJT 有何不同

◆ 討論、定義和使用 JFET 的特性和參數

◆ 討論和分析 JFET 偏壓

◆ 討論在 JFET 特性曲線的歐姆區

◆ 解釋 MOSFET 的工作原理

◆ 討論和使用 MOSFET 參數

◆ 描述和分析 MOSFET 偏壓電路

◆ 討論 IGBT

### 可參訪教學專用網站

有關這一章的學習輔助資訊可以在以下的網站
找到 http://www.pearsonglobaleditions.com
(搜索 ISBN:1292222999)

### 重要詞彙

◆ 接面場效電晶體 (JFET)

◆ 汲極 (Drain)

◆ 源極 (Source)

◆ 閘極 (Gate)

◆ 夾止電壓 (Pinch-off voltage)

◆ 互導 (Transconductance)

◆ 導通電阻($R_{DS}$(on))

◆ 消耗功率($P_D$)

◆ 歐姆區(Ohmic region)

◆ 金屬氧化物半導體電晶體 (MOSFET)

◆ 空乏型 (Depletion)

◆ 增強型 (Enhancement)

◆ 絕緣閘雙極電晶體(IGBT)

### 簡 介

在前面幾個章節已討論過雙極接面電晶體
(BJT)。現在我們要討論第二種主要的電晶體類
型，場效電晶體 (field-effect transistor, FET)。不
像電晶體同時有電子流與電洞流，FET 內部只
有一種電荷載子在流動，所以 FET 是一種單極
性裝置。場效電晶體有兩種主要型式：接面場
效電晶體 (junction field-effect transistor, JFET) 和
金屬氧化物半導體電晶體 (metal oxide semicon-
ductor field-effect transistor, MOSFET)。場效 (fi-
eld-effet) 意指在 FET 其中一端(閘極)接上電壓
後，可以在通道中形成空乏區。

請記得，BJT 是電流控制裝置，也就是基
極電流控制集極電流的大小。場效電晶體則非
如此。它是電壓控制裝置，利用閘極與源極間
的電壓，控制通過裝置的電流大小。FET 的主
要優點就是具有很高的輸入電阻。因為 FET 的
非線性特性，所以 FET 在放大器的使用並不如
BJT 普遍，只有在需要非常高的輸入阻抗時才
會使用。然而，在低壓開關的應用上我們偏向
於選擇 FET，因為開啓與關閉的速度上，FET
通常比BJT 快。IGBT通常使用於高壓開關的應
用上。

# 7-1 接面場效電晶體 (The JFET)

接面場效電晶體(JFET) 是利用操作 *pn* 接面的逆向偏壓，來控制通道電流的場效電晶體。按照它們的結構，JFET 可以分成兩種：*n* 通道和 *p* 通道。

在學習完本節的內容後，你應該能夠

- ◆ **討論** JFET **及其與** BJT **有何不同**
- ◆ **描述** *n* **通道和** *p* **通道** JFET **的基本結構**
  - ◆ 辨識端點
  - ◆ 解釋何謂通道
- ◆ **解釋** JFET **的基本工作原理**
- ◆ **辨識** JFET **的線路符號**

## 基本結構 (Basic Structure)

圖 7-1 (a) 顯示 *n* 通道接面場效電晶體 (junction field-effect transistor, JFET) 的基本構造。*n* 通道的兩端都接上導線，在頂端的是汲極 (drain)，源極 (source) 則在底端。兩個 *p* 型區域擴散進入 *n* 型基質中，形成**通道(channel)**，而且兩個 *p* 型區域都連接到閘極(gate)。為了簡化圖形，圖中只顯示一個 *p* 型區域連接到閘極。圖 7-1 (b) 顯示 *p* 通道 JFET 的結構圖。

▷ 圖 7-1

兩種 JFET 類型的基本結構圖。

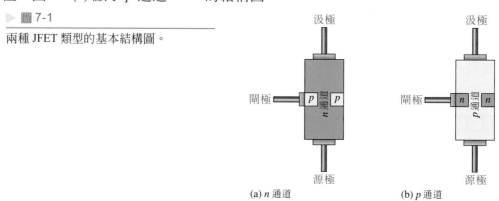

(a) *n* 通道　　　　　(b) *p* 通道

## 基本工作原理 (Basic Operation)

為說明JFET的工作原理，將 *n* 通道裝置加上直流偏壓，如圖 7-2 所示。$V_{DD}$ 提供汲極和源極間電壓，並形成汲極到源極間的電流。而$V_{GG}$使得閘極和源極間形成逆向偏壓，如圖所示。

使用 JFET 時，*閘極和源極間的 pn 接面都是逆向偏壓*。閘源極接面成為逆向偏壓，在 *pn* 接面形成空乏區，空乏區會侵入*n* 通道，因此縮減通道寬度，增加通道的電阻值。

▶ 圖 7-2　　*n* 通道 JFET 的偏壓。

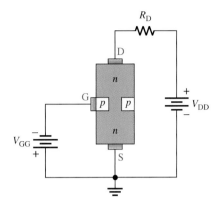

　　改變閘極電壓，就能控制通道寬度，也因此能控制通道電阻，最終達到控制汲極電流$I_D$的目的。圖 7-3 中以一個*n*通道裝置說明這樣的概念。白色區域代表逆向偏壓產生的空乏區。往汲極方向的空乏區比往源極方向寬，這是因為閘極和汲極間逆向偏壓，比閘極和源極間大。第 7-2 節將討論 JFET 的特性曲線，和一些參數。

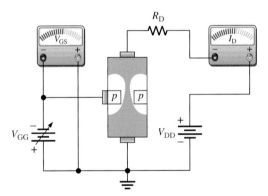

(a) JFET 導通狀態下的偏壓

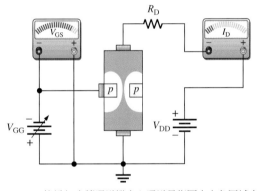

(b) $V_{GG}$ 的增加會讓通道變窄（通道是指圖中白色區域之間的空隙），如此就會增加通道的阻抗值，反而降低 $I_D$。

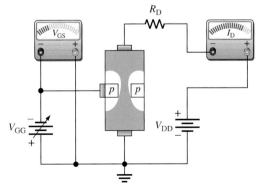

(c) $V_{GG}$ 的減少會讓通道變寬（通道是指圖中白色區域之間的空隙），如此就會降低通道的阻抗值，反而增加 $I_D$。

▲ 圖 7-3　　$V_{GS}$對通道寬度、阻抗及汲極電流的影響($V_{GG}=V_{GS}$)。

## JFET 符號 (JFET Symbols)

$n$ 通道和 $p$ 通道接面場效電晶體的圖形符號，顯示在圖 7-4 中。請注意，閘極上箭頭符號在 $n$ 通道是"向內"，在 $p$ 通道是"向外"。

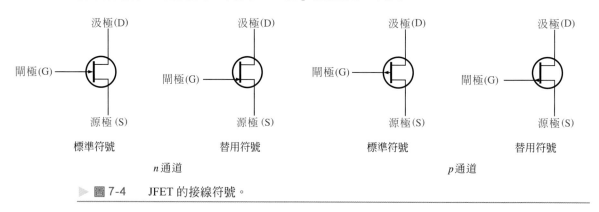

▶ 圖 7-4　　JFET 的接線符號。

**第7-1節　隨堂測驗**
答案可以在以下的網站找到
www.pearsonglobaleditions.com
(搜索 ISBN:1292222999)

1. JFET 三個端點的正確名稱。
2. $n$ 通道 JFET 工作時的 $V_{GS}$ 為正或為負值？
3. 在 JFET 中如何控制汲極電流？

# 7-2　接面場效電晶體的特性與參數 (JFET Characteristics and Parameters)

本節包含了使用 JFET 作為電壓控制的定電流元件，以及 JFET 的截止、夾止和轉換特性。

在學習完本節的內容後，你應該能夠

- ◆ **討論、定義和使用 JFET 的特性和參數**
- ◆ 討論汲極特性曲線
  - ◆ 辨識曲線中的歐姆區、動作區和崩潰區
- ◆ 定義*夾止電壓 (pinch-off voltage)*
- ◆ 討論崩潰
- ◆ 解釋閘極-源極電壓如何控制汲極電流
- ◆ 討論截止電壓
- ◆ 比較夾止與截止的差異
- ◆ 解釋 JFET 通用轉換特性
  - ◆ 使用轉換特性方程式計算汲極電流
  - ◆ 闡釋 JFET 特性資料表

- ◆ 討論 JFET 順向跨導
  - ◆ 定義*跨導* (transconductance)
  - ◆ 計算順向跨導
- ◆ 討論 JFET 輸入電阻和電容
- ◆ 計算交流汲極-源極電阻

## 汲極特性曲線 (Drain Characteristic Curve)

考慮閘極對源極電壓是 0 的情況 ($V_{GS} = 0V$)。要產生這種情況，可以將閘極和源極之間加以短路，如圖 7-5 (a) 中兩者都接地。當 $V_{DD}$ ($V_{DS}$ 也是) 從 0V 開始增加，$I_D$ 將按比例隨著增加，如圖 7-5 (b) 中 $A$ 點到 $B$ 點的曲線。在這個區域，因為空乏區尚未大到有顯著影響，基本上通道電阻是常數。因為 $V_{DS}$ 與 $I_D$ 的關係滿足歐姆定律，此區域稱為歐姆區。歐姆區將在 7-4 節中作更進一步的討論。

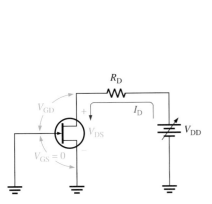

(a) JFET 處於 $V_{GS} = 0$ V 以及可調整 $V_{DS}$ ($V_{DD}$) 的偏壓狀態

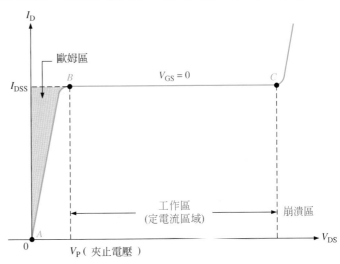

(b) 汲極特性曲線

▲ 圖 7-5　在 $V_{GS} = 0$ 時，顯示出夾止電壓的 JFET 集極特性曲線。

曲線在圖 7-5 (b) $B$ 點變為平坦，進入動作區，此時 $I_D$ 基本上保持固定。當 $V_{DS}$ 從 $B$ 點增加到 $C$ 點，閘極對汲極的逆向偏壓 $V_{GD}$ 造成的空乏區，已經大到足以抵消 $V_{DS}$ 增加產生的效應，所以 $I_D$ 保持某種程度的固定值。

*夾止電壓(Pinch-Off Voltage)*　　在 $V_{GS} = 0V$ 的汲極特性曲線上，當 $I_D$ 基本上開始保持固定時，如圖 7-5 (b) 曲線的 $B$ 點，此時 $V_{DS}$ 的值稱為夾止電壓 (**pinch-off voltage**) $V_P$。每個 JFET 的 $V_P$ 都是固定值。當 $V_{DS}$ 電壓持續增加到超過夾止電壓後，汲極電流幾乎保持固定。此汲極電流值就是 $I_{DSS}$ (閘極短路時，汲極到源極

的電流)，在JFET特性資料表上可以查到此值。不論外部電路爲何，$I_{DSS}$是JFET能夠產生的最大汲極電流，而且是在$V_{GS}=0V$的條件下所量測出來的電流值。

*崩潰 (Breakdown)*　　如圖 7-5 (b) 所示，在 C 點，當$V_{DS}$進一步增加，$I_D$會非常快速地隨著增加，此爲**崩潰(breakdown)**現象。崩潰將造成元件無法復原的傷害，所以 JFET 總是在崩潰電壓以下的定電流動作區區域工作，即圖中 B 點和 C 點間的曲線上。圖 7-6 顯示的是在$V_{GS}=0V$時，JFET 的操作情形，它形成從原點到崩潰點的汲極特性曲線。

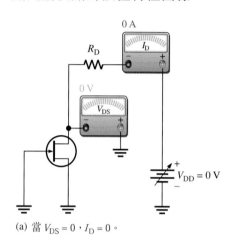

(a) 當$V_{DS}=0$，$I_D=0$。

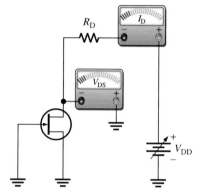

(b) 在歐姆區，$I_D$是隨著$V_{DS}$按比例增加。

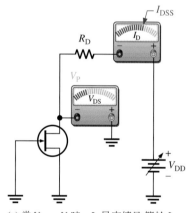

(c) 當$V_{DS}=V_P$時，$I_D$是定值且 等於$I_{DSS}$。

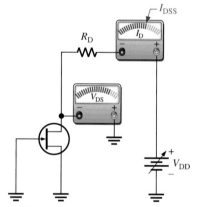

(d) 當$V_{DS}$繼續增加時，$I_D$仍然等於$I_{DSS}$直到產生崩潰的情形。

▲ 圖 7-6　　在$V_{GS}=0V$時，用來畫出特性曲線的幾個 JFET 測量值。

## $V_{GS}$ 控制 $I_D$ ($V_{GS}$ Controls $I_D$)

在閘極和源極間加上偏壓$V_{GG}$，如圖 7-7 (a) 所示。調整$V_{GG}$使$V_{GS}$朝向更負值方向變動，這將產生一系列的汲極特性曲線，如圖 7-7 (b) 所示。

　　請注意，$V_{GS}$朝向更負值方向變動時，$I_D$減少，這是因為通道變窄的緣故。同時也要注意，在$V_{DS}$小於$V_P$時，每次$V_{GS}$朝向更負值方向變動，JFET 都更接近夾止狀態(定電流的起始點)。名詞*夾止(pinch-off)*與夾止電壓(pinch-off voltage)$V_P$是不同的。所以汲極電流的大小受$V_{GS}$控制，如圖 7-8 所示。

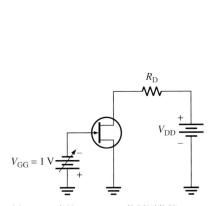

(a) JFET 處於$V_{GS} = -1$ V 的偏壓狀態

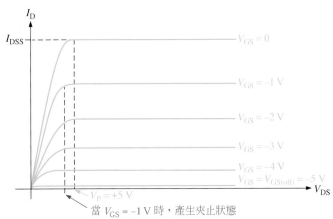

(b) 汲極特性曲線族

▲ 圖 7-7　$V_{GS}$往更負的方向增加的情況下，夾止現象發生時的$V_{DS}$值將越低。

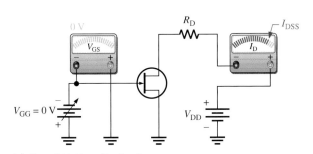

(a) $V_{GS} = 0$ V, $V_{DS} \geq V_P$, $I_D = I_{DSS}$

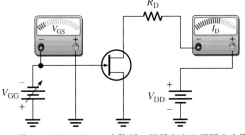

(b) 當$V_{GS}$是負值時，$I_D$會降低，但是在夾止電壓之上則保持定值，而夾止電壓則是低於$V_P$。

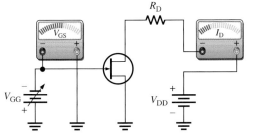

(c) 當$V_{GS}$為更負值時，$I_D$持續降低，但是在夾止電壓之上仍然保持定值，而夾止電壓也會降低。

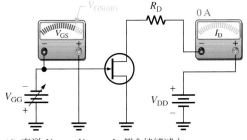

(d) 直到$V_{GS} = -V_{GS(off)}$，$I_D$都會持續減少。當$V_{GS} \geq -V_{GS(off)}$時，$I_D \cong 0$。

▲ 圖 7-8　$V_{GS}$控制$I_D$。

### 截止電壓 (Cutoff Voltage)

讓 $I_D$ 接近 0 值的 $V_{GS}$ 值，稱為**截止電壓 (cutoff voltage)** $V_{GS(off)}$，如圖 7-8 (d) 所示。JFET 正常工作時，$V_{GS}$ 必須介於 0V 和 $V_{GS(off)}$ 之間。在這個閘極對源極的電壓範圍內，$I_D$ 會在最大值 $I_{DSS}$ 和接近 0 的最小值之間變動。

前面已經提過，$n$ 通道 JFET 的 $V_{GS}$ 愈負，在動作區的 $I_D$ 愈小。當 $V_{GS}$ 的負值足夠大時，$I_D$ 將下降到 0。空乏區擴大到完全封閉通道，是造成截止效應的原因，如圖 7-9 所示。

▶ 圖 7-9　截止狀態時的 JFET。

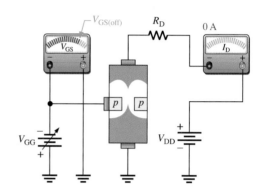

除了 $p$ 通道 JFET 的 $V_{DD}$ 是負值，而 $V_{GS}$ 是正值以外，$p$ 通道 JFET 的基本操作，與 $n$ 通道相同，如圖 7-10。

▶ 圖 7-10　$p$ 通道 JFET 的偏壓。

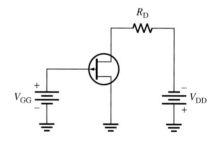

### 夾止電壓與截止電壓的比較

(Comparison of Pinch-Off Voltage and Cutoff Voltage)

從前面所學可以看出，夾止與截止電壓是不同的。但也讓我們發現它們彼此關連之處。夾止電壓 $V_P$ 是汲極電流開始成為固定值且與 $I_{DSS}$ 相等時，所測得的 $V_{DS}$ 值，而且都是在 $V_{GS} = 0V$ 的情況下測量。不過，如果 $V_{GS}$ 不為 0，$V_{DS}$ 比 $V_P$ 小的情形下，就會發生夾止現象。因此，儘管 $V_P$ 是常數，使 $I_D$ 呈固定不變時的 $V_{DS}$ 最小值，則會隨著 $V_{GS}$ 改變。

一般，$V_{GS(off)}$ 和 $V_P$ 總是大小相同，但是正負號相反。通常在特性資料表上，只會提供 $V_{GS(off)}$ 或 $V_P$ 其中一個數值，不會兩個同時提供。不過，知道其中一個，就能求得另一個。例如，如果 $V_{GS(off)} = -5V$，則 $V_P = +5V$，如圖 7-7 (b) 所示。

**例 題 7-1**　圖 7-11 中 JFET 的 $V_{GS(off)} = -4V$ 且 $I_{DSS} = 12mA$。試求當 $V_{GS)} = 0V$，元件工作於定電流區的最小 $V_{DD}$ 值？

▶ 圖 7-11

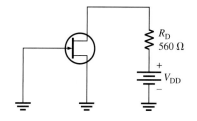

解　既然 $V_{GS(off)} = -4V$，$V_P = 4V$。要讓 JFET 工作於定電流區最小 $V_{DS}$ 值為

$$V_{DS} = V_P = 4\,V$$

$V_{GS} = 0V$ 時的定電流區中

$$I_D = I_{DSS} = 12\,mA$$

汲極電阻的電壓降為

$$V_{R_D} = I_D R_D = (12\,mA)(560\,\Omega) = 6.72\,V$$

將克希荷夫定律應用在汲極電路上。

$$V_{DD} = V_{DS} + V_{R_D} = 4\,V + 6.72\,V = \mathbf{10.7\,V}$$

這是要讓元件工作於定流區且 $V_{DS} = V_P$ 所需的 $V_{DD}$。

相 關 習 題*　如果 $V_{DD}$ 增加到 15 V，汲極電流將為何？

*答案可以在以下的網站找到 www.pearsonglobaleditions.com(搜索 ISBN:1292222999)

**例 題 7-2**　某 $p$ 通道 JFET 的 $V_{GS(off)} = +4V$，當 $V_{GS} = +6V$ 時 $I_D$ 為多少？

解　$p$ 通道 JFET 所需的閘極對源極電壓為正值。電壓值越往正方向增加，汲極電流越小。當 $V_{GS} = 4V$，$I_D = 0$。$V_{GS}$ 繼續增加，JFET 將保持在截止狀態，所以 $I_D$ 維持為 **0**。

相 關 習 題　本例題中 JFET 特性值 $V_P$ 應該是多少？

## JFET 通用轉換特性 (JFET Universal Transfer Characteristic)

我們已經知道，大小限制在 0V 與 $V_{GS(off)}$ 之間的 $V_{GS}$ 可以控制汲極電流。對 $n$ 通道 JFET 而言，$V_{GS(off)}$ 為負值，而對 $p$ 通道 JFET 而言，$V_{GS(off)}$ 為正值。因為 $V_{GS}$

確實能控制 $I_D$，所以兩者的關係變得很重要。轉換特性曲線是以圖形說明 $V_{GS}$ 和 $I_D$ 的關係圖形，圖 7-12 所示為一般的轉換特性曲線。

▶ 圖 7-12

n 通道 JFET 的通用轉換特性曲線。

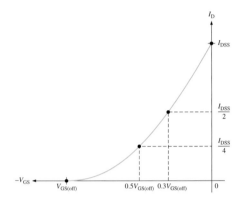

請注意，曲線的底端是位於 $V_{GS}$ 軸上的一點，其值等於 $V_{GS(off)}$，曲線的頂端是位於 $I_D$ 軸的一點，其值等於 $I_{DSS}$。這個曲線顯示

$$當 V_{GS} = V_{GS(off)} 時，\quad I_D = 0$$

$$當 V_{GS} = 0.5V_{GS(off)} 時，\quad I_D = \frac{I_{DSS}}{4}$$

$$當 V_{GS} = 0.3V_{GS(off)} 時，\quad I_D = \frac{I_{DSS}}{2}$$

以及

$$當 V_{GS} = 0 時，\quad I_D = I_{DSS}$$

轉換特性曲線也可以從汲極特性曲線求得，作法是由一系列的汲極特性曲線中，取得各別曲線夾止點的 $I_D$ 和 $V_{GS}$ 值，再繪出轉換特性曲線的圖形，如圖 7-13 左邊所示特定曲線。轉換特性曲線上的每一點，對應到汲極特性曲線上的特定一組 $V_{GS}$ 和 $I_D$ 值。例如，當 $V_{GS} = -2V$，則 $I_D = 4.32mA$。對這個 JFET 而言，$V_{GS(off)} = -5V$ 且 $I_{DSS} = 12mA$。

JFET 轉換特性曲線的外形近似拋物線，可以大概表示成

公式 7-1
$$I_D \cong I_{DSS}\left(1 - \frac{V_{GS}}{V_{GS(off)}}\right)^2$$

利用公式 7-1，如果 $V_{GS(off)}$ 和 $I_{DSS}$ 已經知道，對任何已知的 $V_{GS}$，其 $I_D$ 都能求出。而對特定 JFET 而言，其特性資料表都可查到這些數據。請注意方程式中的平方項。我們都知道，拋物線幾何圖形具有*平方律(square law)*的特性，所以通常可以稱呼 JFET 和 MOSFET 為*平方律元件(square-law devices)*。

典型的 JFET 系列的特性資料表，如圖 7-14 所示。

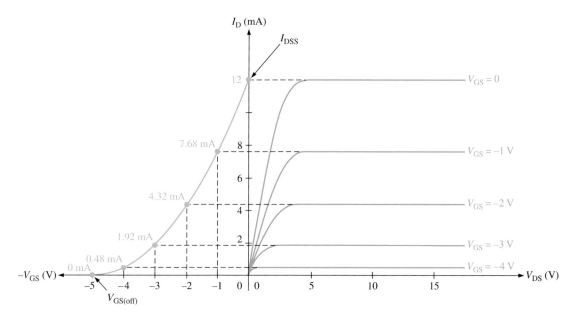

▲ 圖 7-13　由 $n$ 通道 JFET 汲極特性曲線 (垂直軸右方，綠色曲線) 畫出轉換特性曲線 (垂直線左方，藍色曲線)。

---

**例 題　7-3**　圖 7-14 中 2N5459 的 JFET 特性資料表顯示 $I_{DSS}$ 的典型值是 9mA，$V_{GS(off)}$ 的最大值是 $-8V$。運用這些數據計算 $V_{GS} = 0V$、$-1V$ 及 $-4V$ 時的汲極電流。

解　當 $V_{GS} = 0V$ 時，

$$I_D = I_{DSS} - \mathbf{9\,mA}$$

當 $V_{GS} = -1V$，運用公式 7-1 解出 $I_D$。

$$I_D \cong I_{DSS}\left(1 - \frac{V_{GS}}{V_{GS(off)}}\right)^2 = (9\,\text{mA})\left(1 - \frac{-1\,\text{V}}{-8\,\text{V}}\right)^2$$
$$= (9\,\text{mA})(1 - 0.125)^2 = (9\,\text{mA})(0.766) = \mathbf{6.89\,mA}$$

當 $V_{GS} = -4V$ 時，

$$I_D \cong (9\,\text{mA})\left(1 - \frac{-4\,\text{V}}{-8\,\text{V}}\right)^2 = (9\,\text{mA})(1 - 0.5)^2 = (9\,\text{mA})(0.25) = \mathbf{2.25\,mA}$$

相 關 習 題　2N5459 JFET 的 $V_{GS} = -3V$ 時，$I_D$ 為多少？

## FAIRCHILD
SEMICONDUCTOR ™

**2N5457**
**2N5458**
**2N5459**

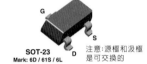

**MMBF5457**
**MMBF5458**
**MMBF5459**

G
S
D
TO-92

G
S
SOT-23
Mark: 6D / 61S / 6L
D

注意:源極和汲極
是可交換的

### N- 通道一般用途放大器

This device is a low level audio amplifier and switching transistors, and can be used for analog switching applications. Sourced from Process 55.

### 絕對最大額定值*( Absolute Maximum Ratings*) TA = 25°C (除非另有規定)

| Symbol | Parameter | Value | Units |
|---|---|---|---|
| $V_{DG}$ | Drain-Gate Voltage | 25 | V |
| $V_{GS}$ | Gate-Source Voltage | - 25 | V |
| $I_{GF}$ | Forward Gate Current | 10 | mA |
| $T_J$, $T_{stg}$ | Operating and Storage Junction Temperature Range | -55 to +150 | °C |

*These ratings are limiting values above which the serviceability of any semiconductor device may be impaired.

__NOTES__:
1) These ratings are based on a maximum junction temperature of 150 degrees C.
2) These are steady state limits. The factory should be consulted on applications involving pulsed or low duty cycle operations.

### 熱特性 ( Thermal Characteristics ) TA = 25°C (除非另有規定)

| Symbol | Characteristic | Max | | Units |
|---|---|---|---|---|
| | | 2N5457-5459 | *MMBF5457-5459 | |
| $P_D$ | Total Device Dissipation<br>Derate above 25°C | 625<br>5.0 | 350<br>2.8 | mW<br>mW/°C |
| $R_{\theta JC}$ | Thermal Resistance, Junction to Case | 125 | | °C/W |
| $R_{\theta JA}$ | Thermal Resistance, Junction to Ambient | 357 | 556 | °C/W |

*Device mounted on FR-4 PCB 1.6" X 1.6" X 0.06."

### 電氣特性 ( Electrical Characteristics ) TA = 25°C (除非另有規定)

| Symbol | Parameter | Test Conditions | | Min | Typ | Max | Units |
|---|---|---|---|---|---|---|---|
| $V_{(BR)GSS}$ | Gate-Source Breakdown Voltage | $I_G = 10 \mu A$, $V_{DS} = 0$ | | - 25 | | | V |
| $I_{GSS}$ | Gate Reverse Current | $V_{GS} = -15$ V, $V_{DS} = 0$<br>$V_{GS} = -15$ V, $V_{DS} = 0$, $T_A = 100°C$ | | | | - 1.0<br>- 200 | nA<br>nA |
| $V_{GS(off)}$ | Gate-Source Cutoff Voltage | $V_{DS} = 15$ V, $I_D = 10$ nA | 5457<br>5458<br>5459 | - 0.5<br>- 1.0<br>- 2.0 | | - 6.0<br>- 7.0<br>- 8.0 | V<br>V<br>V |
| $V_{GS}$ | Gate-Source Voltage | $V_{DS} = 15$ V, $I_D = 100 \mu A$<br>$V_{DS} = 15$ V, $I_D = 200 \mu A$<br>$V_{DS} = 15$ V, $I_D = 400 \mu A$ | 5457<br>5458<br>5459 | | - 2.5<br>- 3.5<br>- 4.5 | | V<br>V<br>V |

### 導通特性 (ON CHARACTERISTICS)

| Symbol | Parameter | Test Conditions | | Min | Typ | Max | Units |
|---|---|---|---|---|---|---|---|
| $I_{DSS}$ | Zero-Gate Voltage Drain Current* | $V_{DS} = 15$ V, $V_{GS} = 0$ | 5457<br>5458<br>5459 | 1.0<br>2.0<br>4.0 | 3.0<br>6.0<br>9.0 | 5.0<br>9.0<br>16 | mA<br>mA<br>mA |

### 小訊號特性 ( SMALL SIGNAL CHARACTERISTICS )

| Symbol | Parameter | Test Conditions | | Min | Typ | Max | Units |
|---|---|---|---|---|---|---|---|
| $g_{fs}$ | Forward Transfer Conductance* | $V_{DS} = 15$ V, $V_{GS} = 0$, f = 1.0 kHz | 5457<br>5458<br>5459 | 1000<br>1500<br>2000 | | 5000<br>5500<br>6000 | μmhos<br>μmhos<br>μmhos |
| $g_{os}$ | Output Conductance* | $V_{DS} = 15$ V, $V_{GS} = 0$, f = 1.0 kHz | | | 10 | 50 | μmhos |
| $C_{iss}$ | Input Capacitance | $V_{DS} = 15$ V, $V_{GS} = 0$, f = 1.0 MHz | | | 4.5 | 7.0 | pF |
| $C_{rss}$ | Reverse Transfer Capacitance | $V_{DS} = 15$ V, $V_{GS} = 0$, f = 1.0 MHz | | | 1.5 | 3.0 | pF |
| NF | Noise Figure | $V_{DS} = 15$ V, $V_{GS} = 0$, f = 1.0 kHz,<br>$R_G = 1.0$ megohm, BW = 1.0 Hz | | | | 3.0 | dB |

*脈衝測試:脈衝寬 ≤ 300 ms, 工作週期 ≤ 2%

▲ 圖 7-14　JFET 的部分特性資料表。Fairchild 半導體公司版權所有並授權使用。

## JFET 順向跨導 (JFET Forward Transconductance)

順向跨導(transconductance，即轉換電導 transfer conductance) $g_m$ 為交流分析時的參數，其定義為：汲極對源極的電壓保持固定時，汲極電流變化量 $\Delta I_D$ 除以，閘極對源極電壓變化量 $\Delta V_{GS}$。它是以比值表示，單位是西門 (siemens, S)。

$$g_m = \frac{\Delta I_D}{\Delta V_{GS}}$$

這個參數其他常用的表示法還有 $g_{fs}$ 和 $y_{fs}$ (forward transfer admittance, 順向轉換導納)。如同將會在第八章所看到的，$g_m$ 是一個計算FET放大器電壓增益的重要因子。

因為JFET的轉換特性曲線是非線性的，隨著由 $V_{GS}$ 所設定曲線位置的不同，$g_m$ 也不同。在曲線頂點附近 (靠近 $V_{GS} = 0$) 的 $g_m$ 值，比底端附近 (靠近 $V_{GS(off)}$) 的 $g_m$ 值大，如圖 7-15 所示。

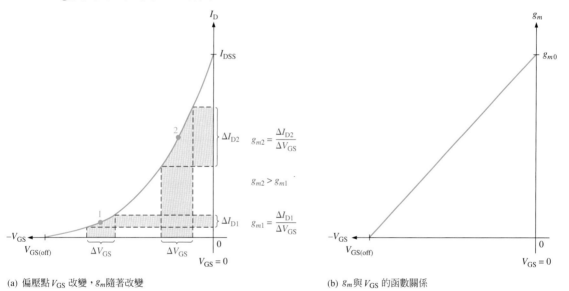

(a) 偏壓點 $V_{GS}$ 改變，$g_m$ 隨著改變

(b) $g_m$ 與 $V_{GS}$ 的函數關係

▲ 圖 7-15　偏壓點 $V_{GS}$ 改變，$g_m$ 隨著改變。

一般的特性資料表都會提供在 $V_{GS} = 0V$ 時量測的 $g_m$ 值 ($g_{m0}$)。例如，2N5457 JFET的特性資料表就記載著，當 $V_{DS} = 15V$，$g_{m0}$ ($g_{fs}$) 的最小值是 $1000\,\mu$ mho (mho 與 siemens(S) 是相同的單位)。

決定 $g_{m0}$ 後，我們可以利用下列公式，求得轉換特性曲線上任一點的 $g_m$ 近似值：

$$g_m = g_{m0}\left(1 - \frac{V_{GS}}{V_{GS(off)}}\right) \qquad\qquad 公式\quad 7\text{-}2$$

就算手邊沒有 $g_{m0}$ 值可以運用，也可以利用$I_{DSS}$和$V_{GS(off)}$計算出來。下列公式中，垂直線代表絕對值符號，即無關正負號。

**公式 7-3**
$$g_{m0} = \frac{2I_{DSS}}{|V_{GS(off)}|}$$

---

**例 題 7-4**

圖 7-14 中 2N5457 JFET 特性資料表記載有下列數據：$I_{DSS}$的典型值為 3.0 mA，$V_{GS(off)}$ 最大值是 $-6V$，且 $g_{fs(max)} = 5000 \, \mu S$。運用這些數據計算當 $V_{GS} = -4V$ 時的順向跨導及 $I_D$。

**解** $g_{m0} = g_{fs} = 5000 \, \mu S$。運用公式 7-2 計算 $g_m$。

$$g_m = g_{m0}\left(1 - \frac{V_{GS}}{V_{GS(off)}}\right) = (5000 \, \mu S)\left(1 - \frac{-4 \, V}{-6 \, V}\right) = \mathbf{1667 \, \mu S}$$

其次運用公式 7-1 計算當 $V_{GS} = -4V$ 時的 $I_D$。

$$I_D \cong I_{DSS}\left(1 - \frac{V_{GS}}{V_{GS(off)}}\right)^2 = (3.0 \, mA)\left(1 - \frac{-4 \, V}{-6 \, V}\right)^2 = \mathbf{333 \, \mu A}$$

**相 關 習 題** 某 JFET 具有下列特性值：$I_{DSS} = 12 \, mA$，$V_{GS(off)} = -5 \, V$ 且 $g_{m0} = g_{fs} = 3000 \, \mu S$。試求出 $V_{GS} = -2 \, V$ 時的 $I_D$ 和 $g_m$ 值。

---

## 輸入電阻與電容 (Input Resistance and Capacitance)

我們已經知道，JFET 正常工作時，其閘-源極接面為逆向偏壓，這使得閘極的輸入電阻變得非常高。高輸入電阻是 JFET 相對於 BJT 具有優勢的地方。請記得，雙極接面電晶體正常工作時，基極和射極間的接面為順向偏壓。JFET 特性資料表通常也會間接指定輸入電阻，其方式是標示出在某個閘極對源極的電壓下，閘極的逆向電流$I_{GSS}$值。然後利用下列公式求得輸入電阻，其中的垂直線代表絕對值，即無關正負號。

$$R_{IN} = \left|\frac{V_{GS}}{I_{GSS}}\right|$$

例如，圖 7-14 中的 2N5457 特性資料表上列出，25°C 和$V_{GS} = -15V$ 時，$I_{GSS}$的最大值為 $-1.0nA$。溫度增加時，$I_{GSS}$跟著增加，所以輸入電阻會減少。

JFET 是工作在 $pn$ 接面逆向偏壓的狀態下，所以會產生輸入電容$C_{iss}$。請記得，逆向偏壓的$pn$ 接面可以視為電容器，其電容量由逆向偏壓值決定。例如，當 $V_{GS} = 0$，2N5457 的電容 $C_{iss}$有最大值 7pF。

相較於積體電路放大器(整合到IC中)而言，許多離散的JFET具有較低輸入電容。當元件工作於高頻時，低電容為其優點之一。一個具低電容的積體電路其輸入電容值約 20 pF，而數位 JFET 除了具有低雜訊特點外，其輸入電容常少於 5pF。此種元件特點可應用於信號很小且具有雜訊的小訊號放大，或是具有高阻抗電源電路中。

---

**例 題 7-5**　某個 JFET 當 $V_{GS} = -20\,V$ 時 $I_{GSS} = -2\,nA$。試求輸入阻抗。

**解**
$$R_{IN} = \left| \frac{V_{GS}}{I_{GSS}} \right| = \frac{20\,V}{2\,nA} = \mathbf{10,000\ M\Omega}$$

**相 關 習 題**　利用圖 7-14 的 2N5458 特性資料表，求輸入阻抗值。

---

## 交流汲極-源極間的阻值 (AC Drain-to-Source Resistance)

從汲極特性曲線可以看出來，在夾止點之後的汲極對源極一段電壓範圍內，汲極電流大致上保持固定。所以，$V_{DS}$即使有大幅度的變動，也只能產生很小的$I_D$改變量。這兩個改變量的比值，就是此 JFET 的交流汲極-源極間電阻$r'_{ds}$。

$$r'_{ds} = \frac{\Delta V_{DS}}{\Delta I_D}$$

特性資料表上，此參數通常在 $V_{GS} = 0\,V$ 時，以輸出電導 (output conductance) $g_{os}$，或輸出導納 (output admittance) $y_{os}$表示。

---

**例 題 7-6**　試從 2N5458 的規格書中(圖 7-14)，決定典型的汲-源極阻抗值。

**解**　2N5458 的$g_{os}$典型值為 10 mmhos(10 mS)。
$$r'_{ds} = \frac{1}{g_{os}} = \frac{1}{10\mu S} = 100k\Omega$$

高通道電阻是其缺點也是 JFET 不如 BJT 的地方之一。

**相 關 習 題**　參考規格書，$r'_{ds}$ 的最小值為？

---

*JFET 限制參數(JFET Limiting Parameters)*　為了避免 JFET 操作不當而損壞，在規格書中定義了數個JFET限制參數。這些參數一般列於絕對最大額定值的開頭。所有電晶體元件的多數電氣特性皆受溫度變化影響，因此當元件在有工作電流情況下操作，許多規格都需下修。因為需考量電流產生的熱及其對於元件工作溫度上升的影響。下面舉出部分限制參數做簡要說明。

1. **閘-源極崩潰電壓($V_{\mathrm{(BR)GSS}}$)** 閘-源極間之電壓。造成元件無法修復之破壞。

2. **導通電阻($R_{\mathrm{DS(on)}}$)** 汲極電壓對汲極電流的比值。決定電晶體功率損失和熱損失大小。

3. **連續汲極電流($I_{\mathrm{D}}$)** FET 可連續且安全工作的最大電流。若為脈衝式電源，此電流可較大，取決於脈衝的寬度和導通週期。若殼體溫度增加，$I_{\mathrm{D}}$ 將降低。

4. **消耗功率($P_{\mathrm{D}}$)** 某接面-殼體溫度下，所允許安全操作的最大功率。

5. **安全操作區($SOA$)** 當元件處於順向偏壓下，確保元件安全操作的最大汲-源極電壓對汲極電流關係函數的曲線集合區域。

---

**第7-2節　隨堂測驗**

1. 某 JFET 在夾止點上的汲極對源極電壓為 7V。如果閘極對源極電壓為零，則 $V_{\mathrm{P}}$ 為多少？

2. 某 $n$ 通道 JFET 的 $V_{\mathrm{GS}}$ 往負方向增加。此時汲極電流增加或減少？

3. 某 $p$ 通道 JFET 的 $V_{\mathrm{P}} = -3\mathrm{V}$，則 $V_{\mathrm{GS}}$ 為多少方能使它截止？

4. 若已知一 JFET 之輸出電導，如何得出汲極對源極阻抗？

---

## 7-3　JFET 偏壓 (JFET Biasing)

運用之前討論過的一些 FET 參數，就可以知道如何施加直流偏壓於 JFET。與 BJT 相同，施加偏壓於 JFET 的目的，是選擇適當的閘極對源極的直流電壓，以得到想要的汲極電流值，也就是選擇適當的 $Q$ 點。三種偏壓的類型為自給偏壓、分壓器偏壓、及電流源偏壓。

在學習完本節的內容後，你應該能夠

◆ **討論和分析 JFET 偏壓**

　◆ 說明自給偏壓的涵意

　　◆ 計算 JFET 電流和電壓

　◆ 描述如何設定 JFET 自偏壓電路的 $Q$ 點

　　◆ 計算中點偏壓

　◆ 圖形分析 JFET 自給偏壓電路

　◆ 討論分壓器偏壓

　　◆ 計算 JFET 電流和電壓

　◆ 圖形分析 JFET 分壓器偏壓電路

◆ 參與討論 $Q$ 點的穩定性

◆ 參與討論電流源偏壓

## 自給偏壓 (Self-Bias)

自給偏壓是 JFET 偏壓最常用的方式。請記得，正常工作的 JFET 閘極-源極接面必須逆向偏壓。要滿足此條件，當 JFET 是 $n$ 通道時，$V_{GS}$ 必須是負值，當 JFET 是 $p$ 通道時，$V_{GS}$ 為正值。如圖 7-16 所示，自給偏壓電路可以達到這個目的。因為在閘極電阻$R_G$兩端沒有電壓壓降，所以$R_G$不會影響電路的偏壓，因此閘極電壓保持在 0V。在放大器應用中，$R_G$只是用來強制使閘極電壓為 0V 及將交流訊號與接地之間隔開。後面會再說明。

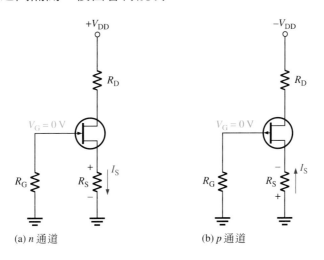

(a) $n$ 通道      (b) $p$ 通道

▲ 圖 7-16    JFET 自偏壓電路 (所有 FET 的$I_S = I_D$)。

在圖 7-16 (a) 的 $n$-通道 JFET 電路中，$I_S$在$R_S$兩端產生電壓降，使得源極對接地的電位是正值。既然$I_S = I_D$且$V_G = 0$，則$V_S = I_D R_S$。閘極對源極電壓是

$$V_{GS} = V_G - V_S = 0 - I_D R_S = -I_D R_S$$

因此，

$$V_{GS} = -I_D R_S$$

在圖 7-16 (b) 的 $p$-通道 JFET 電路中，$I_S$在$R_S$兩端產生的電壓降，讓源極的電位是負值，使得閘極對源極的電位是正值。既然$I_S = I_D$，因此

$$V_{GS} = +I_D R_S$$

在下述例題中，將以圖 7-16 (a) 的 $n$ 通道 JFET 作為說明例題。而且請記住，$p$ 通道 JFET 的分析與 $n$ 通道相同，只是電壓極性相反。汲極對接地電壓可以如下計算出來：

$$V_D = V_{DD} - I_D R_D$$

既然 $V_S = I_D R_S$，汲極對源極電壓等於

$$V_{DS} = V_D - V_S = V_{DD} - I_D(R_D + R_S)$$

---

**例 題　7-7**　試求圖 7-17 中電路的 $V_{DS}$ 和 $V_{GS}$。電路中 JFET 的各內部參數 $g_m$、$V_{GS(off)}$ 及 $I_{DSS}$，導致汲極電流 $I_D$ 約為 5mA。如果改為另一顆 JFET，即使同型號也不一定產生相同結果，這是因為內部參數變化的緣故。

▶ 圖 7-17

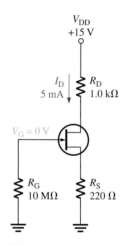

解　　　　$V_S = I_D R_S = (5\,\text{mA})(220\,\Omega) = 1.1\,\text{V}$

$V_D = V_{DD} - I_D R_D = 15\,\text{V} - (5\,\text{mA})(1.0\,\text{k}\Omega) = 15\,\text{V} - 5\,\text{V} = 10\,\text{V}$

所以，

$V_{DS} = V_D - V_S = 10\,\text{V} - 1.1\,\text{V} = \mathbf{8.9\,V}$

既然 $V_G = 0\,\text{V}$，

$V_{GS} = V_G - V_S = 0\,\text{V} - 1.1\,\text{V} = \mathbf{-1.1\,V}$

相 關 習 題　圖 7-17 中 $I_D = 8\,\text{mA}$，試求 $V_{DS}$ 和 $V_{GS}$。假設 $R_D = 860\,\Omega$，$R_S = 390\,\Omega$ 且 $V_{DD} = 12\,\text{V}$。

## 設定 JFET 自給偏壓電路的 Q 點

**(Setting the *Q*-Point of a Self-Biased JFET)**

建立 JFET 偏壓點的最基本方法，是選擇想要的 $V_{GS}$ 值後，再計算相對應的 $I_D$ 值，反之亦然。然後利用下列關係式，計算所需要的 $R_S$ 值。下列公式中，垂直線代表絕對值符號。

$$R_S = \left| \frac{V_{GS}}{I_D} \right|$$

對已選定的 $V_{GS}$ 值，相對應的 $I_D$ 可以用兩種方式計算：從選用的 JFET 轉換特性曲線決定 $I_D$，或者，更實際的作法就是使用 JFET 特性資料表的 $I_{DSS}$ 和 $V_{GS(off)}$，從公式 7-1 求出 $I_D$。下列兩個例子可以說明這些步驟。

---

**例 題　7-8**　　某 *n* 通道 JFET 自給偏壓電路，在 $V_{GS} = -5V$ 時的轉換特性曲線，如圖 7-18 所示，試求 $R_S$ 值。

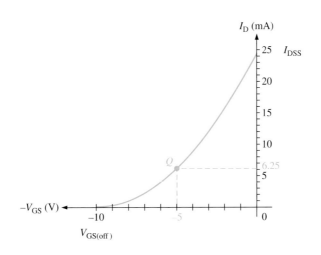

▲ 圖 7-18

---

解　　由圖形中可知當 $V_{GS} = -5\,V$，$I_D = 6.25\,mA$。可以計算 $R_S$ 如下：

$$R_S = \left| \frac{V_{GS}}{I_D} \right| = \frac{5\,V}{6.25\,mA} = \mathbf{800\ \Omega}$$

相 關 習 題　　試找出 $V_{GS} = -3\,V$ 時的 $R_S$ 值。

例 題 7-9　某 *p* 通道 JFET 自給偏壓電路，其資料表之 $I_{DSS} = 25$ mA 且 $V_{GS(off)} = 15$ V，試求其 $R_S$。假設 $V_{GS} = 5$ V。

解　運用公式 7-1 計算 $I_D$。

$$I_D \cong I_{DSS}\left(1 - \frac{V_{GS}}{V_{GS(off)}}\right)^2 = (25\,\text{mA})\left(1 - \frac{5\,\text{V}}{15\,\text{V}}\right)^2$$
$$= (25\,\text{mA})(1 - 0.333)^2 = 11.1\,\text{mA}$$

現在，可以計算 $R_S$

$$R_S = \left|\frac{V_{GS}}{I_D}\right| = \frac{5\,\text{V}}{11.1\,\text{mA}} = \mathbf{450\ \Omega}$$

相 關 習 題　某 *p* 通道 JFET 自給偏壓電路，其 $I_{DSS} = 18$ mA 且 $V_{GS(off)} = 8$ V，試求其 $R_S$。假設 $V_{GS} = 4$V。

*中點偏壓 (Midpoint Bias)*　通常設計時需要將 JFET 的偏壓設定在轉換特性曲線的中點，即 $I_D = I_{DSS}/2$ 處。在有輸入訊號的情況下，中點偏壓允許汲極電流，在 $I_{DSS}$ 和 0 之間最大幅度地變動。由公式 7-1 可得到，當 $V_{GS} = V_{GS(off)}/3.4$，$I_D$ 約為 $I_{DSS}$ 的一半。這個推導提供在網站 www.pearsonglobaleditions.com(搜索 ISBN: 1292222999) 的 "Derivations of Selected Equations"。

$$I_D \cong I_{DSS}\left(1 - \frac{V_{GS}}{V_{GS(off)}}\right)^2 = I_{DSS}\left(1 - \frac{V_{GS(off)}/3.4}{V_{GS(off)}}\right)^2 = 0.5I_{DSS}$$

所以，選擇 $V_{GS} = V_{GS(off)}/3.4$，就可以得到 $I_D$ 的中點偏壓。

要設定汲極電壓於中點，即 $V_D = V_{DD}/2$，可以選擇 $R_D$ 值以達到所需要的電壓降。選擇 $R_G$ 時，可以儘量讓它有比較大的數值，如此在串接放大器中，可以預防對前一級形成負載效應。例題 7-9 說明這些概念。

例 題 7-10　利用圖 7-14 的資料表，選擇圖 7-19 的 $R_D$ 和 $R_S$ 值，以使該電路大致上設定成中點偏壓。若資料表有 $V_D$，取其最小值；若無，則 $V_D$ 應該約為 $V_{DD}$ 的一半，即 6V。

▶ 圖 7-19

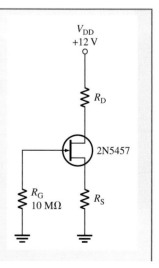

解　對中點偏壓而言，

$$I_D \cong \frac{I_{DSS}}{2} = \frac{1.0\,mA}{2} = 0.5\,mA$$

且

$$V_{GS} \cong \frac{V_{GS(off)}}{3.4} = \frac{-0.5\,V}{3.4} = -147\,mV$$

然後

$$R_S = \left|\frac{V_{GS}}{I_D}\right| = \frac{147\,mV}{0.5\,mA} = \mathbf{294\,\Omega}$$

$$V_D = V_{DD} - I_D R_D$$

$$I_D R_D = V_{DD} - V_D$$

$$R_D = \frac{V_{DD} - V_D}{I_D} = \frac{12\,V - 6\,V}{0.5\,mA} = \mathbf{12\,k\Omega}$$

相關習題　選擇圖 7-19 的電阻值，以使該使用 2N5459 之電路，大致上設定成中點偏壓。

## 圖形分析 JFET 自偏壓電路 (Graphical Analysis of a Self-Biased JFET)

我們可以使用 JFET 的轉換特性曲線，以及一些參數，來決定自給偏壓電路的 $Q$ 點，即 $I_D$ 和 $V_{GS}$。圖 7-20 (a) 所示為自給偏壓電路，圖 7-20 (b) 則是轉換特性曲線。如果特性資料表沒有現成的轉換特性曲線，則可以利用特性資料表上的 $I_{DSS}$ 和 $V_{GSS(off)}$，經由公式 7-1 畫出曲線。

要決定圖 7-20 (a) 電路的 $Q$ 點，必須先畫出自給偏壓直流負載線。首先，計算 $I_D$ 為 0 時的 $V_{GS}$ 值。

$$V_{GS} = -I_D R_S = (0)(470\,\Omega) = 0\,V$$

這就產生圖中的原點 $I_D = 0$，$V_{GS} = 0$。其次，從特性資料表取得 $I_{DSS}$ 值，然後計算 $I_D = I_{DSS}$ 時的 $V_{GS}$ 值。從圖 7-20(b) 中曲線可知道，$I_{DSS} = 10mA$。

$$V_{GS} = -I_D R_S = -(10\,mA)(470\,\Omega) = -4.7\,V$$

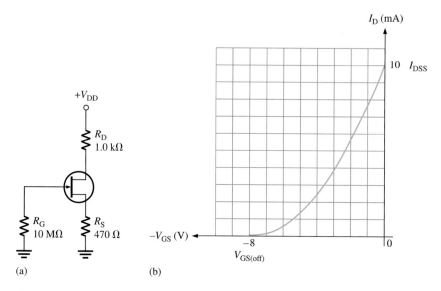

▲ 圖 7-20 自偏壓 JFET 及其轉換特性曲線。

這樣就在圖形上建立第二點，即 $I_D = 10\text{mA}$，$V_{GS} = -4.7\text{V}$。有這兩個點，就可以在轉換特性曲線的圖形上，畫出負載線，如圖 7-21 所示。而負載線與轉換特性曲線的交點，就是電路的工作點，$Q$ 點，其中 $I_D = 5.07\text{mA}$ 及 $V_{GS} = -2.3\text{V}$。

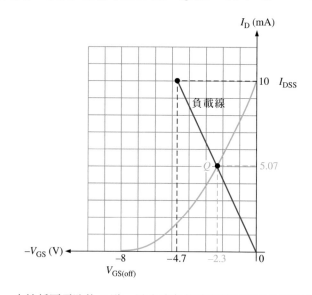

▲ 圖 7-21 自給偏壓電路的 $Q$ 點，是直流負載線與轉換特性曲線的交點。

例 題  **7-11**  試決定圖 7-22 (a) 的 JFET 電路的 $Q$ 點。轉換特性曲線如圖 7-22 (b) 所示。

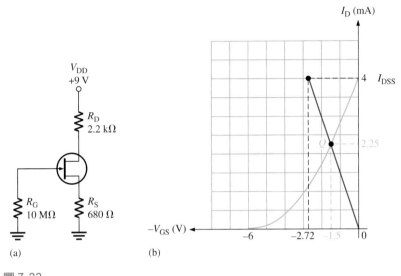

(a)

(b)

▲ 圖 7-22

解  當 $I_D = 0$，

$$V_{GS} = -I_D R_S = (0)(680\ \Omega) = 0\ V$$

此提供了負載線在原點上的一點。由轉換特性曲線可知，$I_{DSS} = 4$ mA，所以 $I_D = I_{DSS} = 4$ mA 時，

$$V_{GS} = -I_D R_S = -(4\ mA)(680\ \Omega) = -2.72\ V$$

此提供了負載線的第二個數據點 4 mA 和 $-2.72$ V。利用上述兩點畫出負載線，在特性曲線與負載線的交點上取得 $I_D$ 和 $V_{GS}$，如圖 7-22 (b) 所示。圖中顯示的 $Q$ 點數值為

$$I_D = \textbf{2.25 mA}$$

$$V_{GS} = \textbf{-1.5 V}$$

相 關 習 題  如果圖 7-22 (a) 的 $R_S$ 增加到 1.0 k$\Omega$，則新的 $Q$ 點為何？

為了使 $Q$ 點更穩定，將自給偏壓電路中的 $R_S$ 值增加並連接至負的供應電壓，這樣的偏壓有時稱為*雙供應偏壓(dual-supply bias)*。

## 分壓器偏壓 (Voltage-Divider Bias)

圖 7-23 所示為 $n$ 通道 JFET 的分壓器偏壓電路。此 JFET 的源極電位必須比閘極電位高,才能讓閘極-源極接面保持逆向偏壓。

▶ 圖 7-23

$n$ 通道JFET的分壓器偏壓電路 $(I_S = I_D)$。

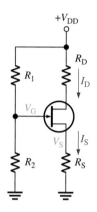

源極電壓等於

$$V_S = I_D R_S$$

利用下列分壓器公式,閘極電壓可以由 $R_1$ 和 $R_2$ 決定:

$$V_G = \left(\frac{R_2}{R_1 + R_2}\right)V_{DD}$$

閘極對源極電壓是

$$V_{GS} = V_G - V_S$$

且源極電壓等於

$$V_S = V_G - V_{GS}$$

汲極電流可以表示為

$$I_D = \frac{V_S}{R_S}$$

代換 $V_S$ 後,

$$I_D = \frac{V_G - V_{GS}}{R_S}$$

**例 題 7-12** 假設圖 7-24 的 2N4341 JFET 內部參數使得 $V_D \cong 7.5$ V，試求此 JFET 分壓器偏壓電路的 $I_D$ 和 $V_{GS}$。

▶ 圖 7-24

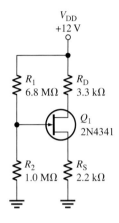

**解**

$$I_D = \frac{V_{DD} - V_D}{R_D} = \frac{12V - 7.5V}{3.3k\Omega} = \frac{4.4V}{3.3k\Omega} = \textbf{1.36mA}$$

閘極對源極電壓可以計算如下：

$$V_S = I_D R_S = (1.36mA)(2.2k\Omega) = 3.00V$$

$$V_G = \left(\frac{R_2}{R_1 + R_2}\right)V_{DD} = \left(\frac{1.0\,M\Omega}{7.8\,M\Omega}\right)12\ V = 1.54\ V$$

$$V_{GS} = V_G - V_S = 1.54V - 3.00V = \textbf{-1.46V}$$

如果在本題中沒有提供 $V_D$ 值，則必須提供轉換特性曲線及負載線上 $R_S$ 的截距，才可以求得 $Q$ 點值。

**相 關 習 題** 如果將圖 7-24 的 JFET 替換成另一顆，新的 $V_D$ 為 6V，試求 $Q$ 點值。

## 圖形分析分壓器偏壓的 JFET 電路
### (Graphical Analysis of a JFET with Voltage-Divider Bias)

要在轉換特性曲線上以圖形方式決定電路的 $Q$ 點，分壓器偏壓電路的作法，與自給偏壓的方式相似。

　　在 JFET 分壓器偏壓電路中，當 $I_D = 0$，$V_{GS}$ 不會等於 $0$，這與自給偏壓的情形不同，這是因為分壓器偏壓電路都會產生閘極電壓，且與汲極電流無關。分壓器偏壓的直流負載線可以如下決定。

　　當 $I_D = 0$，

$$V_S = I_D R_S = (0) R_S = 0\,V$$

$$V_{GS} = V_G - V_S = V_G - 0\,V = V_G$$

所以，$I_D = 0$ 且 $V_{GS} = V_G$ 是負載線上一點。

　　當 $V_{GS} = 0$，

$$I_D = \frac{V_G - V_{GS}}{R_S} = \frac{V_G}{R_S}$$

所以，$I_D = V_G / R_S$ 且 $V_{GS} = 0$ 是負載線上第二點。一般化的直流負載線顯示在圖 7-25 中。負載線和轉換特性曲線相交的點就是 $Q$ 點。

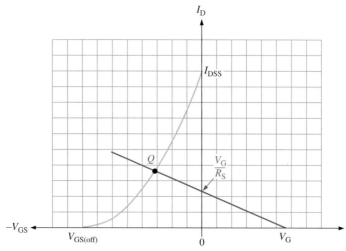

▲ 圖 7-25　JFET 分壓器偏壓電路的一般化直流負載線(紅色)。

例 題 7-13    假設圖 7-26 (a) 分壓器偏壓電路的 JFET 轉換特性曲線如圖 7-26 (b) 所示，試求其 $Q$ 點約略值。

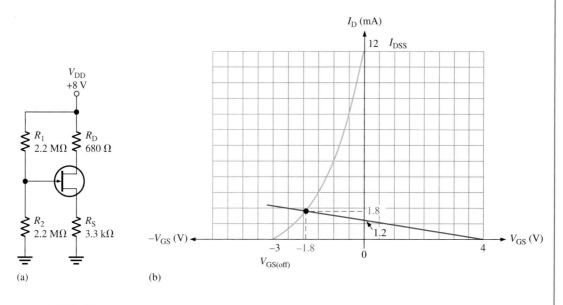

(a)    (b)

▲ 圖 7-26

解    首先取得負載線上的兩點。當 $I_D = 0$，

$$V_{GS} = V_G = \left( \frac{R_2}{R_1 + R_2} \right) V_{DD} = \left( \frac{2.2\,\text{M}\Omega}{4.4\,\text{M}\Omega} \right) 8\,\text{V} = 4\,\text{V}$$

第一點為 $I_D = 0$，$V_{GS} = 4\text{V}$。當 $V_{GS} = 0$，

$$I_D = \frac{V_G - V_{GS}}{R_S} = \frac{V_G}{R_S} = \frac{4\,\text{V}}{3.3\,\text{k}\Omega} = 1.2\,\text{mA}$$

第二點為 $V_{GS} = 0\,\text{V}$，$I_D = 1.2\,\text{mA}$。

所以畫出負載線如圖 7-26 (b) 所示，由圖形交點取得 $Q$ 點的近似值為 $I_D \cong \mathbf{1.8\ mA}$ 和 $V_{GS} \cong \mathbf{-\ 1.8\ V}$，如圖所示。

相 關 習 題    圖 7-26 (a) 電路中的 $R_S$ 改成 4.7 kΩ，試求 $Q$ 點。

## Q 點的穩定性 (Q-Point Stability)

很不幸地,同一型JFET的轉換特性曲線,彼此差異甚大。例如,在已設計好的偏壓電路中,將原 2N5459 JFET 以另一個 2N5459 取代,轉換特性曲線可能有很大變化,如圖 7-27 (a) 所示。在這個實例中,$I_{DSS}$的最大值是 16mA,最小值是 4mA。同樣地,$V_{GSS(off)}$的最大值是 − 8V,最小值是 − 2V。這意思是說,如果有若干 2N5459 可供選擇,我們任意挑出其中一個,它的特性值可以是上述範圍中的任何值。

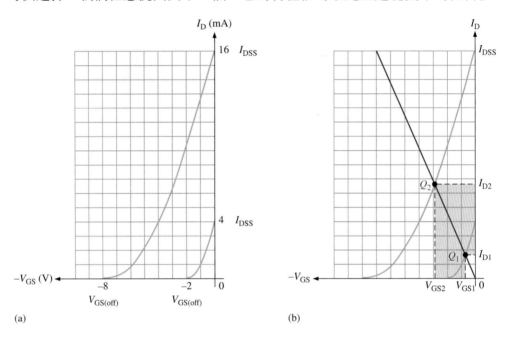

▲ 圖 7-27    不同的 2N5459 JFET 產生轉換特性曲線的變化以及對 $Q$ 點的影響。

如果把自給偏壓電路的直流負載線,畫在圖 7-27 (b) 中,在相同電路的情況下使用 2N5459 JFET,$Q$ 點可以是沿著負載線,從最小偏壓點$Q_1$到最大偏壓點$Q_2$中的任一點。因此,汲極電流可以是$I_{D1}$和$I_{D2}$間的任意值,如圖所示。這意味著,受 $I_D$ 的影響,汲極直流電壓也會有一段變動範圍。同時,閘極對源極電壓可以是$V_{GS2}$和$V_{GS1}$間的任意值。

圖 7-28 描述自給偏壓 JFET 電路與使用分壓器偏壓的 JFET 電路時的 $Q$ 點穩定度情形,放大器使用分壓器偏壓時,因為其負載線的斜率比自給偏壓情況的斜率小,所以 $Q$ 點的變動範圍對$I_D$的影響減低。雖然在自給偏壓和分壓器偏壓兩種情況,$V_{GS}$的變化都很大,但是在分壓器偏壓的情況,$I_D$就比較穩定。

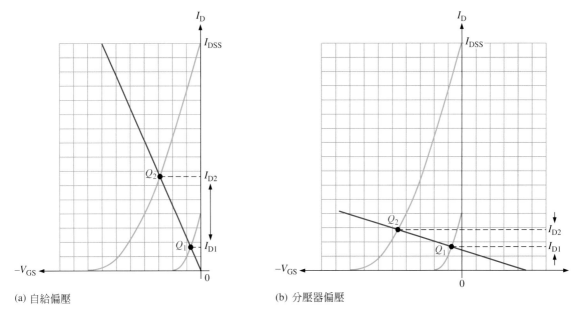

(a) 自給偏壓　　　　　　　　　　　　　　　　(b) 分壓器偏壓

▲ 圖 7-28　　$Q$ 點的變化在 JFET 分壓器偏壓電路中產生的 $I_D$ 變化範圍，比在自給偏壓電路中的 $I_D$ 變化範圍小。

---

## 電流源偏壓 (Current-Source Bias)

藉著使汲極電流不隨 $V_{GS}$ 變化，電流源偏壓可增加自給偏壓 JFET 中 $Q$ 點的穩定性。可利用定電流源與 JFET 源極串聯而得，如圖 7-29(a)所示。在此電路中，BJT 為定電流源，因為它的射極電流在 $V_{EE} \gg V_{BE}$ 時可視為定值。FET 也可作為定電流源。

$$I_E = \frac{V_{EE} - V_{BE}}{R_E} \cong \frac{V_{EE}}{R_E}$$

因為 $I_E \cong I_D$ ，

$$I_D \cong \frac{V_{EE}}{R_E}$$

　　如圖 7-29(b)所示，在任一種電晶體特性曲線下，$I_D$ 均保持定值，如圖中的水平負載線。回想一下，一個理想電流源具有無限大阻抗，因此在某些放大器組態中，需以一個大電容將此電流源旁路。

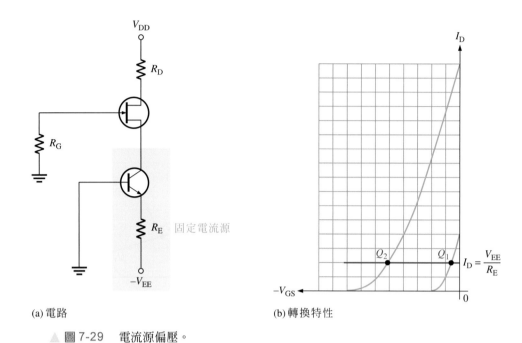

(a) 電路　　　　　　　　(b) 轉換特性

▲ 圖 7-29　電流源偏壓。

**例 題　7-14**　圖 7-29 的電流源偏壓電路，其 $V_{DD} = 9\,V$，$V_{EE} = 6\,V$，$R_G = 10\,M\Omega$。計算 $R_E$ 及 $R_D$ 的值以得到 10 mA 汲極電流及 5 V 汲極電壓。

**解**
$$R_E = \frac{V_{EE}}{I_D} = \frac{6\,V}{10\,mA} = 600\,\Omega$$

$$R_D = \frac{V_{DD} - V_D}{I_D} = \frac{9\,V - 5\,V}{10\,mA} = 400\,\Omega$$

**相 關 習 題**　若 $V_{DD}$ 增加至 12 V，則 $I_D$ 如何變化？

**第7-3節　隨堂測驗**　1. $p$ 通道 JFET 的 $V_{GS}$ 應該為正值或負值？

2. 某 $n$ 通道 JFET 自給偏壓電路，$I_D = 8\,mA$ 且 $R_S = 1.0\,k\Omega$。試求 $V_{GS}$。

3. 某 $n$ 通道 JFET 分壓器偏壓電路中的閘極電壓等於 3 V，源極電壓等於 5 V。試計算 $V_{GS}$。

# 7-4. 歐姆區 (The Ohmic Region)

所謂歐姆區 (ohmic region)，是指 FET 特性曲線中可用歐姆定律解釋的區域。適當偏壓在歐姆區時，JFET 存在可變電阻的特性，其電阻值由 $V_{GS}$ 控制。在學習完本節的內容後，你應該能夠

- ◆ **討論在 JFET 特性曲線中的歐姆區**
  - ◆ 計算斜率和汲極-源極阻抗
- ◆ **解釋 JFET 如何成為可變電阻**
- ◆ **討論 $Q$ 點在原點時 JFET 的工作原理**
  - ◆ 計算互導

在類似拋物線的曲線中，歐姆區的範圍是從特性曲線的原點延伸至 $V_{GS} = 0$ 的轉折點(此處為工作區的起始點)，圖 7-30 即是一典型特性曲線。當 $I_D$ 小時，歐姆區內的特性曲線維持一個相當固定的斜率。歐姆區之曲線斜率等於JFET的直流汲-源極的電導$G_{DS}$。

$$斜率 = G_{DS} \cong \frac{I_D}{V_{DS}}$$

從基礎電路課程中回想到電阻是電導的倒數。所以直流汲-源極阻抗為

$$R_{DS} = \frac{1}{G_{DS}} \cong \frac{V_{DS}}{I_D}$$

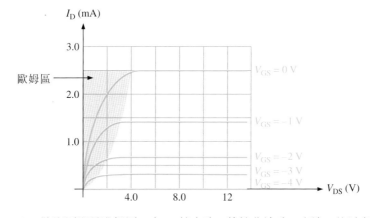

▲ 圖 7-30　陰影區即是歐姆區，在 $I_D$ 值小時，特性曲線為一直線，其斜率為 $I_D/V_{DS}$。

*JFET 作為可變阻抗 (The JFET as a Variable Resistance)* JFET 可偏壓在動作區或歐姆區。作為電壓控制的可變電阻使用時，JFET 通常偏壓在歐姆區。控制電壓為 $V_{GS}$，藉由改變 $Q$ 點來決定阻抗。為了將 JFET 偏壓在歐姆區，直流負載線必須與特性曲線交叉於歐姆區，如圖 7-31 所示。為了使 $V_{GS}$ 控制 $R_{DS}$，我們令直流飽和電流遠小於 $I_{DSS}$，如此一來，負載線能與大部分的特性曲線相交於歐姆區。在這種情況，

$$I_{D(sat)} = \frac{V_{DD}}{R_D} = \frac{12\ V}{24\ k\Omega} = 0.50\ mA$$

圖 7-31 顯示動作區隨著三個 $Q$ 點($Q_0, Q_1,$ 及 $Q_2$)擴展，$Q$ 點由 $V_{GS}$ 決定。

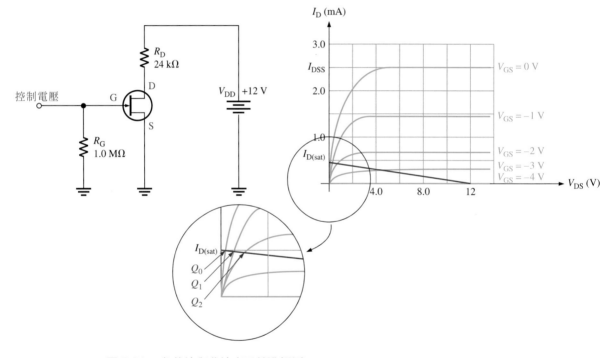

▲ 圖 7-31　負載線與曲線交叉於歐姆區。

　　當你沿著歐姆區內的負載線移動，如圖 7-31，在不同斜率曲線上，$Q$ 點依次下降，$R_{DS}$ 的數值也隨之改變。在這個例子中，隨著 $V_{GS} = 0$ 到 $V_{GS} = -2$，$Q$ 點沿著負載線移動。此時下一段曲線的斜率會比前一段的斜率小。斜率的下降對應的是較小的 $I_D$ 與較大的 $V_{DS}$，意指 $R_{DS}$ 增加。這種方式可使用於許多電壓控制阻抗的應用上。

**例 題 7-15**  $n$ 通道 JFET 偏壓於歐姆區，如圖 7-32 所示。圖中顯示歐姆區內負載線的放大圖。

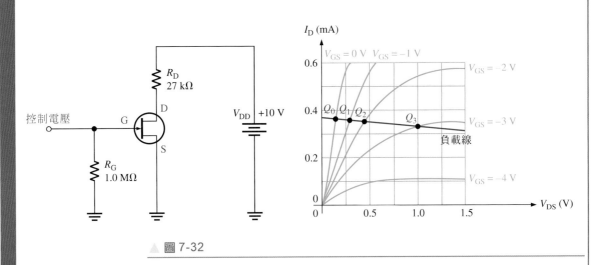

▲ 圖 7-32

當 $V_{GS}$ 由 0 V 變化至 $-3$ V，假設從圖形中可知下列 $Q$ 點的數值為，

$Q_0$: $I_D = 0.360$ mA, $V_{DS} = 0.13$ V

$Q_1$: $I_D = 0.355$ mA, $V_{DS} = 0.27$ V

$Q_2$: $I_D = 0.350$ mA, $V_{DS} = 0.42$ V

$Q_3$: $I_D = 0.33$ mA, $V_{DS} = 0.97$ V

當 $V_{GS}$ 由 0 V 變化至 $-3$ V，找出 $R_{DS}$ 的範圍？

**解**

$$Q_0: R_{DS} = \frac{V_{DS}}{I_D} = \frac{0.13 \text{ V}}{0.360 \text{ mA}} = 361 \ \Omega$$

$$Q_1: R_{DS} = \frac{V_{DS}}{I_D} = \frac{0.27 \text{ V}}{0.355 \text{ mA}} = 760 \ \Omega$$

$$Q_2: R_{DS} = \frac{V_{DS}}{I_D} = \frac{0.42 \text{ V}}{0.27 \text{ mA}} = 1.2 \text{ k}\Omega$$

$$Q_3: R_{DS} = \frac{V_{DS}}{I_D} = \frac{0.6 \text{ V}}{0.26 \text{ mA}} = 2.9 \text{ k}\Omega$$

當 $V_{GS}$ 由 0 V 變化至 $-3$ V 時，**$R_{DS}$ 由 361Ω 變成 2.9 kΩ**。

**相 關 習 題**  假如 $I_{D(sat)}$ 減少，$R_{DS}$ 的範圍如何變化？

*原點處的 Q 點 (Q-point at the Origin)*　　在某些放大器為了控制增益，你可能會想要在不影響直流偏壓的情況下，改變由交流訊號所看到的阻抗。有時你會看到電路利用 JFET 作為可變阻抗，其中 $I_D$ 及 $V_{DS}$ 都設定為 0，此即原點處的 $Q$ 點。在 JFET 的汲極電路中加上一電容器可得到原點處的 $Q$ 點。因為令直流部分 $V_{DS}$ = 0 V 及 $I_D$ = 0 mA，所以改變的只有 $V_{GS}$ 與交流汲極電流 $I_d$。在原點處可得到由 $V_{GS}$ 控制的交流汲極電流。我們之前學過，互導的定義是在已知閘-源極電壓的改變下，汲極電流的變化量。所以偏壓在原點處的關鍵因素是互導。圖 7-33 顯示原點處的特性曲線。注意歐姆區延伸到第三象限。

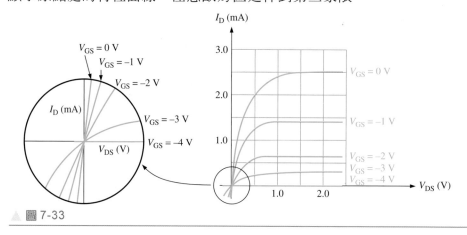

▲ 圖 7-33

原點處的 $V_{DS}$ = 0 V、$I_D$ = 0 mA，稍早提過轉換電導的公式為

$$g_m = g_{m0}\left(1 - \frac{V_{GS}}{V_{GS(off)}}\right)$$

上式中 $g_m$ 為互導，$g_{m0}$ 為 $V_{GS}$ = 0 V 時之互導，$g_{m0}$ 可以從下列方程式推測出來，這先前也學過。

$$g_{m0} = \frac{2I_{DSS}}{|V_{GS(off)}|}$$

**例　題　7-16**　　由圖 7-33 的特性曲線推測，若 $V_{GS}$ = −2 V，JFET 偏壓於原點處，計算交流汲-源極阻抗，假設 $I_{DSS}$ = 2.5 mA 及 $V_{GS(off)}$ = −4 V。

解　　首先，找出 $V_{GS}$ = 0 V 的互導。

$$g_{m0} = \frac{2I_{DSS}}{|V_{GS(off)}|} = \frac{2(2.5\text{ mA})}{4.0\text{ V}} = 1.25\text{ mS}$$

再來計算 $V_{DS}$ = −2 V 的 $g_m$，

$$g_m = g_{m0}\left(1 - \frac{V_{GS}}{V_{GS(off)}}\right) = 1.25\text{ mS}\left(1 - \frac{-2\text{ V}}{-4\text{ V}}\right) = 0.625\text{ mS}$$

JFET 的交流汲-源極阻抗爲互導的倒數。

$$r'_{ds} = \frac{1}{g_m} = \frac{1}{0.625 \text{ mS}} = 1.6 \text{ k}\Omega$$

**相關習題**　若 $V_{GS} = -1$ V，交流汲-源極阻抗爲何？

**第7-4節　隨堂測驗**　1. 在歐姆區的某 $Q$ 點，其 $I_D = 0.3$ mA 及 $V_{DS} = 0.6$ V。當 JFET 偏壓在此 $Q$ 點時，其阻抗大小爲何？

2. 當 $V_{GS}$ 值更負時，汲-源極阻抗如何變化？

3. JFET 偏壓在原點處，$g_m = 0.850$ mS，相對應的交流阻抗值爲何？

# 7-5　金屬氧化物半導體電晶體 (The MOSFET)

金屬氧化物半導體電晶體 (Metal Oxide Semiconductor Field-Effect Transistor , MOSFET) 是第二種場效電晶體。MOSFET 和 JFET 不同之處，是 MOSFET 沒有 $pn$ 接面的結構；取而代之，MOSFET 的閘極以一層二氧化矽 ( $SiO_2$ ) 和通道隔開。MOSFET 有兩種基本型態：增強型 (E) 與空乏型 (D)，其中，增強型 MOSFET 使用較爲廣泛。現今因爲多晶矽已取代金屬做爲閘極的材料，有時這些裝置也稱爲 IGFET(絕緣閘 FET)。

在學習完本節的內容後，你應該能夠

- ◆ **解釋 MOSFET 的工作原理**
- ◆ 討論增強型 MOSFET (E-MOSFET, Enhancement MOSFET)
  - ◆ 描述其結構
  - ◆ 辨識 $n$ 通道和 $p$ 通道 E-MOSFET 的符號
- ◆ 討論空乏型 MOSFET (Depletion MOSFET, D-MOSFET)
  - ◆ 描述其結構
  - ◆ 討論空乏型和增強型的模型
  - ◆ 辨識 $n$ 通道和 $p$ 通道 D-MOSFET 的符號
- ◆ 討論功率 MOSFET
  - ◆ 描述 LDMOSFET 結構
  - ◆ 描述 VMOSFET 結構
  - ◆ 描述 TMOSFET 結構
- ◆ 描述雙閘極 MOSFET
  - ◆ 辨識雙閘極 D-MOSFET 和 E-MOSFET 的符號

*MOSFET 的使用(MOSFET Operation)* 　　如先前討論過的 JFET，MOSFET 是利用低閘極電壓控制汲極電流。JFET 和 MOSFET 的主要差異在於 MOSFET 閘極與基質間的絕緣層，多數的 MOSFET 使用平面或是溝槽式組態設計。第一個開發出的 MOSFET 所使用的全平面式，指的是製程中汲極、源極是藉由在本體上進行擴散製程形成，絕緣氧化層沉積於基質表面，再金屬化作為元件端點，在線性元件中多數仍採用平面式設計；溝槽式元件之設計，則指在基質表面蝕刻出一溝槽後，沉積一絕緣層作保護，最後沉積金屬層於溝槽中，這些元件具有低導通電阻及高電流規格等優點，因此更適合運用於電源電路相關應用。

## 增強型 MOSFET (Enhancement MOSFET, E-MOSFET)

E-MOSFET 製程結構中並無實體通道存在。因此，屬於常態下截止的元件。需注意的是圖 7-34(a)中，輕度摻雜的 $p$ 型基質完全延伸至二氧化矽層。在 $n$ 通道元件的閘極加上超過臨界值的正電壓，可以在緊鄰 $SiO_2$ 層的基質區域，產生由負電荷構成的薄層，因而*感應生成 (induce)* 一個通道，如圖 7-34(b) 所示。此動作與電容被充電之概念相同。此種模式下，可藉由增加閘-源極電壓增強通道中的電導率，吸引更多電子進入感應通道區中。若施加之閘極電壓低於臨界電壓，感應通道則無法形成。因此，E-MOSFET僅能操作於增強模式，而無空乏模式。

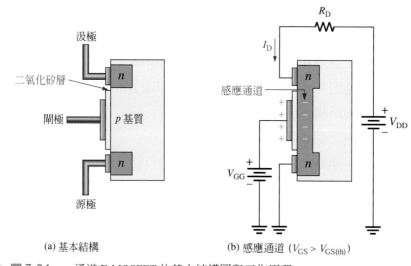

(a) 基本結構　　(b) 感應通道 ($V_{GS} > V_{GS(th)}$)

▲ 圖 7-34　$n$ 通道 E-MOSFET 的基本結構圖與工作原理。

　　$n$ 通道和 $p$ 通道 E-MOSFET 的圖形符號，顯示在圖 7-35 中。中斷的線段意味著元件內沒有實體的通道。箭頭向內指向基質的為$n$ 通道，而箭頭向外的是 $p$ 通道。幾乎所有 E-MOSFET 皆具有基質內部與源極直接連接之特性，有時這基質會以一本體(body, B)端點呈現。基質對於電路操作而言是不太需要的。在一般積體電路中，$n$通道元件的基質通常必須接上負電壓，$p$通道元件的基質通常必須接上正電壓。MIC94030 是其中例外元件之一，其基質端點另外拉出成為一個四端點的元件。

▶ 圖 7-35　E-MOSFET 的線路符號。

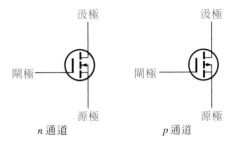

## 空乏型 MOSFET ( Depletion MOSFET, D-MOSFET)

空乏型 MOSFET (D-MOSFET) 是 MOSFET 的另一種型態，圖 7-36 顯示其基本構造。汲極和源極擴散入基質，然後以緊鄰絕緣閘極的狹窄通道相連接。 $n$ 通道和$p$ 通道兩種元件都顯示在圖 7-36 中。我們將使用 $n$ 通道的元件，來描述 MOSFET 的基本工作原理。$p$ 通道元件的工作原理是相同的，只有電壓極性跟 $n$ 通道相反。

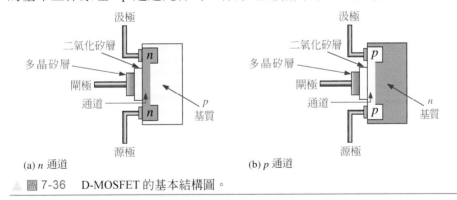

▲ 圖 7-36　D-MOSFET 的基本結構圖。

　　D-MOSFET 可以有兩種工作模式，空乏模式和增強模式，所以有時也稱為*空乏/增強 MOSFET (depletion/enhancement MOSFET)*。既然閘極與通道互相隔離，正電壓和負電壓都可以施加在閘極上。當閘極對源極間是負電壓時， $n$ 通道MOSFET 工作於空乏(depletion)模式，當閘極對源極間是正電壓時，$n$通道MOSFET工作於增強(enhancement)模式。D-MOSFET 通常工作於空乏模式。

*空乏模式 (Depletion Mode)*　　將閘極看成平行板電容器的一片極板，通道看成另一片極板。二氧化矽絕緣層是此電容器的介質。加上負閘極電壓後，閘極的負電荷會排斥通道的導電電子，留下正離子在原處。因此，$n$ 通道排除掉自己內部一些電子，導致通道導電性下降。閘極負電壓越大，$n$ 通道內電子空乏的情況越嚴重。當閘極對源極間有足夠大的負電壓 $V_{GS(off)}$，通道會完全成為空乏狀態，此時汲極電流為 0。圖 7-37 (a) 說明這種工作模式。與 $n$ 通道 JFET 相似，當閘極對源極電壓範圍介於 $V_{GS(off)}$ 和 0 間，$n$ 通道 D-MOSFET 的汲極電流就會導通。除此之外，D-MOSFET 也能在 $V_{GS}$ 大於 0 的增強模式情況下導通。

*增強模式 (Enhancement Mode)*　　在閘極施以正電壓後，更多的導電電子會被吸引到通道中，所以增加或增強通道的導電性，如圖 7-37 (b) 所示。

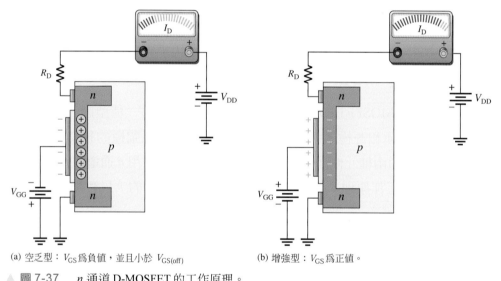

(a) 空乏型：$V_{GS}$ 為負值，並且小於 $V_{GS(off)}$　　　　　(b) 增強型：$V_{GS}$ 為正值。

▲ 圖 7-37　　$n$ 通道 D-MOSFET 的工作原理。

*D-MOSFET 符號 (D-MOSFET Symbols)*　　$n$ 通道和 $p$ 通道空乏型 MOSFET 的圖形符號，顯示在圖 7-38 中。箭頭所指到的基質，通常(但並非所有)在元件內部與源極連接在一起。有時候，基質本身會有個別的接腳。向內指向基質的箭頭，代表此元件是 $n$ 通道型，箭頭向外指時，代表此元件是 $p$ 通道型。

▶ 圖 7-38　　D-MOSFET 的線路符號。

## 功率 MOSFET 結構(Power MOSFET Structures)

一般的增強型 MOSFET 有長且薄的橫向通道，如圖 7-39 所示的結構圖。對於功率應用而言，長且薄的通道設計是一種缺點，近年已開發出多種替換之結構設計。其中一種設計是採用並聯連接低功率橫向 MOSFET 大陣列的形式。對於製造商而言，此設計是可行的。因為他們只需使用在某些最小汲極電流時具負溫度係數的可匹配合適 MOSFET 元件，來使得汲極電流可隨溫度增加而減少。若其中一個並聯的 MOSFET 產生較大電流時，其產生較大熱及通道電阻，將使得增加的電流值減少。一般而言，並聯 FET 的技術需使導通電阻隨著汲極電流增加，以避免熱跑脫(thermal runaway)現象發生。

▶ 圖 7-39

傳統 E-MOSFET 結構的剖面圖。通道用白色顯示。

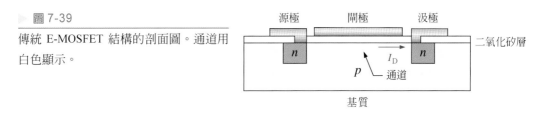

### 橫向擴散 MOSFET ( Laterally Diffused MOSFET, LDMOSFET)

LDMOSFET 有橫向通道的結構，且是一種設計應用於大功率的增強型 MOSFET。與一般的 E-MOSFET 相比，這種元件的汲極和源極間通道比較短。比較短的通道形成的電阻比較低，因此允許較高的電流與電壓。此也造成低電容現象，因此適合應用於通訊中的高功率射頻放大器與雷達系統電路中。

圖 7-40 顯示 LDMOSFET 的基本結構。$n^+$ 指基質中具有較高濃度之摻雜區，$n^-$ 指基質中較低濃度之摻雜區。當閘極加上正電壓，在少量雜質的源極和 $n^-$ 區域之間的 $p$ 層，會感應產生 $n$ 通道。電流將如圖所示，在汲極和源極間，經過 $n$ 型區域和感應通道。

▶ 圖 7-40

LDMOSFET 橫向結構的剖面圖。

### VMOSFET 及 UMOSFET

V 形槽和 U 形槽 MOSFET 是傳統 E-MOSFET 的改良版。使用垂直通道結構，產生既短且寬的通道，使得汲源極間阻抗值降低，達到較高功率輸出能力。短且寬的通道允許通過較大的電流、較大功率消耗。

頻率響應也獲得改善。垂直結構的 VMOSFET 如圖 7-41 所示。汲極與 $n^+$ 高濃度摻雜的基質連接在一起。

　　UMOSFET 與 VMOSFET 相似，只不過垂直通道為 U 型，如圖 7-42 所示。UMOSFET 凹槽結構，底部並無尖點存在。減少底部尖角的電場，因此可操作在較高工作電壓。一般而言，此元件亦具有較低導通電阻及較快反應速度，對於高頻射頻放大器電路及需快速切換之電路相當有用。

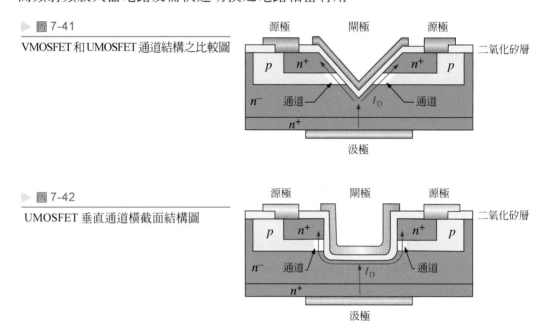

▶ 圖 7-41

VMOSFET 和 UMOSFET 通道結構之比較圖

▶ 圖 7-42

UMOSFET 垂直通道橫截面結構圖

　　VMOSFET 和 UMOSFET 皆有兩個源極接點，一個閘極接點位於頂部，一個汲極接點位於底部。兩者的通道皆是沿著汲-源極接點之凹槽兩側感應生成。通道長度由各層厚度決定，各層厚度則由摻雜密度(doping density)與擴散時間(diffusion time)決定，而不由光罩尺寸決定。

## 穿隧式(Tunneling) MOSFET

　　除了切換方式不同以外，穿隧式 MOSFET 結構與標準 MOSFET 相似，此特點可允許電子的低功率切換，稱為量子穿隧(quantum tunneling)。一般 MOSFET，藉由閘極電壓上升或是降低 $p-n$ 接面阻障以控制電流。穿隧是一種量子效應，因此電子不需繞過阻障層，反而直接穿過阻障層，到達另一側。阻障層愈薄，穿隧發生機率愈高，此由電晶體設計所限制(限制阻障層可多薄)。但是穿隧式 MOSFET 具有獨特的量子機構優點。不改變阻障層高度，穿隧式 MOSFET 可使用閘級控制阻障厚度，因此改變了穿隧的機率。

　　基本的 TMOSFET 結構如圖 7-43 所示。它由一個 $p$ 型源極、$n$ 型汲極和一個本質(intrinsic)區，形成 P-I-N 接面。此電晶體之操作是藉由增加閘極偏壓，使得電子從 $p$ 型空乏帶(valence band)進入本質區的導電帶(conduction band)，因而產生電流。在導電帶與空乏帶間之電子通道即為其通過本質區的移動路徑。

▶ 圖 7-43

基本穿隧式 MOSFET 結構圖

## 雙閘極 MOSFET (Dual-Gate MOSFETs)

雙閘極 MOSFET 可以是空乏型，也可以是增強型。雙閘極與傳統的 MOSFET 唯一差別，是它具有兩個閘極，如圖 7-44 所示。前面提過，高輸入電容是 FET 的缺點，這限制它在較高頻率方面的應用。運用雙閘極元件，輸入電容降低，在高頻 RF 放大器的應用領域，此元件很有用處。雙閘極結構的另一個優點，是在 RF 放大器，它可以有自動增益控制 (automatic gain control, AGC) 輸入的功能。對於自動增益控制，第二個閘極具有一個增益回饋訊號輸入該端點，使得放大器整體增益隨著訊號強度而改變。另外的應用則示範於應用活動中，利用第二級閘極的偏壓來調整跨導曲線。

▶ 圖 7-44

$n$ 通道雙閘極 MOSFET 的符號。

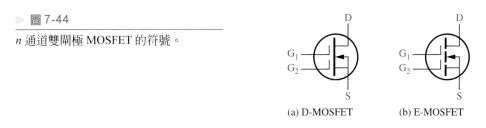

## 鰭狀 FET(FINFET)

鰭狀 FET 是一種多閘極的 MOSFET，可提供較小幾何尺寸及改善平面形式的工作特性。較小的幾何尺寸設計，可在積體電路設計中，提供較高密度佈局(每個晶片大小可製造更多元件)。圖 7-45 表示三維的鰭狀FET結構圖。假如電晶體做得愈小，則會使得閘極更難空乏通道(使電晶體截止)。鰭狀 FET 設計是讓通道在晶圓表面上(像魚鰭)。閘極如披肩般包覆通道，由於閘極包覆三面通道，因此可提高閘極控制性。此鰭狀結構很薄(20 nm 或更薄)，因此只適合低電流使用。

為了增加限制電流，可使用多片鰭狀之結構。基本的鰭狀 FET 有許多優點，如高速度；亦有許多缺點，如功率有限。此結構仍在研究階段，特別是在較小及較快元件的領域需求殷切。

▶ 圖 7-45

基本的鰭狀 FET 結構圖

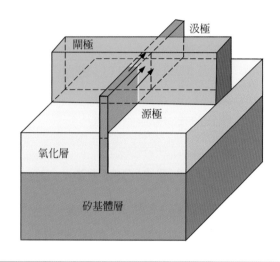

1. E-MOSFET 及 D-MOSFET 之通道有何差異？
2. 如果使 $n$ 通道 E-MOSFET 的閘極對源極電壓更為正電壓，則汲極電流會增加或減少？
3. 如果使 $n$ 通道空乏型 MOSFET 的閘極對源極電壓更為負電壓，則汲極電流會增加或減少？
4. 溝槽式(trench type)MOSFET 的優點為何？

# 7-6 MOSFET 的特性與參數 (MOSFET Characteristics and Parameters)

許多關於 JFET 特性與參數的討論，也適用在 MOSFET 上。本節將強調它們不同的地方。

在學習完本節的內容後，你應該能夠

◆ **討論和使用 MOSFET 參數**
◆ 描述 E-MOSFET 轉換特性曲線
  ◆ 使用曲線的公式來計算汲極電流
  ◆ 使用 E-MOSFET 特性資料表
◆ 描述 D-MOSFET 轉換特性曲線
  ◆ 使用曲線的公式來計算汲極電流
◆ 討論 MOSFET 的注意事項

◆ 解釋為何 MOSFET 必須妥善處理
◆ 列出注意事項
◆ 定義 MOSFET 的重要參數包含：
  ◆ 阻斷電壓
  ◆ 導通電阻
  ◆ 連續汲極電流
  ◆ 臨界電流
  ◆ 臨界電壓
  ◆ 最大可允許消耗功率
  ◆ 安全操作區

## E-MOSFET 轉換特性 (E-MOSFET Transfer Characteristic)

E-MOSFET 只有增強型工作模式。所以，$n$ 通道元件的閘極對源極間需加正電壓，$p$ 通道元件的閘極對源極間需加負電壓。圖 7-46 顯示兩種型態 E-MOSFET 一般的轉換特性曲線。可以從圖中看出，$V_{GS} = 0$ 時沒有汲極電流。所以，不像 JFET 和 D-MOSFET，E-MOSFET 沒有 $I_{DSS}$ 這個重要的參數。另外要注意的是，理想狀況下，除非 $V_{GS}$ 到達某個非零的值，否則就沒有汲極電流，此非零的值稱為 *臨界電壓 (threshold voltage)*，$V_{GS(th)}$。

　　E-MOSFET 轉換特性的拋物線公式，不同於 JFET 和 D-MOSFET，因為曲線是從水平軸的 $V_{GS(th)}$ 而不是 $V_{GS(off)}$ 開始，而且曲線和垂直軸沒有相交。E-MOSFET 轉換特性曲線的公式為

$$I_D = K(V_{GS} - V_{GS(th)})^2 \qquad\qquad 公式\quad 7\text{-}4$$

常數 $K$ 因不同的 MOSFET 而不同，而且可以從特性資料表求得，先從表上取得某個 $V_{GS}$ 時的對應 $I_D$ 值，稱為 $I_{D(on)}$，然後代入公式 7-4，就可求得 $K$ 值，如例題 7-17 的說明。

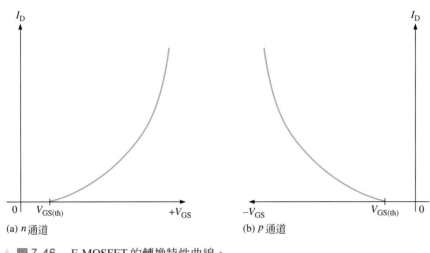

▲ 圖 7-46 E-MOSFET 的轉換特性曲線。

---

**例 題 7-17** 2N7002 E-MOSFET 的特性資料表(參訪 www.fairchild.com)顯示，$V_{GS}$ = 10 V 時的最小 $I_{D(on)}$ = 500 mA，且 $V_{GS(th)}$ = 1V。試求 $V_{GS}$ = 5 V 時的汲極電流。

**解** 首先，由公式 7-4 解得 K 值為：

$$K = \frac{I_{D(on)}}{(V_{GS} - V_{GS(th)})^2} = \frac{500\,\text{mA}}{(10\,\text{V} - 1\,\text{V})^2} = \frac{500\,\text{mA}}{81\,\text{V}^2} = 6.17\,\text{mA/V}^2$$

其次，利用 K 值計算出 $V_{GS}$ = 5 V 時的 $I_D$。

$$I_D = K(V_{GS} - V_{GS(th)})^2 = (6.17\,\text{mA/V}^2)(5\,\text{V} - 1\,\text{V})^2 = \textbf{98.7 mA}$$

**相關習題** 某 E-MOSFET 特性資料表顯示，當 $V_{GS}$ = 8 V 時 $I_{D(on)}$ = 100 mA 且 $V_{GS(th)}$ = 4 V。試求出 $V_{GS}$ = 6 V 時的 $I_D$ 值。

## D-MOSFET 轉換特性 (D-MOSFET Transfer Characteristic)

前面提過，閘極施加正電壓或負電壓，D-MOSFET 都能工作。這一點可以從圖 7-47 所顯示 p 通道和 n 通道 MOSFET 的轉換特性曲線看出來。由曲線上 $V_{GS}$ = 0 的那一點，就能知道對應的 $I_{DSS}$。而 $I_D$ = 0 的那一點可以對應出 $V_{GS(off)}$ 值。與 JFET 相同，$V_{GS(off)} = -V_P$。

公式 7-1 的 JFET 平方律公式，也適用於 D-MOSFET 曲線，如例題 7-18 所示。

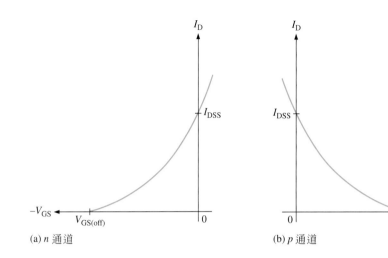

(a) $n$ 通道

(b) $p$ 通道

▲ 圖 7-47　D-MOSFET 的一般轉換特性曲線。

---

**例 題　7-18**　某個 D-MOSFET 的 $I_{DSS} = 10$ mA 且 $V_{GS(off)} = -8$ V。

(a)此元件是 $n$ 通道或 $p$ 通道？

(b)計算 $V_{GS} = -3$ V 時的 $I_D$。

(c)計算 $V_{GS} = +3$ V 時的 $I_D$。

**解**　(a)此元件的 $V_{GS(off)}$ 為負值，所以為 **$n$ 通道** MOSFET。

(b) $I_D \cong I_{DSS}\left(1 - \dfrac{V_{GS}}{V_{GS(off)}}\right)^2 = (10 \text{ mA})\left(1 - \dfrac{-3 \text{ V}}{-8 \text{ V}}\right)^2 = \mathbf{3.91\ mA}$

(c) $I_D \cong (10 \text{ mA})\left(1 - \dfrac{+3 \text{ V}}{-8 \text{ V}}\right)^2 = \mathbf{18.9\ mA}$

**相 關 習 題**　某個 D-MOSFET 的 $I_{DSS} = 18$ mA 且 $V_{GS(off)} = +10$ V。

(a)此元件是 $n$ 通道或 $p$ 通道？

(b)計算 $V_{GS} = +4$ V 時的 $I_D$。

(c)計算 $V_{GS} = -4$ V 時的 $I_D$。

---

## 使用注意事項 (Handling Precautions)

所有的 MOS 元件都容易遭到靜電放電(electrostatic discharge , ESD) 的破壞。因為 MOSFET 的閘極與通道彼此隔離，所以輸入阻抗相當高 (理想值是無限大) 。對 MOSFET 而言，閘極漏電流 $I_{GSS}$ 的大小約在 pA ($10^{-12}$ A) 的範圍，對 JFET 而言，閘極逆向電流的大小則在 nA ($10^{-9}$ A) 的範圍。將閘極隔離的結構設計,是形成輸入電容的原因。輸入電容結合相當高的輸入阻抗,造成過量的靜電荷累積,就會傷害到元件本身。要避免靜電放電的破壞,使用 MOSFET 時必須遵守某些注意事項:

1. 從包裝中拆裝 MOSFET 要很小心。MOSFET 裝置是裝運在有傳導性的泡沫塑料中或特別的箔製傳導袋中。裝運時,通常在導線的外圍用金屬環包住,於電路安裝 MOSFET 前再將其移除。

2. 所有用於裝配或測試的儀器和金屬工作台都應該要接到地面(導電環或 110V 牆壁上電源插座的第三孔)。

3. 裝配員或操作員的手腕必須戴上工業用的接地金屬帶,此金屬帶有很大的串聯電阻以保安全,這些電阻可防止意外接觸到電壓而造成危險。

4. 沒有關掉電源前,切勿將 MOS 元件或其他元件從電路上取下。

5. 直流電源關掉以後,切勿將交流訊號輸入 MOS 元件。

## MOSFET 限制參數(MOSFET Limiting Parameters)

FET 有數個限制參數,一般而言必定會給定絕對最大值。大部分的參數皆已描述於 7-2 節中,但是此仍值得重述一次。下列描述是自規格書中摘錄出的限制參數,說明如下:

1. **汲-源極崩潰電壓($V_{(BR)DSS}$)**  汲-源極間之電壓造成元件無法修復之破壞。此值會隨溫度直接改變,一般值為在 25℃ 下測試之結果。

2. **阻斷電壓(Blocking Voltage, $BV_{DSS}$)**  可施加至 MOSFET 汲-源極端的最大耐壓值。

3. **導通電阻($R_{DS(on)}$)**  汲極電壓對汲極電流的比值。決定電晶體功率損失和熱損失大小。低導通電阻可減少功率 MOSFET 散熱需求。對於 MOSFET,$R_{DS}$ 值一般隨溫度增加。

4. **連續汲極電流($I_D$)**  FET 可連續且安全工作的最大電流。若為脈衝式電源,此電流可較大,取決於脈衝的寬度和導通週期。若殼體溫度增加,$I_D$ 將降低。

5. **消耗功率($P_D$)**  某接面-殼體溫度下,所允許安全操作的最大功率。

6. **安全操作區($SOA$)**  當元件處於順向偏壓下,確保元件安全操作的最大汲-源極電壓與汲極電流關係函數,以雙對數圖描繪的曲線集合。

| | |
|---|---|
| **第7-6節　隨堂測驗** | 1. D-MOSFET 和 E-MOSFET 結構上的主要差異爲何？ |
| | 2. 請說出 D-MOSFET 參數中所沒有的兩個 E-MOSFET 參數。 |
| | 3. 何謂 ESD？ |

# 7-7　MOSFET 偏壓 (MOSFET Biasing)

在本節，我們會學到三種MOSFET的偏壓方法：零偏壓、分壓器偏壓和汲極回授偏壓。偏壓對放大器的應用很重要，至於放大器的應用，到下一章再詳細研討。

在學習完本節的內容後，你應該能夠

◆ **描述和分析** MOSFET **偏壓電路**

◆ 分析 E-MOSFET **偏壓** (E-MOSFET Bias)

　　◆ 討論與分析分壓器偏壓

　　◆ 討論與分析汲極回授偏壓

◆ 分析 D-MOSFET **偏壓**(D-MOSFET Bias)

　　◆ 討論與分析零偏壓

## E-MOSFET 偏壓 (E-MOSFET Bias)

因爲E-MOSFET的$V_{GS}$必須大於臨界值$V_{GS(th)}$，所以不能使用零偏壓方式。圖 7-48 顯示兩種對 E-MOSFET 和 D-MOSFET 都適用的偏壓方式。我們採用 $n$ 通道元件來說明偏壓原理。不論是分壓器偏壓或汲極回授偏壓，目的都是使閘極電壓高過源極電壓，且超過$V_{GS(th)}$。分析圖 7-46 (a) 分壓器偏壓電路，可以使用下列公式：

$$V_{GS} = \left(\frac{R_2}{R_1 + R_2}\right)V_{DD}$$

$$V_{DS} = V_{DD} - I_D R_D$$

其中$I_D = K(V_{GS} - V_{GS(th)})^2$，是來自於公式 7-4。

　　圖 7-48(b) 汲極回授偏壓電路中，閘極電流可以忽略，所以$R_G$兩端沒有電壓降。這使得$V_{GS} = V_{DS}$。

▶ 圖 7-48

常用的 E-MOSFET 偏壓方式。

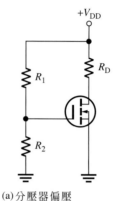

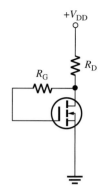

(a) 分壓器偏壓　　　　(b) 汲極回授偏壓

---

**例 題　7-19**　試求出圖 7-49 E-MOSFET 電路中的 $V_{GS}$ 和 $V_{DS}$。假設此 MOSFET 在 $V_{GS} = 4$ V 時 $I_{D(on)}$ 的最小值為 200 mA，且 $V_{GS(th)} = 2$ V。

▶ 圖 7-49

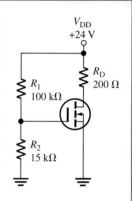

**解**　圖 7-49 之 E-MOSFET，其閘極-源極電壓為

$$V_{GS} = \left(\frac{R_2}{R_1 + R_2}\right)V_{DD} = \left(\frac{15\,k\Omega}{115\,k\Omega}\right)24\,V = \textbf{3.13 V}$$

為求 $V_{DS}$，首先將 $I_{D(on)}$ 的最小值及相關電壓值代入公式 7-4 解出 $K$ 值

$$K = \frac{I_{D(on)}}{(V_{GS} - V_{GS(th)})^2} = \frac{200\,mA}{(4\,V - 2\,V)^2} = \frac{200\,mA}{4\,V^2} = 50\,mA/V^2$$

然後計算 $V_{GS} = 3.13$ V 時的 $I_D$

$$I_D = K(V_{GS} - V_{GS(th)})^2 = (50\,mA/V^2)(3.13\,V - 2\,V)^2$$
$$= (50\,mA/V^2)(1.13\,V)^2 = 63.8\,mA$$

最後計算 $V_{DS}$

$$V_{DS} = V_{DD} - I_D R_D = 24\,V - (63.8\,mA)(200\,\Omega) = \textbf{11.2 V}$$

**相 關 習 題**　試求圖 7-49 電路中的 $V_{GS}$ 和 $V_{DS}$。已知在 $V_{GS} = 4$ V 時 $I_{D(on)} = 100$ mA，且 $V_{GS(th)} = 3$ V。

例　題　**7-20**　　試決定圖 7-50 中汲極電流的大小。假設 MOSFET 的 $V_{GS(th)} = 3$ V。

▶ 圖 7-50

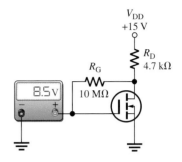

解　　　電壓表顯示 $V_{GS} = 8.5$ V。既然這是汲極回授組態，$V_{DS} = V_{GS} = 8.5$ V。

$$I_D = \frac{V_{DD} - V_{DS}}{R_D} = \frac{15\text{ V} - 8.5\text{ V}}{4.7\text{ k}\Omega} = \textbf{1.38 mA}$$

相 關 習 題　　如果圖 7-50 中電壓表讀數為 5 V，試求 $I_D$。

## D-MOSFET 偏壓 (D-MOSFET Bias)

請回想一下，D-MOSFET的 $V_{GS}$ 可以為正值，也可以是負值。因此，將偏壓點設定成 $V_{GS} = 0$ 是個簡便的方法，在這種偏壓下，閘極的交流信號會使閘極對源極電壓，在零偏壓點上下變動。 圖 7-51 (a) 顯示 MOSFET 的零偏壓電路。既然 $V_{GS} = 0$，如圖所示 $I_D = I_{DSS}$。汲極對源極電壓可以如下表示：

$$V_{DS} = V_{DD} - I_{DSS}R_D$$

▶ 圖 7-51　D-MOSFET 零偏壓。

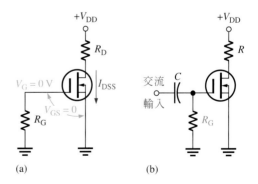

(a)　　　　　　　　　　　　(b)

加上 $R_G$ 可以將交流信號與地隔離，目的是要引導交流信號到輸入端，如圖 7-51 (b) 所示。既然閘極直流電流為 0，$R_G$ 將不會影響閘極對源極的零偏壓。

例 題 **7-21** 試求圖 7-52 電路中的汲極對源極電壓。MOSFET 特性資料表註明 $V_{GS(off)} = -8\,V$，且 $I_{DSS} = 12\,mA$。

▶ 圖 7-52

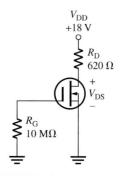

解 既然 $I_D = I_{DSS} = 12\,mA$，汲極對源極電壓等於

$$V_{DS} = V_{DD} - I_{DSS}R_D = 18\,V - (12\,mA)(620\,\Omega) = \mathbf{10.6\,V}$$

相 關 習 題 當 $V_{GS(off)} = -10\,V$ 且 $I_{DSS} = 20\,mA$，試求圖 7-52 中的 $V_{DS}$。

## 電流源偏壓(Current Source Biasing)

一般而言，可以正或負電壓作為偏壓電路，然而電流源可提供另一種簡單且穩定的偏壓應用。不管是 BJT 或是 FET 皆可使用電流源作偏壓。圖 7-53 為一種電流源偏壓電路的基本想法。

▶ 圖 7-53　具電流源偏壓之 D-MOSFET

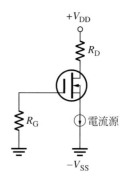

第7-7節　隨堂測驗　1. 某 D-MOSFET 偏壓在 $V_{GS} = 0$，則汲極電流等於零、$I_{GSS}$ 或 $I_{DSS}$？

2. 對 $V_{GS(th)} = 2$ V 的 $n$ 通道 E-MOSFET 而言，$V_{GS}$ 必須超過什麼數值場效電晶體才會導通？

3. 圖 7-53 中的 D-MOSFET 電流源偏壓圖中，閘極電壓為多少？

# 7-8　絕緣閘雙極電晶體 (THE IGBT)

絕緣閘雙極電晶體(Insulated-gate bipolar transistor, IGBT) 結合了 MOSFET 與 BJT 兩者的特性，被使用在高電壓與高電流的交換應用上，在許多這樣的應用場合中，IGBT 已經大量地取代了 MOSFET 與 BJT。

在學習完本節的內容後，你應該能夠

◆ **討論** IGBT
  ◆ 將 IGBT 與 MOSFET 和 BJT 作比較
  ◆ 識別 IGBT 符號
◆ 描述 IGBT 的工作原理
  ◆ 解釋 IGBT 如何被開與關
  ◆ 討論與分析汲極回授偏壓
  ◆ 描述 IGBT 等效電路

**IGBT** 是一個具有 BJT 的輸出導通特性，但卻像 MOSFET 是電壓控制之元件；在許多高電壓交換應用場合是一個非常好的選擇。IGBT 具有三個端點：閘極、集極、射極。圖 7-54 顯示一個常用的電路符號。我們可以看到，除了一條粗黑線之外，它類似一個 BJT 符號；此粗黑線表示 MOSFET 的閘極端構造，而非 BJT 的基極。

▶ 圖 7-54

IGBT(Insulated-gate bipolar transistor) 的符號。

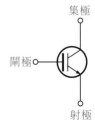

集極

閘極

射極

IGBT 具 MOSFET 的輸入特性及 BJT 的輸出特性，BJT 較 FET 有更高的電流能力，但 MOSFET 因為絕緣閘極結構的關係而沒有閘極電流。IGBT 具有比 MOSFET 較低的飽和電壓，其飽和電壓大約與 BJT 相同。IGBT 在一些應用上比 MOSFET 優異因為它可以處理的集極到射極電壓高過 200V，且當它操作在*開啟*的狀態時擁有較小的飽和電壓。IGBT 在一些應用上也比 BJT 優異因為其切換的速度較快。就切換的速度而論，MOSFET 較 IGBT 快，而 BJT 是最慢的。表 7-1 是 IGBT、MOSFET、BJT 的一般特性比較。

▼ 表 7-1　　在交換應用中，幾種元件的特性比較。

| 特性 | IGBT | MOSFET | BJT |
| --- | --- | --- | --- |
| 輸入驅動方式 | 電壓 | 電壓 | 電流 |
| 輸入阻抗 | 高 | 高 | 低 |
| 工作頻率 | 中 | 高 | 低 |
| 交換速度 | 中 | 快 (ns) | 慢 ($\mu$s) |
| 飽和電壓 | 低 | 高 | 低 |

## 工作原理 (Operation)

IGBT 類似 MOSFET 是由閘極電壓所控制，實質上，一個 IGBT 可以想像成是一個電壓控制的 BJT，且切換速度更快。因為是由絕緣的閘極之電壓所控制，IGBT 實質上幾乎沒有輸入電流，即不需載入驅動源之電流。圖 7-55 表示一個 IGBT 的簡化等效電路，其輸入的元件是一個 MOSFET，而輸出元件是一個雙極性電晶體，當閘極相對於射極的電壓低於一個臨界電壓值 $V_{thresh}$ 時元件關閉，增加閘極電壓到超過臨界電壓值時則元件導通。

▶ 圖 7-55

IGBT 的簡化等效電路。

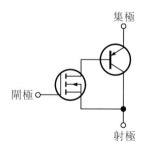

如圖 7-56 紅色部分所示，IGBT 的 *npnp* 結構在元件內部形成一個寄生電晶體(parasitic transistor)及一個繼承的寄生電阻(parasitic resistance)，這些寄生的元件在平常操作時並沒有作用，但是，若其最大的集極電流超過某種特定情況，此一寄生電晶體 $Q_p$ 將被開啟，若 $Q_p$ 開啟，它將有效地聯合 $Q_1$，而形成一個寄生的元件，如圖 7-56 所示，此時將發生一個栓鎖狀況。在此一栓鎖狀態，元件將維持在開啟的狀態而不為閘極電壓所控制，藉由維持元件操作在一個指定的限制條件內即可以避免栓鎖狀態。

▶ 圖 7-56

會引起栓鎖的 IGBT 寄生元件。

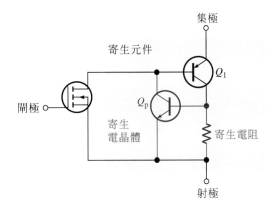

| 第7-8 | 隨堂測驗 | 1. IGBT 表達的是什麼？ |
|---|---|---|
| | | 2. IGBT 主要的應用範圍是什麼？ |
| | | 3. 說出 IGBT 較諸功率 MOSFET 的優點？ |
| | | 4. 說出 IGBT 較諸功率 BJT 的優點？ |
| | | 5. 什麼是栓鎖？ |

# 場效電晶體的摘要 (Summary of Field-Effect Transistors)

## JFET

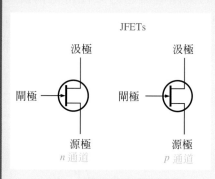

- 閘極-源極 *pn* 接面必須逆向偏壓。
- $V_{GS}$ 控制 $I_D$。
- 使 $I_D$ 開始變成定電流的 $V_{DS}$ 值,即為夾止電壓。
- 使 $I_D$ 變成 0 的 $V_{GS}$ 值即為截止電壓 $V_{GS(off)}$。
- $V_{GS} = 0$ 時的汲極電流即為 $I_{DSS}$。
- 轉換特性:

$$I_D = I_{DSS}\left(1 - \frac{V_{GS}}{V_{GS(off)}}\right)^2$$

- 順向跨導:

$$g_m = g_{m0}\left(1 - \frac{V_{GS}}{V_{GS(off)}}\right)$$

$$g_{m0} = \frac{2I_{DSS}}{|V_{GS(off)}|}$$

## E-MOSFET

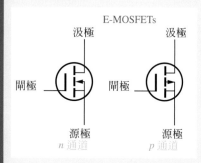

只在增強模式工作。

- $V_{GS}$ 必須大於 $V_{GS(th)}$。
- *增強模式:*
  - *n* 通道:$V_{GS}$ 為正電壓
  - *p* 通道:$V_{GS}$ 為負電壓
- $V_{GS}$ 控制 $I_D$。
- 使汲極—源極之間開始有電流 $I_D$ 流動的 $V_{GS}$ 值,即為臨界電壓 $V_{GS(th)}$。
- 轉換特性:

$$I_D = K(V_{GS} - V_{GS(th)})^2$$

- 特性資料表上會註明某個 $V_{GS}$ 值時的 $I_{D(on)}$ 值,將它們代入上述轉換特性公式,取代 $I_D$ 和 $V_{GS}$,就能求得轉換特性公式中的 *K* 值。

## 場效電晶體的摘要 (Summary of Field-Effect Transistors)

### D-MOSFET

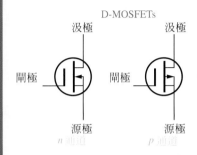

可以在空乏型或增強型模式下工作。當偏壓在 $V_{GS} = 0$ 時，$V_{GS}$ 可以為正的，亦可為負的。

- *空乏模式：*
  - $n$ 通道：$V_{GS}$ 為負電壓
  - $p$ 通道：$V_{GS}$ 為正電壓
- *增強模式：*
  - $n$ 通道：$V_{GS}$ 為正電壓
  - $p$ 通道：$V_{GS}$ 為負電壓
- $V_{GS}$ 控制 $I_D$。
- 使 $I_D$ 變成 0 的 $V_{GS}$ 值即為截止電壓 $V_{GS(off)}$。
- $V_{GS} = 0$ 時的汲極電流即為 $I_{DSS}$。
- 轉換特性：

$$I_D = I_{DSS}\left(1 - \frac{V_{GS}}{V_{GS(off)}}\right)^2$$

### IGBT

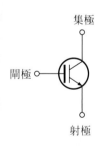

- 控制電壓的方法與 MOSFET 相似。
- 輸出特性與 BJT 相似。
- 三個接腳：閘極、集極、射極。

# 場效電晶體的摘要 (Summary of Field-Effect Transistors)

**FET 偏壓 (對 *p* 通道 FET 而言，將下列各圖的 *n* 通道 FET 電壓極性和電流方向相反即可)**

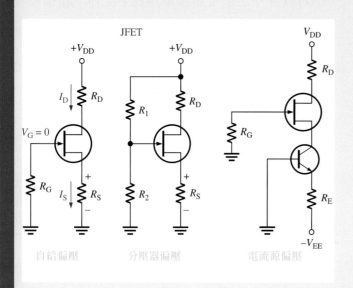

自給偏壓　　　分壓器偏壓　　　電流源偏壓

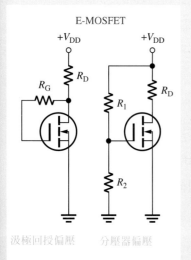

汲極回授偏壓　　分壓器偏壓

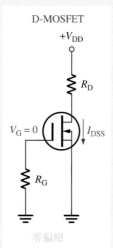

零偏壓

# 本章摘要

**第 7-1 節** ◆ 場效電晶體是單極性元件，也就是其電流由一種帶電載子構成。
  ◆ FET 的三個端子為源極、汲極和閘極。
  ◆ JFET 正常工作時，其閘極源極間 $pn$ 接面逆向偏壓。
  ◆ 閘極源極接面逆向偏壓造成 JFET 的高輸入阻抗。
  ◆ JFET 的逆向偏壓在通道內產生空乏區，也因此增加通道的阻抗值。

**第 7-2 節** ◆ 對 $n$ 通道 JFET 而言，$V_{GS}$ 可以從 0 往負方向增加到截止電壓 $V_{GS(off)}$。對 $p$ 通道 JFET 而言，$V_{GS}$ 可以從 0 往正方向增加到截止電壓 $V_{GS(off)}$。
  ◆ $I_{DSS}$ 是 $V_{GS}=0$ 時的汲極固定電流。對 JFET 和 D-MOSFET 而言，這個定義都適用。
  ◆ 因為 $I_D$ 與 $V_{GS}$ 的平方項有關，所以 FET 稱為平方律元件。

**第 7-3 節** ◆ JFET 的中點偏壓是指 $I_D=I_{DSS}/2$，設定 $V_{GS}\cong V_{GS(off)}/3.4$ 後可以使電路處於這種偏壓狀態。
  ◆ JFET 的 $Q$ 點穩定性，在分壓器偏壓電路比在自給偏壓電路好。
  ◆ 電流源偏壓可以增加自給偏壓 JFET 的穩定性。

**第 7-4 節** ◆ JFET 作為可變電阻時，需偏壓在歐姆區。
  ◆ 要偏壓於歐姆區時，$I_D$ 必須遠小於 $I_{DSS}$。
  ◆ 在歐姆區，$R_{DS}$ 由閘極電壓控制。
  ◆ 當 JFET 偏壓於原點 ($V_{DS}=0$，$I_D=0$) 時，交流通道阻抗由閘極電壓控制。

**第 7-5 節** ◆ MOSFET 與 JFET 的差別，在於有一層 SiO₂ 的絕緣物質，將 MOSFET 的閘極與通道隔開，而將 JFET 閘極與通道隔開的是 $pn$ 接面。
  ◆ 不論閘極對源極電壓是零、正電壓或負電壓，空乏型 MOSFET (D-MOSFET) 都可以正常工作。
  ◆ D-MOSFET 在汲極和源極間有一個實體通道。
  ◆ 對於 $n$ 通道 D-MOSFET，如果 $V_{GS}$ 為負值則為空乏模式，如果 $V_{GS}$ 為正值，則為增強模式。
  ◆ 增強型 MOSFET (E-MOSFET) 沒有實體通道。
  ◆ 與 JFET 和 D-MOSFET 不同，在 $V_{GS}=0$ V 時 E-MOSFET 無法動作。
  ◆ 當 $V_{GS}$ 比臨界值 $V_{GS(th)}$ 大時，E-MOSFET 內部會感應產生出通道。

**第 7-6 節** ◆ E-MOSFET 沒有 $I_{DSS}$ 這個參數，如果有指定(理想值為 0)，則 $I_{DSS}$ 參數非常的小。
  ◆ $n$ 通道 E-MOSFET 的臨界電壓 $V_{GS(th)}$ 是正值。$p$ 通道 E-MOSFET 的臨界電壓 $V_{GS(th)}$ 是負值。
  ◆ D-MOSFET 的轉換特性曲線與垂直 $I_D$ 軸相交。
  ◆ E-MOSFET 的轉換特性曲線與 $I_D$ 軸沒有相交。
  ◆ 所有的 MOS 元件都容易因靜電放電作用(ESD)而損壞。

**第 7-7 節** ◆ D-MOSFET 在 $V_{GS}=0$ 下的中點偏壓是 $I_D=I_{DSS}$。
  ◆ 由於較大的電阻連至接地，所以零偏壓 D-MOSFET 的閘極電壓為 0V。

◆ E-MOSFET 需要有大於臨界值的 $V_{GS}$。

**第 7-8 節** ◆ 絕緣閘雙極電晶體 (IGBT) 結合 MOSFET 的輸入特性與 BJT 的輸出特性。

◆ IGBT 有三個接腳：射極、閘極、及集極。

◆ IGBT 通常應用於高電壓開關電路中。

## 重要詞彙    重要詞彙和其他以粗體字表示的詞彙都會在本書末的詞彙表中加以定義。

**空乏 (Depletion)**　在 MOSFET 通道中移去或耗盡帶電載子的過程，因此會減低通道的導電性。

**汲極 (Drain)**　FET 三個端子中其中一個，與 BJT 的集極相似。

**增強 (Enhancement)**　在 MOSFET 中，產生通道或者因為在通道中增加帶電載子而增加導電性的過程。

**閘極 (Gate)**　FET 三個端子中的一個，與 BJT 的基極相似。

**IGBT**　絕緣閘雙極電晶體；結合 MOSFET 與 BJT 特性的元件，可用於高電壓開關電路中。

**JFET**　接面場效電晶體；場效電晶體兩種主要形式之一。

**MOSFET**　金屬氧化物半導體場效電晶體；場效電晶體兩種主要形式之一；有時稱為閘極隔離場效電晶體 IGFET。

**歐姆區 (Ohmic region)**　FET 特性曲線的這個部分位於夾止區以下，此區域符合歐姆定律。

**夾止電壓 (Pinch-off voltage)**　當閘極對源極電壓等於 0 且汲極電流開始變成定電流時的場效電晶體汲極對源極的電壓值。

**源極 (Source)**　FET 三個端子中的一個，與 BJT 的射極相似。

**互導 (Transconductance，$g_m$)**　FET 中，汲極電流改變量相對於閘極-源極電壓改變量的比值。

## 重要公式

7-1　　$I_D \cong I_{DSS}\left(1 - \dfrac{V_{GS}}{V_{GS(off)}}\right)^2$　　　JFET/D-MOSFET 轉換特性

7-2　　$g_m = g_{m0}\left(1 - \dfrac{V_{GS}}{V_{GS(off)}}\right)$　　　互導

7-3　　$g_{m0} = \dfrac{2I_{DSS}}{|V_{GS(off)}|}$　　　$V_{GS} = 0$ 時的互導

7-4　　$I_D = K(V_{GS} - V_{GS(th)})^2$　　　E-MOSFET 轉換特性

## 是非題測驗　答案可在以下網站找到 www.pearsonglobaleditions.com(搜索 ISBN:1292222999)

1. JFET 總是工作在閘-源極 *pn* 接面逆向偏壓下。
2. JFET 的通道阻抗是固定的。
3. *n* 通道 JFET 的閘-源極電壓一定是負值。
4. 在夾止電壓的 $I_D$ 變為 0。
5. $V_{GS}$ 對 $I_D$ 沒有影響。
6. $V_{GS(off)}$ 和 $V_P$ 的大小相等但極性相反。
7. 由 JFET 轉換特性曲線的數學式可知 JFET 為平方律元件(square-law device)。
8. 順向跨導指的是在已知閘極電壓的改變下，汲極電壓的改變量。
9. 參數 $g_m$ 和 $y_{fs}$ 是相同的。
10. *n* 通道空乏型MOSFET(D-MOSFET)中，在足夠大的閘-源極正電壓下，通道可完全空乏。
11. 橫向擴散MOSFET(LDMOSFET)比一般的增強型MOSFET(E-MOSFET)汲-源極間具有較短的通道。
12. V 形槽 MOSFET 和 U 形槽 MOSFET 是以一般的 D-MOSFET 改良的。
13. 鰭狀 FET 是單閘極 MOSFET 的其中一種形式。
14. 所有 MOSFET 元件皆會受到靜電放電的破壞。
15. MOSFET 的 $R_{DS(on)}$ 規格，決定了元件的功率和熱損失大小。
16. MOSFET 的安全操作區可由汲極電流對閘極電壓特性曲線圖中表示出來。

## 電路動作測驗　答案可以以下網站找到 www.pearsonglobaleditions.com(搜索 ISBN:1292222999)

1. 假如圖 7-17 中的汲極電流增加時，則 $V_{DS}$ 將會
   (a) 增加　(b) 減少　(c) 不變
2. 假如圖 7-17 中的汲極電流增加時，則 $V_{GS}$ 將會
   (a) 增加　(b) 減少　(c) 不變
3. 假如圖 7-24 中的 $R_D$ 增加時，則 $I_D$ 將會
   (a) 增加　(b) 減少　(c) 不變
4. 假如圖 7-24 中的 $R_2$ 減少時，則 $V_G$ 將會
   (a) 增加　(b) 減少　(c) 不變
5. 假如圖 7-47 中的 $V_{GS}$ 增加時，則 $I_D$ 將會
   (a) 增加　(b) 減少　(c) 不變
6. 假如圖 7-47 中的 $R_2$ 斷路時，則 $V_{GS}$ 將會
   (a) 增加　(b) 減少　(c) 不變

7. 假如圖 7-50 中的 $R_G$ 增加時，則 $V_G$ 將會

    (a) 增加　(b) 減少　(c) 不變

8. 假如圖 7-50 中的 $I_{DSS}$ 增加時，則 $V_{DS}$ 將會

    (a) 增加　(b) 減少　(c) 不變

# 自我測驗　答案可在以下網站找到 www.pearsonglobaleditions.com(搜索 ISBN:1292222999)

**第 7-1 節**

1. JFET 特性中，通道寬度是藉由改變何者來控制？

    (a)閘極電壓　(b)射極電壓　(c)集極電壓　(d)閘極電壓和集極電壓

    (e)閘極電壓和射極電壓。

2. $n$ 通道 JFET 中，形成空乏區的原因為

    (a)逆向偏壓　(b)順向偏壓　(c)結構　(d)以上皆非

3. 下列何者是 JFET 的工作條件：

    (a) 閘極對源極 $pn$ 接面逆向偏壓　　(b) 閘極對源極 $pn$ 接面順向偏壓

    (c) 汲極接地　　(d) 閘極與源極相連接

**第 7-2 節**

4. 當 $V_{GS} = 0V$，汲極電流變成定電流，如果 $V_{DS}$ 超過

    (a) 截止電壓　(b) $V_{DD}$　(c) $V_P$　(d) 0V

5. FET 的定電流區域介於那兩者之間：

    (a) 截止與飽和　(b) 截止與夾止　(c) 0 和 $I_{DSS}$　(d) 夾止與崩潰

6. $I_{DSS}$ 是

    (a) 源極短路時的汲極電流　(b) 截止時的汲極電流

    (c) 汲極電流的最大值　　(d) 汲極電流的中點值

7. 何種狀況發生時，在定電流區的汲極電流會增加：

    (a) 閘極對源極偏壓值減少　(b) 閘極對源極偏壓值增加

    (c) 汲極對源極電壓增加　　(d) 汲極對源極電壓減少

8. 在某個 FET 電路，$V_{GS} = 0V$，$V_{DD} = 15V$，$I_{DSS} = 15mA$，以及 $R_D = 470\Omega$。如果 $R_D$ 減少成 330 Ω，$I_{DSS}$ 等於

    (a) 19.5mA　(b) 10.5mA　(c) 15mA　(d) 1mA

9. 在截止狀態下，FET 通道處於

    (a) 最寬位置　　(b) 空乏區造成它完全關閉的狀態

    (c) 非常窄的狀態　(d) 逆向偏壓狀態

10. 某個 JFET 特性資料表標示 $V_{GS(off)} = -4\,V$，其夾止電壓 $V_P$

    (a) 無法算出　(b) 等於 $-4\,V$　(c) 由 $V_{GS}$ 決定　(d) 等於 +4 V

11. 第 10 題中 JFET

    (a) 為 $n$ 通道　(b) 為 $p$ 通道　(c) 可以是上述兩種的任何一種

**12.** 某個 JFET $V_{GS} = 10V$ 時，$I_{GSS} = 10nA$。其輸入電阻為

(a) 100MΩ   (b) 1MΩ   (c) 1000MΩ   (d) 1000mΩ

**13.** 某一 JFET 電路中，其 $I_{DSS} = 5$ mA 且 $V_{GS(off)} = -4V$，$g_{m0}$ 值為

(a) 0.625 mS   (b) 1.25 mS   (c) 1.6 mS   (d) 2.5 mS

**第 7-3 節** **14.** 某個 $p$ 通道 JFET，$V_{GS(off)} = 8V$。中點偏壓時，$V_{GS}$ 約為

(a) 4V   (b) 0V   (c) 1.25V   (d) 2.34V

**15.** 自給偏壓 JFET 中，其閘極為

(a) 正電壓   (b) 0 V   (c) 負電壓   (d) 接地

**第 7-4 節** **16.** 歐姆區的汲-源極阻抗取決於

(a) $V_{GS}$   (b) $Q$ 點的值   (c) 曲線在 $Q$ 點的斜率   (d) 以上皆是

**17.** 要當作可變電阻使用，JFET 必須為

(a) $n$ 通道元件   (b) $p$ 通道元件   (c) 偏壓於歐姆區   (d) 偏壓於飽和區

**18.** 當 JFET 偏壓於原點時，交流通道阻抗由下列何者決定？

(a) $Q$ 點的值   (b) $V_{GS}$   (c) 互導   (d) (b)與(c)都是

**第 7-5 節** **19.** MOSFET 不同於 JFET，主要因為

(a) 額定功率   (b) MOSFET 有兩個閘極

(c) JFET 有 $pn$ 接面   (d) MOSFET 沒有實體通道

**20.** D-MOSFET 工作於

(a) 只在空乏模式下   (b) 只在增強模式下

(c) 只在歐姆區   (d) 在空乏與增強兩種模式下

**第 7-6 節** **21.** $V_{GS}$ 為正值的 $n$ 通道 D-MOSFET 是工作於

(a) 空乏模式   (b) 增強模式   (c) 截止狀態   (d) 飽和狀態

**22.** $p$ 通道 E-MOSFET 的臨界電壓 $V_{GS(th)} = -2V$。如果 $V_{GS} = 0V$，汲極電流等於

(a) 0A   (b) $I_{D(on)}$   (c) 最大值   (d) $I_{DSS}$

**23.** 在 E-MOSFET 中沒有汲極電流，除非 $V_{GS}$

(a) 達到 $V_{GS(th)}$   (b) 為正的   (c) 為負的   (d) 等於 0V

**24.** 所有 MOS 元件可能因下列何種原因而損壞？

(a) 過熱   (b) 靜電放電   (c) 電壓過高   (d) 以上皆是

**第 7-7 節** **25.** 某個 D-MOSFET 偏壓設定於 $V_{GS} = 0$ V。特性資料表標示 $I_{DSS} = 20$ mA 和 $V_{GS(off)} = -5V$。則汲極電流

(a) 等於 0A   (b) 無法算出   (c) 等於 20mA

**第 7-8 節** **26.** IGBT 通常用在

(a) 低功率的應用場合   (b) rf 的應用場合

(c) 高電壓的應用場合   (d) 低電流的應用場合

習 題 所有的答案都在本書末。

## 基本習題

### 第7-1節 接面場效電晶體

1. $p$ 通道 JFET 的 $V_{GS}$ 從 1V 增加到 3V

   (a) 空乏區變寬或變窄？ (b) 通道電阻減少或增加？

2. 為什麼 $n$ 通道 JFET 的閘極對源極電壓總是 0 或負值？

3. 畫出 $p$ 通道和 $n$ 通道 JFET 的線路圖。標示其端子名稱。

4. 在圖 7-57 中，請說明如何連接 JFET 閘極和源極間的偏壓電路。

▶ 圖 7-57

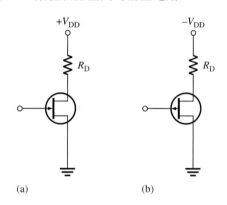

(a)                    (b)

### 第7-2節 接面場效電晶體的特性與參數

5. 某個 JFET 的夾止電壓規格值為 5V。如果 $V_{GS} = 0$，在汲極電流開始變成定電流時，$V_{DS}$ 是多少？

6. 某個 $n$ 通道 JFET 處於 $V_{GS} = -2V$ 的偏壓狀態。如果 $V_P$ 規格值是 6V，則 $V_{GS(off)}$ 其值為何？此時元件處於導通狀態嗎？

7. 某個 JFET 特性資料表標示 $V_{GS(off)} = -8V$，且 $I_{DSS} = 10mA$。當 $V_{GS} = 0$ 且 $V_{DS}$ 高於夾止電壓時，$I_D$ 為多少？且假設 $V_{DD} = 15V$。

8. 某個 $p$ 通道 JFET，$V_{GS(off)} = 6V$。當 $V_{GS} = 8V$，$I_D$ 為多少？

9. 圖 7-58 中 JFET 的 $V_{GS(off)} = -4V$。假設電源電壓 $V_{DD}$ 逐漸增加，由 0 開始直到安培計到達固定電流。此時電壓計讀數為何？

▶ 圖 7-58

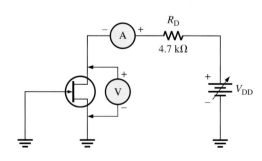

10. 由某個 JFET 的特性資料表可以取得下列參數：$V_{GS(off)} = -8V$ 和 $I_{DSS} = 5mA$。
$V_{GS}$ 由 0V 變化到 $-8V$，每次變動 1V，計算每個 $V_{GS}$ 電壓值的 $I_D$。利用這些資料畫出轉換特性曲線。

11. 對於第 10 題的 JFET，如果汲極電流必須等於 2.25mA，則 $V_{GS}$ 應為多少？

12. 某個 JFET 的 $g_{m0} = 3200\mu S$。如果 $V_{GS(off)} = -8V$，當 $V_{GS} = -4V$，則 $g_m$ 為多少？

13. 試求 $V_{GS} = -2V$ 時 JFET 的順向跨導。從特性資料表得知，$V_{GS(off)} = -7V$，$V_{GS} = 0V$ 時 $g_m = 2000\mu S$。也試求順向轉換電導 $g_{fs}$。

14. $p$ 通道 JFET 特性資料表顯示 $V_{GS} = 10V$ 時，$I_{GSS} = 5nA$。試求輸入阻抗值。

15. 某個 JFET 的 $I_{DSS} = 8mA$，$V_{GS(off)} = -5V$，使用公式 7-1，然後畫出轉換特性曲線，至少找出四個數據點。

## 第 7-3 節　JFET 偏壓

16. 試畫出 $n$ 通道具自偏壓的 JFET 電路圖。

17. 試畫出 $p$ 通道分壓器偏壓及 $n$ 通道電流源偏壓的 JFET 電路圖。

18. $n$ 通道自給偏壓的 JFET 電路中，汲極電流 12mA，源極電阻 100Ω。則 $V_{GS}$ 為多少？

19. 某個自給偏壓的 JFET 電路，$V_{GS}$ 為 $-4V$，$I_D = 5mA$，試求 $R_S$。

20. 某個自給偏壓的 JFET 電路，$V_{GS}$ 為 $-3V$，$I_D = 2.5mA$，試求 $R_S$。

21. 某個特殊 JFET，$I_{DSS} = 20mA$，$V_{GS(off)} = -6V$。

    (a) 當 $V_{GS} = 0V$，$I_D$ 為多少？

    (b) 當 $V_{GS} = V_{GS(off)}$，$I_D$ 為多少？

    (c) 如果 $V_{GS}$ 由 $-4V$ 增加到 $-1V$，$I_D$ 增加或減少？

22. 圖 7-59 中，試求每個電路的 $V_{DS}$ 和 $V_{GS}$。

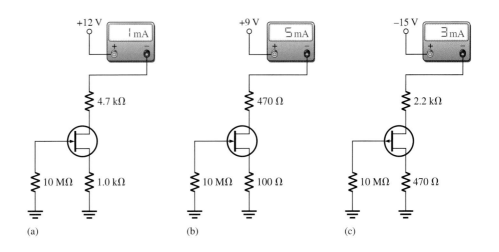

▲ 圖 7-59

23. 使用圖 7-60 的曲線，如果汲極電流等於 9.5mA，則 $R_S$ 為多少？

24. 某個 JFET 的 $I_{DSS} = 14mA$ 且 $V_{GS(off)} = -10V$，試建立其中點偏壓電路。假設電源供應器的直流電壓是 24V。請繪出電路及標示電阻值。指出 $I_D$、$V_{GS}$ 和 $V_{DS}$ 的數值。

25. 試求圖 7-61 的總輸入電阻是多少？$V_{GS} = -10V$ 時，$I_{GSS} = 20nA$。

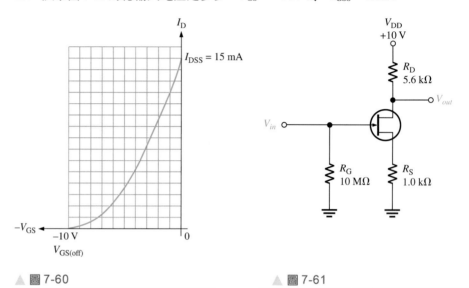

▲ 圖 7-60

▲ 圖 7-61

26. 使用圖 7-62 (b) 轉換特性曲線，以圖形法畫出圖 7-62 (a) 電路的 $Q$ 點。

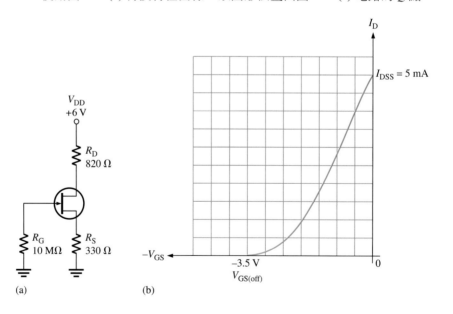

(a)

(b)

▲ 圖 7-62

27. 試找出圖 7-63 的 $p$ 通道 JFET 電路的 $Q$ 點。

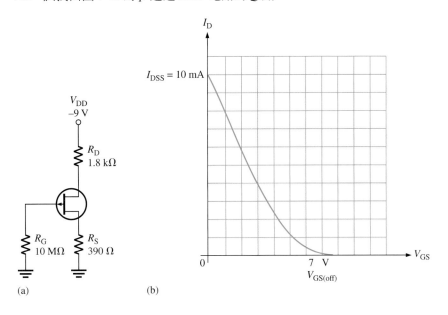

(a)　　　　　　　　(b)

▲ 圖 7-63

28. 假設圖 7-64 的汲極對接地電壓是 5V，試求電路的 $Q$ 點。

▷ 圖 7-64

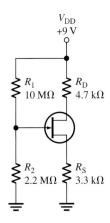

**29.** 試找出圖 7-65 的 JFET 分壓器偏壓電路的 $Q$ 點值。

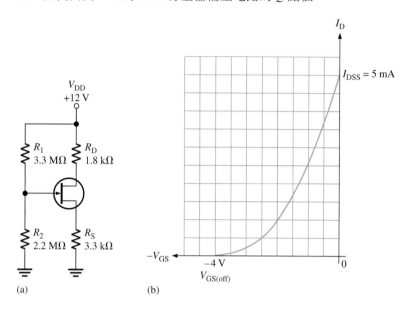

(a)                    (b)

▲ 圖 7-65

## 第 7-4 節 歐姆區

**30.** 某個 JFET 在 $V_{DS} = 0.8V$ 和 $I_D = 0.20mA$ 時偏壓於歐姆區,此時的汲-源極阻抗為何?

**31.** JFET 的 $Q$ 點從 $V_{DS} = 0.4V$、$I_D = 0.15mA$ 改變至 $V_{DS} = 0.6V$、$I_D = 0.45mA$ 時,$R_{DS}$ 值的範圍為何?

**32.** 已知 $g_{m0} = 1.5$ mS,$V_{GS} = -1V$,和 $V_{GS(off)} = -3.5V$,試求 JFET 偏壓於原點的互導。

**33.** 試求習題 32 中,JFET 的交流汲-源極阻抗。

## 第 7-5 節 金屬氧化物半導體電晶體

**34.** 試畫出 $n$ 通道和 $p$ 通道的 E-MOSFET 與 D-MOSFET 的符號。標示其端子名稱。

**35.** $n$ 通道 D-MOSFET 的 $V_{GS}$ 為正值時,它處於何種工作模式?

**36.** 試描述 E-MOSFET 和 D-MOSFET 的基本差異。

**37.** MOSFET 的兩種型態,在閘極都有相當高的輸入電阻,試解釋其原因。

## 第 7-6 節 MOSFET 的特性與參數

**38.** 某個 E-MOSFET 特性資料表顯示,當 $V_{GS} = -12$ V 時 $I_{D(on)} = 10$ mA,$V_{GS(th)} = -3$ V。試求出 $V_{GS} = -6$ V 時的 $I_D$ 值。

**39.** 假設 $I_D = 3mA$,$V_{GS} = -2V$,$V_{GS(off)} = -10V$,試求出 $I_{DSS}$。

40. 某個 D-MOSFET 的特性資料表標示 $V_{GS(off)} = -5V$ 且 $I_{DSS} = 8mA$。

(a) 此元件是 $p$ 通道或 $n$ 通道？

(b) $V_{GS}$ 由 $-5V$ 增加到 $+5V$，每次的增加量是 1V，試求每個 $V_{GS}$ 值的 $I_D$。

(c) 利用 (b) 小題的數據，畫出轉換特性曲線。

## 第 7-7 節　MOSFET 偏壓

41. 根據圖 7-66 的偏壓方式，試判定每個 D-MOSFET 處於何種(空乏、增強或都不是)工作模式。

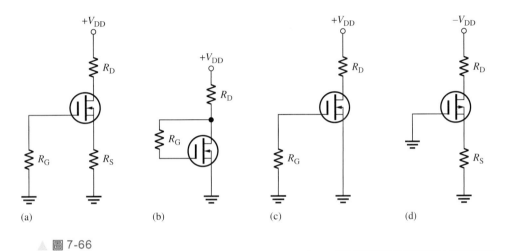

▲ 圖 7-66

42. 圖 7-67 中每個 E-MOSFET 的 $V_{GS(th)}$ 為 $+5V$ 或 $-5V$，端視其為 $n$ 通道或 $p$ 通道元件而定。試判定每個 MOSFET 是導通或關閉。

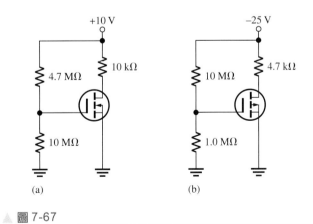

▲ 圖 7-67

43. 試求圖 7-68 中每個電路圖的 $V_{DS}$。已知 $I_{DSS} = 8\ mA$。

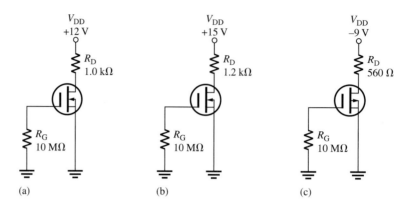

▲ 圖 7-68

44. 試求出圖 7-69 E-MOSFET的$V_{GS}$和$V_{DS}$。每個電路旁均列出特性資料表的數據。

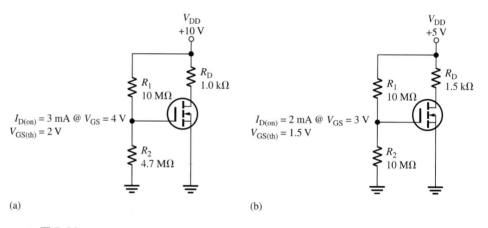

▲ 圖 7-69

45. 使用相同的$V_{GS}$量測方式,試求出圖 7-70 每個電路的汲極電流和汲極對源極電壓。

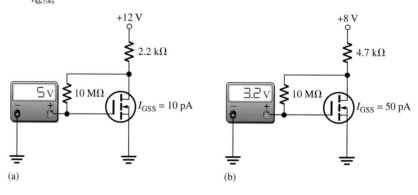

▲ 圖 7-70

46. 將閘極漏電流 $I_{GSS}$ 列入考慮，試求圖 7-71 的實際閘極對源極電壓值。假設在電路圖的偏壓狀況下，$I_{GSS} = 50pA$，$I_D = 1mA$。

▷ 圖 7-71

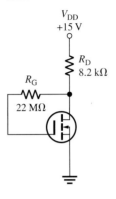

## 第 7-8 節　絕緣閘雙極電晶體

47. 解釋 IGBT 具有非常高的輸入阻抗。

48. 解釋在 IGBT 中，當集極電流過大時會產生栓鎖情況。

# FET 放大器及開關電路
## (FET Amplifiers and Switching Circuits)

# 8

## 本章學習目標

◆ 解釋與分析 FET 共源極放大器工作原理

◆ 解釋與分析 FET 共汲極放大器工作原理

◆ 解釋與分析 FET 共閘極放大器工作原理

◆ 討論 D 類放大器的工作原理

◆ 描述如何使用 MOSFET 於類比開關應用

◆ 描述如何使用 MOSFET 於數位開關應用

## 可參訪教學專用網站

有關這一章的學習輔助資訊可以在以下的網站
找到 http://www.pearsonglobaleditions.com
(搜索 ISBN:1292222999)

## 重要詞彙

◆ 共源極 (Common-source)

◆ 共汲極 (Common-drain)

◆ 源極隨耦器 (Source-follower)

◆ 共閘極 (Common-gate)

◆ 疊接放大器(Cascode amplifier)

◆ D 類放大器(Class D amplifier)

◆ 脈衝寬度調變(Pulse-width modulation)

◆ 類比開關(Analog switch)

◆ 互補式金屬-氧化物-半導體(CMOS)

## 簡　介

因為有著極高的輸入阻抗與低雜訊,所以
FET 放大器在某些應用上是較好的選擇,例如
在通訊接收器第一階段中用來放大低位準信號。
另外,FET 也因為偏壓簡單、具高效率而有利
於應用在某些功率放大器和開關電路。標準的
放大器組態為共源極 (common-source, CS)、共
汲極 (common-drain, CD) 和共閘極 (common-
gate, CG) 三種,很類似 BJT 的 CE、CC 和 CB
組態。

FET 可以應用於之前所介紹的各種放大器
(A 類、B 類和 C 類)。在某些情況下,FET 電路
會有較好的表現。但有些則是 BJT 較為適合,
因為它具有較高的增益與較佳的線性特性。本
章將介紹一個新的放大器類別 (D 類),因為在
D 類放大器中 FET 的使用始終優於 BJT,且很
少看到 BJT 使用於 D 類放大器中。D 類放大器
是一種開關放大器,通常在截止區或飽和區中
運作。可應用於含有脈衝寬調變器的類比功率
放大器中。脈衝寬調變器將於第 8-4 節中介紹。

幾乎在所有的開關應用上,FET 都比 BJT
好。本章將討論各種開關電路——類比開關、
類比多工器、類比電容器。另外,將利用 CMOS
(互補式 MOS) 來介紹常見的數位開關電路。

# 8-1 共源極放大器 (The Common-Source Amplifiers)

應用放大器時，FET 明顯優於 BJT 的是 FET 的輸入阻抗非常高。但缺點是有較高的失真與較低的增益。根據應用的類型可決定何種電晶體比較適合。共源極放大器 (common-source, CS)，可以和第 6 章 BJT 共射極放大器相比較。

在學習完本節的內容後，你應該能夠

◆ **解釋與分析 FET 共源極放大器工作原理**

◆ 討論與分析 FET 交流模型

◆ 描述與分析共源極 JFET 放大器工作原理

◆ 使用 JFET 放大器的直流分析

    ◆ 使用圖解方法

    ◆ 使用數學方法

◆ 討論與分析 JFET 放大器的交流等效電路

    ◆ 試求在閘極的信號電壓

    ◆ 計算電路的電壓增益

◆ 解釋交流負載對電壓增益的影響

◆ 討論反相作用

◆ 試求放大器輸入阻抗

◆ 描述與分析 D-MOSFET 放大器工作原理

◆ 描述與分析 E-MOSFET 放大器工作原理

    ◆ 試求輸入阻抗

## FET 交流模型 (FET AC Model)

    圖 8-1 所示為等效 FET 的定電流特性曲線模型。圖 8-1 (a) 中，閘極-源極間的內部阻抗以 $r'_{gs}$ 表示，汲極與源極之間有一個電流源 $g_m V_{gs}$。圖中也包含汲極-源極間內

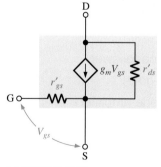 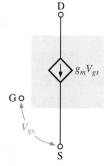

▷ 圖 8-1　FET 內部等效電路。　　　(a) 完整等效電路　　　(b) 簡化等效電路

部阻抗 $r'_{ds}$ 為定電流區特性曲線的斜率。圖 (b) 顯示的是簡化後的理想模型。其中將 $r'_{gs}$ 假設成極大值,則可假設閘極與源極間變成開路電路。也假設 $r'_{ds}$ 足夠大到可以忽略。此近似等效於根據一已知汲極特性曲線中,所假設出的定電流(為一條水平線)。

理想 FET 電路模型加上外接汲極交流電阻,顯示在圖 8-2 中。這個電路的交流電壓增益是 $V_{out}/V_{in}$,其中 $V_{in}=V_{gs}$ 且 $V_{out}=V_{ds}$。所以電壓增益的公式為

$$A_v = \frac{V_{ds}}{V_{gs}}$$

從圖 8-2 的等效電路可以得出

$$V_{ds} = I_d R_d$$

▶ 圖 8-2

外接交流汲極電阻時的簡化 FET 等效電路。

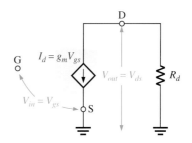

而且從順向跨導的定義,$g_m = I_d/V_{gs}$

$$V_{gs} = \frac{I_d}{g_m}$$

將前面兩個式子代入第一個式子產生

$$A_v = \frac{I_d R_d}{I_d/g_m} = \frac{g_m I_d R_d}{I_d}$$

$$\boldsymbol{A_v = g_m R_d}$$ 公式 8-1

例 題 8-1 　　從規格表中得知,某個典型 JFET 的 $g_{m0}$ 為 6 mS,$V_{GS(off)}$ 為 $-5$ V。假設它的偏壓電壓 $V_{GS} = -1.67$V。外接交流汲極阻抗為 1.5 kΩ,則理想狀況下的電壓增益是多少?

解　從計算$g_m$開始：

$$g_m = g_{m0}\left(1 - \frac{V_{GS}}{V_{GS(off)}}\right) = 6\,\text{mS}\left(1 - \frac{-1.67\,\text{V}}{-5.0\,\text{V}}\right) = 4.0\,\text{mS}$$

$$A_v = g_m R_d = (4.0\text{mS})(1.5\text{k}\Omega) = \mathbf{6.0}$$

相 關 習 題*　當$g_{m0} = 8.0\,\text{mS}$，$V_{GS} = -1\,\text{V}$，$V_{GS(off)} = -4\,\text{V}$，$R_d = 2.2\text{k}\Omega$時，理想的電壓增益爲多少？

## JFET 放大器工作原理 (JFET Amplifier Operation)

　　JFET 共源極(commmon-source)放大器，其交流輸入信號加到閘極且交流輸出信號由汲極取得。源極共同端由輸入及輸出信號共用。共源極放大器沒有源極電阻或旁路源極電阻，所以源極是連接至交流接地。圖 8-3 (a) 顯示 $n$ 通道 JFET 共源極自給偏壓電路，交流信號源以電容耦合到閘極。電阻$R_G$有兩個作用：一則它能維持閘極電壓值約爲直流 0 V (因爲$I_{GSS}$相當小)；一則$R_G$通常具有數 MΩ 電阻值，這也避免對交流信號源造成負載效應。$R_S$兩端的電壓降可作爲偏壓電壓。旁路電容$C_2$保持 JFET 源極端交流接地。

　　共源極 JFET 放大器的增益遠低於 BJT 共射極放大器。它的一大優勢是非常高的輸入阻抗，這在儀器和量測電路的應用中特別有用。因爲來自高阻抗源的低電壓信號在這些例子中很常見。JFET 通常與 BJT 和運算放大器可結合使用，以充分利用每種元件的最佳特性。

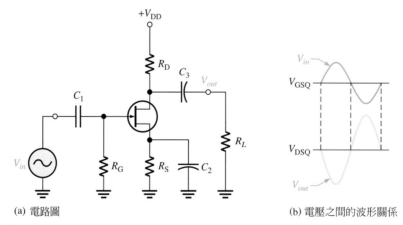

(a) 電路圖　　　　　　　　　　　(b) 電壓之間的波形關係

▲ 圖 8-3　　JFET 共源極放大器。

輸入信號電壓造成閘極-源極電壓在$Q$點($V_{GSQ}$)上下變動,引起汲極電流相對應的變動。當汲極電流增加,$R_D$兩端的電壓降也增加,造成汲極電壓下降。汲極電流在 $Q$ 點附近的變化與閘極對源極電壓的變化同相位(in phase),汲極-源極電壓在$Q$點($V_{DSQ}$)上下變化,而且與閘極對源極電壓成 180°反相,如圖 8-3(b)所示。

**圖解說明 (A Graphical Picture)**　　以上對 $n$ 通道 JFET 的動作過程,可以利用圖 8-4 的轉換特性曲線和汲極特性曲線加以說明。圖 8-4 (a) 顯示$V_{gs}$的正弦波形的變化產生相對應的 $I_d$ 正弦波形變化。當$V_{gs}$從 $Q$ 點往負方向變化,$I_d$ 也從$Q$點減少。當$V_{gs}$往正方向改變,$I_d$ 增加。圖 8-4 (b) 利用汲極特性曲線顯示相同的動作過程。閘極信號驅使汲極電流在負載線的 $Q$ 點上下等距變化,如箭頭所示。從閘極電壓波形的峰值向左邊的$I_D$軸及下方$V_{DS}$軸分別做垂線,就可顯示出汲極電流和汲極對源極電壓的峰對峰值變化的情形。因為轉換特性曲線為非線性,輸出可能會有一些失真。如果信號的擺幅位於負載線的局限區域將可減少失真。如果它只是一個多級放大器的輸入級,這擺幅區域局限,減少失真的情況自然會發生。

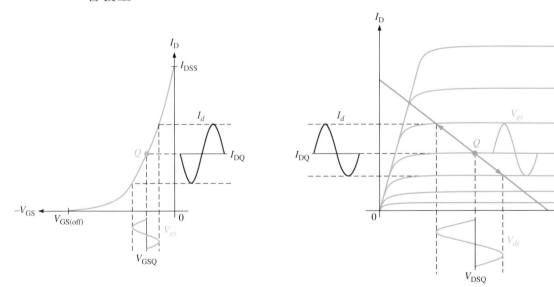

(a) JFET($n$ 通道)的轉換特性曲線,說明訊號的工作原理　　　　(b) JFET($n$ 通道)汲極特性曲線,說明訊號的工作原理

▲ 圖 8-4　　JFET 特性曲線。

## 直流分析 (DC Analysis)

分析 JFET 放大器的第一個步驟是決定電路的直流狀態,包含與 $I_D$ 與$V_S$。$I_D$ 決定放大器 $Q$ 點的位置,經由這個數值也可計算 $V_D$,所以我們必須找出$I_D$的數值。這可藉由圖解法或數學計算而得。我們已經在第七章介紹在跨導曲線上利用圖解法求解,此方法也可應用在這裡的放大器中。接著,你會發現,利用 公式 7-1

描述跨導曲線的數學方程式也可以得到相同的結果。我們利用圖 8-5 的放大器來說明這兩個方法。為了簡化直流分析，我們利用圖 8-6 的等效電路；其中電容在直流狀態下相當於開路，所以都可以移除。

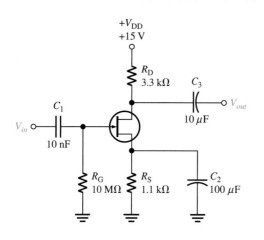

▲ 圖 8-5　JFET 共源極放大器。　　　　　▲ 圖 8-6　圖 8-5 放大器的直流等效電路。

**圖解法(Graphical Approach)**　　回想一下，7-2 節中曾提過，JFET 的通用轉換特性(跨導曲線)描述了輸出電流與輸入電壓的關係。跨導曲線的終點位於 $I_{DSS}$ 與 $V_{GS(off)}$。直流圖解法的方式就是在同一張圖上畫出負載線(之前提過的自偏壓例子中)，讀出兩圖形相交時(即 $Q$ 點)的 $V_{GS}$ 與 $I_D$。

---

例題　8-2　　計算圖 8-6 中 JFET 放大器 $Q$ 點的 $I_D$ 與 $V_{GS}$。這個特定 JFET 的典型 $I_{DSS}$ 值為 4.3 mA，$V_{GS(off)}$ 為 $-7.7$ V。

解　　畫出跨導曲線。終點位於 $I_{DSS}$ 與 $V_{GS(off)}$。從圖 7-12 的一般曲線中可以很快畫出兩點為

$$V_{GS} = 0.3 V_{GS(off)} = -2.31 \text{ V} \quad ，當 \quad I_D = \frac{I_{DSS}}{2} = 2.15 \text{ mA}$$

及

$$V_{GS} = 0.5 V_{GS(off)} = -3.85 \text{ V} \quad ，當 \quad I_D = \frac{I_{DSS}}{4} = 1.075 \text{ mA}$$

在這個特定的 JFET，此兩點的位置如圖 8-7(a) 所示。第七章曾提過負載線起始於原點，終止於 $I_D = I_{DSS}$。而 $V_{GS} = I_{DSS}R_S = (-4.3\text{mA})(1.1\text{k}\Omega) = -4.73$V。把負載線加到圖形中，找出交會點 ($Q$ 點) 即可得知 $I_D$ 與 $V_{GS}$ 值，如圖 8-7(b) 所示。如圖所示，$I_D = \textbf{2.2 mA}$ 與 $V_{GS} = \textbf{-2.4 V}$。

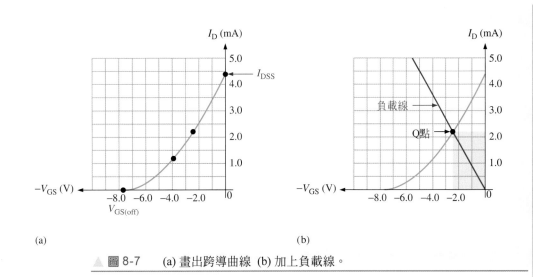

▲ 圖 8-7　　(a) 畫出跨導曲線　(b) 加上負載線。

相 關 習 題　　如果用另一個場效電晶體取代，其 $I_{DSS} = 5.0$ mA 與 $V_{GS(off)} = -8$ V，找出 $Q$ 點位置。

**數學方法(Mathematical Approach)**　　數學方法的過程比圖解法還要麻煩冗長，但可以使用線上工具或圖形計算機(電腦程式)進行簡化。回想一下，公式 7-1 是將 $I_D$ 與其他參數做連結相關的公式：

$$I_D = I_{DSS}\left(1 - \frac{V_{GS}}{V_{GS(off)}}\right)^2$$

對於 $n$ 通道 JFET，$V_{GS}$ 和 $V_{GS(off)}$ 均為負值；對於 $p$ 通道 JFET，兩者皆為正值。因此，由分數表示的項可以絕對(無符號)值表示，而不影響計算結果。故

$$I_D = I_{DSS}\left(1 - \left|\frac{V_{GS}}{V_{GS(off)}}\right|\right)^2$$

$V_{GS}$ 的絕對值僅為 $I_D R_S$，而 $V_{GS(off)}$ 的絕對值為 $V_p$。(回想一下 $V_p = |V_{GS(off)}|$)。透過替換，我們可以用已知量表示 $I_D$ 為：

$$I_D = I_{DSS}\left(1 - \frac{I_D R_S}{V_p}\right)^2$$

**公式　8-2**

結果如 8-2 式，其中等號兩端都有 $I_D$。必須解二次方程式才能獨立出 $I_D$ 並求得其數值，過程參見在網站(搜索 ISBN:1292222999)www.pearsonglobaleditions.com 的 "Derivations of Selected Equations"。更簡單的方法就是把 8-2 式輸入到 TI-89 之類的圖形計算器(graphing calculator)。我們將在例題 8-3 中說明如何利用 TI-89 找出 $I_D$ 的步驟。

例 題 8-3 利用數學／計算機方法找出圖 8-6 之 JFET 放大器在 $Q$ 點的 $I_D$ 與 $V_{GS}$。此 JFET 的 $I_{DSS}$ 為 4.3 mA，$V_{GS(off)}$ 為 −7.7 V。

解 以下列六個步驟，使用 TI-89 計算 $I_D$。

步驟 1： 在使用畫面上選擇 Numeric Solver 圖示。

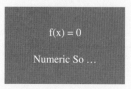

步驟 2： 按下 ENTER 來顯示 Numeric Solver 畫面。

Enter Equation

eqn:

步驟 3： 輸入公式。每一個變數的文字都必須用字母開頭。

Enter Equation

eqn: id=idss*(1-id*rs/vgsoff)^2

步驟 4： 按下 ENTER 來顯示變數。

Enter Equation

eqn: id=idss*(1-id*rs/vgsoff)^2

id=

idss=

rs=

vgsoff=

步驟 5： 除了 id 之外，輸入每個變數的值。

```
Enter Equation
eqn: id=idss*(1-id*rs/vgsoff)^2

    id=

    idss=.0043

    rs=1100

    vgsoff=7.7
```

步驟 6： 移動游標至 id 並且按下 F2 來求解。答案是 **.0021037......(2.104 mA)**。

計算 $V_{GS}$

$$V_{GS} = -I_D R_S = -(2.1\,\text{mA})(1.1\,\text{k}\Omega) = \mathbf{-2.31\,V}$$

相 關 習 題　計算例題 8-2 之相關習題的解。

以下連結是 TI-89 計算器的網站：http：//www.math.lsu.edu/~neal/TI_89/index.html

求出 $I_D$ 的另一種方法是將公式 8-2 變為一元二次方程式的形式。回想一下代數，標準一元二次方程式的形式是 $ax^2 + bx + c = 0$，並且一元二次方程的解有兩個根。藉由通式公式得知：

$$x = \frac{-b \pm \sqrt{b^2 - 4ac}}{2a}$$

展開公式 8-2，它可以一元二次方程式的形式表示為：

$$\left(I_{DSS}\left(\frac{R_S}{V_P}\right)^2\right)I_D^2 + \left(-2\frac{I_{DSS}R_S}{V_P} - 1\right)I_D + I_{DSS} = 0 \qquad \text{公式} \quad \textbf{8-3}$$

其中

$$\left(I_{DSS}\left(\frac{R_S}{V_P}\right)^2\right) \text{為係數} a$$

$$\left(-2\frac{I_{DSS}R_S}{V_P} - 1\right) \text{為係數} b$$

$I_{DSS}$ 為係數 $c$。

$I_D$ 是未知的，在一元二次方程式中以 $x$ 表示。

有許多簡單的電腦工具，你可以藉由輸入相關係數，電腦即可自動幫忙解出未知數。或者，你可以藉由參考以下例題，代換一元二次方程式的係數，利用一般解法來求解 $I_D$。

---

**例 題 8-4** 藉由求解一元二次方程式，確定圖 8-6 中 JFET 放大器 $Q$ 點的 $I_D$ 和 $V_{GS}$。如例題 8-3 中所述，$I_{DSS}$ 為 4.3mA，$V_{GS(off)}$ 為 -7.7V。

**解** 注意 $V_P = |V_{GS(off)}| = +7.7V$

找出方程式 $a$、$b$、$c$ 係數值

$$a = \left(I_{DSS}\left(\frac{R_S}{V_P}\right)^2\right) = \left(0.0043\left(\frac{1100}{7.7}\right)^2\right) = 87.76$$

$$b = \left(-2\frac{I_{DSS}R_S}{V_P} - 1\right) = \left(-2\frac{(0.0043)(1100)}{7.7} - 1\right) = -2.228$$

$$c = 0.0043$$

將這些係數帶入以求出一元二次方程的一般解：

$$I_D = \frac{-b \pm \sqrt{b^2 - 4ac}}{2a} = \frac{2.228 \pm \sqrt{(-2.228)^2 - 4(87.76)(0.0043)}}{2(87.76)}$$

求出兩解為 23.3 mA 及 2.10 mA。因為 23.3 mA 不可能存在，因此去除掉。

所以

$$I_D = \textbf{2.10mA}$$

$$V_{GS} = -I_D R_S = -(2.1\ mA)(1.1k) = \textbf{-2.31V}$$

**相 關 習 題** 如果 $I_{DSS}$ 更改為 6.0 mA 且其他數值保持不變，請使用一元二次方程式計算 $I_D$。

---

## 交流等效電路 (AC Equivalent Circuit)

要分析圖 8-5 放大器的信號動作過程，可依下列方式導出交流等效電路。依據信號頻率 $X_C \cong 0$ 的假設，將電容器短路。基於電壓源沒有內阻的假設，將直流電源以接地端取代。$V_{DD}$ 端為交流零電位，所以視同交流接地。

圖 8-8 (a) 所示為交流等效電路。請注意，$R_d$ 連接 + $V_{DD}$ 的一端以及 FET 的源極端實際上都交流接地。請回想一下，在交流分析中，交流接地端與實際電路的接地端可以視為同一點。

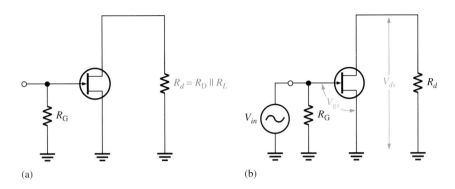

(a)　　　　　　　　　　　　　　　　(b)

▲ 圖 8-8　　圖 8-5 中放大器的交流等效電路。

***閘極的交流信號電壓(Signal Voltage at the Gate)***　　如圖 8-8 (b) 顯示有一個交流電壓源連接到電路的輸入端。既然 JFET 的輸入阻抗相當高，從信號源來的輸入電壓實際上會全部出現在閘極端，只有非常少的電壓會壓降在信號源內部電阻上。

$$V_{gs} = V_{in}$$

***電壓增益(Voltage Gain)***　　FET 電壓增益公式 8-1，應用在源極端接地共源極放大電路。

$$A_v = g_m R_d \qquad\qquad\text{公 式 } \textbf{8-4}$$

汲極的輸出信號電壓 $V_{ds}$ 為

$$V_{out} = V_{ds} = A_v V_{gs}$$

或

$$V_{out} = g_m R_d V_{in}$$

其中 $R_d = R_D \parallel R_L$ 且 $V_{in} = V_{gs}$。

**例　題　8-5**　　圖 8-9 中，未加負載之放大器的總輸出電壓為何？其中 $I_{DSS}$ 為 4.3mA，$V_{GS(off)}$ 為 −2.7 V。

▲ 圖 8-9

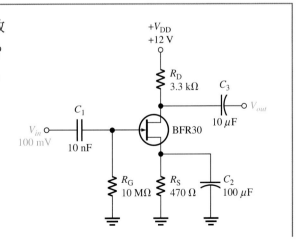

**解**　利用例題 8-2 的圖解法或例題 8-3 中使用圖形計算器的數學方法找出 $I_D$。計算器的結果為

$$I_D = 1.91\,\text{mA}$$

利用此數值，計算 $V_D$

$$V_D = V_{DD} - I_D R_D = 12\,\text{V} - (1.91\,\text{mA})(3.3\,\text{k}\Omega) = 5.70\,\text{V}$$

接著計算 $g_m$ 如下：

$$V_{GS} = -I_D R_S = -(1.91\,\text{mA})(470\,\Omega) = -0.90\,\text{V}$$

$$g_{m0} = \frac{2I_{DSS}}{|V_{GS(off)}|} = \frac{2(4.3\,\text{mA})}{2.7\,\text{V}} = 3.18\,\text{mS}$$

$$g_m = g_{m0}\left(1 - \frac{V_{GS}}{V_{GS(off)}}\right) = 3.18\,\text{mS}\left(1 - \frac{-0.90\,\text{V}}{-2.7\,\text{V}}\right) = 2.12\,\text{mS}$$

最後，找出交流輸出電壓

$$V_{out} = A_v V_{in} = g_m R_D V_{in} = (2.12\,\text{mS})(3.3\,\text{k}\Omega)(100\,\text{mV}) = \mathbf{700\,mV}$$

**相 關 習 題**　利用圖解法確認計算器找出的 $I_D$ 值是否正確。

## 交流負載對電壓增益的影響 (Effect of an AC Load on Voltage Gain)

當負載經由耦合電容器連接到放大器輸出端，如圖 8-10 (a) 所示，汲極交流阻抗可以實際上視為 $R_D$ 和 $R_L$ 的並聯值，因為 $R_D$ 的上端是交流接地。綜合上述，可以

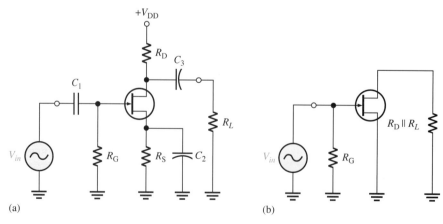

(a)　　　　　　　　　　　　　　(b)

▲ 圖 8-10　JFET 放大器與其交流等效電路。(a)JFET 放大器　(b)JFET 放大器交流等效電路

畫出圖 8-10 (b) 的交流等效電路。所以汲極交流總電阻等於公式

$$R_d = \frac{R_D R_L}{R_D + R_L}$$

加入$R_L$的影響是降低無負載時的電壓增益,如例題 8-6 所示。

---

**例 題 8-6** 如果將 4.7 kΩ 的負載電阻交流耦合到例題 8-5 放大器的輸出端,則輸出電壓的有效值為多少?

**解** 交流汲極阻抗為

$$R_d = \frac{R_D R_L}{R_D + R_L} = \frac{(3.3\,k\Omega)(4.7\,k\Omega)}{8\,k\Omega} = 1.94\,k\Omega$$

$V_{out}$的計算結果為

$$V_{out} = A_v V_{in} = g_m R_d V_{in} = (2.12\,mS)(1.94\,k\Omega)(100\,mV) = \mathbf{411\ mV\ rms}$$

例題 8-5 中沒有負載的交流輸出電壓為 700 mV。

**相 關 習 題** 如果將 3.3 kΩ 的負載電阻交流耦合到例題 8-5 放大器的輸出端,則輸出電壓的有效值為多少?

---

### 反相作用 (Phase Inversion)

汲極端的輸出電壓與閘極端的輸入電壓呈 180°反相。反相作用可以用負電壓增益 − $A_v$ 表示。請回想一下,BJT 共射極放大器也有反相的作用。

### 輸入阻抗 (Input Resistance)

因為共源極放大器的輸入端是閘極,所以輸入阻抗相當高。理想狀況下,它接近無限大而可以忽略。我們已經知道,JFET 的高輸入阻抗是由 pn 接面的逆向偏壓造成,MOSFET 則是因為閘極絕緣結構所造成。信號源所看見 JFET 的實際輸入阻抗,是閘極對地電阻$R_G$與 FET 的輸入阻抗$V_{GS}/I_{GSS}$的並聯值。特性資料表會註明在某電壓$V_{GS}$時的反相漏電流(reverse leakage current) $I_{GSS}$,所以元件的輸入阻抗可以計算出來。

$$R_{in} = R_G \,\|\, \left(\frac{V_{GS}}{I_{GSS}}\right)$$

公式 8-5

由於$V_{GS}/I_{GSS}$通常大於$R_G$,輸入阻抗值非常接近於$R_G$的值,如例題 8-7 所示。

**例 題 8-7** 圖 8-11 中由信號源所看見的輸入阻抗爲多少？$V_{GS} = 10\,V$ 時，$I_{GSS} = 30\,nA$。

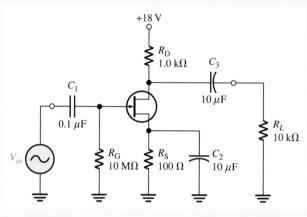

▲ 圖 8-11

解　JFET 閘極端的輸入阻抗爲

$$R_{IN(gate)} = \frac{V_{GS}}{I_{GSS}} = \frac{10\,V}{30\,nA} = 333\,M\Omega$$

信號源所看見的輸入阻抗是

$$R_{in} = R_G \parallel R_{IN(gate)} = 10\,M\Omega \parallel 333\,M\Omega = \mathbf{9.7\,M\Omega}$$

對實用目的來說，$R_{IN}$ 可以假設與 $R_G$ 相同。

相 關 習 題　如果 $V_{GS} = 10V$ 時 $I_{GSS} = 1nA$，則總輸入阻抗爲多少？

## D-MOSFET 放大器工作原理 (D-MOSFET Amplifier Operation)

圖 8-12 顯示 $n$ 通道 D-MOSFET 共源極零偏壓電路，交流信號源以電容耦合到閘極。閘極約爲直流 0V 而源極端接地，所以使得 $V_{GS} = 0\,V$。

▶ 圖 8-12
D-MOSFET 零偏壓共源極放大器。

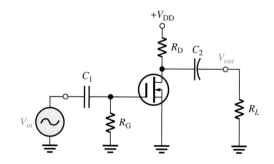

　　信號電壓導致 $V_{gs}$ 在零位準上下變動，$I_d$ 因此也上下變動，如圖 8-13 所示。$V_{gs}$ 往負方向變化，導致元件處於空乏模式，因此 $I_d$ 減少。$V_{gs}$ 往正方向變化，導致元件處於增強模式，因此 $I_d$ 增加。請注意，增強模式位在垂直軸 ($V_{GS} = 0$) 右側，空乏模式位在垂直軸左側。這個放大器的直流分析比 JFET 簡單一些，因為在 $V_{GS} = 0$ 時 $I_D = I_{DSS}$。只要知道 $I_D$，分析工作就只剩計算 $V_D$。

$$V_D = V_{DD} - I_D R_D$$

交流分析的過程與 JFET 放大器相同。

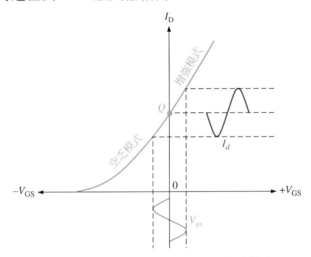

▲ 圖 8-13　以轉換特性曲線呈現的 D-MOSFET 空乏-增強模式。

## E-MOSFET 放大器工作原理 (E-MOSFET Amplifier Operation)

圖 8-14 顯示 $n$ 通道 E-MOSFET 共源極分壓器偏壓電路，交流信號源以電容耦合到閘極。閘極偏壓為正電壓，因此 $V_{GS} > V_{GS(th)}$。

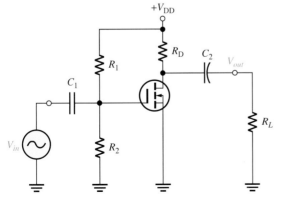

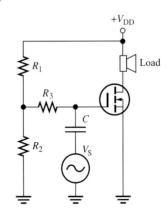

(a) 使用E-MOSFET的共源極A類放大器　　　　(b) 圖(a)放大器之變體電路

▲ 圖 8-14　E-MOSFET 放大器。

該放大器的一種變體如圖 8-14(b)所示。兩種電路都使用分壓器偏壓方式，但是在高阻抗電源作為驅動器的情況下，還是可以藉由增加一個串聯電阻($R_3$)並透過電容將信號直接連接到閘極來增加輸入阻抗， FET 的極高輸入阻抗適合於實現此配置，而不會影響直流偏壓。取代電容性耦合負載，另一種選擇是使用它來代替汲極電阻。對於交流信號而言，這樣具有較高效率的優點，但缺點是負載將具有一直流電壓($+V_{DD}$)存在，這會增加負載消耗的功率。在圖(b)中，以揚聲器做為負載。在圖(a)及圖(b)中兩者的放大器皆作為共源極 A 類放大器連接；因此，它通常應用在 1 W 或更低的功率需求案例。本電路可與 VMOS 電晶體(如 VN66AFD E-MOSFET)搭配使用，具有極佳的線性度。

與 JFET 和 D-MOSFET 的情況相同，信號電壓造成 $V_{gs}$ 在 Q 點值 $V_{GSQ}$ 上下變動。這又引起 $I_d$ 在 Q 點的直流工作電流 $I_{DQ}$ 上下變動，如圖 8-15 所示。整個工作過程完全在增強模式下進行。

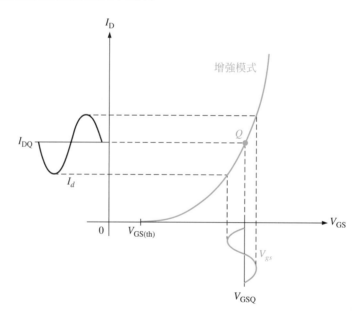

▲ 圖 8-15　以轉換特性曲線說明的 n 通道 E-MOSFET 的工作原理。p 通道 E-MOSFET 的轉換特性是其鏡像，繪製在第二象限中。

例 題　8-8　　圖 8-16 是某 n 通道 JFET、D-MOSFET、及 E-MOSFET 的轉換特性曲線。在每個曲線的 Q 點上 $V_{gs}$ 以 ±1V 的幅度變化，試求 $I_d$ 的峰對峰值變化。

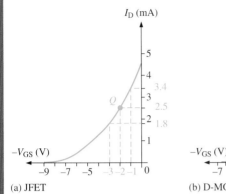 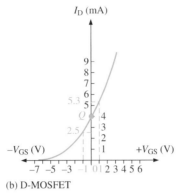 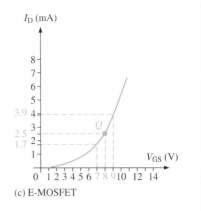

(a) JFET　(b) D-MOSFET　(c) E-MOSFET

▲ 圖 8-16

解　**(a)** JFET 的 $Q$ 點在 $V_{GS} = -2V$ 及 $I_D = 2.5\,mA$ 處。圖 8-16 (a) 的座標圖形中，在 $V_{GS} = -1V$ 時，$I_D = 3.4mA$；在 $V_{GS} = -3\,V$ 時，$I_D = 1.8$ mA。所以汲極電流峰對峰值是 **1.6 mA**。

**(b)** D-MOSFET 的 $Q$ 點在 $V_{GS} = 0\,V$ 及 $I_D = I_{DSS} = 4\,mA$ 處。圖 8-16 (b) 的座標圖形中，在 $V_{GS} = -1\,V$ 時，$I_D = 2.5\,mA$；在 $V_{GS} = +1\,V$ 時 $I_D = 5.3\,mA$。所以汲極電流峰對峰值是 **2.8 mA**。

**(c)** E-MOSFET 的 $Q$ 點在 $V_{GS} = +8\,V$ 及 $I_D = 2.5\,mA$ 處。圖 8-16 (c) 的座標圖形中，在 $V_{GS} = +9\,V$ 時，$I_D = 3.9\,mA$；在 $V_{GS} = +7\,V$ 時，$I_D = 1.7\,mA$。所以汲極電流峰對峰值是 **2.2 mA**。

相 關 習 題　當圖 8-16 的 $Q$ 點往底端移動，$V_{GS}$ 同樣作 ±1 V 的變化，$I_D$ 的變化量是增加或減少？除了 $I_D$ 變化量發生改變之外，還會有什麼影響？

　　圖 8-14 電路運用分壓器偏壓，使 $V_{GS}$ 保持在臨界電壓以上。電壓增益表示式與 JFET 和 D-MOSFET 電路相同，具有標準的電壓分壓偏壓。一般的直流分析工作運用 E-MOSFET 特性公式 7-4 求解 $I_D$，其過程如下：

$$V_{GS} = \left(\frac{R_2}{R_1 + R_2}\right)V_{DD}$$

$$I_D = K(V_{GS} - V_{GS(th)})^2$$

$$V_{DS} = V_{DD} - I_D R_D$$

　　此電壓增益公式對 JFET 和 D-MOSFET 電路均相同。其交流輸入阻抗為

公式 8-6
$$R_{in} = R_1 \parallel R_2 \parallel R_{\text{IN(gate)}}$$

其中 $R_{\text{IN(gate)}} = V_{\text{GS}} / I_{\text{GSS}}$。

---

**例 題 8-9**　圖 8-17 所示爲使用 E-MOSFET 的共源極放大器。試求 $V_{\text{GS}}$、$I_{\text{D}}$、$V_{\text{DS}}$ 及交流輸出電壓。假設此元件 $V_{\text{GS}} = 4$ V 時 $I_{\text{D(on)}} = 200$ mA，$V_{\text{GS(th)}} = 2$ V、$g_m = 23$ mS 及 $V_{in} = 25$ mV。

▶ 圖 8-17

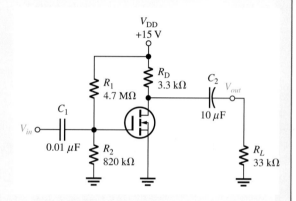

**解**
$$V_{\text{GS}} = \left(\frac{R_2}{R_1 + R_2}\right)V_{\text{DD}} = \left(\frac{820\,\text{k}\Omega}{5.52\,\text{M}\Omega}\right)15\,\text{V} = \mathbf{2.23\,V}$$

當 $V_{\text{GS}} = 4$ V 時

$$K = \frac{I_{\text{D(on)}}}{(V_{\text{GS}} - V_{\text{GS(th)}})^2} = \frac{200\,\text{mA}}{(4\,\text{V} - 2\,\text{V})^2} = 50\,\text{mA/V}^2$$

所以

$$I_{\text{D}} = K(V_{\text{GS}} - V_{\text{GS(th)}})^2 = (50\,\text{mA/V}^2)(2.23\,\text{V} - 2\,\text{V})^2 = \mathbf{2.65\,mA}$$

$$V_{\text{DS}} = V_{\text{DD}} - I_{\text{D}}R_{\text{D}} = 15\,\text{V} - (2.65\,\text{mA})(3.3\,\text{k}\Omega) = \mathbf{6.26\,V}$$

$$R_d = R_{\text{D}} \parallel R_L = 3.3\,\text{k}\Omega \parallel 33\,\text{k}\Omega = 3\,\text{k}\Omega$$

交流輸出電壓爲

$$V_{out} = A_v V_{in} = g_m R_d V_{in} = (23\,\text{mS})(3\,\text{k}\Omega)(25\,\text{mV}) = \mathbf{1.73\,V}$$

**相 關 習 題**　圖 8-17 中 E-MOSFET 在 $V_{\text{GS}} = 5$ V 時 $I_{\text{D(on)}} = 100$ mA，且 $V_{\text{GS(th)}} = 1$ V，$g_m = 10$ mS。試求 $V_{\text{GS}}$、$I_{\text{D}}$、$V_{\text{DS}}$ 及交流輸出電壓。假設 $V_{in} = 25$ mV。

**第8-1節　隨堂測驗**

答案可以在以下的網站找到
www.pearsonglobaleditions.com
(搜索 ISBN:1292222999)

1. 某 FET 的跨導為 $3000 \, \mu S$，另一個 FET 的跨導為 $3.5 \, mS$。如果電路的其他元件皆相同，哪一個FET可以產生較高電壓增益？

2. 某 FET 電路中 $g_m = 2500 \, \mu S$ 且 $R_d = 10 \, k\Omega$。理想狀況下電壓增益為多少？

3. 在共源極放大器中，當 $V_{gs}$ 處於正峰值時，$I_d$ 和 $V_{ds}$ 為多少？

4. $V_{gs}$ 和 $V_{GS}$ 的差異為何？

5. 什麼因素決定了 FET 共源極放大器的電壓增益？

6. 某放大器的 $R_D = 1.0 \, k\Omega$。當 $1.0 \, k\Omega$ 負載阻抗經電容耦合到汲極，增益將改變多少？

# 8-2　共汲極放大器 (The Common-Drain Amplifier)

共汲極 (CD) 放大器類似 BJT 的共集極放大器。請回想一下，共集極放大器又稱為「射極隨耦器」。同樣地，因為源極電壓幾乎與輸入端的閘極電壓相同，且相位也相同，所以共汲極放大器也稱為「源極隨耦器」。換句話說，即源極電壓跟隨著閘極輸入電壓變動。

在學習完本節的內容後，你應該能夠

◆ **解釋與分析 FET 共汲極放大器工作原理**

　　◆ 定義*源極隨耦器(source-follower)*

◆ 分析共汲極 JFET 放大器的工作原理

　　◆ 計算電路的電壓增益

　　◆ 計算電路的輸入阻抗

　　◆ 使用特性資料表

共汲極 (common-drain) JFET 放大器指的是將輸入信號接到閘極，從源極取得輸出，汲極接到共同固定點。由於是共同接點，所以不需汲極電阻。JFET 共汲極放大器如圖 8-18 所示。共汲極 放大器又稱為源極隨耦器(source-follower)。這個特別的電路使用自給偏壓方式。輸入信號經由耦合電容器 $C_1$ 連接到閘極，輸出信號經由電容器 $C_2$ 耦合到負載電阻。

## 電壓增益 (Voltage Gain)

與所有的放大器相同，電壓增益是 $A_v = V_{out}/V_{in}$。對源極隨耦器而言，$V_{out}$ 等於 $I_d R_s$，$V_{in}$ 等於 $V_{gs} + I_d R_s$，如圖 8-19 所示。所以從閘極到源極的電壓增益等於 $I_d R_s/(V_{gs} + I_d R_s)$。將 $I_d = g_m V_{gs}$ 代入上述計算式，得到下列結果：

$$A_v = \frac{g_m V_{gs} R_s}{V_{gs} + g_m V_{gs} R_s}$$

▶ 圖 8-18

JFET 共汲極放大器 (源極隨耦器)。

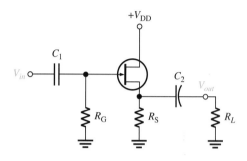

▶ 圖 8-19

共汲極放大器的負載電阻與 $R_S$ 並聯後的電壓值。

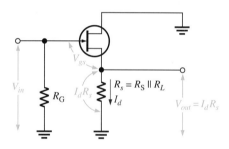

消去 $V_{gs}$ 後，原式變成

公　式　**8-7**
$$A_v = \frac{g_m R_s}{1 + g_m R_s}$$

必須注意電壓增益永遠略小於 1。如果 $g_m R_s \gg 1$，可以得到很好的近似結果 $A_v \cong 1$。既然輸出電壓在源極端，它會與閘極的輸入電壓波形同相。

## 輸入阻抗 (Input Resistance)

因為輸入信號加在閘極端，所以輸入信號源看見的輸入阻抗相當高，就像共源極放大器組態的情況。閘極電阻 $R_G$ 與從閘極往內看的輸入阻抗並聯，就是總輸入阻抗。

公　式　**8-8**
$$R_{in} = R_G \| R_{IN(gate)}$$

其中 $R_{IN(gate)} = V_{GS}/I_{GSS}$。

例　題　8-10　運用圖 8-21 特性資料表，求出圖 8-20 的放大器電壓增益。同時也求出輸入阻抗。請使用特性資料表上各相關數據的最小值。因為是 $p$ 通道元件，所以 $V_{DD}$ 為負值。

▷ 圖 8-20

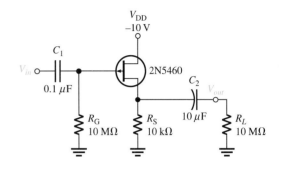

電氣特性 ( Electrical Characteristics ) ($T_A = 25°C$ 除非另有規定 )

| Characteristic | | Symbol | Min | Typ | Max | Unit |
|---|---|---|---|---|---|---|
| **截止特性 ( OFF Characteristics )** | | | | | | |
| Gate-Source breakdown voltage<br>($I_G = 10\ \mu A$ dc, $V_{DS} = 0$) | 2N5460, 2N5461, 2N5462<br>2N5463, 2N5464, 2N5465 | $V_{(BR)GSS}$ | 40<br>60 | –<br>– | –<br>– | V dc |
| Gate reverse current<br>($V_{GS} = 20$ V dc, $V_{DS} = 0$)<br>($V_{GS} = 30$ V dc, $V_{DS} = 0$)<br>($V_{GS} = 20$ V dc, $V_{DS} = 0$, $T_A = 100°C$)<br>($V_{GS} = 30$ V dc, $V_{DS} = 0$, $T_A = 100°C$) | 2N5460, 2N5461, 2N5462<br>2N5463, 2N5464, 2N5465<br>2N5460, 2N5461, 2N5462<br>2N5463, 2N5464, 2N5465 | $I_{GSS}$ | –<br>–<br>–<br>– | –<br>–<br>–<br>– | 5.0<br>5.0<br>1.0<br>1.0 | nA dc<br><br>$\mu A$ dc |
| Gate-Source cutoff voltage<br>($V_{DS} = 15$ V dc, $I_D = 1.0\ \mu A$ dc) | 2N5460, 2N5463<br>2N5461, 2N5464<br>2N5462, 2N5465 | $V_{GS(off)}$ | 0.75<br>1.0<br>1.8 | –<br>–<br>– | 6.0<br>7.5<br>9.0 | V dc |
| Gate-Source voltage<br>($V_{DS} = 15$ V dc, $I_D = 0.1$ mA dc)<br>($V_{DS} = 15$ V dc, $I_D = 0.2$ mA dc)<br>($V_{DS} = 15$ V dc, $I_D = 0.4$ mA dc) | 2N5460, 2N5463<br>2N5461, 2N5464<br>2N5462, 2N5465 | $V_{GS}$ | 0.5<br>0.8<br>1.5 | –<br>–<br>– | 4.0<br>4.5<br>6.0 | V dc |
| **導通特性 ( ON Characteristics )** | | | | | | |
| Zero-gate-voltage drain current<br>($V_{DS} = 15$ V dc, $V_{GS} = 0$,<br>$f = 1.0$ kHz) | 2N5460, 2N5463<br>2N5461, 2N5464<br>2N5462, 2N5465 | $I_{DSS}$ | – 1.0<br>– 2.0<br>– 4.0 | –<br>–<br>– | – 5.0<br>– 9.0<br>– 16 | mA dc |
| **小訊號特性 ( Small－Signal Characteristics )** | | | | | | |
| Forward transfer admittance<br>($V_{DS} = 15$ V dc, $V_{GS} = 0$, $f = 1.0$ kHz) | 2N5460, 2N5463<br>2N5461, 2N5464<br>2N5462, 2N5465 | $|Y_{fs}|$ | 1000<br>1500<br>2000 | –<br>–<br>– | 4000<br>5000<br>6000 | $\mu$mhos<br>or<br>$\mu S$ |
| Output admittance<br>($V_{DS} = 15$ V dc, $V_{GS} = 0$, $f = 1.0$ kHz) | | $|Y_{os}|$ | – | – | 75 | $\mu$mhos or<br>$\mu S$ |
| Input capacitance<br>($V_{DS} = 15$ V dc, $V_{GS} = 0$, $f = 1.0$ MHz) | | $C_{iss}$ | – | 5.0 | 7.0 | pF |
| Reverse transfer capacitance<br>($V_{DS} = 15$ V dc, $V_{GS} = 0$, $f = 1.0$ MHz) | | $C_{rss}$ | – | 1.0 | 2.0 | pF |

▲ 圖 8-21　$p$ 通道 JFET 2N5460-2N5465 的部分特性資料表。

**解** 既然 $R_L \gg R_S$，$R_s \cong R_S$。查閱圖 8-21 的部分特性資料表，$g_m = y_{fs} = 1000$ $\mu S$ (最小值)。電壓增益等於

$$A_v = \frac{g_m R_S}{1 + g_m R_S} = \frac{(1000\,\mu S)(10\,k\Omega)}{1 + (1000\,\mu S)(10\,k\Omega)} = \mathbf{0.909}$$

查閱特性資料表，$V_{GS} = 20\,V$ 時 $I_{GSS} = 5\,nA$ (最大值)。所以，

$$R_{IN(gate)} = \frac{V_{GS}}{I_{GSS}} = \frac{20\,V}{5\,nA} = 4000\,M\Omega$$

$$R_{IN} = R_G \parallel R_{IN(gate)} = 10\,M\Omega \parallel 4000\,M\Omega \cong \mathbf{10\,M\Omega}$$

**相 關 習 題** 如果圖 8-20 的源極隨耦器使用的 2N5460 JFET 具有 $g_m$ 的最大值，則電路的電壓增益爲多少？

圖 8-18 中的共汲極放大器，可以藉由使用一個分離片上的匹配 FET 和匹配以合適之電阻($R_1$和$R_2$)的一個小修改來改善。一般的源極阻抗已被一個由$Q_2$和$R_2$組成的電流源取代，該電流源的電流小於$I_{DSS}$，以改善線性度。回想一下基本電子學觀念，理想的電流源具有無限大的阻抗，該電路形成一個電壓隨耦器，幾乎沒有偏移電壓(增益= 1.00)；輸出不會隨溫度變化而改變，因爲電晶體製作在同一個晶片上，並具有相同的溫度響應。

▷ 圖 8-22

具有電流源負載的共源極放大器

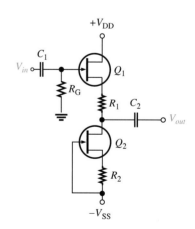

# 8-3 共閘極放大器 (The Common-Gate Amplifier)

本節介紹的FET共閘極放大器組態類似BJT的共基極放大器。與共基極相似，共閘極 (CG) 放大器具有低輸入阻抗。這與共源極和共汲極組態不同，因為它們的輸入阻抗相當高。

在學習完本節的內容後，你應該能夠

◆ **解釋與分析 FET 共閘極放大器工作原理**
  ◆ 分析共閘極 JFET 放大器的工作原理
    ◆ 計算電路的電壓增益
    ◆ 計算電路的輸入阻抗
  ◆ 描述與分析疊接放大器
    ◆ 計算電路的電壓增益
    ◆ 計算電路的輸入阻抗

## 共閘極放大器工作原理(Common-Gate Amplifier Operation)

自給偏壓的共閘極 (common-gate) 放大器如圖 8-23 所示。其閘極直接接地。輸入信號經由$C_1$加在源極端。輸出信號從汲極端經由$C_2$耦合出來。

▶ 圖 8-23　JFET 共閘極放大器。

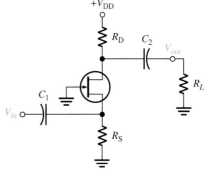

*電壓增益 (Voltage Gain)*　　從源極到汲極的電壓增益可以推導如下：

$$A_v = \frac{V_{out}}{V_{in}} = \frac{V_d}{V_{gs}} = \frac{I_d R_d}{V_{gs}} = \frac{g_m V_{gs} R_d}{V_{gs}}$$

$$A_v = g_m R_d \qquad\qquad \text{公式 8-9}$$

其中$R_d = R_D \| R_L$。請注意，此電壓增益公式與JFET共源極放大器的公式相同。

*輸入阻抗 (Input Resistance)* 前面已經提過，因為以閘極做為輸入端，共源極與共汲極組態都有極高的輸入阻抗。相反的，共閘極組態是以源極作輸入端，所以輸入阻抗偏低，如下列步驟所示。首先，輸入電流等於汲極電流。

$$I_{in} = I_s = I_d = g_m V_{gs}$$

其次，輸入電壓等於 $V_{gs}$。

$$V_{in} = V_{gs}$$

所以，源極端的輸入阻抗為

$$R_{in(source)} = \frac{V_{in}}{I_{in}} = \frac{V_{gs}}{g_m V_{gs}}$$

公式 8-10

$$R_{in(source)} = \frac{1}{g_m}$$

例如，如果 $g_m$ 值為 $4000\,\mu S$，則

$$R_{in(source)} = \frac{1}{4000\,\mu S} = 250\,\Omega$$

例 題 8-11　試求圖 8-24 放大器電壓增益最小值與輸入阻抗。因為是 $p$ 通道元件，所以 $V_{DD}$ 為負值。

▲ 圖 8-24

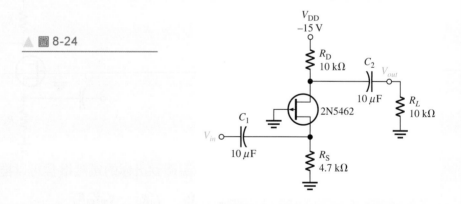

解　查閱圖 8-21 特性資料表，$g_m = 2000\,\mu S$ (最小值)。此共閘極放大器具有負載電阻，所以等效汲極阻抗是 $R_D \| R_L$，且電壓增益最小值為

$$A_v = g_m(R_D \| R_L) = (2000\,\mu S)(10\,k\Omega \| 10\,k\Omega) = \mathbf{10}$$

源極端的輸入阻抗為

$$R_{in(source)} = \frac{1}{g_m} = \frac{1}{2000\,\mu S} = 500\,\Omega$$

信號源實際上會看見 $R_S$ 與 $R_{in(source)}$ 並聯，所以總輸入阻抗是

$$R_{in} = R_{in(source)} \| R_S = 500\,\Omega \| 4.7\,k\Omega = \mathbf{452\,\Omega}$$

**相關習題** 如果將 $R_S$ 改成 $10\,k\Omega$，則圖 8-24 中電路的輸入阻抗為多少？

## 疊接放大器 (The Cascode Amplifier)

疊接放大器是由兩個電晶體串聯排列而成，可以由 FET 或 BJT 構成。在 FET 組成之疊接放大器電路中，輸入電晶體是連接至共汲極(CD)或共源極(CS)組態；輸出是連接至共閘極(CG)電路。該組成結果是一種非常穩定的放大器，具有兩種類型的優點，包括高增益、高輸入阻抗和極佳的頻寬表現。通常，此電路是由在同一晶片上匹配的電晶體構成，確保電氣特性幾乎一致，並且兩元件所處的環境溫度相同。

疊接放大器有許多變化和應用。其中一種應用是在高頻和 RF(射頻)放大器，如圖 8-25 所示。輸入級是共源極放大器，其負載是連接在電路汲極的共閘極放大器。在所示電路中，一個電感器設計於負載的汲極電路中。在直流信號時可提供低阻值，在交流信號時可提供高阻抗。

▶ 圖 8-25

JFET 疊接放大器。

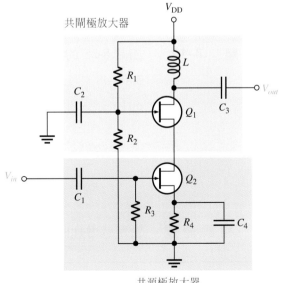

共閘極放大器

共源極放大器

利用 JFET 組成的疊接放大器可提供非常高的輸入阻抗,並且可大大降低電容效應;與單一共源極放大器相比,此放大器可在更高的頻率下運作。存在於每種電晶體中的內部電容,在較高頻率時都變得非常重要,會降低反相放大器的增益,此即米勒效應 (Miller effect),將會在第十章提到。第一級是可將信號反相的 CS 放大器,它所驅動的 CB 放大器為低輸入阻抗,所以第一級的增益非常小。因此,高頻響應中,內部電容的影響非常小。第二級是不將信號反相的 CG 放大器,所以可得到不會在高頻響應中衰減的高增益。將這兩個放大器結合使用,可以得到兩者優點,產生高增益、高輸入阻抗與非常好的高頻響應。

圖 8-25 之疊接放大器的電壓增益為 CS 與 CG 兩級增益的相乘積。然而,如上所提,增益主要由 CG 放大器提供。

$$A_v = A_{v(\text{CS})} A_{v(\text{CG})} = (g_{m(\text{CS})} R_d)(g_{m(\text{CG})} X_L)$$

因為 CS 放大器的 $R_d$ 是 CG 的輸入阻抗;$X_L$ 是 CG 汲極裡的電感電抗值,

$$A_v = \left( g_{m(\text{CS})}\left( \frac{1}{g_{m(\text{CG})}} \right) \right)(g_{m(\text{CG})} X_L) \cong g_{m(\text{CG})} X_L$$

假設兩個電晶體的跨導幾乎相同。從公式中可看出,隨著頻率的增加,$X_L$ 增加,故電壓增益也隨之增加。當頻率持續增加時,電容效應會更加明顯而降低增益。

疊接放大器的輸入阻抗等於 CS 級的輸入阻抗。

$$R_{in} = R_3 \left\| \left( \frac{V_{\text{GS}}}{I_{\text{GSS}}} \right) \right.$$

---

**例 題　8-12** 如圖 8-25 的疊接放大器,場效電晶體皆為 2N5485,最小 $g_m$ ($g_{fs}$) 為 3500 μS,且在 $V_{\text{GS}} = 20\text{V}$ 時 $I_{\text{GSS}} = -1\,\text{nA}$。若 $R_3 = 10\,\text{M}\Omega$ 且 $L = 1.0\,\text{mH}$,試求在頻率為 100 MHz 時的電壓增益與輸入阻抗。

**解** $A_v \cong g_{m(\text{CG})} X_L = g_{m(\text{CG})}(2\pi f L) = (3500\,\mu\text{S})\, 2\pi(100\,\text{MHz})(1.0\,\text{mH}) = \mathbf{2199}$

$$R_{in} = R_3 \left\| \left( \frac{V_{\text{GS}}}{I_{\text{GSS}}} \right) \right. = 10\,\text{M}\Omega \left\| \left( \frac{20\,\text{V}}{1\,\text{nA}} \right) \right. = \mathbf{9.995\,M\Omega}$$

**相 關 習 題** 當電感增加時,疊接放大器的電壓增益將會如何改變?

實現疊接放大器的另一個常用方式，是使用雙閘極 MOSFET，這使得疊接放大器能夠由單個電晶體構成(雙閘極MOSFET已在第 7-5 節中討論過)。由於疊接組態使得內部電容降低，因此雙閘極 MOSFET 在射頻應用中非常有用，例如做為接收器前端的射頻放大器。以兩個JFET連接的疊接放大器為例，雙閘極MOSFET中，信號連接到下閘極，上閘極是電容耦合到交流接地(ac ground)，圖 8-26 為一個典型的雙閘極 MOSFET 連接成的疊接放大器。讀者可將其與圖 8-25 所示的 JFET 疊接放大器進行比較。

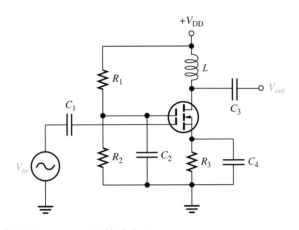

▲ 圖 8-26　雙閘極 MOSFET 疊接放大器。

第8-3節　隨堂測驗　1. 共閘極放大器與其餘兩種組態的主要差異在何處？

2. 什麼因素會同時影響共閘極放大器的輸入阻抗與電壓增益？

3. 疊接放大器的優點有哪些？

4. 頻率降低會對圖 8-26 中疊接放大器的增益有何影響？

## 8-4 D 類放大器 (The Class D Amplifier)

在第 7 章中，介紹了 A 類、B 類、AB 類和 C 類放大器。那些放大器的類型通常用 BJT 或 FET 實現。

D 類放大器基本上只使用 MOSFET，D 類放大器在本質上與其他類的放大器不同，其輸出電晶體僅隨類比輸入*開*或*關*，而不是線性放大連續範圍的輸入值。
在學習完本節的內容後，你應該能夠

◆ **討論 D 類放大器的工作原理**
◆ 解釋脈寬調變 (PWM)
　◆ 描述基本的脈寬調變器
　◆ 討論頻譜
◆ 描述互補式 MOSFET 級
　◆ 試求其效率
◆ 描述低通濾波器的目的
◆ 描述通過 D 類放大器的信號流

在 **D 類放大器 (class D amplifier)** 中，輸出電晶體的運作如開關一般，而非如 A 類、B 類或 AB 類的線性操作。在音頻應用上 D 類放大器的優點是能得到 100 % 的最大理論效率，相較之下，A 類放大器為 25 % 而 B/AB 類為 79 %。在實際中，使用 D 類放大器可以實現超過 90 % 的效率，從而縮小散熱器和節省整體成本。與 BJT 和 JFET 相比，MOSFET 具有較佳的切換特性和低導通電阻，特別是在高頻操作下。這說明了 D 類放大器幾乎使用 MOSFET 設計的原因。

圖 8-27 為驅動揚聲器之 D 類放大器的基本方塊圖。組成有脈寬調變器，用來驅動如開關般的互補式 MOSFET 輸出電晶體，再接上一個低通濾波器。大部分的 D 類放大器運作於雙極性電源供應。MOSFET 基本上是推挽式放大器，其運作就像是一個開關裝置，而非 B 類放大器的線性裝置。

▲ 圖 8-27　基本 D 類音頻放大器。

## 脈寬調變(Pulse-Width Modulation, PWM)

**脈寬調變 (Pulse-Width Modulation)** 是將輸入信號轉換成脈衝的過程,脈衝寬度根據輸入信號的振幅而改變。圖 8-28 用一個週期的正弦信號來說明。注意當振幅爲正時,脈衝寬度較寬,而振幅爲負時,脈衝寬度較窄。當輸入爲零時,輸出爲 50%~50%方波。

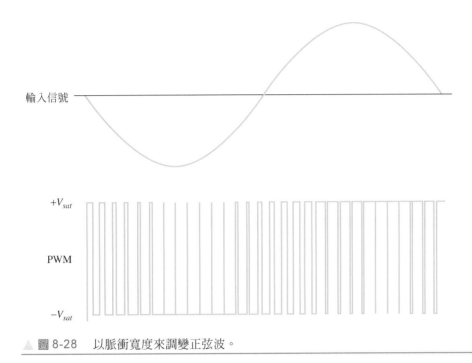

▲ 圖 8-28　以脈衝寬度來調變正弦波。

　　脈寬調變信號 (PWM signal) 是利用比較電路產生的。在第 10 章中會對比較器作詳細的說明,在本節中只說明其基本的工作原理。比較器有兩個輸入及一個輸出,如圖 8-29 的符號所示。標示著 + 的輸入端稱爲非反相輸入,而標示 − 的輸入端爲爲反相輸入。當反相輸入電壓超過非反相輸入電壓時,比較器轉換

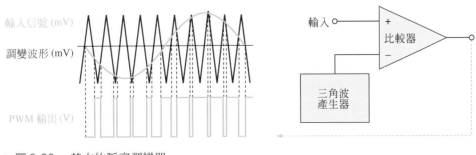

▲ 圖 8-29　基本的脈寬調變器。

成*負飽和(negative saturated)*輸出狀態。當非反相輸入的電壓超過反相輸入的電壓時，則比較器轉換成*正飽和(positive saturated)*輸出狀態。圖 8-29 以正弦波加到非反相輸入端、及較高頻三角波加到反相輸入端來說明。

比較器的輸入通常是很小的電壓(在 mV 的範圍)，而輸出則是"軌對軌"(rail-to-rail)，亦即最大正電壓接近正直流電源電壓，最大負電壓接近負直流電源電壓。常見的輸出為 ±12V 或峰對峰 24V。由此可知，增益值非常大。舉例來說，若輸入信號為 10 mVpp，增益則為 24 Vpp/10 mVpp = 2400。在特定範圍內的輸入電壓，比較器的輸出振幅都是定值，所以增益大小決定於輸入信號的電壓值。如果輸入信號為 100 mVpp，輸出仍為 24 Vpp，則增益為 240 而非 2400。

*頻譜(Frequency Spectra)*　　所有非正弦波波形都可由諧波組成。*頻譜(spectrum)*指的是一個波形的頻率成分。用三角波調變輸入正弦波時，得到的頻譜內包含正弦波頻率 ($f_{input}$) 加上三角波的基頻 ($f_m$) 以及在基頻上下的諧波頻率。諧波頻率來自於 PWM 信號快速上升和下降的時間以及脈衝間的平坦區域。圖 8-30 為簡化的 PWM 信號頻譜。三角波的頻率必須遠大於輸入信號的最高頻率，如此一來，最低的諧波頻率才能在輸入信號頻率之上。

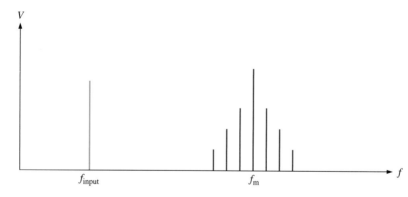

▲ 圖 8-30　PWM 信號頻譜。

## 互補式 MOSFET 級(The Complementary MOSFET Stage)

MOSFET 以共源極的互補式結構相接，用來提供功率增益。每個場效電晶體都在*開(on)*與*關(off)*兩種狀態之間轉換，當其中一個場效電晶體打開，則另一場效電晶體為關閉，如圖 8-31 所示。當場效電晶體打開時，場效電晶體兩端的電壓非常小，因此即使有很高的電流通過，此場效電晶體的功率損耗還是很小。當場效電晶體關閉時，沒有電流通過，因此沒有功率損耗。在唯一有功率損耗的是在場效電晶體轉換狀態的短暫時間中。傳送到負載的功率可以很大，因爲負載兩端的電壓幾乎等於供應電壓而且有很高的電流通過。

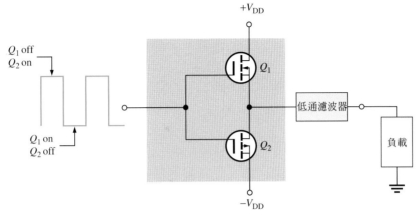

▲ 圖 8-31 　當作開關，用來放大功率的互補式 MOSFET。

**效率(Efficiency)**　　$Q_1$ 導通時，提供電流給負載。理想上跨在 $Q_1$ 的電壓爲零，所以 $Q_1$ 的內部功率損耗爲

$$P_{DQ} = V_{Q1}I_L = (0\,\text{V})I_L = 0\,\text{W}$$

與此同時，$Q_2$ 關閉且通過電流爲零，所以內部功率爲

$$P_{DQ} = V_{Q2}I_L = V_{Q2}(0\,\text{A}) = 0\,\text{W}$$

理想上，輸出到負載的功率爲 $2V_QI_L$。因此，最大理想效率爲

$$\eta_{max} = \frac{P_{out}}{P_{tot}} = \frac{P_{out}}{P_{out} + P_{DQ}} = \frac{2V_QI_L}{2V_QI_L + 0\,\text{W}} = 1$$

以百分比表示，$\eta_{max} = 100\%$。

　　實際應用時，場效電晶體在導通時，會有少量大約十分之幾伏特的壓降，跨接在此互補 MOSFET 級上。低通濾波器因爲它與功率輸出串聯的關係，其內部功耗也很小。且電路中的其他組件也會消耗少量功率。另外，在有限的轉換時間內也有功率消耗，如波形切換失眞、狀態導通電阻、由於有限轉換時間導致的計時誤差、以及其他細微誤差等，都實際地遺失一些功率。因此，在實際電路中永遠不可能達到 100 % 的理想效率。

例 題　8-13　有一 D 類放大器的比較器、三角波產生器、與濾波器消耗內部功率 100 mW，且每個互補級的 MOSFET 在導通狀態時有 0.4 V 的電壓跨接。放大器在 ±15V 直流電源下工作，並提供 0.5 A 的電流給負載。忽略跨於濾波器上的電壓，求輸出功率與總效率。

解　送到負載的輸出功率為

$$P_{out} = (V_{DD} - V_Q)I_L = (15\,\text{V} - 0.4\,\text{V})(0.5\,\text{A}) = \textbf{7.3 W}$$

總內部功率損耗為($P_{tot(int)}$) 是互補級導通時的功率 ($P_{DQ}$)，加上比較器、三角波產生器、以及濾波器的內部功率($P_{int}$)。

$$P_{tot(int)} = P_{DQ} + P_{int} = (400\,\text{mV})(0.5\,\text{A}) + 100\,\text{mW}$$
$$= 200\,\text{mW} + 100\,\text{mW} = 300\,\text{mW}$$

效率為

$$\eta = \frac{P_{out}}{P_{out} + P_{tot(int)}} = \frac{7.3\,\text{W}}{7.6\,\text{W}} = \textbf{0.961}$$

相 關 習 題　每個 MOSFET 導通時有 0.5 V 電壓跨接其上，D 類放大器在 ±12 V 直流供應電壓下工作。假設放大器的其他電路消耗為 75 mW 並提供負載 0.8 A 的電流，試求其效率為何？

## 低通濾波器(Low-Pass Filter)

低通濾波器用於移除調變頻率(modulating frequency)和諧波(harmonics)，只讓原始信號可通過而輸出。濾波器的截止頻率高於輸入信號頻率，低於調變和諧波頻率，如圖 8-32 所示。

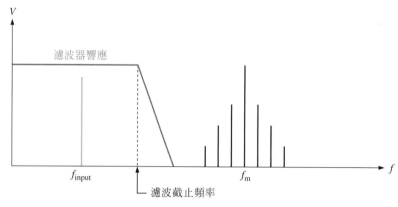

▲ 圖 8-32　除了輸入信號頻率外，低通濾波器移除了所有的 PWM 信號。

## 信號流(Signal Flow)

圖 8-33 顯示 D 類放大器中每一點的信號。輸入一個小音頻信號，經由脈寬調變後，在調變器的輸出端得到一個電壓放大的 PWM 信號。PWM 驅動互補式 MOSFET 級產生放大功率。經過濾波後，在輸出端得到一個功率夠大，足以推動揚聲器的放大音頻信號。

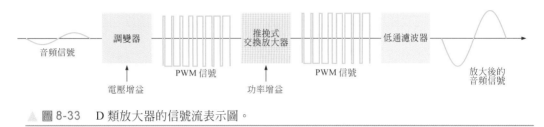

▲ 圖 8-33　D 類放大器的信號流表示圖。

---

| 第8-4節　隨堂測驗 | 1. 指出 D 類放大器中所包含三個級的名稱。 |
| --- | --- |
| | 2. 在脈寬調變中，脈衝寬度與什麼成正比？ |
| | 3. 如何將 PWM 信號改變成音頻信號？ |

# 8-5　MOSFET 類比開關 (MOSFET Analog Switching)

MOSFET 廣泛應用於類比和數位開關上。在前面的章節，你已經看到 D 類放大器中，MOSFET 如何在開關模式下運作。一般來說，這類元件含有非常低的*導通阻抗*，極高的*不導通阻抗*以及快速轉換時間。

在學習完本節的內容後，你應該能夠

◆ **描述如何使用 MOSFET 於類比開關應用**

◆ 解釋 MOSFET 做為開關時的工作原理

　　◆ 討論負載線的工作原理

　　◆ 討論理想開關

◆ 描述 MOSFET 類比開關

◆ 討論類比開關應用

　　◆ 解釋取樣電路

　　◆ 解釋類比多工器

　　◆ 解釋開關電容電路

## MOSFET 的開關動作(MOSFET Switching Operation)

E-MOSFET 因爲其臨界值特性，$V_{GS(th)}$，通常用於開關電路中。當閘-源極電壓小於臨界值時，MOSFET 是關閉的。當閘-源極電壓大於臨界值，MOSFET 則導通。當 $V_{GS}$ 在 $V_{GS(th)}$ 和 $V_{GS(on)}$ 之間變動時，MOSFET 就像一個開關，如圖 8-34 所示。在關閉的狀態下，即 $V_{GS} < V_{GS(th)}$，元件操作在負載線的較低末端處，就像一個開路開關(有非常高的 $R_{DS}$)。當 $V_{GS}$ 夠大，超過 $V_{GS(th)}$ 時，元件操作在負載線位於歐姆區的較高末端處，其狀態就像一個短路開關(有非常低的$R_{DS}$)。

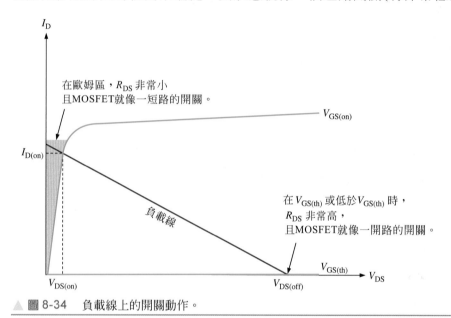

▲ 圖 8-34　負載線上的開關動作。

*理想的開關(The Ideal Switch)*　參考圖 8-35(a)，當 *n* 通道 MOSFET 的閘極電壓爲 +V 時，閘極電壓比源極電壓大了 $V_{GS(th)}$。MOSFET 導通，汲極與源極之間視爲短路。當閘極電壓爲零，則閘-源極電壓爲 0V。MOSFET 關閉，汲極與源極之間視爲開路。

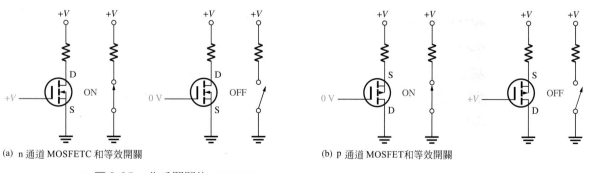

(a) n 通道 MOSFETC 和等效開關　　　　　(b) p 通道 MOSFET和等效開關

▲ 圖 8-35　作爲開關的 MOSFET。

參考圖 8-35(b)，當 $p$ 通道 MOSFET 的閘極電壓為 0V 時，閘極電壓比源極小一個正的 $V_{GS(th)}$。MOSFET 導通，汲極與源極之間視為短路。當閘極電壓為 +V，則閘-源極電壓為 0V。MOSFET 關閉，汲極與源極之間視為開路。

## 類比開關(The Analog Switch)

MOSFET 普遍應用於類比信號的開關中。基本上，送入汲極的信號可以藉由閘極電壓的控制，在源極得到開關後的信號。主要的限制是源極的信號位準不能使閘-源極電壓下降至低於 $V_{GS(th)}$。

圖 8-36 為基本的 $n$ 通道 MOSFET 類比開關(analog switch)。如圖所示，當 MOSFET 被正的 $V_{GS}$ 打開後，汲極端的信號可以連通至源極。而 $V_{GS}$ 為 0 時則無法連通。

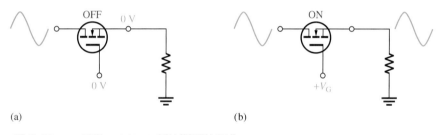

(a)                                    (b)

▲ 圖 8-36　　$n$ 通道 MOSFET 類比開關的運作。

如圖 8-37 所示，當類比開關導通時，即在信號的負峰值處產生最小閘-源極電壓。$V_G$ 與 $-V_{p(out)}$ 的差值即為負峰瞬間的閘-源極電壓，此電壓必須等於或大於 $V_{GS(th)}$，才能使 MOSFET 保持導通狀態。

$$V_{GS} = V_G - V_{p(out)} \geq V_{GS(th)}$$

▶ 圖 8-37

被 $V_{GS(th)}$ 限制的信號振幅。

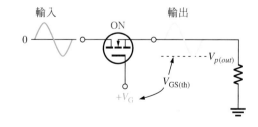

**例 題 8-14** 一類比開關與圖 8-35 相似，並使用一個 $V_{GS(th)} = 2V$ 的 $n$ 通道 MOSFET。在閘極接上 +5 V 電壓使開關導通。假設開關兩端沒有電壓降，試求可用的最大峰對峰值輸入信號。

**解** 閘極電壓與信號電壓負峰值之間的差必須等於或大於臨界值電壓。對於最大 $V_{p(out)}$，

$$V_G - V_{p(out)} = V_{GS(th)}$$

$$V_{p(out)} = V_G - V_{GS(th)} = 5\text{ V} - 2\text{ V} = 3\text{ V}$$

$$V_{pp(in)} = 2V_{p(out)} = 2(3\text{ V}) = \textbf{6 V}$$

**相 關 習 題** 如果 $V_{p(in)}$ 超過最大值，會發生何種情況？

## 類比開關應用(Analog Switch Applications)

*取樣電路(Sampling Circuit)* 類比開關的應用之一為類比-數位轉換器。類比開關用於*取樣-保持(sample-and-hold)* 電路，能以特定速度取樣輸入信號。取樣後的信號值暫時儲存於電容器中，直到可以被類比-數位轉換器 (ADC) 轉換成數位編碼。為此，MOSFET 必須在輸入信號的一個週期中導通一小段時間，這可由閘極的脈波控制。基本運作如圖 8-38 所示，為清晰起見只有顯示少數的取樣波。

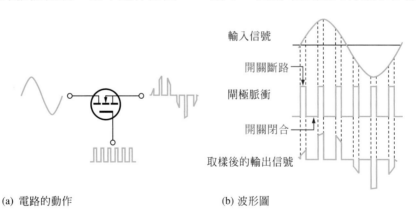

(a) 電路的動作  (b) 波形圖

▲ 圖 8-38 以取樣電路運作的類比開關。

信號可以取樣並重組的最小取樣速率必須大於信號最大頻率的兩倍。最小取樣頻率稱為*奈奎斯特(Nyquist frequency)*。

$$f_{sample(min)} > 2f_{signal}$$

當閘極脈衝位於高位準時，開關導通，這段脈衝期間的輸入波形會出現在輸出端。當脈衝波形回到 0V 位準，開關關閉，輸出亦為 0V。

---

**例　題　8-15**　一類比開關用於音頻信號的取樣，其最大頻率為 8 kHz。試求接到 MOSFET 閘極的最小脈衝頻率？

**解**　　　$f_{\text{sample(min)}} > 2f_{\text{signal}} = 2(8\,\text{kHz}) = \mathbf{16\,kHz}$

取樣頻率必須大於 16 kHz。

**相關習題**　如果音頻信號的最高頻率為 12 kHz，則最小取樣頻率為何？

---

*類比多工器(Analog Multiplexer)*　　類比多工器應用於當兩個或多個信號選用到同一個目的時。例如，圖 8-39 所示的二通道類比取樣多工器。MOSFET 交替導通與關閉，所以第一個信號樣本先接到輸出，然後換成另一個的信號接到輸出端。正向脈衝接到開關 A 的閘極，而反相脈衝接到開關 B 的閘極。可用*反相器(inverter)*這種數位電路來達成。當脈衝為高位準時，開關 A 導通，開關 B 關閉。當脈衝為低位準時，開關 B 導通，開關 A 關閉。此稱為*分時多工(time-division multiplexing)*，因為當脈衝高的這段期間，信號 A 出現在輸出端；脈衝低的這段期間，信號 B 出現於輸出端。也就是說，在單一傳輸線上以時間交錯的方式傳送信號。

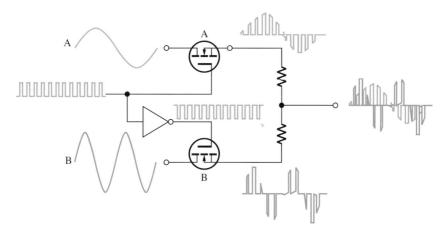

▲ 圖 8-39　類比多工器輪流取樣兩個信號，並且在單一輸出線上交替傳送。

---

*開關電容電路(Switched-Capacitor Circuit)*　　MOSFET 的另一種應用為**開關電容電路(switched-capacitor circuits)**，通常用於積體電路可程式類比元件中，稱為*類比信號處理器(analog signal processors)*。因為 IC 中製作電容比電阻容易，所以常

用來取代電阻。另外，電容在晶片中所佔的空間比 IC 電阻小，且幾乎無功率損耗，因此產生更少的熱。許多類比電路用電阻來測定電壓增益與其他特性，再用開關電容仿效電阻，以實現動態可程式的類比電路。

　　舉例來說，稍後會讀到的某 IC 放大器電路中需要兩個外部電阻，如圖 8-40 所示。這些電阻使得放大器的電壓增益為 $A_v = R_2/R_1$。

▶ 圖 8-40

一種 IC 放大器。

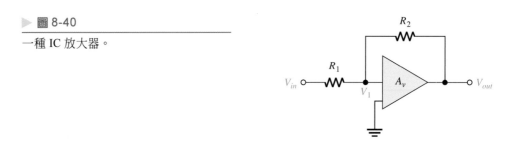

　　如圖 8-41 所示，開關電容可以利用機械的開關來仿製電阻(這些開關實際上用 MOSFET 來做)。開關 1 和開關 2 輪流導通或關閉對 $C$ 充放電，其頻率則對應於電壓源的電壓大小。對於圖 8-40 中的 $R_1$，其相關的 $V_{in}$ 和 $V_1$ 分別以 $V_A$ 和 $V_B$ 表示。而對於 $R_2$ 而言，$V_1$ 和 $V_{out}$ 也可另外再分別以 $V_A$ 和 $V_B$ 表示。

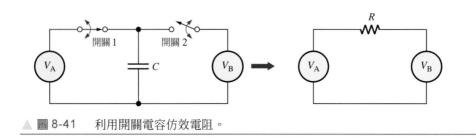

▲ 圖 8-41　利用開關電容仿效電阻。

上例中，由電容仿效的電阻，其證明詳見附錄 B。仿效的電阻值由開關頻率和電容值決定。

公式 8-11
$$R = \frac{1}{fC}$$

藉由改變頻率，可以改變有效的電阻值。

　　互補式 E-MOSFET 和電容可以取代放大器的電阻，如圖 8-42 所示。當 $Q_1$ 導通時，$Q_2$ 為截止，反之亦然。選擇頻率 $f_1$ 和 $C_1$ 以提供所需的 $R_1$。同樣地，$f_2$ 和 $C_2$ 提供 $R_2$ 所需的值。要重新設計不同增益的放大器，改變頻率即可。

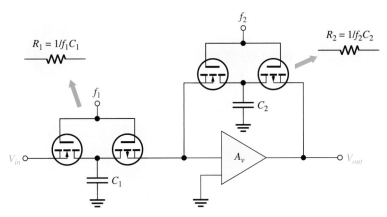

▲ 圖 8-42 用開關電容電路取代圖 8-40 裡 IC 放大器的電阻。

第8-5節 隨堂測驗

1. E-MOSFET 何時可作為開路開關使用？
2. E-MOSFET 何時可做為短路開關使用？
3. 何種型式的電壓可用來控制類比開關？
4. 在開關電容電路中，仿效的電阻值是如何決定？

# 8-6 MOSFET 數位開關 (MOSFET Digital Switching)

在前面的章節中，你已經看到如何使用 MOSFET 來開關類比信號。同樣地，MOSFET 也用於數位積體電路和功率控制電路的開關應用中。用於數位 IC 的 MOSFET 為低功率類型，而用於功率控制的 MOSFET 為高功率元件。

在學習完本節的內容後，你應該能夠

◆ 描述如何使用 MOSFET 於數位開關應用
◆ 討論互補式 MOS (CMOS)
　◆ 解釋 CMOS 反相器的工作原理
　◆ 解釋 CMOS NAND 閘的工作原理
　◆ 解釋 CMOS NOR 閘的工作原理
◆ 討論功率開關中的 MOSFET

## 互補式 MOS(Complementary MOS, CMOS)

**CMOS** 結合 $n$ 通道和 $p$ 通道 E-MOSFET，以串聯方式排列，如圖 8-43( a ) 所示。閘極的輸入電壓為 0V 或 $V_{DD}$。注意 $V_{DD}$ 和接地都連接到場效電晶體的源極端。

爲了避免混淆，符號 $V_{DD}$ 用來表示 $p$ 通道元件源極端的正電壓。當 $V_{in} = 0\,V$ 時，$Q_1$ 導通，$Q_2$ 截止，如圖(b)所示。因爲 $Q_1$ 像一個短路開關，所以其輸出近似 $V_{DD}$。而當 $V_{in} = V_{DD}$ 時，$Q_2$ 導通，$Q_1$ 爲截止，如圖 (c) 所示。因爲 $Q_2$ 像一個短路開關，所以其輸出近似接地點 (0V)。

　　CMOS 主要的優點在於其消耗的功率極少。因爲 MOSFET 串聯相接，且其中一個總是關閉，在靜止狀態下基本上沒有電流從直流供應器流出。當 MOSFET 轉換狀態時，由一狀態轉成另一狀態的極短過渡期間內，所有的電晶體皆爲導通，所以在這極短時間內有電流通過。

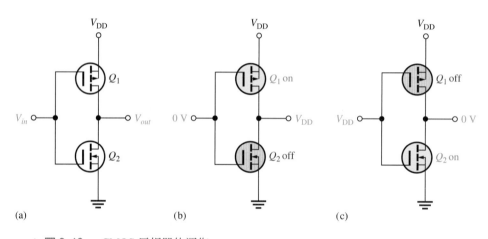

(a)　　　　　　　　(b)　　　　　　　　(c)

▲ 圖 8-43　　CMOS 反相器的運作。

**反相器(Inverter)**　　注意圖 8-43 中的電路實際上是將輸入反相，因爲當輸入爲 0 或低位準時，輸出爲 $V_{DD}$ 或高位準。當輸入爲 $V_{DD}$ 或高位準時，輸出爲 0 或低位準。因此，在數位電子學中稱此電路爲*反相器(inverter)*。

**NAND 閘(NAND Gate)**　　如圖 8-44(a)，在 CMOS 對中增加兩個額外的 MOSFET 和第二個輸入，以產生稱爲 NAND 閘的數位電路(此例爲兩個輸入的 NAND 閘極)。$Q_4$ 與 $Q_1$ 並聯相接，$Q_3$ 與 $Q_2$ 串聯相接。當兩個輸入 $V_A$ 和 $V_B$ 皆爲 0 時，$Q_1$ 和 $Q_4$ 導通而 $Q_2$ 和 $Q_3$ 截止，使得 $V_{out} = V_{DD}$。當兩輸入等於 $V_{DD}$ 時，$Q_1$ 和 $Q_4$ 截止而 $Q_2$ 和 $Q_3$ 導通，使 $V_{out} = 0$。你可以證明當輸入不同，一個爲 $V_{DD}$，另一個爲 0 時，輸出等於 $V_{DD}$。此運作模式總結於圖 8-44(b) 表中，並且描述爲：

**當 $V_A$ AND $V_B$ 皆為高電位時，輸出為低電位；否則，輸出為高電位。**

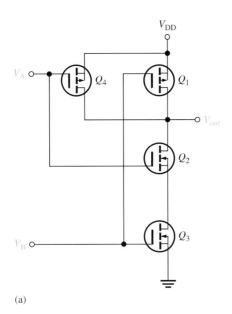

| $V_A$ | $V_B$ | $Q_1$ | $Q_2$ | $Q_3$ | $Q_4$ | $V_{out}$ |
|---|---|---|---|---|---|---|
| 0 | 0 | on | off | off | on | $V_{DD}$ |
| 0 | $V_{DD}$ | off | off | off | on | $V_{DD}$ |
| $V_{DD}$ | 0 | on | off | off | off | $V_{DD}$ |
| $V_{DD}$ | $V_{DD}$ | off | on | on | off | 0 |

(a)　　　　　　　　　　　　　(b)

▲ 圖 8-44　　CMOS NAND 閘的運作。

***NOR 閘(NOR Gate)***　　如圖 8-45(a)，在 CMOS 對中增加兩個額外的 MOSFET 和第二個輸入，產生稱為 NOR 閘的數位電路。 $Q_4$ 與 $Q_2$ 並聯相接，而 $Q_3$ 與 $Q_1$ 串聯相接。當兩個輸入 $V_A$ 和 $V_B$ 皆為 0 時，$Q_1$ 和 $Q_3$ 導通而 $Q_2$ 和 $Q_4$ 截止，使 $V_{out} = V_{DD}$。當兩輸入都等於 $V_{DD}$ 時，$Q_1$ 和 $Q_3$ 截止而 $Q_2$ 和 $Q_4$ 導通，使

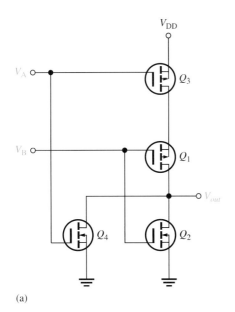

| $V_A$ | $V_B$ | $Q_1$ | $Q_2$ | $Q_3$ | $Q_4$ | $V_{out}$ |
|---|---|---|---|---|---|---|
| 0 | 0 | on | off | on | off | $V_{DD}$ |
| 0 | $V_{DD}$ | off | on | on | off | 0 |
| $V_{DD}$ | 0 | on | off | on | off | 0 |
| $V_{DD}$ | $V_{DD}$ | off | on | off | on | 0 |

(a)　　　　　　　　　　　　　(b)

▲ 圖 8-45　　CMOS NOR 閘的運作。

$V_{out} = 0$。你可以證明當輸入不同，一個為 $V_{DD}$，另一個為 0 時，其輸出等於 0。此運作模式總結於圖 8-45（b）表中，可以描述為：

**當 $V_A$ OR $V_B$ OR 兩者皆為高電位時，輸出為低電位；否則，輸出為高電位。**

---

例 題　　8-16　　如圖 8-46 所示，將一脈波接到 CMOS 反相器上，試求其輸出波形並說明其運作原理。

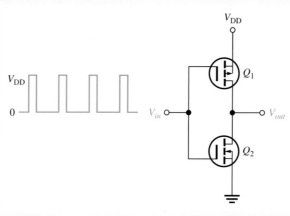

▲ 圖 8-46

解　　圖 8-47 表示輸出波形及其與輸入的關係。當輸入脈衝為 $V_{DD}$ 時，$Q_1$ 截止而 $Q_2$ 導通，使輸出連接至接地端（0V）。當輸入脈衝為 0 時，$Q_1$ 導通而 $Q_2$ 截止，使輸出連接至 $V_{DD}$。

▶ 圖 8-47

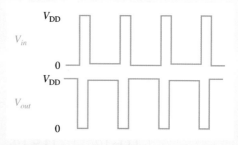

相 關 習 題　　如果將圖 8-46 中 CMOS 反相器的輸出接到第二個 CMOS 反相器的輸入端，則第二個反相器的輸出為何？

## 功率開關中的 MOSFET(MOSFET in Power Switching)

在 MOSFET 問世之前，BJT 是唯一的功率電晶體。BJT 需要基極電流才能導通，有相對較慢的截止性質，且容易受負溫度係數影響而造成熱跑脫現象。相較之下，MOSFET 是由電壓控制，且具有正溫度係數可避免熱跑脫現象。MOSFET 截止的速度比 BJT 快，低的導通阻抗可以使其導通功率損耗比 BJT 少。功率 MOSFET 用於馬達控制、直流-交流轉換、直流-直流轉換、負載開關以及其它需要高電流和精確數位控制的應用上。

*邏輯電路連接(Interfacing with Logic Circuits)* 某些 E-MOSFET 設計用於與邏輯電路連接。例如，NX7002BKXB 是兩個 $n$ 通道元件的 IC，可以獨立地使用在一個或兩個邏輯電路，可提供負載高達 330 mA 的驅動電流。如圖 8-48 顯示了一個以 CMOS 閘極連接的簡單電路，使用 NX7002BKXB 中的某一個元件做設計。該電路可用作傳統的繼電器驅動器，為高電流負載供電。因為是線圈負載，應使用保護二極體，如電路圖所示接線。NX7002BKXB 還可以藉由在邏輯輸出端，添加上拉電阻(pull-up resistor)來介接 TTL(電晶體—電晶體邏輯)電路。

▶ 圖 8-48

一個小負載的 E-MOSFET 驅動器。

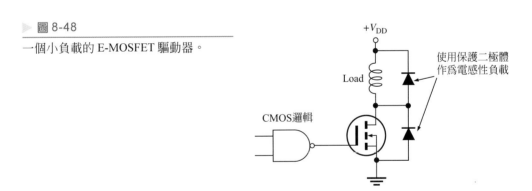

*固態繼電器(The Solid Stute Relay)* 另一種電力開關元件是固態繼電器(solid state relay, SSR)。固態繼電器是使用控制電壓來開關一個或多個的電子開關。在固態繼電器中，輸入信號透過內部的感測器耦合，以提供輸入和輸出之間的隔離。這個內部感測器可以是光耦合器或其他隔離裝置。一個典型的控制輸入信號通常是一個 LED，由光耦器來接收控制訊號輸出到負載，因此電信號完全與負載端隔離。輸出通常是 E-MOSFET，但也可以是閘流體(thyristor)。圖 8-49 表示了一個典型的 MOSFET 繼電器，其中兩個 MOSFET 內部的源極端連接在一起，使它能工作於交流負載。

▶ 圖 8-49

一個具 LED 輸入的固態繼電器，且於輸出側使用兩個 E-MOSFET。

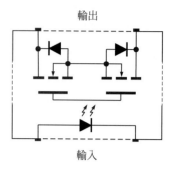

輸出

輸入

固態繼電器相較於機械繼電器的主要優點，是沒有機械部件所產生磨耗問題；具有更快、更可靠、使用壽命更長，並且沒有機械繼電器中常見的接點動作時，產生的火花問題。固態繼電器對磁場也不敏感。與機械繼電器相較，缺點是較不能承受瞬時過載並且具有較高的導通電阻。使用 MOSFET 的固態繼電器，需要對靜電敏感設備採取常規操作預防措施，並且應保護輸入端避免受到任何突波電壓的影響。SSR固態繼電器有許多應用，包含邏輯介面或電腦控制的設備。

---

**第8-6節　隨堂測驗**

1. 說明基本 CMOS 反相器。
2. 什麼類型的 2-輸入數位 CMOS 電路，只有輸入皆為高電位時，輸出才為低電位？
3. 什麼類型的 2-輸入數位 CMOS 電路，只有輸入皆為低電位時，輸出才為高電位？

## FET 放大器的摘要 (Summary of FET Amplifiers)

本摘要中，以 $n$ 通道FET作示範。只要將$V_{DD}$改成負電壓這些電路就可適用 $p$ 通道FET。

### 共源極放大器 (Common-Souece Amplifiers)

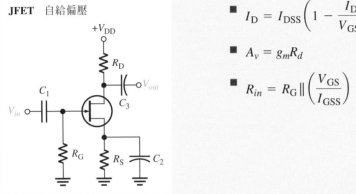

**JFET** 自給偏壓

- $I_D = I_{DSS}\left(1 - \dfrac{I_D R_S}{V_{GS(off)}}\right)^2$

- $A_v = g_m R_d$

- $R_{in} = R_G \left\| \left(\dfrac{V_{GS}}{I_{GSS}}\right)\right.$

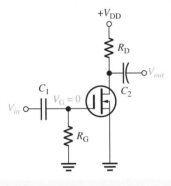

**D-MOSFET** 零偏壓

- $I_D = I_{DSS}$

- $A_v = g_m R_d$

- $R_{in} = R_G \left\| \left(\dfrac{V_{GS}}{I_{GSS}}\right)\right.$

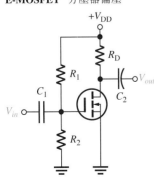

**E-MOSFET** 分壓器偏壓

- $I_D = K(V_{GS} - V_{GS(th)})^2$

- $A_v = g_m R_d$

- $R_{in} = R_1 \| R_2 \left\| \left(\dfrac{V_{GS}}{I_{GSS}}\right)\right.$

# FET 放大器的摘要 (Summary of FET Amplifiers)

## 共汲極放大器 (Common-Drain Amplifier)

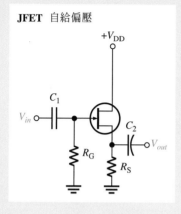

- $I_D = I_{DSS}\left(1 - \dfrac{I_D R_S}{V_{GS(off)}}\right)^2$

- $A_v = \dfrac{g_m R_s}{1 + g_m R_s}$

- $R_{in} = R_G \parallel \left(\dfrac{V_{GS}}{I_{GSS}}\right)$

## 共閘極放大器 (Common-Gate Amplifier)

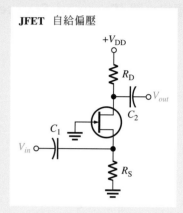

- $I_D = I_{DSS}\left(1 - \dfrac{I_D R_S}{V_{GS(off)}}\right)^2$

- $A_v = g_m R_d$

- $R_{in} = \left(\dfrac{1}{g_m}\right) \parallel R_S$

## 疊接放大器 (Cascode Amplifier)

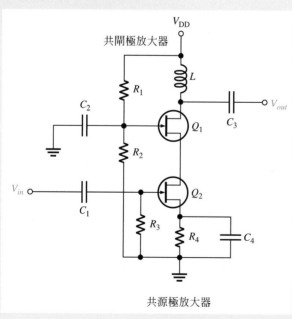

- $A_v \cong g_{m(CG)} X_L$

# FET 開關電路的摘要(Summary of FET Switching Circuits)

## 類比開關(Analog Switch)

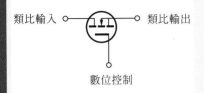

類比輸入  類比輸出

數位控制

## 類比多工器 (Analog Multiplexer)

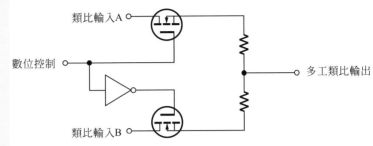

類比輸入A

數位控制

類比輸入B

多工類比輸出

## 開關電容(Switched Capacitor)

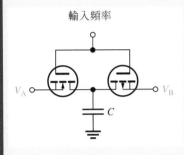

輸入頻率

$V_A$   $V_B$

$C$

## CMOS 反相器(CMOS Inverter)

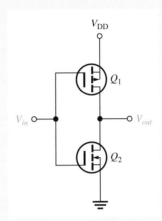

$V_{DD}$

$Q_1$

$V_{in}$   $V_{out}$

$Q_2$

## CMOS NAND 閘(CMOS NAND Gate)

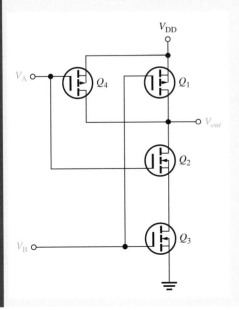

$V_{DD}$

$V_A$   $Q_4$   $Q_1$

$V_{out}$

$Q_2$

$V_B$   $Q_3$

## CMOS NOR 閘(CMOS NOR Gate)

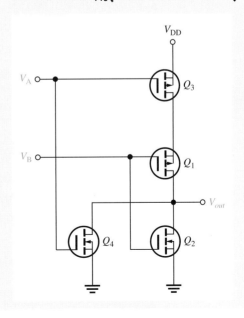

$V_{DD}$

$V_A$   $Q_3$

$V_B$   $Q_1$

$V_{out}$

$Q_4$   $Q_2$

# 本章摘要

**第 8-1 節**
◆ FET 的跨導 $g_m$ 參數代表輸出電流 $I_d$ 與輸入電壓 $V_{gs}$ 之間的關係。
◆ 共源極放大器的電壓增益主要由跨導 $g_m$ 和汲極電阻 $R_d$ 決定。
◆ 如果 FET 汲極源極間內部阻抗 $r'_{ds}$ 沒有比 $R_d$ 大很多,而且大到足夠忽略它在電路中的分流效果,則 $r'_{ds}$ 將會降低電路的增益。
◆ 未經旁路的源極端與接地之間的電阻 $R_S$,會降低 FET 放大器的電壓增益。
◆ 共源極放大器的汲極連接負載電阻後,電壓增益會降低。
◆ 閘極電壓與汲極電壓間相位有 180° 的反相作用。
◆ FET 閘極輸入阻抗極高。

**第 8-2 節**
◆ 共汲極放大器也稱源極隨耦器,其電壓增益都略小於 1。
◆ 源極隨耦器的閘極與源極間沒有反相作用。

**第 8-3 節**
◆ 共閘極放大器的輸入阻抗等於 $g_m$ 的倒數。
◆ 疊接放大器結合 CS 放大器及 CG 放大器。

**第 8-4 節**
◆ D 類放大器為一非線性放大器,因為其電晶體運作的像是開關。
◆ D 類放大器利用脈寬調變(PWM)來重現輸入信號。
◆ 低通濾波將 PWM 信號轉換回原始的輸入信號。
◆ D 類放大器的效率接近 100%。

**第 8-5 節**
◆ 類比開關利用數位控制輸入,在開關打開或關閉時,使類比信號通過或阻隔。
◆ 取樣電路為一類比開關,可在打開的短暫時間間隔內允許足夠多的不連續輸入信號值出現在輸出端,這些不連續的數值可用來精確地重現輸入信號。
◆ 類比多工器包含兩個或多個類比開關,這些類比開關可以將類比輸入信號的取樣部分連接成依時序排列的單一輸出。
◆ 在可程式 IC 類比陣列中,開關電容可用來仿效電阻。

**第 8-6 節**
◆ 互補式 MOS(CMOS) 用於低功率數位開關電路中。
◆ CMOS 使用 $n$ 通道 MOSFET 和 $p$ 通道 MOSFET 串聯相接。
◆ 反相器、NAND 閘和 NOR 閘為數位邏輯電路的例子。

# 重要詞彙

重要詞彙和其他以粗體字表示的詞彙都會在本書末的詞彙表中加以定義。

**類比開關 (Analog switch)** 可將類比信號導通或關閉的裝置。

**D 類 (Class D)** 一非線性放大器,其電晶體如開關般運作。

**CMOS (Complementary MOS)** 互補式 MOS。

**共汲極 (Common-drain, CD)** 汲極為接地端的 FET 放大器組態。

**共閘極 (Common-gate, CG)** 閘極為接地端的 FET 放大器組態。

**共源極 (Common-source, CS)** 源極為接地端的 FET 放大器組態。

**脈寬調變 (Pulse-Width modulation)** 將信號轉換成一串脈衝的過程,脈衝寬度正比於信號振幅。

**源極隨耦器 (Source-follower)** 共汲極放大器

# 重要公式

## 共源極放大器

**8-1**      $A_v = g_m R_d$                        源極接地或$R_s$旁路的電壓增益

**8-2**      $I_D = I_{DSS}\left(1 - \dfrac{I_D R_S}{V_{GS(off)}}\right)^2$      JFET 自給偏壓電路的電流

**8-3**      $\left(I_{DSS}\left(\dfrac{R_S}{V_P}\right)^2\right)I_D^2 + \left(-2\dfrac{I_{DSS}R_S}{V_P} - 1\right)I_D + I_{DSS} = 0$

                                                    JFET 自給偏壓電路的汲極電流

**8-4**      $A_v = g_m R_d$                        電壓增益

**8-5**      $R_{in} = R_G \| \left(\dfrac{V_{GS}}{I_{GSS}}\right)$      自給偏壓與零偏壓電路的輸入阻抗

**8-6**      $R_{in} = R_1 \| R_2 \| R_{IN(gate)}$      分壓器偏壓電路的輸入阻抗

## 共汲極放大器

**8-7**      $A_v = \dfrac{g_m R_s}{1 + g_m R_s}$      電壓增益

**8-8**      $R_{in} = R_G \| R_{IN(gate)}$      輸入阻抗

## 共閘極放大器

**8-9**      $A_v = g_m R_d$                        電壓增益

**8-10**      $R_{in(source)} = \dfrac{1}{g_m}$      輸入阻抗

## MOSFET 類比開關

**8-11**      $R = \dfrac{1}{fC}$      仿效電阻

---

# 是非題測驗      答案可在以下網站找到 **www.pearsonglobaleditions.com**(搜索 ISBN:1292222999)

1. 共源極 (CS) 放大器有非常高的輸入阻抗。

2. CS 放大器的汲極電流可以利用二次方程式來計算。

3. CS 放大器的電壓增益等於跨導乘上源極阻抗。

4. 在 CS 放大器中沒有相位反相。

5. 使用 D-MOSFET 的 CS 放大器可以在正與負的輸入電壓下運作。

6. 共汲極 (CD) 放大器又稱爲汲極隨耦器。

7. CD 放大器的輸入阻抗非常小。

8. 共閘極 (CG) 放大器的輸入阻抗非常小。

9. 疊接放大器中同時使用 CS 與 CG 放大器。

10. 在 D 類放大器中，電晶體不可作為開關使用。

11. D 類放大器使用脈寬調變。

12. 源極隨耦器亦可稱為共汲極放大器。

13. 開關電容電路的目的是要仿效電阻。

14. CMOS 是應用於線性放大器的元件。

15. CMOS 利用一個 *pnp* MOSFET 和一個 *npn* MOSFET 相接。

## 電路動作測驗　答案可在以下網站找到 www.pearsonglobaleditions.com(搜索 ISBN:1292222999)

1. 假如圖 8-9 中的汲極電流增加時，則 $V_{GS}$ 電壓將會

   (a) 增加　(b) 減少　(c) 不變

2. 假如圖 8-9 中的 JFET 更換為具有較低值的 $I_{DSS}$ 時，則其電壓增益將會

   (a) 增加　(b) 減少　(c) 不變

3. 假如圖 8-9 中的 JFET 更換為具有較低值的 $V_{GS(off)}$ 時，則其電壓增益將會

   (a) 增加　(b) 減少　(c) 不變

4. 假如圖 8-9 中的 $R_G$ 增加時，則其 $V_{GS}$ 將會

   (a) 增加　(b) 減少　(c) 不變

5. 假如圖 8-11 中的 $R_G$ 增加時，則在信號源處所看到的輸入電阻將會

   (a) 增加　(b) 減少　(c) 不變

6. 假如圖 8-17 中的 $R_1$ 增加時，則 $V_{GS}$ 將會

   (a) 增加　(b) 減少　(c) 不變

7. 假如圖 8-17 中的 $R_L$ 減少時，則其電壓增益將會

   (a) 增加　(b) 減少　(c) 不變

8. 假如圖 8-20 中的 $R_S$ 增加時，則其電壓增益將會

   (a) 增加　(b) 減少　(c) 不變

## 自我測驗　答案可在以下網站找到 www.pearsonglobaleditions.com(搜索 ISBN:1292222999)

**第 8-1 節**　1. JFET 共源極放大器中，

(a)交流輸入信號施加於閘極　(b)交流輸出信號自汲極取得

(c)以上皆是　(d)以上皆非

2. 某個共源極(CS)放大器中，$V_{ds} = 3.2$ Vrms 且 $V_{gs} = 280$ mVrms。則電壓增益等於

(a) 1　(b) 11.4　(c) 8.75　(d) 3.2

3. 在某個共源極 (CS) 放大器，$R_D = 1.0$kΩ，$R_S = 560$Ω，$V_{DD} = 10$V 且 $g_m = 4500$ μS。如果將源極電阻完全旁路，則電壓增益為

(a) 450　(b) 45　(c) 4.5　(d) 2.52

4. 理想狀況下，FET 等效電路包含

(a) 電流源與電阻串聯　(b) 汲極與源極端間的電阻

(c) 閘極與源極端間的電流源　(d) 汲極與源極端間的電流源

5. 第 4 題中，電流源的大小由何者決定？

(a) 跨導與閘極對源極電壓　(b) 電源供應器的直流電壓

(c) 外接汲極電阻　(d) 答案 (b) 及 (c) 皆正確

6. 某個共源極放大器的電壓增益是 10。如果移開源極旁路電容，則

(a) 電壓增益會增加　(b) 跨導會增加

(c) 電壓增益會減少　(d) $Q$ 點位置會移動

7. 某個共源極放大器的負載電阻是 $10\,\text{k}\Omega$ 且 $R_D = 820\,\Omega$。如果 $g_m = 5\text{mS}$ 且 $V_{in} = 500\,\text{mV}$，輸出信號電壓為

(a) 1.89 V　(b) 2.05 V　(c) 25 V　(d) 0.5 V

8. 如果將第 7 題的負載電阻移除，輸出電壓將會

(a) 維持不變　(b) 減少　(c) 增加　(d) 變成 0

**第 8-2 節** 9. 某個共汲極 (CD) 放大器的跨導為 $6000\,\mu\text{S}$，且 $R_S = 1.0\,\text{k}\Omega$。則電壓增益等於

(a) 1　(b) 0.86　(c) 0.98　(d) 6

10. 共汲極放大器所使用的電晶體，其特性資料表註明 $V_{GS} = 10\,\text{V}$ 時 $I_{GSS} = 5\text{nA}$。如果閘極與接地之間的電阻 $R_G$ 是 $50\,\text{M}\Omega$，輸入總阻抗大約為

(a) $50\,\text{M}\Omega$　(b) $200\,\text{M}\Omega$　(c) $40\,\text{M}\Omega$　(d) $20.5\,\text{M}\Omega$

**第 8-3 節** 11. 共閘極 (CG) 放大器與 CS 和 CD 組態的差別在於它有

(a) 高許多的電壓增益　(b) 低許多的電壓增益

(c) 高許多的輸入阻抗　(d) 低許多的輸入阻抗

12. 疊接放大器可以藉由何種電路實現？

(a) 一個雙閘極 MOSFET　(b) 一個 FET　(c) 一個 BJT　(d) 以上皆可

13. 疊接放大器包含

(a) 一個 CD 和一個 CS 放大器　(b) 一個 CS 和一個 CG 放大器

(c) 一個 CG 和一個 CD 放大器　(d) 兩個 CG 放大器

**第 8-4 節** 14. D 類放大器可以藉由何種電路實現？

(a) 一個 MOSFET　(b) 一個 FET　(c) 一個 BJT　(d) 以上皆可

15. D 類放大器的效率一般介於

(a) 50%～75%　(b) 60%～80%　(c) 90%～100%　(d) 80%～90%

**第 8-5 節** 16. E-MOSFET 常用於開關應用中是因為其

(a) 臨界值特性　(b) 高輸入阻抗　(c) 線性特性　(d) 高增益

17. 取樣電路必須最少以何種速度進行取樣？

(a) 每週期一次　(b) 信號頻率　(c) 兩倍的信號頻率　(d) 交替的週期

18. 開關電容電路所仿效的電阻值為下列何者的函數？

(a) 電壓與電容　(b) 頻率與電容　(c) 增益與跨導　(d) 頻率與跨導

第 8-6 節　19.　一個基本的 CMOS 電路含有

(a) *n* 通道 MOSFET　　(b) *p* 通道 MOSFET

(c) *pnp* 和 *npn* BJT　　(d) 一個 *n* 通道和一個 *p* 通道 MOSFET

20.　MOSFET 用於

(a) 切換類比信號　(b) 數位積體電路　(c) 功率控制電路　(d) 以上皆可。

# 習　題

所有的答案都在本書末。

## 基本習題

### 第 8-1 節　共源極放大器

1.　請列舉兩種常用於分析 JFET 電路的方法。

2.　JFET 的 $g_m$ 為 5 mS，外加交流汲極阻抗為 2.2kΩ。試問理想電壓增益為少？

3.　FET 的 $g_m = 6000\mu$S。對下列每個 $V_{gs}$ 的 rms 值，試求其汲極電流的 rms 值。

(a) 10 mV　(b) 150 mV　(c) 0.6 V　(d) 1 V

4.　某個 JFET 放大器的源極電阻為 0 時，增益為 20。如果 $g_m$ 是 3500$\mu$S，試求汲極電阻。

5.　某個 FET 放大器，$g_m = 4.2$ mS，$r'_{ds} = 12$ kΩ 且 $R_D = 4.7$ kΩ。其電壓增益為多少？假設源極電阻為 0 Ω。

6.　如果源極電阻是 1.0 kΩ，第 5 題的電壓增益是多少？

7.　在圖 8-50 電路中，請辨識 FET 的型態及其偏壓方式。理想狀況下，$V_{GS}$ 為多少？

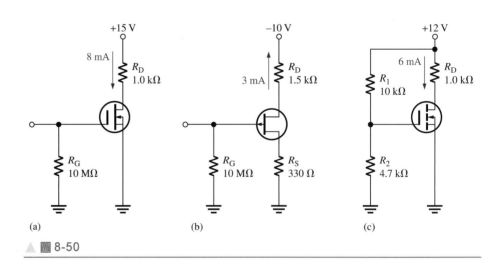

(a)　　　　(b)　　　　(c)

▲ 圖 8-50

8.　試計算圖 8-50 中 FET 的每個端點對接地的直流電壓。

9.　辨識圖 8-51 的每個特性曲線所代表的 FET 型態。

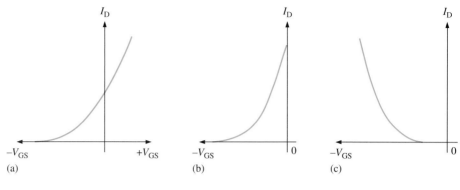

(a)  (b)  (c)

▲ 圖 8-51

10. 參考圖 8-16(a) 的 JFET 轉換特性曲線，當 $V_{gs}$ 在 $Q$ 點上下 ±1.5 V 變動時，試求 $I_d$ 的峰對峰值。

11. 對圖 8-16 (b) 和圖 8-16 (c) 的曲線，重複第 8 題的計算過程。

12. 圖 8-52 中，如果 $I_D = 2.83$ mA，試求 $V_{DS}$ 和 $V_{GS}$。已知 $V_{GS(off)} = -7$ V 且 $I_{DSS} = 8$ mA。

13. 將 50 mV rms 的信號輸入圖 8-52 的放大器，則輸出電壓峰對峰值為多少？已知 $g_m = 5000$ μS。

14. 將 1500 Ω 的負載交流耦合到圖 8-52 電路的輸出端，當輸入信號電壓為 50 mV rms，其輸出電壓 rms 值為多少？已知 $g_m = 5000$ μS。

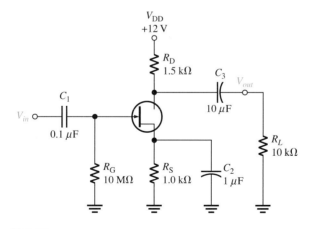

▲ 圖 8-52

15. 試求圖 8-53 中每個共源極放大器的電壓增益。

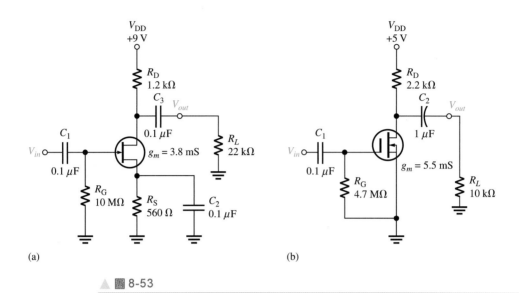

▲ 圖 8-53

**16.** 畫出圖 8-54 放大器的直流與交流等效電路。

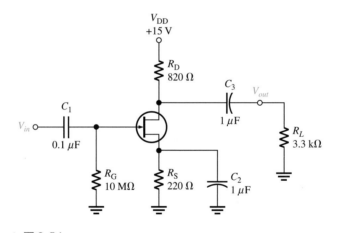

▲ 圖 8-54

**17.** 圖 8-54 中，如果 $I_{DSS} = 15$ mA 且 $V_{GS(off)} = -4$ V，試求汲極電流。已知 $Q$ 點在負載線中點。

**18.** 將圖 8-54 的 $C_2$ 移除，放大器的增益變為多少？

**19.** 將 4.7 kΩ 電阻與圖 8-54 的 $R_L$ 並聯。電壓增益變為多少？

**20.** 圖 8-55 共源極放大器的 $Q$ 點位於負載線中央，試求 $I_D$、$V_{GS}$ 及 $V_{DS}$。已知 $I_{DSS} = 9$ mA 且 $V_{GS(off)} = -3$ V。

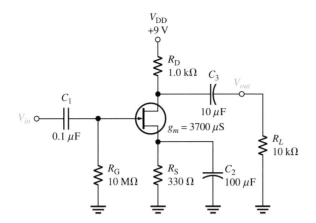

▲ 圖 8-55

**21.** 將 10 mV rms 的信號輸入圖 8-55 的放大器，則輸出信號的 rms 值為多少？

**22.** 試求圖 8-56 放大器的 $I_D$、$V_{GS}$ 及 $V_{DS}$。已知 $V_{GS} = 10 \text{ V}$ 時 $I_{D(on)} = 18 \text{ mA}$，$V_{GS(th)} = 2.5 \text{ V}$，且 $g_m = 3000 \mu S$。

▲ 圖 8-56

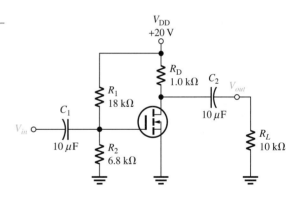

**23.** 試求圖 8-57 中由信號源所看到的輸入阻抗 $R_{in}$。假設 $V_{GS} = -15 \text{ V}$ 時，$I_{GSS} = 25 \text{ nA}$。

▶ 圖 8-57

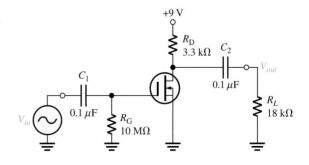

**24.** 試求圖 8-58 中汲極總電壓波形 (直流與交流) 以及 $V_{out}$ 波形。已知 $g_m = 4.8\ \mathrm{mS}$ 且 $I_{DSS} = 15\ \mathrm{mA}$。並假設 $V_{GS} = 0$。

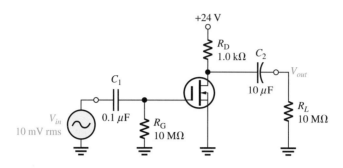

▲ 圖 8-58

**25.** 圖 8-59 放大器沒有負載，試求 $V_{GS}$，$I_D$，$V_{DS}$，及輸出電壓 $V_{ds}$ 的 rms 值。已知 $V_{GS} = 12\ \mathrm{V}$ 時 $I_{D(on)} = 8\ \mathrm{mA}$，$V_{GS(th)} = 4\ \mathrm{V}$，且 $g_m = 4500\ \mu\mathrm{S}$。

▷ 圖 8-59

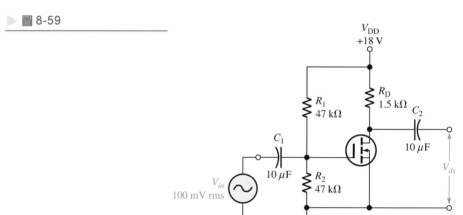

## 第 8-2 節 共汲極放大器

**26.** 圖 8-60 為源極隨耦器電路，試求電壓增益與輸入阻抗。已知 $V_{GS} = -15\ \mathrm{V}$ 時 $I_{DSS} = 50\ \mathrm{pA}$，且 $g_m = 5500\ \mu\mathrm{S}$。

▷ 圖 8-60

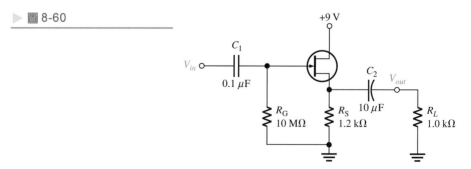

27. 將圖 8-60 的 JFET 換成 $g_m = 3000\,\mu S$的 JFET，如果電路的其他條件都相同，則增益與輸入阻抗為多少？

28. 試求圖 8-61 每個放大器的增益。

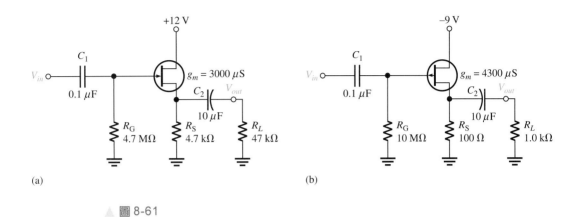

(a)　　　　　　　　　　　　　　　(b)

▲ 圖 8-61

29. 將圖 8-61 每個放大器經電容耦合的負載改成 10 kΩ，試求它們的電壓增益。

30. 圖 8-14(b)電路中的電阻$R_3$是否會影響增益的大小？試解釋你的答案。

31. 試寫出圖 8-14(b)中放大器輸入阻抗的表示式。

## 第 8-3 節　共閘極放大器

32. 共閘極放大器的 $g_m = 4000\,\mu S$且$R_d = 1.5\,k\Omega$。其增益值為多少？

33. 第 32 題的放大器輸入阻抗為多少？

34. 試求圖 8-62 共閘極放大器的電壓增益與輸入阻抗。

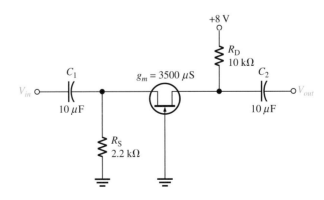

▲ 圖 8-62

35. 如圖 8-25 所示的疊接放大器，在 $V_{GS} = 15V$ 時的 $g_m = 2800\,\mu S$，$I_{GSS} = 2\,nA$。如果 $R_3 = 15\,M\Omega$ 且 $L = 1.5\,mH$，試求在 $f = 100\,MHz$ 時的電壓增益與輸入阻抗。

## 第 8-4 節 D 類放大器

**36.** D 類放大器的輸出為 ±9 V。如果輸入信號為 5 mV，則電壓增益為何？

**37.** 某一 D 類放大器在比較器和三角波產生器所損耗的內部功率為 140 mW。每個互補式 MOSFET 在導通時有 0.25V 的電壓降。放大器在 ±12 V 直流電源下運作，並提供 0.35A 的電流給負載。試求其效率？

## 第 8-5 節 MOSFET 類比開關

**38.** 一類比開關使用 $V_{GS(th)}$ = 4V 的 $n$ 通道 MOSFET，+8 V 電壓接到閘極，如果忽略汲-源極電壓降，試求最大的峰對峰輸入信號可為多少？

**39.** 一類比開關用最大頻率 15 kHz 來取樣信號，試求接到 MOSFET 閘極的脈衝其最小頻率為何？

**40.** 開關電容電路中使用 10 pF 的電容，試求要仿效 10 kΩ 電阻所需的頻率為何？

**41.** 頻率為 25 kHz，如果 $C$ = 0.001 $\mu$F，開關電容電路所仿效的阻抗大小為何？

## 第 8-6 節 MOSFET 數位開關

**42.** 當輸入為 0V 時，$V_{DD}$ = +5 V 之 CMOS 反相器的輸出電壓為何？當輸入為 +5V 時輸出電壓為何？

**43.** 對下列的輸入組合，試求在 $V_{DD}$ = +3.3 V 時 CMOS NAND 閘的輸出為何？
   **(a)** $V_A$ = 0 V, $V_B$ = 0 V
   **(b)** $V_A$ = +3.3 V, $V_B$ = 0 V
   **(c)** $V_A$ = 0 V, $V_B$ = +3.3 V
   **(d)** $V_A$ = +3.3 V, $V_B$ = +3.3 V

**44.** 利用 CMOS NOR 閘重作習題 43。

**45.** 列出在功率開關中 MOSFET 優於 BJT 的兩個優點。

# 運算放大器
## (The Operational Amplifier)

# 9

## 本章學習目標

◆ 描述基本運算放大器及其特性
◆ 討論運算放大器的模式和一些參數
◆ 解釋運算放大器的負回授
◆ 以負回授分析運算放大器
◆ 描述負回授如何影響運算放大器的阻抗
◆ 討論偏壓電流和抵補電壓
◆ 分析運算放大器的開迴路頻率響應
◆ 分析運算放大器的閉迴路頻率響應

## 可參訪教學專用網站

有關這一章的學習輔助資訊可以在以下的網站
找到 http://www.pearsonglobaleditions.com
(搜索 ISBN:1292222999)

## 重要詞彙

◆ 運算放大器 (op-amp)
◆ 差動放大器 (Differential amplifier)

◆ 差動模式 (Differential mode)
◆ 共模 (Common mode)
◆ 共模拒斥比 (CMRR)
◆ 開迴路電壓增益 (Open-loop voltage gain)
◆ 迴轉率 (Slew rate)
◆ 負回授 (Negative feedback)
◆ 閉迴路電壓增益 (Closed-loop voltage gain)
◆ 非反相放大器 (Noninverting amplifier)
◆ 電壓隨耦器 (Voltage-follower)
◆ 反相放大器 (Inverting amplifier)
◆ 相位移 (Phase shift)
◆ 增益頻寬乘積 (Gain-bandwidth product)

## 簡　介

在前面的章節，你已經學習到了一些重要的電子
元件。這些元件都是個別包裝的單獨元件，例如
二極體和電晶體，它們可以和其他元件相互連結
形成一個完整的、具特定功能的單元。這種元件
稱為*分離式元件(Discrete component)*。

現在你將開始學習線性積體電路 (IC)，它內
含許多電晶體、二極體、電阻和電容，共同配置
在一個半導體材料的小晶片上，並封裝在單一外
殼中而成為具有特定功能的電路。積體電路被視
為一個單一元件，例如運算放大器(op-amp)。這
意謂著在考慮電路用途時，你大部分會從外部的
觀點而較少從內部、元件層次的觀點來思考。

運算放大器具有許多功能，而且廣泛地使用
在線性積體電路中，所以在本章中，我們會學習
到若干運算放大器的基本原理。我們也會學到關
於開迴路及閉迴路頻率響應、頻寬、相位移及其
他與頻率有關的參數。我們也會仔細探討負回授
的各種影響。

# 9-1 運算放大器簡介 (Introduction to Operational Amplifiers)

早期的運算放大器 (op-amp) 主要用於執行數學運算，例如，加、減、乘、除，所以使用*運算(operational)*這個術語。這些早期的裝置是由真空管組成，而且工作在高電壓下。今日的運算放大器都是線性積體電路，它所使用的直流電壓相對來說比較低，也比較可靠和便宜。

在學習完本節的內容後，你應該能夠

- **描述基本運算放大器及其特性**
  - 辨識電路符號與晶片的封裝
- **討論理想運算放大器**
- **討論實際運算放大器**
  - 繪出內部方塊圖

## 符號和端點 (Symbol and Terminals)

標準**運算放大器 (op-amp, operational amplifier)** 的符號如圖 9-1(a)所示。它有兩個輸入端點，反相(－)輸入和非反相(＋)輸入，以及一個輸出端點。標準的運算放大器運作時使用兩個直流電源電壓，一個是正電壓而另一個為負電壓，如圖 9-1(b)所示。為了簡化起見，這些直流電壓接點在電路圖中通常是不標示出來的，但是我們應該要知道它們的存在。圖 9-1(c)中顯示了幾個典型運算放大器積體電路的封裝方式。

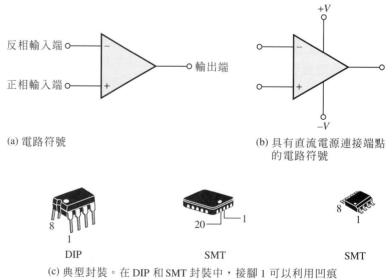

(a) 電路符號

(b) 具有直流電源連接端點的電路符號

DIP  SMT  SMT

(c) 典型封裝。在 DIP 和 SMT 封裝中，接腳 1 可以利用凹痕或小圓點加以標示

▲ 圖 9-1　運算放大器的符號和封裝方式。

## 理想運算放大器 (The Ideal Op-Amp)

為了說明什麼是運算放大器，讓我們先看看它在*理想 (ideal)* 狀況下的特性。實際運算放大器當然達不到這些理想的標準，但是從理想化的觀點來看，可以比較容易了解和分析這些元件。

首先，理想運算放大器具有*無限大電壓增益*和*無限大頻寬*。它也有*無限大輸入阻抗*(開路)，因此它不會對驅動它的信號源形成負載效應。最後，它也*沒有輸出阻抗*。運算放大器的特性顯示於圖 9-2(a)中。在兩個輸入端點之間具有輸入電壓 $V_{in}$，而輸出電壓為 $A_v V_{in}$，如內部電壓源符號所示。無限大輸入阻抗的觀念對於分析各種運算放大器電路型態，都是很有價值，這將會在 9-4 節中討論到。

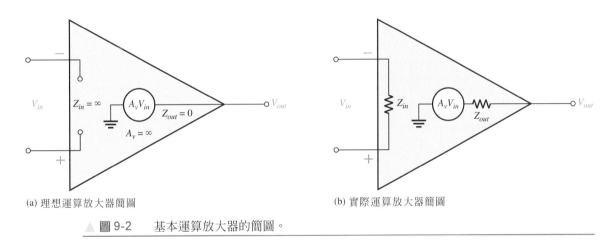

(a) 理想運算放大器簡圖　　　　　　　　　(b) 實際運算放大器簡圖

▲ 圖 9-2　　基本運算放大器的簡圖。

## 實際運算放大器 (The Practical Op-Amp)

雖然現代的**積體電路 (Integrated Circuit , IC)** 運算放大器在許多狀況下，所具有的參數幾乎接近理想值，但還是不可能製造出理想元件。

任何元件都有極限，積體電路運算放大器也不例外。運算放大器具有電壓和電流的限制。舉例來說，輸出電壓峰對峰值通常會受限制，略小於兩個電源電壓。輸出電流也會受到像是功率消耗和元件額定值等的限制。

實際運算放大器的特性具有*非常高的電壓增益，非常大的輸入阻抗，和非常低的輸出阻抗(very high voltage gain, very high input impedance, and very low output impedance)*。這些都標示在圖 9-2(b)中。另一個實際考量是雜訊總是伴隨著運算放大器產生。**雜訊**是一種影響所需信號的不必要信號。現在的電路設計者使用著更低的電壓,這意味著需要更高的精準度,所以對於低雜訊元件有著更大的需求。所有的電路都會產生雜訊,運算放大器也不例外,但總量是可以被降低的。

## 運算放大器內部方塊圖 (Internal Block Diagram of an Op-Amp)

標準的運算放大器由三種放大電路組成:*差動放大器*,*電壓放大器*和*推挽式放大器*,如圖 9-3 所示。差動放大器(**Differential amplifier**)是運算放大器的輸入級。它有兩個輸入端,並可將兩個輸入端之間的電壓差放大。電壓放大器通常為 A 類放大器,可以提供額外的運算放大器增益。有些運算放大器擁有超過一級以上的電壓放大器。推挽式 B 類放大器則做為輸出級。

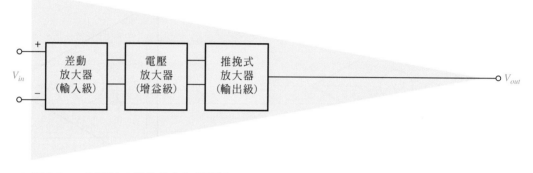

▲ 圖 9-3　　運算放大器的基本內部配置。

在第六章我們已介紹過差動放大器,*差動(Differential)*這個詞,來自這種放大器具有放大輸入端兩個輸入訊號間的差異(Difference)之能力,只有這兩個訊號的差異被放大;若沒有差異,則輸出 0。基於輸入訊號的型態,差動放大器具有兩種工作模式(modes),即*差動模式(Differential mode)*和*共模模式(Common mode)*兩種,下一節對這兩種模式有進一步的說明。因為差動放大器是運算放大器的輸入級,故運算放大器也具這些相同的模式。

| 第9-1節　隨堂測驗<br>答案可以在以下的網站找到<br>www.pearsonglobaleditions.com<br>(搜索 ISBN:1292222999) | 1. 基本運算放大器有哪些端點?<br>2. 說明實際運算放大器的一些特性。<br>3. 列出標準運算放大器中的各級放大器。<br>4. 差動放大器放大什麼? |
|---|---|

## 9-2 運算放大器輸入模式與參數 (OP-AMP Input Modes and Parameters)

在這一節中，會定義一些重要的運算放大器輸入模式和參數。同時，根據這些參數來比較一些常見的 IC 運算放大器。

在學習完本節的內容後，你應該能夠

◆ **參與討論運算放大器的模式和一些參數**
  ◆ 辨識電路符號與晶片的封裝接腳
◆ **描述輸入訊號模型**
  ◆ 解釋差動模式
  ◆ 解釋共模
◆ **定義與討論運算放大器參數**
  ◆ 定義共模拒斥比 (common-mode rejection ratio, CMRR)
  ◆ 計算 CMRR
  ◆ 以分貝表示 CMRR
  ◆ 定義開迴路電壓增益
  ◆ 解釋最大輸出電壓擺幅
  ◆ 解釋輸入抵補電壓
  ◆ 解釋輸入偏壓電流
  ◆ 解釋輸入阻抗
  ◆ 解釋輸入抵補電流
  ◆ 解釋輸出阻抗
  ◆ 解釋迴轉率 (slew rate)
  ◆ 解釋頻率響應
◆ **比較幾種運算放大器的參數**

### 輸入訊號模式 (Input Signal Modes)

回憶起輸入訊號模式是由運算放大器的差動輸入級所決定的。

*差動模式 (Differential Mode)* 在差動模式下，一個輸入端連接輸入訊號，另一個輸入端接地，或兩個相反極性的訊號連接到輸入端。當運算放大器在差動模式下操作時，有一個輸入端會接地而訊號電壓則施加在另一個輸入端，如圖 9-4 所示。當訊號電壓施加在反相輸入端時，像圖(a)的電路一樣，此時會有反相且放大的訊號電壓出現在輸出端。另一種情況是訊號電壓施加於非反相輸入端而反相輸入端接地，如圖(b)所示，此時非反相且放大的訊號電壓會在輸出端出現。

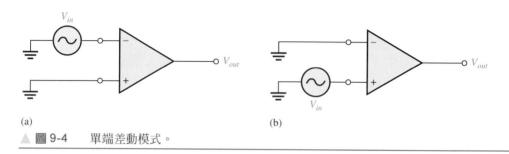

(a)                                                    (b)

▲ 圖 9-4    單端差動模式。

在**雙端差動模式**中，將兩個相反極性 (相位不同) 的訊號施加到輸入端，如圖 9-5(a)所示。在輸出端出現的是兩個輸入端之間的差值經放大後的訊號。同樣的，雙端差動模式也可以如圖 9-5(b) 所示，僅用一個訊號源來表示。

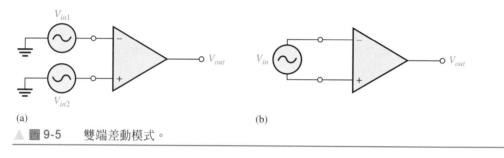

(a)                                                    (b)

▲ 圖 9-5    雙端差動模式。

**共模模式 (Common Mode )**     試著回想一下，共模與共模拒斥比(CMRR)曾於第 6-7 節提及差動放大器時介紹過。因為運算放大器的前端是一個差動放大器，共模與共模拒斥比是運算放大器很重要的觀念，因此這邊再複習一次。

在共模模式下，輸入端所施加的是兩個相位、頻率和振幅都相同的訊號電壓，如圖 9-6 所示。當相同的訊號施加到兩個輸入端時，它們會相互抵消，此時輸出電壓成為零。

這個動作稱為*共模拒斥 (Common-mode rejection)*。當我們不想要的訊號共同出現在運算放大器的兩個輸入端時，才能顯現出這種輸入模式的重要性。共模拒斥指的是這個不想要的訊號將不會出現在輸出端，而干擾到想要的訊號。共模訊號 (雜訊) 通常是由輸入線路從鄰近線路、60 Hz 電源線或其他來源所吸收的輻射能造成的結果。

▶ 圖 9-6

共模操作。

## 運算放大器參數 (Op-Amp Parameters)

*共模拒斥比 (Common-Mode Rejection Ratio)* 當想要的訊號輸入運算放大器時，可以只送入一個輸入端，或者以兩個相反極性的信號分別送入兩個輸入端。這些想要的訊號經過放大會出現於輸出端，如前面所提到。不想要的訊號 (雜訊) 會以相同的極性同時送入兩個輸入端，基本上運算放大器會將它抵銷而不會出現在輸出端。測量一個放大器拒斥共模訊號的能力稱為**共模拒斥比 (CMRR)** 的參數。

理想狀況下，運算放大器對差動模式的訊號會有非常高的增益，但是對共模信號的增益則為 0。然而，實際運算放大器，當提供一個高的開迴路差動電壓增益(一般從 100,000 到 1,000,000 或高精度運算放大器的更大值)時，存在一個很小的共模增益 (通常遠小於 1)，而它同時也有一個很高的開迴路差動電壓增益。運算放大器的**開迴路電壓增益** $A_{ol}$ 是元件的內部電壓增益，它代表在外部沒有連接其他元件時的輸出電壓與輸入電壓的比值。對於共模增益而言，具有越高的開迴路電壓增益，放大器對共模訊號的拒斥就有越好的效能。這讓我們在衡量一個放大器對共模訊號拒斥的性能時，可以採用一個很好的方法，就是開迴路差動電壓增益 $A_{ol}$ 與共模增益 $A_{cm}$ 的比值。這個比值就是共模拒斥比 CMRR。

$$CMRR = \frac{A_{ol}}{A_{cm}}$$

公式 **9-1**

CMRR 越高，效果越好。很高的 CMRR 代表開迴路增益 $A_{ol}$ 高而共模增益 $A_{cm}$ 低。

CMRR 通常以分貝 (dB) 表示如下

$$CMRR = 20 \log\left(\frac{A_{ol}}{A_{cm}}\right)$$

公式 **9-2**

開迴路電壓增益完全由內部電路設計來決定。開迴路電壓增益可以高達 1,000,000,000 或更大(120 dB)，而且並非*一個容易控制的參數*。一般而言，很高開迴路電壓增益是較好的，但是某些較快速的運算放大器，其增益值(數千)是較低的。元件規格書通常把開迴路電壓增益稱為*大訊號 (large-signal) 電壓增益*。即使開迴路增益是無因次單位，規格書中常以 V/mV 或是 V/μV 表示很大的增益值。因此，電壓增益 200,000 可以 200V/mV 來表示。

舉例來說，CMRR 為 100,000，代表想要的輸入訊號 (差動) 會比不想要的訊號 (共模) 還要放大 100,000 倍。因此，若差動輸入訊號和共模雜訊的振幅相等，那麼想要的訊號出現在輸出時它的振幅是雜訊的 100,000 倍。如此一來基本上雜訊或干擾就被消除了。

CMRR 與共模信號的頻率是相關的。當共模信號的頻率上升，共模拒斥比 CMRR 則會下降。製造商會公開共模拒斥比為頻率函數的關係曲線圖。圖 9-7 表示一個高品質運算放大器的共模拒斥比為共模頻率的函數響應曲線。如你所見，在很低的頻帶拒斥(rejection)效果較好。

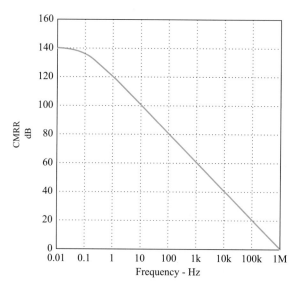

▲ 圖 9-7　CMRR 為頻率的函數。

---

**例 題　9-1**　某個運算放大器的開迴路差動電壓增益為 1000V/mV，而共模增益為 0.4。試求 CMRR 為多少分貝。

解　　$A_{ol}$ = 1000V/mV = 1,000,000 且 $A_{cm}$ = 0.4。所以，

$$CMRR = \frac{A_{ol}}{A_{cm}} = \frac{1,000,000}{0.4} = \mathbf{2,500,000}$$

以分貝表示，

$$CMRR = 20\log(2,500,000) = \mathbf{128dB}$$

相 關 習 題*　已知一個開迴路差動電壓增益為 85,000 而共模增益為 0.25 的運算放大器，試求其 CMRR，並以分貝表示。

*答案可在以下網站找到 www.pearsonglobaleditions.com(搜索 ISBN:1292222999)

*最大輸出電壓擺幅 (Maximum Output Voltage Swing, $V_{O(p-p)}$)* 在沒有輸入訊號的情況下，運算放大器理想的輸出值應該是 0 V(伏特)。此輸出值稱為*靜態輸出電壓(quiescent output voltage)*。在有輸入訊號的情況下，理想的峰值輸出極限值應該是 $\pm V_{CC}$。實際輸出可以很接近這個理想值，卻永遠無法達到。$V_{O(p-p)}$ 值隨著連接運算放大器的負載而變化，負載阻抗越大，$V_{O(p-p)}$值也越大。舉例來說，快捷 KA741 資料表顯示，若提供的 $V_{CC}$電壓是 $\pm15V$，負載 $R_L$ 是 2 kΩ，則典型的輸出電壓$V_{O(p-p)}$ 峰對峰值是 $\pm13V$。如果負載 $R_L = 10$ kΩ，則輸出電壓$V_{O(p-p)}$峰對峰值會增加到 $\pm14V$。

有些運算放大器並沒有同時使用正負供應電壓。一個例子是當單直流電源用於運算放大器，用來驅動類比數位轉換器(於進階篇第 14 章討論)。在這個例子，運算放大器的輸出是設計運作於接地與正電源，或接近正電源，的滿刻度輸出。運算放大器工作於單電源，使用$V_{OH}$與$V_{OL}$來表示最大和最小輸出電壓。(注意這與數位上所定義的$V_{OL}$和$V_{OH}$不相同)

*輸入抵補電壓 (Input Offset Voltage)* 理想的運算放大器在輸入電壓為零時，產生的輸出也是零伏特。然而，實際的運算放大器在沒有施加差動輸入電壓的情況下，輸出端還是會出現一個微小的直流電壓 $V_{OUT(error)}$。其主要的原因是在運算放大器的差動放大器輸入級，基極－射極電壓會有些微不相等。

如同運算放大器特性資料表所指出的，*輸入抵補電壓(Input Offset Voltage, $V_{OS}$)*是為了強迫輸出成為零伏特，需要在輸入端間產生的差動直流電壓。輸入抵補電壓的標準值大約在 2 mV 或更少。在理想狀況下它是 0 V。

*輸入抵補電壓漂移(input offset voltage drift)*是一個和$V_{OS}$有關的參數，它是指溫度每改變 度，輸入抵補電壓會產生多少變動。標準值的範圍從大約每攝氏度 5 $\mu$V 到每攝氏一度 50 $\mu$V。通常有越高輸入抵補電壓時，運算放大器會有越大的漂移。

*輸入偏壓電流 (Input Bias Current)* 我們已經知道，雙極 (bipolar) 差動放大器的輸入端是電晶體的基極，因此輸入電流就是基極電流。

*輸入偏壓電流(input bias current)*是為了讓放大器的第一級能正常操作，必須在輸入端施加的直流電流。由定義上來看，輸入偏壓電流是兩個輸入電流的平均值，並且可利用下列方式計算：

$$I_{BIAS} = \frac{I_1 + I_2}{2}$$

公式 9-3

輸入偏壓電流的觀念如圖 9-8 所示。

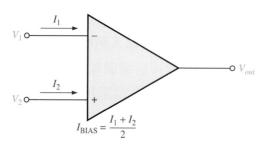

$$I_{BIAS} = \frac{I_1 + I_2}{2}$$

▲ 圖 9-8　輸入偏壓電流為運算放大器兩個輸入電流的平均值。

**輸入阻抗 (Input Impedance)**　基本運算放大器的輸入阻抗有差動與共模兩種模式。*差動輸入阻抗(differential input impedance)*是在反相與非反相輸入端之間的總電阻,如圖 9-9(a)所示。差動輸入阻抗可在提供差動輸入電壓後,測量其偏壓電流的變動量來求出。*共模輸入阻抗(common-mode input impedance)*是每個輸入端到地之間的電阻值,且它可以藉由提供共模輸入電壓產生指定的變動量後,測量偏壓電流的變動量來求得。這可由圖 9-9(b)來說明。

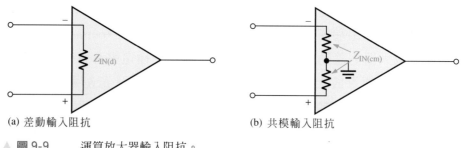

(a) 差動輸入阻抗　　　　　　　　　　(b) 共模輸入阻抗

▲ 圖 9-9　運算放大器輸入阻抗。

**輸入抵補電流 (Input Offset Current)**　理論上,兩個輸入端的偏壓電流是相等的,因此它們的差值為零。然而,在實際的運算放大器中,偏壓電流不一定會完全一樣。

　　*輸入抵補電流(input offset current , $I_{OS}$ )*為輸入偏壓電流的差值,以絕對值表示。

**公式 9-4**

$$I_{OS} = |I_1 - I_2|$$

抵補電流的實際振幅通常要比偏壓電流小一個級數 (十倍) 以上。在許多應用電路中,抵補電流是可以忽略的。然而,高增益、高輸入阻抗的放大器應該盡可能有越小的 $I_{OS}$ 越好,因為電流差值在流過大輸入電阻後,會產生不可忽略的抵補電壓,如圖 9-10 所示。

▶ 圖 9-10

輸入抵補電流的影響。

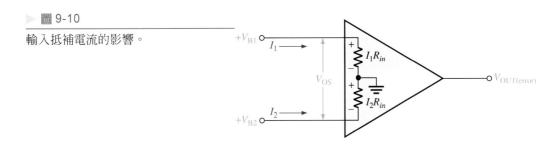

由輸入抵補電流所形成的抵補電壓為

$$V_{OS} = I_1 R_{in} - I_2 R_{in} = (I_1 - I_2)R_{in}$$

$$V_{OS} = I_{OS}R_{in}$$ 公式 9-5

運算放大器的增益 $A_v$ 會將 $I_{OS}$ 引起的誤差放大,並出現在輸出端,其大小為

$$V_{OUT(error)} = A_v I_{OS}R_{in}$$ 公式 9-6

隨溫度改變的抵補電流會影響誤差電壓。一般的抵補電流溫度係數範圍是每攝氏一度變化 0.5 nA。

***輸出阻抗 (Output Impedance)*** 輸出阻抗是從運算放大器的輸出端看進去的電阻值,如圖 9-11 所示。

▶ 圖 9-11

運算放大器輸出阻抗。

***迴轉率 (Slew Rate)*** 輸出電壓對應於步級式輸入電壓的最大改變率即是運算放大器的**迴轉率(Slew rate)**。迴轉率和運算放大器內部各級放大器的高頻響應相關。

迴轉率可以利用圖 9-12(a)中的運算放大器測量。這種特殊的運算放大器連接方式是一個增益為 1 的非反相電路型態,將會在 9-4 節中進行討論。它會產生

最極端狀況下 (最慢的) 的迴轉率。請回想一下，步級電壓的高頻成分是包含在上升邊緣，且放大器的上臨界頻率將限制放大器對步級輸入的反應。對步級輸入來說，輸出的斜率和上臨界頻率成反比。斜率會隨著上臨界頻率減少而增加。

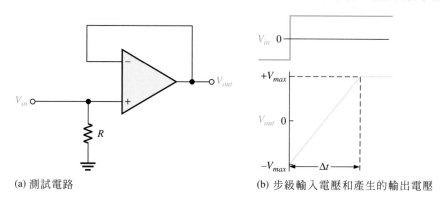

(a) 測試電路                    (b) 步級輸入電壓和產生的輸出電壓

▲ 圖 9-12　迴轉率的測量。

如圖所示施加一個脈衝到輸入端，理想的輸出電壓如圖 9-12(b) 所示。輸入脈衝的寬度必須足夠讓輸出電壓可以從它的下限電壓變動到它的上限電壓，如圖所示。由圖中可以看出，在輸入步級訊號後，輸出電壓需要一個時間區隔 $\Delta t$，以便從它的下限電壓 $-V_{max}$ 到達它的上限電壓 $+V_{max}$。迴轉率可表示為

公式　9-7

$$迴轉率 = \frac{\Delta V_{out}}{\Delta t}$$

其中 $\Delta V_{out} = +V_{max} - (-V_{max})$。迴轉率的單位是每微秒幾伏特 (V/$\mu$s)。

---

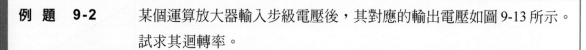

例題　9-2　　某個運算放大器輸入步級電壓後，其對應的輸出電壓如圖 9-13 所示。試求其迴轉率。

▶ 圖 9-13

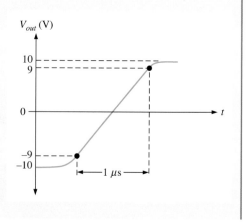

解　輸出在 $1\,\mu s$ 內從下限電壓到達上限電壓。因為這並不是理想的響應，所以上下限取在 90% 處，如圖所示。因此上限為 $+9\,V$ 而下限為 $-9\,V$。則迴轉率為

$$迴轉率 = \frac{\Delta V_{out}}{\Delta t} = \frac{+9\,V - (-9\,V)}{1\,\mu s} = 18\,V/\mu s$$

相關習題　當施加一個脈衝到運算放大器時，輸出電壓在 $0.75\,\mu s$ 內由 $-8\,V$ 達到 $+7\,V$。請問迴轉率為多少？

**頻率響應 (Frequency Response)**　組成運算放大器的內部各級放大器，其電壓增益都受限於接面電容。雖然在運算放大器中的差動放大器和之前所討論的基本放大器有些許不同，但原理仍相同。不過運算放大器並沒有內部耦合電容，所以低頻響應會向下延伸至直流 (0 Hz)。

**雜訊規範 (Noise Specification)**　雜訊在新的電路設計成為更重要的問題，因為需要運作於更低的電壓，以及相較於過去更高的精準度。微小如 2~3 微伏會在類比數位轉換上造成錯誤。許多感測器只產生非常微小的電壓，卻會被雜訊所覆蓋。結果，來自於運算放大器和元件的不需要雜訊會降低電路的效能。

　　雜訊被定義為影響所需信號品質的不需要信號。當干擾來自於外部來源而被認定為雜訊(像是鄰近的電源線路)，對於運算放大器的規格，並沒有將干擾包括在內。只有運算放大器所產生的雜訊會被列入雜訊規格中。當運算放大器加入一個電路中，額外的雜訊會來自於其他電路元件，像是回授電阻或任何感測器。例如，所有的電阻都會產生熱雜訊(thermal noise)—即使只座落在一部分的元件中，電路設計者們必須考量到電路中所有的來源，但在此關注的是運算放大器規格的雜訊，僅考慮到運算放大器。

　　雜訊有兩種基本形式。在低頻，雜訊與頻率成反比，稱為$1/f$雜訊或"粉紅雜訊"。在臨界雜訊頻率之上，雜訊會變得平坦且平均散佈於頻譜中，這被稱為"白雜訊"。雜訊的功率分佈是以瓦/赫茲(W/Hz)來量測。功率與電壓的平方成正比，因此雜訊電壓(密度)可以藉由功率密度的平方根得到，結果是以電壓/頻率(赫茲)的平方根($V/\sqrt{Hz}$)為單位。對於運算放大器，雜訊準位通常以$nV/\sqrt{Hz}$為單位表示，是在雜訊臨界頻率之上的特定頻率，指定相對於輸入的準位。例

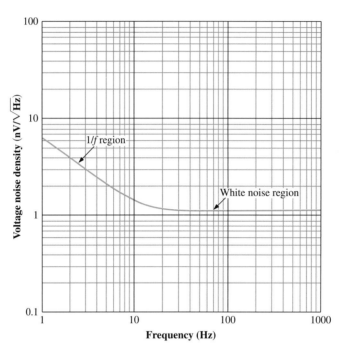

▲ 圖 9-14 典型的運算放大器的雜訊頻率函數。

如，在圖 9-14 表示為一個非常低雜訊的運算放大器的雜訊準位圖，對於這個運算放大器的規格表示，在 1 kHz的輸入電壓雜訊密度是 1.1 nV/$\sqrt{\text{Hz}}$。在低頻率，因為1/$f$雜訊的貢獻，如同讀者在此圖所見，雜訊準位比這個還高。

## 運算放大器參數的比較 (Comparison of Op-Amp Parameters)

表 9-1 提供了一些具代表性的運算放大器選定參數值的比較。如同在這個表中所見，在某些規格上有相當大的差異。所有的設計都具備某些妥協，為了讓設計者能夠將一個參數作最佳化，他們經常必須犧牲其它的參數。對於特定的應用所選定的運算放大器，取決於哪些參數是重要且必須被最佳化。參數是取決於在何種條件下所測量的。對於這些規格的任何細節，可參照特性資料表。

▼ 表 9-1

| OP-AMP | CMRR (dB) (TYP) | 開環路電壓增益 (dB) (TYP) | 增益頻寬乘積 (MHz) (TYP) | 輸入抵補電壓 (mV) (MAX) | 輸入偏壓電流 (nA) (MAX) | 轉動率 (V/μs) (TYP) | 備 註 |
|---|---|---|---|---|---|---|---|
| AD8009 | 50 | N/A | 320[1] | 5 | 150 | 5500 | 極高速、低失真、使用電流回授 |
| AD8055 | 82 | 71 | | 5 | 1200 | 1400 | 低雜訊、高速、高頻寬、增益平坦度 0.1 dB、視頻驅動 |
| ADA4891 | 68 | 90[2] | | 2500 | 0.002 | 170 | CMOS極低偏壓電流、高速、適用於視頻放大器 |
| ADA4092 | 85 | 118 | 1.3 | 0.2 | 50 | 0.4 | 單電源供應(2.7 V 至 36 V)或雙電源供應工作模式、低功率 |
| AD797 | 120 | 86 | 110 | 0.03 | 250 | 20 | 通用低雜訊 |
| FAN4931 | 73 | 102 | 4 | 6 | 0.005 | 3 | 低成本CMOS、低功率、10mV輸出擺幅、極高輸入阻抗 |
| FHP3130 | 95 | 100 | 60 | 1 | 1800 | 110 | 高電流輸出(至100mA) |
| LM741C | 70 | 106 | 1 | 6 | 500 | 0.5 | 通用過載保護、工業規格 |
| LM7171 | 110 | 90 | 100 | 1.5 | 1000 | 3600 | 高速、高CMRR、適合作為儀表放大器 |
| LMH6629 | 87 | 79 | 800[3] | 0.15 | 23000 | 530 | 快速、超低雜訊、低電壓 |
| OP177 | 130 | 142 | | 0.01 | 1.5 | 0.3 | 超高精準度、非常高CMRR與穩定度 |
| OPA369 | 114 | 134 | 0.012 | 0.25 | 0.010 | 0.005 | 極低功率、低電壓、軌對軌 |
| OPA378 | 100 | 110 | 0.9 | 0.02 | 0.15 | 0.4 | 精準、非常低飄移、低雜訊 |
| OPA847 | 110 | 98 | 3900 | 0.1 | 42,000 | 950 | 極低雜訊、高頻寬放大器、電壓回授 |

[1] 取決於增益；所表示的增益＝10
[2] 取決於增益；所表示的增益＝2
[3] 小信號

　　大部分的運算放大器都有三個重要特色：短路保護、防鎖死特性和輸入抵補歸零。短路保護可防止在輸出變成短路時產生的電路損壞，而防鎖死特性可防止運算放大器在特定的輸入情況下，被鎖死在某一個輸出狀態(高或低電壓位準)中。輸入抵補歸零可藉由外部電位計來達成，它可以將輸出電壓在沒有輸入電壓時精確地設定在零電位。

第9-2節 隨堂測驗　1. 辨識單端差動與雙端差動之間的差異。
2. 定義共模拒斥(common-mode rejection)？
3. 對開迴路差動增益值已知的運算放大器而言，較高的共模增益會產生較高還是較低的共模拒斥比(CMRR)？
4. 列出至少十個運算放大器參數。
5. 如何測量迴轉率？

# 9-3　負回授 (Negative Feedback)

負回授(Negative feedback)是電子學中最有用的觀念之一，特別是在運算放大器的應用中。負回授是指放大器的一部分輸出電壓被送回輸入端的過程，其相位角和輸入訊號相反(或由輸入訊號減去)。

在學習完本節的內容後，你應該能夠

◆ **解釋運算放大器的負回授**
◆ 討論為何要使用負回授
　　◆ 描述負回授對於部分運算放大器參數的影響

負回授概念如圖 9-15 所示。反相 (−) 輸入可以有效地讓回授信號與輸入信號呈 180°反相。

▶ 圖 9-15

負回授的圖解說明。

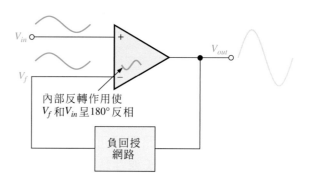

內部反轉作用使
$V_f$ 和$V_{in}$呈180° 反相

負回授
網路

## 為什麼使用負回授？(Why Use Negative Feedback?)

如表 9-1 所看到的，一般的運算放大器本身所具有的開迴路電壓增益非常大 (通常超過 100,000)。因此，一個極小的輸入電壓就可將運算放大器驅動進入飽和輸出狀態。事實上，甚至運算放大器的輸入抵補電壓也可讓它進入飽和狀態。舉例來說，假設 $V_{IN} = 1$ mV 以及 $A_{ol} = 100,000$ 。則

$$V_{IN}A_{ol} = (1\text{ mV})(100,000) = 100\text{ V}$$

因為運算放大器的輸出位準不可能達到 100 V，所以它會被驅動深入到飽和區，而且輸出會被限制在它的最大輸出位準，如圖 9-16 所示是輸入電壓分別為正和負 1 mV。

▶ 圖 9-16

在沒有負回授情況下，一個小輸入電壓就會使運算放大器到達它的輸出極限，而且它會變成非線性。

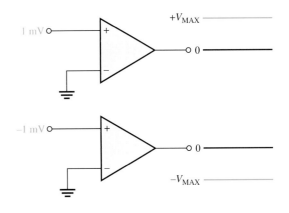

沒有負回授的運算放大器，其應用通常被侷限在比較器的應用電路中(在第十章中將會討論)。利用負回授，可以降低和控制閉迴路電壓增益 ($A_{cl}$)，因此運算放大器的功能像線性放大器一樣。除了提供一個可控制、穩定的電壓增益之外，負回授也可用來控制輸入和輸出阻抗，以及放大器頻寬。表 9-2 摘要列出負回授對運算放大器性能的一般影響。

▼ 表 9-2

|  | 電壓增益 | 輸入阻抗 $Z$ | 輸出阻抗 $Z$ | 頻　寬 |
|---|---|---|---|---|
| 無負回授 | $A_{ol}$ 對線性放大器應用電路來說太高 | 相對較高<br>(參見表 9-1) | 相對較低 | 相對而言較窄<br>(因為增益很高) |
| 有負回授 | $A_{cl}$ 可藉著回授電路調整到所要求的數值 | 可依電路種類增加或減少到所需的數值 | 可以降低到所需要的數值 | 很寬 |

| 第9-3節　隨堂測驗 | 1. 在運算放大器電路中，負回授的優點是什麼？ |
|---|---|
| | 2. 為什麼通常將運算放大器的增益從開迴路增益值往下降低是必要的？ |

## 9-4 具有負回授的運算放大器 (OP-AMPs with Negative Feedback)

運算放大器負回授連接方式可以使增益穩定以及增加頻率響應。負回授會將輸出的一部分反相回授到輸入端，因而有效地降低增益值。閉迴路增益通常比開迴路增益小很多，且與開迴路增益基本上沒有什麼關連。

在學習完本節的內容後，你應該能夠

♦ **以負回授分析運算放大器**
♦ 討論閉迴路電壓增益
♦ 辨識與分析非反相運算放大器的電路型態
♦ 辨識與分析電壓隨耦器的電路型態
♦ 辨識與分析反相放大器的電路型態

### 閉迴路電壓增益 $A_{cl}$ ( $A_{cl}$ ,Closed-Loop Voltage Gain)

閉迴路電壓增益(**Closed-loop voltage gain**)為具有外部回授的運算放大器電壓增益。放大器的電路型態是由運算放大器和連接輸出端到反相輸入端的外部負回授電路所組成。閉迴路電壓增益是由外部元件值決定，而且可以利用這些元件來精確地加以控制。

### 非反相放大器 (Noninverting Amplifier)

圖 9-17 顯示運算放大器以閉迴路的電路型態連接成的非反相放大器 (**Noninverting amplifier**)，可控制其電壓增益。其輸入訊號施加在非反相 (＋) 輸入端。輸出經由輸入電阻 $R_i$ 和回授電阻 $R_f$ 所形成的回授電路 (閉迴路) 送回到反相 (－) 輸入端。這會產生如下所述的負回授。電阻 $R_i$ 和 $R_f$ 形成一個分壓器電路，降低了 $V_{out}$ 並且將這個下降電壓 $V_f$ 連接回反相輸入端。回授電壓可以表示為

$$V_f = \left( \frac{R_i}{R_i + R_f} \right) V_{out}$$

▶ 圖 9-17
非反相放大器。

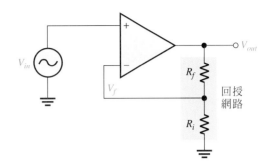

　　輸入電壓 $V_{in}$ 和回授電壓 $V_f$ 之間的差值，是運算放大器的差動輸入，如圖 9-18 所示。運算放大器的開迴路電壓增益 ($A_{ol}$) 將這個差動電壓放大，產生的輸出電壓可以表示爲

$$V_{out} = A_{ol}(V_{in} - V_f)$$

回授電路的衰減率B，是

$$B = \frac{R_i}{R_i + R_f}$$

在 $V_{out}$ 公式中，用 $BV_{out}$ 替換 $V_f$

$$V_{out} = A_{ol}(V_{in} - BV_{out})$$

然後應用基本代數運算，

$$V_{out} = A_{ol}V_{in} - A_{ol}BV_{out}$$
$$V_{out} + A_{ol}BV_{out} = A_{ol}V_{in}$$
$$V_{out}(1 + A_{ol}B) = A_{ol}V_{in}$$

▶ 圖 9-18
差動輸入，$V_{in} - V_f$。

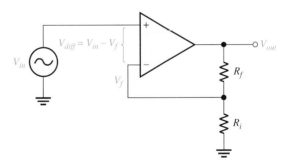

因爲圖 9-17 中放大器的總電壓增益爲 $V_{out}/V_{in}$，所以它可表示爲

$$\frac{V_{out}}{V_{in}} = \frac{A_{ol}}{1 + A_{ol}B}$$

乘積 $A_{ol}B$ 通常比 1 大許多，因此方程式可簡化爲

$$\frac{V_{out}}{V_{in}} \cong \frac{A_{ol}}{A_{ol}B} = \frac{1}{B}$$

非反相 (NI) 放大器的閉迴路增益是回授電路 (分壓器) 衰減率 ($B$) 的倒數。

$$A_{cl(\text{NI})} = \frac{V_{out}}{V_{in}} \cong \frac{1}{B} = \frac{R_i + R_f}{R_i}$$

所以,

公式 9-8

$$A_{cl(\text{NI})} = 1 + \frac{R_f}{R_i}$$

請注意,在 $A_{ol}B \gg 1$ 的條件下,閉迴路電壓增益和運算放大器的開迴路電壓增益並沒有關連。經由選擇 $R_i$ 和 $R_f$ 的數值,可以設定閉迴路增益值。

---

例 題 9-3 試求圖 9-19 中放大器的閉迴路電壓增益。

▶ 圖 9-19

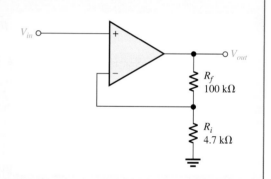

解 這是一個非反相運算放大器的電路型態。因此,閉迴路電壓增益為

$$A_{cl(\text{NI})} = 1 + \frac{R_f}{R_i} = 1 + \frac{100\,\text{k}\Omega}{4.7\,\text{k}\Omega} = \mathbf{22.3}$$

相 關 習 題 若圖 9-19 中的 $R_f$ 增加到 150 kΩ,試求閉迴路增益。

---

## 電壓隨耦器 (Voltage-Follower)

電壓隨耦器 (**Voltage-follower**) 電路型態是非反相放大器中的一種特殊電路,它將所有的輸出電壓都直接回饋到反相 (−) 輸入端,如圖 9-20 所示。我們可以從中看出,直接回授的連接方式使得電壓增益為 1(這意謂著沒有增益)。非反相放大器的閉迴路電壓增益為 $1/B$,這在前面已經推導過。因為電壓隨耦器的 $B = 1$,所以電壓隨耦器的閉迴路電壓增益為

公式 9-9

$$A_{cl(\text{VF})} = 1$$

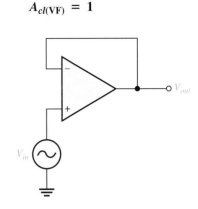

▷ 圖 9-20　運算放大器電壓隨耦器。

$$A_{cl(\text{VF})} = 1$$

　　電壓隨耦器電路型態最重要的特色就是它具有很高的輸入阻抗和很低的輸出阻抗。這些特色使它非常接近理想緩衝放大器，可作為連接高阻抗信號源和低阻抗負載的中介電路。這將在 9-5 節中更進一步討論。

## 反相放大器 (Inverting Amplifier)

圖 9-21 顯示出一個由運算放大器連接而成的反相放大器(**Inverting amplifier**)，具有可控制的電壓增益。輸入訊號經過串聯的輸入電阻施加到反相(−)輸入端。同樣地，輸出訊號會經過$R_f$回授到相同的輸入端。非反相(＋)輸入端則是接地。

▷ 圖 9-21

反相放大器。

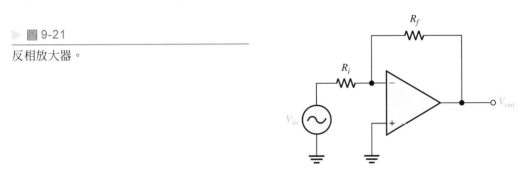

　　此時，前面提到的理想運算放大器的參數，對簡化這個電路的分析工作會很有幫助。尤其是無限大輸入阻抗的概念更是特別有用。無限大的輸入阻抗意謂著反相輸入端的電流為零。如果沒有電流通過輸入阻抗，則在反相和非反相輸入端之間就一定沒有電壓降。因為非反相(＋)輸入端接地，這意謂著在反相(−)輸入端的電壓也為零。這種反相輸入端點上電壓為零的現象，稱為*虛接地 (virtual ground)*。需記住，在實際電路中，由於虛接地存在有負回授及高的開迴路增益，雖然近似於接地，但仍有一極小電壓存在。這種情況顯示在圖 9-22(a)中。

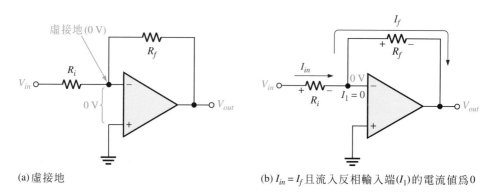

(a) 虛接地　　　　　　　　　　　(b) $I_{in} = I_f$ 且流入反相輸入端($I_1$)的電流值為0

▲ 圖 9-22　　反相放大器的虛接地觀念和閉迴路電壓增益的推導。

　　因為在反相輸入端沒有電流流入，所以通過 $R_i$ 的電流和通過 $R_f$ 的電流會相等，如圖 9-22(b)所示。

$$I_{in} = I_f$$

因為電阻的另一端為虛接地，所以 $R_i$ 兩端的電壓等於 $V_{in}$。所以，

$$I_{in} = \frac{V_{in}}{R_i}$$

同時，$R_f$ 兩端的電壓等於 $-V_{out}$，這是因為虛接地的緣故，所以，

$$I_f = \frac{-V_{out}}{R_f}$$

因為 $I_f = I_{in}$，

$$\frac{-V_{out}}{R_f} = \frac{V_{in}}{R_i}$$

重新整理後，

$$\frac{V_{out}}{V_{in}} = -\frac{R_f}{R_i}$$

當然，$V_{out}/V_{in}$ 為反相 (I) 放大器的總增益。

公式　9-10

$$A_{cl(\mathrm{I})} = -\frac{R_f}{R_i}$$

　　公式 9-10 顯示反相放大器的閉迴路電壓增益 ($A_{cl(\mathrm{I})}$)，為回授電阻 ($R_f$) 與輸入電阻 ($R_i$) 的比值。*閉迴路增益 (closed-loop gain)* 和運算放大器*內部開迴路增益 (internal open-loop gain)* 沒有關連。因此，負回授能夠穩定電壓增益。其中負號代表反相的意思。

例　題　9-4　　根據圖 9-23 中運算放大器電路型態，試求可產生 −100 的閉迴路電壓增益所需要的 $R_f$ 值。

▶ 圖 9-23

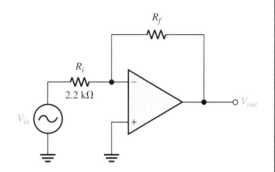

解　　已知 $R_i$ = 2.2 kΩ 且閉迴路增益的絕對值 $|A_{cl(\mathrm{I})}|$ = 100，根據以下計算式算出 $R_f$：

$$|A_{cl(\mathrm{I})}| = \frac{R_f}{R_i}$$

$$R_f = |A_{cl(\mathrm{I})}|R_i = (100)(2.2\,\mathrm{k\Omega}) = \mathbf{220\,k\Omega}$$

相關習題　　如果將圖 9-23 中的 $R_i$ 改變為 2.7 kΩ，則產生絕對值為 25 的閉迴路增益所需要的 $R_f$ 值為何？

第9-4節　隨堂測驗　　1. 負回授的主要功能為何？

2. 討論過的每個運算放大器電路型態的閉迴路電壓增益，都和運算放大器的內部開迴路電壓增益有關。(對或錯)

3. 一個非反相運算放大器電路型態的負回授電路具有 0.02 的衰減率。則放大器的閉迴路增益為何？

4. 何謂虛接地？

# 9-5 負回授對運算放大器阻抗的影響

## (Effects of Negative Feedback on OP-AMP Impedances)

負回授會影響運算放大器的輸入和輸出阻抗。在這一節中，我們會對非反相或反相放大器雙方都加以討論。

在學習完本節的內容後，你應該能夠

 ◆ **討論負回授如何影響運算放大器的阻抗**
 ◆ 分析非反相放大器的阻抗
   ◆ 計算輸入阻抗
   ◆ 計算輸出阻抗
 ◆ 分析電壓隨耦器的阻抗
   ◆ 計算輸入阻抗與輸出阻抗
 ◆ 分析反相放大器阻抗
   ◆ 計算輸入阻抗
   ◆ 計算輸出阻抗

### 非反相放大器的阻抗 (Impedances of the Noninverting Amplifier)

*輸入阻抗 (Input Impedance)* 利用圖 9-24，可以推導出非反相放大器的輸入阻抗。為了分析，假設有一個微小的差動電壓 $V_d$ 存在於兩個輸入端之間，如圖所示。這表示我們不能假設運算放大器輸入阻抗為無限大或是輸入電流為零。將輸入電壓表示成

$$V_{in} = V_d + V_f$$

以 $BV_{out}$ 替換回授電壓 $V_f$ 後產生

$$V_{in} = V_d + BV_{out}$$

記住，$B$ 是負回授電路的衰減，其值等於 $R_i/(R_i+R_f)$。

因為 $V_{out} \cong A_{ol}V_d$ （$A_{ol}$ 為運算放大器的開迴路增益），

$$V_{in} = V_d + A_{ol}BV_d = (1 + A_{ol}B)V_d$$

再以 $I_{in} Z_{in}$ 替代 $V_d$，

$$V_{in} = (1 + A_{ol}B)I_{in}Z_{in}$$

其中 $Z_{in}$ 為運算放大器的開迴路輸入阻抗 (在沒有回授的情況下)。

$$\frac{V_{in}}{I_{in}} = (1 + A_{ol}B)Z_{in}$$

$V_{in}/I_{in}$ 為閉迴路非反相放大器電路型態的總輸入阻抗。

$$Z_{in(\text{NI})} = (1 + A_{ol}B)Z_{in} \qquad \text{公式 } \textbf{9-11}$$

這個方程式顯示具有負回授的非反相放大器的輸入阻抗，比運算放大器本身的內部輸入阻抗 (沒有回授) 還要大很多。

▶ 圖 9-24

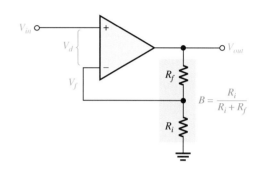

*輸出阻抗 (Output Impedance)* 阻抗表示式。

利用圖 9-25，可以推導出非反相放大器的輸出

▶ 圖 9-25

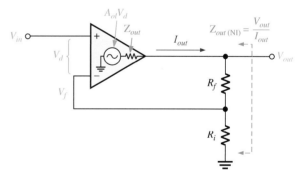

　　將克希荷夫電壓定律應用到輸出電路中，

$$V_{out} = A_{ol}V_d - Z_{out}I_{out}$$

差動輸入電壓為 $V_d = V_{in} - V_f$，所以，如果假設 $A_{ol}V_d \gg Z_{out}I_{out}$，則可以將輸出電壓表示為

$$V_{out} \cong A_{ol}(V_{in} - V_f)$$

以 $BV_{out}$ 替代 $V_f$，

$$V_{out} \cong A_{ol}(V_{in} - BV_{out})$$

展開並提出公因式後會得到

$$V_{out} \cong A_{ol}V_{in} - A_{ol}BV_{out}$$

$$A_{ol}V_{in} \cong V_{out} + A_{ol}BV_{out} \cong (1 + A_{ol}B)V_{out}$$

因爲非反相放大器電路型態的輸出阻抗爲 $Z_{out(NI)} = V_{out}/I_{out}$，我們可以用 $I_{out}Z_{out(NI)}$
替換 $V_{out}$，所以，

$$A_{ol}V_{in} = (1 + A_{ol}B)I_{out}Z_{out(NI)}$$

將上面的式子兩邊都除以 $I_{out}$，

$$\frac{A_{ol}V_{in}}{I_{out}} = (1 + A_{ol}B)Z_{out(NI)}$$

因爲在沒有回授的情形下，$A_{ol}V_{in} = V_{out}$，所以左邊那一項爲運算放大器內部輸出
阻抗 ($Z_{out}$)。所以，

$$Z_{out} = (1 + A_{ol}B)Z_{out(NI)}$$

因此，

**公式 9-12**

$$Z_{out(NI)} = \frac{Z_{out}}{1 + A_{ol}B}$$

由這個方程式可看出具有負回授的非反相放大器的輸出阻抗，會比運算放大器
本身 (無回授的情況) 的內部輸出阻抗 $Z_{out}$ 還要小很多，這是因爲 $Z_{out}$ 被除以
$1 + A_{ol}B$ 的緣故。下一例題中，輸出阻抗在實際情況可以假設爲零。

**例題 9-5**

**(a)** 試求圖 9-26 中放大器的輸入和輸出阻抗。若運算放大器特性資料
表中 $Z_{in} = 2$ MΩ，$Z_{out} = 75$ Ω，且 $A_{ol} = 200,000$。

**(b)** 求閉迴路電壓增益。

▶ **圖 9-26**

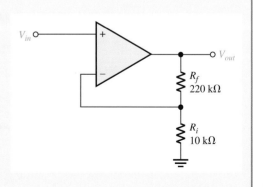

**解** **(a)** 回授電路的衰減率 $B$ 爲

$$B = \frac{R_i}{R_i + R_f} = \frac{10\,\text{k}\Omega}{230\,\text{k}\Omega} = 0.0435$$

$$Z_{in(\text{NI})} = (1 + A_{ol}B)Z_{in} = [1 + (200{,}000)(0.0435)](2\,\text{M}\Omega)$$

$$= (1 + 8700)(2\,\text{M}\Omega) = \mathbf{17.4\,G\Omega}$$

因為這個值相當的大，所以實際應用時可以假設為無限大，視同理想情況。

$$Z_{out(\text{NI})} = \frac{Z_{out}}{1 + A_{ol}B} = \frac{75\,\Omega}{1 + 8700} = \mathbf{8.6\,m\Omega}$$

因為這個值相當的小，所以實際應用時可以假設為零，視同理想情況。

**(b)** $A_{cl(\text{NI})} = 1 + \dfrac{R_f}{R_i} = 1 + \dfrac{220\,\text{k}\Omega}{10\,\text{k}\Omega} = \mathbf{23.0}$

相 關 習 題　**(a)** 由運算放大器特性資料表可知 $Z_{in} = 3.5\,\text{M}\Omega$，$Z_{out} = 82\,\Omega$ 以及 $A_{ol} = 135{,}000$，試求圖 9-26 中的輸入和輸出阻抗。

**(b)** 試求 $A_{cl}$。

## 電壓隨耦器的阻抗 (Voltage-Follower Impedances)

因為電壓隨耦器是非反相放大器電路型態的一種特殊線路，所以可使用相同的阻抗公式，但是 $B = 1$。

$$Z_{in(\text{VF})} = (1 + A_{ol})Z_{in} \qquad\qquad \text{公 式}\quad \mathbf{9\text{-}13}$$

$$Z_{out(\text{VF})} = \frac{Z_{out}}{1 + A_{ol}} \qquad\qquad \text{公 式}\quad \mathbf{9\text{-}14}$$

我們可以從中看出，在已知 $A_{ol}$ 和 $Z_{in}$ 的條件下，電壓隨耦器的輸入阻抗會比具有分壓器回授電路的非反相放大器還要大。同時，它的輸出阻抗會小很多。

例 題　**9-6**　　將例題 9-5 中同一個運算放大器使用在電壓隨耦器的電路型態中。試求輸入和輸出阻抗。

解　　因為 $B = 1$，

$$Z_{in(VF)} = (1 + A_{ol})Z_{in} = (1 + 200,000)(2\ \text{M}\Omega) \cong \mathbf{400\ G\Omega}$$

$$Z_{out(VF)} = \frac{Z_{out}}{1 + A_{ol}} = \frac{75\ \Omega}{1 + 200,000} = \mathbf{375\ \mu\Omega}$$

請注意，從例題 9-5 中可知 $Z_{in(VF)}$ 比 $Z_{in(NI)}$ 大很多，而 $Z_{out(VF)}$ 比 $Z_{out(NI)}$ 小很多。再次說明，實際應用時可以假設爲理想值。

**相關習題** 如果這個例題中的運算放大器換成一個具有更高開迴路增益的運算放大器，則對輸入和輸出阻抗會有何影響？

## 反相放大器的阻抗 (Impedances of the Inverting Amplifier)

反相放大器電路型態的輸入和輸出阻抗，可以利用圖 9-27 加以導出。輸入訊號和負回授經由電阻同時施加到反相輸入 (−) 端點，如圖所示。

▶ 圖 9-27

反相放大器。

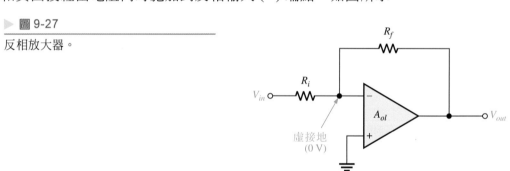

**輸入阻抗 (Input Impedance)**　反相放大器的輸入阻抗爲

**公式 9-15**
$$Z_{in(\text{I})} \cong R_i$$

這是因爲運算放大器的反相輸入端爲虛接地 (0 V)，且從輸入信號源看進來時，$R_i$ 爲接地，如圖 9-28 所示。

▶ 圖 9-28

**輸出阻抗 (Output Impedance)**　與非反相放大器的情況一樣，反相放大器的輸出阻抗會因負回授而降低。事實上，它的數學式和非反相放大器的一樣。

**公式 9-16**
$$Z_{out(\text{I})} = \frac{Z_{out}}{1 + A_{ol}B}$$

需注意的是，表示反向放大器輸出阻抗的公式 9-16 與表示非反向放大器輸出阻抗的公式 9-12 是相同的。無論非反相或反相放大器的輸出阻抗都很低，事實上，在實際情況下它幾乎爲零。因爲輸出阻抗很接近零，所以任何在限定值之內的負載阻抗都可以連接到運算放大器上，而不會影響到運算放大器的輸出電壓。負載限定值的範圍是由輸出電壓 $V_{O(p-p)}$ 的最大峰對峰值電壓擺幅，和運算放大器的限制電流來決定的。

**例 題 9-7** 試求出圖 9-29 中的輸入和輸出阻抗值。同時也試求其閉迴路電壓增

▶ 圖 9-29

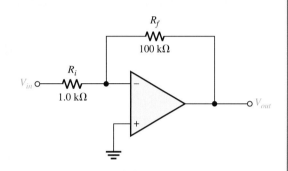

益。此運算放大器具有下列參數： $A_{ol} = 50,000$ ， $Z_{in} = 4\ \text{M}\Omega$ 和 $Z_{out} = 50\Omega$ 。

解　　　$Z_{in(I)} \cong R_i = \mathbf{1.0\,k\Omega}$

回授衰減率 $B$ 爲

$$B = \frac{R_i}{R_i + R_f} = \frac{1.0\,\text{k}\Omega}{101\,\text{k}\Omega} = 0.001$$

然後

$$Z_{out(I)} = \frac{Z_{out}}{1 + A_{ol}B} = \frac{50\ \Omega}{1 + (50,000)(0.001)}$$
$$= \mathbf{980\,m\Omega} \qquad\qquad \text{(所有實際狀況爲 0)}$$

閉迴路電壓增益爲

$$A_{cl(I)} = -\frac{R_f}{R_i} = -\frac{100\,\text{k}\Omega}{1.0\,\text{k}\Omega} = \mathbf{-100}$$

相 關 習 題　試求圖 9-29 中的輸入和輸出阻抗以及閉迴路電壓增益。運算放大器參數和電路元件數值如下： $A_{ol} = 100,000$ ， $Z_{in} = 5\,\text{M}\Omega$ ， $Z_{out} = 75\ \Omega$ ， $R_i = 560$ $\Omega$ 和 $R_f = 82\,\text{k}\Omega$ 。

| 第9-5節 隨堂測驗 | 1. 非反相放大器的輸入阻抗和運算放大器自己本身的輸入阻抗比較起來如何？ |
|---|---|
| | 2. 當運算放大器連接成電壓隨耦器電路型態時，它的輸入阻抗會增加還是減少？ |
| | 3. 假定 $R_f = 100 \, \text{k}\Omega$，$R_i = 2 \, \text{k}\Omega$，$A_{ol} = 120,000$，$Z_{in} = 2 \, \text{M}\Omega$ 和 $Z_{out} = 60 \, \Omega$，則反相放大器的 $Z_{in(I)}$ 和 $Z_{out(I)}$ 為何？ |

## 9-6 偏壓電流和抵補電壓 (Bias Current and Offset Voltage)

因為實際運算放大器與理想運算放大器的差異會影響到它的操作，所以我們必須對它和理想運算放大器的差異有所認知。運算放大器中的電晶體必須偏壓到具有正確的基極和集極電流值，以及集極對射極電壓值。理想的運算放大器在它的輸入端沒有輸入電流，但事實上，實際的運算放大器有很小的輸入偏壓電流，會在 nA 的範圍內。同時，運算放大器內部輕微的電晶體不平衡，就能有效地在兩個輸入端之間實際產生輕微的抵補電壓。這些非理想參數在 9-2 節已經討論過。

在學習完本節的內容後，你應該能夠

◆ **討論偏壓電流與抵補電壓**
   ◆ 描述輸入偏壓電流的影響
   ◆ 討論偏壓電流補償
      ◆ 解釋在電壓隨耦器的偏壓電流補償
      ◆ 解釋在非反相與反相放大器的偏壓電流補償
      ◆ 討論 BIFET 的使用
   ◆ 描述輸入抵補電壓的影響
   ◆ 討論輸入抵補電壓補償

### 輸入偏壓電流的影響 (Effect of Input Bias Current)

圖 9-30(a)是輸入電壓為零時的反相放大器。在理想狀況下，因為輸入電壓為零，所以通過 $R_i$ 的電流為零，於是在反相 (−) 輸入端的電壓為零。微小的輸入偏壓電流 $I_1$ 會從輸出端流過 $R_f$。$I_1$ 會在 $R_f$ 兩端造成電壓降，如圖所示。$R_f$ 上正電位那一端為輸出端，所以其輸出誤差電壓為 $I_1 R_f$，而原本它應該是零。

圖 9-30(b)是一個輸入電壓爲零以及信號源內阻爲 $R_s$ 的電壓隨耦器。在這個情況下，輸入偏壓電流 $I_1$ 會在 $R_s$ 上產生電壓降，並且如圖所示般產生輸出電壓誤差。因爲負回授會傾向使差動電壓維持爲零，所以反相輸入端點的電壓降低爲 $-I_1 R_s$。既然反相輸入端直接連接到輸出端，所以輸出誤差電壓爲 $-I_1 R_s$。

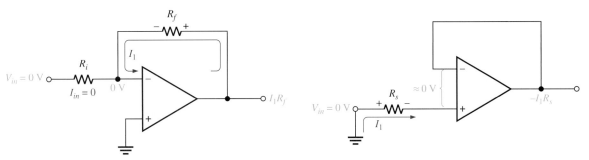

(a) 在反相放大器中，輸入偏壓電流造成輸出錯誤電壓 $(I_1 R_f)$。　(b) 在電壓隨耦器中，輸入偏壓電流造成輸出錯誤電壓。

▲ 圖 9-30　偏壓電流的影響。

圖 9-31 是一個零輸入電壓的非反相放大器。在理想狀況下，反相輸入端上的電壓也是零，如圖所示。輸入偏壓電流 $I_1$ 會在 $R_f$ 上產生電壓降，如同在反相放大器時一樣，因而會產生輸出誤差電壓 $I_1 R_f$。

▷ 圖 9-31

在非反相放大器中輸入偏壓電流產生輸出誤差電壓。

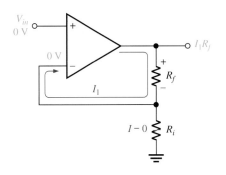

## 偏壓電流補償 (Bias Current Compensation)

*電壓隨耦器 (Voltage-Follower)*　電壓隨耦器內的偏壓電流造成的輸出誤差電壓，可以藉著在回授電路上加入一個電阻 $R_f$ 來充分地降低，這個電阻 $R_f$ 和信號源內阻 $R_s$ 相等，如圖 9-32 所示。由 $I_1$ 在這個新增的電阻上所造成的電壓降，可從 $-I_2 R_s$ 的輸出誤差電壓中減去。如果 $I_1 = I_2$，則輸出電壓爲零。通常 $I_1$ 不會完全等於 $I_2$；但是即使在這種清況下，因爲 $I_{OS}$ 小於 $I_2$，所以輸出誤差電壓所減少的值如下所示。

$$V_{\text{OUT(error)}} = |I_1 - I_2|R_s = I_{\text{OS}}R_s$$

其中 $I_{\text{OS}}$ 為輸入抵補電流。

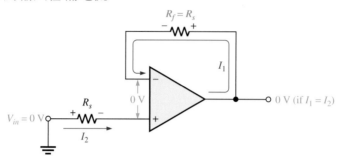

▲ 圖 9-32 電壓隨耦器中的偏壓電流補償。

**非反相和反相放大器 (Noninverting and Inverting Amplifiers)** 為了補償非反相放大器中偏壓電流產生的效應,而加入了電阻 $R_c$,如圖 9-33(a)所示。補償電阻值等於 $R_i$ 和 $R_f$ 的並聯電阻值。輸入電流在 $R_c$ 兩端造成的電壓降,會抵消由 $R_i$ 和 $R_f$ 形成並聯電阻上的電壓降,因而充分地降低了輸出誤差電壓。反相放大器的補償方式也類似,如圖 9-33(b)所示。

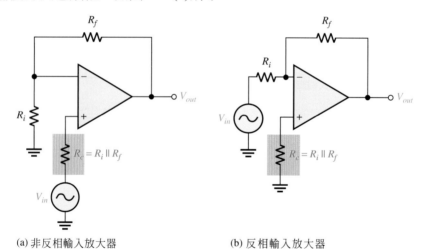

(a) 非反相輸入放大器      (b) 反相輸入放大器

▲ 圖 9-33 非反相與反相放大器電路型態的偏壓電流補償。

**使用 BIFET 運算放大器消除對偏壓電流補償的需求 (Use of a BIFET Op-Amp to Eliminate the Need for Bias Current Compensation)** BIFET 運算放大器在它的內部電路中,使用了雙極接面電晶體(BJT)和 JFET。將 JFET 當成輸入元件使用,就可達成比一般BJT放大器更高的輸入阻抗。因為它們特高的輸入阻抗,BIFET 通常擁有比 BJT 運算放大器還要小很多的輸入偏壓電流,因而減少或消除對偏壓電流補償的需求。

## 輸入抵補電壓的影響 (Effect of Input Offset Voltage)

當差動輸入為零時，運算放大器的輸出電壓應該為零。不過，總是會有很小的輸出誤差電壓出現，其值通常是從幾微伏到幾毫伏。除了先前所討論的偏壓電流之外，還因為運算放大器內部電晶體中無法避免的不平衡狀況所造成。在負回授電路型態中，輸入抵補電壓 $V_{IO}$ 可以視為是一個等效的小直流電壓源，如圖 9-34 中電壓隨耦器所顯示。一般來說，由輸入抵補電壓引起的輸出誤差電壓為

$$V_{OUT(error)} = A_{cl}V_{IO}$$

對電壓隨耦器而言，$A_{cl} = 1$，所以

$$V_{OUT(error)} = V_{IO}$$

▶ 圖 9-34

輸入抵補電壓等效電路。

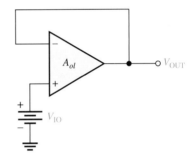

## 輸入抵補電壓補償作用 (Input Offset Voltage Compensation)

大部分的積體電路運算放大器提供了補償抵補電壓的方法。通常這是藉著連接一個外部電位計到 IC 封裝上的特定接腳來完成，如圖 9-35(a)和(b)中所示的 LM 741 運算放大器。這兩個端點標示為*抵補歸零 (Offset null)*。在沒有輸入的情況下，直接調整電位計直到輸出電壓值為 0，如圖 9-35(c)所示。

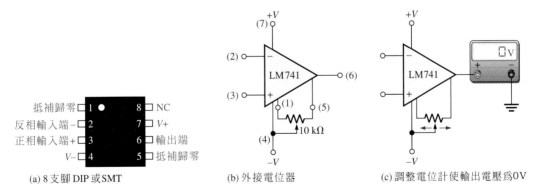

▲ 圖 9-35　LM 741 運算放大器的輸入抵補電壓補償。

---

## 9-7　開迴路頻率與相位響應 (Open-Loop Frequency and Phase Responses)

在這一節中，我們將討論關於運算放大器開迴路頻率響應與開迴路相位響應。開迴路響應是指運算放大器在沒有外部回授情況下的響應特性。頻率響應指出電壓增益是如何隨頻率而改變，而相位響應則是指輸入和輸出訊號之間的相位差是如何隨頻率而改變。開迴路增益就像電晶體的 $\beta$ 值，即使是同一類型元件之間也會有大幅變動，而且無法期望有固定的常數值。

在學習完本節的內容後，你應該能夠

◆ **分析運算放大器的開迴路頻率響應**
◆ 回顧與討論運算放大器的電壓增益
◆ 討論頻寬限制
　◆ 定義 3-dB 開迴路頻寬
　◆ 定義單位增益頻寬
◆ 增益相對於頻率的分析
◆ 分析相位偏移
◆ 討論總頻率響應
◆ 討論總相位響應

### 回顧運算放大器電壓增益 (Review of Op-Amp Voltage Gains)

圖 9-36 說明開迴路和閉迴路放大器電路型態。如圖(a)所示，運算放大器開迴路電壓增益 $A_{ol}$ 是元件的內部電壓增益，所表示的是輸出電壓與輸入電壓的比值。請注意，此時並沒有連接外部零件，因此開迴路電壓增益完全由內部電路設計來決定。在圖(b)的閉迴路運算放大器電路型態中，閉迴路電壓增益 $A_{cl}$ 是運算放大器具有外部回授時的電壓增益，而且永遠都比開迴路增益小。對反相放大器電路型態而言，閉迴路電壓增益是由外部元件的數值決定。閉迴路電壓增益可以藉由外部的元件值來精確地加以控制。運算放大器閉迴路響應將在下一節中再說明。

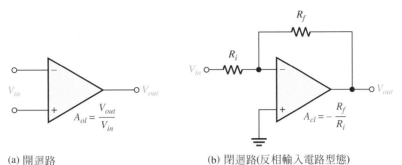

(a) 開迴路             (b) 閉迴路(反相輸入電路型態)

▲ 圖 9-36　開迴路與閉迴路運算放大器電路型態。

## 頻寬的限制 (Bandwidth Limitations)

在前面章節中，所有的電壓增益表示式都是根據中間範圍頻率而推導出的增益，並且都視為與頻率無關。運算放大器開迴路增益的中間範圍可從頻率零 (直流) 延伸到臨界頻率，在此臨界頻率的增益比中間範圍的增益值小 3 dB。而運算放大器為直流放大器 (在各級之間並不採用電容耦合)，所以也沒有下臨界頻率。這意謂著中間範圍增益向下延伸到頻率零 (直流)，即直流電壓的放大率會與中間範圍訊號頻率者相同。

　　圖 9-37 所示為某一運算放大器開迴路響應曲線 (波德圖)。大部分的運算放大器特性資料表都會顯示這類曲線，或指出中間範圍開迴路增益的值。考量穩定度的關係，製造商經常不斷設計此種型態的放大器。此類產品的開迴路增益與頻寬為定值，且此種放大器又被稱作補償放大器。請注意，曲線以每十倍頻 −20 dB (每八倍頻 −6 dB) 的比率下降 (減少)。中間範圍的增益為 200,000，相當於 106 dB，而臨界 (截止) 頻率大約為 10 Hz。

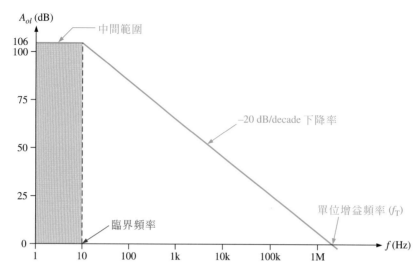

▲ 圖 9-37　標準運算放大器理想開迴路電壓增益對頻率的曲線圖。頻率的刻度為對數單位。

**3 dB 開迴路頻寬 (3 dB Open-Loop Bandwidth)**　　請回想第十章中交流放大器的頻寬，為增益值比中間範圍增益小 3 dB 的兩個頻率間的頻率間隔。一般來說，頻寬等於上臨界頻率 ($f_{cu}$) 減去下臨界頻率 ($f_{cl}$)。

$$BW = f_{cu} - f_{cl}$$

因為運算放大器的 $f_{cl}$ 為零，所以頻寬基本上等於上臨界頻率。

**公式　9-17**　　　　　　　　　　　　　　$$BW = f_{cu}$$

從現在開始，我們將以 $f_c$ 替代 $f_{cu}$，並且也會使用開迴路($ol$)或閉迴路($cl$)下標符號，例如 $f_{c(ol)}$。

**單位增益頻寬 (Unity-Gain Bandwidth)**　　請注意圖 9-37 中的增益將穩定地降低到其值等於 1 (0 dB) 的位置。這個增益為 1 的頻率即為*單位增益頻率(unity-gain frequency)* $f_T$。$f_T$ 也稱為*單位增益頻寬(unity-gain bandwidth)*。

## 增益相對於頻率的分析 (Gain-Versus-Frequency Analysis)

運算放大器中的 $RC$ 滯後 (低通) 電路是頻率增加時增益降低的主要原因，這與第十章中針對分散放大器所討論過的情況相同。利用基本交流電路理論，如圖 9-38 中的 $RC$ 滯後電路的衰減，可以表示為

$$\frac{V_{out}}{V_{in}} = \frac{X_C}{\sqrt{R^2 + X_C^2}}$$

將等號右邊的的分子和分母同時除以 $X_C$，

$$\frac{V_{out}}{V_{in}} = \frac{1}{\sqrt{1 + R^2/X_C^2}}$$

▶ 圖 9-38

RC 滯後電路。

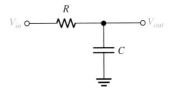

RC 電路的臨界頻率為

$$f_c = \frac{1}{2\pi RC}$$

將兩邊同時除以 $f$ 可得到

$$\frac{f_c}{f} = \frac{1}{2\pi RCf} = \frac{1}{(2\pi fC)R}$$

因為 $X_C = 1/(2\pi fC)$，所以上式可以表示為

$$\frac{f_c}{f} = \frac{X_C}{R}$$

將這個結果代入先前的 $V_{out}/V_{in}$ 公式，可以產生下列以頻率來表示的 RC 滯後電路衰減方程式。

$$\frac{V_{out}}{V_{in}} = \frac{1}{\sqrt{1 + f^2/f_c^2}}$$
公式 9-18

如果運算放大器以一個增益為 $A_{ol(mid)}$ 的電壓增益元件，以及單一 RC 滯後電路來代表的話，如圖 9-39 所示，這樣的電路也稱為補償型的運算放大器。運算放大器開迴路總增益為中間範圍開迴路增益 $A_{ol(mid)}$ 乘以 $R_C$ 電路的衰減量。

$$A_{ol} = \frac{A_{ol(mid)}}{\sqrt{1 + f^2/f_c^2}}$$
公式 9-19

▶ 圖 9-39

以增益元件和內部 RC 電路來代表的運算放大器。

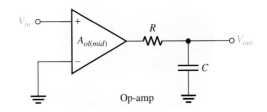

我們可以從公式 9-19 中發現，當訊號頻率 $f$ 比臨界頻率 $f_c$ 小很多的時候，開迴路增益會等於中間範圍增益，並且隨頻率增加而降低。既然 $f_c$ 為運算放大器開迴路響應的一部分，我們將它稱為 $f_{c(ol)}$。

下面的範例可以說明開迴路增益在頻率增加到超過 $f_{c(ol)}$ 後是如何減少。

---

**例 題　9-8**　　試求下列各 $f$ 值的 $A_{ol}$。假設 $f_{c(ol)} = 100$ Hz 和 $A_{ol(mid)} = 100{,}000$。

**(a)** $f = 0$ Hz　　**(b)** $f = 10$ Hz　　**(c)** $f = 100$ Hz　　**(d)** $f = 1000$ Hz

**解**

**(a)** $A_{ol} = \dfrac{A_{ol(mid)}}{\sqrt{1 + f^2/f_{c(ol)}^2}} = \dfrac{100{,}000}{\sqrt{1 + 0}} = \mathbf{100{,}000}$

**(b)** $A_{ol} = \dfrac{100{,}000}{\sqrt{1 + (0.1)^2}} = \mathbf{99{,}503}$

**(c)** $A_{ol} = \dfrac{100{,}000}{\sqrt{1 + (1)^2}} = \dfrac{100{,}000}{\sqrt{2}} = \mathbf{70{,}710}$

**(d)** $A_{ol} = \dfrac{100{,}000}{\sqrt{1 + (10)^2}} = \mathbf{9950}$

**相關習題**　　試求下列各頻率值的 $A_{ol}$。假設 $f_{c(ol)} = 200$ Hz 且 $A_{ol(mid)} = 80{,}000$。

**(a)** $f = 2$ Hz　　**(b)** $f = 10$ Hz　　**(c)** $f = 2500$ Hz

---

## 相位偏移 (Phase Shift)

$RC$ 電路會引起輸入端到輸出端之間信號傳送的延遲，因而在輸入訊號和輸出訊號之間產生**相位偏移 (Phase shift)**。在運算放大器中出現的 $RC$ 滯後電路會造成輸出訊號落後於輸入訊號，如圖 9-40 所示。利用基本的交流電路理論，相位偏移 $\theta$ 為

$$\theta = -\tan^{-1}\left(\frac{R}{X_C}\right)$$

因為 $R/X_C = f/f_c$，

**公 式　9-20**

$$\theta = -\tan^{-1}\left(\frac{f}{f_c}\right)$$

負號代表輸出落後於輸入。這個方程式顯示相位偏移隨著頻率的增加而增加，並且當 $f$ 遠大於 $f_c$ 時，相位偏移會趨近 $-90°$。

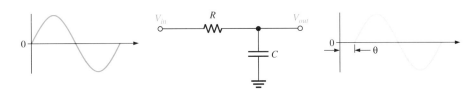

▲ 圖 9-40　輸出電壓落後於輸入電壓。

例 題　9-9　試計算 $RC$ 滯後電路在以下各頻率的相位偏移，並且繪出相位偏移對頻率的曲線圖。假設 $f_c = 100$ Hz。

**(a)** $f = 1$ Hz　　　**(b)** $f = 10$ Hz　　　**(c)** $f = 100$ Hz
**(d)** $f = 1000$ Hz　　**(e)** $f = 10,000$ Hz

解

**(a)** $\theta = -\tan^{-1}\left(\dfrac{f}{f_c}\right) = -\tan^{-1}\left(\dfrac{1\text{ Hz}}{100\text{ Hz}}\right) = \mathbf{-0.573°}$

**(b)** $\theta = -\tan^{-1}\left(\dfrac{10\text{ Hz}}{100\text{ Hz}}\right) = \mathbf{-5.71°}$

**(c)** $\theta = -\tan^{-1}\left(\dfrac{100\text{ Hz}}{100\text{ Hz}}\right) = \mathbf{-45°}$

**(d)** $\theta = -\tan^{-1}\left(\dfrac{1000\text{ Hz}}{100\text{ Hz}}\right) = \mathbf{-84.3°}$

**(e)** $\theta = -\tan^{-1}\left(\dfrac{10,000\text{ Hz}}{100\text{ Hz}}\right) = \mathbf{-89.4°}$

相位移對頻率的曲線繪於圖 9-41 中。請注意頻率軸為對數形式。

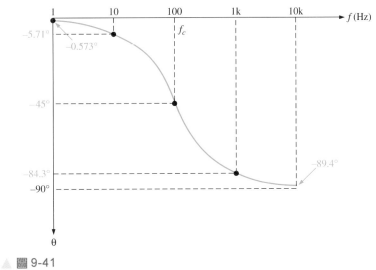

▲ 圖 9-41

相關習題　此例題中，在何種頻率下的相位移為 60°？

## 總頻率響應 (Overall Frequency Response)

前面的討論過程中，我們定義當頻率超過它的臨界頻率時，運算放大器的下降率為固定的 −20 dB/decade。對大部分的運算放大器來說的確如此，然而對某些運算放大器而言情況則更複雜。當運算放大器設計用於高速、很快的迴轉率(slew rate)或很低的雜訊電路時，此情形更常發生。更複雜的 IC 運算放大器可能由兩級或更多級的放大器串接而成。每一級的增益都和頻率有關，而且當頻率超過個別臨界頻率後，其下降率分別為 −20dB/decade。因此，運算放大器總響應是內部各級放大器個別的響應的合成。舉例來說，一個三級的運算放大器顯示於圖 9-42(a)中，每一級的頻率響應顯示於圖 9-42(b)。我們已經知道，總 dB 增益為個別 dB 增益的加總，因此運算放大器總頻率響應可以表示成圖 9-42(c)。既然下降率是相加的，每當頻率到達每個臨界頻率時，總下降率都會增加−20 dB/decade (−6 dB/octave)。當一個運算放大器電路具有如此響應時，必須特別注意以避免振盪情形發生。

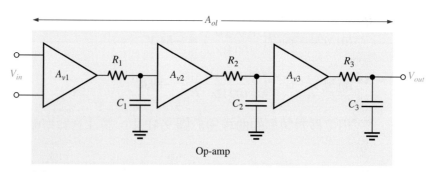

(a) 內部具有三級放大器的運算放大器電路簡圖

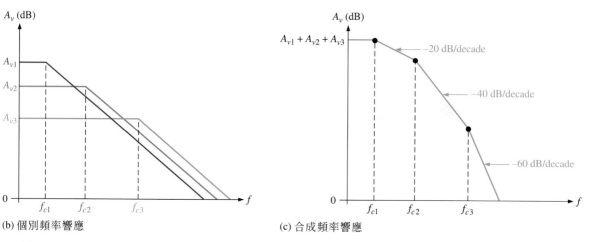

(b) 個別頻率響應

(c) 合成頻率響應

▲ 圖 9-42　運算放大器開迴路頻率響應。

### 總相位響應 (Overall Phase Response)

在多級放大器中，每一級的相位滯後都會影響整個放大器的總相位滯後。我們已經知道，每個 $RC$ 滯後電路可以產生的相位偏移最多可以達到 $-90°$。因為運算放大器中每一級放大器都含有一個 $RC$ 滯後電路，所以舉例來說，一個三級運算放大器最多就會有 $-270°$ 相位差。同時，每一級的相位滯後在頻率低於臨界頻率時，會小於 $-45°$，在頻率等於臨界頻率時，會等於 $-45°$，而在頻率超過臨界頻率時會大於 $-45°$。依據下列公式，運算放大器每一級的相位滯後會累積起來而產生總相位滯後：

$$\theta_{tot} = -\tan^{-1}\left(\frac{f}{f_{c1}}\right) - \tan^{-1}\left(\frac{f}{f_{c2}}\right) - \tan^{-1}\left(\frac{f}{f_{c3}}\right)$$

---

**例 題 9-10** 某個運算放大器內部有三級放大器，其增益與臨界頻率如下：

第一級：$A_{v1} = 40$ dB, $f_{c1} = 2$ kHz

第二級：$A_{v2} = 32$ dB, $f_{c2} = 40$ kHz

第三級：$A_{v3} = 20$ dB, $f_{c3} = 150$ kHz

當 $f = f_{c1}$ 時，試求開迴路中間範圍增益為多少分貝，以及總相位滯後。

**解** $A_{ol(mid)} = A_{v1} + A_{v2} + A_{v3} = 40\,\text{dB} + 32\,\text{dB} + 20\,\text{dB} = 92\,\text{dB}$

$$\theta_{tot} = -\tan^{-1}\left(\frac{f}{f_{c1}}\right) - \tan^{-1}\left(\frac{f}{f_{c2}}\right) - \tan^{-1}\left(\frac{f}{f_{c3}}\right)$$

$$= -\tan^{-1}(1) - \tan^{-1}\left(\frac{2}{40}\right) - \tan^{-1}\left(\frac{2}{150}\right) = -45° - 2.86° - 0.76° = \mathbf{-48.6°}$$

**相 關 習 題** 兩級放大器的內部各級具有下列特性：$A_{v1} = 50$ dB，$A_{v2} = 25$ dB，$f_{c1} = 1500$ Hz 和 $f_{c2} = 3000$ Hz。當 $f = f_{c1}$ 時，試求開迴路中間範圍增益為多少分貝，以及總滯後相位。

---

**第9-7節 隨堂測驗**

1. 運算放大器的開迴路電壓增益和閉迴路電壓增益有何不同？

2. 某一個特殊運算放大器的上臨界頻率為 100 Hz。則它的開迴路 3dB 頻寬為多少？

3. 在頻率超過臨界頻率後，開迴路增益是隨頻率增加或減少？

4. 如果一個運算放大器各級增益分別為 20 dB 和 30 dB，則它的總增益為多少分貝？

5. 如果各級放大器個別的相位滯後為 $-49°$ 和 $-5.2°$，則全部的相位滯後為多少？

# 9-8 閉迴路頻率響應 (Closed-Loop Frequency Response)

運算放大器通常會以負回授的方式形成閉迴路電路型態，以便達成對增益和頻寬精準的控制。在這一節，我們將見到負回授是如何影響運算放大器的增益和頻率響應。

在學習完本節的內容後，你應該能夠

◆ **分析運算放大器的閉迴路頻率響應**
  ◆ 回顧每個運算放大器電路型態的閉迴路電壓增益
◆ 分析負回授對於頻寬的影響
◆ 定義和討論增益頻寬乘積

請回想一下，運算放大器的中間範圍增益會受負回授影響而降低，下列數學式是前面已經討論過的三種放大器電路型態的閉迴路增益表示式，利用它們可以顯示這種現象，其中 $B$ 為回授衰減。對非反相放大器來說，

$$A_{cl(\mathrm{NI})} = \frac{A_{ol}}{1 + A_{ol}B} \cong \frac{1}{B} = 1 + \frac{R_f}{R_i}$$

對反相放大器而言，

$$A_{cl(\mathrm{I})} \cong -\frac{R_f}{R_i}$$

對電壓隨耦器而言，

$$A_{cl(\mathrm{VF})} = 1$$

## 負回授對頻寬的影響 (Effect of Negative Feedback on Bandwidth)

我們已經知道負回授對增益有何影響，現在將進一步了解它是如何影響放大器的頻寬。運算放大器的閉迴路臨界頻率為

**公式 9-21**
$$f_{c(cl)} = f_{c(ol)}(1 + BA_{ol(mid)})$$

這個表示式說明閉迴路臨界頻率 $f_{c(cl)}$，比開迴路臨界頻率 $f_{c(ol)}$ 高 $1+BA_{ol(mid)}$ 倍。可以在網站 www.pearsonglobaleditions.com (搜索 ISBN:1292222999) 中的 "Derivations of Selected Equations" 找到公式 9-21 的推導。

因為 $f_{c(cl)}$ 等於閉迴路放大器的頻寬，所以閉迴路頻寬 ($BW_{cl}$) 也是乘以相同的因子。

$$BW_{cl} = BW_{ol}(1 + BA_{ol(mid)})$$

公式 **9-22**

---

**例 題 9-11**　某個放大器的開迴路中間範圍增益為 150,000，且開迴路 3dB 頻寬為 200 Hz。負回授迴路的衰減($B$)為 0.002。則其閉迴路頻寬為何？

解　$BW_{cl} = BW_{ol}(1 + BA_{ol(mid)}) = 200\,\text{Hz}[1 + (0.002)(150,000)] = \textbf{60.2 kHz}$

相 關 習 題　如果 $A_{ol(mid)} = 200,000$ 且 $B = 0.05$，則閉迴路頻寬為何？

---

圖 9-43 以圖形說明閉迴路響應的觀念。當運算放大器開迴路增益受負回授影響而減少時，它的頻寬卻增加了。在頻率到達兩個增益曲線的交叉點之前，閉迴路增益和開迴路增益是不相關的。這個交叉點為閉迴路響應的臨界頻率 $f_{c(cl)}$。請注意，當頻率超過臨界頻率之後，閉迴路增益和開迴路增益具有相同下降率。

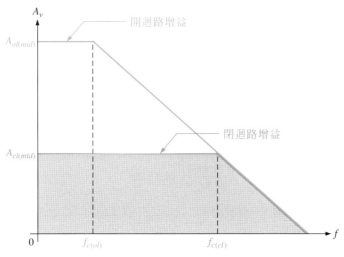

▲ 圖 9-43　以圖例說明補償運算放大器的閉迴路響應觀念。

## 增益-頻寬乘積 (Gain-Bandwidth Product)

增加閉迴路增益會使頻寬減少，反之亦然，所以增益和頻寬的乘積為一固定的常數。只要下降率固定，這項推論都為真，如同補償運算放大器的情況一樣。如果以 $A_{cl}$ 表示任何閉迴路線路型態的增益，且 $f_{c(cl)}$ 表示閉迴路臨界頻率 (頻寬也是如此)，則

$$A_{cl}f_{c(cl)} = A_{ol}f_{c(ol)}$$

增益-頻寬乘積 (Gain-bandwidth product)永遠等於運算放大器開迴路增益為 1 或 0 dB 時的頻率 (單位增益頻寬 $f_T$ )。

**公式 9-23**
$$f_T = A_{cl}f_{c(cl)}$$

**例 題 9-12**　試求圖 9-44 中每一個放大器的頻寬。兩個運算放大器都具有 100 dB 的開迴路增益，與 3 MHz 的單位增益頻寬 $f_T$ 。

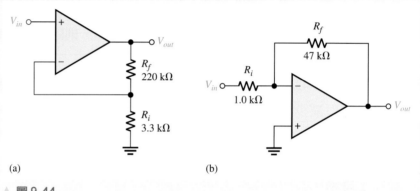

(a)　　　　　　　　　　(b)

▲ 圖 9-44

解　**(a)** 對圖 9-44(a)中的非反相放大器而言，其閉迴路增益為

$$A_{cl} = 1 + \frac{R_f}{R_i} = 1 + \frac{220\,k\Omega}{3.3\,k\Omega} = 67.7$$

利用公式 9-23 並藉此解出 $f_{c(ol)}$ （其中 $f_{c(ol)} = BW_{cl}$ ）。

$$f_{c(cl)} = BW_{cl} = \frac{f_T}{A_{cl}}$$

$$BW_{cl} = \frac{3\,MHz}{67.7} = \mathbf{44.3\,kHz}$$

**(b)** 對圖 9-44(b)中的反相放大器來說，閉迴路增益為

$$A_{cl} = -\frac{R_f}{R_i} = -\frac{47\,k\Omega}{1.0\,k\Omega} = -47$$

利用 $A_{cl}$ 的絕對值，閉迴路頻寬可以寫為

$$BW_{cl} = \frac{3\,MHz}{47} = \mathbf{63.8\,kHz}$$

相 關 習 題　試求圖 9-44 中每一個放大器的頻寬。這兩個運算放大器都具有 90 dB 的 $A_{ol}$ 與 2 MHz 的單位增益頻寬。

| 第9-8節 隨堂測驗 | 1. 閉迴路增益是否永遠小於開迴路增益? |
|---|---|
| | 2. 某個補償運算放大器利用負回授電路型態,使得其增益成為 30 而頻寬為 100 kHz。如果將外部電阻值改變而使得增益增加到 60,則新的頻寬為何? |
| | 3. 問題 2 中的運算放大器的單位增益頻寬為何? |

# 運算放大器電路型態的摘要 (Summary of OP-AMP Configurations)

## 基本運算放大器 (Basic OP-AMP)

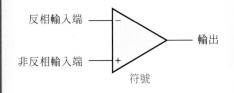

- 非常高的開迴路電壓增益
- 非常高的輸入阻抗
- 非常低的輸出阻抗

## 非反相放大器 (Noninverting Amplifier)

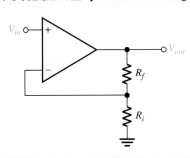

- 電壓增益:
$$A_{cl(\text{NI})} = 1 + \frac{R_f}{R_i}$$

- 輸入阻抗:
$$Z_{in(\text{NI})} = (1 + A_{ol}B)Z_{in}$$

- 輸出阻抗:
$$Z_{out(\text{NI})} = \frac{Z_{out}}{1 + A_{ol}B}$$

## 電壓隨耦器 (Voltage-Follower)

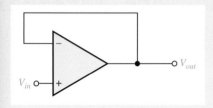

- 電壓增益：
$$A_{cl(\text{VF})} = 1$$

- 輸入阻抗：
$$Z_{in(\text{VF})} = (1 + A_{ol})Z_{in}$$

- 輸出阻抗：
$$Z_{out(\text{VF})} = \frac{Z_{out}}{1 + A_{ol}}$$

## 反相放大器 (Inverting Amplifier)

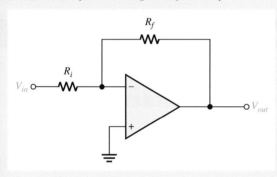

- 電壓增益：
$$A_{cl(\text{I})} = -\frac{R_f}{R_i}$$

- 輸入阻抗：
$$Z_{in(\text{I})} \cong R_i$$

- 輸出阻抗：
$$Z_{out(\text{I})} = \frac{Z_{out}}{1 + A_{ol}B}$$

# 本章摘要

**第 9-1 節**　◆ 基本運算放大器不包含電源和接地端共有三個端點：反相 (−) 輸入端，非反相 (+)輸入端和輸出端。

◆ 算放大器的輸入級是由差動放大器所組成的。

◆ 大部分運算放大器都需要正和負直流電源電壓。

◆ 理想運算放大器具有無限大的輸入阻抗、零輸出阻抗、無限大的開迴路電壓增益和無限大頻寬。

◆ 實際運算放大器具有非常高的輸入阻抗、非常低的輸出阻抗和非常高的開迴路電壓增益。

**第 9-2 節**　◆ 運算放大器工作時的兩種輸入類型爲差動模式與共模模式。

◆ 共模發生在同相位電壓施加在兩個輸入端時。

◆ 共模拒斥比 (CMRR) 是測量運算放大器拒斥共模輸入訊號能力的方法。

◆ 開迴路電壓增益為沒有回授電路時的運算放大器增益。

◆ 輸入端抵補電壓會造成輸出誤差電壓 (在沒有輸入電壓時)。

◆ 輸入偏壓電流也會產生輸出誤差訊號 (在沒有輸入電壓時)。

◆ 輸入抵補電流是兩個偏壓電流之間的差值。

◆ 迴轉率是當輸入為步級訊號時,運算放大器的輸出電壓可以改變的比率,其單位是每微秒的伏特數。

◆ 雜訊由於導入了不需要的信號,而降低了放大器的效能。

**第 9-3 節** ◆ 負回授會將一部分的輸出電壓連接到反相輸入端,使得輸入訊號和回授訊號相減,因此降低電壓增益但是卻增加穩定度與頻寬。

**第 9-4 節** ◆ 運算放大器有三種基本電路型態:反相、非反相和電壓隨耦器。

◆ 三種基本運算放大器的電路型態都具有負回授。

◆ 閉迴路電壓增益為具有外部回授電路的運算放大器電壓增益。

**第 9-5 節** ◆ 非反相放大器電路型態比運算放大器本身 (無回授),有較高的輸入阻抗和較低的輸出阻抗。

◆ 反相放大器電路型態的輸入阻抗幾乎等於輸入電阻 $R_i$,且輸出阻抗幾乎等於運算放大器本身的輸出阻抗。

◆ 電壓隨耦器在這三種基本放大器電路型態中,具有最高的輸入阻抗和最低的輸出阻抗。

**第 9-6 節** ◆ 所有的實際運算放大器都具有微小的輸入偏壓電流和輸入抵補電壓,且此抵補電壓會產生微小的輸出誤差電壓。

◆ 輸入偏壓電流效應可以利用外部電阻加以消除。

◆ 輸入抵補電壓可以經由在運算放大器的 IC 上兩支抵補歸零接腳間,接上外部電位計來做補償,而這也是廠商建議的方式。

**第 9-7 節** ◆ 閉迴路電壓增益永遠小於開迴路電壓增益。

◆ 運算放大器的中間範圍增益往下延伸到直流。

◆ 在頻率超過臨界頻率後,運算放大器增益會隨頻率增加而減少。

◆ 運算放大器的頻寬等於上臨界頻率。

◆ 補償運算放大器的開迴路響應曲線在高於臨界頻率 $f_c$ 時有 $-20\text{dB/decade}$ 下降率的特性。

**第 9-8 節** ◆ 內部 $RC$ 滯後電路是放大器各級電路原本就具有的一部分,當頻率增加時,它會使增益下降。

◆ 內部 $RC$ 滯後電路也會造成輸入和輸出訊號之間的相位差。

◆ 負回授使增益降低但使頻寬增加。

◆ 運算放大器增益和頻寬的乘積為常數。

◆ 補償運算放大器增益和頻寬的乘積等於電壓增益為 1 時的頻率。

## 重要詞彙

重要詞彙和其他以粗體字表示的詞彙都會在本書書末的詞彙表中加以定義。

**閉迴路電壓增益 (closed-loop voltage gain, $A_{cl}$)**　具有外部回授的運算放大器電壓增益。

**共模拒斥比 (Common-mode rejection ratio，CMRR)**　；開迴路增益與共模增益的比值；這是關於運算放大器排拒共模信號的能力指標值。

**共模 (common mode)**　運算放大器的兩個輸入端出現相同信號的情況。

**差動放大器 (differential amplifier)**　一種放大器，其兩個輸入及兩個輸出當作運算放大器的的輸入級。

**差動模式 (differential mode)**　一種運算放大器的工作模式，兩個相反極性的信號電壓施加在兩個輸入端。

**增益頻寬乘積 (gain-bandwidth product)**　一個運算放大器的常數參數，它永遠等於開迴路增益為 1 時的頻率值。

**反相放大器 (inverting amplifier)**　輸入信號施加在反相輸入端的閉迴路組態運算放大器。

**負回授 (negative feedback)**　將輸出信號的一部分送回放大器輸入端，且回授信號與輸入信號反相的過程。

**非反相放大器 (noninverting amplifier)**　輸入信號施加在非反相輸入端的閉迴路電路型態的運算放大器。

**開迴路電壓增益 (open-loop voltage gain, $A_{ol}$)**　沒有外部回授的運算放大器電壓增益。

**運算放大器 (operational amplifier, op-amp)**　具有相當高的電壓增益、相當高的輸入阻抗、很低的輸出阻抗以及很好的共模信號拒斥性的放大器。

**相位偏移 (phase shift)**　隨時間變化的函數，相對於某參考對象的相對相角位移。

**迴轉率 (slew rate)**　步級電壓輸入運算放大器時，放大器輸出電壓的變動率。

**電壓隨耦器 (voltage-follower)**　電壓增益等於 1 的閉迴路非反相運算放大器。

## 重要公式

### 運算放大器輸入模式與參數

9-1　　$CMRR = \dfrac{A_{ol}}{A_{cm}}$　　　　共模拒斥比

9-2　　$CMRR = 20 \log\left(\dfrac{A_{ol}}{A_{cm}}\right)$　　　共模拒斥比 (以 dB 值表示)

9-3　　$I_{BIAS} = \dfrac{I_1 + I_2}{2}$　　　輸入偏壓電流

9-4　　$I_{OS} = |I_1 - I_2|$　　　輸入抵補電流

9-5　　$V_{OS} = I_{OS}R_{in}$　　　抵補電壓

9-6　　$V_{OUT(error)} = A_v I_{OS} R_{in}$　　　輸出誤差電壓

9-7　　　迴轉率 $= \dfrac{\Delta V_{out}}{\Delta t}$　　　　　迴轉率

## 運算放大器電路型態

9-8　　　$A_{cl(\text{NI})} = 1 + \dfrac{R_f}{R_i}$　　　電壓增益 (非反相)

9-9　　　$A_{cl(\text{VF})} = 1$　　　　　　電壓增益 (電壓隨耦器)

9-10　　$A_{cl(\text{I})} = -\dfrac{R_f}{R_i}$　　　電壓增益 (反相)

## 運算放大器阻抗

9-11　　$Z_{in(\text{NI})} = (1 + A_{ol}B)Z_{in}$　　　輸入阻抗 (非反相)

9-12　　$Z_{out(\text{NI})} = \dfrac{Z_{out}}{1 + A_{ol}B}$　　　輸出阻抗 (非反相)

9-13　　$Z_{in(\text{VF})} = (1 + A_{ol})Z_{in}$　　　輸入阻抗 (電壓隨耦器)

9-14　　$Z_{out(\text{VF})} = \dfrac{Z_{out}}{1 + A_{ol}}$　　　輸出阻抗 (電壓隨耦器)

9-15　　$Z_{in(\text{I})} \cong R_i$　　　　輸入阻抗 (反相)

9-16　　$Z_{out(\text{I})} = \dfrac{Z_{out}}{1 + A_{ol}B}$　　　輸出阻抗 (反相)

## 運算放大器頻率響應

9-17　　$BW = f_{cu}$　　　　　　運算放大器頻寬

9-18　　$\dfrac{V_{out}}{V_{in}} = \dfrac{1}{\sqrt{1 + f^2/f_c^2}}$　　　$RC$ 衰減

9-19　　$A_{ol} = \dfrac{A_{ol(mid)}}{\sqrt{1 + f^2/f_c^2}}$　　　開迴路電壓增益

9-20　　$\theta = -\tan^{-1}\left(\dfrac{f}{f_c}\right)$　　　$RC$ 相位偏移

9-21　　$f_{c(cl)} = f_{c(ol)}(1 + BA_{ol(mid)})$　　　閉迴路臨界頻率

9-22　　$BW_{cl} = BW_{ol}(1 + BA_{ol(mid)})$　　　閉迴路頻寬

9-23　　$f_T = A_{cl}f_{c(cl)}$　　　單位增益頻寬

---

## 是非題測驗　　答案可在以下網站找到 www.pearsonglobaleditions.com(搜索 ISBN:1292222999)

1. 大部分運算放大器以雙供給電壓操作，一個爲正，另一個爲負。

2. 一個理想放大器有一個有限頻寬。

3. 典型的運算放大器由差動放大器、電壓放大器和推挽放大器所組成。

4. 共模拒斥是指當同一訊號出現在兩個輸入端時，實際作用會互相抵銷。

5. CMRR 是共模拒斥參考(common-mode rejection reference)的縮寫。

6. 當步級輸入電壓輸入時，迴轉率決定了輸出電壓改變的速率。

7. 運算放大器的開迴路電壓增益可高達 1,000,000 或更高(150 dB)。

8. 具有負回授的運算放大器，它的頻寬比在開迴路時窄。

9. 若無輸入信號，運算放大器的輸出理想上為 0V，稱為靜態(quiescent)輸出電壓。

10. 電壓隨耦器的電壓增益非常高。

11. 閉迴路電壓增益是具外部回授運算放大器的電壓增益。

12. 補償運算放大器在高於臨界頻率時，其增益有 −20 dB/decade 下降率的特性。

13. 增益頻寬乘積等於電壓增益為 1 時的頻率。

14. 電壓隨耦器是反向放大器的特殊應用例。

## 電路動作測驗　答案可在以下網站找到 www.pearsonglobaleditions.com(搜索 ISBN:1292222999)

1. 若圖 9-18 電路中的 $R_f$ 值減少了，其電壓增益將會
   (a)增加　(b)減少　(c)不變

2. 若圖 9-18 電路中的 $V_{in}$ =1 mV，而 $R_f$ 是開路，則輸出電壓將會
   (a)增加　(b)減少　(c)不變

3. 若圖 9-18 電路中的 $R_i$ 增加，則電壓增益將會
   (a)增加　(b)減少　(c)不變

4. 若圖 9-22 電路中，運算放大器的輸入為 10 mV，若 $R_f$ 增加，則輸出電壓將會
   (a)增加　(b)減少　(c)不變

5. 在圖 9-28 中，若 $R_f$ 從 100 kΩ 變成 68 kΩ，則回授衰減將會
   (a)增加　(b)減少　(c)不變

6. 在圖 9-43(a)中的閉迴路增益隨 $R_f$ 值的增加而增加，則閉迴路頻寬將會
   (a)增加　(b)減少　(c)不變

7. 在圖 9-43(b)中 $R_f$ 變成 470 kΩ，而 $R_i$ 變成 10 kΩ，則閉迴路頻寬將會
   (a)增加　(b)減少　(c)不變

8. 若圖 9-43(b)中的 $R_i$ 變成開路，則輸出電壓將會
   (a)增加　(b)減少　(c)不變

## 自我測驗　答案可在以下網站找到 www.pearsonglobaleditions.com(搜索 ISBN:1292222999)

**第 9-1 節**

1. 運算放大器的輸出電流受到何者所限制？
   **(a)**功率消耗　**(b)**元件額定值　**(c)**功率消耗和元件額定值　**(d)**以上皆非

2. 下列何者不一定是運算放大器的特性？
   **(a)**高增益　**(b)**低功率　**(c)**高輸入阻抗　**(d)**低輸出阻抗

3. 差動放大器

(a)為運算放大器的一部分　(b)具有一個輸入和一個輸出

(c)有兩個輸出　　　　　(d)答案(a)和(c)均正確

第 9-2 節　4. 當運算放大器在單端差動模式操作時，

(a) 輸出接地

(b) 一個輸入端接地而訊號輸入到另一個輸入端

(c) 兩個輸入端連接在一起

(d) 輸出沒有反相

5. 在雙端差動模式下，

(a)將訊號施加到兩個輸入端

(b)增益為 1

(c)輸出訊號的振幅並不一樣

(d)只使用一個電源電壓

6. 在共模模式下，

(a)兩個輸入都接地　　　　　(b)輸出端連接在一起

(c)在兩個輸入端施加相同的訊號　(d)輸出訊號同相位

7. 共模增益

(a)很高　(b)很低　(c)永遠為 1　(d)無法預測

8. 如果 $A_{ol}$ = 3500 和 $A_{cm}$ = 0.35，則 CMRR 為

(a)1225　(b)10,000　(c)80 dB　(d)答案(b)及(c)皆正確

9. 當兩個輸入端的電壓均為零時，理論上運算放大器輸出應該會等於

(a)正電源電壓　(b)負電源電壓　(c)零　(d) CMRR

10. 在下面所列數值中，最接近實際運算放大器開迴路增益的值是

(a) 1　(b) 2000　(c) 80 dB　(d) 100,000

11. 某一個特定運算放大器具有 50 μA 和 49.3 μA 的偏壓電流。則輸入抵補電流為

(a) 700 nA　(b) 99.3 μA　(c) 49.7 μA　(d)以上皆非

12. 某一個特定運算放大器的輸出在 12 μs 內增加 8V。則迴轉率為

(a) 96 V/μs　(b) 0.67 V/μs　(c) 1.5 V/μs　(d)以上皆非

第 9-3 節　13. 抵補歸零的目的為

(a) 降低增益　　　　　(b) 等化輸入訊號

(c) 將輸出誤差電壓歸零　(d) 答案(b)及(c)皆正確

14. 使用負回授會

(a) 降低運算放大器的電壓增益

(b) 使運算放大器產生振盪

(c) 促成線性操作

(d) 答案(a)和(c)均正確

**第 9-4 節**

15. 對一個具有負回授的運算放大器而言，它的輸出
    (a) 等於輸入　　　　(b) 增加的
    (c) 回授到反相輸入端　(d) 回授到非反相輸入端

16. 某個非反相放大器的 $R_i$ 為 1.0 kΩ，$R_f$ 為 100 kΩ。則閉迴路增益為
    (a) 100,000　(b) 1000　(c) 101　(d) 100

17. 如果習題 16 中回授電阻開路，則電壓增益會
    (a)增加　(b)減少　(c)沒影響　(d)視 $R_i$ 而定

18. 某個反相放大器閉迴路增益為 25。運算放大器開迴路增益為 100,000。如果將運算放大器換成另一個具有 200,000 開迴路增益的運算放大器，則閉迴路增益會
    (a)加倍　(b)下降到 12.5　(c)維持在 25　(d)微幅地增加

19. 電壓隨耦器
    (a) 增益為 1　　　　(b) 非反相
    (c) 沒有回授電阻　(d) 以上均是

**第 9-5 節**

20. 負回授可以
    (a) 增加輸入和輸出阻抗
    (b) 增加輸入阻抗和頻寬
    (c) 減少輸出阻抗和頻寬
    (d) 不影響阻抗和頻寬

**第 9-6 節**

21. 偏壓電流補償會
    (a) 降低增益　　(b) 降低輸出誤差電壓
    (c) 增加頻寬　　(d) 沒有任何影響

**第 9-7 節**

22. 某個運算放大器的中間範圍開迴路增益
    (a) 從下臨界頻率至上臨界頻率
    (b) 從 0 Hz 到上臨界頻率
    (c) 從 0 Hz 開始就具有 20 dB/decade 的下降率
    (d) 答案(b)及(c)皆正確

23. 在開迴路增益等於 1 時的頻率稱為
    (a)上臨界頻率　(b)截止頻率
    (c)凹口頻率　　(d)單位增益頻率

24. 通過運算放大器產生的相位移是由何者造成？
    (a)內部 RC 電路　(b)外部 RC 電路
    (c)增益下降　　(d)負回授

**25.** 運算放大器中每個 RC 電路

　　**(a)** 造成增益爲 −6 dB/octave 的下降率

　　**(b)** 造成增益爲 −20 dB/decade 的下降率

　　**(c)** 使中間範圍增益減少 3 dB

　　**(d)** 答案(a)且(b)皆正確

**26.** 如果某個運算放大器具有 200,000 的中間範圍開迴路增益，且單位增益頻率 5MHz，則其增益-頻寬乘積爲

　　**(a)** 200,000 Hz　　**(b)** 5,000,000 Hz

　　**(c)** $1 \times 1012$ Hz　　**(d)** 從這些資料無法計算

**第 9-8 節**　　**27.** 某一個具有下臨界頻率爲 1 kHz 和上臨界電壓爲 10 kHz 的交流放大器，其頻寬爲

　　**(a)** 1 kHz　　**(b)** 9 kHz　　**(c)** 10 kHz　　**(d)** 11 kHz

**28.** 某一個具有上臨界電壓爲 100 kHz 的直流放大器，它的頻寬爲

　　**(a)** 100 kHz　　**(b)** 無法求出　　**(c)** 無限大　　**(d)** 0 kHz

**29.** 在使用負回授時，運算放大器的增益-頻寬乘積

　　**(a)** 增加　　**(b)** 減少　　**(c)** 維持不變　　**(d)** 產生波動

**30.** 如果某個運算放大器的閉迴路增益爲 20，且上臨界頻率爲 10 MHz，則其增益－頻寬乘積爲

　　**(a)** 200 MHz　　**(b)** 10 MHz　　**(c)** 單位增益頻率　　**(d)** 答案(a)和(c)均正確

# 習　題　所有的答案都在本書末。

## 基本習題

### 第 9-1 節　　運算放大器簡介

**1.** 試比較實際運算放大器和理想運算放大器。

**2.** 假設我們有兩個IC運算放大器可利用。它們的特性如下列所示。試選擇一個你認爲比較令人滿意的。

運算放大器 1：$Z_{in} = 5$ MΩ，$Z_{out} = 100$ Ω，$A_{ol} = 50,000$

運算放大器 2：$Z_{in} = 10$ MΩ，$Z_{out} = 75$ Ω，$A_{ol} = 150,000$

## 第 9-2 節 運算放大器輸入模式與參數

3. 辨識圖 9-45 中每個運算放大器的輸入模式類型。

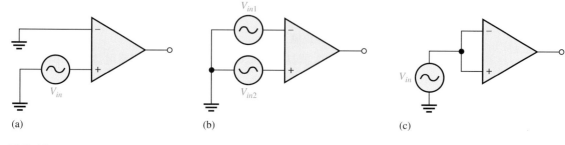

◤ 圖 9-45

4. 某一個運算放大器的 CMRR 為 250,000。試將它轉換成分貝。

5. 某一個運算放大器的開迴路增益為 175,000。它的共模增益為 0.18。試求其 CMRR 為多少分貝。

6. 某一個運算放大器特性資料表標示其 CMRR 為 300,000，且 $A_{ol}$ 為 90,000。試問共模增益為何？

7. 假設運算放大器的輸入電流為 8.3 $\mu$A 和 7.9 $\mu$A，試求偏壓電流 $I_{BIAS}$。

8. 試分辨輸入偏壓電流和輸入抵補電流的不同，然後計算習題 7 中的輸入抵補電流。

9. 圖 9-46 顯示一個運算放大器在輸入步級電壓時的對應輸出電壓。則迴轉率為多少？

10. 如果迴轉率為 0.5 V/$\mu$s，則運算放大器的輸出電壓要多久才能從 $-10$ V 改變成 $+10$ V？

◢ 圖 9-46

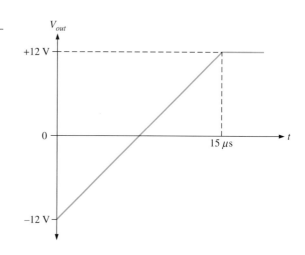

## 第 9-4 節 具有負回授的運算放大器

**11.** 試分辨圖 9-47 中每一種運算放大器的電路型態。

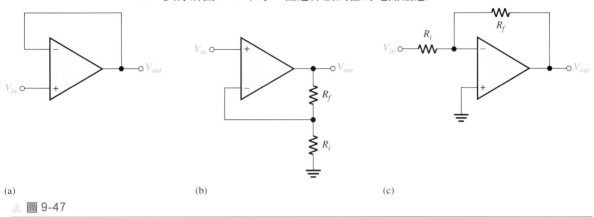

(a)　　　　　　　　　　　(b)　　　　　　　　　　　(c)

▲ 圖 9-47

**12.** 非反相放大器的 $R_i$ 為 $1.0\,k\Omega$，且 $R_f$ 為 $100\,k\Omega$。如果 $V_{out} = 5\,V$，則求出 $V_f$ 和 $B$。

**13.** 對圖 9-48 中的電路而言，試求出下列數值：

(a) $A_{cl}(NI)$　　(b) $V_{out}$　　(c) $V_f$

▷ 圖 9-48

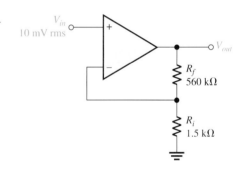

**14.** 試求圖 9-49 中每個放大器的閉迴路增益。

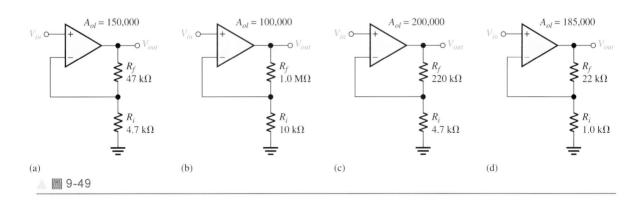

(a)　　　　　　　　　(b)　　　　　　　　　(c)　　　　　　　　　(d)

▲ 圖 9-49

**15.** 試求可以產生圖 9-50 中每個放大器所指定閉迴路增益的 $R_f$ 值。

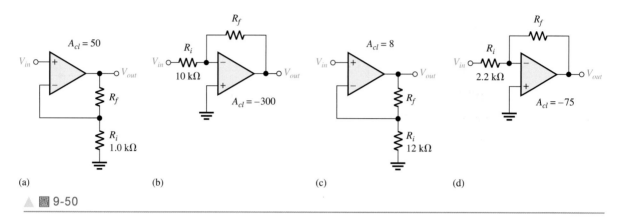

▲ 圖 9-50

**16.** 試求圖 9-51 每個放大器的增益。

**17.** 如果將 10 mV rms 的訊號電壓輸入到圖 9-50 中的每個放大器,則它們的輸出電壓爲何?與輸入訊號的相位關係又爲何?

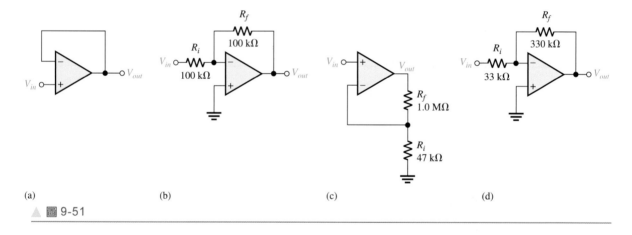

▲ 圖 9-51

18. 試求圖 9-52 中下列數量的近似值。

(a) $I_{in}$　　(b) $I_f$　　(c) $V_{out}$　　(d) 閉迴路增益

▷ 圖 9-52

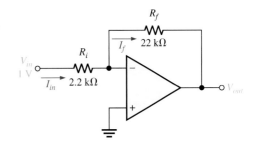

## 第9-5節　　負回授對運算放大器阻抗的影響

19. 試求圖 9-53 中每個放大器電路型態的輸入和輸出阻抗。

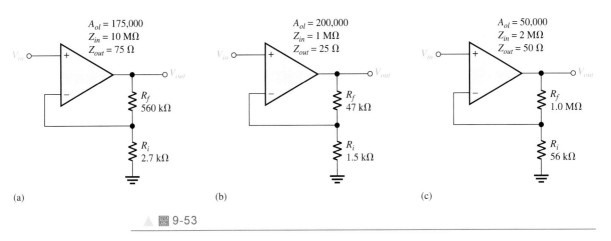

(a)　　　　　　　　　　　　(b)　　　　　　　　　　　　(c)

▲ 圖 9-53

20. 根據圖 9-54 中各個電路，試重作習題 19。

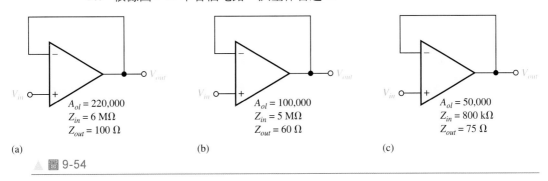

(a)　　　　　　　　　　　　(b)　　　　　　　　　　　　(c)

▲ 圖 9-54

21. 根據圖 9-55 中各個電路，試重作習題 19。

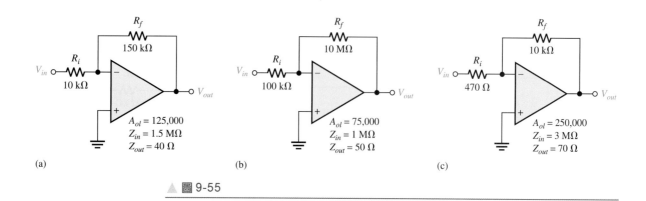

▲ 圖 9-55

## 第 9-6 節　偏壓電流和抵補電壓

**22.** 某一個電壓隨耦器由一個電源內阻為 75 Ω的電壓源驅動。

（a）對偏壓電流而言需要多大的補償電阻，而且這個電阻應該放在什麼地方？

（b）如果補償後兩個輸入電流為 42 $\mu$A 和 40 $\mu$A，請問輸出誤差電壓為何？

**23.** 試求圖 9-33 中每個放大器電路型態的補償電阻值，並指出電阻的放置位置。

**24.** 某一個特定運算放大器電壓隨耦器具有 2 nV 的輸入抵補電壓。則其輸出誤差電壓是多少？

**25.** 如果某一個運算放大器在輸入電壓為零時，量測出來的直流輸出電壓為 35 mV，則它的輸入抵補電壓為何？這個運算放大器的開迴路增益為 200,000。

## 第 9-7 節　開迴路頻率與相位響應

**26.** 某一個運算放大器的中間範圍開迴路增益為 120 dB。負回授使增益減少了 50 dB。試問閉迴路增益為多少？

**27.** 某一個運算放大器開迴路響應的上臨界頻率為 200 Hz。如果中間範圍增益為 175,000，試問頻率等於 200 Hz 時的理想增益為多少？實際增益為多少？且運算放大器開迴路頻寬為多少？

**28.** 某一個 RC 滯後電路具有 5 kHz 的臨界頻率。如果電阻值為 1.0 kΩ，當 $f$ = 3 kHz 時，$X_C$ 為多少？

**29.** 試求在下列各頻率下，RC 滯後電路的衰減量，已知 $f_c$ = 12 kHz。

（a）1 kHz　（b）5 kHz　（c）12 kHz　（d）20 kHz　（e）100 kHz

**30.** 某一個運算放大器的中間範圍開迴路增益為 80,000。如果開迴路臨界頻率為 1 kHz，請問在下列各頻率時的開迴路增益為何？

（a）100 Hz　（b）1 kHz　（c）10 kHz　（d）1 MHz

**31.** 當訊號頻率為 2 kHz 時，試求通過圖 9-56 中每個電路所產生的相位偏移。

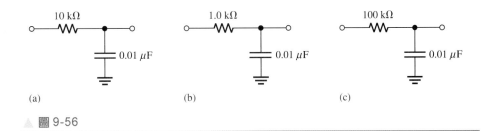

(a)　　　　　　　　　(b)　　　　　　　　　(c)

▲ 圖 9-56

32. 某一個 *RC* 滯後電路具有 8.5 kHz 的臨界頻率。試求在下列各頻率的相位偏移，並且繪出它的相位角相對於頻率的圖。

　(a) 100 Hz　(b) 400 Hz　(c) 850 Hz　(d) 8.5 kHz　(e) 25 kHz　(f) 85 kHz

33. 某一個運算放大器內部有三級放大器，其中間範圍增益分別爲 30 dB、40 dB 和 20 dB。每一級放大器的臨界頻率如下：$f_{c1}$ = 600 Hz，$f_{c2}$ = 50 kHz，且 $f_{c3}$ = 200 kHz。

　(a) 試問運算放大器中間範圍增益爲多少分貝？

　(b) 當訊號頻率爲 10 kHz 時，試求通過放大器的總相位偏移爲多少，包含反轉 (inversion) 作用？

34. 習題 33 在下面各個頻率間的增益下降率爲多少？

　(a) 0 Hz 與 600 Hz

　(b) 600 Hz 與 50 kHz

　(c) 50 kHz 與 200 kHz

　(d) 200 kHz 與 1 MHz

## 第 9-8 節　閉迴路頻率響應

35. 試求圖 9-57 中每個放大器的中間範圍增益爲多少 dB？這些是開迴路增益或閉迴路增益？

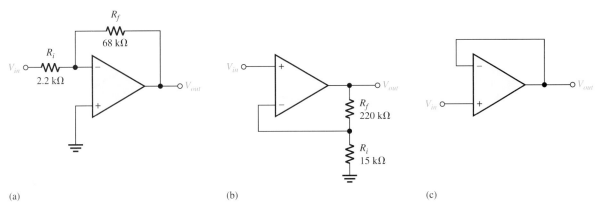

(a)　　　　　　　　　(b)　　　　　　　　　(c)

▲ 圖 9-57

**36.** 某個放大器具有中間範圍開迴路增益為 180,000，以及開迴路臨界頻率 1500 Hz。如果回授迴路的衰減為 0.015，試問閉迴路頻寬為多少？

**37.** 假設 $f_{c(ol)}$ = 750 Hz，$A_{ol}$ = 89 dB 和 $f_{c(ol)}$ = 5.5 kHz，試求閉迴路增益為多少分貝。

**38.** 習題 37 中的單位增益頻寬為何？

**39.** 就圖 9-58 中的每個放大器，試求閉迴路增益與頻寬。每個電路中的運算放大器都具有 125 dB 的開迴路增益和 2.8 MHz 的單位增益頻寬。

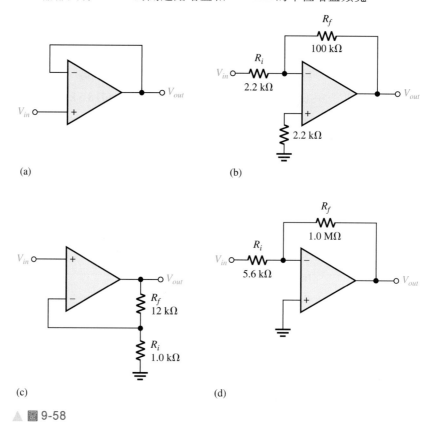

▲ 圖 9-58

**40.** 圖 9-59 中哪個放大器具有較小的頻寬？

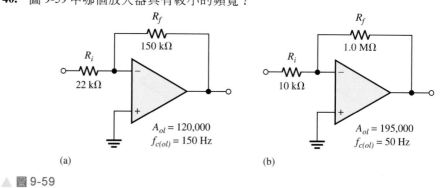

▲ 圖 9-59

# 基本運算放大器電路
## (Basic Op-Amp Circuits)

# 10

### 本章學習目標

◆ 描述與分析各種類型比較器電路的工作原理

◆ 描述與分析各種類型加法放大器的工作原理

◆ 描述與分析積分器與微分器的工作原理

### 可參訪教學專用網站

有關這一章的學習輔助資訊可以在以下的網站找到 http://www.pearsonglobaleditions.com
(搜索 ISBN:1292222999)

### 重要詞彙

◆ 比較器 (Comparator)
◆ 磁滯現象 (Hysteresis)
◆ 史密特觸發器 (Schmitt trigger)
◆ 電壓限制 (Bounding)
◆ 加法放大器 (Summing Amplifier)
◆ 積分器 (Integrator)
◆ 微分器 (Differentiator)

### 簡 介

在前一章中，我們已經學習到運算放大器的原理、操作方式和特性。而運算放大器的應用是如此的廣泛，以致於無法用一個章節，甚至一本書，來涵蓋所有的應用。因此在這一章中，我們將藉著三個重要的應用，來介紹運算放大器電路的基礎電路。

# 10-1 比較器 (Comparators)

運算放大器通常當作比較器，來比較不同訊號電壓的振幅。在這個應用電路中，運算放大器是開環路線路型態，其中一個輸入端是輸入電壓，而另一個輸入端是參考電壓。

在學習完本節的內容後，你應該能夠

- ◆ **描述與分析各種類型比較器電路的工作原理**
- ◆ 討論零位準檢測器的工作原理
- ◆ 描述非零位準檢測器的工作原理
  - ◆ 計算參考電壓
  - ◆ 分析非零位準檢測器
- ◆ 討論輸入端雜訊如何影響比較器的運作
  - ◆ 定義*磁滯現象 (Hysteresis)*
  - ◆ 解釋磁滯如何減低雜訊的影響
  - ◆ 計算上緣與下緣觸發點
  - ◆ 解釋何謂施密特觸發
- ◆ 描述在輸出限制的比較器運作
  - ◆ 定義*限制 (bounding)*
  - ◆ 以磁滯和輸出限制分析比較器
- ◆ 討論比較器應用的例子
  - ◆ 解釋過溫感測電路的工作原理
  - ◆ 描述類比數位(A/D)轉換

比較器(Comparator)是一種特殊的運算放大器。比較器比較兩個輸入電壓值，根據比較的結果產生兩種狀態的其中一種作為輸出，這兩種狀態分別指出兩輸入信號之間大於或小於的關係。比較器的轉換輸出非常地快，而且還有許多附加的功能(例如極短的傳播延遲時間或內部的參考電壓)，使比較的功能達到最佳化。舉例來說，有些超快速的比較器只有 500 ps 的傳播延遲時間。此外，比較器的輸出只有兩種不同的狀態，所以常常作為類比電路和數位電路之間的介面。

在比較不精確的應用上，通常利用沒有負回授的開環路運算放大器作為比較器使用。雖然一般的運算放大器傳播延遲時間較長，也缺乏其他特殊的功能，但是這類放大器有非常高的開環路增益，可以用來檢測輸入兩端電壓之間微小的差距。一般來說，比較器是無法拿來當作運算放大器使用的，但運算放大器在不精確的應用上，卻可以用來當做比較器使用。因為沒有負回授的運算放大器基本上就是一個比較器，我們可以藉由典型的運算放大器，來認識比較器的功能。

## 零位準檢測 (Zero-Level Detection)

這是將運算放大器當作比較器的一種應用，可以決定輸入電壓是否超過某個電壓位準。如圖 10-1(a)所示為一個零位準檢測器，請注意反相輸入 (－) 端接地以便產生零位準電壓，而將輸入信號電壓施加到非反相輸入 (＋) 端。由於運算放大器的開環路增益很大，即使兩個輸入端之間只有很小的電壓差，都將驅動放大器進入飽和區，而使輸出電壓到達輸出值的極限。舉例來說，假設一個運算放大器的 $A_{ol}$ = 100,000。如果運算放大器能夠負荷，即使兩個輸入端之間僅僅只有很小的電壓差 0.25mV，將會產生輸出電壓 (0.25mV)(100,000) = 25V。然而因為採用的是直流電源電壓，大部分運算放大器限制最大的輸出電壓為接近於其直流供應電壓，也就是說這個例子中的元件將進入飽和區。

如圖 10-1(b)所示，為一個正弦波電壓輸入到零位準檢測器的非反相輸入端所得到的結果。當正弦波輸入訊號處於正電壓時，輸出為最大正電壓位準。當正弦波電壓值降到 0 以下電壓時，會將放大器驅動到相反的狀態，所以輸出會變成最大負電壓位準，如圖所示。我們能夠看出來，零位準檢測器可以當作方波電路，將正弦波信號轉換成方波信號。方波的上升和下降時間，是由運算放大器的迴轉率(slew rate)所決定。比較器具有較短的上升、下降時間和較佳的反應。

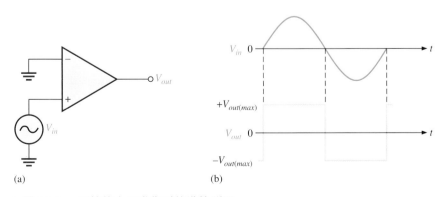

▲ 圖 10-1　運算放大器當作零位準檢測器。

## 非零位準檢測 (Nonzero-Level Detection)

圖 10-1 中的零位準檢測器，可以藉由在反相 ( − ) 輸入端連接電壓固定的參考電源，以便修改成具有正或負電壓位準的電路，如圖 10-2(a)所示。一個更實際的電路安排方式，如圖 10-2(b)所示，是利用分壓器來設定參考電壓 $V_{REF}$：

$$V_{REF} = \frac{R_2}{R_1 + R_2}(+V)$$

其中 $+V$ 是運算放大器的正直流電源電壓。圖 10-2(c)的電路使用齊納二極體 (Zener diode) 來設定參考電壓 ( $V_{REF} = V_Z$ )。只要 $V_{in}$ 小於 $V_{REF}$，輸出就會維持在負的極大值位準。當輸入電壓超過參考電壓，輸出就變成正的極大值電壓，如圖 10-2 (d)所示，其中輸入電壓爲正弦波。

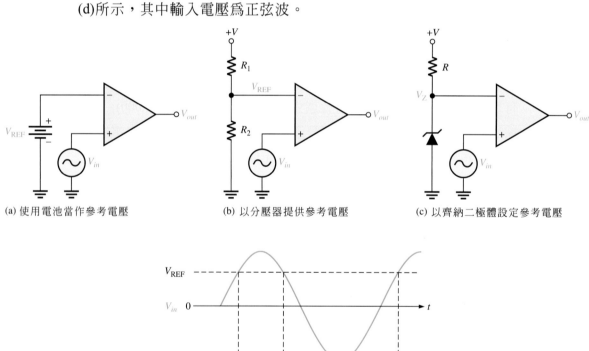

(a) 使用電池當作參考電壓     (b) 以分壓器提供參考電壓     (c) 以齊納二極體設定參考電壓

(d) 波形

▲ 圖 10-2    非零位準檢測器。

**例 題 10-1**    圖 10-3(b)中，比較器的輸入信號是來自於圖 10-3(a)的波形。畫出輸出信號的簡圖，並顯示該波形和輸入信號之間的關係。假設比較器的

輸出最大位準為 ±14V。

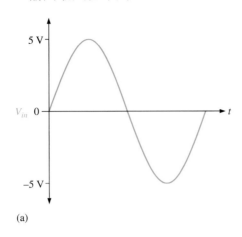

(a)

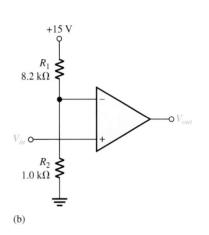

(b)

▲ 圖 10-3

解　參考電壓利用 $R_1$ 以及 $R_2$ 設定如下：

$$V_{\text{REF}} = \frac{R_2}{R_1 + R_2}(+V) = \frac{1.0\,\text{k}\Omega}{8.2\,\text{k}\Omega + 1.0\,\text{k}\Omega}(+15\,\text{V}) = 1.63\,\text{V}$$

如圖 10-4 所示，每次輸入信號超過 +1.63 V，輸出電壓就會切換到 +14 V；每次輸入信號低於 +1.63 V，輸出電壓就會切換到 −14 V。

▶ 圖 10-4

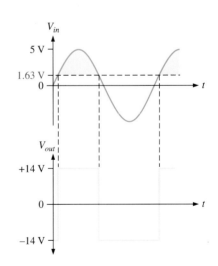

相 關 習 題* 　如果 $R_1 = 22\,\text{k}\Omega$ 以及 $R_2 = 3.3\,\text{k}\Omega$，試求圖 10-3 中的參考電壓。

*答案可以在以下的網站找到 www.pearsonglobaleditions.com(搜索 ISBN:1292222999)

## 輸入端雜訊對比較器的影響 (Effects of Input Noise on Comparator Operation)

在許多實際狀況中，**雜訊**(不希望出現的電壓變動) 會出現在輸入端。這個雜訊變成疊加在正弦波輸入電壓上，會造成比較器錯誤地切換輸出狀態，如圖 10-5 所示。

▶ 圖 10-5

疊加上雜訊後的正弦波。

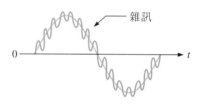

爲了瞭解雜訊電壓所產生的潛在影響，假設一個低頻正弦波電壓，輸入到一個當作零位準檢測器使用的運算放大器比較器的非反相 (+) 輸入端，如圖 10-6 (a)所示。圖(b)顯示的是輸入正弦波加上雜訊後的波形，以及輸出的結果。當正弦波電壓接近零值時，雜訊所造成的電壓變動會使總輸入電壓在 0 位準上下變動許多次，因而使輸出電壓產生錯誤的結果。

(a)

(b)

▲ 圖 10-6 雜訊對比較器電路的影響。

## 利用磁滯降低雜訊的影響 (Reducing Noise Effects with Hysteresis)

因為在某個輸入電壓位準上,比較器會從負的輸出狀態切換到正的輸出狀態,而在相同的輸入電壓位準上,比較器也能從正的輸出狀態切換到負的輸出狀態,所以輸入端雜訊會引起錯誤的輸出電壓。當輸入電壓大約等於參考電壓位準時,就會發生不穩定的狀況,且任何微小的雜訊變動都能使比較器在兩種狀態間切換。

為了降低比較器對雜訊的敏感度,我們可以使用一個結合正回授的技術,即**磁滯現象 (Hysteresis)**。基本上,磁滯現象意指當輸入電壓從較低值變成較高值時,會比輸入電壓從較高值變成較低值時,具有一個比較高的參考電壓位準。常見的家用自動調溫器,在某個溫度會啟動暖氣爐,而在另一個溫度會將暖氣爐關閉,就是一個磁滯現象的好例子。

兩個參考位準稱為上觸發點 (Upper trigger point , UTP) 和下觸發點 (Lower trigger point , LTP)。這種兩個位準的磁滯現象可以利用正回授電路加以建立,如圖 10-7 所示。請注意,非反相輸入 (+) 端連接到電阻式分壓器,使得一部分的輸出電壓回授到輸入端。在這種情形下,輸入信號接到反相輸入 (−) 端。

▶ 圖 10-7

具有磁滯現象的正回授比較器。

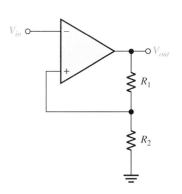

具有磁滯現象的比較器基本工作原理解釋如下,可以利用圖 10-8 輔助說明。假設輸出電壓位於其正電壓最大值 $+V_{out(max)}$。回授到非反相輸入端的電壓為 $V_{UTP}$,它可以表示成

$$V_{\text{UTP}} = \frac{R_2}{R_1 + R_2}(+V_{out(max)}) \qquad \text{公式 10-1}$$

當 $V_{in}$ 電壓值超過 $V_{UTP}$ 時，輸出電壓會變成負的最大值 $-V_{out(max)}$。現在回授到非反相輸入端的電壓是 $V_{LTP}$，且可以表示成

公式 10-2

$$V_{LTP} = \frac{R_2}{R_1 + R_2}(-V_{out(max)})$$

這個時候，在元件要從負的最大值切換到正的最大值之前，輸入電壓必須先低於 $V_{LTP}$。這表示輸出不會受微小雜訊的影響，如圖 10-8(c)所示。

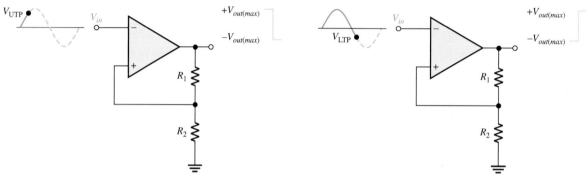

(a) 當輸出位於正向電壓最大值，而輸入超過 UTP，輸出從正向電壓最大值切換到負向電壓最大值。

(b) 當輸出位於負向電壓最大值，而輸入低於 LTP，輸出從負向電壓最大值切換到正向電壓最大值。

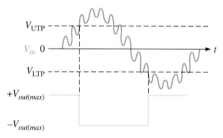

(c) 元件只在到達 UTP 或 LTP 時，才觸發一次；因此它較不受疊加在輸入訊號上的雜訊影響。

▲ 圖 10-8　具有磁滯現象比較器的工作原理。

具有內建磁滯現象的比較器通常稱為史密特觸發器 (Schmitt trigger)。磁滯電壓的大小由兩個觸發位準的差值決定。

公式 10-3

$$V_{HYS} = V_{UTP} - V_{LTP}$$

例 題 10-2　試求圖 10-9 中比較器電路的上和下觸發點。假設 $+V_{out(max)} = +5V$ 以及 $-V_{out(max)} = -5V$。

▷ 圖 10-9

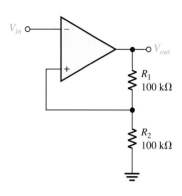

解
$$V_{\text{UTP}} = \frac{R_2}{R_1 + R_2} (+V_{out(max)}) = 0.5(5 \text{ V}) = +2.5 \text{ V}$$

$$V_{\text{LTP}} = \frac{R_2}{R_1 + R_2} (-V_{out(max)}) = 0.5(-5 \text{ V}) = -2.5 \text{ V}$$

相 關 習 題　在 $R_1 = 68 \text{ k}\Omega$ 且 $R_2 = 82 \text{ k}\Omega$ 時，試求圖 10-9 的上和下觸發點。假設最大輸出電壓位準是 ±7 V。

## 輸出電壓限制 (Output Bounding)

在一些應用電路裡，我們必須限制比較器的輸出電壓，使輸出小於運算放大器所能提供的飽和電壓。如圖 10-10 所示，我們可以使用一個齊納二極體，在某一個電壓方向將輸出電壓限制在齊納電壓，而在另一個電壓方向，它將輸出限制在順向二極體壓降。這種限制輸出範圍的過程稱爲電壓限制 (bounding)。

▷ 圖 10-10
具有輸出電壓限制的比較器。

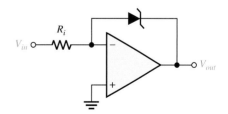

其工作原理如下：因為齊納二極體的陽極連接到反相 (−) 輸入端，所以是虛接地 (≅ 0 V)。因此，當輸出電壓到達一個等於齊納電壓的正電壓值時，便會限制輸出電壓在那個電壓值上，如圖 10-11(a)所示。當輸出切換到負電壓時，齊納二極體的作用像一般二極體，變成順向偏壓且其值為 0.7 V，並限制負的輸出電壓在這個電壓值上，如圖 10-11(b)。將齊納二極體轉向後，可以將輸出電壓限制成相反的方向。

如圖 10-12 放置的兩個齊納二極體，不論正向電壓或負向電壓，都限制輸出電壓在齊納電壓位準上，加上順向偏壓齊納二極體的順向電壓降 (0.7 V)，如圖 10-12 所示。

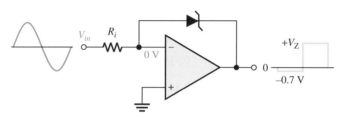

(a) 限制在一個正值

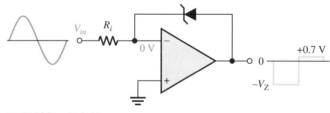

(b) 限制在一個負值

▲ 圖 10-11 具限制作用的比較器工作方式。

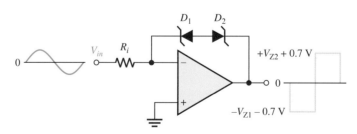

▲ 圖 10-12 雙向電壓限制的比較器。

例 題　**10-3**　試求圖 10-13 中的輸出電壓波形。

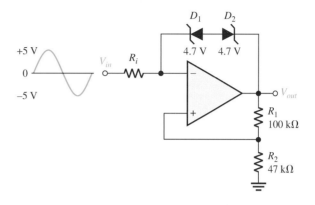

▲ 圖 10-13

解　　這個比較器同時具有磁滯作用和齊納二極體的電壓限制作用。

　　　$D_1$ 和 $D_2$ 兩端的電壓，不論在哪一個電壓方向，都是 4.7 V + 0.7 V = 5.4 V。這是因為總有一個齊納二極體順向偏壓，且其電壓為 0.7 V，而另一個齊納二極體處於崩潰區域。

　　　運算放大器反相輸入端的電壓為 $V_{out} \pm 5.4$ V。因為差動電壓可以忽略，所以運算放大器非反相輸入端電壓也大約為 $V_{out} \pm 5.4$ V。因此，

$$V_{R1} = V_{out} - (V_{out} \pm 5.4 \text{ V}) = \pm 5.4 \text{ V}$$

$$I_{R1} = \frac{V_{R1}}{R_1} = \frac{\pm 5.4 \text{ V}}{100 \text{ k}\Omega} = \pm 54 \,\mu\text{A}$$

因為非反相輸入端的電流可以忽略，

$$I_{R2} = I_{R1} = \pm 54 \,\mu\text{A}$$

$$V_{R2} = R_2 I_{R2} = (47 \text{ k}\Omega)(\pm 54 \,\mu\text{A}) = \pm 2.54 \text{ V}$$

$$V_{out} = V_{R1} + V_{R2} = \pm 5.4 \text{ V} \pm 2.54 \text{ V} = \pm 7.94 \text{ V}$$

上觸發點和下觸發點的計算方式如下：

$$V_{\text{UTP}} = \left(\frac{R_2}{R_1 + R_2}\right)(+V_{out}) = \left(\frac{47 \text{ k}\Omega}{147 \text{ k}\Omega}\right)(+7.94 \text{ V}) = +2.54 \text{ V}$$

$$V_{\text{LTP}} = \left(\frac{R_2}{R_1 + R_2}\right)(-V_{out}) = \left(\frac{47 \text{ k}\Omega}{147 \text{ k}\Omega}\right)(-7.94 \text{ V}) = -2.54 \text{ V}$$

對於所指定的輸入電壓而言，輸出波形如圖 10-14 所示。

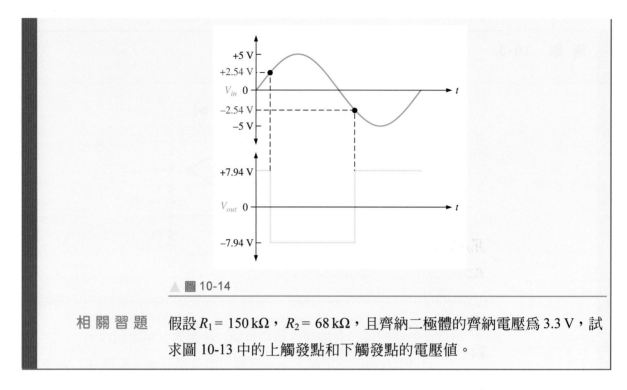

▲ 圖 10-14

相 關 習 題 　假設 $R_1 = 150\,\text{k}\Omega$，$R_2 = 68\,\text{k}\Omega$，且齊納二極體的齊納電壓為 3.3 V，試求圖 10-13 中的上觸發點和下觸發點的電壓值。

## 比較器之應用電路(Comparator Applications)

*過熱感測電路 (Over-Temperature Sensing Circuit)*　圖 10-15 顯示將運算放大器比較器應用在精準過熱感測電路，以便判斷溫度是否到達某個臨界值。這個電路包含一個惠斯登電橋和運算放大器，用來檢測電橋是否達成平衡。電橋的一臂包含一個熱敏電阻器 $(R_1)$，這是一個溫度感測電阻，其溫度係數是負值 (當溫度增加，電阻值下降)。我們將電位計 $(R_2)$ 的電阻值設定為在臨界溫度時熱敏電阻器

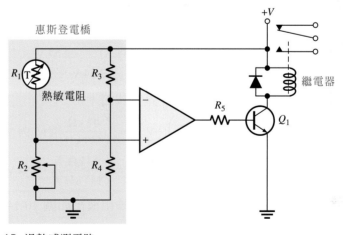

▲ 圖 10-15 　過熱感測電路。

的電阻值。在正常溫度下 (低於臨界溫度)，$R_1$ 大於 $R_2$，因此使電橋處於不平衡狀態，驅動運算放大器輸出成為低飽和位準，並讓電晶體 $Q_1$ 保持關閉。

當溫度增加，熱敏電阻器的電阻值會降低。當溫度到達臨界值，$R_1$ 會等於 $R_2$，此時電橋達成平衡狀態 (因為 $R_3 = R_4$)。此時運算放大器的輸出將切換到高飽和位準，使 $Q_1$ 導通。這樣會提供繼電器能量，以便啟動警報器，或開啟一個處理過熱現象的反應機制。

*類比數位轉換 (Analog-to-Digital (A/D) Conversion)*     **A/D 轉換 (A/D conversion)** 是一個常用的介面處理過程，通常是在線性的**類比(Analog)**系統，必須為一個**數位(Digital)**系統提供輸入信號時用到。A/D 轉換有許多方法可供使用。然而在這個討論過程中，我們只選擇一種轉換電路來說明其概念。

*即時型 (simultaneous)* 或是*快閃型 (flash)* 的 A/D 轉換法是使用並聯的比較器，將線性輸入訊號與利用分壓器產生的各種不同參考電壓加以比較。當某一個比較器的輸入電壓超過參考電壓，該比較器的輸出將成為高位準。圖 10-16 所示為一個類比數位轉換器 (ADC)，其輸出為三位元的二進位碼，用來表示類比輸入電壓。這個轉換器需要七個比較器。一般而言，要轉換成 $n$ 個位元的二進位數值碼需要 $2^n - 1$ 個比較器。需要大量的比較器提供足夠的二進位數值碼，是即時型 ADC 的一個主要缺點，但是新的積體電路技術，可以讓多個比較器和其伴隨的電路放在同一個積體電路的晶片裡，這多少減輕了問題的嚴重性。舉例來說，6 或 8 位元的快閃轉換器到處都買的到。這些 ADC 對需要快速轉換時間的應用，例如影像處理，有極大的幫助。

如圖 10-16 所示，每一個比較器的參考電壓是由電阻性分壓器與 $V_{REF}$ 加以設定。每一個比較器的輸出會連接到*優先權編碼器 (Priority encoder)* 的輸入端。優先權編碼器是一個數位裝置，能夠在輸出端產生二進位數值，用來代表各輸入的最大值。

當編碼器的啟動信號線上出現脈衝 (取樣脈衝信號)，編碼器會對輸入端進行取樣，然後在編碼器輸出端出現一個正比於類比輸入信號的三位元二進位碼。

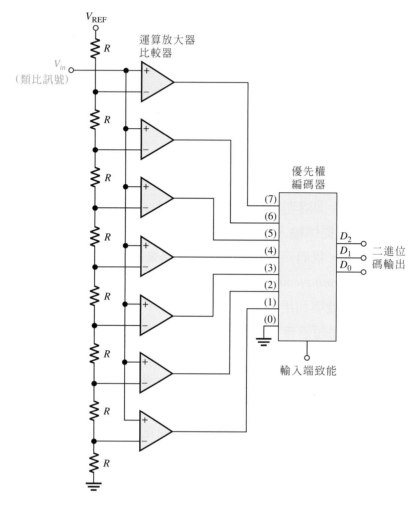

▲ 圖 10-16 以簡化的運算放大器作為比較器的即時(快閃)型類比數位轉換器 (ADC)。

取樣率 (Sampling rate) 將決定二進位數字代表變動輸入信號的準確性。在指定的時間內取樣次數越多，二進位輸出數位碼就能越準確代表類比信號。超過 1GHz 的取樣率可從此一快閃轉換器獲得。優先權解碼器的輸出在取樣區間被栓鎖。

下面的例題可以說明圖 10-16 中同時型 ADC 的基本工作原理。

例 題　10-4　當輸入信號和取樣脈衝 (編碼器啟動脈衝) 如圖 10-17 所示，試求圖 10-16 中三位元同時型 ADC 的二位元數字碼序列。假設輸出在每個取樣脈衝後被栓鎖(latch)，請畫出數位式輸出波形。

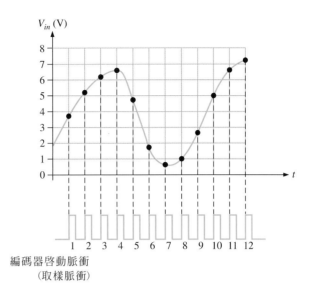

▲ 圖 10-17    要轉換成數位碼的類比訊號波形的各個取樣值。

解    二進位輸出序列如下所示,其波形和所對應的取樣脈衝如圖 10-18 所示。

011, 101, 110, 110, 100, 001, 000, 001, 010, 101, 110, 111

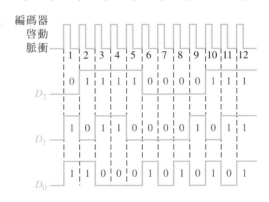

▲ 圖 10-18    圖 10-17 中取樣值所產生的數位輸出。$D_0$ 是最低有效位元 (least significant digit)。

相 關 習 題    如果圖 10-17 中啟動脈衝的頻率變成兩倍,則用來表示類比波形的二進位輸出序列,會更準確或是更不準確?

## 特殊比較器 (Specific Comparators)

LM111-N 和 LM311-N 都是特殊比較器的例子。這些比較器有著在一般運算放大器上找不到的快速轉換(200ns)和其他附加功能。這些比較器可以在 ±15V 供應

電源到 +5V 單電源的範圍內工作。開集極輸出電路提供了推動負載的能力，負載需要相對於接地 50V 的電壓或是供應電壓。抵補平衡輸入及閃控輸入可控制輸出的開啓或關閉，而不受差動輸入大小的影響。

**第10-1節 隨堂測驗**

答案可以在以下的網站找到
www.pearsonglobaleditions.com
(搜索 ISBN:1292222999)

1. 圖 10-19 中，每一個比較器的參考電壓爲多少？
2. 比較器中磁滯作用的目的是什麼？
3. 關於比較器輸出的*電壓限制(Bounding)*，試定義之。

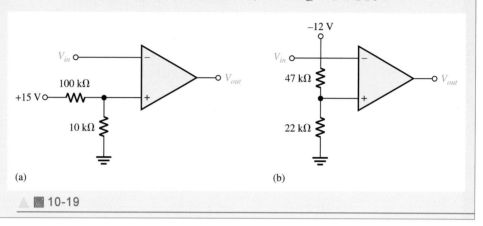

▲ 圖 10-19

# 10-2 加法放大器 (Summing Amplifiers)

加法放大器是第 9 章曾提到反相運算放大器線路型態的一種應用電路。平均值放大器和比例放大器，都是基本加法放大器的變化型。

在學習完本節的內容後，你應該能夠

- ◆ **描述與分析各種類型加法放大器之工作原理**
- ◆ 描述與分析單位增益加法放大器
  - ◆ 計算電路的輸出電壓
- ◆ 描述如何達到大於 1 的增益
  - ◆ 計算給定的加法放大器的增益與輸出電壓
- ◆ 討論平均值放大器的工作原理
  - ◆ 計算在給定的輸入電壓之相對應的輸出電壓
- ◆ 描述比例加法器的工作原理
  - ◆ 討論不同的權值如何指定給輸入
- ◆ 討論和分析使用比例加法器之數位類比轉換器
  - ◆ 說明二進位加權電阻數位類比轉換器
  - ◆ 描述 R/2R 階梯法

## 具有單位增益的加法放大器 (Summing Amplifier with Unity Gain)

一個加法放大器(**Summing amplifier**)具有兩個或以上的輸入,而且其輸出電壓會正比於輸入電壓的代數和之負值。圖 10-20 所示是具有兩個輸入的加法放大器,但是我們可以將輸入端的數量擴展成任意數量。電路的工作原理和輸出表示式的推導過程如下所示。將兩個電壓 $V_{IN1}$ 和 $V_{IN2}$ 施加到輸入端,並產生電流 $I_1$ 和 $I_2$,如圖所示。利用輸入阻抗無限大和虛接地的觀念,我們可以檢測運算放大器的反相輸入 ( - ) 電壓約等於 0V,而且輸入端沒有電流流入。這表示輸入電流 $I_1$ 和 $I_2$,在和點 (Summing point),$A$ 處,匯合在一起並形成總電流 ($I_T$) 通過電阻 $R_f$,如圖 10-20 所示。

$$I_T = I_1 + I_2$$

▶ 圖 10-20

具有兩個輸入訊號的反相加法放大器。

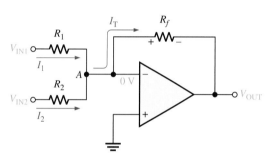

因為 $V_{OUT} = -I_T R_f$,然後推導步驟如下:

$$V_{OUT} = -(I_1 + I_2)R_f = -\left(\frac{V_{IN1}}{R_1} + \frac{V_{IN2}}{R_2}\right)R_f$$

如果三個電阻值都一樣 ($R_1 = R_2 = R_f = R$),則

$$V_{OUT} = -\left(\frac{V_{IN1}}{R} + \frac{V_{IN2}}{R}\right)R = -(V_{IN1} + V_{IN2})$$

前述的公式說明輸出電壓大小等於兩個輸入電壓的總和,但是加上負號,這意謂著訊號的反相作用。

公式 10-4 為具有 $n$ 個輸入的單位增益加法放大器輸出的一般表示式,如圖 10-21 所示,其中所有的電阻值都相等。

$$\boldsymbol{V_{OUT} = -(V_{IN1} + V_{IN2} + V_{IN3} + \cdots + V_{INn})} \qquad \text{公式 10-4}$$

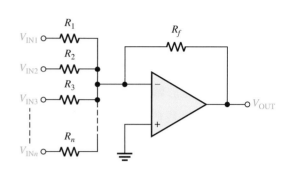

▶ 圖 10-21

具有 $n$ 個輸入的加法放大器。

---

**例 題 10-5** 試求圖 10-22 的輸出電壓。

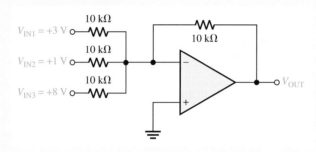

▲ 圖 10-22

---

解 $V_{OUT} = -(V_{IN1} + V_{IN2} + V_{IN3}) = -(3\,V + 1\,V + 8\,V) = \mathbf{-12\,V}$

相 關 習 題 如果第四個輸入為 +0.5 V，並以電阻 10 kΩ加到圖 10-22，則輸出電壓為多少？

## 增益大於一的加法放大器 (Summing Amplifier with Gain Greater Than Unity)

當 $R_f$ 大於輸入電阻，放大器的增益為 $R_f/R$，其中 $R$ 為每個輸入端相等的電阻值。這種情況的輸出電壓一般表示式為

公式 10-5
$$V_{OUT} = -\frac{R_f}{R}(V_{IN1} + V_{IN2} + \cdots + V_{INn})$$

我們可以看出來，當所有的輸入電壓的總和，乘上由 $-(R_f/R)$ 的比率常數，即等於輸出電壓。增益可能大於或小於 1，由 $R_f/R$ 的比率決定。

例 題 **10-6** 試求圖 10-23 中加法放大器的輸出電壓。

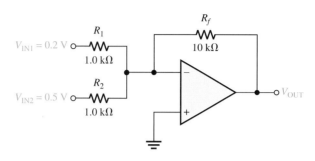

▲ 圖 10-23

解 已知 $R_f =$ 10 kΩ，且 $R = R_1 = R_2 =$ 1.0 kΩ。所以，

$$V_{OUT} = -\frac{R_f}{R}(V_{IN1} + V_{IN2}) = -\frac{10\,\text{k}\Omega}{1.0\,\text{k}\Omega}(0.2\,\text{V} + 0.5\,\text{V}) = -10(0.7\,\text{V}) = \mathbf{-7\,V}$$

相 關 習 題 假設輸入電阻皆為 2.2 kΩ，且回授電阻為 18 kΩ，試求圖 10-23 中的輸出電壓。

## 平均值放大器 (Averaging Amplifier)

加法放大器可以用來產生輸入電壓的數學平均值。其作法是將 $R_f/R$ 比率設定為輸入訊號數目 ($n$) 的倒數。

$$\frac{R_f}{R} = \frac{1}{n}$$

將想要求平均值的幾個數值先加總起來，然後再除以這些數值的個數，我們就可以得到這些數值的平均值。檢視公式 10-5 後並且稍加思考，就可相信加法放大器可以經過設計後完成這項工作。下一個範例可以說明這一點。

**例 題　10-7**　　證明圖 10-24 中的放大器產生的輸出，其大小爲各輸入電壓的平均值。

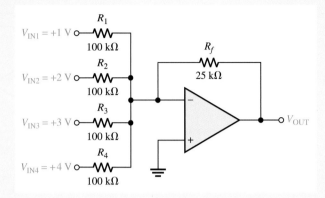

▲ 圖 10-24

**解**　　因爲輸入電阻都相等，即 $R = 100\ \text{k}\Omega$。輸出電壓爲

$$V_{\text{OUT}} = -\frac{R_f}{R}(V_{\text{IN1}} + V_{\text{IN2}} + V_{\text{IN3}} + V_{\text{IN4}})$$

$$= -\frac{25\ \text{k}\Omega}{100\ \text{k}\Omega}(1\ \text{V} + 2\ \text{V} + 3\ \text{V} + 4\ \text{V}) = -\frac{1}{4}(10\ \text{V}) = \mathbf{-2.5\ V}$$

經過簡單計算，可以證明各輸入值的平均值與輸出 $V_{\text{OUT}}$ 的大小相同，但正負號相反。

$$V_{\text{IN(avg)}} = \frac{1\ \text{V} + 2\ \text{V} + 3\ \text{V} + 4\ \text{V}}{4} = \frac{10\ \text{V}}{4} = 2.5\ \text{V}$$

**相 關 習 題**　　要處理五個輸入信號時，試說明圖 10-24 中的平均值放大器該如何改變電阻值。

## 比例加法器 (Scaling Adder)

加法放大器的每一個輸入可以藉著調整輸入電阻值，指定不同的加權值。我們已經知道輸出電壓可以表示爲

**公式　10-6**　　$$V_{\text{OUT}} = -\left(\frac{R_f}{R_1}V_{\text{IN1}} + \frac{R_f}{R_2}V_{\text{IN2}} + \cdots + \frac{R_f}{R_n}V_{\text{IN}n}\right)$$

而某一個特定輸入的加權是藉由 $R_f$ 與該輸入端的輸入電阻 $R_x$ 的比值來加以設定（$R_x = R_1, R_2, \ldots R_n$）。舉例來說，如果輸入電壓的加權值是 1，則 $R_x = R_f$。而如果加權值是 0.5，則 $R_x = 2R_f$。輸入電阻值（$R_x$）愈小，加權值愈大，反之亦然。

**例 題  10-8**　試求圖 10-25 比例加法器中每一個輸入電壓的加權值，並求出輸出電壓。

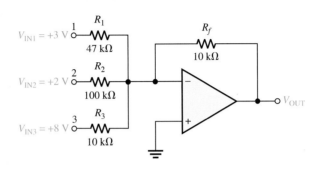

▲ 圖 10-25

解　輸入 1 的加權值：

$$\frac{R_f}{R_1} = \frac{10 \text{ k}\Omega}{47 \text{ k}\Omega} = \mathbf{0.213}$$

輸入 2 的加權值：

$$\frac{R_f}{R_2} = \frac{10 \text{ k}\Omega}{100 \text{ k}\Omega} = \mathbf{0.100}$$

輸入 3 的加權值：

$$\frac{R_f}{R_3} = \frac{10 \text{ k}\Omega}{10 \text{ k}\Omega} = \mathbf{1.00}$$

輸出電壓為

$$V_{\text{OUT}} = -\left( \frac{R_f}{R_1} V_{\text{IN1}} + \frac{R_f}{R_2} V_{\text{IN2}} + \frac{R_f}{R_3} V_{\text{IN3}} \right)$$
$$= -[0.213(3 \text{ V}) + 0.100(2 \text{ V}) + 1.00(8 \text{ V})]$$
$$= -(0.639 \text{ V} + 0.2 \text{ V} + 8 \text{ V}) = \mathbf{-8.84 \text{ V}}$$

相 關 習 題　假設 $R_1 = 22 \text{ k}\Omega$、$R_2 = 82 \text{ k}\Omega$、$R_3 = 56 \text{ k}\Omega$，且 $R_f = 10 \text{ k}\Omega$，試求圖 10-25 中每一個輸入電壓的加權值。同時也求出 $V_{\text{out}}$。

## 應用(Applications)

在將數位信號轉換爲類比 (線性) 信號時，**D/A 轉換 (D/A conversion)** 是一個重要的介面處理過程。聲音訊號是一個例子，爲了儲存、處理、或傳輸的緣故，將聲音訊號數位化後，必須能夠轉換回近似於原來的音頻類比訊號，以便驅動揚聲器。

D/A 轉換的一種方法是利用比例加法器，並將其各個輸入電阻值調整爲代表數位輸入碼各位元的二進位加權值。雖然這不是最爲廣泛使用的方法，最起碼它提供了一個用來作爲比例加法器的描述，一個更普遍的數位/類比轉換的方法是 R/2R 階梯法。雖然 R/2R 階梯法沒有使用比例加法器，我們將介紹這個 R/2R 的方法來作爲比較。圖 10-26 顯示一個這種類型的四位元數位類比轉換器 (DAC)，它稱爲二進位加權電阻 DAC (Binary-weighted resistor DAC)。開關符號代表用來將四個二進位數字施加於 DAC 輸入端的電晶體開關。

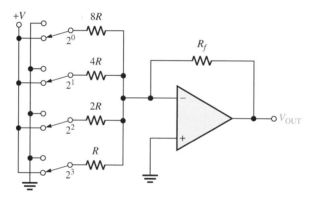

▲ 圖 10-26　當作四位元數位類比轉換器 (DAC) 使用的比例加法器。

反相 (−) 輸入端爲虛接地，所以輸出電壓正比於流過回授電阻 $R_f$ 的電流 (輸入電流的總和)。

最低的電阻值 $R$ 對應的是加權值最高的二進位輸入位元 ($2^3$)。其他電阻值都是 $R$ 的倍數，對應於二進位加權 $2^2$、$2^1$ 和 $2^0$。

例　題　**10-9**　試求圖 10-27(a)中 DAC 的輸出電壓。圖 10-27(b)施加於輸入端的波形代表四位元二進位碼的序列。高位準代表二進位值 1，而低位準代表二進位值 0。最低有效二進位位元 (Least significant bit) 是 $D_0$。

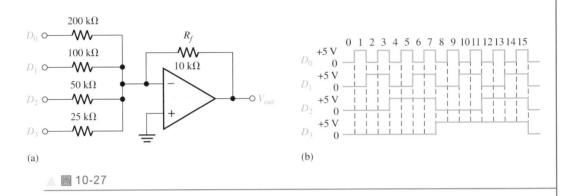

▲ 圖 10-27

解　首先，求出每一個加權輸入端的電流。因為運算放大器的反相輸入端為 0 V (虛接地)，且二進位值 1 對應的是高電壓位準 (+5 V)，所以通過任何一個輸入電阻的電流等於 5 V 除以該輸入電阻值。

$$I_0 = \frac{5\,\text{V}}{200\,\text{k}\Omega} = 0.025\,\text{mA}$$

$$I_1 = \frac{5\,\text{V}}{100\,\text{k}\Omega} = 0.05\,\text{mA}$$

$$I_2 = \frac{5\,\text{V}}{50\,\text{k}\Omega} = 0.1\,\text{mA}$$

$$I_3 = \frac{5\,\text{V}}{25\,\text{k}\Omega} = 0.2\,\text{mA}$$

運算放大器的反相輸入端幾乎沒有電流流入，這是因為它的阻抗相當高的緣故。因此，可以假設所有的電流都流過 $R_f$。既然 $R_f$ 的一端是 0 V (虛接地)，所以 $R_f$ 兩端的壓降等於輸出電壓，且對虛接地而言輸出電壓為負值。

$$V_{\text{OUT}(D0)} = -R_f I_0 = -(10\,\text{k}\Omega)(0.025\,\text{mA}) = \mathbf{-0.25\,V}$$
$$V_{\text{OUT}(D1)} = -R_f I_1 = -(10\,\text{k}\Omega)(0.05\,\text{mA}) = \mathbf{-0.5\,V}$$
$$V_{\text{OUT}(D2)} = -R_f I_2 = -(10\,\text{k}\Omega)(0.1\,\text{mA}) = \mathbf{-1\,V}$$
$$V_{\text{OUT}(D3)} = -R_f I_3 = -(10\,\text{k}\Omega)(0.2\,\text{mA}) = \mathbf{-2\,V}$$

從圖 10-27(b)可知，第一組二進位輸入碼為 0000，產生的輸出電壓為 0 V。下一組輸入碼為 0001 (代表十進位的 1)。因此，輸出電壓為 − 0.25 V。下一個碼是 0010，產生輸出電壓為 − 0.5 V。再下一個碼是 0011，產生輸出電壓 − 0.25 V + ( − 0.5 V) = − 0.75 V。每一個後續的二進位碼都會使輸出電壓增加 − 0.25 V。所以，當輸入端施加這個特別的連續二進位序列碼，將使輸出端產生從 0 V 變化到 − 3.75 V，且每次改變一級 − 0.25 V 的階梯波形，如圖 10-28 所示。如果每一級電壓差很小，則輸出會近似一條直線 (線性)。

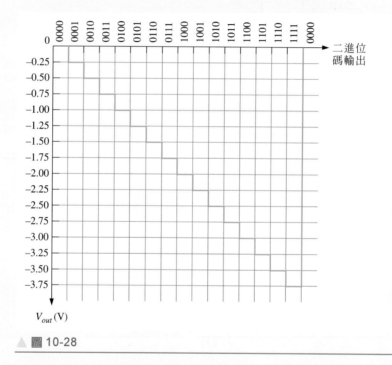

▲ 圖 10-28

相 關 習 題　　如果圖 10-27(a)中的 $R_f$ 變成 15 kΩ，其輸出將如何變化？

如上面所提到的，$R/2R$ 階梯法是一種較比例加法器更普遍的數位/類比轉換方法，如圖 10-29 示範了一個 4 位元的轉換。這克服了二進位加權輸入之 DAC 的缺點，因為它只需要二個電阻值。

設若圖 10-29 中的 $D_3$ 的輸入是 HIGH(+5V)，其他是 LOW(接地，0V)，這個情況則表示二進位值 1000。在圖 10-30(a)的電路分析中顯示出其簡化的等效形式，很重要地，因為反向輸入是虛接地，所以沒有電流流過 $2R$ 等效電阻。因

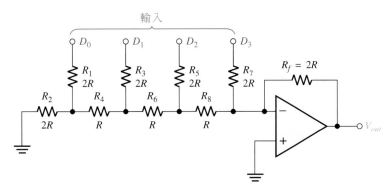

▲ 圖 10-29　*R*/2*R* 階梯狀 DAC。

此，流過 $R_7$ 的全部的電流($I = 5V/2R$)將也流過 $R_f$，而造成輸出電達−5V。因為負回授作用，運算放大器反向(−)輸入端保持接近零伏特(0V)，以致於全部的電流流過 $R_f$ 而不流進反向輸入端。

在圖 10-30(b)中顯示，當 $D_2$ 的輸入電壓在 +5V 而其他則接地的等效電路，這個情況表示是二進位值 0100，若戴維寧等效電路從 $R_8$ 看進去的，我們得到 2.5 V 與 R 串聯，如圖所示。這引起了經過 $R_f$ 的電流 $I = 2.5V/2R$，而得到輸出電壓為 −2.5V。記得，幾乎沒有電流流進運算放大器的反向輸入端，因而幾乎沒有電流流經等效電阻到接地去，因為它們之間的電位差是 0V，這可以由虛接地看出來。

在圖 10-30(c)中顯示，當 $D_1$ 的輸入電壓在 +5V 而其他則接地的等效電路，這個情況為表示二進位值 0010，再次，我們由戴維寧的 $R_8$ 看進去的，我們得到 1.25V 與 R 串聯。這引起了經過 $R_f$ 的電流是 $I = 1.25V/2R$，因而輸出電壓為−1.25V。

在圖 10-30 的(d)部分，等效電路顯示 $D_0$ 在 +5V 而其他則如圖所示接地，這個情況為代表二進位值 0001，從 $R_8$ 看進去的戴維寧得到 0.625V 與 R 串聯。引起的經過 $R_f$ 電流是 $I = 0.625V/2R$，得到的輸出電壓為 −0.625V。

值得注意的，相鄰低權重的輸入，產生一半的輸出電壓，所以我們可以得到輸出電壓是正比於輸入位元的二進位權重的結論。

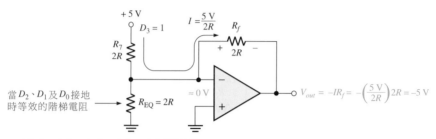

(a) $D_3 = 1, D_2 = 0, D_1 = 0, D_0 = 0$ 之等效電路

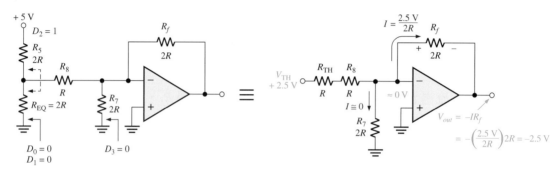

(b) $D_3 = 0, D_2 = 1, D_1 = 0, D_0 = 0$ 之等效電路

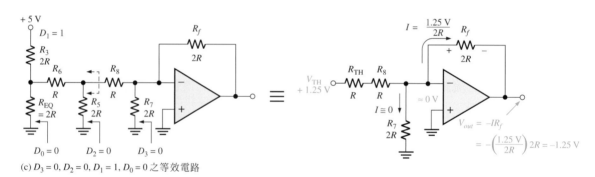

(c) $D_3 = 0, D_2 = 0, D_1 = 1, D_0 = 0$ 之等效電路

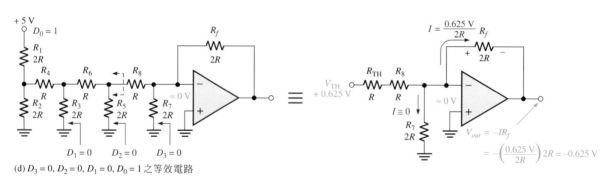

(d) $D_3 = 0, D_2 = 0, D_1 = 0, D_0 = 1$ 之等效電路

▲ 圖 10-30　$R/2R$ 階梯狀 DAC 的分析。

1. 定義*和點 (Summing point)*。

2. 具有五個輸入的平均值放大器,其 $R_f/R$ 值為多少?

3. 某一個比例加法器具有兩個輸入,其中一個的加權是另一個的兩倍。如果加權值較低的輸入電阻值是 10 kΩ,則另一個輸入電阻值是多少?

# 10-3 積分器和微分器 (Integrators and Differentiators)

運算放大器組成的積分器可以模擬數學積分運算,而積分基本上是一個求取函數曲線下總面積的加總過程。運算放大器組成的微分器則可以模擬數學微分運算,而微分是求取函數瞬時變化率的過程。此時,我們並不需要為了學習積分器和微分器的工作原理,而去瞭解數學上的積分和微分。使用理想的積分器和微分器來說明基本原理。實際積分器通常具有一個額外電阻,與回授電容並聯,以防止進入飽和狀態。實際微分器可以串聯一個電阻以及一個比較器,以便減少高頻雜訊。

在學習完本節的內容後,你應該能夠

◆ **描述與分析積分器與微分器的工作原理**
◆ 描述與辨識運算放大器所構成之積分器
  ◆ 討論理想積分器
  ◆ 解釋電容如何充電
  ◆ 討論電容電壓、輸出電壓、及輸出電壓的改變率
  ◆ 描述實際的積分器
◆ 描述與辨識運算放大器所構成之微分器
  ◆ 討論理想微分器
  ◆ 討論實際的微分器

## 運算放大器所構成之積分器 (The Op-Amp Integrator)

*理想積分器 (The Ideal Integrator)* 理想積分器如圖 10-31 所示。請注意,回授元件是一個電容器,它和輸入電阻形成一個 *RC* 電路。

▷ 圖 10-31

運算放大器積分器。

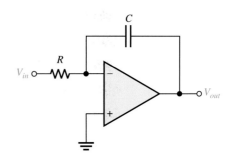

**電容器如何充電 (How a Capacitor Charges)**　為了瞭解積分器如何工作，先複習電容器如何充電是很重要的。請回想一下，電容上的電荷 $Q$ 正比於充電電流 ($I_C$) 以及充電時間 ($t$)。

$$Q = I_C t$$

同樣地，以電壓來表示，電容器上的電荷為

$$Q = C V_C$$

利用這兩個數學關係式，電容的電壓可以表示為

$$V_C = \left( \frac{I_C}{C} \right) t$$

這個方程式具有直線方程式的形式，其中直線通過原點，斜率常數為 $I_C / C$。請記住，從代數的角度，直線的一般式為 $y = mx + b$。在這個情況下，$y = V_C$、$m = I_C / C$、$x = t$ 和 $b = 0$。

請回想一下，在一個簡單的 $RC$ 電路中，電容電壓是指數形式而非線性的。這是因為當電容充電時，充電電流會持續減少，而造成電壓改變率持續下降。有關使用運算放大器和 $RC$ 電路來做為積分器的關鍵，在於電容的充電電流可以維持固定，因此產生一個直線 (線性) 電壓而非指數型電壓。現在讓我們來看看這項敘述為什麼是正確的。

在圖 10-32 中，運算放大器的反相輸入端是虛接地 (0 V)，所以 $R_i$ 兩端的電壓降等於 $V_{in}$。因此，輸入電流為

$$I_{in} = \frac{V_{in}}{R_i}$$

▶ 圖 10-32

積分器內的電流。

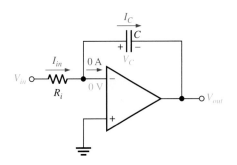

如果 $V_{in}$ 是固定的電壓，則 $I_{in}$ 也會是常數，這是因為反相輸入端一直是 0 V，使 $R_i$ 兩端的電壓降保持固定。因為運算放大器的輸入阻抗相當高，所以反相輸入端的電流很小且可以忽略。這使得所有的電流都流過電容器，如圖 10-30 所示，因此

$$I_C = I_{in}$$

**電容電壓 (The Capacitor Voltage)**　　因為 $I_{in}$ 固定，所以 $I_C$ 也是。定電流 $I_C$ 對電容器線性地充電，使電容 $C$ 兩端產生線性電壓。電容的正端因為運算放大器輸入端虛接地的緣故，而保持在 0 V。電容器負端的電壓為運算放大器的輸出電壓，當電容充電時，會線性地從 0 V 減少，如圖 10-33 所示。此電壓，$V_C$，稱為負斜坡 (Negative ramp)電壓，是固定的正輸入電壓產生的結果。

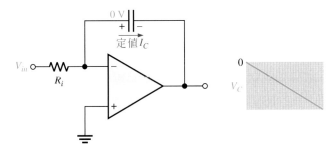

▲ 圖 10-33　線性斜坡電壓是由固定充電電流在電容器兩端所產生。

**輸出電壓 (The Output Voltage)**　　$V_{out}$ 與電容器負端的電壓相同。當一個固定正輸入電壓，以步級或脈衝 (脈衝在高位準時具有固定振幅) 的形式輸入時，輸出的斜坡電壓會在負電壓方向愈來愈大，直到運算放大器進入最大負電壓位準的飽和區。如圖 10-34 所示。

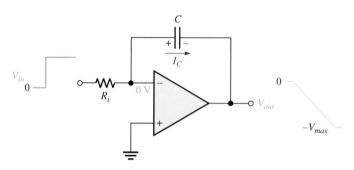

▲ 圖 10-34 固定的輸入電壓在積分器輸出端產生斜坡電壓。

***輸出電壓的改變率 (Rate of Change of the Output Voltage)*** 我們已經知道，電容充電的速率也是輸出斜坡電壓的斜率，它是由比值 $I_C/C$ 決定。因為 $I_C = V_{in}/R_i$，積分器輸出電壓的改變率或斜率為 $\Delta V_{out}/\Delta t$。

公式 10-7
$$\frac{\Delta V_{out}}{\Delta t} = -\frac{V_{in}}{R_i C}$$

***實際的積分器 (The Practical Integrator)*** 理想的積分器利用一個電容器做為回授元件，對於直流而言相當於開路。換句話說，積分器的直流增益等於運算放大器開環路增益。但實際的積分器，即使在沒有輸入訊號存在的情況下，任何輸入端的抵補誤差都會在輸出端產生一個斜坡電壓，導致輸出電壓移向正飽和區或負飽和區(根據抵補誤差的正負值而定)。而且，如果信號源並非完美的位於中心位置或無偏移(offset)，輸出便會偏向飽和。

實際的積分器必須要能克服抵補及偏壓電流和其他電路中的小差異的影響。有許多不同的解決辦法，譬如用截波穩定放大器。但是最簡單的方法是如圖 10-35 所示，利用一個電阻與回授的電容並聯。這個回授電阻，$R_f$，必須比輸入電阻 $R_{in}$ 大許多，這樣才能忽略它對輸出波形所造成的影響。另外，補償電阻，$R_c$，則可以加在非反相的輸入端以平衡偏壓電流的影響。

積分器的應用之一為週期輸入信號的波形整形。若輸入信號是方波，經過積分器轉換後成為三角波。雖然需經過數個週期，信號才可達到穩定輸出狀態的三角波，其直流輸出電壓為直流輸入電壓平均值乘以增益。

▷ 圖 10-35

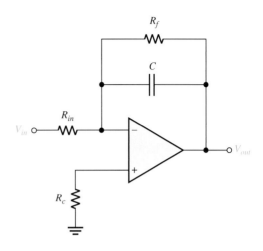

**例 題 10-10** **(a)** 試求第一個輸入脈衝在圖 10-36(a) 的理想積分器中，所產生的輸出電壓改變率。假設電路分析前已達到穩態條件，且輸入信號為 1 kHz，5 $V_{pp}$ 中心為 0V 之方波。

**(b)** 請繪出其輸出波形。

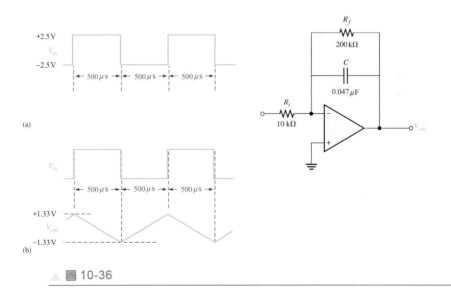

(a)

(b)

▲ 圖 10-36

解 **(a)** 在輸入是 +2.5 V (電容充電)狀態的期間，輸出電壓改變率為

$$\frac{\Delta V_{out}}{\Delta t} = \frac{V_{in}}{R_i C} = -\frac{2.5\text{V}}{(10\text{k}\Omega)(0.047\mu\text{F})} = -5.32\text{kV/s} = \mathbf{-5.32\text{mV/}\mu\text{s}}$$

**(b)** 在 500 μs 時間內(脈衝信號為高電位狀態)，輸出電壓變化量為

$$\Delta V_{out} = (-5.32\text{mV/}\mu\text{s})(500\mu\text{s}) = -2.66\text{V}$$

因為輸出期間達到穩態條件，中心電壓為 0 V，因此輸出變化從
+1.33 V 到 −1.33 V。

輸入信號−2.5 V時的時間週期亦為 500 μs，充電斜率與上述相同，
但是斜率相反。因此，$\Delta V_{out}$ = +2.66V

輸出信號變化從−1.33 V 到+1.33 V，如圖 10-36(b)所示。

**相 關 習 題**　若$R_f$變成兩倍，輸出信號改變率將如何變化？

## 運算放大器所構成之微分器 (The Op-Amp Differentiator)

*理想微分器(The Ideal Differentiator)*　　理想微分器如圖 10-37 所示。請注意，電
容和電阻的配置方式與積分器不同。電容器現在是輸入元件。微分器的輸出正
比於輸入電壓的改變率。

　　為瞭解微分器的工作原理，將正向斜坡電壓輸入圖 10-38 中電路的輸入端。
在這個情況下，因為反相輸入端為虛接地，所以$I_C = I_{in}$，且電容器兩端的電壓
等於 $V_{in}$（$V_C = V_{in}$）。

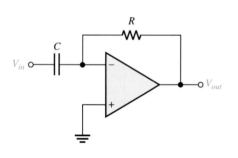

▲ 圖 10-37　運算放大器微分器。

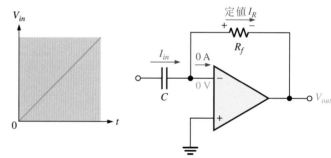

▲ 圖 10-38　輸入為斜坡電壓的微分器。

利用基本公式 $V_C = (I_C / C) t$，可以知道電容器的電流為

$$I_C = \left(\frac{V_C}{t}\right)C$$

因為反相輸入端的電流是可以忽略，所以$I_R = I_C$。因為電容電壓的斜率（$V_C / t$）
是固定的，所以這兩個電流值也是固定的。因此輸出電壓也是固定的，而且因
為回授電阻的一端是 0 V(虛接地)，所以$R_f$兩端的電壓降等於輸出電壓的負值。

$$V_{out} = I_R R_f = I_C R_f$$

$$V_{out} = -\left(\frac{V_C}{t}\right)R_f C \qquad\qquad \text{公式 10-8}$$

當輸入是正向斜坡電壓,輸出為負值,而當輸入是負向斜坡電壓,輸出為正值,如圖 10-39 所示。當輸入電壓斜率為正時,電容從輸入信號源充電,而且流過回授電阻的固定電流方向如圖所示。當輸入電壓斜率為負時,因為電容會放電,所以電流流動方向相反。

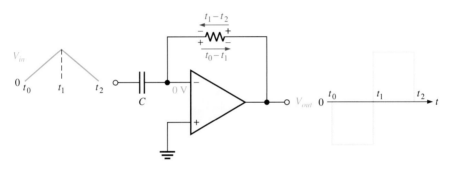

▲ 圖 10-39 輸入為一連串正向和負向斜坡訊號 (三角波) 的微分器輸出。

請注意,公式 10-8 中,$V_C / t$ 為輸入訊號斜率。如果斜率增加,$V_{out}$ 增加。如果斜率減少,$V_{out}$ 減少。所以,輸出電壓正比於輸入訊號的斜率 (改變率)。比例常數為時間常數 $R_f C$。

**實際的微分器 (The Practical Differentiator)**　　理想的微分器有一個電容器與反相輸入端串聯。因為電容在高頻的容抗很小,回授電阻 $R_f$ 與電容 $C$ 的組合可以使微分器在高頻時有很高的增益。這也表示,微分器電路比較容易有雜訊,因為電氣雜訊主要都是高頻的訊號。解決這個問題的簡單辦法是加一個電阻 $R_{in}$,與電容串聯,這樣的組合形成了低通濾波器,以降低微分器在高頻的增益。電阻 $R_{in}$ 的值應該要比回授電阻小許多,這樣才能忽略掉它對所要的訊號造成的影響。圖 10-40 所示為一個實際的微分器。偏壓補償電阻也可以加在非反相的輸入端中。

▷ 圖 10-40

實際的微分器

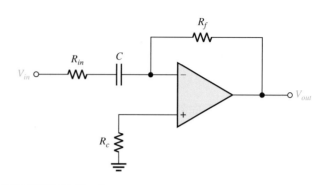

例 題 **10-11** 當圖 10-41 中的輸入為三角波,試求理想運算放大器微分器的輸出電壓。輸入電阻可忽略,因為相對於 $R_f$ 而言其值很小。

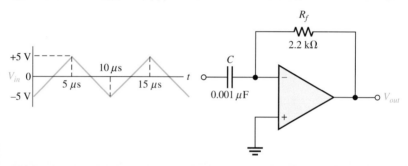

▲ 圖 10-41

解 從 $t = 0$ 開始 5 $\mu$s 之內,輸入電壓是一個正向斜坡電壓,其範圍為從 $-5$ V 到 $+5$ V(電壓改變量 $+10$ V)。然後它變為一個負向斜坡電壓,在 5 $\mu$s 之內從 $+5$ V 變成 $-5$ V(電壓改變量 $-10$ V)。

時間常數為

$$R_f C = (2.2 \text{ k}\Omega)(0.001 \ \mu\text{F}) = 2.2 \ \mu\text{s}$$

正向斜坡電壓的斜率或改變率($V_C / t$),以及輸出電壓可以用下列的方式計算:

$$\frac{V_C}{t} = \frac{10 \text{ V}}{5 \ \mu\text{s}} = 2 \text{ V}/\mu\text{s}$$

$$V_{out} = -\left(\frac{V_C}{t}\right) R_f C = -(2 \text{ V}/\mu\text{s})2.2 \ \mu\text{s} = \ -4.4 \text{ V}$$

同樣地,負向斜坡電壓的斜率為 $-2$ V/$\mu$s,且輸出電壓是

$$V_{out} = -(-2 \text{ V}/\mu\text{s})2.2 \ \mu\text{s} = \ +4.4 \text{ V}$$

最後,輸出電壓對應於輸入電壓的波形,如圖 10-42 所示。

▷ 圖 10-42

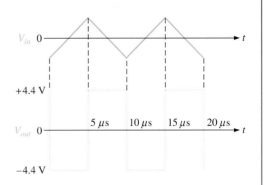

相 關 習 題　如果圖 10-41 中的回授電阻變成 3.3 kΩ，則輸出電壓變爲多少？

第10-3節 隨堂測驗　1. 理想運算放大器積分器的回授元件爲何？

2. 如果積分器的輸入電壓是固定的，爲什麼電容器兩端的電壓是線性的？

3. 運算放大器微分器的回授元件爲何？

4. 微分器的輸出和輸入的關係爲何？

# 比較器與運算放大器電路的摘要
## (Summary of Comparators and OP-AMP Circuits)

## 比較器 (Comparators)

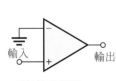

零位準檢測器

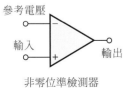

非零位準檢測器

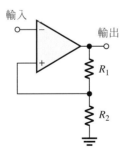

$$V_{UTP} = \frac{R_2}{R_1 + R_2}(+V_{out(max)})$$

$$V_{LTP} = \frac{R_2}{R_1 + R_2}(-V_{out(max)})$$

具有磁滯現象的比較器

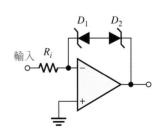

$$+V_{out(max)} = V_{Z1} + 0.7\ V$$
$$-V_{out(max)} = -(V_{Z2} + 0.7\ V)$$

具有電壓限制的比較器

## 比較器與運算放大器電路的摘要
## (Summary of Comparators and OP-AMP Circuits)

### 加法放大器 (Summing Amplifier)

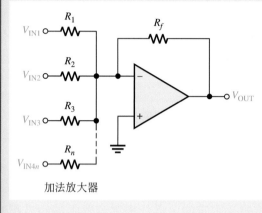

加法放大器

- 單位增益放大器：

$$R_f = R_1 = R_2 = R_3 = \cdots = R_n$$
$$V_{\text{OUT}} = -(V_{\text{IN1}} + V_{\text{IN2}} + V_{\text{IN3}} + \cdots + V_{\text{IN}n})$$

- 增益大於一的放大器：

$$R_f > R$$
$$R = R_1 = R_2 = R_3 = \cdots = R_n$$
$$V_{\text{OUT}} = -\frac{R_f}{R}(V_{\text{IN1}} + V_{\text{IN2}} + V_{\text{IN3}} + \cdots + V_{\text{IN}n})$$

- 平均值放大器：

$$\frac{R_f}{R} = \frac{1}{n}$$
$$R = R_1 = R_2 = R_3 = \cdots = R_n$$
$$V_{\text{OUT}} = -\frac{R_f}{R}(V_{\text{IN1}} + V_{\text{IN2}} + V_{\text{IN3}} + \cdots + V_{\text{IN}n})$$

- 比例加法器：

$$V_{\text{OUT}} = -\left(\frac{R_f}{R_1}V_{\text{IN1}} + \frac{R_f}{R_2}V_{\text{IN2}} + \frac{R_f}{R_3}V_{\text{IN3}} + \cdots + \frac{R_f}{R_n}V_{\text{IN}n}\right)$$

### 積分器和微分器 (Integrator and Differentiator)

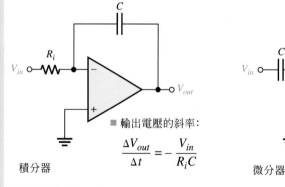

積分器

- 輸出電壓的斜率：

$$\frac{\Delta V_{out}}{\Delta t} = -\frac{V_{in}}{R_i C}$$

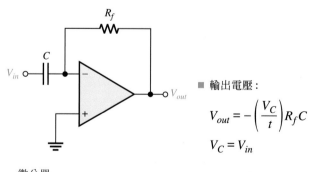

微分器

- 輸出電壓：

$$V_{out} = -\left(\frac{V_C}{t}\right)R_f C$$
$$V_C = V_{in}$$

# 本章摘要

第 10-1 節　◆ 在由運算放大器組成的比較器中，當輸入電壓值超過指定的參考電壓，輸出就會改變狀態。

◆ 磁滯現象提供運算放大器對雜訊的排拒力。

◆ 當輸入電壓到達上觸發點 (UTP)，比較器就會切換一個狀態；當輸入電壓低於下觸發點 (LTP)，比較器會切換到另一個狀態。

◆ 上觸發點和下觸發點的電壓差值為磁滯電壓。

◆ 電壓限制 (Bounding) 可以限定比較器輸出電壓的振幅。

第 10-2 節　◆ 加法放大器的輸出電壓與輸入電壓的總和有比例關係。

◆ 平均值放大器是一個加法放大器，其閉環路增益等於輸入訊號數目的倒數。

◆ 在比例加法器中，每一個輸入端可以設定不同的加權值，因此使個別輸入信號對輸出電壓產生不同的貢獻。

第 10-3 節　◆ 積分是一個決定曲線下面積的數學計算過程。

◆ 步級電壓的積分會產生負斜坡電壓，其斜率正比於信號的大小。

◆ 微分是一個決定函數改變率的數學計算過程。

◆ 對斜坡電壓的微分會產生步級電壓，其振幅正比於斜坡電壓的斜率。

# 重要詞彙

重要詞彙和其他以粗體字表示的詞彙都會在本書末的詞彙表中加以定義。

**限制 (bounding)**　對放大器或其它電路限制輸出範圍的過程。

**比較器 (comparator)**　能夠比較兩個輸入電壓大小，並且讓輸出成為兩個狀態之一，就是兩個輸入電壓間的大於或小於的關係。

**微分器 (differentiator)**　可以產生非常接近輸入訊號函數瞬間變化率的電路。

**磁滯 (hysteresis)**　電路的開關動作中，兩個不同的觸發位準產生抵補或遲緩 (offset or lag) 的現象。

**積分器 (integrator)**　可以產生非常接近輸入訊號函數所形成曲線下面積的電路。

**史密特觸發器 (Schmitt trigger)**　具有內建磁滯特性的比較器。

**加法放大器 (summing amplifier)**　一種運算放大器組態，具有兩個或兩個以上輸入且輸出電壓正比於輸入電壓代數和之負值。

# 重要公式

## 比較器 (Comparator)

10-1　　　$V_{\text{UTP}} = \dfrac{R_2}{R_1 + R_2}\,(+V_{out(max)})$　　　　　　上觸發點

10-2 　　$V_{\text{LTP}} = \dfrac{R_2}{R_1 + R_2}(-V_{out(max)})$ 　　　　下觸發點

10-3 　　$V_{\text{HYS}} = V_{\text{UTP}} - V_{\text{LTP}}$ 　　　　磁滯電壓

## 加法放大器 (Summing Amplifier)

10-4 　　$V_{\text{OUT}} = -(V_{\text{IN1}} + V_{\text{IN2}} + \cdots + V_{\text{IN}n})$ 　　具有 $n$-個輸入的加法器

10-5 　　$V_{\text{OUT}} = -\dfrac{R_f}{R}(V_{\text{IN1}} + V_{\text{IN2}} + \cdots + V_{\text{IN}n})$ 　　具有增益的加法器

10-6 　　$V_{\text{OUT}} = -\left(\dfrac{R_f}{R_1}V_{\text{IN1}} + \dfrac{R_f}{R_2}V_{\text{IN2}} + \cdots + \dfrac{R_f}{R_n}V_{\text{IN}n}\right)$ 　具有增益的比例加法器

## 積分器和微分器 (Integrator and Differentiator)

10-7 　　$\dfrac{\Delta V_{out}}{\Delta t} = -\dfrac{V_{in}}{R_i C}$ 　　　　積分器輸出的改變率

10-8 　　$V_{out} = -\left(\dfrac{V_C}{t}\right)R_f C$ 　　　　輸入為斜坡信號的微分器輸出電壓

## 是非題測驗 　答案可在以下網站找到 www.pearsonglobaleditions.com(搜索 ISBN:1292222999)

1. 比較器的輸出有兩種狀態。
2. 比較器可使用於類比及數位電路。
3. 磁滯是利用正回授來達成的。
4. 具有磁滯的比較器有兩個觸發點。
5. 加法放大器的輸出電壓正比於輸入電壓的代數和。
6. 積分器運算放大器可模擬數學中的微分概念。
7. DAC 是數位轉類比比較器(Digital-to-Analog Comparator)的縮寫。
8. $R/2R$ 階梯式電路是 DAC 電路的一種。
9. 輸入一個步級訊號到積分器中，會輸出一個斜坡訊號。
10. 在實際的積分器中，一個電阻並聯連接到電容。
11. 輸入一個三角波訊號到微分器裡，會輸出一個正弦波的訊號。
12. 在實際的微分器中，一個電阻串聯連接到電容。

## 電路動作測驗 　答案可在以下網站找到 www.pearsonglobaleditions.com(搜索 ISBN:1292222999)

1. 若圖 10-3 的比較器中的 $R_2$ 開路，則輸出電壓的振幅將會
   (a)增加 　(b)減少 　(c)不變
2. 在圖 10-9 的觸發電路，若 $R_1$ 減少到 $50\text{ k}\Omega$，則上觸發點電壓將會
   (a)增加 　(b)減少 　(c)不變

3. 若用一個額定值為 5.6 V 的齊納二極體取代圖 10-13 的齊納二極體，則輸出電壓的振幅將會

    (a)增加　(b)減少　(c)不變

4. 若圖 10-22 頂部的電阻開路，則輸出電壓將會

    (a)增加　(b)減少　(c)不變

5. 若圖 10-22 的 $V_{IN2}$ 改變成 $-1$ V，則輸出電壓將會

    (a)增加　(b)減少　(c)不變

6. 若圖 10-23 的 $V_{IN1}$ 增加到 0.4 V，而 $V_{IN2}$ 減少到 0.3 V，則輸出電壓將會

    (a)增加　(b)減少　(c)不變

7. 若圖 10-24 的 $V_{IN3}$ 改變成 $-7$ V，則輸出電壓將會

    (a)增加　(b)減少　(c)不變

8. 若圖 10-25 的 $R_f$ 開路，則輸出電壓將會

    (a)增加　(b)減少　(c)不變

9. 若圖 10-35 的 $C$ 值減少，則輸出波形的頻率將會

    (a)增加　(b)減少　(c)不變

10. 若圖 10-40 的輸入波形的頻率增加，則輸出電壓的振幅將會

    (a)增加　(b)減少　(c)不變

## 自我測驗　答案可在以下網站找到 www.pearsonglobaleditions.com(搜索 ISBN:1292222999)

**第 10-1 節**

1. 史密特觸發器磁滯電壓大小定義為

    (a) $V_{UTP} - V_{LTP}$　(b) $V_{LTP}$

    (c) $V_{UTP}$　　　　　(d) $V_{LTP} - V_{UTP}$

2. A / D 轉換過程時，需要幾個比較器才能轉換為 $n$ 位二進制數？

    (a) $2n - 1$　(b) $2n$　(c) $2^n - 1$　(d) $2^n$

3. 比較器輸入端的雜訊會造成輸出

    (a) 固定在某一個狀態

    (b) 變成 0

    (c) 在兩個狀態間不穩定地來回改變

    (d) 產生放大的雜訊

4. 雜訊的影響可以利用下列何種方式加以降低

    (a) 降低電源供應電壓

    (b)使用正回授

    (c) 使用負回授

    (d)使用磁滯作用

    (e) 答案(b)和(d)都正確

**5.** 具有磁滯現象的比較器

(a) 有一個觸發點

(b) 有兩個觸發點

(c) 有一個可變的觸發點

(d) 像一個磁性電路

**6.** 在一個具有磁滯現象的比較器內，

(a) 在兩個輸入端之間加上一個偏壓

(b) 只使用一個電源供應電壓

(c) 輸出的一部分回授到反相輸入端

(d) 輸出的一部分回授到非反相輸入端

**7.** 特殊比較器 LM3111-N 的切換速度為

(a) 100 ns　(b) 50 ns　(c) 200 ns　(d) 10 ns

**第 10-2 節** **8.** 對於平均值放大器而言，$R_f / R$ 的比值等於

(a) 輸入數目

(b) 輸入數目的倒數

(c) 輸出數目

(d) 輸出數目的倒數

**9.** 回授電阻為 4.7 kΩ 的加法放大器，如果每一個輸入的電壓增益均為一，則輸入電阻必須為

(a) 4.7 kΩ

(b) 4.7 kΩ 除以輸入的數目

(c) 4.7 kΩ 乘以輸入的數目

**10.** 平均值放大器具有五個輸入。$R_f / R_i$ 的比值必須為

(a) 5　(b) 0.2　(c) 1

**11.** 對於比例加法器，如果輸入電壓的權重為 0.25，則該輸入的輸入電阻等於？

(a) $4 R_f$　(b) $0.25 R_f$

(c) $R_f$　(d) 由輸入的數目決定

**第 10-3 節** **12.** 理想積分器的回授元件是

(a) 電阻　　　(b) 電容

(c) 齊納二極體　(d) 分壓器

**13.** 如果輸入是步級電壓，則積分器輸出為

(a) 脈衝　　(b) 三角波

(c) 尖形波　(d) 斜坡電壓

**14.** 當輸入為步級電壓時，積分器輸出電壓的改變率是由下列何者來設定

(a) $RC$ 時間常數

(b) 輸入步級電壓的振幅

(c) 通過電容器的電流

(d) 以上皆是

15. 微分器的回授元件是
    (a) 電阻　　　　(b) 電容
    (c) 齊納二極體　(d) 分壓器

16. 微分器的輸出正比於
    (a) $RC$ 時間常數
    (b) 輸入端的改變率
    (c) 輸入信號的振幅
    (d) 答案(a)和(b)皆對

17. 當微分器的輸入為三角波信號時，輸出為
    (a) 直流位準　(b) 反轉三角波
    (c) 方波　　　(d) 三角波的第一階諧波

# 習　題　所有的答案都在本書末。

## 基本習題

### 第 10-1 節　比較器

1. 某個運算放大器的開環路增益為 80,000。當直流供應電壓源是 ±15 V 時，這個特殊元件的最大飽和輸出位準是 ±12 V。如果在輸入端有一個差動電壓 0.15 mV rms，則輸出的峰對峰電壓值為多少？

2. 求出圖 10-43 中每一個比較器的輸出位準 (正向或是負向最大值)。

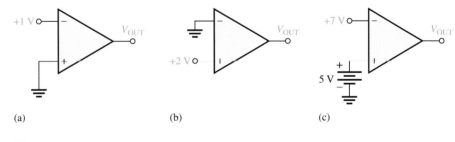

▲ 圖 10-43

3. 試計算圖 10-44 中的 $V_{UTP}$ 和 $V_{LTP}$。$V_{out(max)} = \pm 10$ V。

4. 在圖 10-44 中的磁滯電壓為多少？

▷ 圖 10-44

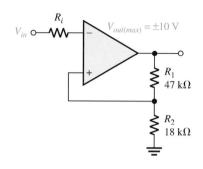

5. 試畫出圖 10-45 中，每一個電路所對
應輸入信號的輸出電壓波形。請標示
電壓位準。

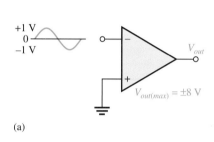

(a)

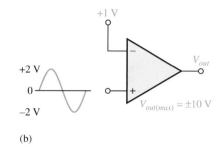

(b)

▲ 圖 10-45

6. 求出圖 10-46 中，每一個比較器的磁滯電壓。假設最大輸出位準為 ± 11 V。

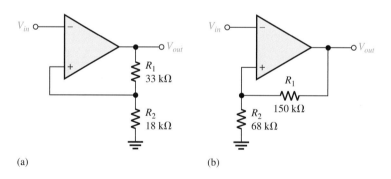

(a)                                          (b)

▲ 圖 10-46

7. 圖 10-44 中，6.2 V 的齊納二極體從輸出連接到反相輸入端，其陰極位於輸出
端。試問正和負輸出位準為多少？

8. 試求圖 10-47 中的輸出電壓波形。

▶ 圖 10-47

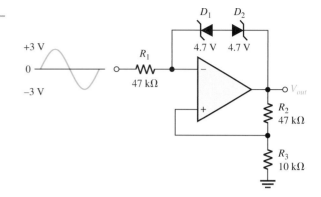

## 第 10-2 節　加法放大器

9. 試求圖 10-48 中每個電路的輸出電壓。

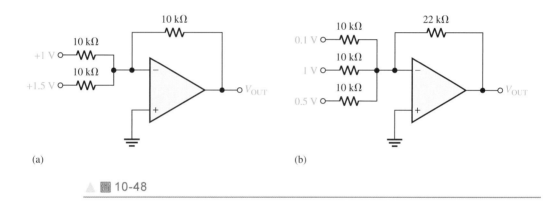

(a)　　　　　　　　　　　　　　(b)

▲ 圖 10-48

10. 參考圖 10-49。試求下列數值：

(a) $V_{R1}$ 和 $V_{R2}$　(b) 通過 $R_f$ 的電流　(c) $V_{OUT}$

11. 圖 10-49 中，$R_f$ 必須爲多少才可以使輸出爲所有輸入總和的五倍？

12. 說明加法放大器如何得到八個輸入電壓的平均值。每一個輸入電阻均爲 10 kΩ。

▶ 圖 10-49

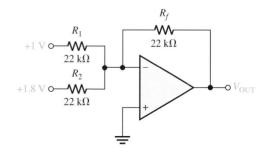

13. 當圖 10-50 中所顯示的電壓輸入到比例加法器時，此時輸出電壓爲多少？通過 $R_f$ 的電流爲多少？

▷ 圖 10-50

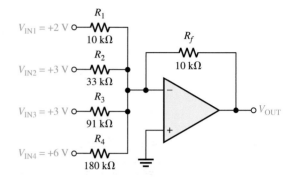

14. 試求六個輸入的比例加法器，所需的輸入電阻值，才能使輸入端最小加權值爲 1，而且每一個後續的輸入端加權值，爲前一個的兩倍。假設 $R_f = 100\ \text{k}\Omega$。

## 第 10-3 節 積分器和微分器

15. 圖 10-51 的積分器中，試求輸出電壓對應於步級輸入電壓的改變率。

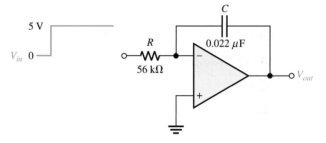

▲ 圖 10-51

16. 如圖 10-52 所示電路的輸入爲三角波。試求輸出波形應該爲何，並畫出輸出波形和輸入信號的關係。

17. 習題第 16 題中電容電流的振幅爲多少？

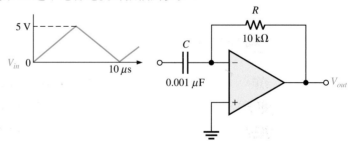

▲ 圖 10-52

**18.** 將電壓峰對峰值為 2 V，週期 1 ms 的三角波，輸入如圖 10-53(a) 所示微分器。試問輸出電壓為多少？

**19.** 圖 10-53(b) 的開關從開始位置 1，切換到位置 2，並停留 10 ms，然後回到位置 1，也維持 10 ms，其餘以此類推。假設輸出波形起始值是 0 V，試畫出輸出波形。假設運算放大器的飽和輸出位準為 ±12 V。

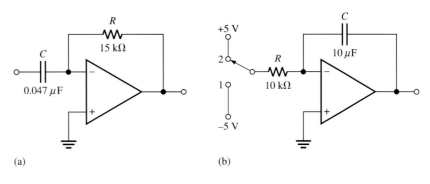

(a)                    (b)

▲ 圖 10-53

# 習題解答

## 第一章

1. 與波爾模型不同，量子模型中的電子不像粒子那樣存在於精確的圓形軌道中。量子模型的三個重要原則是：波粒二象性原理，不確定性原理和疊加原理。

2. 如果價電子獲得足夠的能量，稱為電離能量，它可以逃離外殼和原子的影響。逸出的化合物被稱為無電子。

3. 32 個

4. 殼層 1 至 4 中的最大電子數分別為 2,8,18 和 32，因此總電子數為 60 個。

5. (a) 絕緣體　(b) 半導體　(c) 導體

6. 鍺的價電子位於第四個殼層，而矽的價電子則位於更靠近原子核的第三個殼層。這表示鍺的價電子處於比矽的價電子更高的能階，因此需要較少的額外能量從原子中逸出。這種特性使得鍺在高溫下較不穩定，並導致過大的逆向電流。

7. 四個。

8. 產生更多電子與電洞。

9. 傳導帶和價電帶。

10. 價電子可以隨著少量能階層的變化而移動到一個附近的電洞中，從而在其原位置留下另一個電洞。實際上，電洞在晶體結構中從一個位置移動到另一個位置。因此，有效地產生了電洞流。

11. 由於金屬中的價電子可自由移動，因此施加電壓會產生電流。

12. 摻雜是將三價或五價雜質原子加入純半導體的過程，這樣做可以增加多數載子的數量（電子或電洞）。

13. 銻是五價物質。硼是三價物質。兩者都可作為摻加在純半導體物質中的雜質。

14. $n$ 型區域的施體原子失去自由電子，這些電子轉移到 $p$ 型區域的受體原子。所以 $n$ 型區域靠近接面的地方產生正離子，$p$ 型區域靠近接面的地方產生負離子，因此在離子間形成電場。

15. 不可以。障壁電位是電壓降。

## 第二章

1. $n$ 型區域。

2. 首先，直流電源的負極必須連接到二極體的 $n$ 型區，正極則必須連接到 $p$ 型區。其次，偏壓必須大於障壁電位($V_B$)。

3. 透過負偏壓將 $p$ 型區中少量自由電子（由熱所產生的電子-電洞對）推向 $p$-$n$ 接面。當這些電子到達空乏區時，會跟 $n$ 型區中的少數電洞結合為價電子，並流向正偏壓而產生小的電洞流。

4. 可用串聯電阻來限制反向電流。

5. 想要產生特性曲線的順向偏壓部分，可連接電壓源到二極體兩端作為順向偏壓，將安培計與二極體串聯，將伏特計與二極體並聯，慢慢地從零開始增加電壓，畫出順向電壓相對於電流曲線圖。

6. 溫度上升。

7. (a)逆向偏壓　(b)順向偏壓
   (c)順向偏壓　(d)順向偏壓

**8.** (a) −3V (b) 0.7V (c) 0.7V (d) 0.7V
**9.** (a) −3V (b) 0V (c) 0V (d) 0V
**10.** (a) −3V (b) 2.44V (c) 0.731V (d) 0.719V
**11.** 請看圖 A2-1

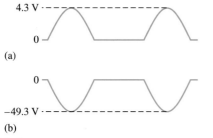

▲ 圖 A2-1

**12.** (a) 5V (b) 50V
**13.** 31.8 V
**14.** (a) 91.5mA (b)14.9 mA
**15.** 275 Vrms
**16.** $P_{L(p)} = 32.1$ W；$P_{L(avg)} = 3.31$ W
**17.** (a) 1.59V (b) 63.7V (c) 16.4V (d) 10.5V
**18.** (a) 中間抽頭全波整流器 (b) 42.4V (c) 21.2V
(d) 請參看圖 A2-2 (e) 20.5 mA (f) 41.7V
**19.** 100V

**20.** 請看圖 A2-3

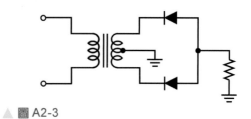

▲ 圖 A2-3

**21.** 189.2V
**22.** 43.12V
**23.** 請看圖 A2-4。

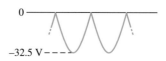

▲ 圖 A2-4

**24.** 0.008
**25.** $V_r = 5.55$V；$V_{DC} = 17.22$V
**26.** 32.2%
**27.** 556 $\mu$F
**28.** 0.087
**29.** $V_{r(pp)} = 1.25$V；$V_{DC} = 48.9$V
**30.** 請看圖 A2-5

▲ 圖 A2-2

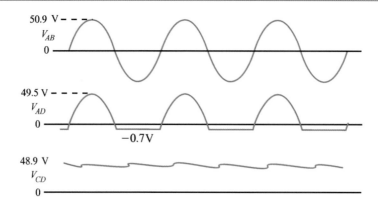

▲ 圖 A2-5

**31.** 5.6%

**32.** 20.2V

**33.** 請看圖 A2-6

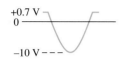

▲ 圖 A2-6

**34.** 應用克希荷夫定律在正半週的峰值處：

(a)請參看圖 A2-7(a)

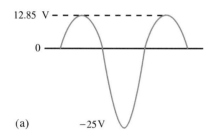

(a)

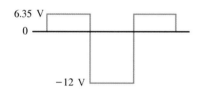

(b)

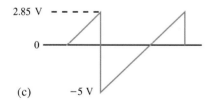

(c)

▲ 圖 A2-7

(b)請參看圖 A2-7(b)

(c)請參看圖 A2-7(c)

**35.** 請看圖 A2-8。

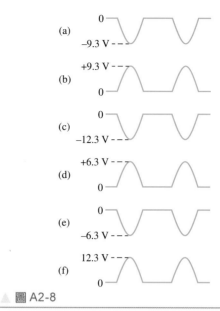

▲ 圖 A2-8

**36.** 請看圖 A2-9

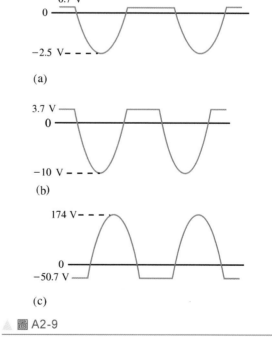

▲ 圖 A2-9

**37.** 請看圖 A2-10。

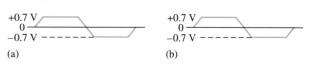

▲ 圖 A2-10

**38.** (a) 13.3 mA  (b) 同(a)

**39.** (a) 7.86mA  (b) 8.5mA  (c) 18.8mA  (d) 19.4mA

**40.** 請參看圖 A2-11

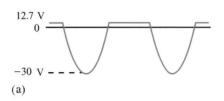
(a)

(b)

(c)

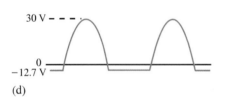
(d)

▲ 圖 A2-11

**41.** (a)輸出波形是正弦波，正半週峰值是＋ 0.7V，
負半週峰值是－ 7.3V，直流電壓是－ 3.3V。

(b)輸出波形是正弦波，正半週峰值是＋ 29.3V，
負半週峰值是－ 0.7V，直流電壓是＋ 14.3V。

(c)輸出波形是由＋ 0.7V 向下變化到－ 15.3V 的
方波，直流電壓是－ 7.3V。

(d)輸出波形是由＋ 1.3V向下變化到－ 0.7V的方
波，直流電壓是＋ 0.3V。

**42.** (a)從－ 0.7V變動到＋ 7.3V的正弦波，直流位準
是＋ 3.3V。

(b)從－ 29.3V 變動到＋ 7.3V 的正弦波，直流位
準是＋ 14.3V。

(c)從－ 0.7V 變動到＋ 15.3V 的正弦波，直流位
準是＋ 7.3V。

(d)從－ 1.3V 變動到＋ 0.7V的正弦波，直流位準
是－ 0.3V。

**43.** 28.3V

請看圖 A2-12

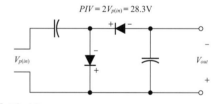

▲ 圖 A2-12

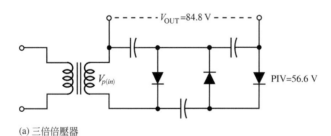

(a) 三倍倍壓器

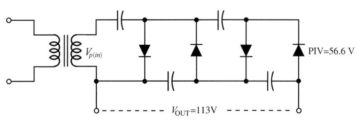

(b)四倍倍壓器

▲ 圖 A2-13

44. $V_{OUT(trip)} = 84.8V$；$V_{OUT(quad)} = 113V$
    請看圖 A2-13

45. 100V

46. 1000V

47. 25.46Ω

# 第三章

1. 請看圖 A3-1。

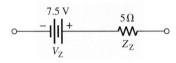

齊納二極體等效電路

圖 A3-1

2. $I_{ZK} \cong 3mA$，$V_Z \cong -9V$

3. 5Ω

4. 5.08V

5. 6.92V

6. 4.60W

7. 從資料表得知
    (a)額定齊納電壓 = 36V
    (b)最大齊納電壓 = 37.8 V
    (c)拐點電流 = 0.25 mA
    (d)降額因數 = 6.67 mV/℃
    (e)需進行降溫的溫度 = 50℃

8. 14.8V

9. 14.3V

10. 143Ω

11. 請看圖 A3-2。

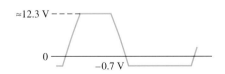

圖 A3-2

12. $I_{L(max)} = 146mA$；$I_{L(min)} = 55mA$

13. 10.3%

14. 在 $V_{IN} = 6V$ 時；$I_Z \cong 31mA$；$V_{OUT} = 4.97V$。
    在 $V_{IN} = 12V$；$I_Z \cong 238mA$；$V_{OUT} = 6.42V$。
    調整百分率 = 24.2%

15. 3.13%

16. 4%

17. 5.88%

18. 80mW

19. 請看圖 A3-3。

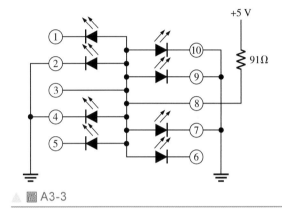

圖 A3-3

20. 選用每個分支裡有 3 LED，有 16 分支，共使用 16 個 120Ω 電阻。

21. 請看圖 A3-4。

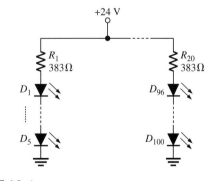

圖 A3-4

22. 50$\mu$A

23. (a)30kΩ　(b)8.57kΩ　(c)5.88kΩ

24. 微安培計讀數會增加。

25. 構成太陽能電池的五個部分，分別爲 p 型區、n 型區、導電晶格、導電底層及反光塗層。

26. 串接電池數量 $=\dfrac{V_{\text{out}}}{V_{\text{cell}}}=\dfrac{15\text{V}}{0.5\text{V}}=30$ 顆。

27. $I=\dfrac{V_{\text{out}}}{R_L}=\dfrac{15\text{V}}{10\text{k}\Omega}=1.5\text{mA}$

28. 將串聯的 30 顆電池中的 7 顆$(\dfrac{10\text{mA}}{1}\times t\text{mA}=6.67)$改爲並聯。

    $I_{TOT}=7(1.5\text{mA})=10.5\text{mA}$。

## 第四章

1. $npn$具有$n$型射極和集極以及$p$型基極。$pnp$具有$p$型射極和射極以及$n$型基極。

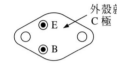

▲ 圖 A4-1

2. 術語雙極係指在電晶體結構中使用電洞和電子作爲載流子。

3. 電洞

4. 因爲基極區很窄，當少數載子進入基極區時，只有相當有限的載子可以與另一類型的載子再結合，所以它會越過接面進入集極區域，而不是流出極接腳。

5. 因爲基極比較窄而且摻雜濃度較低，所以電子電洞復合所產生的 (基極) 電流比集極電流小。

6. 29.4mA

7. 負，正

8. 4.87mA

9. 0.947

10. 125

11. 101.5

12. 0.99

13. 8.98mA

14. 100

15. 0.99

16. $I_B=23\mu\text{A}$；$I_C=4.6\text{mA}$

    $I_E=4.62\text{mA}$；$V_{CE}=5.4\text{V}$

17. 增加 5.3V。

18. $I_B=702\mu\text{A}$；$I_C=34\text{mA}$

    $I_E=34.7\text{mA}$；$\beta_{DC}=48.4$

19. (a)$V_{BE}=0.7\text{V}$；$V_{CE}=5.10\text{V}$，$V_{CB}=4.40\text{V}$

    (b)$V_{BE}=-0.7\text{V}$；$V_{CE}=-3.83\text{V}$；$V_{CB}=-3.13\text{V}$

20. (a)尙未飽和。(b)尙未飽和。

21. $I_B=30\mu\text{A}$；$I_E=1.3\text{mA}$；$I_C=1.27\text{mA}$

22. (a)$V_B=10\text{V}$；$V_C=20\text{V}$；

    $V_{CE}=10.7\text{V}$；$V_{BE}=0.7$；$V_{CB}=10\text{V}$

    (b)$V_B=-4\text{V}$；$V_C=-12\text{V}$；$V_E=-3.3\text{V}$

    $V_{CE}=-8.7\text{V}$；$V_{BE}=-0.7\text{V}$；$V_{CB}=-8\text{V}$

23. $3\mu\text{A}$

24. 24V

25. 425mW

26. 5V

27. 33.3

28. 2.8V

29. 1.1k$\Omega$

30. (a)$\beta_{DC}=50$    (b)$\beta_{DC}=125$

31. $500\mu\text{A}$；$3.33\mu\text{A}$；$4.03\text{V}$

32. $R_{B(\text{min})}=17.2\text{k}\Omega$；$V_{\text{IN(cutoff)}}=0\text{V}$

33. 1.45V

34. $V_{\text{INPUT}}$不足以正向偏壓基極 - 射極接面並使任一電晶體導通，因此輸出電壓等於$V_{CC}$

35. 30mA

36. $I_{\text{IN}}=16.7\text{mA}$

37. 請看圖 A4-1

38. (a)小訊號    (b)功率    (c)功率

    (d)小訊號    (e)射頻

## 第五章

1. 當施加輸入信號時，電晶體必須正確偏壓以防止其飽和或進入截止狀態。

2. 集極特性曲線顯示了對於各種$I_B$值，集極電流$I_C$如何隨$V_{CE}$變化。

3. 飽和

4. $V_{CEQ}=6.75\text{V}$；$I_{CQ}=11.3\text{mA}$

**5.** 18mA

**6.** 18V

**7.** $V_{CE} = 20V$；$I_{C(sat)} = 2mA$

**8.** $V_{BB} = 20.7V$；$I_C = 1mA$；$V_{CE} = 10V$

**9.** 請看圖 A5-1

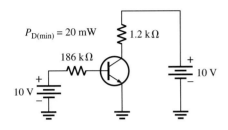

▲ 圖 A5-1

**10.** $I_B = \dfrac{V_{BB} - V_{BE}}{R_B} = \dfrac{1.5V - 0.7V}{10k\Omega} = 80\,\mu A$

$I_{C(sat)} = \dfrac{V_{CC}}{R_C} = \dfrac{8V}{390\Omega} = 20.5\,mA$

$I_C = \beta_{DC}I_B = 75(80\mu A) = 6\,mA$

$0 < I_C < I_{C(sat)}$，電晶體偏壓在線性區。

**11.** (a) $I_{C(sat)} = 50\,mA$

(b) $V_{CE(CUTOFF)} = 10\,V$

(c) $I_B = 250\,\mu A$；$I_C = 25\,mA$；$V_{CE} = 5\,V$

**12.** (a) $I_C \cong 42mA$

(b) $I_B \cong 450\mu A$

(c) $V_{CE} \cong 1.5V$

請看圖 A5-2

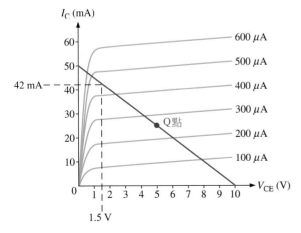

▲ 圖 A5-2

**13.** 50.3

**14.** 13.7 k$\Omega$

**15.** $I_C \cong 809\mu A$；$V_{CE} = 13.2V$

**16.** $V_B = 2.04V$；$V_E = 1.34V$；$V_C = 6.05V$

**17.** 請看圖 A5-3

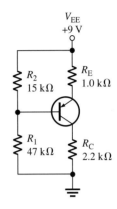

▲ 圖 A5-3

**18.** (a) $V_B = -1.61\,V$ (b) $V_B = -1.38\,V$

**19.** (a) $-1.63mA$；$-8.16V$ (b) 13.3mW

**20.** $I_1 = 315\mu A$；$I_2 = 288\mu A$；$I_B = 27\mu A$

**21.** $V_B = -0.186mV$；$V_E = -0.886V$；$V_C = 3.14V$

**22.** 698$\Omega$

**23.** 0.09mA

**24.** 因 $I_E = \dfrac{V_{EE} - V_{BE}}{R_E + R_B/\beta_{DC}}$

當 $R_B/\beta_{DC} \ll R_E$ 時，可以不考慮$\beta_{DC}$變化的影響。

**25.** $I_C = 16.3mA$；$V_{CE} = -6.95V$

**26.** $V_B = 0.7V$；$I_C = 1.06mA$；$V_C = 1.09V$

**27.** 2.53k$\Omega$

**28.** 786$\mu$W

**29.** 7.87mA；2.56V

**30.** $I_B = 514\mu A$；$I_C = 46.3mA$；$V_{CE} = 7.37V$

**31.** $I_{CQ} = 92.5mA$；$V_{CEQ} = 2.75V$

**32.** 使用共同$V_{CC}$和$V_{BB}$電源的電路中，$I_C$會隨$V_{CC}$改變，這是因為改變$V_{CC}$，會使$I_B$改變，結果造成$I_C$改變。

**33.** 從 27.7mA 到 69.2mA；從 6.23V 到 2.08V；是的

**34.** $\Delta I_C = 59.6mA$；$\Delta V_{CE} = 5.96V$

## 第六章

1. 比最小值 1mA 稍大。

2. 6 mA

3. 交流負載線的一端與水平軸在$V_{ce\,(cutoff)}$處相交。另一端與$I_{c\,(sat)}$的垂直軸相交。

4. $r$參數為$r'_e$(交流射極阻抗)，$r'_c$(交流集極阻抗)，$r'_b$(交流基極阻抗)，$\alpha_{ac}$(交流$\alpha$)，$\beta_{ac}$(交流$\beta$)。$h$參數為$h_i$(輸入阻抗)，$h_r$(逆向電壓回授比)，$h_f$(順向電流增益)，$h_o$(輸出導納)。

5. $8.33\Omega$

6. $\beta_{ac} = h_{fe} = 200$

7. $r'_e \cong 19\Omega$

8. $\beta_{DC} = 133$；$\beta_{ac} = 117$

9. 請看圖 A6-1

10. (a)2.64V  (b)1.94V  (c)1.94mA
    (d)1.94mA  (e)11.6V

11. 37.5 mW

12. (a)101kΩ  (b)3.73kΩ  (c)2.17

13. (a)1.29kΩ  (b)968Ω  (c)171

14. (a)1.29kΩ  (b)968Ω  (c)140

15. (a)$I_E = 2.63$mA  (b)$V_E = 2.63$V  (c)$V_B = 3.76$V
    (d)$I_C \cong 2.63$mA  (e)$V_C = 9.32$V  (f)$V_{CE} = 6.69$V

16. (a)665Ω  (b)622Ω  (c)261  (d)70  (e)18,270

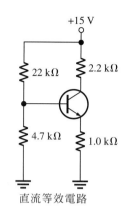

直流等效電路

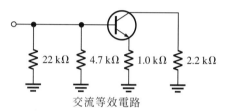

交流等效電路

▲ 圖 A6-1

17. $A'_v = 131$；$\theta = 180°$

18. $A_{v(min)} = 3.21$；$A_{v(max)} = 116$

19. $A_{v(max)} = 74.7$；$A_{v(min)} = 2.07$

20. 44.1

21. $A_v$ 降低到 30.1。請看圖 A6-2

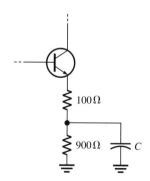

▲ 圖 A6-2

22. 0.977

23. $R_{in(tot)} = 3.1$kΩ；$V_{OUT} = 1.06$V

24. 使增益下降。

25. 270Ω

26. (a) $V_{C1} = 10V$ ；$V_{B1} = 4V$ ；$V_{E1} = 3.3V$ ；
    $V_{C2} = 10V$ ；$V_{B2} = 3.3V$ ；$V_{E2} = 2.6V$

    (b) 15,000

    (c) $r'_{e1} = 1.45k\Omega$ ；$r'_{e2} = 14.5\Omega$

    (d) 13.2kΩ

27. 8.8

28. 低輸入阻抗。電流增益為 1。

29. $R_{in(emitter)} = 2.28\Omega$ ；$A_v = 526$ ；$A_i \cong 1$ ；$A_p = 526$

30. (a)共基　(b)共射　(c)共集

31. 400

32. $A'_{v(dB)} = 30dB$ ；$A'_v = 31.6$

33. (a) $A_{v1} = 93.6$ ；$A_{v2} = 303$

    (b) $A'_v = 28,361$

    (c) $A_{v1(dB)} = 39.4dB$ ；$A_{v2(dB)} = 49.6dB$ ；
    $A'_{v(dB)} = 89.1dB$

34. (a) $A_{v1} = 93.6$ ；$A_{v2} = 256$

    (b) 22,764

    (c) $A_{v1(dB)} = 39.4dB$ ；$A_{v2(dB)} = 48.2dB$ ；
    $A'_{v(dB)} = 87.1dB$

35. $V_{B1} = 2.16V$ ；$V_{E1} = 1.46V$ ；$V_{C1} \cong 5.16V$ ；
    $V_{B2} = 5.16V$ ；$V_{E2} = 4.46V$ ；$V_{C2} \cong 7.54V$ ；
    $A_{v1} = 66$ ；$A_{v2} = 179$ ；$A'_v = 11,814$

36. (a)21.6dB　(b)34.0dB　(c)40.0dB　(d)68.0dB

37. (a)1.41　(b)2　(c)3.16　(d)10　(e)100

38. $V_{OUT} = 50mV$

39. $V_1$: 差動輸出電壓，$V_2$: 非反相輸入電壓，$V_3$: 單端輸出電壓，$V_4$: 差動輸入電壓，$I_1$: 偏壓電流

40. $V_{OUT} = 310mV$

41. (a) 單端差動輸入；差動輸出

    (b) 單端差動輸入；單端輸出

    (c) 雙端差動輸入；單端輸出

    (d) 雙端差動輸入；差動輸出

## 第七章

1. (a) 變窄　(b) 增加

2. 使 JFET 保持在逆向偏壓的狀態。

3. 請看圖 A7-1

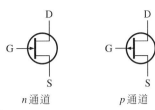

$n$ 通道　　　　$p$ 通道

▲ 圖 A7-1

4. 請見圖 A7-2

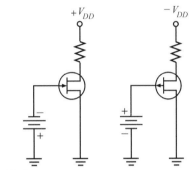

▲ 圖 A7-2

5. 5V

6. $V_{GS(off)} = -V_P = -6V$ ，且元件成導通狀態。

7. 10mA

8. 0A

9. 4V

10. 請見圖 A7-3

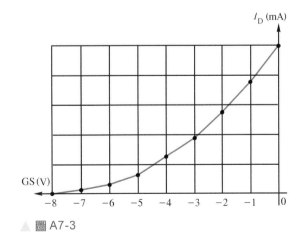

▲ 圖 A7-3

**11.** $-2.63$ V

**12.** $1600~\mu$S

**13.** $g_m = 1429\mu$S， $g_{fs} = 1429\mu$S

**14.** $2000$ MΩ

**15.** $V_{GS} = 0$V ； $I_D = 8$mA

$V_{GS} = -1$V； $I_D = 5.12$mA

$V_{GS} = -2$V； $I_D = 2.88$mA

$V_{GS} = -3$V； $I_D = 1.28$mA

$V_{GS} = -4$V； $I_D = 0.320$mA

$V_{GS} = -5$V； $I_D = 0$mA

**16.** 請看圖 A7-4

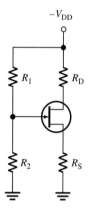

▲ 圖 A7-4

**17.** 請看圖 A7-5

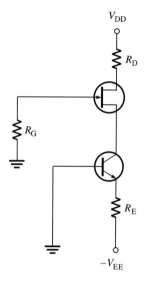

▲ 圖 A7-5

**18.** $-1.2$V

**19.** $800$Ω

**20.** $1.2$ kΩ

**21.** (a)20mA　(b)0A　(c)增加

**22.** (a)$V_{GS} = -1$V； $V_{DS} = 6.3$V

(b)$V_{GS} = -0.5$V； $V_{DS} = 6.15$V

(c)$V_{GS} = 1.41$V； $V_{DS} = -6.99$V

**23.** $211$Ω

**24.** 請看圖 A7-6

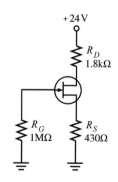

▲ 圖 A7-6

**25.** $9.8$MΩ

**26.** $V_{GS} \cong -0.95$ V 和$I_D \cong 2.9$ mA

27. $I_D \cong 5.3mA$；$V_{GS} \cong 2.1V$

28. $I_D = 0.85\ mA$；$V_{GS} = -1.19\ V$

29. $I_D \cong 1.9mA$；$V_{GS} \cong -1.5V$

30. $R_{DS} = 4\ k\Omega$

31. 從 $1.33\ k\Omega$ 到 $2.67\ k\Omega$

32. $1.07\ mS$

33. $935\ \Omega$

34. 請看圖 A7-7

$n$-通道 D-MOSFET　　$p$-通道 D-MOSFET

$n$-通道 E-MOSFET　　$p$-通道 E-MOSFET

▲ 圖 A7-7

35. 增強模式

36. E-MOSFET 沒有實際的通道或空乏模式。 D-MOSFET 具有實際通道，可以工作在增強模式或空乏模式。

37. 閘極與通道之間呈絕緣狀態。

38. $1.08\ mA$

39. $4.69mA$

40. (a)$n$ 通道

　(b)當 $V_{GS} = -5\ V$，$I_D = 0\ mA$

　　當 $V_{GS} = -4\ V$，$I_D = 0.32\ mA$

　　當 $V_{GS} = -3\ V$，$I_D = 1.28\ mA$

　　當 $V_{GS} = -2\ V$，$I_D = 2.88\ mA$

　　當 $V_{GS} = -1\ V$，$I_D = 5.12\ mA$

　　當 $V_{GS} = 0\ V$，$I_D = 8\ mA$

　　當 $V_{GS} = 1\ V$，$I_D = 11.5\ mA$

　　當 $V_{GS} = 2\ V$，$I_D = 15.7\ mA$

　　當 $V_{GS} = 3\ V$，$I_D = 20.5mA$

　　當 $V_{GS} = 4\ V$，$I_D = 25.9\ mA$

　　當 $V_{GS} = 5\ V$，$I_D = 32\ mA$

　(c)請見圖 A7-8

41. (a)空乏　(b)增強　(c)零偏壓　(d)空乏

42. (a)$V_{GS} = 6.8\ V$ MOSFET 導通。

　(b)$V_{GS} = -2.27\ V$ MOSFET 截止。

43. (a)4V　(b)5.4V　(c)$-4.52V$

44. (a)$V_{GS} = 3.2V$；$V_{DS} = 8.92V$

　(b)$V_{GS} = 2.5V$；$V_{DS} = 3.66V$

45. (a)5V；3.18mA　(b)3.2V；1.02mA

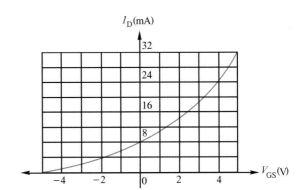

▲ 圖 A7-8

46. 6.799V

47. 因為絕緣閘極的結構，IGBT的輸入電阻很高。

48. 寄生電阻開啟，IGBT元件像閘流體一樣動作。

## 第八章

1. 分析JFET電路的兩種常用方法是直流分析和交流分析。

2. 11

3. (a)$60\mu A$　(b)$900\mu A$　(c)3.6mA　(d)6mA

4. 5.71kΩ

5. 14.2

6. 2.73

7. (a)零偏壓電路的 $n$ 通道 D-MOSFET；$V_{GS} = 0$

　(b)自給偏壓電路的 $p$ 通道 JFET；

　　$V_{GS} = -0.99V$

　(c)分壓器偏壓電路的 $n$ 通道 E-MOSFET；

　　$V_{GS} = 3.84V$

8. (a)$V_G = 0V$；$V_S = 0V$；$V_D = 7V$

　(b)$V_G = 0V$；$V_S = -0.99\ V$；$V_D = -5.5\ V$

　(c)$V_G = 3.84\ V$；$V_S = 0\ V$；$V_D = 6\ V$

9. (a) $n$ 通道 D-MOSFET　(b) $n$ 通道 JFET
(c) $p$ 通道 E-MOSFET

10. 2.6mA

11. 圖 8-16(b)：大約 4mA
圖 8-16(c)：大約 3.2mA

12. $V_{DS} = 4.93$ V；$V_{GS} = -2.83$ V

13. 920mV

14. 188 mVrms

15. (a)4.32　(b)9.92

16. 請見圖 A8-1

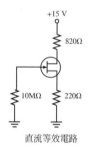
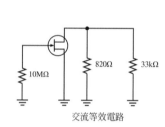

直流等效電路　　　　　　交流等效電路

▲ 圖 A8-1

17. 7.5mA

18. 1.47

19. 2.54

20. $I_D = 4.5$ mA；$V_{GS} = -1.49$V；$V_{DS} = 3$V

21. 33.6mVrms

22. $V_{GS} = 5.48$ V；$I_D = 2.84$ mA；$V_{DS} = 1.72$ V

23. 9.84MΩ

24. 請見圖 A8-2

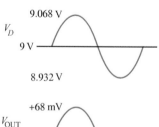
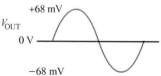

▲ 圖 A8-2

25. $V_{GS} = 9$V；$I_D = 3.13$mA；
$V_{DS} = 13.3$V；$V_{ds} = 675$mV

26. $A_v = 0.750$；$R_{in} = 10$ MΩ

27. $R_{in} \cong 10$MΩ；$A_v = 0.620$

28. (a)0.928　(b)0.281

29. (a)0.906　(b)0.299

30. 因電阻 $R_3$ 會影響增益的大小，由於負荷減少，高阻抗源的增益將會增加。

31. $R_{in} = R_{IN(gate)} \mathbin{/\mkern-5mu/} (R_3 + R_1 \mathbin{/\mkern-5mu/} R_2)$。

32. 6.0

33. 250Ω

34. $A_v = 35$；$R_{in} = 253$Ω

35. $A_v = 2640$；$R_{in} = 14.6$MΩ

36. $A_v = 3600$

37. 0.95

38. $R_{pp(in)} = 8$V

39. 30 kHz

40. 10 MHz

41. 40 kΩ

42. $V_{in} = 0$V 時，$V_{out} = +5$V；
$V_{in} = +5$V 時，$V_{out} = 0$V；

43. (a)3.3V　(b)3.3V　(c)3.3V　(d)0V

44. (a)3.3V　(b)0V　(c)0V　(d)0V

45. MOSFET 有較低的導通阻抗，且關閉速度較快。

## 第九章

1. *實際 op-amp*：高開迴路增益，高輸入阻抗，低輸出阻抗，高 CMRR。
*理想 op-amp*：開迴路增益無限大，輸入阻抗無限大，零輸出阻抗，CMRR 無限大。

2. 選擇第二個 op-amp。

3. (a) 單端差動輸入。
(b) 雙端差動輸入。
(c) 共模輸入。

4. 108 dB

5. 120 dB

6. 0.3

7. 8.1 $\mu$A

8. 輸入偏壓電流是兩個輸入電流的平均值，輸入抵補電流則是兩個輸入電流的差值；所以輸入抵補電流=| 8.3 μA − 7.9 μA | = 400 nA。

9. 1.6 V/μs

10. 40 μs

11. (a) 電壓隨耦器
    (b) 非反相放大器
    (c) 反相放大器

12. $B = 9.90 \times 10^{-3}$
    $V_f = 49.5$ mV

13. (a) $A_{cl(NI)} = 374$
    (b) $V_{out} = 3.74$ Vrms
    (c) $V_f = 9.99$ mVrms

14. (a) 11　　　　(b) 101
    (c) 47.8　　　(d) 23

15. (a) 49 kΩ
    (b) 3 MΩ
    (c) 84 kΩ
    (d) 165 kΩ

16. (a) 1
    (b) − 1
    (c) 22
    (d) − 10

17. (a) 10 mV，同相位
    (b) − 10 mV，180°反相
    (c) 223 mV，同相位
    (d) − 100 mV，180°反相

18. $I_{in} = 455$ μA
    $I_f = 455$ μA
    $V_{out} = -10$ V
    $A_{cl(I)} = -10$

19. (a) $Z_{in(NI)} = 8.41$ GΩ；$Z_{out(NI)} = 89.2$ mΩ
    (b) $Z_{in(NI)} = 6.20$ GΩ；$Z_{out(NI)} = 4.04$ mΩ
    (c) $Z_{in(NI)} = 5.30$ GΩ；$Z_{out(NI)} = 19.0$ mΩ

20. (a) $Z_{in(VF)} = 1.32$ TΩ；$Z_{out(VF)} = 455$ μΩ
    (b) $Z_{in(VF)} = 500$ GΩ；$Z_{out(VF)} = 600$ μΩ
    (c) $Z_{in(VF)} = 40$ GΩ；$Z_{out(VF)} = 1.5$ mΩ

21. (a) $Z_{in(I)} = 10$ kΩ；$Z_{out(I)} = 5.12$ mΩ
    (b) $Z_{in(I)} = 100$ kΩ；$Z_{out(I)} = 7.32$ mΩ
    (c) $Z_{in(I)} = 470$ Ω；$Z_{out(I)} = 6.22$ mΩ

22. (a) 補償電阻為 75Ω，放在回授迴路上。
    (b) 150 μV

23. (a) 2.69 kΩ　　(b) 1.45 kΩ　　(c) 53 kΩ
    $R_c$ 放在非反相輸入端和 $V_{in}$ 之間。

24. 2 nV

25. 175 nV

26. 70 dB

27. $A_v = 125,892$，$BW_{ol} = 200$ Hz

28. 1.67 kΩ

29. (a) 0.997
    (b) 0.923
    (c) 0.707
    (d) 0.515
    (e) 0.119

30. (a) 79,603
    (b) 56,569
    (c) 7960
    (d) 80

31. (a) − 51.5°
    (b) − 7.17°
    (c) − 85.5°

32. (a) − 0.674°
    (b) − 2.69°
    (c) − 5.71°
    (d) − 45.0°
    (e) − 71.2°
    (f) − 84.3°
    請參看圖 A9-1

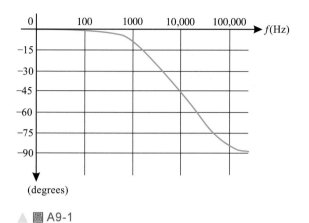

▲ 圖 A9-1

**33.** (a) 90 dB

(b) $-281°$

**34.** (a) 0 dB/十倍頻

(b) $-20$ dB/十倍頻

(c) $-40$ dB/十倍頻

(d) $-60$ dB/十倍頻

**35.** (a) 29.8 dB

(b) 23.9 dB

(c) 0 dB

全部都是閉迴路增益。

**36.** 4.05 MHz

**37.** 71.7 dB

**38.** 21.1 MHz

**39.** (a) $A_{cl(VF)} = 1$；$BW = 2.8$ MHz

(b) $A_{cl(I)} = -45.5$；$BW = 61.6$ kHz

(c) $A_{cl(NI)} = 13$；$BW = 215$ kHz

(d) $A_{cl(I)} = -179$；$BW = 15.7$ kHz

**40.** (a) $BW = 2.65$ MHz

(b) $BW = 97.5$ kHz

# 第十章

**1.** 24 V，且波形失真。

**2.** (a) 最大負電壓

(b) 最大正電壓

(c) 最大負電壓

**3.** $V_{UTP} = +2.77$ V；$V_{LTP} = -2.77$ V

**4.** 5.54 V

**5.** 請參看圖 A10-1

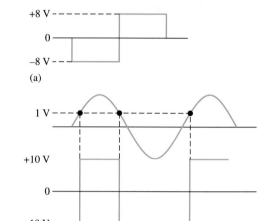

▲ 圖 A10-1

**6.** (a) 7.76 V

(b) 6.86 V

**7.** 負輸出電壓位準：$-0.968$ V；
正輸出電壓位準：$+8.57$ V

**8.** 請參看圖 A10-2

**9.** (a) $V_{OUT} = -2.5$ V

(b) $V_{OUT} = -3.52$ V

**10.** (a) $V_{R1} = 1$V

$V_{R2} = 1.8$V

(b) 127 $\mu$A

(c) $-2.8$ V

**11.** 110 kΩ

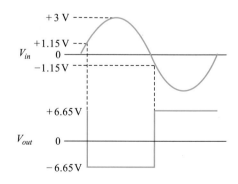

▲ 圖 A10-2

**12.** 請參看圖 A10-3

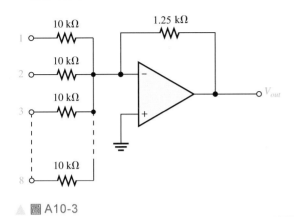

▲ 圖 A10-3

**13.** $V_{\text{OUT}} = -3.57$ V，$I_f = 357\mu$A

**14.** $R_1 = 100$ kΩ，$R_2 = 50$ kΩ，$R_3 = 25$ kΩ，
$R_4 = 12.5$ kΩ，$R_5 = 6.25$ kΩ，$R_6 = 3.125$ kΩ。

**15.** $-4.06$ mV/$\mu$s

**16.** 請參看圖 A10-4

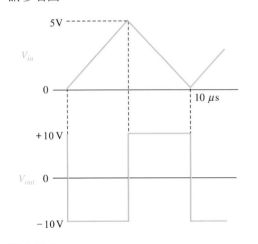

▲ 圖 A10-4

**17.** 1 mA

**18.** 請參看圖 A10-5

**19.** 請參看圖 A10-6

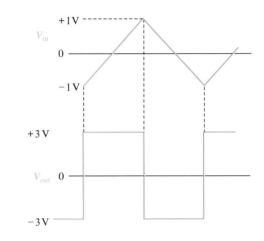

▲ 圖 A10-5

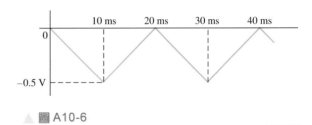

▲ 圖 A10-6

# 詞彙

**交流接地(ac ground)**　在電路中，只有對交流信號才可以視為接地之處。

**主動濾波器(active filter)**　由被動元件和如電晶體或運算放大器等主動元件組成，可以依據設定頻率對輸入訊號加以選擇的電路。

**類比數位轉換(A/D conversion)**　將類比訊號轉換成數位訊號的過程。

**α 值(α，alpha)**　雙極接面電晶體中集極直流電流對射極直流電流的比值。

**放大作用(amplification)**　以電子方法將功率、電壓或電流放大的過程。

**放大器(amplifier)**　可以放大功率、電壓或電流的電子電路。

**類比(analog)**　於線性處理時所擷取一組連續變化之數值。

**類比開關(analog switch)**　可將類比信號導通或關閉的裝置

**及閘 (AND gate)**　一種數位電路，當所有輸入都處於高電位時，輸出也會處於高電位。

**入射角 (angle of incidence)**　入射光線行進至表面後，與法線所夾的角度。

**陽極(anode)**　二極體的 p 型區域。

**反對數值(antilogarithm)**　針對某數的基底取其對數值的次方，所計算出來的值。

**組合語言(assembly language)**　一種低階程式語言，使用類似英文的指令來表示一整串由 0 或 1 所組成的機器語言指令，因此較容易記憶。

**非穩態(astable)**　不穩定的狀態。

**原子(atom)**　擁有某個元素特性的最小粒子。

**原子序(atomic number)**　原子中的質子數目。

**衰減(attenuation)**　功率、電流或電壓位準的下降。

**自動測試系統(automated test system)**　在自動控制器的控制下，可以自動執行元件、電路或系統測試的系統。

**累增崩潰(avalanche breakdown)**　使齊納二極體崩潰所加的較高電壓。

**累增效應(avalanche effect)**　因為施加過大的逆向偏壓，因而導致傳導電子快速增長的現象。

**均衡調變(balanced modulation)**　會抑制載波的振幅調變形式；也稱為遏止載波調變。

**能帶間隙(band gap)**　原子裡任兩個能階之間的能量差。

**帶通濾波器(band-pass filter)**　可以讓介於某個較低頻率與另一個較高頻率之間的信號通過的濾波器。

**帶止濾波器(band-stop filter)**　可以阻隔介於某個較低頻率與另一個較高頻率之間的信號，不讓其通過的濾波器。

**頻寬(bandwidth)**　特定類型的電子電路中，指明可以由輸入到輸出通過電路的可用頻率範圍。

**障壁電壓(barrier potential)**　順向偏壓的情況下，要跨過 pn 接面使二極體完全導通，所需要施加的能量。

**基極(base)**　在 BJT 中的一個半導體區域。與其它區域比較，基極的寬度很窄且摻雜濃度較低。

**貝索(Bessel)**　具有線性相位特徵以及低於 − 20 dB/ decade/ pole 衰減的濾波器頻率響應模型。

**β值(beta)** 在 BJT 中，集極直流電流對基極直流電流的比值，也就是從基極到集極的電流增益。

**偏壓(bias)** 對二極體、電晶體或其它元件施加直流電壓，以便讓該元件工作在設定的模式中。

**雙極性(bipolar)** 元件中的電流載體同時包含自由電子與電洞。

**雙極接面電晶體(BJT)** 由兩個 *pn* 接面分隔的三個摻雜的半導體區域所組成的雙極接面電晶體。

**阻斷電壓(blocking voltage, $BV_{DSS}$)** 可施加至 MOSFET 汲－源極端的最大耐壓值。

**波德圖(Bode plot)** dB 增益對頻率的關係圖，藉以說明放大器或濾波器的頻率響應。

**限制(bounding)** 對放大器或其它電路限制其輸出範圍的過程。

**分支(branching)** 改變程式執行的方向到程式中的其他位置，而不是緊接著執行下一個指令。

**崩潰(breakdown)** 當元件兩端的電壓到達某定值時，電流突然劇烈增加的現象。

**橋式整流(bridge rectifier)** 將二極體排成四邊形所形成的全波整流器。

**巴特沃斯濾波器(Butterworth)** 具有平坦的通帶以及$-20$ dB/ decade/pole 衰減等特徵的濾波器頻率響應類型。

**旁路電容器(Bypass capacitor)** 在放大器中跨接在射極電阻兩端的電容器。

**可結構化類比模組(CAM)** 是一個可預先設計的類比電路，用於 FPAA 或 dpASP，它的某一些參數是可以選擇性地設計。

**串接(cascade)** 一個電路的輸出成為下一個電路的輸入的電路佈局方式。

**疊接(cascode)** 一種 FET 放大器的結構，將共源極放大器與共閘極放大器以串聯方式相接。

**陰極(cathode)** 二極體的 *n* 型區域。

**中心抽頭式整流器(center-tapped rectifier)** 具有中心抽頭變壓器以及兩個二極體的全波整流器。

**通道(channel)** FET 中介於汲極與源極之間的可導電路徑。

**Chebyshev** 具有漣波形式的通帶以及大於 $-20$ dB/ decade/pole 衰減等特徵的濾波器頻率響應類型。

**箝位器(clamper)** 利用一個二極體以及一個電容器在交流電壓上施加直流位準的電路。

**A 類(Class A)** 完全工作於線性(主動) 區域的放大器型態。

**AB 類(Class AB)** 偏壓於稍微導通狀態的放大器型態。

**B 類(Class B)** 因為偏壓在截止點上，所以只能在輸入週期的 180° 相位角內，工作於線性區域的放大器型態。

**C 類(Class C)** 只能在輸入週期的一小段時間內，工作於線性區域的放大器型態。

**D 類(Class D)** 一種非線性放大器，其中電晶體的運作如開關一般。

**截波器(clipper)** 請看限位器(limiter)。

**閉迴路(closed-loop)** 在運算放大器電路中，輸出經由回授電路回到輸入端的組態。

**閉迴路電壓增益(closed-loop voltage gain, $A_{cl}$)** 具有外部回授的運算放大器電壓增益。

**CMOS(complementary MOS)** 互補式 MOS。

**CMRR(Common-mode rejection ratio)** 共模拒斥比；開環路增益對共模增益的比值；這是關於運算放大器抑制共模信號的能力指標值。

**調諧光(coherent light)** 只有一種波長的光。

**內聚力(cohesion)** 一項判斷程式好壞的指標，表示程序或程式中的程式碼為了同一任務而相連結的關連性高低。

**集極(collector)** BJT 的三個半導體區域中最大的區域。

**共基極(Common-base, CB)** 對交流信號而言，基極為共同接點或接地端的 BJT 放大器組態。

**共集極(Common-collector, CC)** 對交流信號而言，集極為共同接點或接地端的 BJT 放大器組態。

**共汲極(Common-drain, CD)** 汲極爲接地端的 FET 放大器組態。

**共射極(Common-emitter, CE)** 對交流信號而言，射極爲共同接點或接地端的 BJT 放大器組態。

**共閘極(Common-gate, CG)** 閘極爲接地端的 FET 放大器組態。

**共模(common mode)** 運算放大器的兩個輸入端出現相同信號的情況。

**共源極(Common-source, CS)** 源極爲接地端的 FET 放大器組態。

**比較器(comparator)** 能夠比較兩個輸入電壓，並且有兩種輸出狀態的電路，這兩個輸出狀態可以指出兩個輸入彼此之間大於或小於的關係。

**互補電晶體(complementary symmetry transistors)** 兩個彼此具有匹配特性的電晶體，一個是 *npn* 型而另一個是 *pnp* 型。

**有條件執行(conditional execution)** 程式依據某些條件是否成立來選擇性地處理指令。

**傳導電子(conduction electron)** 就是自由電子。

**導體(conductor)** 能夠很容易傳導電流的物質。

**核心(core)** 原子的中央部分，包括原子核以及除去價電子之外的其餘電子部分。

**耦合力(coupling)** 一項判斷程式好壞的指標，表示程式的某部分是否會潛在地影響或相互影響程式的其他部分。

**共價(covalent)** 在兩個或更多原子之間經由價電子的交互作用，形成的結合作用。

**共價鍵(Covalent Bonds)** 原子間的共價電子所形成的化學鍵結。

**臨界角(critical angle)** 當光線進入一個表面時，產生了一個角度，此角介於反射及折射之間。

**臨界頻率(critical frequency)** 放大器或濾波器的響應比在中頻的響應低 3 dB 時的頻率。

**交越失真(crossover distortion)** B 類推挽式放大器中，每個電晶體由截止狀態變成導通狀態時，在輸出端造成的失真現象。

**晶體(crystal)** 原子以對稱形態排列的固態物質。

**電流轉換率(Current transfer ratio, CTR)** 一項指標，表示信號從輸入端耦合到輸出端的效率。

**電流(current)** 電荷的流動率。

**電流鏡(current mirror)** 使用可以匹配的二極體接面形成電流源的電路。二極體接面的電流是做爲其他接面(通常是電晶體的基極射極接面) 電流的匹配電流，就像鏡中的倒影。電流鏡大部分都使用在推挽式放大器的偏壓電路。

**截止(cutoff)** 電晶體不導通的狀態。

**截止頻率(cutoff frequency)** 臨界頻率的另一個名稱。

**截止電壓(cutoff voltage)** 使汲極電流幾乎爲零的閘極對源極電壓值。

**數位類比轉換(D/A conversion)** 將一序列的數位碼轉換成類比訊號的過程。

**阻尼因子(damping factor)** 決定響應類型的濾波器特性。

**暗電流(dark current)** 在未受光線照射的情況下，光二極體由熱能產生的逆向電流。

**達靈頓對(Darlington pair)** 爲達到 $\beta$ 相乘的倍數效果，將兩個電晶體集極連接起來且以第一個電晶體的射極驅動第二個電晶體之基極的電晶體組態。

**dBm** 相對於 1mW 的一種測量功率單位。

**直流負載線(dc load line)** 電晶體電路中 $I_C$ 和 $V_{CE}$ 所形成的直線圖形。

**直流電源供應器(dc power supply)** 能夠將交流電壓轉變成直流電壓的電路，而且能夠提供固定功率給電路或系統。

**直流靜態功率(de quiesent power)** A 類放大器的最大功率。

**十倍制(decade)** 物理量(如頻率)的數值變成原來的十倍或原來的十分之一。

**分貝(decibel, dB)** 以對數表示兩電壓或兩功率比值之一種度量單位。

**空乏(depletion)** 在 MOSFET 中移去或耗盡通道內帶電載子的過程，因此會減低通道的導電性。

空乏區(depletion region)　在 *pn* 接面兩側附近的區域，此區域中沒有多數載子。

雙向觸發二極體(diac)　一種雙端子四層半導體裝置(閘流體)，經過適當的啓動程序可以雙向導通電流。

差動模式(differential mode)　運算放大器的工作模式。其中兩個相反極性的信號電壓，施加在兩個輸入端(雙端)；或信號施加到其中一個輸入端，而另一輸入端接地(單端)。

差動放大器(differential amplifier, diff-amp)　輸出電壓正比於兩個輸入電壓之差值的放大器。作爲運算放大器的輸入級。

微分器(differentiator)　可以產生非常接近輸入訊號函數瞬間變化率的電路。

數位式(digital)　變數的值只能有兩種。

二極體(diode)　只有一個 *pn* 接面，而且電流只能沿著一個方向流過此接面的半導體裝置。

二極體電壓降(diode drop)　順向偏壓時的二極體電壓降，幾乎與障壁電位相同，對矽半導體而言標準值爲 0.7 V。

摻加雜質(doping)　爲控制半導體的導電特性而在純質半導體中加入雜質的過程。

下載(downloading)　在 FPAA 內執行電路之軟體描述的一種過程。

汲極(drain)　FET 三個端子中的一個，與 BJT 的集極相似。

動態重複結構化(dynamic reconfiguration)　在一個 FPAA 內下載修改的設計或新的設計的過程，操作時不需要關閉或重置系統；也就是眾所皆知的 "on-the-fly" 重複設計。

動態阻抗(dynamic resistance)　半導體物質的非線性內部阻抗。

效率(efficiency)　輸出到負載的信號功率與電源輸入放大器功率的比值。

電激發光(electroluminescence)　電子在半導體中，與電洞再結合而釋放光能的過程。

電子雲(electron cloud)　量子模型中圍繞原子核，利用濃淡來表示電子出現機率的區域。

靜電放電(electrostatic discharge, ESD)　高電壓物質經由絕緣體放電的現象，這種現象可以破壞電子元件。

電子(electron)　具有負電荷的基本粒子。

電子電洞對(electron-hole pair)　當電子脫離價鍵結時，所產生的傳導電子和電洞。

射極(emitter)　BJT 三個半導體區域中摻雜濃度最高的一區。

射極隨耦器(emitter-follower)　爲共集極放大器常見的一個別名。

增強(enhancement)　在 MOSFET 中經由增加帶電載子，產生通道或增加通道導電性的過程。

回授(feedback)　爲抑制或幫助電路輸出端的信號變化，而將電路的一部分輸出引導回到電路輸入端的過程。

回授振盪器(feedback oscillator)　具有正回授而且能在沒有外部輸入信號的情況下，自然產生輸出信號的電路。

FET　場效應電晶體，使用感應電場控制電流的單極性、電壓控制電晶體。

濾波器(filter)　在電源供應器中，用來降低整流器輸出電壓的變動現象的電容器；會允許或阻絕特定頻率通過，對其餘頻率卻能施以相反處理的電路。

浮點(floating point)　在電路中，就電氣方面而言，沒有連接到接地端或者實質電壓的點。

流程圖(flowchart)　一種圖解方法，利用相連的特徵方塊來表示程式的條理與處理流程。

摺反限流(fold-back current limiting)　穩壓電路中限制電流的方法。

強制轉向(forced commutation)　使 SCR 關閉的一種方法。

順向偏壓(forward bias)　能讓二極體傳導電流的偏壓條件。

順向轉態電壓(forward-breakover voltage, $V_{BR(F)}$)　使元件進入順向導通區域的電壓。

**四層二極體(4-layer diode)** 當陽極對陰極電壓到達某特定"轉態"電壓值時，就能導通的雙端子閘流體。

**現場可程式類比陣列(FPAA)** 可以程式化並實現類比電路設計的積體電路。

**自由電子(free electron)** 取得足夠能量可以脫離所屬原子的電子；也稱為傳導電子。

**頻率響應(frequency response)** 在特定輸入信號之頻率範圍內，增益及相位的改變。

**全波整流器(full-wave rectifier)** 能將交流正弦波輸入電壓轉換成脈動直流電壓的電路，而且每個輸入週期中可以輸出兩個脈波。

**保險絲(fuse)** 當電流超過額定值時將會熔化，而導致開路的保護裝置。

**增益(gain)** 電子信號增加或放大的倍數。

**增益頻寬乘積(gain-bandwidth product)** 一個運算放大器的常數參數，等於開迴路增益為 1 時的頻率值。

**閘極(gate)** FET 三個端子中的一個，與 BJT 的基極相似。

**鍺(germanium)** 一種半導體材料。

**防護(Guarding)** 是將共模電壓連接到同軸電纜的屏蔽上。這種技術能將工作於臨界環境中之儀表放大器的共模運作雜訊影響降低。

**半波整流器(half-wave rectifier)** 能將交流正弦波輸入電壓轉換成脈動直流電壓的電路，而且每個輸入週期中可以輸出一個脈波。

**層級結構(hierarchical structure)** 一種使用多個階層來表示資訊的方法，每一階層看到的資料都會比上一個階層還要詳細。

**高階語言(high-level languages)** 是不直接與電腦硬體互動的程式語言，但每個指令背後都代表多個能與硬體互動的機器語言指令。

**高通濾波器(high-pass filter)** 可以讓頻率高於某數值的信號通過，但是會拒絕頻率低於此數值者通過的濾波器。

**保持電流(holding current, $I_H$)** 閘流體陽極電流的特定值，當陽極電流低於此數值時，元件會由順向導通區切換成順向截止區。

**電洞(hole)** 原子的鍵結中失去電子的物理狀態。

**磁滯(hysteresis)** 電路的開關動作中兩個不同的觸發位準所產生的偏移或延遲現象。

**絕緣閘雙極電晶體(IGBT)** 結合了 MOSFET 和 BJT 特色的一種高功率元件，主要應用於高電壓切換。

**紅外線(infrared, IR)** 波長大於可見光範圍的光線。

**輸入阻抗(input resistance)** 向電晶體基極看進去的阻抗。

**指令集(instruction set)** 一個由二進位符號構成指令的集合，讓微處理器的硬體可以解讀並且執行。

**儀表放大器(instrumentation amplifier)** 用來放大疊加在大共模電壓上之小信號的放大器。

**絕緣體(insulator)** 不能傳導電流的物質。

**積體電路(integrated circuit, IC)** 所有元件都建造在單獨一個矽晶片上的電路。

**積分器(integrator)** 可以產生非常接近輸入訊號函數所形成曲線下面積的電路。

**本質(intrinsic)** 物質的純粹或自然狀態。

**反相放大器(inverting amplifier)** 輸入信號施加在反相輸入端的閉環路組態運算放大器。

**離子化(ionization)** 從中性原子移除電子或對中性原子添加電子，使得該原子(稱為離子) 具有淨正電荷或淨負電荷。

**照度(irradiance, $E$)** 在指定距離處，LED 每單位面積所放射的功率；又稱光強度。

**隔離放大器(isolation amplifier)** 就電氣特性而言，內部各級相互隔離的放大器。

**接面場效應電晶體(JFET)** 場效電晶體兩種主要形式之一。

**大信號(large-signal)** 使放大器在負載線上有明顯工作區域的信號。

**光觸發矽控整流器(LASCR)** 一種四層半導體裝置(閘流體)，受到足量的光線啟動後，可以沿著單一方向導通電流，而且能夠繼續維持導通狀態直到電流低於某特定值為止。

**發光二極體(light-emitting diode, LED)**　當順向偏壓時，會發出光線的二極體。

**限位器(limiter)**　當波形高於或低於指定位準時，會截除超過部分的二極體電路。

**線性(linear)**　具有直線關係的特性。

**線性區域(linear region)**　在飽和區和截止區之間沿著負載線的工作區域。

**線性調整器(linear regulator)**　控制單元工作於線性區域的調整器。

**線性調整率(line regulation)**　輸入(直線)電壓的改變量所對應的輸出電壓改變量，通常以百分比表示。

**負載(load)**　經由負載阻抗從電路的輸出端所汲取的電流數量。

**負載線(load line)**　是一條直線，表示連接到裝置的電路中線性部分的電壓和電流。

**負載調整率(load regulation)**　當負載電流由無載變為全載時，輸出電壓的變化率百分比。

**對數值(logarithm)**　某數的 log 值，就是指某數的基底數所需計算的次方數，使計算的結果等於某數。

**迴路增益(loop gain)**　運算放大器的開迴路增益乘以衰減率。

**低通濾波器(low-pass filter)**　可以讓頻率低於某數值的信號通過，但是會拒絕頻率高於此數值者通過的濾波器。

**機器語言(machine language)**　一種以二進位表示的低階程式語言，包含可以直接和處理器硬體溝通的指令。

**多數載子(majority carrier)**　在摻加雜質的半導體物質中，數量最多的電荷載子(可以是自由電子或電洞的任一種)。

**金屬鍵(Metallic bond)**　金屬固體中發現的一種化學鍵，其中固定的正離子核透過流動電子於晶格中，結合在一起。

**中頻增益(midrange gain)**　介於高臨界頻率和低臨界頻率之間的響應曲線部分。

**少數載子(minority carrier)**　在摻加雜質的半導體物質中，數量最少的電荷載子(可以是自由電子或電洞的任一種)。

**調變(modulation)**　利用包含資訊的信號修改被稱為載波且頻率高很多的高頻信號，修改的項目包括振幅、頻率或相位。

**單色光(monochromatic)**　單一頻率的光；單一顏色。

**金屬氧化物半導體場效電晶體(MOSFET)**　場效電晶體兩種主要形式之一；有時稱為閘極絕緣場效電晶體 IGFET。

**多級(multistage)**　級數超過一級；兩個或更多放大器逐級串接的佈局方式。

**自然對數(natural logarithm)**　基底數 e 所需計算的次方數，使計算的結果等於某數。

**負回授(negative feedback)**　將輸出信號的一部分送回放大器的輸入端，但是回授信號與輸入信號反相的過程。

**巢化(nesting)**　在指令內容中再使用同類型的指令。

**中子(neutron)**　原子核中不帶電的粒子。

**雜訊(noise)**　會影響接收信號品質的其他信號。

**非反相放大器(noninverting amplifier)**　輸入信號施加在非反相輸入端的閉環路組態運算放大器。

**原子核(nucleus)**　原子中包含質子與中子的中央部分。

**物件(object)**　一種包含資料與函數並以此為特徵的程式化個體，會顯示封裝(encapsulation)、繼承(inheritance)、多型(polymorphism)等特性。

**物件導向程式設計(object-oriented programming)**　著重程式化物件的行為與程式化物件之間互動的設計方法。

**八倍頻(octave)**　物理量(如頻率)的數值變成原來的兩倍或原來的二分之一。

**歐姆區(ohmic region)**　FET 特性曲線上，位於夾止區之下的部分，此一部分可滿足歐姆定律。

有機發光二極體(organic light-emitting diode, OLED)
為一包含二或三層有機材料的元件，此有機材料是
由有機分子或聚合物組成，給予電壓即可發射光線。

開迴路電壓增益(open-loop voltage gain, $A_{ol}$)　沒有外
部回授的運算放大器電壓增益。

運算放大器(operational amplifier, op-amp)　具有相
當高的電壓增益、相當高的輸入阻抗、很低的輸出
阻抗以及很好的共模信號拒斥特性的放大器。

運算互導放大器( operational transconductance
 amplifier, OTA)　一種電壓轉換成電流放大器。

光耦合器(optocoupler)　此元件使用 LED 來耦合光
二極體或光電晶體，並封裝在單一封裝中。

軌道(orbit)　電子繞行原子核運轉的路徑。

軌道(orbital)　原子的量子模型中的副能階層。

階(order)　在濾波器中極的數目。

或閘(OR gate)　一種數位電路，其中當一個或多個
輸入處於高電位時，輸出也會處於高電位。

振盪器(oscillator)　只需要輸入直流電源電壓，就能
在輸出端產生週期性波形的電路。

輸出阻抗(output resistance)　向電晶體集極看進去
的阻抗。

通帶(passband)　以最低的衰減率允許通過濾波器的
頻率範圍。

反峰值電壓(peak inverse voltage, PIV)　當二極體處
於逆向偏壓，在輸入週期的峰值時的二極體最大逆
向電壓。

五價(pentavalent)　具有五個價電子的原子。

反相作用(phase inversion)　信號的相位改變 180 度。

相位偏移(phase shift)　隨時間變化的函數相對於某
參考對象，所產生的相對相角位移。

相移振盪器(phase-shift oscillator)　一種回授振盪
器，特徵是由三個 $RC$ 電路組成的正回授迴路，此
迴路可以產生 180° 相移。

光二極體(photodiode)　逆向電流的變動直接由照射
光線的強度加以控制的二極體。

光子(photon)　光能的粒子。

光電晶體(phototransistor)　當光線直接照射在基極
光感應半導體區域上而能形成基極電流的電晶體。

光伏打效應(photovoltaic effect)　光能直接轉換成電
能的過程。

壓電效應(piezoelectric effect)　晶體受到機械應力的
作用而產生形變時，在晶體兩端會產生電壓的特性。

夾止電壓(pinch-off voltage)　當閘極對源極電壓等於
0 且汲極電流開始變成定電流時的場效電晶體汲極
對源極的電壓值。

像素(pixel)　在 LED 顯示幕中，產生彩色光線的基
本單位，由紅綠藍光 LED 所組成。

平台(platform)　一種由電腦與作業系統組成的特定
結合。

*pn* 接面(*pn* junction)　介於兩種不同型態的半導體物
質間的邊界。

極(pole)　由一個電阻和一個電容器組成且能對濾波
器貢獻 −20 dB/decade 下降率的電路。

正回授(positive feedback)　從輸出取出一部分信號，
送回輸入端後能夠強化與維持輸出者。此輸出信號
與輸入信號為同相。

消耗功率(power dissi pation, $P_D$)　某接面一殼體溫度
下，所允許安全操作的大功率。

功率增益(power gain)　放大器輸出功率與輸入功率
的比值。

電源供應器(power supply)　能夠將交流電壓轉換成
直流電壓，且能供應固定功率使電路或系統運作的
電路。

程序流程(process flow)　程式中執行指令的程序。

程式(program)　一連串的指令，可以讓電腦執行某
些特定任務或達成某些特定目標。

程式設計(programming)　替電腦指定一連串所需的
指令，來完成某些特定的任務或特定的目標。

程式設計語言(programming language)　一組指令與
規則，可以替程式設計者提供處理器所需的資訊來
完成特定的任務。

質子(proton)　具有正電荷的基本粒子。

脈寬調變(pulse width modulation)　將信號轉換成一系列脈衝的過程，脈衝的寬度正比於信號的振幅。

推挽式(push-pull)　一種使用兩個工作於 B 類模式電晶體的放大器，其中一個電晶體在某半波週期內導通，另一個電晶體在另一個半波週期內導通。

可程式單接面電晶體(PUT)　當陽極電壓超過閘極電壓時，就能觸發進入導通狀態的三端子閘流體(比較像 SCR 而不是像 UJT)。

PV 電池(PV cell)　光伏電池或太陽能電池。

$Q$ 點($Q$-point)　由特定的電壓和電流值所決定的放大器直流工作點。

品質因素($Q$，quality factor)　對被動元件而言，是一種特性值，等於元件儲存以及傳回能量與消耗能量的比值；對帶通濾波器而言，是中心頻率與頻寬的比值。

量子點(quantum dots)　奈米晶體的一種形式，多在半導體內形成，例如矽、鍺、硫化鎘、硒化鎘以及磷化鎘等半導體。

輻射強度(radiant intensity, $I_\theta$)　LED 在每個球面度(steradian)釋出的功率，單位是 mW/sr。

輻射(radiation)　發出電磁能或光能的過程。

復合(recombination)　導電帶的自由電子落入原子價電帶電洞的過程。

整流器(rectifier)　將交流轉換成直流脈動的電子電路；電源供應器的一部分。

調整器(regulator)　在某個輸入電壓或負載值的範圍內，能夠大致上維持固定輸出電壓的電子裝置或電路；電源供應器的一部分。

弛張振盪器(relaxation oscillator)　在沒有外部信號的情況下，利用$RC$計時電路產生非正弦波形的電子電路。

逆向偏壓(reverse bias)　二極體阻止電流通過的條件。

漣波因素(ripple factor)　針對降低漣波電壓的能力，評估電源供應電路濾波器效能的度量值。

漣波電壓(ripple voltage)　濾波整流器的輸出直流電壓受濾波電容器充電和放電的影響，產生的微小變動。

$r$ 參數($r$ parameter)　雙極接面電晶體的一組特性參數，包含$\alpha_{DC}$，$\beta_{DC}$，$r'_e$，$r'_b$ 和 $r'_c$。

下降率(roll-off)　當輸入信號頻率高於或低於濾波器臨界頻率時，增益的下降率。

飽和(saturation)　BJT 中，集極電流達到最大值並且與基極電流無關的狀態。

安全操作區(safe operationg area, SOA)　當元件處於順向偏壓下，確保元件安全操作的最大汲－源極電壓對汲極電流關係函數的曲線集合區域。

線路圖(schematic)　描寫電氣或電子電路的符號圖。

史密特觸發器(Schmitt trigger)　具有內含磁滯特性的比較器。

SCR(silicon-controlled rectifier)　矽控整流器；一種三端子閘流體，其特性是當在單獨的閘極端加上電壓後，可以觸發導通電流，而且直到陽極電流低於特定值前都維持導通狀態。

SCS(silicon-controlled switch)　矽控開關；具有兩個閘極端用來觸發此元件開與關的四端子閘流體。

半導體(semiconductor)　導電特性介於導體與絕緣體之間的物質。

循序程式設計(sequential programming)　讓指令照其在程式中出現的順序依序來執行的程式設計。

層(shell)　繞行原子核的電子所具有的能帶。

信號壓縮(signal compression)　按比例將信號電壓振幅降低的過程。

矽(silicon)　一種半導體材料。

轉動率(slew rate)　步級電壓輸入運算放大器時，放大器輸出電壓的變動率。

源極(source)　FET 三個端子中的一個，與 BJT 的射極相似。

源極隨耦器(source-follower)　共汲極放大器。

光譜的(spectral)　與頻率範圍相關的性質。

穩定度(stability)　$\beta$ 值在溫度改變時，放大器能夠妥善保持其各種設計值($Q$點值，增益值等)的程度。

單級(stage)　多級組態的放大器電路中的一級。

**本質內分比(standoff ratio)** 可以決定UJT導通點的特性。

**剛性分壓器(stiff voltage divider)** 可以忽略負載效應的分壓器。

**加法放大器(summing amplifier)** 具有兩個或兩個以上輸入且輸出等於輸入總和的運算放大器組態。

**開關式電容電路(switched-capacitor circuit)** 一種由電容和電晶體開關所構成的組合,使用於可程式化的類比元件,用來仿效電阻。

**切換電流(switching current, $I_S$)** 由順向阻隔區切換到順向導通區時,流經元件的陽極電流值。

**交換式調整器(switching regulator)** 控制單元的操作方式像開關的調整器。

**西克對(Sziklai pair)** 互補式達靈頓的排列組合。

**測試控制器(test controller)** 自動化測試系統中的組成要素,負責執行測試碼,而這些測試碼會定義測試工作的範圍,設定其他組成要素的參數以及協調組成要素之間的活動。

**測試設備(test equipment)** 自動化測試系統中的組成要素,可以提供待測物的電壓、信號以及電流等。

**測試治具(test fixture)** 自動化測試系統中的組成要素,用來連接待測物至測試儀器與設備上。

**測試儀器(test instrumentation)** 自動化測試系統中的組成要素,用來量測與記錄待測物對測試儀器的響應。

**熱過載(thermal overload)** 在整流器中,因為過大的電流使得電路內部的功率消耗超過最大額定值時的情況。

**熱敏電阻(thermistor)** 對溫度變化很靈敏且具有負溫度係數的電阻器。

**閘流體(thyristor)** 一種四層(*pnpn*)半導體裝置。

**互導(transconductance, $g_m$)** 在FET中,汲極電流的變動量相對於閘極對源極電壓變動量的比值;一般而言,是輸出電流與輸入電壓的比值。

**變壓器(transformer)** 由兩個或更多線圈(纏繞線圈)所組成的電子元件,可電磁性的相互耦合,使某一線圈上的電源轉換到其他線圈上。

**電晶體(transistor)** 使用在放大與開關應用電路的半導體裝置。

**雙向交流觸發三極體(triac)** 在正確啟動的條件下,可以雙向導通電流的三端子閘流體。

**觸發器(trigger)** 一些電子裝置和元件的啟動輸入端。

**三價 (trivalent)** 具有三個價電子的原子。

**故障檢修(troubleshooting)** 在電子電路或系統中,確認和找出故障原因的過程與技術。

**匝數比(turns ratio)** 變壓器次級線圈的匝數除以初級線圈的匝數。

**UJT(unijunction transistor)** 單接面電晶體;具有負阻抗特性的三端子單 *pn* 接面裝置。

**待測單元(unit under test, UUT)** 在測試系統中待測試的元件、電路或系統等。待測單元(UUT)有時被稱為待測元件(DUT)。

**原子價(valence)** 原子的外層性質。

**變容器(varactor)** 電容值可調整的二極體。

**V-I 特性(V-I characteristic)** 能顯示出二極體電壓和電流之間關係的曲線。

**視覺化程式設計(visual programming)** 一種程式設計方式,使用非文字指令的圖像化物件來建立最終的程式。

**壓控振盪器(voltage-controlled oscillator, VCO)** 利用直流控制電壓可以改變振盪頻率的弛張振盪器;經由控制用的輸入電壓決定輸出頻率的振盪器。

**電壓隨耦器(voltage-follower)** 電壓增益等於 1 的閉迴路非反相運算放大器。

**電壓倍增器(voltage multiplier)** 利用二極體和電容器使輸出電壓增加為輸入電壓的二、三或四等倍數的電路。

**波長(wavelength)**　一週期的電磁波或光波佔據的空間距離。

**韋恩橋式振盪器(wien bridge oscillator)**　在正回授迴路中使用 *RC* 領先-落後電路的回授振盪器。

**齊納崩潰(zener breakdown)**　使齊納二極體崩潰所加的較小特定電壓。

**齊納二極體(zener diode)**　設計成能夠限制兩端逆向偏壓值的二極體。

國家圖書館出版品預行編目資料

電子學(基礎理論) / Thomas L. Floyd 原著；楊棧雲, 洪國永, 張耀鴻編譯. -- 初版. -- 新北市 : 全華圖書, 2019.04
　　面 ；　公分
譯自 : Electronic devices : conventional current version, 10th ed.
　ISBN 978-986-503-070-4

1.CST: 電子工程 2.CST: 電子學

448.6　　　　　　　　　　108003857

# 電子學(基礎理論)

## Electronic Devices Conventional Current Version, Global Edition, 10/E

原著 / Thomas L.Floyd

編譯 / 楊棧雲、洪國永、張耀鴻

總校閱 / 董秋溝

發行人 / 陳本源

執行編輯 / 張峻銘

出版者 / 全華圖書股份有限公司

郵政帳號 / 0100836-1 號

圖書編號 / 0630001

初版七刷 / 2024 年 07 月

定價 / 新台幣 700 元

ISBN / 978-986-503-070-4
全華圖書 / www.chwa.com.tw
全華網路書店 Open Tech / www.opentech.com.tw
若您對書籍內容、排版印刷有任何問題，歡迎來信指導 book@chwa.com.tw

**臺北總公司(北區營業處)**
地址：23671 新北市土城區忠義路 21 號
電話：(02) 2262-5666
傳真：(02) 6637-3695、6637-3696

**中區營業處**
地址：40256 臺中市南區樹義一巷 26 號
電話：(04) 2261-8485
傳真：(04) 3600-9806(高中職)
　　　(04) 3601-8600(大專)

**南區營業處**
地址：80769 高雄市三民區應安街 12 號
電話：(07) 381-1377
傳真：(07) 862-5562

版權所有・翻印必究

親愛的讀者：

感謝您對全華圖書的支持與愛護，雖然我們很慎重的處理每一本書，但恐仍有疏漏之處，若您發現本書有任何錯誤，請填寫於勘誤表內寄回，我們將於再版時修正，您的批評與指教是我們進步的原動力，謝謝！

全華圖書 敬上

## 勘 誤 表

| 書　號 | | | | 作　者 |
|---|---|---|---|---|
| 頁　數 | 行　數 | 書　名 | | |
| | | 錯誤或不當之詞句 | | 建議修改之詞句 |
| | | | | |
| | | | | |
| | | | | |
| | | | | |

我有話要說：（其它之批評與建議，如封面、編排、內容、印刷品質等・・・）

---

# 讀者回函卡

填寫日期： 　 / 　 / 　

姓名： 　　　　　　　　生日：西元 　 年 　 月 　 日　性別：□男 □女

電話：（ 　 ）　　　　　　傳真：（ 　 ）　　　　　　手機： 

e-mail：（必填）

註：數字零，請用 Ø 表示，數字 1 與英文 L 請另註明並書寫端正，謝謝。

通訊處：□□□□□

學歷：□博士 □碩士 □大學 □專科 □高中・職

職業：□工程師 □教師 □學生 □軍・公 □其他

學校 / 公司： 　　　　　　　　　　　科系 / 部門： 

· 需求書類：

□ A. 電子 □ B. 電機 □ C. 計算機工程 □ D. 資訊 □ E. 機械 □ F. 汽車 □ I. 工管 □ J. 土木

□ K. 化工 □ L. 設計 □ M. 商管 □ N. 日文 □ O. 美容 □ P. 休閒 □ Q. 餐飲 □ B. 其他

· 本次購買圖書為： 　　　　　　　　　　　書號： 

· 您對本書的評價：

封面設計：□非常滿意 □滿意 □尚可 □需改善，請說明

內容表達：□非常滿意 □滿意 □尚可 □需改善，請說明

版面編排：□非常滿意 □滿意 □尚可 □需改善，請說明

印刷品質：□非常滿意 □滿意 □尚可 □需改善，請說明

書籍定價：□非常滿意 □滿意 □尚可 □需改善，請說明

整體評價：請說明 

· 您在何處購買本書？

□書局 □網路書店 □書展 □團購 □其他

· 您購買本書的原因？（可複選）

□個人需要 □幫公司採購 □親友推薦 □老師指定之課本 □其他

· 您希望全華以何種方式提供出版訊息及特惠活動？

□電子報 □ DM □廣告 （媒體名稱 　　　　　　　　　　　 ）

· 您是否上過全華網路書店？（www.opentech.com.tw）

□是 □否 您的建議 

· 您希望全華出版那方面書籍？ 

· 您希望全華加強那些服務？ 

～感謝您提供寶貴意見，全華將秉持服務的熱忱，出版更多好書，以饗讀者。

全華網路書店 http://www.opentech.com.tw　　客服信箱 service@chwa.com.tw

2011.03 修訂

（請由此線剪下）

歡迎加入 全華會員

● 會員獨享
  會員享購書折扣、紅利積點、生日禮金、不定期優惠活動…等。

● 如何加入會員
  填妥讀者回函卡直接傳真 (02) 2262-0900 或寄回，將由專人協助登入會員資料，待收到
  E-MAIL 通知後即可成為會員。

如何購買 全華圖書

1. 網路購書
  全華網路書店「http://www.opentech.com.tw」，加入會員購書更便利，並享有紅利積點
  回饋等各式優惠。

2. 全華門市、全省書局
  歡迎至全華門市（新北市土城區忠義路 21 號）或全省各大書局、連鎖書店選購。

3. 來電訂購
  (1) 訂購專線：(02) 2262-5666 轉 321-324
  (2) 傳真專線：(02) 6637-3696
  (3) 郵局劃撥（帳號：0100836-1  戶名：全華圖書股份有限公司）
  ※ 購書未滿一千元者，酌收運費 70 元。

OpenTech 全華網路書店
.com.tw

全華網路書店 www.opentech.com.tw
E-mail: service@chwa.com.tw